U0685128

美学与艺术研究

第3辑

主编 范明华 靳 晶

专稿·中国美学·西方美学

美术与设计研究·表演艺术研究·短论

WUHAN UNIVERSITY PRESS
武汉大学出版社

《美学与艺术研究 第3辑》编委会

学术顾问

刘纲纪

学术委员会主任

彭富春

学术委员会成员（按姓氏笔画排序）

王 俊	王祖龙	向东文	刘永平	朱丽霞	邹元江
张玉能	陈庆辉	张 昕	张贤根	周益民	杨洪林
陈望衡	李 纯	李道国	何锡章	武星宽	欧阳巨波
范明华	胡应明	聂运伟	徐勇民	黄念然	黄有柱
彭万荣	彭富春	彭修银	雷礼锡	熊兆飞	戴茂堂

主办单位

湖北省美学学会

武汉大学美学研究所

目　录

美术与设计研究

表演艺术研究

❧短　论❧

专　稿

高 寺

文学的现象学本体论

邓晓芒

一

什么是文学？对这个问题，可能有各种不同的回答。例如说，文学是生活的反映，这是认识论的和社会学的回答。又如，文学是"力比多"的升华，或者是"集体无意识"的表达，这是心理学和精神分析学的回答。再如，文学是阶级斗争的工具，这是政治学的回答，如此等等。这些回答，分别把文学隶属于认识论、社会学、心理学、政治学等，但却把文学本身的本质忽视了。这就好比说，什么是茶杯？有人说茶杯是一个固体，有人说茶杯是一堆分子、原子，有人说茶杯是人工制品，有人说茶杯是中空的玻璃器皿，等等。这些都没错，但都没有说出茶杯本身的本质定义：茶杯是喝茶的用具。长期以来，我们对文学的本质的争论，就有点像关于茶杯的定义的争论，各种不同的观点之间拼命争斗，互相批判，其实都是做的无用功，把不同层次和不同侧面的命题放到同一个平台上来看待，永远也缠不清楚。正因为问题变得越来越纠缠不清，所以近年来人们厌倦了关于文学本质的讨论，流于"后现代"（其实是"前现代"）的随意和散漫，以为对这个问题的回答"怎么都行"；甚至根本就把这个问题束之高阁，认为这是个"伪问题"。这种时髦倾向实际上反映了论者的理论水平的陷落和无能。也许有人认为，文学根本就不需要什么理论，文学理论家和文学评论家都应该失业，只剩下文学的创作者和文学作品的欣赏家。这正是中国文学发展到今天的一个现状，作家对于文学批评家根本不屑一顾，只愿意听赞扬吹捧的话，读者就更加没有兴趣关心他们的评论了；文学理论家则成了一个带有嘲讽意味的称号。这种局面的产生，主要归咎于批评家和

3

理论家对于真正切合文艺现实的文学本体论①的忽视。

平心而论，以往所流行的那些文学理论确实与文学创作和作品的阅读欣赏的现实离得太远，这也是它们为什么走向没落的原因。文学长期以来成为其他非文学的事情的附庸，而失去了自己的本体论根基。当然，在各种流行的文学理论中，仍然有一种观点至今还没有完全丧失其理论价值，这就是所谓"文学即人学"(Literature is the humanities)。不少学者把希望寄托在用现代各种关于人的哲学（意志哲学、生命哲学、存在哲学、精神分析学、神秘主义、非理性主义等）来为文学奠定形而上学基础，以使文学理论的大厦岿然不倒。然而，这些理论固然用了一些新鲜名词，有时也能以其玄妙莫测打动一些人，但毕竟过于笼统和空洞，顶多能告诉人怎么做人、怎么理解人，却不能告诉人文学是怎么回事。因为所有这些关于人的学问都是不仅适合于文学艺术，而且广泛适合于哲学、宗教、伦理道德等领域的一般理论，而并没有深入文学艺术本身的内在规律和原理。从逻辑层次上说，这些理论只涉及文学的"属"（"所属"，即高于文学的上位概念），而没有涉及文学的"种差"；而对文学本质的把握必须是一个"属加种差"式的把握。换句话说，文学当然是"人学"，然而是"何种"人学？这一点不澄清，我们对文学的把握顶多就只能是如同把茶杯看做"固体"那样的把握，是一种表面的、不能切中本质的把握。

当前国内理论界，包括文学理论界在内，盛行的是"反本质主义"的喧嚣。西方现代和后现代的反本质主义有它一定的道理，在西方，反本质主义就是反传统，就是反对本质现象二分对立的逻辑理性，这种逻辑理性在把握人的全面丰富的本质上恰好暴露出它的单面性和简单化的不足。然而，西方取代传统本质主义的主要是现象学，它用"现象即本质"以及"本质直观"的理论克服了传统本质主义和理性主义割裂现象和本质的先天缺陷，从而开辟了探讨事物本质的一条更加切实的道路。现代反本质主义的先锋如哲学人类学、存在主义哲学以及后现代主义的一些大师（如舍勒、海德格尔、萨特、梅洛-庞蒂、德里达等）都是有名的现象学家。而在我国，取代本质主义的则是中国传统的"妙语"和诗化精神，反本质主义在我国已经变味成一种不谈本质甚至取

---

① 我这里使用的"文学本体论"一词，也可以理解为"文学存在论"或"文学'是'论"，它回答"文学是什么？"的问题，并且不是一般地"是什么"，而是本真地是什么，即文学作为文学本质上是什么。

消本质、只讲感悟甚至只炫耀美文的泡沫理论。至于现象学，虽然在 20 世纪 80 年代即已引进我国，但识者寥寥，至今还基本停留在翻译和介绍的阶段，没有人敢于用它作为方法在哲学领域内做出自己的有成效的开拓，更不用说在文学理论方面加以应用了。

本人早在 1986 年就提出①，应当从西方引进胡塞尔所创立的现象学方法来探讨美和艺术的本质问题。1989 年，我和易中天合作的《走出美学的迷惘》由花山文艺出版社出版（1999 年改名《黄与蓝的交响》由人民文学出版社出版，2007 年又由武汉大学出版社出修订版），其中，我所撰写的最后一章"实践论美学大纲"，做出了一个把现象学方法和马克思的历史唯物主义结合起来解释美学现象的大胆尝试②。我认为，美的本质和艺术的本质是不能不谈的，问题在于怎么谈。以往那种撇开审美感受（美感）而"深入背后的本质"的做法已经行不通了，而必须直接从美感这种心理现象中（通过"本质直观"）"看"出美和艺术的本质来。从前，特别是 20 世纪五六十年代，人们把审美视为对某个客观事物属性的"反映"，这是典型的本质主义的，这种观点（通常称之为"客观派"）认为，人的美感"只是"一种现象，在这种现象后面隐藏有本质，要么是事物的自然属性（"自然派"），要么是事物的社会属性（"社会派"，也包括当时的"实践派"）。这就取消了审美本身的本质，而把审美归结为其他的东西，把美学归结为其他科学（自然科学、社会科学）了。而我们在 20 世纪 80 年代所提出的"实践论美学"（后来更名为"新实践美学"③）则不把审美归结为任何别的东西，而是直接分析美感本身的结构。美感本身是有一个结构的，这个结构不同于任何其他感觉的结构，这就是：美感是一种借助于对象而发生的共鸣的情感。

---

①　参见拙文：《关于美和艺术的本质的现象学思考》，载《哲学研究》1986 年第 8 期。

②　我把马克思主义和现象学融为一体的尝试还体现在其他一些单篇文章中，内容除涉及美学外，还涉及一般哲学、价值学、经济学、逻辑学、历史学、宇宙观和马克思文本的解读等方面，最近已集结为论文集《实践唯物论新解：开出现象学之维》，由武汉大学出版社出版（2007 年）。

③　这一更名最早是由易中天在与杨春时论战的文章《走向"后实践美学"，还是走向"新实践美学"？》中宣布的，载《学术月刊》2002 年第 1 期。这也是在国内首次打出"新实践美学"的旗号。

二

于是，我通过现象学的还原法，在对审美活动的本质直观的基础上建立起了一个美的本体论，它包含三个可以互相归结和互相引出的本质定义：

定义1：审美活动是人借助于人化对象而与别人交流情感的活动，它在其现实性上就是美感；

定义2：人的情感的对象化就是艺术；

定义3：对象化了的情感就是美①。

在这个定义系统中，没有引进任何一个不属于审美活动的因素，审美活动的起点是情感，它的终点是"对情感的情感"，即情感共鸣；而它的中介则是情感的"对象化"。所有导致审美活动的外围因素的存在都被"悬置"了，包括自然和社会的"客观属性"。我们当然没有否定这些客观属性；相反，我们在"艺术发生学的哲学原理"一节中根据马克思的历史唯物主义逻辑地从人类实践活动、生产劳动中推导出了人类审美现象的产生。但这些原理本身并不能进入美的本质定义中，而只是这个定义的发生学基础。美的根源和美的本质是不同的，这一点从狄德罗开始就已经意识到了，狄德罗写过一本《关于美的本质及其根源的哲学探讨》的书，一方面把美的根源规定为"美在关系"，另一方面把美的本质规定为"美是关系的感觉"②。当然，美是由什么样的"关系"产生的，又是如何产生的，狄德罗并未说清楚；他也没有说明这种"关系的感觉"到底是一种什么样的感觉。我们的"新实践美学"则展示了审美活动从原始的生产劳动中自然而然地并且必然地发生并在阶级社会中异化为独立的上层建筑（纯粹的艺术和审美）的历史过程。但这一过程还只是说明了审美活动的起源，至于审美活动的本质结构，虽然离不开它的起源，但还需要进行独特的结构分析，也就是需要立足于现象学方法而对美的本质进行现象学的还原。上述三个定义就是悬置了审美的历史起源之后从审美现象中直接直观到的一个本质结构。之所以要"悬置"，是因为审美的历史发生规律毕竟不等于审美本身的规律，尽管它是解释审美本身的规律之来由的必要的前理解方

---

① 参见邓晓芒、易中天：《黄与蓝的交响》，人民文学出版社1999年版，第471页。

② 详细的分析参见邓晓芒、易中天：《黄与蓝的交响》，人民文学出版社1999年版，第165页以下。

式，但还不能代替对审美规律的研究。这正如"茶杯是固体"虽然是理解茶杯的本质的一个前提，但毕竟不等于对茶杯的本质定义一样。而审美本身的特殊规律的研究是一个"审美心理学的哲学原理"的课题，这也是我们继"艺术发生学的哲学原理"之后的第二节的标题。

在"审美心理学的哲学原理"这一节中，我对审美活动的心理机制从"现象学"的层次进行了前人没有做过的分析。我首先在审美意识中揭示了自我意识本身的内在结构，即"自我意识和对象意识的同格结构"，也就是在意识中使对象统一于主体的结构。这种结构与马克思从物质生产劳动中分析出来的"人的本质力量的对象化"和"对象的人化"这一双重活动有关，但其纯粹的形式最初是由纯粹艺术的产生所带来的。在纯粹艺术活动中，与物质生产劳动相比，发生了一种自我超越的"逆转"现象："作为一种独立的精神生产活动的艺术和审美的活动，与物质生产劳动具有某种共同性，它们都是主观世界和客观世界的统一，都是一种实践活动；但另一方面，艺术生产与物质生产又具有截然不同的特点，也就是说，艺术生产（和审美）中的主客观统一已经不像在物质生产中那样，必须使主观最终统一于客观，而是相反，客观必须要统一于主观了。"① 而在审美心理学中，这种逆转也使得审美意识成为对物质生产活动中的"劳动意识"的一个颠倒："这就是在自然向人生成的过程中所发生的一个大飞跃，它以自我意识为轴心出现了一个逆转：由非我决定自我转为了自我决定非我。这就是人的精神或主体能动性的秘密之所在。"②

当然，上述心理机制还不是严格意义上的审美机制，而只是一般意义上的意识形态机制，它也适用于宗教、哲学、道德等领域。于是我接下来在"作为自我意识的情感"、"作为情感的美感"和"作为美感的情调"三小节中，全面展开了审美特有的心理机制的现象学分析。首先，作为自我意识的情感是一种"意向性的"或者说"有对象的"情感③，它本质上是一种对于自己的

---

① 邓晓芒、易中天：《黄与蓝的交响》，人民文学出版社 1999 年版，第 435 页。
② 邓晓芒、易中天：《黄与蓝的交响》，人民文学出版社 1999 年版，第 443 页。
③ 胡塞尔认为，"意向性"（Intentionaltät），这一概念是现象学的"不可或缺的起点和基本概念"，它意指："所有意识都是'关于某物的意识'并且作为这样一种意识而可以得到直接的指明和描述。"参见倪梁康：《胡塞尔现象学概念通释》，生活·读书·新知三联书店 1999 年版，第 249 页。

对象的"同情感";其次,这种同情感超越具体对象而成为一种"主体间性"①的情感,即一种"对象化了的"情感,或者说一种"传情"的情感,这就是美感;再次,这种传情而达致的美感经过感受上的"想象力的自由变更"的"本质还原"②,形成某种"情感的格",它超越具体杂多的情感和美感而还原为形式化的"情调",这种情调作为"有意味的形式"本身具有某种"直观明证性",它隐含着人们"直观地品味到的那种寄托人类美好情感的可能性。敏锐地发现这种可能性,在尚未明确表示出来的形态中一下子从整体上把握住(感受到)这种可能性,是人类在长期的艺术鉴赏中培养出来的一种形式直观能力,它刺激着人们在审美活动中的创造性的灵感,并为之指明一个对象化出来的方向"③。这样一种心理机制是唯一地适用于审美活动,而不适用于宗教活动、伦理活动和科学(哲学)活动的(除非这些活动也带有某种审美活动的"因素")。这就是我们在审美和其他各个精神领域之间严格划分出来的一条分界线。

可以看出,在上述有关审美活动的现象学还原中,有一个不能最终还原掉的"现象学剩余",即一个人类主体性的"自我极"(Ichpol);一切意向性的对象化、主体间性和想象力的自由变更,无不是以这种自我极的能动性作为前提才得以可能。当年海德格尔正是从胡塞尔的这种主体性的自我极中引申出了一个"此在"(Dasein)的形而上学,一种"有根的本体论";而我们则依据马克思早期手稿中的观点从这种主体性中引申出了一个"实践本体论",并由此而提升到了"人学"的层次。尽管马克思的实践本体论与海德格尔早期的基础本体论相比有诸多不同之处(例如前者的立足点是人本主义的,后者则具有

---

① "主体间性"(Intersubjektivität),又译"交互主体性"。倪梁康指出:"在胡塞尔现象学中,'交互主体性'概念被用来标识多个先验自我或多个世间自我之间所具有的所有交互形式。"参见倪梁康:《胡塞尔现象学概念通释》,生活·读书·新知三联书店1999年版,第255页。

② "'本质还原'(eidetische Reduktion)在胡塞尔现象学中是在方法上得到保证的本质直观过程。它的目的在于把握作为'本质'的先天。……在这个本质中并不蕴含着一个本质的一个事实个体,因为这种使本质把握得以可能的变更是在想像中进行的。本质是纯粹的可能性,它同时也意味着本质必然性。"参见倪梁康:《胡塞尔现象学概念通释》,生活·读书·新知三联书店1999年版,第391~392页。

③ 邓晓芒、易中天:《黄与蓝的交响》,人民文学出版社1999年版,第465页。

浓厚的传统形而上学的色彩，我曾撰文作过专门比较①），但显然也有很多能够兼容的地方。我们的新实践美学正是以马克思的实践本体论为基点，吸收了胡塞尔和海德格尔的研究成果，在对美的本质问题上有了根本性的突破。这也是新实践美学与一切旧的实践论美学的根本不同之处②。

　　所以，新实践美学是以马克思的实践本体论为出发点或"基础"的美学，但这并不等于新实践美学的审美本体论就是实践本体论，不等于我们把实践活动本身就当做艺术或美的本质定义（虽然两者有着内在本质上的关联，主要是实践活动中的自我意识结构与审美自我意识结构的关联）。有人将我们的新实践美学的原则误解为"实践创造了美，因此实践就是美的本质"③，这是没有把握到新实践美学的现象学维度因而将它等同于旧实践美学的结果。我们的美的本质定义是以萌芽的形式蕴藏在实践本体论的原则之中，经过现象学的悬置，也就是将实践活动放进括号内存而不论，而在审美活动中突显出来并直观到的，它有它自身的本质结构，也就是情感传达结构。因此我们的美学观就其自身的本体论来说，可以命名为"传情说"的美学。这种"传情说"，既吸收了西方近现代"移情论美学"的精华，同时又继承了中国古代情境论（"境界论"、"意境说"）的余绪，但有两个方面的重大改进。一是在美的根源方面，把美学这门人文学科奠定在历史唯物主义的"人学"基础上，具有了逻辑和历史相一致的系统的理论根据，并对于一切以"人学"面貌出现的美学思想的合理因素有极大的概括性和吸纳力；二是在美的本质方面，借助于现象学方法把个人内在的情感提升为主体间的情感、乃至于形式化的情调（"情感的格"），使美学中历来争论不休的主情主义和形式主义倾向得到了统一。从此，美学就具有了对于各种审美现象的最为广泛的解释力，而不再是脱离审美感受而任意建构的一套抽象概念体系，也不是只适合于解释某些审美现象（如古

---

　　① 参见拙文：《什么是艺术作品的本源？——海德格尔与马克思美学思想的一个比较》，载《哲学研究》2002 年第 8 期。

　　② 李泽厚先生的后期美学思想中提出了一个"双重本体论"的构想，即物质性的"实践本体"和精神性的"情感本体"并存。但由于他将实践本体理解成不含精神性因素的纯物质过程，他无法从实践本体论中把情感本体引申出来，而造成了二元冲突的尴尬局面，正如陈望衡先生指出的："我们在李泽厚的哲学中经常看到'工具本体'与'心理本体'的交锋。"（参见陈望衡：《20 世纪中国美学本体论问题》，湖南教育出版社 2001 年版，第 509 页）我们的新实践美学则克服了这一矛盾。

　　③ 杨春时：《新实践美学不能走出实践美学的困境——答易中天先生》，载《学术月刊》2002 年第 1 期。

典文艺现象），却对另外一些审美现象（如现代艺术）束手无策的一种美学偏见。

<h2 style="text-align:center">三</h2>

立足于上述美的本体论，我们不难推导出一个文学本体论，这只需考虑到文学的特殊性，即作为"语言艺术"的特殊性就行了。自从"有文字记载的历史"以来，不论中西，美学家们通常都把文学（最初是口头文学、诗歌，然后是神话传说、故事和小说，在某种意义上也包括戏剧和散文）视为一切艺术的中心或最高代表。这种看法直到叔本华、尼采才有所改变，他们都把音乐推崇为最高级的艺术门类。但总的来说，文学在人类艺术中的崇高地位基本上并没有动摇，这与文学作为语言艺术的独一无二性有关。尽管当代语言哲学有把语言泛化的倾向，不管是语言学结构主义、符号哲学还是现代解释学，都把现实生活中的各种事物也看做某种意义符号或"文本"（text），把各种关系都从语法关系的角度来研究；但不能否认，能够以口头言语的方式实现出来的语言（包括书面语言）才是本来意义上的语言。因此，当我们用这种意义上的语言所形成的艺术即文学泛化到其他艺术门类上去时，我们实际上就使其他门类的艺术都"文学化"了。将一切艺术门类"文学化"是一种简单化、片面化的倾向，它忽视了其他艺术门类的特殊性，而使得丰富多样的传情方式都向一种方式看齐。不过，文学在某方面的确有它的优势，这就是它具有几乎不受限制的涵盖性，以及对物质性手段的最大限度的超越性。其他艺术门类除了依赖于天才之外，还要有长期艰苦的技术训练，往往因此而耽误了一个人其他方面的文化修养；文学则正好向全面的人文修养大开门户，它几乎没有什么单纯的技术训练，或者说，它的技术训练和人文修养就是一回事。因此文学为作家的天才提供了几乎是不受限制的发挥空间，因为文学天才不需要和异己的物质材料打交道，而只需要和语言（及文字）打交道，而语言不是别的，就是他自己的存在。如海德格尔所说的，"语言是存在的家"①。

所以，建立在情感传达这一审美本体论基础上的文学本体论，它的本体论的"种差"在于语言本体论。什么是文学？这个问题首先取决于什么是语言。

---

① ［德］海德格尔：《关于人道主义的书信》，载孙周兴选编：《海德格尔选集》，上海三联书店1997年版，第358页。

那么，什么是语言呢？

　　海德格尔在《语言的本质》一文中，把语言归结为"诗意的思"。他说："何谓说（sprechen）。这乃是我们关于语言之本质的沉思的关键所在。但我们的沉思已经行进在一条特定的道路中了，也即说，已经行进在诗与思之近邻关系中了。"① 又说："在语言上取得的本真经验只可能是运思的经验，而这首先是因为一切伟大的诗的崇高作诗（das hohen Dichten aller Dichtugn）始终在一种思想（Denken）中游动。"② 由此看来，语言在本质上就是隐喻，其中，"诗"就是"隐"者，而"思"则是"喻"者。还是用海德格尔的话说："思深入地思了语言，而诗诗化地表达了语言中令人激动的东西。"这种令人激动的东西就是诗意，它就是语言的本质，它本身是不可说的，但又总是想要说出来。所以，"语言之本质断然拒绝达乎语言而表达出来，也即达乎我们在其中对语言作出陈述的那种语言。如果语言无处不隐瞒它的上述意义上的本质，那么这种隐瞒（Verweigerung）就归属于语言之本质"③。但通常人们会认为，诗只是语言的一种特殊方式，除了这种方式，日常大量运用的语言都是散文。对此海德格尔说："与纯粹的说即诗歌相对立的，并不是散文。纯粹的散文决不是'平淡乏味的'。纯粹的散文与诗歌一样富有诗意，因而也同样稀罕。"④ 所以他敢于断言："纯粹所说乃是诗歌。"可见，在海德格尔看来，语言的本质就是诗，语言就是对诗意的思。

　　把语言的本质归结为诗或"诗意的思"，也就是把语言学归结为美学。这种观点并不是海德格尔初次提出来的。早在他之前，就有两个意大利人提出了这种构想，一个是维柯（1668—1744），一个是克罗齐（1866—1952）。维柯最先提出，语言起源于诗（或"诗性智慧"）："在诗的起源这个范围之内，我们就已发现了语言和文字的起源。"⑤ 他说，"由于学者们对语言和文字的起源绝对无知，他们就不懂得最初各民族都用诗性文字来思想，用寓言故事来说

---

　　① ［德］海德格尔：《语言的本质》，载孙周兴选编：《海德格尔选集》，上海三联书店1997年版，第1105页。

　　② ［德］海德格尔：《语言的本质》，载孙周兴选编：《海德格尔选集》，上海三联书店1997年版，第1076页。

　　③ ［德］海德格尔：《语言的本质》，载孙周兴选编：《海德格尔选集》，上海三联书店1997年版，第1088～1089页。

　　④ ［德］海德格尔：《语言》，载《海德格尔选集》，上海三联书店1997年版，第1002、986页。

　　⑤ ［意］维柯：《新科学》，人民文学出版社1986年版，第220页。

话，用象形文字来书写。"① 他甚至认为"隐喻构成全世界各民族语言的庞大总体"②。同样，克罗齐也认为"美学与语言学，当作真正的科学来看并不是两事而是一事。……普通的语言学，就它的内容可化为哲学而言，其实就是美学"，"语言的哲学就是艺术的哲学"③。所以他的《美学原理》一书的副标题就是"表现的科学和一般语言学"。他们都很强调语言最初都是隐喻式的，许多事物都是通过拟人和移情的方式而得到命名的，早期人类说话就是富含诗意的，诗的产生早于散文。现代人类学的大量生动实例也证明，原始人类的语言所具有的诗性创造力不亚于想象最丰富的诗人。

那么，这种现象说明了什么呢? 这说明，文学所使用的语言本身，在本质上就是文学性的。或者说，诗所运用的语言本质上是诗性的，即使在它运用于散文的时候也是诗性的。由此我们可以得出，不是文学产生于语言，而是语言产生于文学，文学本身就是"诗化了的诗"、"用诗来作诗"，或者说是"作为语言的语言"。而既然"语言是存在的家"，所以人的存在也就是诗意存在。海德格尔说"人诗意地栖居"，而"栖居"也就是"存在"的意思④。由此观之，人只有诗意地存在才本真地存在，诗的本质就是人的本质，而"文学即人学"这一被人们肤浅化了的命题在这里就得到了最深刻的注释。的确，按照西方传统对人的经典定义"人是能说话的动物"，我们也可以说人是诗性的动物，因为语言的本质就是诗。因此，我们可以说，文学性或者诗性是审美和艺术中最具本质意义的内容。正如语言是人类交往中最纯粹、最少物质束缚的手段一样，文学也是人类艺术门类中最精纯、最直接触及人性本质的门类。就艺术作为"人的本质的对象化"的活动而言，如果说其他艺术门类（绘画、音乐等）比起诗来更接近于"对象化"方面的话，那么相对而言，诗则更接近于"人的本质"方面。

因此，文学并不只是一般艺术中的一"种"，而应该是最能体现艺术本质的艺术；文学所带给人的美感，也就可以看做一般作为美感的美感。我们固然不能简单地把其他艺术门类都"文学化"，但当我们想要就人的本质来"思"艺术的本质时，文学（诗）的确是最为直接也最具有代表性的实例。在这种

---

① ［意］维柯:《新科学》，人民文学出版社 1986 年版，第 193 页。

② ［意］维柯:《新科学》，人民文学出版社 1986 年版，第 205 页。

③ ［意］克罗齐:《美学原理》，外国文学出版社 1983 年版，第 153 页。

④ "栖居"德文为 Wohnen，有居住、住在某处之意，在诗歌中常用来表达"存在"(sein) 之意。

意义上，文学的本体论就可以直接从一般美和艺术的本体论来理解，并能纳入上面所提出的审美的"传情说"三定义之中。不同的只是，其中的"对象化"被限定为通过语言符号的中介而进行的间接的对象化，而不像音乐、绘画等那样将情感直接对象化在声音旋律、颜色和线条等之上。文学对于人的本质的直接关系是以对于对象的间接关系为代价的，正如音乐、绘画对于时空中的对象的直接关系也只是间接表达着人的本质一样（所以有音乐中的"声无哀乐"和美术中的形式主义的偏离）。就此而言，文学对于其他艺术门类的优势也不是绝对的，而是辩证相关的。

诗通过对象化的语言而传达情感的本质功能在中国古代早就有人看出来了。中国传统抒情诗最为发达。如果说，陆机提出"诗缘情"还只是对这一现状的一种朴素的直觉，那么到了王夫之的"情景说"，则达到了中国古代诗学的最为成熟的高峰。王夫之以从印度佛学中引入的"现量"（相当于现象学的"本质直观"）为方法，总结出中国诗论的一条根本规律，即"情景合一"："情景名为二，而实不可离。神于诗者，妙合无垠。巧者则有情中景，景中情。""不能作景语，又何能作情语邪？""景中生情，情中含景，故曰，景者情之景，情者景之情也。"① 所谓"景语"，也就是对象化的语言；而"情语"则是情感共鸣之语言，即传情之语。直到王国维提出"一切景语皆情语也"，方才道破：景语非为写景，乃为传情也。

所以，我们对文学的本体可以用这样一个定义来表示：文学是作者把自己的情感寄托于景语之上以便传达的情语。

（作者单位：武汉大学哲学学院）

---

① 王夫之：《薑斋诗话》，转引自北京大学哲学系：《中国美学史资料选编》（下），中华书局1981年版，第278～279页。

论中国化的马克思主义哲学和美学

彭富春

马克思主义虽然是欧洲的，但已成为中国现当代思想的一个重要部分。百年的中国现当代思想史虽然纷繁复杂，但其主体部分无非三家。其一是西学，其二是中学，其三是马克思主义。其中，马克思主义甚至占有主导性的地位。在这样的意义上，中国现当代的思想史是不可能忽略马克思主义的存在和影响的。

尽管如此，马克思主义就其自身的本源而言依然是欧洲的，而不是中国的。中国古典的思想是儒家、道家和禅宗三家。它们自身不仅不是马克思主义，而且也不可能自发地通向马克思主义。因此，我们必须注意马克思主义自身不同于中国传统思想的独特本性。

什么是马克思主义？或者：什么是马克思的马克思主义？一般认为，马克思主义由三部分组成。它们是哲学、政治经济学和科学社会主义。其中，哲学是整个思想结构的根本。关于马克思主义哲学，人们将它说成是革命的世界观和科学的方法论。它之所以如此，是因为它是辩证唯物主义和历史唯物主义。但用辩证唯物主义和历史唯物主义来描述马克思主义哲学是不切中其本来面目的。

关于马克思主义哲学，恩格斯的《在马克思的墓前的讲话》有一经典性的总结："正像达尔文发现有机界的发展规律一样，马克思发现了人类历史的发展规律，即历来为繁芜丛杂的意识形态所掩盖着的一个简单事实：人们首先必须吃、喝、住、穿，然后才能从事政治、科学、艺术、宗教等等；所以，直接的物质的生活资料的生产，从而一个民族或一个时代的一定的经济发展阶段，便构成基础，人们的国家设施、法的观念、艺术以至宗教观念，就是从这个基础上发展起来的，因而，也必须由这个基础来解释，而不是像过去那样做得相反。"①

---

① 《马克思恩格斯选集》第 3 卷，人民出版社 1995 年版，第 776 页。

　　事实上，马克思主义哲学就其自身而言并不是辩证唯物主义和历史唯物主义，而只是历史唯物主义。所谓历史唯物主义是马克思关于人类历史的一般解释，而所谓辩证唯物主义不过是马克思之后的人们根据马克思主义哲学的基本观点而构建的一个关于世界的一般理论。因此，对于马克思主义哲学的理解应回到历史唯物主义的基本学说。

　　马克思将人类的历史世界理解为一个对立统一的结构。其中，经济基础是由生产力和生产关系两者构成。一方面，生产力作用生产关系；另一方面，生产关系反作用生产力。它们作为经济基础又和上层建筑构成了关系。在这种关系中，经济基础是决定性的，而上层建筑是被决定性的。这就是马克思所描绘的历史世界的图形。

　　马克思历史唯物主义的创造性立于何处？它把人类历史既不是理解为一个自然或天道的过程，也不是理解为一个上帝创世的过程或者是精神的演变过程，甚至也不是理解为抽象的人的存在，而是理解为一个现实的经济活动，也就是生产力和生产关系的矛盾发展。马克思将这种人类的经济活动也表达为劳动或实践。

　　不仅人类的历史，而且人自身的本性都必须由实践来理解。在马克思自身所属的西方的传统中，人一直被理解为理性的动物。在存在者整体中，人虽然被归属为动物，但是一个特别的动物。其特别之处在于，人具有理性。所谓理性就是思想，而且是一种具有原则能力的思想。它说明根据和建立根据。正是凭借理性，人和其他动物相区分。但马克思反对这种对于人的本性的规定。在他看来，人首先是一个生产者、劳动者和实践者，其次才是一个理性的人。因此，理性必须置于人的生产之中，而不是反过来，人的生产置于人的理性之中。

　　生产、劳动和实践是人的活动。人的活动是有意识的生命的活动。它既非动物般的本能的活动，也非一种单纯的思想的意识的活动，而是人的现实的活动。作为如此，生产、劳动和实践是人使用工具改造自然和人自身的过程。这一过程聚集了多重关系。

　　首先是人与自然的关系。人的现实的物质生产是从人与自然界共同存在为出发点的。人不再只是从自然界里直接地获得生活资料，而是通过对于自然界的改造加工间接地获得生存的所需。所谓生产就是人通过工具从自然界中制造出人所需要的产品。

　　其次是人与他人的关系。在人与自然的交往过程中，也建立了人与他人之

15

间的关系。人不是作为一个个体，而是作为整体才能去改造自然。在一个整体中，人与他人的关系是多重性的。既有合作，也有矛盾。其中最主要的是统治和被统治的关系。

最后是人与精神的关系。无论是人与自然的关系，还是人与人的关系，它们都包括了身体和心灵的关系。人不仅用身心与自然交往，而且用身心与他人交往。但身体与心灵可能是统一的，也可能是分离的。

作为上述三重关系的聚集，人的生产、劳动和实践具有极为丰富和广阔的意义。人们不能把生产作片面化的理解，只是看到多重关系中的某种特别关系，而要把它作综合的把握，不仅要看到多重关系，而且要看到它们的相互交织。更重要的是，人的生产、劳动和实践要置于人的生活世界的整体之中。一方面，人的生产、劳动和实践不能等同于生活世界的整体；另一方面，人的生产、劳动和实践是生活世界中的最重要的部分。

一、马克思主义在中国

20 世纪以来，马克思主义传入中国并逐渐地成为中国的主流思想。为什么既不是中学，也不是西学，而是马克思主义成为中国现代思想的主流？这是值得人们思考的。其根本的原因在于：一方面，中国的现实需要马克思主义；另一方面，马克思主义解决了中国现实最迫切的问题。

20 世纪以来的中国的思想的根本使命是关于中国现实命运的思考，也就是中国应该何处去。

千年以来，中国一直走着自己独特的道路，从未提出何处去的问题。为何在 20 世纪初会提出这样的问题？这是因为 19 世纪下半叶以来，随着西方帝国主义的入侵，中国不再是中央帝国，而是边缘之国，并且沦落为一个穷国和弱国。鉴于这种事实，中国不可能再重复旧路，而要开寻新路。但新路并不是已确定的，而是未确定的。于是便有了中国何处去的问题。但中国道路的选择必须始终依赖于对于现实的症结的分析。只有确定了某种病因，人们才能对症下药地提出某种解决方案。

一般认为，中国比西方落后是多方面的。相应地，人们应该多方面地学习西方。首先学习其技术，其次学习其制度，最后学习其思想。五四新文化运动将问题的关键集中到启蒙，并具体化为两点：科学和民主。之所以要启蒙，是因为中国还处于一种蒙昧状态之中。之所以要科学和民主，是因为中国主要是迷信和极权。由启蒙运动所开辟的道路主要是反对中学，而引进西学。故西方大量的关于启蒙的思想传入了中国。

在启蒙运动中，人们意识到了一种更大的危险。如果中国完全西化的话，那么中国自身的同一性又何在呢？人们发现，如果一个民族最后要亡国亡种的话，那么首先必亡其文化。而新文化运动中所具有的西化的趋势就会导致灭绝中国传统文化。针对这种情况，人们主张回到传统，保存传统，让中华民族文化保持其同一性。其中最典型的是新儒家的努力和尝试。他们力图返本开新。

启蒙和保守两条道路虽然也是植根于中国现实的，但主要是基于思想和文化层面。一个不同于思想和文化的更紧迫的现实是，中国人民处于压迫和剥削之中。一方面是西方帝国主义对于中华民族的侵略，另一方面是地主资产阶级对于广大劳苦大众的压榨。这个更紧迫的现实要求人们不是去讨论是启蒙还是保守，而是要求革命。不是其他的中学或者西学，而是只有马克思主义才提出了关于中国革命的学说。马克思主义的历史唯物论是一种从现实出发的思想。所谓现实并非其他，而是人的生产、劳动和实践。马克思主义的历史唯物论是关于人类现实的普遍真理。但人们如何用它分析中国独特的现实？中国 20 世纪的现实的根本问题就是生产力和生产关系的矛盾，经济基础和上层建筑的矛盾。为此，人们必须变革生产关系和上层建筑。变革的方式不可能是和平的，而只能是革命的，甚至是战争的。正是凭借马克思主义的学说，中国才取得了现代革命的成功。

中华人民共和国成立以后，中国的现实和思想发生了一个根本性的转折。人们力图摧毁一个旧世界而建立一个新世界。虽然建设和革命都成为时代的主题，但和建设相比，革命依然是首要的任务。在新中国建立的漫长时间里，革命是压倒一切的。革命首先是政治的。它要保障以工人阶级为领导、以工农联盟为基础的人民民主专政。它其次是经济的。它要使工厂变为国家所有，耕地变为集体所有。它最后是文化的。它要消灭封资修的文化，兴建无产阶级的文化。在这样的关联中，中学和西学基本都被否定，唯一被肯定的是马克思主义。它被抽象和片面化为阶级斗争的学说，也就是无产阶级批判地主资产阶级的学说。

到了改革开放，人们才由革命思维转向建设思维。这种转变是由真理标准的讨论实现的。它其实不是一个纯粹的思想的讨论，而是一个政治的讨论。实践是检验真理的唯一标准无非要求实事求是，要求从现实出发。那么当时中国的现实是什么？它们是生产力和生产关系的矛盾，经济基础和上层建筑的矛盾。这具体化为，革命的思想不能指导建设的国情。为了中国的生存和发展，人们必须改革开放。对内改革，也就是改变现有的生产关系和上层建筑中僵化的东西。对外开放，也就是与世界沟通，与欧美接轨。改革开放实际上是一种建设性的改良道路。这包括了经济体制改革、政治体制改革和文化体制改革。在改革的浪潮中，人们对于思想有了新的期待。一方面，马克思主义必须坚持和发展；另一方面，中学和西学必须得到新的评价。在 20 世纪末，特别是西学得到了前所未有的引进、介绍和研究。但在 21 世纪初，中学又开始复兴。在国学的名义下，中国传统的儒道禅思想又在学院和社会占有了巨大的市场。

在 21 世纪初，当我们回顾马克思主义在中国已有实践的时候，不难发现这一实践不过是马克思主义中国化的过程。其关键在于，马克思主义必须思考中国的现实，也就是革命和建设的现实。但当我们展望马克思主义在中国未来的命运的时候，却怀有期待：中国化的马克思主义不仅要切中中国的现实，而且要结合中国的传统思想。这个传统思想也就是以儒道禅为主体的智慧。

二、中国传统思想

为什么马克思主义不仅要和中国的现实相结合，而且要和中国传统思想相结合？传统思想看起来不是现实。不仅如此，人们还会有意地割裂它们之间的关系。但是传统和现实的关系是不可分离的。一方面，传统作为传统既然是传承的，那么它就会从过去给予现在，也就是会构造现实。另一方面，现实作为一个已经存在的世界，不是非历史的，而是有历史的，也就是历史的聚集。在这样的意义上，传统是现实的一个部分，现实不过是传统的继承与创新而已。事实上，有数千年历史的中国传统思想在根本上塑造了中国的存在、思想和语言。如果马克思主义和中国现实相结合的话，那么它必须和中国的传统思想相结合。

中国传统思想的基本主题是关于人生在世的问题。中国的世界不是一个被创造的世界，而是一个已给予的世界。这个世界正是天、地、人的世界。人生存在世界中就是生存在天地之中。根据这一事实，中国思想将世界的问题变成了天人关系的问题。首先是关于天的问题。这形成了天道论。它意在探讨天道是什么，是如何运行，又在何种程度上作用于人。其次是关于人的问题。这形成了心性论。它意在探讨人心什么，人性是什么。人心和人性规定了人的存在。最后是关于天人关系的问题。这集中表现为天人是否合一和如何合一的争论。

在世界中，人的存在的样式表现欲望、技术和大道的游戏活动。人是从欲望出发来展开自己的生存的。欲望一般分为身体性的和社会性的。人的存在就是欲望的追求和实现过程。为了实现欲望，人必须借助于工具和手段，也就是技术。技术保证了欲望是否能实现和如何去实现。但欲望和技术都要获得大道的规定。大道一般显现为天道。大道指明，哪些欲望是能实现的，哪些欲望是不能实现的。大道同时指明，哪些工具是可以运用的，哪些工具是不可以运用的。这就形成了道与欲的关系和道与技的关系。一方面，大道指引了欲望和技术；另一方面，欲望和技术也推动了大道。

中国传统思想的主体都是关于大道的理论。虽然如此，但它们具有不同的方向和层面。

儒家是社会之道。儒家经历了孔孟等原始儒学和宋明理学等阶段的发展。儒家建立和发展了丰富的天道论和心性论。但它无非是为人生在世提供一个基础。天道论给予了一个外在的基础，而心性论给予一个内在的基础。在儒家看来，人生在世最主要的是和人打交道。人对于他人最根本的是要有仁爱之心。仁爱源于亲子之爱。但人要把它扩大到他人，并扩大到天下。由此，仁不仅是对于他人的爱，而且是和天下万物为一体。

道家是自然之道。道家除了老庄等原始道家之外，还发展了新道家。道家的根本思想是作为自然的道。道是天地人世界的规定者。故人法地，地法天，天法道，道法自然。道与自然不是分离的，而是合一的。道即自然，自然即道。虽然道不同于天地，但显现于天地。于是，道具体化为天地之道，并成为人之道的基础。人在天地间就要遵道而行，和天地一样自然而然。

禅宗是心灵之道。禅宗是中国化的佛教。它在唐朝达到鼎盛期后，逐渐融入了中国人的日常生活。禅宗认为万法唯心。这就是说，人的心灵是世界的规定者。人自身的本性就其自身而言是纯洁圆满的。但它受到外在事物的影响和污染却遮蔽了自身。一旦人的心灵发现了自身的本性，人便是觉悟成佛了。心即是佛，佛即是心。心外无佛，佛不外心。一个觉悟的人不昧因果，不落因果。故他能放下解脱，而得大自在。

儒道禅三家从不同的角度解释了世界中的三个方面：社会、自然和心灵。它们是世界整体中的三个不同的成分。正是在这样的关联中，儒道禅三家互补而合一。这也导致唐宋以来的中国人能行走在儒道禅之间。

三、马克思主义和中国传统思想

马克思主义如何和中国传统思想相结合？这需要比较它们两者的共同点和区别点。在此基础上，使之对话和相互补充。通过这种努力，一方面，使马克思主义中国化；另一方面，使中国思想马克思主义化。

马克思主义和中国传统思想是否具有相同点？这的确是一个问题。人们认为，马克思主义和中国思想是两种完全不同的思想。一方面，它们是两种不同民族的思想。在19世纪以前，中西两种思想缺少真正的交流和理解。另一方面，它们是两种不同时代的思想。中国传统思想是古代的思想，是农业社会的产物；而马克思主义是现代的思想，是工业社会的产物。

尽管如此，但马克思主义和中国传统思想具有一定的相同点。这在于一切伟大的思想都是对于同一问题的思考。这一问题并非其他，而是人的生活世界的本性。中国传统思想将它表述为欲望、技术和大道（智慧）的游戏活动；而马克思主义的历史唯物论将它理解为经济基础和上层建筑的关系。不过，历史唯物论事实上是马克思主义关于生活世界的欲、技、道理论。

首先，历史唯物论认为人的生产活动是建立在人的欲望的基础上的。人的基本欲望表现为食欲和性欲，并具体化为吃、喝、穿、住。人首先必须满足自身的欲望，亦即吃、喝、穿、住。而人的生产活动首先也是满足人的欲望的活动。

其次，历史唯物论强调生产活动是人类社会最主要的活动。生产活动一方面是对于工具的操作，另一方面是技术的运用。相应于人的基本欲望，人的生产活动也有两种。一种是物质生产活动，另一种是人自身的生产活动，也就是种的繁衍。

最后，历史唯物论也指出了作为意识形态的道或者智慧。在上层建筑中，艺术、宗教和哲学等意识形态就包括了道或者智慧的因素，如古希腊的《荷马史诗》，中世纪的《新约全书》和近代卢梭等人的关于人性的思想等。它们既是关于现实生活的反映，也是对于现实生活的指导。特别是作为统治阶级的意识形态更是一种权力话语，具有支配和控制的特性。

但马克思主义和中国传统思想在欲、技、道的关系的理解有着明显的差异。马克思主义认为人的物质生产是人类社会的根本。它一方面规定了人的欲望在何种程度上能够被满足，另一方面决定了作为意识形态的道或者智慧。与此不同，道则是中国思想的核心。它一方面限定了人的欲望的实现，另一方面也标明了技术和工具使用的限度。

因为马克思主义的历史唯物主义强调生产劳动实践对于人类历史的重要性，所以其思想形态表现为实践的存在论。但因为中国传统思想注重道的最高地位，所以其思想形态表现为天道论和人道论（心性论）。对于马克思主义来说，它缺少天道论和心性论。而对于中国传统思想来说，它缺少实践存在论。鉴于它们两者的差别，它们可以构成互补。于是，这便形成了实践存在论、天道论和心性论三者的合一。但它们将构成一个什么样的关系？它们是共同存在和相互制约的。一方面，实践的存在论不能脱离天道论和心性论。这就是说，人的生产劳动实践始终是在天道和人道的关联之中。否则，人的生产将会极端化为一种技术主义的活动。被天道和人道所制约的生产将是让自然成为自然，让人成为人。另一方面，天道论和心性论不能超出实践存在论。这就是说，天道和心性（人道）是受到人的生产劳动实践的影响的。否则，天道和人道就会被抽象化和空洞化。被生产劳动实践所推动的天道和人道会随着历史的变化而变化，且每个时代都有自身的天道和人道。根据上述分析，生产、天道和人道（心性）的相互作用类似于一种游戏活动。

四、一种关于生活世界的哲学美学

我们将一种中国化的马克思主义哲学表述为实践存在论与天道论、心性论的合一。它是一种关于现实的生活世界的思想，但这是否能通向一种新的美学？

很多人将哲学作一种狭义的理解，认为哲学就是存在论和认识论。美学即使可以包括在哲学学科的领域内，但也不是重要的一部分。现在的语言分析哲学甚至认为哲学就是语言分析。它区分有意义和无意义的语言。美学的语言表达式是非逻辑的，也就是无意义的。这使哲学活动变成了一种非常褊狭的技术活动，也使美学成为其牺牲品。

与此同时，美学自身也被一些思想所扭曲。长期以来，美学的领域只是限定在艺术的领域，美学成为艺术哲学。非艺术的审美现象没有成为美学的重要课题。现在由分析哲学所滋生出来的分析美学也只是从事审美判断的语言分析。审美所具有的独特的语言意义没有充分被揭示出来，更不用说其世界与历史的意义了。

21

　　但这种哲学和美学的理论必须接受批判。当哲学被理解为存在论的时候，它自身是包括了真善美的问题的。如果存在是其自身并如实揭示的话，那么它就是真的，并为认识论的真理观提供了基础；如果存在作为人的生存的家园的话，那么它就是善的，是最本源的伦理和道德；如果存在是自身完满的显现的话，那么它就是美的。在这种意义上，存在论自身在最后就是美学。当哲学作为语言分析的时候，它不能因为逻辑分析的限制而否定美的意义。人们在语言中并通过语言都可以去经验美。这里不如说，人们要更全面更彻底地分析语言的意义。当这样一种本源性的语言分析尝试的时候，它就不难发现美的意义了。

　　在一种哲学观念转变的同时，美学的观念也要改变自身。美学不只是艺术哲学。艺术当然是美学最重要的领域之一。但除了艺术之外，自然和人类自身也是不可否认的审美领域。因此，美学必须关注自然和人类的审美特性。美学也不只是关于审美判断的语言分析。一种关于审美判断的语言分析是必要的，但不是充分的。美学必须走进语言，同时也必须走出语言。这就是说，美学要通过语言分析解释审美的存在及其经验。

　　这种新的美学就是中国化的马克思主义美学，亦即一种关于生活世界的哲学美学。

　　美是一个已经给予的事实。它不仅是语言的，而且也是思想的和存在的。就审美存在而言，有自然美、社会美和艺术美等。但所有这些审美现象都是包括在人的生活世界之中。世界是天、地、人三者所构成的整体。那么，世界是如何显现为美的呢？

　　世界是天地人的世界。人的存在就是在天地之间的活动。人首先从欲望出发，然后通过使用工具的生产活动来满足自己的生活需要。但在欲望和技术之外，还有智慧或者大道。它告诉人是什么和世界是什么。一方面，智慧规定了人的欲望和技术的活动；另一方面，欲望和技术也推动智慧的更新。事实上，世界就是欲望、技术和大道的游戏活动。当这一游戏活动完满实现并显现的时候，它就是美。在此，欲望、技术和大道都改变了自身最初的特性，而获得可审美的意义。

　　首先，化欲为情。人的欲望在生活世界的游戏中成为一种美好的情感。其转变的关键点为，人由渴求、占有变为奉献和给予。欲望是渴求、占有的，而情感则是奉献和给予。人的食欲不仅是为了满足饥渴，而且也使人创造了美食，以及人与人聚集的宴饮。人的性欲不仅是为了繁殖后代，而且也成为了交欢，甚至还成为了男女的爱情。在聚集的宴饮和男女的爱情之中，美产生了。

其次，由技到艺。在劳动生产实践中，人把技术上升到艺术。技术是人使用工具的活动，是达到目的的手段。一旦目的实现之后，手段就会被抛弃。同时，人在技术的操作过程中会被技术自身的程序所控制，因此是不自由的。但技术自身的发展会走向艺术。这就是说，它所使用的工具会成为作品。作为作品，一个事物就是一个以自身为目的的存在。人在作品的创作过程中，会获得一种身心的自由感和愉悦感。

最后，道显为文。大道是智慧，并表现为关于人和世界真相的道理。它会以艺术、宗教和哲学等形态显现出来。当大道或者智慧以艺术作品的形态显现自身的时候，它就是美。不仅如此，大道或者智慧还显现于人的现实活动之中，表现为人或者物。这些人和物就成为了美的人和美的物。

五、天与人的审美化

马克思的实践存在论的美学关于美的规定是通过两种途径获得的。一方面，人与动物相区分。动物的活动是本能的活动，而人的活动则是有意识的生命的活动。动物的活动是不自由的，而人的活动是自由的。正是在这样的意义上，人是按美的规律来建造的。另一方面，人与自身相区分，也就是作为共产主义者的人和作为雇佣劳动者的人相区分。共产主义者是自由的，而雇佣劳动者是不自由的。在这种关联中，虽然人是按美的规律来建造的，但只有共产主义者才真正是美的建造者，也只有共产主义社会才是美的社会。

实践存在论的美学当然是用实践来解释审美现象。马克思认为，人的实践活动是人使用工具改造物质世界的活动。它也就是人与自然之间的能动的关系。在实践活动中，一方面是人的本质力量的对象化，另一方面是自然的人化。这从两方面解释了美的根源。但这种关于美的规定依然具有其时代特点。它实际上是主体性思维和对象性思维的产物。人是主体，自然是客体。它们之间构成了主客体的交互关系。这才有人的主体性对象化，自然的客体性主体化。

虽然人与自然在生产劳动实践中能构成主客体关系，但他们在生活世界中也能构成非主客体关系。人生天地间，这就是说人生存在自然之间。人与自然最本源的关系是超出主客体关系之外的。在这种关系中，有必要更深入地思考自然自身和人自身。作为中国化的马克思主义哲学美学，它除了实践存在论美学外，还必须建构天道论美学和人道论（心性论）美学。

在天道论看来，天地是自身已经给予的。它们按照自身的道路无限地运行着。天道是自然界自然而然的道路。它们既不来源于什么，也不为了什么。天道并不神秘，而是显现于天地。这形成了天文和地文，也就是美。天空有太阳的运行，月亮的圆缺，还有群星的闪烁。大地有山脉河流，有植物的生长和动物的繁衍。天地有其自身的美，但只有在人的生活世界中才显现出来。

在人道论（心性论）看来，人之所以为人，是因为人有其心灵。同时，心灵也规定了人的本性。人的心性就其自身而言是纯洁和光明的，也是美的，但它受到外在事物的污染之后，就变丑了。心性的修炼是对于本源之心性的回复，也是对于心性之美的再发现。当然，人不仅有心性，而且有身体。但心使气，气成身。相由心生，一颗美好的心灵也就形成了一个美好的身体。心灵不仅能形成人自身身体的美，而且也可以观照和创造人自身所处的世界的美。世界在何种程度上是美好的，关键在于心灵在何种程度上是美好的。

当然，天道论和人道论（心性论）的美学都始终置于人的生活世界。这也就是说，它们必须置于欲技道的游戏之中。

（作者单位：武汉大学哲学学院）

关于自然美及其鉴赏

[日] 西村清和著　梁艳萍　许文青译

一、"自然"概念的矛盾

自黑格尔以来，近代美学常常被认为是无视自然美的。但是，自20世纪70年代以降，在英美哲学美学界关于自然美或自然环境美的鉴赏问题突然成为一个热门话题，环境美学浮出水面。当然，环境美学与环境伦理及环境保护一样，也是从不同的角度来阐述自然环境所濒临的危机，可以被视为现代的、更广泛的自然环境理论思潮的一个分支。但是，同环境伦理一样，对于环境美学的探讨尚存在不少分歧。其问题在于：原本作为鉴赏对象的"自然"具体指什么？从美学的视角去鉴赏自然存有怎样的经验。

以往的自然美论，总是将一个自然物作为单独的审美对象，来鉴赏其颜色、形状、肌理及状态等感官上的特质与形式；或者将自然的全部风景作为一幅风景画来观赏。无论哪一种，都是将"自然"作为与艺术品具有同等价值的对象来思考的。与此相反，20世纪70年代以后的环境美学，大多是从批判此类艺术模式的自然鉴赏理论的立场出发的。例如，艾伦·卡尔森曾经指出，单个的自然物是依靠其所处环境内部的各种作用力，从构成环境的诸要素中发展而来的。因此，那种使自然物脱离其所处环境的有机统一体，并对其进行单独鉴赏的行为并不能称之为自然鉴赏。所谓自然，它首先是指自然环境。正如鉴赏艺术作品需要具备一定的与之相关的时代、体裁以及风格的知识一样，在鉴赏山岳、溪谷、湿地等自然环境的美时，也必须具备关于自然环境的地域差别以及作用于其内部系统各种要素的知识。因而，卡尔森将鉴赏自然时所必需的相关知识称为关于自然的"常识/科学知识"（the common sense/scientific knowledge）①。

---

① [加] 艾伦·卡尔森：《美学与环境》，劳特利奇出版社2000年版，第50页。

卡尔森的环境模式理论虽具有一定的说服力，但也存在问题。他不允许将单个的自然物仅仅作为自然物来鉴赏，这一规定，背离了我们对于都市的街道（景观）树和自家庭院的鲜花的鉴赏这种极为普通的经验。更重要的是，他在把并非作为自然物的环境与"自然"置于同等地位时，实质上是基于科学知识的"自然"概念。在山岳、溪谷和湿地等特定的自然环境中，"自然"是科学所应该面对的一个总体，科学应该以把握自然的秩序和统一性为目标。但此时，"自然"概念就容易被设定为一种包括我们人类在内的、并与我们的经验相对应的超验的全体性理念。如此一来，康德所指出的围绕"自然事物"的整体"宇宙论的理念"，即"超越的自然概念"（transzendente Naturbegriffe）的矛盾就变化为显在矛盾。

这种情形也同样出现在将环境作为审美鉴赏的主题的阿尔诺德·柏林特的研究案例中。柏林特所提倡的是与康德以往的"无利害的美学"相对的"介入美学"（aesthetics of engagement）。我们凭借自己的身体深入环境，依靠处于动作与活动中的身体而非视觉去感受环境的广阔、厚重与深邃；而且，作为"文化动物"（cultural animals），我们对于环境的知觉已经与我们的记忆、信念、联想等文化的各种状态融为一体。由此，自然环境成为一种"复杂的观念"，这种观念认为"人类生活网络具有多种历史和社会形态，而自然环境便是人类参与建构的这种网络的所有活动和反应的自然的——文化的领域"（physical-cultural realm）。这是一种非常正确的认识。关于自然，柏林特坚持这样一种观点，他"不去区别人与自然，而将一切都解释为单一的、连续整体的组成部分"；他认为诸如艺术的人类行为也包蕴于人类生存的自然过程中。柏林特所指的"环境"，虽然一方面是指由我们的经验交织而成的文化领域，但最终还是指包括我们人类在内的自然过程；所以，他在阐述环境作为"自然——文化领域"这样一种"复杂的观念"时，本身就表现出其中的矛盾性。

以往的环境论都是作为某种意义上的"拟人论"或者人类中心主义而立论的。因此，戈德洛维奇立足于激进的"非中心主义的（acentric）环境论"与自然美论的立场，围绕"自然"概念的自相矛盾的阐释就显得越发激进。依据戈德洛维奇的观点，以前的自然美论大多数是在讨论我们对于自然对象和风景选取了怎样的视点和态度，产生了怎样的反应，其结果只是将自然寄托于人类的感觉或感性以及文化的恣意性。无论是基于人类的利害关系而主张自然保护的功利主义，还是像彼得·辛格①那样，在与人类利益的比较中，关注动物的利害关系及其随之而来的"拟似—权利"的环境论，都属于长期以来特定的人性关怀和自古以来的片面的自然观点，并没有显现出作为整体的自然。J. E. 拉斐洛克是反对"人类中心生态学"的学者，他提出了以下主张：如果以从宇宙空间眺望到的地球为出发点，将细菌和人类看做同一尺度的事物，那么人类的"技术圈"最终将会纳入被称为盖亚的"原生（原始）自然"的控制程序之中②。此时，他在"盖亚假说"③ 中所设想的"自我维持的整体系统"仍然是基于"拟人法的隐喻"④ 的。即使是卡尔森的"认识论的审美理论"（cognitivist aesthetic），也是以我们谓之"科学"的人类知性观照为依据的，他的理论只不过是为我们提供了一系列得以亲自辨识的形象⑤。在上述判断的基础上，戈德洛维奇提出了以下观点：对于自然本身，人类的存在毫无意义，因而立足于人类的立场来说，它是一种"超然"（aloof），我们由于对其疏远而毫不知情，使之成为"他者"⑥。从原理上来说，我们不可知、不可言说的事物，在某种意义上便停留于"神秘"阶段。因而，对自然鉴赏应该是去体验自然本身具有的"美的超然"（aesthetic aloofness）和"伟大的无情"（the great Insensate）以及置身于人类之外的关于自然的"某种神秘感"。

---

① ［澳］彼得·辛格（Peter Singer），伦理学家，现任教于澳大利亚莫纳虚大学哲学系。世界动物保护运动的倡导者，代表作《动物解放》一书自 1975 年出版以来，被翻译成 20 多种文字，在数 10 个国家出版。英文版的重版多达 26 次。

② ［英］J. E. 拉斐洛克（J. E. Lovelock）：《盖亚的科学——地球生命圈》，斯瓦米·弗莱姆·普拉布特译，工作舍 1984 年版，第 229 页。

③ 盖亚假说（Gaia Hypothesis）于 1972 年由英国科学家詹姆斯·拉斐洛克（James Lovelock）提出。拉斐洛克自 20 世纪 60 年代，受聘于美国国家航空航天局，探索火星上生命存在的可能性。他通过分析大气情况在探寻遥远行星上的生命的同时也在研究地球上的生命，指出：行星上的大气由生命无法存活的混合气体组成，通过地球化学过程（如岩石侵蚀）和大气支持的有机物活动（如用光和植物去除二氧化碳并产生氧气），并维持生态的平衡。他以古希腊大地女神命名了引起争论的"盖亚假说"，提出陆生生物过程和自然过程共同作用产生并调节有益于生命继续生存的环境。

④ ［加］斯坦·戈德洛维奇（Stan Godlovitch）：《破冰船：环境保护与自然美学》，参见卡尔森、A. 伯兰特（合编）：《自然环境的美学》，Broadview 出版社 2004 年版，第 113 页。

⑤ ［加］斯坦·戈德洛维奇：《破冰船：环境保护与自然美学》，参见卡尔森、A. 伯兰特（合编）：《自然环境的美学》，Broadview 出版社 2004 年版，第 117 页。

⑥ ［加］斯坦·戈德洛维奇：《破冰船：环境保护与自然美学》，参见卡尔森、A. 伯兰特（合编）：《自然环境的美学》，Broadview 出版社 2004 年版，第 120 页。

的确，戈德洛维奇的主张是完全正确的。他所主张的功利主义和认知主义已经成为各种自然美论和环境论的论据，并与神秘主义一道被列为人类中心主义。另外，如果我们不去考虑人类的存在，我们可以假定存在着"作为整体的自然"即自然本身，那些超越文化之外的我们的理解、科学和感情的"某物存在"的问题，至少不会构成伦理上的谬误，把它看成未解之谜或者神秘也未尝不可。可这样一来，就连把它称为"自然"这种行为也一定会被类推为人类主义的谬误。"存在"和"物自体"是处于围绕"超验的自然概念"的矛盾基础之上的。上述观点与这两者一样，以我们的经验来看，是一种空虚的概念或者理念；因此，即使对于我们能够产生宗教的、形而上学的影响，也不能称其为基于人类经验的作为认识论概念的"自然"，更不能把它作为美的对象来鉴赏。

二、人类的生存空间

在审美的鉴赏中，我们一边叙述着有关"自然"的经验，另一方面又必须超越某种已有的宇宙观的理念之影响。正如马尔科姆·巴德①所指出的那样，我们实际上体验到的自然，只是水与铁、山岳与河流，或者是昆虫与树木等诸如此类的局部自然，以及作为此种自然单独存在的实例。诸如富士山与穗高山、地球与月球、个别的犬与马等自然物，或者说是日出日落、彩虹、风雨等源于各种自然力量的事物与现象。一般来说，我们是将这些"自然"的种类、个别事物和现象与人类所创造的"人工物"置于对等位置的。人类创造并长期居住的领域称为"文化（文明）世界"；与此相对，在这个世界之外还存在一个人类无法干预的领域或者过程，我们常常把它设想为"原生自然"或者"自然自体"。但是"原生自然"与人类的"文化世界"之间这种二元对立是难以持久存在的。原因在于，人类本身就生长于自然之中，我们的肉体实际上也属于自然，生活和行动也属于一定的生态系统并遵从一定的自然规律。

事实上，如果仅就地球上单个的自然对象来看，那种完全没有人类介入的自然领域在现代社会几乎是不存在的。自原始社会以来，野生动物就被驯养为家畜，即使现在尚处于野生状态的动物，它们的生息繁衍也是在一定政策规范

① ［英］马尔科姆·巴德：《自然美的本质》，牛津出版社 2002 年版，第 97 页。

下的保护区进行的。我们在河流上修建桥梁或筑造大坝，在海边修筑防波堤，砍伐森林使之变为空地。哪怕是那些被指定为世界遗产、人类双手无法触及的、与野生动物一样，被置于政策的保护之下原生自然，也难以躲过空气污染和温室效应的影响。总之，我们习惯上所称呼的"自然"、"环境"，实际上只是自然与人工的混合体。"自然"一直处于与人类对等的位置，人类出现以前地球上就有很多物种、单个物体和各种现象，它们构成了"原生自然"；我们在体验"自然"与"原生自然"时，一直是把它们作为一种空洞的理念，并没有将其作为想象以外的东西去体会。因此，自然与人类、自然与文化之间的这种二元对立从原理上来说是不正确的。传统哲学对于这种人与自然的二元对立，正如谢林那样，一方面将自然视为人类精神生长并实现自立的超越性的过去，另一方面又从根本上以自然和精神的绝对同一性为前提，犹如海德格尔那样试图通过在人类技术的根基上放入大写的自然，来消除这种二元对立。柏林特最后将作为"自然—文化领域"的环境，归结为不区别于人类与自然的单一的、连续的"程序整体"，也是出于同样的构思。可是，这种概念还是存在疑问的。我们要弄清楚的并不是本身就很空洞的"原生自然"的概念，也不是包括人类在内的"自然过程"和"Physis"，而是在日常经验中我们惯于称呼的那个"自然"究竟是什么。

依据海德格尔的观点，动物都是栖息于适合其物种繁衍生息的特定的生活环境中，即某个物种固有的"生存区域"（Biotope）之中的。在一定的土地（区域）内，由大量物种交织而成的"生存区域"（生活场所），犹如编织的针码一般相互重叠、复杂交错。生存区域互相交叉、重叠缠绕的异种动物关系复杂，要么互不关心，要么处于共生关系或竞争关系之中。狮子在自己的地盘即使发现鬣狗，在多数情况下是不怎么介意的；但对于其他狮子的入侵却无法容忍。这里尤为重要的是一种"捕食者＝被食者"的关系。对于草食动物而言，肉食动物就是捕食者，是敌人。在此意义上而言，人类自从掌握了集体狩猎方法之后，就成为一直占据优势地位的肉食动物，几乎是所有野生动物最危险的、共同的敌人。

既然人类本身就是自然动物，那就应该在其特有的生活场所中繁衍生息。但是人类作为一种不知全然适应外部环境的、特殊化的"缺陷生物"，一直处于本能地试图逃脱"自然计划"的刺激过剩和无法预测的意外之中。正因为如此，人类只能依照自己的计划来克服困难、开创未来。我们通常把人类这一自然物种的生活场所称之为"世界"。人类在依靠文化超越自然时，发现了需要自己去开辟的环境,也就是"世界",人类便企图成为设计这个世界的未来的"主体"。但是,对于动物,视觉只是按照"自然计划"嵌入并适应环境的知觉器官,因而动物的眼睛是没有眼神的。这便意味着人类与动物之间是没有严格意义上的视线交会的。当动物的生活场所偶尔与人类的生活环境重合交接时,人类在动物眼中首先是进入其生活群落的(地盘)的异种个体,是选择攻击还是逃走,抑或无视,都只不过是引起其本能反应的"视觉标识"。即使是作为宠物饲养的狗和猫,主人对它们而言就好像是亲人或者伙伴一般,已经融入了它们的社会次序之内;但是无论产生了多么细腻的感情交流,这种交流与人类之间的视线交流是异质的。动物和人类的关系相互重叠,相互满足,却又处于互不交叉的生活场所中,人与动物的生活场所之间不可能不横亘着一道深渊。

综上所述,人类这种自然物种所居住的生活环境与其他动物栖息的生活场所和植被交相重叠,形成一个生态系统,这是一种与其他物种的生活场所不同的"世界"、"文明"或者"文化"。现代环境论和环境伦理学往往将人类与自然的关系理解为极端的敌对关系,批判破坏全体自然和生态系统的文明与文化。与此相反,约翰·帕斯莫尔认为当被问及现存人类为这个世界带来什么时,唯一的答案就是文明①。而且他还提出异议,认为对于植物、对于动物,人类只能以掠夺者的身份存在。尽管如此,我们却不能直接主张"人类是自然的支配者"。人类作为脱离野生而独立于物种,在这种孤独的状态中,发现和经历我们的生存区域——"世界"内部的自然,也就是我们冠以(命名)的自然物种、自然物和自然现象,就应以人类自己的方式去探寻其意义与美,并且应对于共同存在于这个世界的同胞和下一代承担责任与义务。

三、自然—世界

我们的文化由此而生长,在深层次上与我们地缘相接的自然,且至今为止,依然是我们以自己的视线所及的、以自己周围的(情形)假想的、追崇的自然——被称为"自然本身"、"整体的自然",甚至是被称为"原生态的、野生的自然",这个自然属于人类出现时期的失乐园的故事,(希望回到那个

---

① [澳]约翰·帕斯莫尔:《人类对自然的责任》,岩波书店1998年版,第313页。

时代的原生态的自然）只不过是我们人类一厢情愿的幻想罢了。

　　仅仅依据在日常生活中的经验，我们人类的"生活场所"也不过是被区分为天与地的世界和作为模态的文化、文明。人类的生活场所，也就是世界的总体被称为"大自然"之时，我们就迷陷于空虚的宇宙论的理念之中。属于我们自身的生活场所的那个世界和文化的内部，我们可以把经验概念称为"自然"，这种称谓是作为人类的成果而被发现的、经验化了的种类、个体、事件的自然产物。但是，无论是命名为天、命名为地，还是使用水或火，依然是生活在世界上的人类的文化。因此，对我们而言，问题不在于自然与人、自然与精神的二元对立，而是与存在于我们世界内部、作为构成这个世界的一个概念领域的、与自然之间的相互关系。当然，就像蒯因所说的，科学不仅是我们人类世界的信念体系，科学也是文化的一个领域。科学的阐述不仅告知我们"自然"，此外还告知我们关于构成我们世界的一个文化的概念领域。因此，对我们而言，希望超越（替代）一直以来的与人类、精神、文化对置的、被习惯称为"自然"的暧昧概念，将其称为"自然—世界"（nature-world）。这对人类来说，不仅仅是在命名作为文化概念的"自然"的概念，而这一概念与柏林特认为的作为"自然的—文化的领域"的"环境"是不一样的。因为，虽说我们所谓的"自然—世界"，的确是局限于人类的生活环境的一个文化概念，但自然作为其自身的文化产品，并非与人工制作的（文化产品）相关联。我们把我们的环境、我们的生活场所称为"世界"，在这个世界的内部，与其他生物的环境、生活场所复杂地交叉重叠。这里所指的，并非谢林式的、从自身角度以"超验论式的过去"去看待自然的精神一元论，也并非海德格尔式的将人类的"文艺创作"还原为"自然"（physis）根源的一元论，而是将多种多样的生活环境相互交错、相互重叠的多元主义与立体共生的生活场所。在我们的世界内，可以看到鸣叫的蟋蟀和骚扰田园的熊，我们命名其为"自然"时，这自然属于文化概念，因此蟋蟀和熊的生活场所自身组成"世界"，却难以成为我们的风土和文化产品。它们与我们的生活环境交叉，可有时对于我们的风土文化而言甚至成为应该排除的障碍，尽管如此，我们将世界内部的"自然"，指向区别于其他生物的"自然"。再者，作为对自然的美的鉴赏的一种文化，不能将自然美与艺术美等同。"自然—世界"是我们依据卡尔森所说的"常识/科学的知识"与人工物区别开来的种类、个体、事件的范畴，归根结底还是我们生活经验的世界内部的一个概念领域，也是与"艺术世界"不同的概念领域。

可以说，在我们的生活环境的世界内部，我们在审美中经验着——如果采用更加限制的说法——的自然，属于我们特殊指称为"自然—世界"的范畴；也就是说，即使是品种改良、保护、景观设计等介入人工加工的（场所），也仍然存在无需人工加工而自己存在的种类、个体、自然物。我们在路旁看到一株盛开的鲜花，会愉悦地沉醉于花香之中。我们也会惊叹那架设于都市高楼上的彩虹，以及高楼对面那为夕阳染红的云彩，从绵延的山阴缓缓落下的风景。这些的确可以说是我们在日常生活中所经验的审美的自然。作为以自然美的审美经验，首先这个自然对象并非是人工加工过的自然的，而是自然的自然；也就是说，是作为对"自然—世界"的经验。

四、自然美鉴赏的正确性

除去论述我们应如何阐述自然，还需思考自然"美的"鉴赏是怎样的经验。对于批判自然观赏的"艺术模式"的卡尔森来说，问题在于：自然确实应该作为自然来鉴赏，因此我们必须首先明确：这不是（艺术）作品也不是风景画，而是作为自然进行理解的。自然环境的一切并非都是美的，我们必须了解在环境中美的有意义的部分或是处于位相之焦点的地方。当鉴赏评价艺术作品时，我们有必要同各种知识、历史信息和其他作品进行比较。例如描绘的主题是海，它就是海的风景画；如果这是由弗美尔来执笔的话，对于他独特的笔风和样式等的了解和知识，将会引导鉴赏者按照一定的方向去品鉴、评价其作品。卡尔森这样指出：在应该怎样将焦点置于像山川、溪谷、湿地等不同的自然的环境的"某一"点上，有关自然的知识同样是必要的；与普通人相比"像艺术批评家和艺术史家为了鉴赏艺术美要拥有一定素养一样，自然学者（naturalist）和生态学者为了鉴赏自然美也要具备充分的素养"。

20 世纪 80 年代以降，卡尔森更加大胆地踏上标榜"依据科学知识的积极美学"（肯定美学，positive acesthetics）的道路。他主张"自然环境仅仅是未经人类加工的'原生自然'"；在最大限度上，"仅仅对于这一正确的范畴——提供依据自然科学的信息的范畴的知觉"；"大致具备肯定美的品质"（positive acesthetic qualities），"美即是善"。似乎为了支持他的这一积极美学的论点，卡尔森假设为：为选择相互对立的阐述、范畴和理论的那部分相关科学家，采用使之能够看到的"美是善的"这一事实基准。也就是说，应具备更正确的科学理论的"秩序、规则性、和谐、平衡、紧张、解决"的品质，而且这些品质是与"我们在艺术中所看到的美好的品质"一致的。"科学部分地依据在美的光照基础上创造的自然范畴，由此，对于我们来说自然世界所展现的是美好的事物。所以被如此创造的范畴是正确的——包含恰切的美的鉴赏，并展示这一鉴赏对象的美的本质和价值——范畴。"① 在罗尔斯顿的环境理论中可以看到同样的主张。自然作为生态系统的产物，在其内部"客观地拥有（carries）最原始的（elemental）美的特质"②，例如"形状、构造、完整性（integrity）、秩序……多样性、统一性等"特质。罗尔斯顿也想将这以"扩张美学"的"生态学的美学（ecological aesthetics）"与他所主张的在"大地球"（a Grand Earth）的"生态系统伦理学"联系在一起③。

不言而喻，卡尔森和罗尔斯顿并非主张自然是神造的，这里的合目的性并不等同于主张自然"美的本质是善"④ 的古典积极美学。即使如此，在他们的积极美学中，"原生自然"、"大地球"这样的宇宙论理念的二律背反是明显的。对我们而言，关于"自然全美"（自然美是整体的）的主张，单单只是依据类比，通过提倡以科学理论的秩序、规则的知识逻辑将（自然）品质作为对象，去感知、体验秩序和规则的美的品质，恐怕是难以立即认同的。实际上，即使科学家认为他们依据严密的逻辑秩序建构的理论是"美"的，那也不过是一个比喻。卡尔森在其著作结尾时主张，在我们根据艺术范畴去发现作品内部与形式、样式相关的审美特质，用以对应科学的"正确性"的秩序、规则等逻辑特质方面，他自身回归至批判的"艺术模式"。即使是如罗尔斯顿所设想的那样，自然内部存在着有关自然本身的秩序、构造、生命的某种特质，也不得不指出把这种特质称之为"更根本的美的特质"的论点，是一种先在预设的虚假论点。

对于为把自然"作为自然"的审美鉴赏究竟需要怎样的知识，到目前为止还存在相当大的争论。但是关于这个问题，例如像巴德那样，必须知道"自然"作为审美对象的最低限度，有时即使拥有科学知识也会影响对美的鉴赏。为了观赏夕阳和花的美，未必需要知道太阳、太阳对地球的关系、花是

① ［加］卡尔森：《环境美学》，布罗德维尤出版社 2004 年版，第 94 页。
② ［加］卡尔森：《环境美学》，布罗德维尤出版社 2004 年版，第 90 页。
③ ［美］霍尔莫斯·罗尔斯顿：《自然美学与环境伦理》（三），阿什盖特出版社 2002 年版，第 133 页。
④ ［加］卡尔森：《环境美学》，布罗德维尤出版社 2004 年版，第 90 页。

（植物的）生殖器官等知识；或者也可以说，如果知道这个花有毒之类的科学知识，反而会妨碍（主体）对花的美的鉴赏①。对于自然对象无论我们的鉴赏是否正确，在瞬息万变的自然过程中，经历对自然的鉴赏过程的我们的视觉、听觉、触觉等知觉的样态；应该注意哪个部分，应该以怎样的自然知识水平去鉴赏自然，等等，与（我们自身）各种条件的响应是相对的。

五、自然"美"的特质

卡尔森和罗尔斯顿的局限，来自于原本在近代美学中"美的"这一单词使用的暧昧性。现在我们当重新思考自然"美"的特质时，可以将弗兰克·希布利认定的考察作为参考。希布利把所有美的术语（acesthetic term）或是美的概念——优美、纤细、艳俗、热情、崇高、丑恶、晴朗等——在指示某对象的"美的品质；以及我们对这一对象能够通过五官感受清楚地感知、进行物理的记述那些"非美的特征"（non-acesthetic features）——光滑、细小、红色、巨大、黏糊糊、明亮等——加以区别。在此基础上，希布利一方面指出，犹如"优美是来自于光滑"（due to, responsible for），"黏糊糊的触感表明它是丑陋的"（result from make it）等一样，美的概念或是美的品质是与非美的品质的状态相"依存"（depend upon）、"寄生"（parastic）；但像"光滑的东西不会损伤皮肤"之类的情景，在特定的原理、规则、因果性之类逻辑性方面，作为充分必要的"给予条件"（condition-governed）是不存在的。另一方面据希布利所言，当我们把感知某个对象的非美特征的经验，与将这一对象作为美的品质欣赏的经验联系起来；还有我们对于这种非美的特征所具有"某种自然反应（response）、对应（reaction）、能力（ability）"②，这种"自然"反应，从某一方面来说是在社会学习的结果。儿童在看、听、触摸对象的同时，首先发生在与双亲、老师的联系过程中，学习尤其是对引起他们的注意和关心的形状、色彩、感觉等非美的特征的审美感知方面应该如何反应，或者是这类审美感受中感受到的美的品质应该使用怎样的语言来表达；都是通过学习和训练来逐渐加强的。这些美的语词的习得与其他的词汇的学习一样是逐渐扩展的，在

---

① ［英］马尔科姆·巴德：《自然美的本质》，牛津出版社 2002 年版，第 136 页。

② ［美］弗兰克·希布利：《审美观念》，载《哲学考察》，1959 年第 68 卷第 4 号，第 448 页。

这一点上美的词语的使用并没有什么特别之处，只是在日常会话中的一般使用。据此，我们所拥有的审美的经验同其他经验相比，也不需要具备特别的能力和感受性，都是极其日常化的经验。我们所使用美的词语的适应对象也涉及"诗与音乐、人与建筑、花与庭院、花瓶和家具"等各个方面。

我们暂且不去理会希布利这个极具暗示性的议论，可我们不能不怀疑，希布利自己是否关心美的多样性及其对于多样性的审美经验的记述是否成功。我们无法感知希布利是否清楚地意识到其对于人工作品所蕴含的特定的美的关心与反应，和对自然对象所蕴含的特定的美的关心和反应是否不同。巴德对于承认审美鉴赏有这样的言说——不仅对于自然与艺术，对于"体育、曲艺、杂技、家具、衣服、酒类、车、机器、所有种类的道具"等都承认其具有审美鉴赏性。譬如巴德举例说，要以"生命采用的形式"原封不动地以审美经验来感受自然的非美特性，鉴赏花之美不仅是"欢喜（delight）其视觉上的外观"（appearance），还要围绕在春季花开时节，感受（经验）其"宣告生命再生的、作为美的表现"。但是，这一经验与（感受）描绘春天的花朵的画相比有何不同，（到目前为止）依然是原因未明。

其实，肯德鲁·沃尔顿认为绘画的美的特质在于，绘画是"类似"与实物原型的，我们难以区别原型与绘画的美。即使是沃尔顿，也认可在现实的人和绘画的人之间存在着的那种非美特征是有极大差异的，因为一方是鲜活的人身有机体，另一方是绘画颜料（工具）等无机体的集积。但不应忽视的是，这些非美特征是不可能干预绘画在色彩和形状方面与实物类似等的审美特质的。因而，依据沃尔顿的主张那样，即使在事实上存在这些非美特征存在极大的差异；但至少在美的特征、审美的经历方面，现实的人与其肖像画之间是没有差异的。可是，这不是很滑稽吗？绘画平面上的色调、形状是作为肌肤的色彩与线条的集合，其本质是"视觉的设计"（visual design），严格地说与实物的色彩和形状迥然不同。这样的结果是，这些关于自然美的鉴赏的理论所运用的表述方法，是拘囿于近代美学那种特权性的，将"艺术作品"作为审美对象而产生的审美反应的语言阐释之中，因此不得不说这种方式又回归到（以往的）对"艺术模式"的阐释。

罗纳德·莫尔主张：因自然特有的、美的特质与艺术作品不同，因此不能以记述作品美（艺术美）的专门术语来记述自然美；"关于自然我们所赞赏的东西大多没有被命名"。可以说，在色彩和触感等所有的方面与自然花完全不能辨别的人造花，就与和不能分别完全的克隆一样，彼此在"物理性方面"

完全同一，因而被认为是"美的孪生子"。而且，据莫尔说，丹托不能用肉眼分辨实物和作品之有关艺术世界的议论浮现在心头，认识到花是"自然产品"不是人工制作的花，我们可以将其称为"改变知觉的方法"。也就是说，这是有关于自然"拥有其成长和发展的固有模式、拥有其固有的历史、固有的相互关系的存在秩序"的脉络，依据这一经验，我们关注的是不是人造花而是构成自然现象的"未命名的诸要素"。

但是，另一方面，虽说自然花在"物理"、"美"的方面具有与人造花共同的质量，但也具有人造花所不具有的独特品质，这些"未命名"的特征是什么、如何完成其（命名）还是不清楚。康德没有论及有关人造花与夜莺的仿造物，人知其为假，在是否觉悟这种美只不过是人工制作的；对自然美"直接的、而且知性的关心"也就是"出自于自然那种美"的认识消失了，结果导致"兴趣这种东西已经……不能发现什么是美"时，在察觉到被欺骗之前和之后，康德也没有论述这种"美'是如何变质的。

必须注意的是，即使那些制作为在看到的瞬间误以为是本物的"完全"的人造花时，当发现其为人造花而细致观察时，像莫尔所说的在"物理"特征上，本来人造花支撑其美的特质的是其非美的特质，实际上它与自然花迥然不同已经是一个单纯的事实。其实，说自然花"水灵灵的、生机勃勃的"，可以说是通过字义记述其物理性的非美的特质。勿论人造花非美的特征是否"水灵灵的、生机勃勃的"，却可以比喻性语言的记述其美的特征是"（看上去）水灵灵的、生机勃勃的（一样）"，虽然人造花并非如此，但可以"水灵灵的、生机勃勃"的样子被展现"。"水灵灵的"和"看上去水灵灵的"是美的不同的情状。花有"看上去水灵灵的"所不能拥有的各种美的特征，例如，饱含水分的、湿润的、盛开的、正慢慢枯萎的，散发香气的，内部的生命在呼吸等依存于非美特征的美的特征。

我们指定在画上描绘的叶子的颜色为"绿色"，认为庭院树木的叶子颜色也为"绿色"；在看待绘画究竟在多大程度上忠实地再现实物。树叶的非美特质是作为从自然的复杂有机过程的内部被创造出的结果，在色彩、湿润的感觉，以及弥漫其中的生气方面，与通过"绿色"的绘画颜料描绘出的树叶的非美特征截然不同；山的表面的非美特征还是与塞尚所描绘的山的纹理不同。因此如把绘画颜色称为"绿色"，叶子的颜色只能用与这个完全不同的语词去命名，可是，我们没有正确识别叶子的颜色微妙韵味的词语。

在词源中，日语的"绿"和色彩名称"青"是不同的，就像在"婴儿"

这个词中所看到的那样，原本是意味着"新芽嫩枝"的词语，果真如此的话，说不定绘画颜料色彩中的"绿"就应该冠以其他名称①。无论如何，自然特质是的"未命名"的，平常我们表述颜色和形状使用的是我们所熟知的词语，也就是说在艺术世界内，譬如是为了将绘画使用的色彩和形状加以区分而创造的术语，可是这些术语显然无法描述自然对象的特质。其实，即使看到绘画在某点上与实物"相似"，也不能把绘画与实物等价，因为绘画具有与实物完全不同的独特的"视觉上的设计"。很简单，"看画"和"看实物"是不同的，因此作为我们对于二者的反应——被指明的美的特质也各不相同。如果它们的确在某个点上相似。并且，都用一个称呼"绿"指明其在某个点上具有相似之处，是我们节省语言之故。总之，可以说，不能被以同一个词语命名的事物，而导致忽视其在本质上。结果即使是莫尔，仅仅承认花和人造花在物理、感觉的同一性，而关乎自然美的特质的表述反而无法解决。

的确，在属于同一自然世界的完整克隆之间，也许无论在任何点上也无法区别。与克隆的类比，比如尝试思考杜尚的"泉"与便器二者都是人工制造，那就可以说这些都是"非美的"孪生子。但是如迪基说"泉"与便器在曲线、光泽、色彩上具有同样的"美的"特质时，就犯了绝对神秘论的错误②。只要在艺术世界被授予"艺术"的身份，就可以具备"变容"了的、带有与便器不同的"美的"特质。与莫尔同属于自然界的自然的花，没有完全地作为人造花"很美的孪生子"之时，他也和塞尚一样犯有同样的错误。像丹托所主张的那样，为了鉴别作品的美的特质，我们必须先认定它为作品，但不能逆向进行。同样地，为了体验自然美的特征，我们首先必须识别其是否是属于自然世界的。③ 举例来说，纵使不能辨识其非美的特质，至少要明了自然花在审美质量方面存在着与完全的"人造花"相比，所欠缺的"水灵"吧。不论是艺术、体育、杂技都拥有"美"，为了知晓其具有怎样的美，在此之前我们不得不知道其为艺术、体育、杂技。因此，我们就要记述我们对艺术、体育、杂技的审美反应。

就像我们看到的那样，纯粹的自然是不存在的，我们所说的自然是作为我

---

①　［日］山口佳纪：《生活语的语源词典》，讲谈社 1998 年版，第 632～633 页。

②　丹托对此的批判，参照丹托的《面貌一新的公共场所》，哈佛大学出版社 1981 年版。再者，迪克提出：虽然艺术作品是把作者的意图与历史作为其固有的"内在生命"（inner life），第 93 页。

③　［美］丹托：《面貌一新的公共场所》，哈佛大学出版社 1981 年版，第 94 页。

们世界内部的一个领域的"自然—世界"。我们在路旁看到一株盛开的花，在沉醉于其芳香之中时，我们可以说这就是对自然美的鉴赏。如康德所说的那样，我们知道花是自然的产物，其形、色是存在于与我们的技术不同原理的自然过程中的结果；因此也可以知道花的不美的特征，也是与人工制作的（人造）花不同的。我们可以看到溪谷岩石的形状、表层的触感等非美的特征，可以看到长期侵蚀它们的、没有终止的风雨的痕迹。但是，砸碎石头与泥土（混合）之后加工制作成画具，用草与花汁制作成的颜料，被打磨为有光泽的大理石，以及玉虫厨子选用的玉虫（金花虫）的翅膀等，纵使从自然中获取的素材，那些非美的特征已经在其自然状态时发生变化，我们在用其制作的作品中无法看到自然过程的痕迹，而是看到在艺术世界中被规定的技术（艺术）的痕迹，所以我们不能把对于此类作品（产品）的审美经验称之为自然美的经验。在地板间装饰的盆栽与石头以及在花盆中生长的花、日式的庭院等，其主要形状还是经过人工加工的，能够鉴赏花道、庭院艺术等蕴含人类创造的艺术的美的特质；另一方面，同把街道（景观）树木当成自然去鉴赏一样，在看见置于人类艺术中的自然过程的产物的场景，也可以把其当做自然鉴赏的对象。

（作者单位：西村清和，东京大学大学院；译者：梁艳萍、许文清，湖北大学文学院）

中西视界融合内的"生活美学"新构

刘悦笛

当代中西美学的拓展，面临着彼此迥异的历史语境，"生活美学"就是如此。在中国本土，生活美学的建构，一方面要面对早已浸渍了实用理性传统的"实践美学"，生活美学就力图摆脱实践美学的基本范式，但却适度地认定生活的社会性根源就在于实践（在思想根源的意义上，马克思的同行者还有卡西尔和杜威）；另一方面，生活美学又绝不同于"后实践美学"或者"生命美学"，它力求从高蹈于虚处的所谓超越的"存在"或者"生存"回归到现实的"生活"（在思想根源意义上，这也是从海德格尔回到晚期胡塞尔和中国传统当中）。

相形之下，在欧美学界，所谓"日常生活美学"（the aesthetics of everyday life）的当代出场，乃是反动"分析美学"占据主流的以艺术为绝对研究中心的强大传统，选择回到"更广阔的世界本身"，从而认定"在日常生活美学当中欣赏到的属性既是彻底主观的又是彻底客观的。它们就是被经验事物的属性，而并非从我们经验的世界当中被抽象出来的物理对象"①。然而，我们所谓的"生活美学"（performing live aesthetics or living aesthetics）却并不等同于日常生活美学，而是一种介于"日常性"与"非日常性"之间的美学新构②，尽管它们在摒弃"主客两分"思维模式方面是如出一辙的。

在对于生活美学的关注当中，还有另一种倾向就是仅仅囿于现象的描述，无论是国内对于所谓"感性化生存"的文化学深描，还是欧美学者对于"日

---

① Andrew Light and Jonathan M. Smith. *The Aesthetics of Everyday Life*, New York: Columbia University Press, 2005, pp. *ix*, 7.

② 关于生活美学的"日常性"与"非日常性"之间张力的探讨，参见刘悦笛：《生活美学：现代性批判与重构审美精神》，安徽教育出版社 2005 年版，第 4 章。

常生活审美化"的社会学描述①，都似乎没有进入哲学的层面来言说问题。在这个意义上，沃尔夫冈·韦尔施（Wolfgang Welsch）的哲学化反思或许是一个正确的方向，尽管他对于美学的"undoing"在中国被误读为重构（reconstruction）②，但实际上，他本人却只承认这个词更多意指的是对业已形成的美学传统的某种解构（deconstruction）。所以说，美学的"新构"还最终要依赖于哲学范式的基本转换，生活美学的提出，就是根基于某种作为"生活方式"的哲学的新趋向，笔者在本文当中拟采取"哲学溯源"的方法来为生活美学的建构提供一种合法性的证明。但必须指出，这种溯源仍是着眼于未来的。在我们的构想当中，生活美学是否能为"大陆美学"、"分析美学"和中国传统美学的会通提供一道桥梁呢？

一、归复于"生活世界"：晚期胡塞尔与原始道家

在《欧洲科学的危机与先验现象学》这部晚期的著作中，胡塞尔重新阐明了"生活世界"（Lebenswelt）的理论。作为我们"周围的世界"或"生活周围的世界"，这个世界的基本规定就在于原则上可以直观到的事物的总体。更深层地看，"生活世界就是一种原初自身明见性的领域"，"一切自明地显现出来的事物"都被"当做在知觉当中直接出现的从而就是事物自身"③。既然胡塞尔赋予了生活世界以一种直观的本性，那么，这种直观的特质何在呢？他首先反对近代认识论的这样一种看法，亦即直观只能将"个体之物"作为自己的对象，而观念之物或普遍之物则要通过抽象才能被把握。依照此定理推论，直观并不能使人们获得本质性的认识，美的直观当然亦是如此的。所谓"直观的现象学"在胡塞尔那里包含有"感性直观"与"本质直观"这两类："一个本质直观必须以感性直观为出发点，因此本质直观奠基于感性直观之中；但本质直观可以超越出感性领域而提供本质性的认识。"④ 这种区分是至

---

① Mike Featherstone. *Consumer Culture and Postmodernism*, London: Sage Publications, 1991, pp. 65-72.

② Wolfgang Welsch. *Undoing Aesthetics*, London: Sage Publications, 1997, p. 1.

③ Edmund Husserl. *The Crisis of European Sciences and Transcendental Phenomenology*, Northwestern University Press, 1970, p. 127.

④ 倪梁康：《胡塞尔现象学概念通释》，生活·读书·新知三联书店 1999 年版，第 39 页。

关重要的，如果说费尔巴哈意义上的直观更多还是一种"感性直观"的话，那么，胡塞尔则进一步区分出了"本质直观"，并赋予了直观以一种能够把握本质的能力。

根据我们的理解，如果日常生活还是一种"感性直观"的话，那么，美的活动就是一种奠基于"感性直观"并与之相融的"本质直观"。"虽然胡塞尔没有说他的'生活的世界'是'艺术的世界'，但这个世界却是'直接的'，是将'本质'和'意义'直接呈现于'人'面前，是'本质的直观'。"① 由胡塞尔的理论推及美学问题，可以说，美的活动或艺术世界所呈现的正是对日常生活的一种"本质直观"，这是一种对"本真生活"的把握，但日常生活的那些乏味的、混乱的方面则并不能进入这种直观的视角。在这个意义上，美的活动可以直接把握到生活现象自身，也就是把握到日常生活的那种活生生的质感。

然而，胡塞尔的分析可谓更深一步，因为从日常生活世界再向前推，他认为还应存在一个"纯经验世界"（world of pure experience）或者"原初生活世界"（origin of Life-world），"复归到经验世界就是复归到'生活世界'当中，复归到我们已经生活在其中的"更为基础性的世界②。美的活动正因为此而被"本真地"加以呈现。也就是说，在美的活动之中，事物的直观被自身所给予，也就是生动地、原本地被给予出来。其中，我们所把握到的事物是色、香、音、味俱足的现实生活本身，而并不仅仅关注于从现实生活中剥离出来的某种东西，例如从中抽象而来的概念范畴或科学定律，从中规约而来的道德律令或信仰箴言，等等。这是由于这些非审美的活动，显然将现实生活的其他可能角度未加以全面地呈现，而只是从特定视角而对生活加以某种"意指"性的把握。

如此看来，美的活动与所介入世界，构成了一种现象学意义上的"意向性"关系。换言之，在美的活动中，一个意向地被意指之物，就是一个被直接把握的、"直观性的"、"原初经验性的"和"原本给予性的"的美之现象。美的活动在直观中才能达到本质，或者说，让本质就呈现于审美直观之中，美的活动就是"本质直观"。因而，美的活动其实也就是"回到事物本身"的本

---

① 叶秀山：《美的哲学》，人民出版社 1991 年版，第 23 页。

② Edmund Husserl. *Experience and Judgment*, Evanston：Northwestern University Press, 1973，p. 41.

真活动之一。

实际上，在华夏古典哲学的道家思想里面，"归复"于"本真"的思想早在原始道家思想那里已闪现光辉。老子之"道"便是包孕"真"的，"窈兮冥兮，其中有精；其精甚真，其中有信"①。作为观道者，亦要"致虚极，守静笃。万物并作，吾以观其复"②。由此出发，老子将本真的生活状态比喻为"婴儿"或"赤子"状态，"我独泊兮其未兆，如婴儿之未孩"，"常德不离，复归于婴儿"，"合德之厚，比于赤子"③。这种"涤除玄览"与"见素抱朴"的态度，显然与审美态度是极为亲和的，其状态就是一种庄子所谓的"反真"状态。所谓"真者，精诚之至也。不精不诚，不能动人……真在内也，神动于外，是所以贵真也……礼者，世俗之所为也；真者，所以受于天也，自然不可易也。故圣人法天贵真，不拘于俗"④。这种本真状态相应地要求万物顺其本性而动，保持和恢复本然之态，这才是最美的素朴状态。所以，庄子断言"素朴而天下莫能与之争美"⑤，正如圣人"原天地之美而达万物之理"⑥ 所做的那样，效法天地自然法则才能达于"天地无言"的"大美"至境。

总之，所谓"本真生活"就是现实生活的原发的、生气勃勃的、原初经验性的状态，这也是按照"美的规律"来塑造的生活状态，这也就是王夫之所谓的"体性本自如此，显现无疑"从而具有了"显现真实义"的"现量"世界的状态⑦。或者说，这种活生生的原发生活经验一定表征为审美的，因为它顺应自然而能够"法天贵真"，显现为一种"大美无言"的状态，从而使得现实生活本真地得以呈现。

二、维特根斯坦、杜威与海德格尔的启示

分析哲学、实用主义和存在主义具有原创性的三位重要哲学家维特根斯坦、杜威与海德格尔，不约而同地开始直面所谓的"赫拉克利特之流"

---

① 《老子》第二十一章。
② 《老子》第十六章。
③ 《老子》第二十章、第二十八章、第五十五章。
④ 《庄子·渔父》。
⑤ 《庄子·天道》。
⑥ 《庄子·知北游》。
⑦ 王夫之：《相宗络索·三量》，载《船山全书》，岳麓书社 1993 年版，第 537 页。

（Heraclitean Flux）①，而且在他们的哲学和美学思考里皆显露出"回归生活"的共同取向。

如果更深入地理解维特根斯坦，就会发现他的美学并不囿于致力于纯学术研究的"小美学"，而是一种与生活存在直接相关的"大美学"，亦即一种沉溺于生活的审美化创造的"生活美学"②。在严格的学术意义上，维特根斯坦也从"生活形式"（Leben Form）的角度来看待美学问题，"为了说清审美语词，就必须描述生活方式（ways of living）"③。在这个意义上，"生活形式"通常被认定为是语言的"一般的语境"，也就是说，语言在这种语境的范围内才能存在，它常常被看做"风格与习惯、经验与技能的综合体"；而另一方面，日常语言与现实生活是契合得如此紧密，以至于会得出"想象一种语言就意味着想象一种生活形式"这类的结论④。然而，从"大美学"的角度看，这种内在取向就被定位为一种"自然而然的日常美学"（Everyday aesthetics of itself）⑤。在维特根斯坦 1916 年 7 月 8 日和 29 日的两处笔记当中，他反复强调了——"幸福地生活吧！"⑥ 实际上，这是理解维特根斯坦美学思想的"另一把钥匙"，所以，尽管维特根斯坦有所保留地追问："用幸福之眼去看世界，这是否就是以艺术的方式观察事物的实质呢？"但他最终还是得出了这样的论断："美是使人幸福的东西。"⑦ 这种感悟显然来自生活的智慧，在维特根斯坦看来这已说到了终极之处，除了说"幸福地生活"这句话之外，似乎人们没有更多的话说了，因为"幸福的人的世界"与"不幸福的人的世界"不是

---

① Edmund Husserl. *The Crisis of European Sciences and Transcendental Phenomenology*, Northwestern University Press, 1970, p. 156.

② 关于维特根斯坦这两条美学线索的全面探讨，参见刘悦笛：《分析美学史》，北京大学出版社 2009 年版，第一章。

③ Ludwig Wittgenstein. *Lectures and Conversations on Aesthetics, Psychology and Religious Belief*, Oxford: Blackwell, 1996, p. 11.

④ Ludwig Wittgenstein, *Philosophical Investigations*, New York: The Macmillan Company, 1964, p. 8.

⑤ John Gibson and Wolfgang Huemer. *The Literary Wittgenstein*, London and New York: Routledge, 2004, pp. 21-33.

⑥ Ludwig Wittgenstein. *Notebooks 1914-1916*, Chicago: University of Chicago Press, 1984, pp. 140, 146.

⑦ Ludwig Wittgenstein. *Notebooks 1914-1916*, Chicago: University of Chicago Press, 1984, p. 162.

一个世界，"幸福的人的世界"就是一个"幸福的世界"①。

从语言的角度来看，维特根斯坦尽管毕生关注不同形式的语言问题，但是，作为维特根斯坦整个哲学的枢纽，如下的陈述可谓一语中的——"一种表述只有在生活之流中才有意义"②。或者说，任何表述都是在实际的"语言交往"中起作用的，亦即只能是在实际的语言交往中、在"生活之流"中起作用的。从这种根基出发，维特根斯坦认定"宗教—科学—艺术（religion-science-and art）都只是从对我生活的唯一性的意识内阐发而来的，该意识就是生活本身"③。从"生活美学"的视角看，维特根斯坦的重要贡献就在于回到生活本身来言说幸福问题，虽然早期的他把将美与伦理都理解为是"超验的"，但他还是将美与善的关联置于生活理想的根基上来考察。维特根斯坦特别要求将自己的生活"过成"美学的。于是，他也可以被称为生活美学的大师，这种"伦理生活的审美化"取向④，使得维特根斯坦不仅在学理上实践着一种回归生活界域的突破，更重要的是，他们自己在自己的现实生活中亦也在努力实现着这种原则。从新实用主义哲学的角度看，维特根斯坦的整个思想都具有一种"深度的审美化"的取向，他在以自己的生活和著作追求一种"审美的生活"。

杜威面对生活之流拈出了"经验"（experience）的概念，并以此来反对传统哲学根深蒂固的二元论，从而获得了一种超出欧洲大陆哲学传统的独特视角。"经验"这个概念被他认为是哲学家詹姆斯所谓的"双义语"，"它是'双义的'就在于意识到在行动与材料、主观与客观之间没有区分的首要整合性，而且，它们都被包含在一个不可分析的整体当中"⑤。换言之，"经验"既指客观的事物，又指主观的情绪和思想，是物与我融成一体的混沌整体。经验既是"做"（doing）与"受"（undergoing）的统一，又是"知"（knowing）与"领受"（having）的合一。这种经验来自于活的生物与外界的交互运动和往复

---

① Ludwig Wittgenstein. *Notebooks 1914-1916*, Chicago：University of Chicago Press，1984，p. 146.

② ［美］诺尔曼·马尔康姆等：《回忆维特根斯坦》，商务印书馆1984年版，第83页。

③ Ludwig Wittgenstein. *Notebooks 1914-1916*, Chicago：University of Chicago Press，1984，p. 148.

④ Richard Schusterman. *Pragmatist Aesthetics：Living Beauty*，*Rethinking Art*，New York：Rowman & Littlefield Publishers，2000，pp. 236-239.

⑤ John Dewey. *Experience and Nature*，New York：Dover Publications Inc.，1958，p. 8.

运作，"每一个经验，都是一个活的生物与他生活在其中的世界的某个方面的相互作用的结果"①。进而，这种经验的模式和结构，也就是将主动地"做"与被动地"受"组织为一种基本关系，使得经验内部未定的材料，通过相互关联的一系列的各种事件活动而趋于自身的完满。

由此出发，在生活经验本身接近完满的时候，也就成为了具有某些审美要素的"一个经验"（an experience），这便是杜威的"生活美学"的真正起点。按照他的意见，只有当所经验到的事物，完成其经验的过程而达及"完满"的时候，才能获得"一个经验"。具体而言，"当物质的经验将其过程转化为完满的时候，我们就拥有一个经验……这种经验是整体的，保持了其自身的个体性的质与自我充足"②。生活及其经验，被杜威视为流动不居和不断绵延的，它们构成了历史的事件，这些事件本身被认为是起承转合的，从起点到终点保持韵律性的运动，从而获得一种所谓的"经验的整体性"③。这种整体性，就呈现在经验的每一个部分都畅通无阻地流入下一个部分，没有缝隙，也没有未填充的空白。与此同时，在每个经验又不牺牲各个部分的个性。这是由于，在所谓的"一个经验"里面，流动的行程是从一个部分到另一个部分的，正是源自前一部分导出另一部分而且另一部分恰恰是续借在前一部分之后，所以每个部分又都是具有独特性的。建基于这种多样的独特性之上，相联的经验所构成的"持续的整体"就因强调各个阶段形成的色彩多元化而趋于多样化。

然而，"一个经验"本身并不都能成为"审美经验"。杜威明确将"一个经验"与"审美经验"细致划分开来，但又将二者本然地连续起来。他认定，"一个经验"如果取其所蕴涵的意义而言，是同"审美经验"既有相通之处亦有相异的所在。这是因为，"一个经验"要具有"审美的质"（esthetic quality），否则它的材料就不会变得丰满，不能成为连贯的整体。这样，可能就将一个"活生生的经验"割裂为实践的、情感的及理智的，并各自确立了与其他不同

① John Dewey. *Art as Experience*, New York：The Berkley Publishing Group, 1934, pp. 43-44.

② John Dewey. *Art as Experience*, New York：The Berkley Publishing Group, 1934, p. 35.

③ John Dewey. *Art as Experience*, New York：The Berkley Publishing Group, 1934, p. 40.

的特质①。然而，杜威对此的进一步解答却并不那么令人满意，他认为使得"一个经验"变得"完整和整一"的审美的质就是"情感性"，可以由此推断，"审美经验"就是情感性的，尽管杜威承认在经验里面并不存在一个名为情感的独立的东西。但"经验本身具有令人满意的情感的质，因为它通过有规律和组织运动，而拥有了内在的整合性和完满性"②。在此，杜威实际上把自身的观念又禁锢了起来，一方面他放宽了经验的限度，这是事实，但另一方面却又将审美缩减到情感的狭窄规定方面上去了。

海德格尔早在其思想未成熟的早期，就曾提出了"实际的生活经验"(die faktische Lebenserfahrung) 的概念，到了《存在与时间》"人的实际的生活经验"才被"此在"(Dasein) 所代替并固定下来，但是两者的基本思路却是一脉贯通的。按照海德格尔的规定，此在就是在现实世界中生活的生存本身，"此在在本质上就是：存在在世界之中"，而且，"日常此在是最切近的世界就是周围世界"③，可以说，每个人都是在与周围世界打交道之中生存着的。沿着胡塞尔"回到事物本身"的现象学方法之路，海德格尔发现最根本的"事物本身"就是"存在本身"，而非胡塞尔所归纳的"意向性"的存在，实质上这种本真存在就是一种原发性的、主客还未分离的生存状态。其中，非常关键的是"本真状态"与"非本真状态"的区分，此在的本真状态就是使存在得以存在的、或者说发现存在本身的可能性；而非本真的状态则是"此在"遵从匿名的'常人'的决定，或者遵从他人所预先给定的可能性，也就是"从它自身脱落、即从本真的能自己存在脱落而沉沦于'世界'"④。

进而艺术在晚期海德格尔的思路里成为了一种"本真的存在"，它不仅让"世界世界化了"⑤，而且成为历史的源始发生。这些思考在晚期论著《艺术作品的本源》里拓展开来，在早期"此在论"思想基础上，主要表现在三方

---

① John Dewey. *Art as Experience*, New York：The Berkley Publishing Group, 1934, pp. 54-55.

② John Dewey. *Art as Experience*, New York：The Berkley Publishing Group, 1934, p. 38.

③ ［德］海德格尔：《存在与时间》，生活·读书·新知三联书店 1987 年版，第 17、82 页。

④ ［德］海德格尔：《存在与时间》，生活·读书·新知三联书店 1987 年版，第 213 页。

⑤ Martin Heidegger. *Poetry*, *Language*, *Thought*, New York：Harper & Row Publishers Inc. , 1975, p. 44.

面的发展：（1）作为本真存在，艺术是存在"真理"的自行置入；（2）在对"世界"的思考之外，引入了"大地"的概念，在世界与大地的张力之间来阐释艺术的存在结构；（3）在对存在"时间性"的继续拷问里，确定了艺术是为历史奠基的本源的历史。如果说，《存在与时间》中只是确定了存在的"在世界之中"结构的话，那么，在他的艺术思考中则具体提出了存在所居住的"世界"是如何形成的。直接而言，"作品的存在就意味着建立一个世界"①，这是个由诗化的艺术作品所揭示并创造的世界。如此一来，在海德格尔的心目中，"在艺术作品里，存在者的真理在其中设定自身了"②。日常生活与"他人"的共同存在，只是一种沉沦的存在，是非本真的存在；而艺术的存在，才是一种本真的存在状态。

三、以"情"为本的"儒家生活美学"：郭店楚简的启示

当代中国美学原论的建构往往缺乏本土的积淀，无论是囿于"实践—后实践"范式的现代性的建构，还是深描"生活审美化"的后现代话语，显然都"太西方了"！其实，生活美学从根本上来说恰恰是一种最具"东方特质"的美学，这可以从中国思想的儒家主干当中得见分晓。目前，关于儒家思想已有"生活儒学"与"制度儒学"的分殊，从前者来看，"孔子的观点是实实在在地在日常生活中被感觉、被体验、被实践、被践履。孔子关注于如何安排个人的生活道路，而不是发现'真理'"③。从后者来看，儒家思想的确参与到了传统社会的基本建制当中，并与传统的社会建构紧密地结合在一起，或者说传统儒学思想与社会建构是互为表里的。照此而论，可以基本认定，"生活儒家"是以"情"为本的，而"制度儒家"则是以"治"为本的，而以"情"为本的"生活儒家"与中国传统美学具有更为紧密的关联。在一定意义上说，儒家美学就是一种以"情"为本的"生活美学"，仅仅从西方古典哲学

---

① Martin Heidegger. *Poetry*, *Language*, *Thought*, New York：Harper & Row Publishers Inc. , 1975, p. 44.

② Martin Heidegger. *Poetry*, *Language*, *Thought*, Harper & Row Publishers, Inc. , 1975, p. 36.

③ ［美］安乐哲、罗哲文：《〈论语〉的哲学诠释》，余瑾译，北京：中国社会科学出版社 2003 年版，第 5 页。C. F. Roger T. Ames & Henry Rosemont. *The Analects of Confucius：a philosophical translation*, New York：Ballantine Books, 1998.

范式出发而看待儒家美学的方式（如以"美善合一"作为儒家美学的基本规定）往往只能窥豹一斑。

从来源上说，"情"一方面直接来自中国古人自身的本性的规定，另一方面，对于中国独特的文化心理结构来说，"情"更与"巫史传统"息息相关，或者说"情"是间接来自于这种独特传统的。李泽厚先生认为中国文化和哲学的特征就来自于传统巫术活动的理性化，而且，这种理性化的核心就是由"巫"到"礼"①。因而，他自己将"巫史传统"翻译成"Shamanism rationalized"（理性化的巫术），但正如这种翻译所示，这种理论假说过于关注到了巫术的"理性化"的一面，过于关注由"巫"而"史"并直接过渡到人文化的"礼"与人性化的"仁"的理性化的塑造的一面，从而忽视了巫术的"感性化"的"情"的维度。实际上，"巫史传统"对于中国文化心理结构的构造作用，不仅仅在于通向"礼"的这种理性化的过程，而且更在于通向"情"的这种感性化的过程，这可以被称为"化巫入情"。这就决定了儒家的经验是一种来自于巫史传统的一种"准宗教体验"，儒家的伦理也是一种"准宗教伦理"，而儒家的审美要素自然由于"情"的功用而本然地浸渍在儒家思想其间。

从"巫史传统"出发，尽管"情"是主导感性化的方面，而"礼"则主宰理性化的方面，但是，情与礼却具有非常紧密的关系。由于"情"主要是在"乐"当中得以实现的，所以，在周公的时代就已经形成了"礼乐相济"的悠久传统，后代在不断对这种传统的复归当中将这种传统本身神圣化了，而所谓"礼乐相济"就是"情"与"礼"的统一。在新近发现的"郭店楚简"当中，儒家重"情"的思想取向被重新彰显了出来。所谓"凡至乐必悲，哭亦悲，皆至其情也"，"凡声，其出于情也信，然后其入拨人之心也厚"，"用情之至者，哀乐为甚"②。这些语境当中的"情"当然指的就是人之"常情"，而非流传至今的先秦时代文献常常意指的"实情"③。另外，在论述"性"与"情"的关系的时候，还明确论述为："信，情之方也。情出于性。"④ 这也就

---

① 李泽厚：《历史本体论·己卯五说》，生活·读书·新知三联书店2006年版，第373页。

② 《郭店楚简·性自命出》。

③ A. C. Graham. *Studies in Chinese Philosophy and Philosophical Literature*, Albany: State University of New York Press, 1990, pp. 59-65.

④ 《郭店楚简·性自命出》。

是说，信是致情之方，只有如此，"情"才能出自于自然本性之性。特别重要的是，在《语丛》里出现了"礼因人之情而为之"① 和"情生于性，礼生于情，严生于礼"② 的重要看法，在《性自命出》里又出现了"礼作于情，或兴之也"的重要观念③。无论是"礼生于情"还是"礼作于情"，都强调了礼的根基就在于的喜怒哀乐之"情"，"兴"恰恰就说明了这种"情"的勃发和孳生的特质。

在孔子本人那里，这种"情"的实现则更多的是在诗与乐当中完成的。所谓"兴于诗，立于礼，成于乐"④，这正是表明，不仅诗之"兴"是达于礼的前导，而且，礼与仁最高要在乐中得以完成和完善，诗与乐将礼前后合围在中心。换言之，"礼乐并重，并把乐安放在礼的上位，认定乐才是一个人格完成的境界，这是孔子立教的宗旨"⑤，孔子正是意识到了这种"最高艺术价值的自觉"。孔子还谈道："志以道，据于德，依于仁，游于艺。"⑥ 在这里，无论是"志"、"据"还是"依"都是一种符合于道、德、仁的"他律"，而只有"游"，在"艺中游"，才是遵循审美自由规律的"自律"存在。因而，儒家的审美理想的极致处，并不仅仅是"寓美于善"，而是在至高自由和人格极境里浸渍和弥漫着审美的风度。按照孔子这种思路，这就不仅仅是"礼生于情"这般简单了，而且更强调的是"礼"完成于审美化的"情"当中。从孔子时代开始的"情""礼"合一的美学就已经走上了"生活美学"的道路。

四、从语言哲学的观点看：生活美学的"语用学"

最后，回归生活来重构美学，还需要进行一番现代语言哲学的考量，特别要进入"语用学"的层面，进行日常生活的语用分析。从奥斯丁和塞尔所规定的基本原则——"说话就是行事"来说，这倒与马克思所说"语言是一种实践的、既为别人存在并仅仅因此也为我自己存在的、现实的意识"⑦ 有几分

① 《郭店楚简·语丛一》。
② 《郭店楚简·语丛二》。
③ 《郭店楚简·性自命出》。
④ 《论语·泰伯》。
⑤ 徐复观：《中国艺术精神》，春风文艺出版社1987年版，第4页。
⑥ 《论语·述而》。
⑦ 《马克思恩格斯全集》第3卷，人民出版社1960年版，第34页。

类似，它们都强调了语言在运用中的实践力量。实际上，这两方面可以综合起来，以后者为基础形成一种"实践的语用学"，从而来对审美活动加以规定。在语言的使用中，语言直接就是一种"践行"的活动。那么，在美的活动究竟是如何执行"语用学"规定的呢？

质言之，从语用学的角度来说，美的活动属于哲学家 C. S. 皮尔斯所谓的"外展的臆断"的理解（abductive understanding），这也是美的深层的理性规则和语用特质①。可以说，只有通过"外展的臆断"的语用途径，才能达到"本质直观"。对"外展的臆断"的分析，正是对本质直观之语用过程的分析。

一方面，"外展的臆断"必然具有"外展的"特质，也就是呈现一种日常生活的鲜活丰富性，也就是指向一种"诗意能指"的可能性意义空间。这种"外展"显然与纯理性的"内收"或"内缩"对峙，它不同于那种以原因、规则、结果为结构的纯理性推断，后者恰恰要简约丰富的生活并将之纳入理性的轨迹之中。另一方面，"外展的臆断"也还是一类"臆断"，亦即一种提供给理性以"模糊的逻辑"（implicit logic）的方式，这种方式对于人们来说恰恰是最基本的，这也是审美判断的内在特质。

另一方面，"外展的臆断"还有一个重要的特质就是"对话性"。相比较而言，纯理性的明晰逻辑推断基本上则是一种"独白"和"自说自话"，是一种理性强权般的规约和统领。而美的活动，则要求参与者与审美对象之间的不断对话，从而同时呈现出全面的人和丰富的世界。也就是说，这种"外展的臆断"必须通过提问来施行的，在审美对象的不断提问之下，处于在生活世界和生活历史中的人们就要不断地就此作出自己的解答，这种过程看似是无限延伸着的。可见，"外展的臆断的逻辑……基本上是一种对话：永久参与的对话者将自身分化在'问—答'的永恒游戏之中"②，这也就同审美与生活的对话性相契合。

（作者单位：中国社会科学院哲学研究所）

---

① Herman Parret, *The Aesthetics of Communication*, London: Kluwer Academic Publishers, 1993, pp. 63-86.

② Herman Parret, *The Aesthetics of Communication*, London: Kluwer Academic Publishers, 1993, p. 72.

艺术与道德：外在关联抑或内在关联

余开亮

艺术和道德的关系曾经是中西古典美学的理论重点，随着现代性美学和艺术体系的建立，这一古老的论题逐渐淡出了当前国人很多艺术和美学理论著作的视野。与国内学人的研究旨趣相反，当代国外很多美学研究者对这一古老论题又予以了重新的关注。韦尔什（Wolfgang Welsh）、卡罗尔（Noël Carroll）、谢泼德（Anne Sheppard）、高特（Berys Gaut）、舍勒肯斯（Elizabeth Schellekens）等人都使得艺术与道德、美学与伦理学的关系重新获得了曾经有过的重要性①。今天，随着对现代性美学和艺术体系反思的展开，如何进一步重思艺术与道德、美与善的关联模式应成为当前美学理论研究关注的要点。

一、艺术与道德的外在关联说

在以往的理论中，艺术与道德的关系一般被呈现为相一致和相分离两种模式。美善相一致的模式一般为中西古典美学和艺术理论所首肯，而美善相分离则一般为现代美学和艺术理论所推崇。

在西方美学和艺术理论中，美善相一致的说法可谓由来已久。苏格拉底就曾说："任何一件东西如果它能很好地实现它在功用方面的目的，它就同时是善的又是美的，否则它就同时是恶的又是丑的。"② 柏拉图更从政治和道德的角度出发，在其《理想国》中旗帜鲜明地向多数艺术家下了逐客令，除掉颂神和赞美好人的诗歌外，其他有可能败坏道德的诗人则请他到旁的城邦去，再

---

① 可参见 J. Levinson 主编的《美学与伦理学》(Aesthetics and ethics, 1998)、J. L. Bermudez 和 S. Gardner 主编的《艺术与道德》(Art and Morality, 2003)、Elizabeth Schellekens 的《美学与道德》(Aesthetics and Morality, 2008) 等著作。

② 北京大学哲学系美学教研室：《西方美学家论美和美感》，商务印书馆 1980 年版，第 19 页。

不准他们闯入国境。柏拉图的这种用道德来利用艺术、审查艺术的风气在西方社会得到了很多人的响应。欧洲中世纪的艺术成为了宗教宣传的手段，如近代福楼拜的《包法利夫人》和波德莱尔的《恶之花》都受到过法国政府的检举，现代乔伊斯和劳伦斯的著作也被英国政府列为禁书……这种对艺术和道德关系的看法正如同列夫·托尔斯泰所说的："艺术——或者说，艺术所传达的感情——的价值是根据人们对生活意义的理解而加以评价的，是根据人们借以辨明生活中的善与恶的那些东西而加以评定的。"① 这种以道德扼杀艺术的观念使得艺术的创作失去了极大的自主权和自由性。

在中国美学和艺术理论中，同样出现过相似的看法。汉代儒家出于经学解释的需要，对中国文化中极为灿烂辉煌的《诗三百》进行了道德诠释的嫁接，使得本来情趣盎然的《诗经·国风》生硬地扣上了"淫奔之诗"、"道德风化"的帽子近两千年。如《诗经·郑风·狡童》写的无非就是男女青年之间打情骂俏的思念之情，而在《毛诗小序》中则解说为"不能与贤人图事，权臣擅命也"之类的胡话瞎话，可谓贻害不浅。用道德的方式生硬地对艺术进行创作和进行评价都是对艺术本身的扼杀，根本不符合艺术的发展规律。具有好的道德内容的艺术作品必然引人向善和具有暴力内容的艺术作品必然引人向恶的观念是令人怀疑的，因为道德说教内容的艺术作品也会导致人的反感和颠覆，而具有暴力内容的艺术作品也会令人讨厌暴力。

这种美善一致的看法其实是一种以道德来统治和奴役艺术的办法，它把道德看做艺术的外在目的，其注重的核心是道德而非艺术，所以在理论方面显得比较粗俗。

正是在对这种美善关系的攻击中，美学史上出现了美善分离的"为艺术而艺术"的观点，这可以看做艺术和道德关系的第二种模式。

这种美善分离的观点正是意图把艺术从道德的束缚下解放出来，而把艺术的独立价值高扬起来。19世纪西方浪漫主义的兴起就是以情感的大胆想象冲击着重视道德理性的传统美善观，开启了"为艺术而艺术"的审美观。戈蒂耶就曾说："我们相信艺术的独立自主。艺术对于我们不是一种工具，它自身就是一种美的。在我们看，一个艺术家如果关心到美以外的事，就失其为艺术

---

① 伍蠡甫、胡经之：《西方文艺理论名著选编》（中卷），北京大学出版社1986年版，第415~416页。

家了。"① 西方"唯美主义"、现代主义和形式主义艺术等也都摆脱了道德的束缚而开掘了审美的新天地。现代主义美学代言人克罗齐就说:"善良的意志能造就一个诚实的人,却不见得能造就一个艺术家。既然艺术并不是意志活动的结果,所以艺术便避开了一切道德的区分,倒不是因为艺术有什么豁免权,而是因为道德的区分根本就不能用于艺术。"② 中国文化虽然一直注重美善合一的艺术创作和欣赏理念,但主张艺术独立性的人也不在少数。如嵇康的"音声有自然之和,而无系于人情",李贽的"童心常存,则道理不行",汤显祖的"情有者,理必无;理有者,情必无",袁宏道的"独抒性灵,不拘格套"等都是在寻求艺术自身的独立价值。

美善分离的观点确乎看到了艺术和道德的不同之处,但完全隔绝艺术和道德的关系则似乎走得有点过远。当一个作品在审美形式上极端成功,但思想内容却极端腐朽时,很难说这个作品的艺术性是多么的强。如莱妮·里芬斯塔尔拍摄的《意志的胜利》这部关于希特勒1934年纳粹党集会的纪录片。从艺术上说,这部纪录片具有很高的美学水准,但由于这部影片对希特勒进行了政治宣传,违背了基本的伦理,故其只能是一部臭名昭著的影片。

美善相一致和美善相分离两种模式,要么把道德看做艺术的外在目的,要么把道德看做和艺术毫不相干的,两种模式实际都把道德看做外在于艺术自身的(外在目的或者外在之物),故都持一种艺术与道德的外在关联说。

问题是,艺术作品关涉人的生命存在,它在最终的意蕴上应该是关乎人性的,因而在很大程度上它脱离不了和道德的关联。以往的美善相一致的观点的问题不在于它强调了美和善的关系,而在于没有妥善地处理好美善关系。"我们细看历史,就可以发现在一种文化兴旺的时候,健康的人生观和自由的艺术总是并行不悖,古希腊史诗和悲剧时代、中国的西汉和盛唐时代以及英国莎士比亚时代可以为证;一种文化到衰败的时候,才有狭隘的道德观和狭隘的'为艺术而艺术'主义出现,道德和文艺才互相冲突,结果不但道德只存空壳,文艺也走入颓废的路,古希腊三世纪以后,中国齐梁时代以及欧洲十九世纪后半期可以为证。"③ 不过,朱光潜先生虽然注意到了美善关系的统一,但他是以一种把善看做美的前因后果的矛盾方式来统一二者

① 朱光潜:《文艺心理学》,安徽教育出版社1996年版,第104页。
② [意]克罗齐:《美学原理/美学纲要》,外国文学出版社1983年版,第213页。
③ 朱光潜:《文艺心理学》,安徽教育出版社1996年版,第114页。

关系的。朱光潜先生认为，在审美欣赏前，道德会作为欣赏者的切入背景而影响到审美直觉的走向因而对艺术发生关联；同时，在审美经验后，会产生一种道德效果从而使得道德和艺术发生关联。对于审美经验本身，朱光潜先生则认为："就美感经验本身说，我们赞成形式派的结论，否认美感与道德观有关系。"① 这里体现了朱光潜先生在处理美善关系时的理论矛盾性：一方面他要去寻求美善的统一，另一方面依然把善排斥在美之外，或者至少是排斥在美感之外的。我们要问的是，就审美经验本身来说，美感和道德真的没有关系吗？

二、艺术和道德的内在关联说

可以看出，在美善关系的处理上，既不能让道德来统治和奴役艺术，又不能让艺术完全无关乎道德，那究竟应如何来处理美善关系呢？德国美学家韦尔施说："我将尝试发掘审美自身的伦理潜质，并指出由此而来的某些伦理学后果。'伦理/美学'（aesthet/hics）这个生造词由'美学'和'伦理学'缩约而成，它旨在意指美学中那些'本身'包含了伦理学因素的部分。"② 韦尔施的通过审美自身去发掘伦理潜质的看法应能对我们重新理解艺术和道德的关系提供启示。

我们认为，艺术和道德的关联应该还存在第三种模式，即艺术不是道德的奴婢，但艺术又是在根源上关涉道德的。这种美善模式不是把道德看做艺术的外在目的或前因后果，而是把道德看做艺术的内在目的，是一种美善关系的内在目的论③。在这种模式中，艺术审美价值的获得是渗透了道德价值的；反过来，道德价值的评价同时又在某种程度上影响着审美价值的评价。卡罗尔把这种艺术和道德的关系称为"温和的道德论"："事实是某些艺术品，如叙事性艺术品，指向道德理解的方式确实能提高作品的审美价值。因为提供丰富的道德经验而受到我们赞赏的艺术品有时会出于同样的原因而受到审美方面的赞

---

① 朱光潜：《文艺心理学》，安徽教育出版社 1996 年版，第 122 页。

② ［德］沃尔夫冈·韦尔施：《重构美学》，上海译文出版社 2002 年版，第 79～80 页。

③ 用内在目的性来解释儒家文艺观，可以进一步看看陈昭英的《儒家美学与经典诠释》，华东师范大学出版社 2008 年版，第 130～137 页。

赏。这就是温和的道德论。"①

美善关系的内在目的论模式借鉴的是黑格尔关于目的论的辩证性看法。黑格尔说："一说到目的，一般人心目中总以为只是指外在的合目的性而言。依这种看法，事物不具有自身的使命，只是被使用或被利用来作为工具，或实现一个在自身以外的目的。这就是一般的实用的观点。"② 黑格尔批评的正是一种外在目的论的流行观点，而这种观点恰是把道德看做艺术目的的美善相一致说。与外在目的论不同，黑格尔提出了内在目的论观："目的是一种能动的概念，一种自身决定而又能决定他物的共相。同时康德又排斥了外在目的或有限目的，因为在有限目的里，目的仅是所欲借以实现其自身的工具和材料的外在形式。反之，在有机体中，目的乃是其材料的内在的规定和推动，而且有机体的所有各环节都是彼此互为手段，互为目的的。"③

黑格尔关于外在目的论和内在目的论的看法为美善关系的解决提供了可供借鉴的理论基础。可以看出，外在目的论是一种机械的功利主义，而内在目的论则是一种有机的整体理论。机械的外在目的论往往对事物采取一种机械的区分，如西方人性结构论往往把人的生命整体分割成知情意三结构，然后分别对应于真美善三价值。在此机械区分之下，真善美三价值往往被分割在三个不同的领域，从而要么得出艺术之美是道德之善的工具的观点，要么得出艺术之美无关乎道德之善的形式主义观点。但从有机的内在目的论上看，生命是一个有机整体，知情意统摄于生命整体之中。因而，艺术的呈现不能简单理解为情感结构的对应物，而应该理解为是以情感为中枢的整体生命的对应物。苏联美学家列·斯托洛维奇曾对审美价值和其他价值的关系表述为："无论物质—实践价值和认识价值，还是道德价值和社会政治价值，其存在不是互相隔离的，而是相互影响的。根据我们的意见，审美价值处在所有价值相互渗透的中心。"④因此，按照有机整体性的内在目的论来看待艺术的话，真、美和善同样是相互缠绕相互渗透而共存于艺术有机体中的。"不同的领域与学科取决于相互之间缠绕不清的关系，这与现代的区分理论和分割教条所想象的方式是截然对立

①　[美] 卡罗尔：《超越美学》，商务印书馆 2006 年版，第 487 页。

②　[德] 黑格尔：《小逻辑》，商务印书馆 1980 年版，第 390 页。

③　[德] 黑格尔：《小逻辑》，商务印书馆 1980 年版，第 145～146 页。

④　[爱沙尼亚] 列·斯托洛维奇：《审美价值的本质》，中国社会科学出版社 1984 年版，第 116 页。

的。这需要思维由分割的形式转变为相互缠绕的形式。"① 在艺术的有机体中，道德不是外在力量强加给艺术的，而是艺术本身内在的规定和推动。如同一棵树木，长出叶子、结出果实不是树的外在目的，而是树木有机体自身生长的内在必然性。白居易《与元九书》就云："诗者，根情，苗言，华声，实义。"情、言、声、义都应该是诗这棵有机树木上的必然性。

所以，真正意义上的道德根本不需要人为的强加，在优秀的艺术中自身就包含了内在的道德性。这种内在的道德性和外在目的论的道德性不同，它不是基于某些人的利益或规范而被硬性地呈现在艺术作品之中，而是出于一种生存意义上的价值承担，是生命在世的普遍性的道德律令。正因为这种道德价值是内在于艺术中的，所以它的呈现往往也是比较微妙或间接的。"文学家当其写作之际，并非希冀先寻出一个'道'来，然后将之装放在作品之中。道蕴含在写作活动本身，其活动应如自然的律动那样自由与自动自然。"② 这种内在道德性可以体现为艺术以微妙或间接的方式来表达对人类命运的担忧，对个人生命的感慨，对真情实感的抒发，对理想生活的向往，等等。正如安妮·谢泼德所说的："如果我们通过说文学作品既可以提供有关他人的洞见，也可以提供有关我们自己的洞见来修正他们的说明，我们就可以认识到从审美角度来看优秀的文学作品也具有道德价值。"③

三、艺术与道德内在关联的体证

既然道德价值是内在于艺术中的，那么在艺术的创作和欣赏中，这种道德价值是如何以微妙的方式被体证的呢？

先看艺术的创作过程。艺术的创作往往是艺术家先在头脑中形成一个意象，然后经由赋形活动而创作作品。人作为一个现实世界中生命的有机体，承载着人生在世的生命体验。这种糅合现实世界、宗教信仰、道德规范、情感历程的诸多生命体验会对艺术意象的形成起到作用，并微妙地渗透到艺术的赋形活动之中。这种影响不仅体现在艺术家创作的切入背景中，而且也直接体现在艺术创作活动本身中。我们借助于艺术家的作品不但开阔了视野，而且丰富了

---

① [德]沃尔夫冈·韦尔施：《重构美学》，上海译文出版社 2002 年版，第 79 页。

② 叶维廉：《中国诗学》，生活·读书·新知三联书店 1992 年版，第 103 页。

③ [英]安妮·谢泼德：《美学：艺术哲学引论》，辽宁教育出版社 1998 年版，第 226 页。

生命的情感体验。李白的诗歌，表达了生命的洒脱和正气；杜甫的诗歌，传达了人世的艰辛和困顿；王维的诗歌，见证了生命的空寂和自在。正如朱光潜先生所说："艺术家较常人优胜，就在于他们的情感比较真挚，感觉比较敏锐，观察比较深刻，想象比较丰富。他们不但能见到比较广大的世界，而且引导我们一般人到较广大的世界里去观赏。"① 所以，艺术的创作过程是融合了人生的道德价值的。"为艺术而艺术"的观念或形式论美学恰是忽视了意象形成的这种复杂性。

从另一个角度说，艺术创作作为审美情感的抒发往往建立在一种真情实感的基础上。故《乐记》云："唯乐不可以为伪。"黑格尔亦说："音乐凭声音的运动直接渗透到一切心灵运动的内在的发源地。"② 这种发自内心深处的真情实感往往本身就具有一种道德价值。"情生于性"，按照中国儒家心性论的看法，"情"是源自人的本质的，是发自生命根源之地的。"天命之谓性"，在儒家的性善论视野中，作为人的本质的"性"本身就具有道德内涵，是禀受天命而成就的人之为人的本质。"道始于情"，"情动于中而形于言"，艺术的真情实感本身就具有道德的内涵。或者说，在生命的根源部位，艺术情感和道德内涵本身就是圆融一体的。这正如徐复观先生所说："随情之向内沉潜，情便与此更根源之处的良心，于不知不觉之中，融合在一起。此良心与'情'融合在一起，通过音乐的形式，随同由音乐而来的'气盛'而气盛。于是此时的人生，是由音乐而艺术化了，同时也由音乐而道德化了。这种道德化，是直接由生命深处所透出的'艺术之情'，凑泊上良心而来，化得无形无迹，所以便可称之为'化神'……由心所发的乐，在其所自发的根源之地，已把道德与情欲，融合在一起；情欲因此而得到了安顿，道德也因此而得到了支持；此时情欲与道德，圆融不分，于是道德便以情绪的态度而流出。"③

可见，艺术和道德的在深层次上实际是合一的。成功的艺术作品必然融合了艺术家对于生命道德的体验："它伸展同情，扩充想象，增加对于人情物理的深广正确的认识。这三件事是一切真正道德的基础。"④

---

①　朱光潜：《文艺心理学》，安徽教育出版社 1996 年版，第 126 页。

②　［德］黑格尔：《美学》第三卷（上），商务印书馆 1981 年版，第 349 页。

③　徐复观：《中国艺术精神》，春风文艺出版社 1987 年版，第 24 页。

④　朱光潜：《文艺心理学》，安徽教育出版社 1996 年版，第 127 页。

再看艺术的欣赏过程。艺术的欣赏往往是欣赏者以一种审美态度去面对艺术作品。审美态度虽然具有非功利性，但并非和功利性完全绝缘。康德自己就坦承纯粹美的东西少之又少，现实中大量存在的是依附于一定概念和目的的依存美。在中国艺术审美经验中，更强调五官的相互综合和通感，嗅觉之香、味觉之滋、触觉之滑等都具有审美的意义。不但如此，中国艺术更是自觉地追寻一种五官感觉之间互换互通的独特审美经验——通感。"科学的、实用的和美感的三种活动的理论上虽有分别，在实际人生中并不能分割开来。'美感的人'是抽象的，在实际上并不独立存在。形式派美学把美感经验从整个有机的生命中分割出来，加以谨严的分析，发现就观赏的'我'说，只有单纯的直觉，没有意志和思考；就所观赏的'物'说，只有单纯的形象，没有实质、成因、效用种种意义，照这种分析看，文艺自然与抽象思想和实用生活无关。我们如果承认美感经验可以由整个有机的生命中分割出来加以分析，便须否认美感与抽象思想和实际生活的关系。但是这种分割与'人生为有机体'这个大前提根本相冲突。"① 欣赏者的审美经验实际是间接渗透了道德观念的。这正是严羽所说的"词理意兴，无迹可求"（《沧浪诗话》）。钱钟书先生《谈艺录》亦云："理之于诗，如水中盐，蜜中花，体匿性存，无痕有味。"卡罗尔就说："只要我们承认理解叙事性艺术品时所涉及的思考过程同时也是道德理解的过程，至少在大多数恰当的情况下，它会改造和澄清我们的道德信念和道德情感。"② 所以，在艺术的欣赏过程中，人生在世的诸多体验恰是在艺术的审美享受和感染中沉潜摩荡而最终升华到一种生命的真善美相合的天地境界的。

这一点可以通过孔子"兴于诗"的理论得到说明。兴是立足于诗的抒情性上的。"兴"在甲骨文中像四手共举一物，为打夯时发出的举重劝力之歌，类同今天的劳动号子，它渲染的是一种情绪。同时，兴又是"引譬连类"和"感发意志"。这表明"兴于诗"是指立足于艺术基础上的内在道德感发。朱熹在《四书集注》中对"兴于诗"注解云："兴，起也。诗本性情，有邪有正，其为言既易知，而吟咏之间，抑扬反复，其感人又易入。故学者之初，所以兴起其好善恶恶之心，而不能自已者，必于此而得之。"③ 艺术的欣赏过程

---

① 朱光潜：《文艺心理学》，安徽教育出版社 1996 年版，第 162 页。
② ［美］卡罗尔：《超越美学》，商务印书馆 2006 年版，第 458 页。
③ （宋）朱熹：《四书章句集注》，中华书局 1983 年版，第 104～105 页。

恰是在情感的抑扬反复中，一种好善恶恶之心油然而生，最终达致对生命道德的体证。"兴在有意无意之间"，这种艺术欣赏中道德的出现不是强加上去的，而是在审美欣赏自身过程中自然而然产生的，是使人"自动"的，是在一种审美情感氛围中生命整体的和盘托出。故王夫之在《古诗评选》中说道："风雅之道，言在而使人自动，则无不动者。恃我动人，亦孰令动之哉！"

文艺与道德的内在关联不但在艺术的根源部位，同样还体现在艺术的最高境界中。徐复观先生说："乐与仁的会同统一，即是艺术与道德，在其最深的根底中，同时，也即是在其最高的境界中，会得到自然而然的融合统一。"① 中国的儒家艺术追求的就是一种美善圆融的境地，正如孔子说的："兴于诗，立于礼，成于乐。"牟宗三先生就此指出："儒家的精神是孔子所说的'兴于诗，立于礼，成于乐'。经过严整的道德意识之支柱（立于礼），最后亦是'乐'的境界，谐和艺术的境界（成于乐）。但这必须是性体、心体、自由、意志之因果性彻底呈现后所达到的纯圆熟的化的境界、平平的境界，而不是以独立的美的判断去沟通意志因果性与自然因果性。践仁尽性到化的境界、'成于乐'的境界，道德意志之有向的目的性之凸出便自然融化到'自然'上来而不见其'有向性'，而亦成为无向之目的，无目的之目的，而'自然'，亦不复是那知识系统所展开的自然，而是全部融化于道德意义中的'自然'，为道德性体心体所通澈了的'自然'：此就是真美善之真实的合一，而美则只是由这化的境界而显出，而不是一独立的机能。"② 此种真善美真实合一的境界是一种不言之"绝对的善"、"大善"，同时又是一种不言之"绝对的美"、"大美"。这种境地同样也是人生的真际。这种真美善圆融相乐的中和境地也即是孔子极力颂扬的"尽善尽美"、"游于艺"、"成于乐"、"从心所欲不逾矩"、"吾与点也"的最高人生境界。这种最高人生境界既不全是道德的形而上境界，也非全是审美的形而上境界，毋宁说是在审美和道德圆融中再次升腾超越的抵达生命真理的天地境界。这种大全的人生境界体现了一种圆融无滞、浑然天成的生命精神，同时又能使生命得以超越，所谓"胸次悠然，直与天地万物上下同流，各得其所之妙"③。也正是在这里，真善美达到了最高境地的合一。

---

① 徐复观：《中国艺术精神》，春风文艺出版社 1987 年版，第 15 页。
② 牟宗三：《心体与性体》（上），上海古籍出版社 1999 年版，第 152 页。
③ （宋）朱熹：《四书章句集注》，中华书局 1983 年版，第 130 页。

　　可以说，艺术和道德关系论题的重新提出，直接针对的正是学科区分性的现代性美学和艺术体系。在反思现代性美学和艺术体系的后分析美学时代，一些交叉性的美学问题必将得到新的理论关注。届时，包括中国古典美学在内的东方美学理论资源将在世界美学的理论建构中发挥重要的作用。

（作者单位：中国人民大学哲学学院）

中国美学

中国美学

中国传统美学的哲学基础问题

范明华

美学是哲学的分支，一个民族和一个时代美学思想的形成，离不开它的哲学思想。中国传统美学在文本、话语和思想上的特殊性质，可以从经济基础、社会结构、政治制度甚至地理环境等多个方面去考察，但最直接的根源，应该说是制约着中国人思维方式和心理习惯的那些最根本的哲学观念。中国传统美学的哲学基础，笔者认为有三个最基本的东西：一是关于宇宙（天地）的理论，二是关于人心（心）的理论，三是关于技艺（技术或人造事物）的理论。

一、有机主义的宇宙哲学

无论是在中国还是在西方，美学思想的起源，都同早期的宇宙观念密切相关，如前苏格拉底时期"美是和谐"的理念，便是基于对宇宙和谐的假定和推论。

中国古代的宇宙观，向来被很多学者称为"有机的宇宙观"（相应地，中国传统美学，也可称为"有机的美学观"或"有机主义的美学"），如英国的李约瑟和中国的方东美。李约瑟说："在希腊人和印度发展机械原子论的时候，中国人则发展了有机的宇宙哲学。"① 方东美说："根据中国哲学，整个宇宙乃由一以贯之的生命之流所旁通统贯……'自然'乃是一个生生不已的创进历程，而人则是这历程的参赞化育的共同创造者。"② 因此中国的宇宙观也可称为"机体主义"、"生机论"、"万有含生论"、"万有在神论"和"普遍生命论"③。

---

① ［英］李约瑟：《中国科学技术史》（第 3 卷），科学出版社 1978 年版，第 337 页。
② 方东美：《方东美集》，群言出版社 1993 年版，第 357 ~ 359 页。
③ 方东美：《方东美集》，群言出版社 1993 年版，第 27、81、104、107 等页。

所谓"有机的宇宙哲学"、"机体主义"、"生机论"、"万有含生论"、"万有在神论"和"普遍生命论"等，简单地说是把宇宙视为一个生命有机体，而具体地说则是把宇宙视为一个自我生成、自我发展、自我调节、相互关联、富有生命并且具有"灵性"或精神的整体。就中国古代的宇宙观来说，可以从以下几个方面去理解"有机的宇宙哲学"的含义，即：

第一，中国古人所理解的宇宙，是自我生成、一气运化、生生不息、充满生命意味的宇宙。在中国古人看来，宇宙不是由任何人或神"创造"出来的，而是由混沌未分的"气"一分为二相互"氤氲"、"化育"出来的。因此，宇宙是一个有生命、有意义、有价值的对象，而不是一个毫无生气的、与人的存在和活动不相干的物质实体。

在中国古人看来，宇宙之所以是一个生命有机体，原因是其中充满了"生生之气"。"万有含生"便是"含气"。宇宙——包括天地万物在内——是"气积"或"积气"的产物，"气"是宇宙生成的质料和动因，同时也是宇宙所由生的本体或本源（作为本源的"气"，过去也称为"太极"、"太初"和"太一"等，如郑玄《周易注》谓："太极，淳和未分之气。"孔颖达《周易正义》谓："太极谓天地未分之前，元气混为一，即是太初，太一也。"就本源的意义上说，"气"的概念早于"道"的概念。但"气"有"充实"万物的意义，而"道"则有"条理"万物的意义。因此"气"是一种质料、动因或能量）。中国古代的宇宙观，就"气"这一方面的意义上说，也可以称之为"气的宇宙观"。虽然，首见于甲骨文的"气"字，本义只是"云气"。《说文解字》谓："气，云气也。象形。凡气之属皆从气。"作为"云气"的"气"的概念的出现，可能与中国有上万年之久的农耕生产方式有关。但由于"云气"同雨水有关，雨水又同农作物的生长有关，继而同生命的维系和社会的安定有关，因此引申开来，"气"便具有生成万物的意义。或者说，它被逐渐赋予了生命的意义。而且，随着"气"的含义的不断扩大，它也逐渐演变为一个用以表示宇宙和生命本质的概念，一个具有质料、动因、能量等含义并据以解释宇宙万物生灭变化（方东美所谓"普遍生命"）的概念。如《庄子》书中所说的"通天下一气耳"的"气"，便是具有了抽象意义的哲学名词。

第二，中国古人所理解的宇宙，是时空一体而以时间为主导的、富有节奏韵律或节律化了的宇宙。它之所以是富有节奏韵律或节律化了的宇宙，是因为这种宇宙观更重视的是变化和过程，而不是静态的结构（包括所谓"元素"）。

在古汉语中，"天地"、"宇宙"、"世界"都具有时间与空间合二为一的含义。"天地"一词出现最早,"宇宙"、"世界"后出而含义相同。"天地"、"宇宙"、"世界"均指一个包括人在内的统整的存在物。但若将它们拆开来讲,则"天"具有时间的属性,而"地"具有空间的属性。《周易·乾卦·象传》谓:"大哉乾元,万物资始,乃统天。……大明终始,六位时成,时乘六龙以御天。"又《周易·坤卦·象传》谓:"至哉坤元,万物资生……含弘光大,品物咸亨。"在《周易》的观点看来,时间与日月诸天体的运行有关,也就是与天有关,空间与万事万物的存在或生存有关,也就是与地有关。古人认为,时间是与天体的运行有关的,历法的制定所依据的正是天体的运行。俗语所谓"天时地利"而不说"天利地时",也说明"时"与"天"有直接的关联。又有所谓"天圆地方"的说法,"圆"和"方"并非只有形状的意义,"方"指方位,"圆"则有天道循环的意义。关于"宇宙",陆德明《经典释文》引汉初字书《三苍》说:"四方上下曰宇,往古来今曰宙","宇"指的是空间,"宙"指的是时间。"宇宙"一词的合义就是时间和空间。"世界"一词源出佛典,"世"指世代(包括过去、现在和未来),代表时间;"界"指不同的境界,代表空间。"世"的本义是叶片的生长(如"枼"、"葉",均指植物的叶片),引申为世代,如《说文》:"世,三十年为一世。"《字汇》:"父子相代为一世。"。又,"世"也指人世或人生在世,如《战国策·秦策》:"负刍必以魏,殁世事秦。"《后汉书·张衡传》:"虽才高于世,而无骄尚之情。"以上三义都含有时间的意义。"界"的本义是指田(土地)的分界,引申为范围、疆界、界限、领域、境界等义,一般来讲也都含有空间的意义。但相对来说,在中国古代文化中,时间的意义远甚于空间的意义。而且,在一定意义上说,空间的观念,是由时间观念引发出来的,比如方位的确定,主要是依据天体(日月)的运行。也可以说,它是取决于时间的把握。

对时间的突出、强调,可以从中国早期的许多文化现象看出来。比如中国人很早就有很系统的关于"天文"的知识,至少在商代就有了比较完整的历法和历谱。中国古人在历史的记述方面,在日常生活方面,在重大社会活动的举行方面,以及在农业生产、医药养生、建筑工艺等方面,都非常重视时间的因素。"时"——日、月、年、春、夏、秋、冬、十二时辰,二十四节气等,在古人的心中,不仅仅是时间的客观标示,而且是事业和生活成败得失中必不可少的条件。又比如,中国早期社会非常重视音乐,史书上常常是律历并称,历法与音乐归为一起来说,原因除了音乐与历法皆关联于祭祀之外,还有一个就是音乐与历法均包含着时间的秩序。因此,《礼记·乐记》中说:"大乐与天地同和。"这个"和",便是时间秩序或节律上的类似和对应。

第三,中国古人所理解的宇宙,是各种事物、现象彼此相通且相互关联的宇宙。这种宇宙观,即杜维明先生所谓"存有的连续"(Continuity of being)的本体论(张光直引杜维明语)①,或李泽厚先生所谓"一个世界观"②。换句话说,在中国古人的观念中,没有天地、人神、古今、时空、心物的绝对对立,一切的事物和现象皆统归于一个气息相通且周流不息的有机整体。

最后,中国古人所理解的宇宙,是一个充满各种暗示和意义,关联着人的吉凶祸福的宇宙(《周易·系辞上传》所谓"天垂象,见吉凶");或者说,它是一个具有各种精神意义、包含着各种价值属性的对象。这种思想源自原始的宗教观念,在原始宗教的宇宙图式中,天地是具有神启("天启")意义的对象物。虽然到了后来,随着天神观念的淡化,这种神秘的宗教意义有所减弱,但视宇宙为有意义、有价值的对象的观念并没有改变,而只不过是用人性的内容替代了神性的内容罢了,如儒家具有纲常伦理意义的天地观念。

因此,中国人对自然界的看法,不是把自然界看成一个纯粹客观和静止的物质实体(物理世界),而是把它看成一个具有精神意义的对象,一个宗教的、道德的、审美的对象,一个祭祀礼拜的对象(神性的自然)、道德感悟的对象(德性的自然)或游憩观赏的对象(自然性的自然或自由的自然)。中国古代的宇宙哲学并没有发展出西方近代的自然科学,其原因也在于此。传统的"天文"和"地理"是一个带有神秘主义色彩的诠释系统,而非近代西方自然科学意义上的天文学和地理学(严格地说,中国古代并没有"自然界"这样一个概念,而只有"天地"、"宇宙"、"世界"、"造化"一类的概念)。

以上这些观念,都对中国传统美学,尤其是其艺术观念,产生了深远的影响。这种影响可以从四个方面来看,即:

第一,中国艺术是以"生气"(即方东美所谓"普遍生命")——包括"生机"、"生活"、"神气"、"气韵"等的表现为目的的,正如明代画家董其昌《画禅室随笔》中所说:"画之道,所谓宇宙在乎手者,眼前无非生机。""生气"或"生机"等之所以能成为中国古代美学对艺术优劣判断的最高标准,无疑是与上述以"气"为质料和动力的宇宙观念密切相关的。

第二,因为重视"生气"和变化,因此,中国艺术非常重视时间、节奏

---

① 参见张光直:《青铜挥麈》,上海文艺出版社 2000 年版,第 203 页。
② 李泽厚:《己卯五说》,中国电影出版社 1999 年版,第 175~177 页。

和韵律的表现。而且重视时间、节奏和韵律的想法，不但表现在音乐和舞蹈等所谓"动态"的艺术中，也表现在书法、绘画、建筑等所谓"静态"的艺术中。中国艺术家所创造的艺术形式，更接近于符号学美学家苏珊·朗格所说的"动力形式"。在中国艺术家看来，艺术不但要表现静态的"结构"而且要表现出动态的"节奏"，或者说，它的结构同时也就应当是节奏化的、动态的或"一气运化"的结构。因此，中国艺术所表现的境界，是以流动而有序即动态的和谐为其根本特征的。

第三，中国美学在其对艺术作品的解释和评价中，虽然没有提出"有机整体"的概念，但事实上却包含了有机整体的思想。如康有为在讨论书法的时候所说："书若人然，须备筋骨血肉，血浓骨老，筋藏肉洁，加之姿态奇逸，可谓美矣。"①

第四，中国美学的一个非常重要的传统是"传神"和"写意"。换句话说，即是注重精神意义的表达。这种思想的最初根源或许可以追溯到原始的巫术世界观，但就直接的意义上说，则与上述"有机主义的宇宙观"之重视宇宙的精神意义的观点相关。而中国古代的有机主义宇宙观，本身就留有原始巫术世界观中"万物有灵"的观念痕迹。贺麟先生说，有机主义（他称为生机主义或生机观）在很多哲学史家那里，被称为"精神的自然主义"或"自然的精神主义"，其实也可以说是"一种不彻底的精神主义"②。

二、内在超越的心灵哲学

中国古代哲学的核心问题是"天"、"人"关系问题。其思想的开端是"天"的问题，而落脚点则是"人"的问题。具体地说，它是从"天"（天地）的问题的讨论开始，继而落实到"人"（人心、人性、人生）的问题的讨论。同时又在关于"人"的问题的讨论基础上，继而从人的立场来看"天"（天地）及"人"与"天"（天地）的关系。中国古代关于天地或宇宙的学说（包括"天文"和"地理"），落脚点都在"人"。因此，天地或宇宙之所以被作为思想的对象，根本的原因是在于天地或宇宙具有人间性的意义。换句话说，天地或宇宙之所以值得去探讨，是因为它直接关系到人的存在。到了西周以

---

① （清）康有为：《广艺舟双楫》，引自《艺林名著丛刊》，中国书店1983年版，第46页。
② 贺麟：《贺麟选集》，吉林人民出版社2010年版，第29页。

后，特别是春秋战国以后，随着具有人格神意义的"天"的地位的下落，"人"的问题和人的生存问题逐渐成为哲学思考的一个中心问题。

而人的问题，根本上又是"心"或"人心"的问题。在中国哲学家看来，人是万物之灵，人之所以为人的本质，不在于人有不同于其他动物的身体，而在于人有"知天"即揭示宇宙奥秘的"心"。"心"才是人的生命中最本质的东西，没有"心"便不能称为"人"和"人的生命"。因此，中国哲学的主体可以说是建立在宇宙哲学基础之上的伦理学和人生哲学，而中国伦理学和人生哲学的核心就是心学或心灵哲学。

在"心"与"身"、"神"与"形"的关系问题上，中国哲学家的看法是认为"心"、"神"主宰"身"、"形"。而且，在"心"与"物"这个在西方近代哲学中非常重要的关系问题上，中国古代哲学家并不讨论"物"的存在与是否可知，而更关心"物"对于人的意义以及这种意义如何在"心"中显现出来。在中国古代哲学家看来，"物"的意义，天地、宇宙或世界的意义，以及所谓"道"的意义，都只有经由心的作用（心的体认、觉悟、涵摄）才能显现出来。庄子的"有真人而后有真知"的思想，孔子的"人能弘道，非道弘仁"的思想，孟子的"尽心"而后"知性"、"知性"而后"知天"的思想，荀子的"人何以知道？曰心"的思想，以及禅宗的"自性是佛"的思想，陆九渊的"心外无理"及王阳明的"心外无物"的思想，等等，究其实质而言，都是基于同一理路。所以也可以说，中国古代哲学的核心其实是一种"心学"——即关于"心"的理论或"心灵哲学"——以及由"心学"展开的伦理学和人生哲学。

中国古代的心学或心灵哲学主要讨论的不是"心"的心理学意义上的构成，而是"心"的宗教学、伦理学和美学意义上的自我超越，即本心如何超脱物欲和成见的束缚回到它自身，即通过"去蔽"（迷、执、障、困、溺等）回到"本心"，借此显现出世界和事物的"本相"或"真相（真理）"。

中国没有西方那样的认识论和逻辑学，因为中国的心学或心灵哲学并不致力于客观知识体系的建构，而是致力于"本心"的发明或建构。中国的心学或心灵哲学是关于人生境界的心学或心灵哲学。在中国古代哲学中，人对世界和自身的认识虽然也被认为是"知"的活动，但这"知"同时也具有"觉"的含义，如现代汉语中的"感觉"、"知觉"、"直觉"等词，都包含有"觉"的含义。而"觉"是内向的活动，它的重点不是外部世界的认知，而是主体精神的提升。因此，这种关于心的理论，是一种追求内在超越的心灵哲学，即用余英时先生的话说，是一种与西方的"外在超越"不同的"内向超越"的学问①。

此外，中国古代心灵哲学在讨论"心"的时候，主要是侧重于"心"的作用。在中国哲学家看来，在实际生活过程中，"心"是能动的、有指向的。"心"的堕落与超越，执迷与觉悟，失去与回归，都是基于"心"的作用。而"心"的构成和内容，则恰恰是由它所指向的对象所决定的。换句话说，心的对象规定了心的性质和内容。"心"指向什么，"心"就是什么。

由于指向的对象不同，中国哲学一般将"心"分为两种，即以"物"为对象的"习心"和以"道"为对象的"本心"。

"习心"，即"感于物而动"的"心"，也可以叫做"现象的心"、"经验的心"，具体表现为生理性的、功利性的知、情、意等。庄子所谓"成心"、"贼心"、"机心"、"滑心"、"不肖之心"、"近死之心"，佛教所谓"执心"、"无明之心"，宋代理学家所谓"人心"、"私心"，王阳明所谓"躯壳的己"，等等，都是指的"习心"。在中国哲学家看来，"习心"是随"物"迁移、变动不居的。它所对应的是变动不居的外部世界，它的活动相关于肉体的存在和外部世界的刺激（所谓"感于物而动"），因此它在性质上为身体和外物所规定和限制，而它最根本的内容则是"物欲"或情欲。"物欲"或情欲虽然为人生所必需，但却常常表现为一种负面的价值。所以，在中国哲学中，有关"习心"的各种称谓都几乎带有贬义。在中国哲学家看来，这样的"心"只是心的现象，甚至是假象。它不能反映心应有的主动的、自觉的、自由的、创造的、真实的本质，也不能提供关于宇宙和人生的"真知"。

因此，"习心"实质上也是"心"的自我异化。只有回到"本心"才能彰显人之作为人的本质，才能揭示宇宙和人生的真相。

"本心"，也可以叫做"本质的心"、"本体的心"或"超越的心"。在中国哲学中，"本心"是与"天地之心"一致的、为人所拥有的、本真的心理活动或精神世界，具体表现为非生理性的、功利性的真知、真情、真意等。庄子所谓"常心"、"静心"，孟子所谓"良心"，禅宗所谓"本心"、"真心"、"自心"，佛教经典中普遍提到的"初心"、"佛心"、"真如之心"，宋明理学家喜欢谈论的"道心"，以及明代哲学家王阳明的"真己"、李贽的"童心"和艺

---

① 参见余英时：《余英时文集》（第4卷），广西师范大学出版社2004年版，第4~23页。

术家徐渭的"真我",都是指的"本心"。

与"习心"不同,"本心"不是为"物"所规定,而是为"道"所规定。它所对应的是恒常不变的宇宙法则(道、理),故《荀子·正名》中说:"心也者,道之工宰也。"因此,"本心"的活动无关于肉体的存在和外部世界的刺激,并且凌驾于物质功利和现象世界之上(即如庄子所谓"乘物以游心"的"心"。"乘",即凌驾于其上的意思),它最根本的内容是真实无妄的情感和智慧。因此,它在本质上是主宰性的、建构性的和创造性的,并且具有"虚"、"静"、"纯"(净)、"明"、"智"、"圣"(神)等特点。

作为对"习心"的否定,"本心"的最高规定也可以说是"虚无",即"本心"也可以称为"无心"。但这"虚无"并不是什么也没有的意思,也并非要断绝一切欲望、经验和情感。"本心"不是与日常生活经验完全隔绝的另一"精神实在"。"本心"、"习心"只是程度的不同,指向的不同。它是禅宗所说的"念念无念"、"于念无念"的、自作主宰(不滞于物)的"本觉真心"。"本心"的"虚无"同时也是全面的"拥有",因此它的最高规定也可以说是"真实"、"自然"(自由)。

中国哲学中所说的"本心"为"道"所规定,而"道"有不同,因此,"本心"的内涵也不一样。大体说来,儒家的"本心"主要是一种道德的心,而道家和禅宗的"本心"则具有超道德的意义。它更接近于是一种审美的或艺术的心。贺麟先生称"本心"为"逻辑的心"①,则是一种新的发展,其中融入了西方哲学,尤其是黑格尔哲学的思想。

在中国哲学中,"本心"是规定人的本质、存在和价值的根本概念,无此"心"则为非人。中国哲学的主题在于此本心的建构,或曰"复其本心"、"回归本心",即把人所具有的、作为人的本质规定的"心"的本来面目显现出来。这一显现的过程,既是对"习心"的不断"清洗"和"扬弃",也是坚定不懈的内心修为和现实努力,是"要人以自己的力量,加以开拓而使其显发出来"的②。

中国古代的这种追求内在超越的心灵哲学,从一开始便对中国的艺术观念产生了影响。特别是自魏晋隋唐以后,随着士大夫阶层介入艺术作品的创作和品评,并主导美学的话语权,加上玄学和佛学的发展,一种以心灵的自我超越

---

① 贺麟:《贺麟选集》,吉林人民出版社 2010 年版,第 25 页。
② 徐复观:《中国人的生命精神》,华东师范大学出版社 2004 年版,第 183 页。

为艺术活动的前提的思想便大行其道。我们可以看到,在隋唐以后的各种书论、画论、诗论和文论中,有一种逐渐抬高"心"的作用的倾向。如唐代张璪的"外师造化,中得心源",张彦远《历代名画记》中所说的"骨气形似皆本于立意而归乎用笔",朱景玄《唐朝名画录》中所说的"挥纤毫之笔,则万类游心",宋代郭若虚《图画见闻志》中所说的"气韵本乎游心",清代石涛《画语录》中所说的"夫画者,从于心者也",等等。

中国古代追求内在超越的心灵哲学,不仅是美学中意境理论的重要基础,而且也具体影响到中国艺术家(尤其是文人艺术家)对艺术创作的态度和看法。这种影响主要有以下几点,即:

第一,重视审美的、艺术的心灵(它在中国传统美学语境中,被冠以不同的名称,如"灵心"、"性灵"、"童心"、"真我"、"趣远之心"、"林泉之心"、"玄妙之心"等)的培植与建构。在中国美学家看来,心灵的解放与自觉,或者换句话说,审美的、艺术的心灵的培植与建构是审美发生和艺术创造的前提,甚至可以说,审美的、艺术的心灵的培植与建构比艺术创作本身更重要,如宋代郭熙《林泉高致·画意》中说:"人须养得胸中宽快,意思悦适,所谓易直子谅油然之心生,则人之笑啼情状,物之尖斜偃侧,自然布列于胸中,不觉见之于笔下。"

第二,与上述看法相关的是重视人品或人格对艺术境界的决定作用,即所谓"画品即人品"、"文品即人品",等等。这个"人品"的概念,既有道德的意义,也有审美的意义。就审美方面而言,所谓"人品",便是一种超功利的审美心胸,也即上所谓"审美的、艺术的心灵"。

第三,因为强调"心"的作用,因此,相应地也就强调"意"对于"形"、"象"、"境"、"法"等的优先地位。并因此,在艺术创作中,不追求视觉经验的真实,不追求感官的刺激,而追求想象的、本质的真实,强调对建立在对宇宙法则(道)的领悟基础上的"意"或"意境"的传达。同时在创作主体方面,强调天才或妙悟的作用。

第四,由于"本心"为"道"所规定,因此反对把艺术等同于技术,或当成职业和谋生的手段,而把艺术当成完美人生的一部分,当成通向至善、获得真知和自由的手段。而且,在具体的艺术创作中,推崇建立在心物一体基础上的"自由"的艺术精神和"自然"的艺术境界,将"无心"和"自然"视为艺术创作的最高境界,如清代松年《颐园论画》中所说的:"天地以气造物,无心而成体,人之作画亦如天地以气造物。"

三、合道从心的技艺哲学

中国虽没有精密的自然科学，但有漫长的手工劳动和器物制作、操作的技艺传统。而具有审美意义的艺术，本身即根植于这样一个传统。"艺"的本义为"种植"，本属于"技术"的范畴。因此，在关于宇宙和心灵的哲学基础上，在中国古代也形成了一种关于技艺（技术）的理论，姑且称之为"技艺（技术）哲学"。这种理论与上面所说的中国古人关于宇宙和心灵的看法有着密切的关系。作为人的活动，技艺一方面关联于宇宙（自然界），另一方面关联于人心。

由于技艺被文人士大夫们视为低等的事业，因此中国的技艺理论，并不是一个完整的哲学系统。但其中有几个重要的思想——而且多半是文人士大夫的思想，一直贯穿于中国古代的技术活动和制作活动，并同时影响到具有审美意义的艺术的创作活动。

第一是"比象天地"的思想。"比象天地"也叫"体象天地"、"法象天地"、"取象天地"。"比象"的概念见于中国的早期文献，如《国语·周语中》载士季语谓："服物昭庸，采饰显明，文章比象，周旋序顺，容貌有崇，威仪有则，五味实气，五色精心，五声昭德，五义纪宜，饮食可飨，和同可观，财用可嘉，则顺而德建。""比象"源自"天"的信仰和对自然的崇拜。"比象"的思想前提是"法天"、"则天"或以"天"为"法"、"则"，也就是以自然界的秩序和规律作为人的活动的规定。

"比象天地"的思想在《周易》中得到了充分的体现。《周易·系辞上传》说："圣人有以见天下之赜，而拟诸其形容，象其物宜，是故谓之象。"又《周易·系辞下传》说："古者包牺氏之王天下也，仰则观象于天，俯则观法于地，观鸟兽之文与地之宜，近取诸身，远取诸物，于是始作八卦，以通神明之德，以类万物之情。"在这一思想的指导下，《周易》又提出"观象制器"的思想（"器"的本义是指陶器，如《老子·十一章》中的"埏埴以为器"的"器"，引申为所有的器物和器物的制作），把"观象"视为"制器"的前提，而以"象"作为"器"的根据和范本。这里的"象"是卦象，但最终的来源又被认为是天地之象。因此，"比象"也具有遵从自然现象的意义。换句话说，中国古代的技艺哲学是以遵从自然而非改造自然为技术和器物制作的前提，所以《礼记·考工记》中说："天有时，地有气，材有美，工有巧。合此四者，然后可以为良。"据《考工记》的作者看来，自然的条件要比人为的技巧更为重要。

第二是"道器（技）一体"的思想。"比象"可以说是一种模仿。在中国古代的工艺制作活动中，我们可以看到各种在形态和色彩上模仿自然事物的器物。但中国古代的"比象"观念，主要侧重的不是形态和色彩之类表象，而是处在变化之中的、功能性的结构秩序和韵律（所谓"功能"，这里指的是天地或天地之气生化万物的功能。因为在中国古代美学中，有所谓"功同造化"、"功侔造化"、"与造化同功"、"成造化之功"之类的说法）。因此，在提出"观象制器"的同时，《周易·系辞上传》又提出了另外一个命题，即："形而上者谓之道，形而下者谓之器。"这里的"形而上"和"形而下"过去一直被很多学者理解为"道"凌驾于"器"之上的意思。但其实这句话所指的主要意思是："道"是"未形"的"器"，"器"是"已形"的"道"，二者是"隐"（隐藏）与"显"（显现）的关系，或被表现（显现）与表现（显现）的关系。《周易·系辞上传》说："见乃谓之象，形乃谓之器。""形"是动词，指"道""形于器"的意思。因此，在《周易》的思想中，"道"与"器"不是互不相关、相互对立的两极。换句话说，"道"必表现于"器"，而"器"也可以通于"道"。

由于器物的制作必须成为"道"的表现，因此，"比象"便不能视为一种简单的、形态和色彩上的模仿，而是一种我们可称之为"功能性的、象征性的和结构性的模仿"。明代黄晟《髹饰录》中曾提出"文象阴阳"的主张，所谓"文象阴阳"，并不是象阴或象阳，而是象阴阳之间的关系、结构、秩序以及阴阳交替变化的节奏韵律。

技艺哲学中的"比象天地"、"观象制器"和"道器（技）一体"的思想，同时也就是中国艺术美学中一以贯之的"师造化"和"道艺一体"的思想。"师造化"不等于模仿自然，也不等于所谓"再现"。"师造化"本质上是"师变化"。中国古代艺术的理想，是希望通过结构和节奏来把握宇宙万物的变化（生机），或通过结构和节奏来把握宇宙万物的规律，也就是用富有结构和节奏的形式来表现宇宙万物的生长变化之道，如清代画家沈宗骞《芥舟学画编》中所谓："自天地一阖一辟而万物之成形成象，无不由气之摩荡[荡]自然而成，画之作亦然。古之人作画也以笔之动而为阳，以墨之静而为阴，以墨取气为阳，以墨生彩而为阴。体阴阳以用笔墨，以笔墨之自然合乎天地之自然，其画所以称绝也。"

最后是"得心应手"的思想。中国古代的技艺理论或者说技术哲学的一个核心问题是"心"、"手"关系问题。"技"这个字的本义就是指人手的活动，但人手是身体的一部分，因此这个问题在哲学层面上讲就是"心"、"身"关系问题和"心"、"物"关系问题。或者说，这是哲学上的"心"、"身"和"心"、"物"关系问题在技艺理论中的一个具体表述。在中国古代思想家看来，"技"的真实内涵不是手的活动，而是心手合一或心身合一的活动。其中，"心"具有主宰的地位和意义。

所谓"得心"即是心灵的解放和"本心"的显现。"得心"是"应手"的前提，只有"得心"才能"应手"，才能"心手相应"。同时，也只有"心手相应"，才能达到对技术和物质的整体把握，才能达到庄子所说的"以神遇而不以目视"的、高度自由的、"乘物以游心"的精神状态。这种"得心应手"、"心手相应"的思想，既是中国古代关于技术活动的理想，也是中国古代关于艺术活动的理想，如唐代孙过庭《书谱》之论书："智巧兼优，心手双畅。"宋代郭熙《林泉高致》之论画："境界已熟，心手已应，方使纵横中度，左右逢源。"

（作者单位：武汉大学哲学学院）

论老子"有"、"无"的美学意义

姚　丹

　　老子哲学思想中最核心的就是道论。而与道密切相关的就是"有""无"问题。老子论"有"、"无"可分为两个层面：道体的有无和现象界的有无。其中，包含三个重要的观点，即有无统一、有无相生和有生于无。它一方面阐明了有无的相生与统一，成为中国古典美学虚实说的源头；另一方面又以虚无为本，对中国艺术创作中崇尚虚境的审美理想也产生了深刻影响，而且，为了实现对"虚无"的道的体悟观照，老子提出"涤除玄览"，也是后世主张虚静的审美心胸理论的源头。

一、老子对"有"、"无"的界定

　　老子哲学思想以"道"为核心，而与"道"密切相关的就是"有"、"无"。《老子》中"有"字出现约82次，大部分被用作名词和动词。作为名词的"有"，是作为"无"的对立面，与"无"相辅相生，相对立而存在的。如"无，名天地之始；有，名万物之母"①（《老子·第一章》）、"有无相生"（第二章）、"故有之以为利，无之以为用"（第十一章）、"有生于无"（第四十章）等。作为动词的"有"，则是指拥有、占有或获得。如"太上，下知有之"（第十七章）、"虽有荣观，燕处超然"（第二十六章）、"虽有舟舆，无所乘之；虽有甲兵，无所陈之"（第八十章）等。

　　"无"字出现约62次，它在《老子》一书中含义很丰富，作为指称万物本源和根据的道，它指无限、虚无。如"无，名天地之始。"（第一章）"天下万物生于有，有生于无。"（第四十章）作为形容最高本体"道"的特性，它是

---

　　①　以下凡引老子，只注明章名，皆引自陈鼓应：《老子注释及评价》，中华书局2009年版。

指道是不可感的，无规定性，"是谓无状之状"（第十四章），"大方无隅"、"大象无形"（四十一章）等。作为功能意义使用的，它指虚空。如第十一章所说："三十幅，共一毂，当其无，有车之用。"最后，它还指"没有"或"消失"。如第八章："夫唯不争，故无尤。"意指上善的人，只因为有不争的美德，所以没有怨咎。第十九章中说："绝巧弃利，盗贼无有。"这样使用的"无"是假设"道"行于天下后，"争"和"盗贼"会由"存在"到"不存在"。

二、"有"与"无"的关系

"有"、"无"在老子思想中，是一对相辅相生、对立统一的概念。老子论"有"、"无"可分为两个层面：道的有无和现象界的有无。老子哲学思想最核心的范畴是道。究竟何谓道？老子开篇即说："道可道，非常道。名可名，非常名。无，名天地之始。有，名万物之母。故常无，欲以观其妙；常有，欲以观其徼。此两者，同出而异名，同谓之玄。玄之又玄，众妙之门。"（第一章）这句话点明了道与有、无的关系。《说文解字》云："道，所行道也。"可见，道的本意是道路，为人行走。后来经过引申，不仅指人行走的道路，也指事物存在与发展运行的道路，具有"规律"、"法则"之意，如《左传》、《国语》中就提到"天道"和"人道"。与一般对于道的理解不同，老子所说的道并非是具体个别的此道或彼道，而是道自身。在这里，有与无相关于道的存在，是对立统一的。作为存在的道不是虚无的，而是真实地存在着。"孔德之容，惟道是从。道之为物，惟恍惟惚。惚兮恍兮，其中有象；恍兮惚兮，其中有物。窈兮冥兮，其中有精；其精甚真。其中有信。"（第二十一章）"孔德之容，惟道是从"表明道与德的关系，作为万物的本源与根据的道本是无形的，通过德来显现。道看似恍惚无形，但是却真实存在，"其中有象"、"其中有物"、"其中有精"都说明了道的真实存在性。正是鉴于此，无形之道是"有"。

但是，作为存在的道并非一般意义上的存在者，既区分于天地，也区分于天地间的万物，是天地万物的本源与根据。作为道自身，它是无限的，自身就是虚无，"无，名天地之始"。同时，作为天地万物的本源与根据的道又是无规定性的。"有物混成，先天地生。寂兮寥兮，独立而不改，周行而不殆，可以为天下母。吾不知其名，强字之曰道，强为之名曰大。大曰逝，逝曰远，远曰反。"（第二十五章）可见，"道"是混然一体的实存体，用语言、感观无法描述之，只能勉强给它命名为"道"、"大"，体现了它的无限性。第十四章进一步指出了道的不可感性："视之不见，名曰夷；听之不闻，名曰希；搏之不得，名曰微。此三者不可致诘，故混而为一。"这里的"视之不见"、"听之不闻"、"搏之不得"正是对道的特征的描述，道"无形"、"无象"、"无状"、"无声"，是超感官的。所以，道自身既是有，又是无，"有"、"无"论及作为万物本源的道的不同面向，"无"是指"道"是虚无、无限的、超感官的；而"有"是指"道"真实存在的，是万物之母。两者统一于"道"，所以"此两者，同出而异名，同谓之玄"。

如果说老子在第一章就提到了道本身以及道之有无的关系，那么在道生天地万物之后，马上就转入对天地万物的思考与把握。于是有无也就相应地从道之有无转向了现象界之有无。道既分有无，统摄有无，那么天地万物也当分有无，也当统摄有无。于是老子第二章云："故有无相生，难易相成，长短相形，高下相倾，音声相和，前后相随。"这里"有"、"无"是指现象界事物的存在或不存在而言，这句话说明一切事物都在相反的关系中，显现相成的作用，它们相互对立而又相互依赖，相互补充。

老子在第十一章中举例加以说明："三十幅，共一毂，当其无，有车之用。埏埴以为器，当其无，有器之用。凿户牖以为室，当其无，有室之用。故有之以为利，无之以为用。"这句话很巧妙地说明了"有"与"无"的辩证关系。这里的"有"指的是有形实物的形体部分，在老子看来，这是实物所以有"利"的地方；而"无"则是有形实物之空虚的部分，这是实物所以有"用"的地方。车能运货载人，器皿能盛物，室能居住，这是车、器、室能给人的便利，所以说"有之以为利"。但是，这些便利都在于它们有虚空的部分，它看起来无用，却服务于有，所以说，"无之以为用"。

由上面的分析可知，不管是道之有无，还是现象界之有无，老子都强调既不是片面的有，也不是片面的无，始终是有与无的对立统一，也就是有无统一。

老子强调有与无的对立统一，但这种统一并不是在绝对静止的、凝固不动的状态中统一的。因为，老子认为道体是恒动的，所谓"反者道之动"（第四十章）、"周行而不殆"（第二十五章）。在这种意义上，有与无的统一成为了在自身之中的循环，用老子的话说就是"有无相生"。"有无相生"表现的就是事物在不断的运动变化中实现有无的相互转化、相互生成，通过有无的这种相互转化、相互生成，本体世界或宇宙自然就获得了一种生生不息的无限生命力。老子对此比喻曰："天地之间，其犹橐籥乎？虚而不屈，动而愈出。"（第五章）"橐籥"是用来形容虚空的状态，天地之间虽然是虚空状态的，但是它的作用却是不穷屈的。运动一开始，万物就从虚空之处涌现出来。就好像山谷一样，虽然是虚空状的，却为大量水源的汇聚处。所以，老子用茫茫虚空的山谷来比喻道的"虚空"，"谷神不死，是谓玄牝。玄牝之门，是谓天地根。绵绵若存，用之不动。"（第六章）在这里，"谷神"形容道的虚空，"不死"比喻变化的不停歇。这句话是说虚空的变化是永不停歇的，这就是微妙的母性。微妙的母性之门，是天地的根源。它连绵不绝地永存着，作用无穷无尽。无中含有，有中含无，虚中有实，实中有虚，有无虚实就这样在运动中相互生成转化，达到统一。正是有了无与有、虚与实的相生统一，才有万物的运动与不息的生命，也才使"道"成为世间万物的总源泉。

还要指出的是，老子认为道是有与无的统一，即存在与虚无的统一，其中，老子强调的不是存在性，而是虚无性。老子第四章说："道冲，而用之或不盈。渊兮，似万物之宗。""冲"，古字为"盅"，《说文解字》云："盅，器虚也。"由此可知，"道冲"形容道体是虚空的，但是这个虚空的道并不是一无所有，蕴含着无穷的创造因子，是万物的根源。老子把"道"分别比喻为深渊、溪谷、风箱等，目的也是为了说明道的虚无。只有以虚为本体，才能"虚以纳物"，正是鉴于此，老子才说"天下万物生于有，有生于无"（第四十章）。

综上所述，老子关于有无的关系，可以简单地概括为有无统一、有无相生以及有生于无。

三、"有""无"对艺术创作的影响

老子论"有"、"无"主要是哲学范畴，并不是直接谈美学。但是，就艺术创作而言，老子的"有"、"无"论一方面阐明了有无的相生与统一，成为中国古典美学虚实说的源头；另一方面又以虚无为本，对中国艺术创作崇尚虚境的审美理想也产生了深刻影响。下面试分论之：

虚实是中国古典美学的一对重要范畴。"虚"即虚无，"实"即实有，具体涉及有形与无形、客观与主观、直接与间接、有限与无限等。虚实范畴源于老子对于"有"、"无"的探讨。前面已经指出，老子认为有无既是统一的，又是相生的。这在庄子那里得到了进一步的发挥。《庄子·天地》云："黄帝游乎赤水北，登乎昆仑山之丘而南望，还归，遗其玄珠。使知索之而不得，使离朱索之而不得，使契诟索之而不得也。乃使象罔，象罔得之。黄帝曰：'异哉！象罔乃可以得之乎！'"这里，"玄珠"象征"道"、"真"，"知"象征"思虑"、"理智"，"离朱"传说为黄帝时视力最好的人，象征视觉。"契诟"象征言辩。庄子指出能得玄珠者既非知，又非离朱，亦非契垢，而是象罔。吕惠卿注说："象则非无，罔则非有，不皦（明白）不昧（昏暗），玄珠之所以得也。"① 宗白华对此进行了精辟的阐释，他在《美学散步》中讲道："非无非有，不皦不昧，这正是艺术形象的象征作用。'象'是境相，'罔'是虚幻，艺术家创造虚幻的境相以象征宇宙人生的真际。"② 象罔象征有形与无形，虚与实的结合，强调了虚实结合在得道和显道中的重要性。因此老子的"有无相生"和庄子的"象罔"说成为后来中国古典美学虚实说的渊源。由于天地万物都是"有""无"的统一，"有无相生"，所以反映为艺术，也应该虚实结合，才有生命。有无相生统一启示人们超越有限的物象去思索无限的"道"，从动态的角度说明审美观照的对象不应只是凝固不变的实体，还有虚空。因为只有虚实相互生成转化，才有不竭不息的生命之源。这一点反映到艺术中也就是说审美的目的不是为了去把握具体物象外在形式这一"实"，而是要同时去关注虚实相生间的流动的、内在的本质，也就是超物象的本质，即"虚"，这就启发后来的人们在艺术创作中不仅注重实有，也注重虚空、留白，而让观者在虚实相生与统一中体悟作品的内在意蕴。

这种虚实相生的美学精神体现于各个艺术门类。如中国书法艺术讲究空间布白之美，清代邓石如称字"疏处可使走马，密处不使透风"③。也就是说书法既要注意黑的部分——字形笔画的密（实）处，也要注意到字画间及行间之白的疏（虚）处。黑处要精心结撰，而白处——字里行间的布置也须措置得宜，使疏密有致，两者相映生辉。

中国古代绘画也讲究画面结构的疏密结合，有画部分与无画部分的呼应，如清代画家笪重光在《画荃》中提道："空本难图，实景清而空景现；神无可

---

① （宋）吕惠卿注，汤君集校：《庄子义集校》，中华书局 2009 年版，第 234 页。

② 宗白华：《中国艺术意境之诞生》，载《美学散步》，上海人民出版社 2005 年版，第 138 页。

③ （清）康有为：《广艺舟双楫》，载潘运告编注：《中国历代书论选》（下），湖南美术出版社 2007 年版，第 365 页。

绘，真境逼而神境生。位置相戾，有画处多属赘疣；虚实相生，无画处皆成妙境。"①

中国戏曲也讲究虚实结合。"剧戏之道，出之贵实，而用之贵虚。"② 这就是说，戏剧的基础是生活经验，而表现手法则是艺术虚拟。

在诗歌创作中，讲究借景抒情，借景寓意。宋人范晞文《对床夜语》说："不以虚为虚，而以实为虚，化景物为情思，从首至尾，自然如行云流水，此其难也。"诗人以内在的情意为虚，以外在情景为实，其虚实结合体现为"化景物为情思"，即情与景，意与境的交融。

其次，老子认为道是有与无的统一，但是他更强调虚无性。为了说明道的"无"的特性，他在《老子》第四十一章中这样描述："大方无隅，大器晚成，大音希声，大象无形，道隐无名。"这里的"大象无形"、"大音希声"说明道是人的视听感官所不能把握的东西，引导人们超越具体、有限的声、形去把握无限的"道"。这种以"虚无"为本的宇宙观也为魏晋玄学的"有无之辩"，最终贵虚尚无埋下了伏笔。魏晋时期，"有""无"问题是玄学探讨的一个重要命题。何晏、王弼继承并进一步发扬了老子以虚无为本的思想，明确指出"无"是本，"有"为末，"天下之物，皆以有为生。有之所始，以无为本。将欲全有，必反于无也"③。王弼认为既然道是"无名"、"无形"的，因而是不可名言的。因此，自然引出了言意之辩。他提出"得意在忘象，得象在忘言"④，其言说重心在于"无"，在于忘言后去捕捉的"意"。王弼的这些表述在当时乃至后世的文论、画论中不断被推进，并被赋予新的内涵，对中国美学在艺术创作中崇尚虚境产生了重要影响。如魏晋南北朝时期，谢赫提出"气韵生动"的命题，这里的"气"，不仅表现于具体的物象，而且强调传达出超出象外的风姿神韵。南齐谢赫《古画品录》评张墨、荀勖之作亦云："风范气候，极妙参神，但取精灵，遗其骨法。若拘以体物，则未见精粹；若取之象

① 俞剑华注译：《中国画论选读》，江苏美术出版社 2007 年版，第 400 页。
② （明）王骥德著，陈多、叶长海注译：《王骥德曲律》，湖南人民出版社 1983 年版，第 201 页。
③ （魏）王弼著，楼宇烈校释：《王弼集校释》（上），中华书局 1980 年版，第 110 页。
④ （魏）王弼著，楼宇烈校释：《王弼集校释》（下），中华书局 1980 年版，第 609 页。

外，方厌膏腴，可谓微妙也。"① 顾恺之也提出"传神写照"，即以形写神。形为实，神为虚，形在象内，神在象外，强调借象内之形（实），通象外之神（虚）。中国诗论中所说的"象外之象"、"景外之景"、"味外之旨"都是要求诗人善于从实的景象描写中，激起读者的丰富联想，使读者能从"实"的景象描写之外构筑一个虚的、更加广阔的艺术境界（空间），并体会其中无穷的言外之意。

四、"有"、"无"对审美心理的影响

前面已经指出，老子的道最终是以虚无为本的，因此，一般意义的感觉或学识都不能把握道自身，要实现对"道"的体悟观照，就要"涤除玄览（或鉴）"（第十章）所谓"涤除"就是洗除垢尘，即祛除人的各种主观欲念、成见和迷信。"玄"形容人心的深邃灵妙，"览"，高亨先生认为应读为"监"，"监"是古鉴字，镜也②。老子称人的内心为玄监，比喻心灵深处明澈如镜，只有"涤除玄览"，使其无疵，才能让心镜干净、光明，映照万物，与道合一。冯友兰说:"'玄览'，即'览玄'，'览玄'即观道。要观道，就要先'涤除'，'涤除'就是把心中的一切欲望都去掉，这就是'日损'，'损之又损'以至于无为，这就可能见道了。见道就是对于道的体验，对于道的体验就是一种最高的精神境界。"③ 这一方法，有点类似直觉的方法。张岱年说:"老子讲'为道'，于是创立一种直觉法，不重经验，而主直冥会宇宙本根。玄览即是一种直觉。"④ 以"涤除玄览"的方法观道，显然是由于道的"无"的特性决定的。"道"无形无名，无声无味，"视之不见"、"听之不闻"、"搏之不得"，"迎之不见其道，随之不见其后"（第十四章），人的生理感官根本无法感觉到，因此，在体道的过程中，老子特别强调"观"。观就是看，但不是一般感官的看，而是心灵的洞见。他说："致虚极，守静笃，万物并作，吾以观复。"（第十六章）也就是说，要保持虚空宁静的心境，祛除私欲与外界的干扰，才能观照事物自身。

---

① 潘运告：《中国历代画论选》（上），湖南美术出版社 2007 年版，第 21 页。
② 高亨：《老子正诂》，中国书店 1988 年版，第 24 页。
③ 冯友兰：《中国哲学史新编》（第 2 册），人民出版社 1984 年版，第 55~56 页。
④ 张岱年：《中国哲学大纲》，中国社会科学出版社 1982 年版，第 531 页。

　　庄子继承了老子的思想，并进一步提出"心斋"、"坐忘"，突出强调审美观照和审美创造的主体必须超脱利害观念。魏晋南北朝时期，老子的"涤除玄览"被引用到文学艺术领域，宗炳提出"澄怀味象"，陆机在《文赋》中也说："伫中区以玄览，颐情志而典坟"，刘勰在《文心雕龙·神思》篇说："是以陶钧文思，贵在虚静"这都是强调文学创造中要有虚静空明的心境。北宋郭熙也强调为了创造审美意象，画家要有一个审美的心胸，即"林泉之心"。这些都是对老子的"涤除玄览"的继承和发挥。

　　从上面的论述可以看出，一方面，老子认为有无统一相生，这种宇宙本体上的有无相生观，成为后世古典美学中虚实说的源头，另一方面，老子以虚无为本，对后世在艺术创作中崇虚尚无的审美理想产生了深刻影响，而且，为了实现对"虚无"的道的体悟观照，老子提出涤除玄览，也是后世主张虚静的审美心胸理论的源头。因此，老子的有无论具有重要的美学意义。

（作者单位：山东工艺美术学院人文艺术学院）

论老子"大巧若拙"的美学内涵

易　菲

　　"大巧若拙"是老子思想中一个重要的哲学美学命题,见于《老子·四十五章》。在绘画、书法、雕塑等艺术领域,"大巧若拙"常用来讨论艺术的创作和欣赏,但大多流于泛泛之谈。本文试图通过对"巧"与"大巧"、"大巧"与"拙"的概念进行深入辨析,从而对这一命题做进一步阐释,以揭示"大巧若拙"内在的美学意义。

一、"巧"与"大巧"

　　关于"巧",《说文解字》解释为:"巧,技也,从工,丂声。"[①] 即技艺高明,精巧。《墨子·贵义》中有"利于人,谓之巧。"《文选》所收东汉马融《长笛赋》中就有"工人巧士"一词,李善注"巧"为技巧。这是"巧"的一般语义,也是"巧"的本义。儒家经典中也提到了"巧",如《论语·学而》篇中有"巧言令色,鲜以仁"的说法,杨伯峻先生释"巧言"为"花言巧语",这里的"巧"就不是指技巧,而是引申出了另一含义,即"华而不实的语言",或者"巧诈的言语"。在此,"巧"具有否定的色彩。

　　而道家哲学则是彻底否定"巧"的。《老子》第五十七章中讲道:"民多利器,国家滋昏;人多伎巧,奇物滋起;法令滋彰,盗贼多有。"在这句话中,"伎巧"即"技巧",又有"智巧"、"机诈"的意义,由此可见,老子是把工艺技巧、智巧认定是社会祸乱的原因之一,他要求废除工艺技巧,甚至盗贼之产生也是由于工艺技巧的关系。不仅是"巧",老子将"圣"、"智"、"仁"、"义"、"利"这些与文明社会有关的事物一律排除在外,他说:"绝圣弃智,民利百倍;绝仁弃义,民复孝慈;绝巧弃利,盗贼无有。此三者以为

---

　　① (东汉)许慎:《说文解字》,中华书局 2009 年版,第 100 页。

文，不足，故令有所属：见素抱朴，少私寡欲，绝学无忧。"(《老子·第十九章》)在这一点上，庄子的立场和老子是一致的，《庄子·大宗师》描述"道"的时候谈道："齑万物而不为义，泽及万世而不为仁，长于上古而不为老，覆载天地、刻雕众形而不为巧。"在这里，庄子以"道"的神奇来反衬"巧"的拙劣，表达他对"巧"的态度。

老子之所以反对"巧"，是和他基本的哲学美学观分不开的。老子生活在一个特殊的历史时期，这一时期，中国的原始氏族社会分崩离析，奴隶制社会刚刚建立，原始的民主和人道精神逐渐褪去，取而代之的是人与人之间的阶级对抗和冲突，老子充分地认识到这一社会现状，并且将社会的祸乱与罪恶归结为人为的文明和礼教层面的原因。他认为，人们在现实生活中的行为违反了自然规律，破坏了原始社会天然合理的朴素状态，从而造成社会混乱，而要消除混乱，必须以"无为"的原则代替"有为"。也只有做到"无为"，尊重自然的本性，才能成就一切事情，真正做到"有为"，达到"无为而无不为"的境界。不仅如此，老子将"无为而无不为"的思想上升到哲学高度，得出他的"道"的哲学论断，在老子的哲学中，"道"无处不在，它能化生万物，是万物存在的根据和归宿："有物混成，先天地生。寂兮寥兮，独立而不改，周行而不殆，可以为天下母。吾不知其名，字之曰道。"(《老子·第二十五章》)并且，从某种意义上来说，"道"的根本特性不是别的，正是"无为而无不为"，《老子》第三十七章明确谈道："道常无为而无不为。侯王若能守之，万物将自化。化而欲作，吾将镇之以无名之朴。无名之朴，夫亦将无欲。不欲以静，天下将自定。"老子明确地认识到，大自然中一切事物的产生、变化和发展都是无意识、无目的又合目的的，在此基础上，老子又推崇一种自然而然的美学观，"人法地，地法天，天法道，道法自然。"(《老子·第二十五章》)他把自然、无为看做"道"的最高境界，因此自然、无为也是美，是艺术，是一切人类活动的基本准则。

清楚老子"无为而无不为"的哲学美学观，就不难发现，老子并不是一味地反对"巧"，反对工艺，反对美，关键在于，老子对"巧"有一套自己的欣赏和评判体系。在他看来，一般的社会工艺、技巧性的活动破坏了事物的自然本性，是小巧，工巧，人为之巧，是一种伪饰。从这个角度来讲，他反对"巧"，反对一切破坏自然、自然物规律和本性的人为的活动。但是，老子绝不是"巧"的否定者，只是他推崇的是更为精深、更具丰富内涵的"巧"，是一种合乎"道"的本性和规律的"巧"，老子称之为"大巧"。那么什么是

"大巧"呢？要了解"大巧"，必须先了解"大"在道家哲学和美学中的特殊内涵。

"大"在《老子》一书中出现的频率很高，并且有几种不同的用法。第一，指一般意义上的"大"，与"小"相对。比如第十三章中有"宠辱若惊，贵大患若身"，第十五章谈道"智慧出，有大伪"，均是指"大小"。第二，把"大"作为"道"的属性来看待。王弼即持此态度，《老子》第二十五章："有物混成，先天地生，寂兮寥兮，独立而不改，周行而不殆，可以为天下母，吾不知其名吾不知其名，字之曰道，强为之名曰大。"王弼注释中说："名以定形。混成无形，不可得而定，故曰'不知其名'也。夫名以定形，字以称可。言道取于无物而不由也，是混成之中，可言最大也。吾所以字之曰道，取其可言之称最大也。责其字定其所由，则系于大。有系则有分，有分则失其极矣，故曰'强为之名曰大'。"① 在第二十五章里，老子主要是说明"道"具有普遍性和无限性的哲学属性，而"大"正好具有无所不包、超越性的含义，既有有限性又有无限性，既是具体的也是抽象的，因此老子用它来指称"道"，从某种意义上来说也丰富、拓展了"大"的内涵。第三，"大"与"天"，与"美"相关联。从字形来看，"天"由"一"和"大"构成，在结构上有密切关系②。不仅如此，"大"源于道，是对道的形容，实际上就是指道的感性显现，因此"大"又具有美的涵义。事实上，在中国古代文字中，"大"和"美"可以互训，儒家经典中提及"大"时也将其与"美"相联系。不仅如此，"大"比"美"是更高层次的范畴，具有含蓄性和超越性的特征。

由以上分析可以知道，如果我们用一般意义上的"大"来解释"大巧若拙"中的"大"是不贴切的，不符合《老子》原意的。从《老子》全书的思想来看，"大巧若拙"中的"大"其实是老子用来指称"道"的专用词，也就是说"大"者，"道"也，"大巧"即"道"之巧。又由于"道"具有"无为而无不为"的特征，内在地遵循无目的而和目的的自然规律，因此，作为"道之巧"的"大巧"就不是日常意义所指的"技巧"，而是不露痕迹的"天巧"，是巧中之巧。又由于"大"与"美"相通，因此，"大巧"无疑又是美的，是老子所推崇的最高的"巧"与最高的"美"。既然"大巧"是最高的

---

① 王弼著，楼宇烈校释：《王弼集校释》，中华书局 1980 年版，第 63～64 页。
② 马德邻：《老子形上思想研究》，学林出版社 2003 年版，第 161 页。

"巧"，具有美的内涵，那么在"大巧若拙"中，"大巧"与"拙"又有怎样的关联呢？

二、"大巧"与"拙"

许慎《说文解字》中释"拙"："不巧也，从手出生。"段玉裁注曰："不能为技巧也。"(《说文解字注》) 因此，从字源学的角度来看，"拙"的本义是"拙劣"、"笨拙"。先秦许多典籍有关于"拙"的描述，如《抱朴子》："每动作而受嗤，言发口而违理者，拙人也。"指人的粗笨；《孟子》："大匠不为拙射改废绳墨，羿不为拙射变其彀率。君子引而不发，跃如也。中道而立，能者从之"《管子·法法》："虽有巧目利手，不如拙规矩之正方圆也。"《韩非子》："拙匠守规矩尺寸，则万无一失。"这里都是指技艺拙劣、粗笨。在日常生活层面上，"拙"也大多带有贬义的色彩，或者用作谦词。例如，"拙笔"、"拙作"、"拙著"、"拙目"、"拙宦"、"拙生"，古代的男子通常谦称自己的妻子为"拙荆"、"拙妻"。这些都是对于"拙"的日常语义的理解，与"巧"是相对的。

由此可见，"巧"和"拙"在本义上是一对反义词。然而这一对反义词，在老子"大巧若拙"的思想中得到了辩证的统一："大直若屈，大巧若拙，大辩若讷。"(《老子·第四十五章》) 王弼注解《老子》时说："大巧因自然而成器，不造为异端，故曰拙也。"① 也就是说，"大巧"之所以为"大巧"，其核心和本质在于遵循自然规律，保持事物本来的面貌和状态，而不是人为地破坏事物固有的属性，即"不造异端"。而"拙"恰恰是不事修饰的，它外拙而内秀，体现出了"大巧"朴实无华、自然浑成的特质，此时的"拙"，它似笨而非笨，似陋而非陋，表现形式上给人以稚拙的感觉，但实质彰显的却是一种朴素、简淡、纯真之美，是巧夺天工的大美。由此可见，"拙"并不是真的"不巧"，而是蕴藏着一种微妙的境界，具有工巧所不及的清新自然之美，包含着"大巧"的精华，是"大巧"的外在显现。至此，"拙"已脱离了它的本意，上升到一种艺术美的高度。

此外，上文讲到老子哲学观的核心是"道"，"道"既是宇宙万物的本原，也是宇宙万物变化发展的原因，宇宙间的一切事物都是"道"的体现，都有

---

① 王弼著，楼宇烈校释：《王弼集校释》，中华书局1980年版，第123页。

其本身的属性规律。与此同时，老子又将"道"与"自然"联系起来，"人法地，地法天，天法道，道法自然"①，"道之尊，德之贵，夫莫之命而常自然"②。但是老子所说的"自然"不仅仅是自然界，而是指"自然而然"，顺应万物的天性，不以人为的力量去改变它本身的规律。正因为"道"的本性是纯任自然，是"无为而无不为"，因此，"拙"与"道"有相通之处，因为"拙"符合自然无为的"道"的本义，它涵纳着冲淡自然、内涵充实的审美意蕴。拙朴无华的物体最能显示出宇宙一气运化的生命力和本然的状态，它也就最符合道家所追求的"无为"境界，正因为"无为"才能"无不为"。"无为"是顺应自然之道，"无不为"才得以自然天成，和"道"一样，"拙"也体现了"无为与无不为"的思想，不见其巧，而天地大美成，因此它也是无目的与合目的的统一，必然与自由的统一。由此可见，"大巧若拙"是"无为而无不为"这一哲学思想体系中的组成部分，是"道法自然"这一大的美学观念的小分支，同时也反映了老子重视"质"美，欣赏深刻内蕴美的思想。但是，在中国文学和艺术领域，人们对"拙"的理解和认同经历了一个漫长而又曲折的过程，其实早在老子哲学中，"拙"的意义和价值已经得到了充分的肯定和发掘。

当然，"大巧若拙"的"拙"也离不开"巧"，它建立在人为之"巧"的基础上，同时又是对人为之"巧"的超越与升华。因此，"拙"体现出一种炉火纯青、浑然一体、归真返璞的境界，具有深刻的内蕴美，是一种"大巧"和"天巧"。这也是道家最高的审美追求。

三、大巧若拙的美学内涵

由以上分析可知，"大巧若拙"的核心和落脚点在于"拙"，"拙"即大巧，是一种简淡天真、自然本色之美。这种无人工斧凿痕迹的创作观念直接影响了后世艺术创造和欣赏的审美标准，崇尚"拙"，追求浑然天成、巧夺天工之美成为很多艺术家的目标和理想。如有人提倡"诗中有拙句，不失为奇

① 陈鼓应：《老子注译及评介》，中华书局 2007 年版，第 163 页。
② 陈鼓应：《老子注译及评介》，中华书局 2007 年版，第 261 页。

作"① 和 "宁拙勿巧"② 的诗学主张，书法和绘画尤其如此，南宋姜夔说："与其工也宁拙，与其弱也宁劲，与其钝也宁速，然极须淘洗俗姿，则妙处自见矣。"③ 北宋黄庭坚云："余初未赏识画，然参禅而知无功之功，学道而知至道不烦，于是观画悉知其巧、拙、工、俗，造微入妙。"④ 可见围绕"大巧若拙"这一范畴，中国美学形成了丰富的理论思想和独特的审美意识。具体来说，"大巧若拙"的美学内涵通过超越机心、自然之境和含蓄之美得以呈现。

第一，超越机巧。"拙"最大的特征就是对于"巧"的超越性，这种超越绝不是纯粹技巧层面的胜出，而是对于"机心"、"技巧"的超越。在艺术创作和欣赏中，"拙"是去除了机心的"大巧"，"机心"意味着某种目的和意图，有了这些内心想法，艺术家的精神便被无形地束缚了，艺术创作也不再是自由的活动，不仅如此，就连日常生活也失去了本来的意义。

值得注意的是，老子提出大巧若拙的观点，其本意是对日常生活中这种"机心"、技巧的下意识的反驳，他在《道德经》第三章中讲道："不尚贤，使民不争；不贵难得之货，使民不为盗；不见可欲，使民心不乱。"⑤ 第二十二章云："不自见故明，不自是故彰，不自伐故有功，不自矜故长。夫唯不争，故天下莫能与之争。"⑥ 所谓的"尚"、"争"、"欲"、"自见"、"自是"、"自伐"、"自矜"都是人内心固有的成见和生活技巧，不利于人的自然本性的发展，更不是真正的社会进步，真正合乎人性的社会的是以一种素朴、自然的状态出现的，而如何做到这一点呢？老子提出要"绝圣弃智"、"绝仁弃义"、"绝巧弃利"、"见素抱朴，少私寡欲"。并做到"致虚极，守静笃。万物并作，吾以观复。夫物芸芸，各复归其根。归根曰静，是曰复命。"⑦ 这种绝私欲，无心、无为、纯任自然的状态就是"拙"，"拙"不是笨拙，而是不争，是在

---

① （北宋）胡仔：《苕溪渔隐丛话》，人民文学出版社1984年版，第57页。

② 陈师道撰，王大鹏等编选：《中国历代诗话选（一）》，岳麓书社1985年版，第268页。

③ （南宋）姜夔：《续书谱》，见陈方既、雷志雄：《书法美学思想史》，河南美术出版社1994年版，第316页。

④ （北宋）黄庭坚：《山谷题跋（题李公佑画）》，见伍蠡甫：《中国画论研究》，北京大学出版社1983年版，第127页。

⑤ 陈鼓应：《老子注译及评介》，中华书局2007年版，第71页。

⑥ 陈鼓应：《老子注译及评介》，中华书局2007年版，第154页。

⑦ 陈鼓应：《老子注译及评介》，中华书局2007年版，第124页。

超越机心、技巧的过程中完成心灵的自足，是一种毫不牵强，默然会心的质朴状态，在老子看来，只有这样才能使人的身心和谐发展，从而保持社会的健康和稳定。

事实上，老子谈"大巧若拙"，本义并不是用于讨论艺术，也不是自觉的美学观点，而是用来形容他心目中理想的社会和完满的人性，但是却在无意中契合了艺术创作的基本规律，具有积极的美学意义。此外，庄子也是从超越机巧的角度来解释大巧若拙："故绝圣弃知，大盗乃止……擢乱六律，铄绝竽瑟，塞瞽旷之耳，而天下始人含其聪矣；灭文章，散五采，胶离朱之目，而天下始人含其明矣；毁绝钩绳而弃规矩，攦工倕之指，而天下始人有其巧矣。故曰：'大巧若拙。'"① 在"绝圣弃智"、去除"机巧"、"机心"这一点上，庄子似乎和老子并无二样，但是在如何超越"机心"的问题上，庄子以"庖丁解牛"、"梓庆为鐻"的故事为例，并提出不敢怀"庆赏爵禄、非誉巧拙"、"忘吾有四肢形体"，明显具备了美学的意味，为艺术创作达到大巧若拙、自然天成的境界提供了深刻的借鉴。

总之，"拙"如果说是一种生命存在的"大巧"，这种"大巧"就在于去除人为的技巧，复归于机心之外、浑然无为的世界，它的核心在于建立生命的本然真实，并且最终使人获得心灵上的超越。这既是艺术创作和欣赏的前提，也是其终极目的。中国美学中"忘机"、"无心凑泊"、"不期然而然"的美学观均是"大巧"、是"拙"的题中应有之意。

第二，自然天饰。正因为"大巧若拙"的审美观内在地包含了对机心、技巧的排斥，所以"拙"又是诚和真。况周颐云："拙者，满心而发，肆口而出，纯任自然，不假锤炼，真也。"② "拙"不加锤炼，是内心情感的积淀和自然而然的表达，没有做作和夸饰，因而处处流露出一种自然天饰之美，其特点是风行水上，随物赋形。这在中国的文学、书法和绘画艺术中均有体现，苏轼就追求"绚烂之极归于平淡"的艺术境界。或以中国古典园林为例，众所周知西方园林追求理性和秩序，和西方园林相比，中国的园林更像一幅天然的图画，无论是皇家园林还是私家园林，园林中的小桥、流水、亭阁、灌木，都力图依循自然，体现自然的野趣。追求一种古拙、苍茫、野逸的气息。这并不

---

① 陈鼓应：《庄子今注今译》，中华书局 1983 年版，第 259 页。
② （清）况周颐原著，孙克强辑考：《蕙风词话》，中州古籍出版社 2003 年版，第 5页。

说明中国人没有秩序感，我们知道，中国哲学讲求天人合一，人是自然的一部分。所以中国的园林艺术不通过人为的节奏去改变自然，而是力求体现自然内在的节奏和秩序，中国园林表面上的无秩序实质上隐藏着自然本身的秩序，这是一种天趣，虽由人作，宛自天开。

当然，也有一些极端的观点，认为老子提倡自然无为，以"大巧若拙"作为最高的审美理想，施之于艺术领域，就是绝对的"无为"，如弹琴要弹无弦琴，作画要作抽象画，写字要写无墨字，事实上，这种刻意为之、矫情伪饰的行为并不是在追求艺术的"大巧若拙"，而恰恰违背了"大巧若拙"要求自然而然的原则。老子"大巧若拙"、"自然无为"的审美观并非主张一概取消艺术实践及一切美的创造活动，而是要求审美活动必须顺应自然的规律，不可违反自然规律，道法自然，以人之"天"合自然之"天"，此即实现天人合一的境界。这是达到"拙"的必经之路，也是达到自然天饰之美的唯一途径。

第三，苍老之境。大巧若拙的美学内涵还体现为中国艺术追求苍老之境。中国画家说："画中老境，最难其俦"，中国艺术家，无论在题材还是手法上，都偏爱老境。这是因为中国艺术中的"老"有着特殊的意味，是"拙"的最为独特的艺术表现。从题材来讲，中国的艺术家们偏爱"老"、"拙"的题材，比如"奇石"；也偏爱残荷，有"残荷听雨"的优美意境；也欣赏枯木，苏轼画过《枯木怪石图》，马致远留下"枯藤老树昏鸦"的不朽词句。此外，中国人对荒山瘦水也有独特的感情。这些题材看起来颓废而无生气，但是却并不意味着死亡，相反，它们隐含着活力，预示着勃勃生机。《周易》中就有"枯杨生华"的意象，因为在中国人的智慧里，灭即是生，寂即是活，生命的低点孕育着希望；生命的极点，才是衰落的开始。所以，人们从苍老、枯槁、古拙中反而更能见出生命的倔强和无所不在。其次，从表现手法来看，"老境"、"拙"境也不是"颓废"或衰败，相反，它是绚烂过后的平淡天真，其特点是"外枯"而"中膏"，有丰富的内涵，它意味着成熟和天全，绚烂与厚重、苍莽和古拙，所以"老境"就是"拙境"，是成熟中的平淡，平淡中的潇洒流利。中国的书法艺术尤其推崇"拙"、"老"的境界，把"人书俱老"作为最高的艺术追求，而这种艺术追求的背后，恰恰是中国人独特智慧的反应。总的来说，稚拙才是巧妙，平淡才是真实，这是中国哲学和美学的普遍认识。所以东方人，尤其是中国人发现了枯槁之美，发现了苍老之趣，而"大巧若拙"是这一美学趣味最为准确、精练的表达。

综上所述，"大巧若拙"是中国哲中一个独特的命题，它不是以人为的秩序去改造世界，而是以天地自然的秩序来实现自身，处处体现出超越的眼光和自然、天真的意趣。同时，它重视人内在的生命体验，强调内在生命的质朴与和谐，因而极富美学意味，值得进一步深思和研究。

（作者单位：武汉大学哲学学院）

庄子诗学语言观及其对后世的影响

王杰泓

中国古典诗学语言观探讨的焦点问题是"言"（艺术语言之表达）与"意"（艺术表达之意图）的关系问题，即言能否尽意、言何以尽意以及言怎样尽意。对此，早在先秦，儒、道、墨等诸家就已表现出普遍的关注。如孔子以为，"言"是君子表达志向和道德理想的工具，"言以足志，文以足言"，"辞达而已"（《论语·卫灵公》）。而《墨子·经说上》则曰："言，口之利也，执所言而意得见，心之辩也"，意即通过一定的"言"是可以把握一定的"意"的。与儒、墨二家主张"言可达意"不同，道家的基本观点是认为"言不尽意"的。比如老子早有"信言不美，美言不信"（《老子·第八十一章》）的论断，而庄子则更是在此基础上对"言"之广泛性、复杂性及其表"意"的歧义性、暧昧性作出深刻的思考，提出了诸如"道不可言"、"言不尽意"、"得意忘言"等智慧性的观点，这些观点直接引发了史上著名的魏晋玄学的"言意之辩"。

一、"言不尽意"：庄子诗学语言观的基本内涵

概而言之，庄子对"言"、"意"问题的看法以其"道"本体论为出发点，在道言悖论的基础上对传统的言意论辩方式进行了改造与扬弃，由此形成了他独特的诗性之语言观念体系。之所以说该观念体系是诗性的，是因为庄子在洞悉了语言对于"道"的无能为力之后，其不再执著于语言"说什么"（言说内容）而是"怎么说"（言说方式）；换言之，在庄子看来，"道"不能被语言"说出来"（言以释道）但却是可以被语言"指出来"（言以喻道）的，道固不可言，但道仍可以为内心（借助语言）的体悟与直观所把握得到。可以说，正是向往心灵的转化，才使庄子的语言观在本质上是诗性的，是超越语言和尘世的。

概而言之，庄子的这一诗性语言观的基本特点可以用"言不尽意"四个字概括，其内涵则可大体分出"道不可言"、"言不尽意"、"卮言曼衍"、"得意忘言"等四个基本的逻辑层次：

（一）"道不可言"

庄子诗学语言观以"道"论为逻辑起点。他首先把"道"作为万物的根源和现实世界价值体系的本根，并以此为基础来探讨人与自然、社会的关系。和西方语言哲学不同，庄子不欲对人类语言作封闭、自足的纯理论探讨，而是从"言"与"道"的关系探讨出发，直接追问人之"存在"，间接地提出了一系列有关语言的功能、应用等命题。

我们知道，老子是"道不可言"的首倡者。《老子·第一章》开篇即谓："道可道，非常道；名可名，非常名。"在老子看来，"道"乃无形、缥缈而空灵的"大象"，"道之为物，惟恍惟惚"(《老子·第二十一章》)，是"视之不见"、"听之不闻"、"搏之不得"、"绳绳不可名"(《老子·第十四章》)的。庄子继承和发挥了老子的道言观。在《庄子》书中，"言"与"道"联系在一起的句子可以说比比皆是，譬如：

> 夫道未始有封，言未始有常，为是而有畛也。(《齐物论》)
> 至道若是，大言亦然。(《知北游》)
> 彼之谓不道之道，此之谓不言之辩。(《徐无鬼》)
> 言而足，则终日言而尽道；言而不足，则终日言而尽物。(《则阳》)
> 惠施多方，其书五车，其道舛驳，其言也不中。(《天下》)

一方面，虽然庄子"其学无所不窥，然其要本归于老子之言"(《史记·老子韩非子列传》)，其基本意思还是说有限的语言无法表达无限的"道"；另一方面，不仅如此，庄子比老子走得更远，论述得更透辟。首先，庄子不但不再提到"道""可道"、"可名"之类的话，而且干脆强调说：

> 道不可闻，闻而非也；道不可见，见而非也；道不可言，言而非也。知形形之不形乎！道不当名。(《知北游》)

在庄子看来，至大无外、至细无内的"道"属于创造各种有形之物的

"形形者"、"物物者"，其本身是"至精无形，至大不可围"（《秋水》）、"可传而不可受，可得而不可见"（《大宗师》）的。与之相应，语言则是"道"使之脱魅并标识为"某存在者"的"形""物"，其属于知识名理的领域，是有限的和粗糙的。基于语言本身所无法克服的局限性，它只能说出有形世界里较粗糙的部分，不能概括较精细的部分，更不能表达无形、无限、"不期精粗"（《秋水》）的"道"的世界。所以说，"大道不称，大辩不言"、"道昭而不道，言辩而不及"，如果勉强谈论道，则"是非之彰也，道之所以亏也；道之所以亏，爱之所以成"（《齐物论》）。任何通常的认识，任何是非的分辨，任何爱恶的感情，实质都是对"道"的损坏。于是乎，庄子无奈地感叹道："夫道，窅然难言哉！"（《知北游》）

接着，在这样一种"道不可言"的认识前提下，庄子以为"至言去言"（《知北游》），即最高的言论是不需要言论的，故此，他悖论式地指出人类最高的言论是"无言"（《寓言》），或"不言之言"（《徐无鬼》）。在《寓言》篇中，他说：

> 不言则齐，齐与言不齐，言与齐不齐也，故曰无言。言无言，终身言，未尝言；终身不言，未尝不言。

郭象注曰："言彼所言，故虽有言而我竟不言也"，"虽出吾口，皆彼言耳"。即是说，（彼）"道"始终是完整齐一的，（我）"言"不过是道借以呈现自身的现实方式，如果"言"不勉强去言说"道"，那它自然便与"道"和谐一致、整齐统一了。值得指出的是，庄子在这里仍然是站在"道"本体论的高度上来说"道不可言"的，因为从"道"本身讲，它是无所亏损、无所增益的，不需要任何言说而永恒齐一地存在，因此才可以说得上是"至言"、"高言"、"大言"、"无言"或"不言之言"。那么，"道"之具有"无言"或无须言说的属性并不意味着"道"就不能为语言所描述和把握了。根据西方现代语言哲学的洞见，在这个世界上，我们唯一能够理解的存在就是语言，语言的极限实际也是存在的极限，语言缺失处，无物存在——当然也包括"道"。有意思的是，西学把中国这一形上之"道"就译作"Word"（大写），意即"圣言"，与语言有关；而据语源学方面的考证，西方哲学最早类似于中国形上之"道"的那个"Logos"（逻各斯），其在希腊文中最基本的意思也是指的语言。由此可见，"道不可言"背后实际上还隐藏着另外一层玄机，那就是"道即是言":"道"本身就是"言","道"栖身在"言"中,"道"只有在语言的遮蔽中才能同时使自己澄明。这是一个深刻的悖论。

"道不可言"论是庄子诗学语言观的起点。与此同时,他就这一问题的论述同其所谓"天下有大美而不言"(《知北游》)、"知者不言,言者不知"(《天道》)、"知而不言,所以之天"(《列御寇》)等观点也是完全一致的。在进入言意关系问题前,庄子便告诉我们要做一个"忘言之人"(《徐无鬼》),"忘言"并言说着,唯其如此,方能真正体"道",真正会"意"。

(二)"言不尽意"

"道不可言"的观点为庄子接下来的"言不尽意"论实际已埋下伏笔。也就是说,庄子所以为的"道"既然无边无际、无始无终,而"形"内所有有形、有名的事物又是微乎其微、极其有限的,那么人类的语言注定只是认识到有限事物的外在表象,势必无法透过有限事物的外在表象而洞悉事物总体性的内在本质和规律,即"道"的本意。所以庄子说:"言之所尽,知之所至,极物而已。"(《则阳》)言之所能言、智之所能知者,不过于"物";至于在言之所不能言、智之所不能知的"道"的面前,人类的语言就失去效用了。所以庄子又说:

> 可以言论者,物之粗也;可以意致者,物之精也;言之所不能论,意之所不能察致者,不期精粗焉。(《秋水》)

这段话表明,"言"、"意"、"道"三者是各有层次上的差异的,其中"可以言论者"为"粗","可以意致者"为"精",而"道"却是"不期精粗",即"言"和"意"所均难以认识到的。对这段话,郭象注曰:"求之于言意之表,而入乎无言无意之域,而后至焉。"这也就告诉我们说,"言一意一道"其实是一个逐层上升的认知过程,正所谓"言不尽意"、"意外有道",我们需要从言论、意致之外去体悟"道"的那种朦胧、恍惚、玄妙的内蕴。那么站在"道"的高度上继续来看,"可以言论者"固然是"物之粗",而"可以意致者"其实也是"物之粗",因为它们都不过是可以"言尽"、"知至"的"粗物"而已,即使"意"最迫近的那个东西也绝非"道"本身,真正的"精者"还是"道"本身。因此,庄子视"道"为宇宙自然之"本",是"至精",主张人类要"以本为精,以物为粗,以有积为不足,澹然独与神明居"(《天下》)。

在《天道》篇中，庄子针对人们"贵言传书"的误区进一步指出：

> 世之所贵者书也，书不过语，语有所贵也。语之所贵者意也，意有所随。意之所随者，不可以言传也，而世因贵言传书。世虽贵之，我犹不足贵也，为其贵非其贵也。故视而可见者，形与色也；听而可闻者，名与声也。悲夫，世人以形色名声为足以得彼之情！夫形色名声果不足以得彼之情，则知者不言，言者不知，而世岂识之哉！

在庄子看来，世人所看重的书本之所以重要，最关键的不是其中的语言重要，也不是语言所表达的意义重要，而是"意之所随"、"不可以言传"的思想流重要。作为超越于"形色名声"之上的"道"的化身，思想流可以说通常是"惚兮恍兮"、"可意会而不可言传"的，它是书本著作背后活的"所以迹"，而不是死的先人之"迹"(《天运》)——如果说这种思想流仍然处在"意"的层次的话，那它也是语言文字所不能传达的、没有凝固成型的"意"(意图、意向)，而不是语言文字记载下的那小部分已凝固成型的"意"(意思、意义)。概括地讲，庄子以为"言"不能尽"意"中之"道"，因而"言"也就必然不能尽"意"(道意)了。为了形象地阐明这一道理，庄子特意讲了个耐人寻味的的寓言故事：说是齐桓公在堂上读书，有个名叫轮扁的木匠在堂下砍削木头做车轮。轮扁放下锥子和凿子来到堂前，问齐桓公所读何书，齐桓公说是"圣人之言"。轮扁又问圣人在吗，齐桓公回答说圣人"已死"。轮扁于是感叹说，大王所读的其实不过是"古人之糟魄"罢了。齐桓公听这话很生气，令他必须解释清楚，否则就得处死。于是轮扁不慌不忙地道出了他的道理：

> 臣也以臣之事观之。斫轮，徐则甘而不固，疾则苦而不入。不徐不疾，得之於手而应于心，口不能言，有数存焉于其间。臣不能以喻臣之子，臣之子亦不能受之于臣，是以行年七十而老斫轮。古之人与其不可传也死矣，然则君之所读者，古人之糟魄已夫！(《天道》)

轮扁意即，就像我做车轮，需要"得之于手而应于心"，不能用单纯口述的方式传授给我儿子；古人已死，古人之"道"其实亦因其不可言传而随古人去了，仅仅留下几本死书。如此，大王所读的，难道不是古人的糟粕么？显然，庄子借轮扁之口说出了自己的看法：古人高妙的体验和灵动的思想是不可能传承下来的，其一旦成书往下传承，精华必然流失，剩下的其实只是一堆糟粕。

庄子对语言的"糟粕"之喻与前面的"粗物"之喻如出一辙，也和他在《天运》中所提的"夫六经，先王之陈迹也"的看法是一致的。庄子的这番言论值得我们深思：虽然我们不能说语言所记载的东西全部是糟粕（要不今天读《庄子》也没什么意义），但前人许多精妙的技巧、心得的确是语言所表达不出来的，不仅表达不出来，就是已经用语言记载下来的技巧、心得同样也需要亲自去实践、体会和摸索。类似于"实践出真知"、反对教条主义的道理，庄子这些话的本意不在否定语言的作用，更不在否定古书典籍的价值，而在于不满死读圣贤之书、机械搬用古人观点等种种贵言背道的错误倾向。

（三）"卮言曼衍"

庄子一再强调"道不可言"，但他并没有就此说"道"不可知或"道"是不能用语言描述和把握的。在庄子看来，想要"明道"首先就要改变我们对"道"的言说方式，传统那种企图在知性名理范围内就解决问题的做法只会"远道"与"蔽道"，正确的做法是用"心"去"体道"，做到在消除一切杂念、无知无欲的"虚静"状态下去"近道"，乃至"尽道"。这种"体道"的修养体现在言说方式上就是要"言而无待"（《齐物论》）、"不遣是非"（《天下》）。那么怎样的言说才算是"言而无待"、"不遣是非"的呢？庄子以现身说法提供的参考答案是："寓言"、"重言"和"卮言"。《天下》篇有曰：

> （庄周）以谬悠之说，荒唐之言，无端崖之辞，时恣纵而不傥，不以觭见之也。以天下为沈浊，不可与庄语。以卮言为曼衍，以重言为真，以寓言为广。独与天地精神往来，而不敖倪于万物，不谴是非，以与世俗处。其书虽瓌玮，而连犿无伤也；其辞虽参差，而諔诡可观。彼其充实不可以已，上与造物者游，而下与外死生、无终始者为友。其于本也，弘大而辟，深闳而肆；其于宗也，可谓稠适而上遂矣。

依郭象、成玄英、林希逸等之注疏，"谬悠"、"荒唐"、"无端崖"即言说话时的虚远无极、荒诞不经、不着边际，总之是随心所欲、放任不羁的

"自由的言说"。该自由的言说又以"三言"（寓言、重言和厄言）为其具体的表现方式。从名理逻辑观之，这样的言说方式无疑是空疏不实、背乎常理的；然而倘使"以道观之"（《秋水》），它却正是循其"宗本"、弘大深稠的"道言"。

关于"三言"，《寓言》篇中也有提及，其谓"寓言十九，重言十七，厄言日出，和以天倪"。陆方壶对此"三言"的解释是：

> 寓言者，意在于此，寄言于彼也。重言者，借古人言以自重其言也。寄言于大鹏、社树之类。重言如引出黄帝、尧舜、仲尼、颜子之类。厄言者，旧说有味之言，可以饮人。看来只是厄酒曼衍之说。寓言意在言外，厄言味在言内，重言征在言先。（《南华经别墨》）

这是总论；分开来看，"寓言"、"重言"和"厄言"还另有说头。《寓言》篇分别有谓：

> 寓言十九，藉外论之。亲父不为子谋。亲父誉之，不若非其父者也；非吾罪也，人之罪也。与己同则应，不与己同则反；同于己为是之，异于己为非之。
> 重言十七，所以已言也，是为耆艾。年先矣，而无经纬本末以期年耆者，是非先也。人而无以先人，无人道也；人而无人道，是之谓陈人。
> 厄言日出，和以天倪，因以曼衍，所以穷年。

通俗来讲，"寓言"即把自己的想法寄托在他人的故事或言论里，譬如上面的"轮扁斫轮"，以及"庖丁解牛"、"鲲鹏展翅"、"庄生化蝶"之类，正所谓"言出于己，俗多不受，故借外耳"（郭象注）。《庄子》一书，寓言故事多达181则，且皆构思奇特，寓意深妙，用司马迁《史记·老子韩非子列传》的描述就是"皆空语无事实"、"洸洋自恣以适己"。也就是说，"寓言"所言的人事一般在现实中很难找到对应，其纯属虚构，即使有真人名字（如孔子、齐桓公）出现，其事迹、言语也不过是无中生有杜撰而来，都是为庄子"布道"（借外人之故事来喻示虚冥无形之道）而服务的。这是"寓言"。关于"重言"，一般的解释认为是借重于古人之言，如陆德明、成玄英、林希逸等注家均持此说。从《庄子》文本本身看，"艾，历也"（《尔雅》），"耆艾"者即有经验和阅历的长者是也。庄子的目的是为了让人们相信自己所讲的话也就是耆老们曾说过的话，是重要的和真实的言论，因此显而易见，"重言"本身究竟是不是耆老们所讲其实并不重要，重要的是听者要相信言者所说的就是"真理"。这是庄子的"修辞"。诚如"寓言"之旨在言己，"重言"其实同样是言己的，也就是陈述庄子的"体道"心得，而言之所谓"重"不过是拉几位古人来给自己的立论增加权威性和说服力罢了。最后说"卮言"。郭象的注释是："夫卮，满则倾，空则仰，非持故也。况之于言，因物随变，唯彼之从，故曰日出。"(《庄子注》) 成玄英疏曰："卮，酒器也"、"夫卮满则倾，卮空则仰，空满任物，倾仰随人。无心之言，即卮言也"(《南华真经注疏》)。王穆夜、罗勉道、王闿运等人也有类似的看法，而司马彪则以"支离无首尾言"来解之。综合以上诸家的解释，可以认为"卮言"也就类似于饮酒交欢时的随心所欲、无所顾惮之言，其"谬悠"、"荒唐"，"无端崖"、"无首尾"，虽说起来绵延不绝，但看上去却未必有清晰可辨的逻辑脉络。

进而言之，窃以为，在上述"三言"中，"卮言"是庄子言"道"最基本的特点，"寓言"和"重言"则是"卮言曼衍"的具体表现手法，三者以"卮言"为主重和代表。理由有二：一是通过以上对"三言"的分述，不难发现，"三言"其实不是在同一层次上，其中"寓言"和"重言"侧重于文章形式、文体风格（文艺层次），而"卮言"则侧重于思维方式、哲理表达（思想层次），后者较前两者要更接近于庄子之"道"的本体。其二，更为重要的是，"卮言"直接宣示言"道"的本质在"无心"，"无心"以"曼衍"，所呈现的言说样态即是"寓言"和"重言"。诚如成玄英所说的，"卮言"即"合于自然之分"的"无心之言"，其"言而无待"、"不谴是非"、"忘年忘义"而"振于无竟"(《齐物论》)。"卮言"看似在"言"实则"无言"，看似在滔滔不绝地说实际上却是在沉默以"体道"，而其"曼衍"就如同德里达所谓的"延异"，话语不断撒播，意义则因时空的变化而一直被搁置与延宕下去。"卮言"是庄子理想图景中的"不言之言"或"道言"，而"卮言曼衍"则是"道言"在现实人生中的发用流行。

（四）"得意忘言"

"道"在"言"中，同时任何具体的"言"又都不能完整地表达"道"，这是"道"与"言"所本然纠结在一起的悖论。因此，在庄子看来，"言"所存在的全部与唯一的意义即在"体道"：在语言中体悟到了"道"之真意，语言也就可以被忘掉了。这样，其在诗学语言观上很自然地导出了"得意忘言"的观点：

> 荃者所以在鱼，得鱼而忘荃；蹄者所以在兔，得兔而忘蹄；言者所以在意，得意而忘言。吾安得夫忘言之人而与之言哉！（《外物》）

通过同"荃—鱼"、"蹄—兔"等生活实例的类比，庄子在这里形象表述了"言-意"之间一种本质性的手段与目的的关系：就像荃、蹄是人们用来捕获鱼或兔子的工具一样，语言文字也是人们用来把握文艺作品意思的手段或工具。它们都各有各的目的，但正如荃、蹄并不能等同于鱼或兔一样，语言文字和它所要表达的意思也不是一回事情。从根本上说，"言"是言荃、形迹、工具或梯子，"意"则是言外之意、本体、目的，或言所要求得的意旨，"言"不能完全传达"意"的内涵，所以我们不能执著于"言"，要"存言而得意"。在此，庄子道出了言意关系（道言关系的具体化）中的一大悖论，那就是"存言"的目的在于"去言"或"忘言"，就像庄子现身地暗示读者那样，"庄子之书，一荃蹄耳"（王夫之：《庄子解·外物》）。这足以体现出庄子的智慧。关于这一点，就连庄子同时代的人都颇有感慨。惠子曾对庄子说："子言无用。"庄子于是极富思辨地回答道："知无用而可始与言用矣。"（《外物》）显然，在庄子看来，语言只是一种暂时的、不得已而用之的工具或手段，其根本目的在于"得意"。譬如就文学言，作为语言的艺术，文学之精妙的"意"（意境、情趣、韵味等）实乃无法用语言以求之，其全在语言之"外"。那么语言何为？读者把握作品意思的工具、触媒、梯子也！即要求读者通过语言文字的比喻、象征、暗示等作用去理解作品的"言外之意"；一旦领悟到了此"言外之意"，那工具或触媒便"无用"了，文学作品的语言文字这把"梯子"也可以被丢到角落、完全把它给忘了。

事实上，倘若完全应用到文学领域，由于文学是形象塑造的艺术，需要有"象"在"言"与"意"之间作中介，因此庄子"得意忘言"说还需进一步把"象"拉入言意关系的探讨中来。"象"最早见于《老子》，如老子谓"道"为"大象"或"无物之象"，简言之即"道象"，也就是"道"在天地间的化生，其无形无状、虚幻恍惚，不是指具体的客观事物。在《易经》中，"象"的意义指的是"卦象"，《易传·系辞》谓"易者，象也，象也者，像也"，"卦者，言乎象者也"，即言象是主体，卦辞只是作为象的解说。《易经》言"卦象"时，可贵地触及了"言"、"象"、"意"三者之关系，其谓"书不尽言，言不尽意"、"观物以取象，立象以尽意"，这可视为中国古典诗学"意象"概念的滥觞。对此，魏晋玄学的代表人物王弼在《周易略例·明象》中有进一步的发挥。他说：

> 夫象者，出意者也；言者，名象者也。尽意莫若象，尽象莫若言。言生于象，故可寻言以观象；象生于意，故可寻象以观意。意以象尽，象以言著。故言者所以明象，得象而忘言；象者所以存意，得意而忘象。犹蹄者所以在兔，得兔而忘蹄；筌者所以在鱼，得鱼而忘筌也。然则，言者象之蹄也，象者意之筌也，是故存言者，非得象者也；存象者，非得意者也。象生于意，而存象焉，则所存者乃非其象也；言生于象，而存言焉，则所存者乃非其言也。然则，忘象者乃得意者也，忘言者乃得象者也。得意在忘象，得象在忘言。故立象以尽意，而象可忘也；重画以尽情，而画可忘也。是故触类可为其象，合义可为其征。

这里，虽然王弼依然没有清晰地提出"意象"的概念，但是其对《周易》之"象"的阐释已经十分地清楚、完备。尤为重要的是，王弼显然深受庄子的影响，其在"明象"过程中不仅直接套用庄子的"蹄兔"、"筌鱼"之喻，而且创造性地在庄子的"言"、"意"关系间加了一个中介"象"，从而把庄子的"言不尽意"论发展成为一个两段式的"言不尽象"、"象不尽意"论，把庄子的"得意忘言"论发展成为"得象忘言"、"得意忘象"论。在论述的过程中，他自觉地从心理学的过程分析与机制分析的角度入手，一方面说明了"言"、"象"的发生及其与"意"的关系，另一方面又说明了如何通过"言"、"象"以洞见圣人之"意"，即所谓"得象在忘言"、"得意在忘象"的"体道"方法。这就形成了"意—象—言"和"言—象—意"两个看似互逆而实则内在一致的过程。撇开上述引文存在"言尽意"与"言不尽意"两种对立倾向暧昧混杂不谈，王弼对"言"、"象"、"意"三者间统合关系的理解可以说是深刻而辩证的，其充分发挥了庄子之"得意忘言"的思想，并且由此启迪出一套可适用于文艺创作的"立言（存言）—得象（忘言）—得意（忘象）"的系统化方法。

不过，值得指出的是，虽然具体提及"象"的时候较少，但庄子在《天地》篇中也曾列举过黄帝游赤水、登昆仑，并以之来说明"乃使象罔，象罔得之"的微妙过程：

> 黄帝游乎赤水之北，登乎昆仑之丘而南望，还归遗其玄珠。使知索之而不得，使离朱索之而不得，使喫诟索之而不得也。乃使象罔，象罔得之。黄帝曰：异哉！象罔乃可以得之乎？

"象罔"是有形（象）与无形（罔）的结合，"得意忘言"典型以"象罔"为审美形象之特征。宗白华的评论是"非无非有，不皦不昧，这正是艺术形象的象征作用。'象'是境相，'罔'是虚幻，艺术家创造虚幻的境相以象征宇宙人生的真际。真理闪耀于艺术形象里，玄珠的砾于象罔里。"① 质言之，"得意"与"忘言"是艺术形象审美特性的两个质的规定，它要求艺术形象必须是具象和抽象、有形和无形、确定性与模糊性的统一。大抵由于在"言—象—意—道"的整体性结构体系中，毋庸说"象"，即使是"意"也不过是明"道"的中间物，因此庄子对"象"才较为忽略了。

二、庄子"言不尽意"观对后世的诸影响

老庄思想与儒家思想互补，贯穿了整个中国文化思想史；此外，老庄思想对消化佛学理论起到过关键作用，曾经构成了魏晋玄学的主旋律并极大限度地影响了整个传统的中国文学艺术。正是在此意义上，徐复观先生才极力主张"中国艺术精神"即老庄之"道"，而崔大华先生则在《庄学研究》书序中评价庄子思想对民族文化发展的历史作用时说："庄子思想是中国传统思想发展演变中的最活跃的、不衰的观念因素，也是中国传统思想理解、消化异质思想文化的最有力的、积极的理论因素。"②

那么仅就"言不尽意"观来说，庄子的这一思想对后世的影响同样深远而巨大。首先，庄子之后，战国末期、秦汉之际的《易传》提出了"言不尽意"、"立象以尽意"的观点：

> 子曰："书不尽言，言不尽意。"然则圣人之意其不可见乎？子曰："圣人立象以尽意，设卦以尽情伪，系辞焉以尽其言，变而通之以尽利，

---

① 宗白华：《美学与意境》，人民出版社 1987 年版，第 219 页。
② 崔大华：《庄学研究》，人民出版社 1997 年版，第 71 页。

鼓之舞之以尽神。"(《易传·系辞上》)

这段话是说，圣人仰观俯察天地万物，不是为了摹仿任何一个个别的客观事物，而是通过全面把握、融会贯通，从而领悟到"道通为一"的快乐。同庄子所言一样，引文中的"意"和"道"实际是互通的，可以称作"道意"，该"道意"不能通过"言"来表述，也不能通过摹仿个别客观事物来表达，因此圣人才独创《易》象八卦，以此来拟喻"道意"，融会贯通于"道"之精神。上述文字，有三点透露的信息值得指出：一、尽管我们尚无充分证据证明稍晚的《易传·系辞》中的"言意之辩"就是受了庄子的直接影响，但二者十分接近却是不争的事实；二、因为《易传·系辞》之"言意之辩"引入了"象"的概念，触及了艺术的基本特征，所以其"言意之辩"似乎较庄子又近了艺术一步；三、众所周知，《易传》乃儒家经典之一，其大部分内容反映的是浓厚的儒家思想，而既然其《系辞》的"言意之辩"接近于庄子之论，那么这足以证明战国末期儒道两家"言意之辩"的渐趋一致，两者共同奠定了后世言意论的理论基石。

时至魏晋南北朝，以何晏、王弼、向秀、郭象等为代表的玄学家们对"言意之辩"亦产生了浓厚兴趣。在吸收先秦思想（包括庄子思想）的基础上，此时的思想家围绕"言能否尽意"之主题分别形成了"言尽意"论（以欧阳建为代表）、"言不尽意"论（以荀粲为代表）和"得意忘言"论（以王弼为代表）三派观点。其中，前文已及，王弼的"得意忘言"论强调"寄言出意"、"不滞于言象"，实际上也还是一种"言不尽意"论，只不过在认识上更为深入和辩证。总体观之，魏晋玄学继承并发展了先秦诸子尤其是庄子的"言意之辩"，其在中国哲学史、思想史上的地位显赫，对后世的影响颇为巨大。譬如刘义庆《世说新语·文学》曰："旧云，王丞相过江左，止道声无哀乐、养生、言尽意，三理而已。"近人汤用彤则更是高屋建瓴地评价道："迹象本体之分，由于言意之辨。依言意之辨，普遍推之，而使之为一切论理之准量，则实为玄学家所发现之新眼光新方法。"① 不过在此格外需要指出的是，魏晋玄学之"言不尽意"、"得意忘言"论固然对中国古典美学和文论思想有着深远影响，但哲学的玄理毕竟不能替代文学艺术，"言不尽意"与"得意忘言"的观点从哲学到文学尚存在一个美学转换的问题。譬如，老庄和魏晋玄

---

① 汤用彤：《魏晋玄学论稿》，上海古籍出版社 2001 年版，第 26～27 页。

学的"意"指的是"道意",是一定的,而文学艺术中的"意"指的是"文意",即文章、作品的意图与意味,其一般是不预先确定的。倘使主题先行,则只会使文章作品意直义陋、淡乎寡味。再如,老庄和魏晋玄学之"得意忘言"的真正哲学要旨是"留意于言,不如留意于不言",而文学是语言的艺术,不言何其谓"文学",胡言又何以"立象"与"载道"?因此,必须明确"言不尽意"、"得意忘言"论在哲学意义上和在文学意义上的不同界域及不同的理路,不能动辄"登岸弃筏"、"得意忘言"。关于这点,钱钟书先生在《管锥编》中明确指出,《易》之象与《诗》之象"貌同而心异,不可不辨也":

> 《易》之有象,取譬明理也。"所以喻道,而非道也"(语本《淮南子·说山训》)。求道之能喻而理之能明,初不拘泥于某象,变其象也可;及道之既喻而理之既明,亦不恋着于象,舍象也可。到岸弃筏,见月忽指,获鱼兔而弃筌蹄,胥得意忘言之谓也。词章之拟象比喻则异乎是。诗也者,有象之言,依象以成言;舍象忘言,是无诗矣,变相易言,是别为一诗甚且非诗矣。故《易》之拟象不即,指示意义之符(sign)也;《诗》之比喻不离,体示意义之即迹(icon)也。不即者可以取代,不离者勿容更张①。

这段话清楚区分了哲学之"道象"与艺术之"意象"的差别:一则"一意数喻",一则"博依繁喻";一则"不即"而可取代,一则"不离"而不可取代,读者切不可"囿于一喻而生执着也"。

这是说"言不尽意"论在哲学和在文学艺术之不同领域的差别。随着"言意之辨"的热烈讨论和魏晋玄学的发扬启迪,庄子之"言不尽意"、"得意忘言"的思想逐步走出纯粹思辨的哲学领域,开始直接影响到中国古典美学与文论。在古代文论史上,西晋的陆机第一个援引庄子的"言不尽意"思想进入文学创作理论。他在叙述自己创作《文赋》的缘起时说:

> 余每观才士之所作,窃有以得其用心。夫放言遣辞,良多变矣。妍蚩好恶,可得而言;每自属文,尤见其情。恒患意不称物,文不逮意。盖非知之难,能之难也。故作《文赋》以述先士之盛藻,因论作文之利害所由。

---

① 钱钟书:《管锥编》(第一册),中华书局1979年版,第56页。

在对"先士"与"今士"的创作经验进行总结的时候，陆机犯了"难"，并且该难是"能之难"（表达的困顿）而非"知之难"（知识的缺陷），这个"难"就是："意不称物，文不逮意"，即表达上存在着"意"与"物"、"文"与"意"的双重矛盾，创作中作家的意图难以与外物相称，而笔下的语言文字又很难准确地传达出作家心中的意图。不难发现，这种矛盾究实源自于语言表达能力本身的局限性，也就是庄子所谓的"书不尽语"、"言不尽意"。由此可见，"意不称物，文不逮意"之短短八个字，其揭示的正是"言"、"意"、"物"之间永恒的矛盾，堪称庄子"言不尽意"论的又一生动的版本。

无独有偶。身处南北朝梁之际的著名文论家刘勰在《文心雕龙·神思》篇中也提出了类似的困惑：

> 夫神思方运，万涂竞萌；规矩虚位，刻镂无形。登山则情满于山，观海则意溢于海，我才之多少，将与风云而并驱矣。方其搦翰，气倍辞前；暨乎篇成，半折心始。何则？意翻空而易奇，言征实而难巧也。是以意授于思，言授于意，密则无际，疏则千里。

引文中，"气倍辞前"与"半折心始"、"意翻空"与"言征实"两两对举，颇值得玩味。

黄侃评曰："半折心始者，犹言仅乃得半耳。寻思与文不能相傅，由于思多变状，文有定形；加以妍文常迟，驰思常速，以迟追速，则文歉于意，以常驭变，则思溢于文。陆士衡云：恒患意不称物，文不逮意。与彦和之言若重规叠矩矣。"① 即言刘勰（字彦和）对言意关系的基本看法与陆机（字士衡）同：作家心中的意图在未形成文字之前可以想象得非常美好、奇特，然而语言文字却始终是具体、物质的，"意翻空"与"言征实"属于一对永恒的矛盾，语言表述永远无法穷尽作家胸臆的奇巧，只能差强人意而为之，正所谓"思表纤旨，文外曲致，言所不追"（《神思》）也。面对语言表达的如此之困境，刘勰并没有消极反应，相反认为这可能给诗人们带来超越语言局限、努力营造"文外之重旨"的契机。该"文外之重旨"，刘勰特遣一"隐"字来表述：

---

① 黄侃：《文心雕龙札记》，中华书局 1962 年版，第 92 页。

隐也者，文外之重旨也；秀也者，篇中之独拔者也。隐以复意为工，秀以卓绝为巧，斯乃旧章之懿绩，才情之嘉会。夫隐之为体，义主文外，秘响旁通，伏采潜发，譬爻象之变互体，川渎之韫珠玉也。(《隐秀》)

据上所述，"隐"指的是作品表浅、单一含意之外的"重旨"或"复意"，其一般较为隐晦、暧昧，具有多种解释的可能。相对于"秀"之"物色尽"(言尽意)，"隐"则是"情有余"(言不尽意)的表现。苦于"言难尽意"或"言征实而难巧"，刘勰可以说以"隐"觅到了一条解决言意矛盾的具体办法。强调"隐"，即强调在语言提炼的基础上，使文学作品的意义产生于文字之外，就好像秘密的声响从旁边传来，潜伏的文采在暗中闪烁，又好像爻卦的变化蕴含在互体里，珠玉埋藏在川流中。刘勰对"隐"的发挥承继了庄子"言不尽意"观的精髓，同时也为文学艺术创造"有意味"的上乘之作提供了方法论上的启示，堪为卓见。

与刘勰大约同时的钟嵘，其在《诗品》中以"味"论诗，强调诗歌要有"滋味"，而要达到有"滋味"则要求"文已尽而意有余"(《诗品·序》)，以之来创造诗歌含蓄蕴藉的审美意境。在钟嵘看来：

五言居文词之要，是众作之有滋味者也，故云会于流俗。岂不以指事造形，穷情写物，最为详切者耶！(《诗品·序》)

他认为，五言诗是诗歌中最有"滋味"的艺术形式，"四言"要用两句表达的，"五言"用一句即可；只有"指事造形，穷情写物"的作品，才能"使味之者无极，闻之者动心"，才是"诗之至也"，也才是最有"滋味"的作品。这种观点仍是对庄子"寄言出意"、"得意忘言"精神的继承，只有作家赋予作品有"言外之意"、"味外之致"，读者才有可能捕捉到这种有"滋味"的"意"、"致"，才能贴切体验到作家那只可意会而不可言传的深情曲致。

逮至唐代，先是诗僧皎然在《诗式》中有"意中之静"、"意中之远"、"但见性情，不睹文字"(《诗式·重意诗例》)的观点，其与庄子"得意忘言"的思想有着异曲同工之妙。接下来是司空图，他提出诗歌要有"韵味"，认为"辨味而后才能言诗"。在《与李生论诗书》中，他说：

文之难，而诗之难尤难。古今之喻多矣，而愚以为辨于味，而后可以言诗也……噫！近而不浮，远而不尽，然后可以言韵外之致耳。

又说：

> 盖绝句之作，本于诣极，此外千变万状，不知所以神而自神也，岂容易哉？今足下之诗，时辈固有难色，倘复以全美为工，即知味外之旨矣。

在另外一篇文章《与极浦书》中，他还说：

> 戴容州云："诗家之景，如蓝田日暖，良玉生烟，可望而不可置睫之前也。"象外之象，景外之景，岂容易可谭哉？

上述"象外之象"、"景外之景"、"韵外之致"、"味外之旨"，合称"四外"，也就是我们所熟悉的司空图之著名"韵味"说的基本内容。那么在其代表作《二十四诗品》中，司空图即围绕"韵味"二字，特别把诗的意境风格细分为"雄浑"、"冲淡"、"自然"、"含蓄"、"豪放"等二十四种。如"含蓄"谓："不著一字，尽得风流。"从此"韵味"说以及二十四"诗品"的描述来看，可以说，司空图的诗论无处不可以觅到庄子"意在言外"观的印痕所在。此外，在唐代，《史通》的作者刘知幾在文学之外也提出了"言近而旨远"之"用晦"的说法，虽然刘是以史书中叙事的成功范例来发论，但其所谓"言近而旨远"的思想和皎然、司空图的言意论思想实际是精神相通的。

到了宋代，北宋欧阳修《六一诗话》引诗人梅尧臣语曰："状难写之景如在目前，含不尽之意见于言外，斯为至矣。"而南宋严羽则更是承袭庄子"意在言外"观及司空图的"韵味"说，其在《沧浪诗话·诗辨》中说：

> 夫诗有别材，非关书也；诗有别趣，非关理也。然非多读书、多穷理，则不能极其至。所谓不涉理路、不落言筌者，上也。诗者，吟咏情性也。盛唐诸人惟在兴趣，羚羊挂角，无迹可求。故其妙处透彻玲珑，不可凑泊，如空中之音、相中之色、水中之月、镜中之象，言有尽而意无穷。

严羽在此以佛禅引入诗论，特别强调作诗者的"兴趣"和"妙悟"。撇开其中的神秘主义色彩不说，"兴趣"指的是诗人的"情性"，它自然融入艺术形象中，虽不可捉摸，但仍然可以被感知到；"妙悟"究实讲的是一种艺术直觉或直观，它不需要任何概念推理，只需要"直呈"与"顿悟"。"兴趣"和"妙悟"共同的目标是塑造"言有尽而意无穷"的诗歌意境。另外，大词人姜夔在他的《白石道人诗说》中也极为推崇含蓄蕴藉、余味无穷的美："语贵含蓄……句中有余味，篇中有余意，善之善者也。"这些言论显然都是庄子之"言不尽意"、"得意忘言"论的发展。

　　清人王士禛的"神韵"说仍然很重视诗歌"意在言外"之意境的创造，其在《渔洋诗话》中特别强调诗歌意境的清雅淡远，同时又要有弦外之音、味外之味。刘熙载在《艺概》中也说："杜诗只'有''无'二字足以评之。'有'者但见性情气骨也，'无'者不见语言文字也。"张竹坡评点《水浒传》时亦有云："文字妙处，全要在不言处见。"显然，在中国古典文学艺术中，庄子的"言不尽意"、"得意忘言"论已经从单纯的哲学思辨内化为艺术家和理论家们在美学上的自觉追求。时至近代，国学大师王国维在前贤的基础上更进一步曰：

　　　　沧浪所谓"兴趣"，阮亭所谓"神韵"，犹不过道其面目，不若鄙人拈出"境界"二字，为探其本也。（《人间词话》第九则）

　　"沧浪"指严羽，"阮亭"是王士禛的号，王国维认为此二人言"兴趣"、"神韵"都未及诗歌的根本，故而另外专门发明"境界"一词来描述诗歌之虚实相生、含蓄蕴藉、言有尽而意无穷的意境。通过对"有—无"、"造境—写境"、"有我之境—无我之境"等一系列对举概念的系统阐发，王国维借此建立了中国古典意境理论的集大成者——"境界"说。"境界"说是以"言不尽意"为根据的"意在言外"、"得意忘言"论传统在中国古典美学领域的自然延伸和最后的结晶。至此，庄子之"言不尽意"论的思想得到了后世最大限度的继承与发扬。

　　上述自庄子"言不尽意"论到《易传·系辞》、魏晋玄学，由陆机到刘勰、钟嵘，再由司空图到严羽、王士禛，最后到王国维，这一条线索基本是循庄子"言不尽意"观的美学、文论史影响来勾勒的。事实上，庄子"言不尽意"观不独影响中国古代美学与文论，它还波及艺术及艺术批评领域。譬如在书法领域，苏轼《书黄子思诗集后》有云"予尝论书，以谓钟、王之迹，萧散简远，妙在笔画之外"，意即钟繇、王羲之的书法，其妙就妙在萧条淡泊、意在言外。再如在戏曲领域，汤显祖《玉茗堂文之四·如兰集序》主张"以若有若无为美"：舞台布景，清云一缕掩映春光艳阳天；佳人出场，倩影一现犹抱琵琶半遮面；起舞弄影关键要点燃看客情思，低吟高唱务必得激发观众想象。至于绘画领域，类似范例就更多了，像南朝宋画家宗炳《画山水序》所谓的"夫理绝于千古之上者，可意求于千载之下；旨微于言象之外者，可心取于书策之内"、清画家王昱《东庄论画》所谓的"写意画落笔须简净，布局布景，务须笔有尽而意无穷"，以及郑板桥在《题画竹》中提出的著名的"三竹"说，如此等等，就其"寄言出意"、"得意忘言"之"妙"道而言，无不是庄学精神在具体语境下的化生与繁衍。

总之，庄子之"言不尽意"观由哲学而美学、文论，由文学而艺术、艺术批评，其绵延的接受史一方面表明了人类语言的天然局限性，而另外一方面也借此形成了中国古代文学艺术之注重"意在言外"的含蓄传统，为中国古典意境理论的产生和发展奠定了基础，从某种意义上说也规范了中国古人的审美思维与心理。

（作者单位：武汉大学艺术学系）

庄子"游"的审美心理阐释

刘克稳

在《庄子》里"道"、"德"、"天",特别是"游"字被反复提及,只要接触过《庄子》一书的人多会注意到这一点。据有关专家的统计,"游"字在《庄子》中的使用次数达96次之多,可见使用频率之高。并且《庄子》内篇的第一篇便是以"游"命名的。

但是由于庄子语言的模糊性、晦涩性,增加了人们对其思想的深入探讨的难度,长时期以来人们在"游"的思想上各执一端、争论不休。在美学界也是如此,有人把"游心"美学观归纳为"自然无为之美"①,有的人则认为"游"体现了自由与美的关系②,还有人则主张庄子的"游"是庄子关于美感的论述③。另外,将"游"归纳为审美境界论的也不乏其人④。

而本文则试图通过对"游"的几层主要含义的分析,从审美心理的角度作一些比较浅显的、尝试性的探讨。

一、庄子"游"的几层主要含义

"游"的思想之所以在《庄子》中的地位很重要,一个明证在于,我们几乎都可以从《庄子》的每一篇文章中找到"游"字。也正因为"游"字的频繁使用,它在《庄子》文本中的具体语境也不停地变换,这也就导致了"游"的含义的多重性。但归纳起来主要有以下几种:

其一,从一般意义上来说的"游玩"、"赏析"。而这种"游玩"在《庄

---

① 李泽厚、刘纲纪:《中国美学史》(先秦两汉编),安徽文艺出版社1995年版,第32页。

② 叶朗:《中国美学史大纲》,上海人民出版社1985年版,第111页。

③ 陈望衡:《中国古典美学史》,湖南教育出版社1998年版,第108页。

④ 张利群:《庄子美学》,广西师范大学出版社1992年版,第90页。

子》一书中又可分为两种。一种是对自然山水的"游玩"。这源于庄子对自然的崇尚，对自然之质的追求，代表性的论述如下：

"是故禽兽可系羁而游，鸟可攀援而窥。" 　　　　　　　　　（《马蹄》）

"庄子与惠子游于濠梁之上。" 　　　　　　　　　　　　　　（《秋水》）

"庄周游于雕陵之樊，亲一异鹊自南方来者。" 　　　　　　　（《山林》）

"孔子游乎缁帷之林……" 　　　　　　　　　　　　　　　　（《渔父》）

这种对自然山水的游玩在庄子看来不仅可以怡娱性情，更重要的是人可以从中品尝到某种自由感。

对于自然山水的赏玩在先秦时代是非常普遍的。由于当时时代的特殊性，游说之风的盛行，知识分子、政治家、游侠等为了各自的目的长年奔波四处，遍览各国山川风情。在先秦典籍中不仅是庄子，还有荀子、孔子的有关著作中均有自然山水、各地风土人情的描述，例如，在《荀子·强国》中就提到荀子入秦时的所见："其固塞险，形式便，山林川谷美，天材之利多，是形胜也。"荀子的原话中虽未涉及"游赏"，且荀子的本意是利用这些天然产物、改造这些自然物，但我们仍可从中感受到他游览自然风景时由衷发出的赞叹。

"游"除了一般意义上对自然界风光的"游玩"、"赏析"之外，还涉及对人生的"游戏"。这种游戏人生的态度，可以说是庄子对现实的清醒认识的结果。庄子所处的时代是一个群雄割据、战争连年的时代，当权者贪婪奸诈，为了各自的利益尔虞我诈、朝秦暮楚，任何个人不得已隶属于某一方，是非曲直很难有一个固定的标准。庄子的"游戏"态度正是力求超脱以自保的方式，但也体现了某种无奈之感。对人生的"游戏"的代表性语句在《庄子》中也是比较常见的，且也有层次上的区别。

第一个层次，表现了庄子对黑暗、不公正的现实的不满：

"体性抱神，以游世俗之间者。" 　　　　　　　　　　　　（《天地》）

"人能虚己以游世，其孰能害之。" 　　　　　　　　　　　（《山水》）

"以此退居而闲游，江海山林之士服。" 　　　　　　　　　（《天道》）

第二个层次是在第一个层次的基础上的深化，扩展到对功名利禄的"游戏"：

> "圣人不从事于务，不就利，不违害，不喜求，不缘道，无谓有谓，
> 有谓无谓，而游乎尘垢之外。"　　　　　　　　　　　　（《齐物论》）
> "吾生也有涯，而之也无涯。以有涯随无涯，殆已。"　　（《养生主》）

第三层次最能代表庄子游戏人生的态度，也是最高的层次了。庄子在抛弃功名利禄之后进而连生死也一并轻视，且看：

> "庄子妻死，惠子吊之，庄子则其踞鼓盘而歌。"　　　　（《至乐》）
> "宁其生而曳尾于涂中。"　　　　　　　　　　　　　　　（《秋水》）

庄子"游戏"人生的态度正由于最后连家人、自己的生死也一同"游戏"掉了，所以常常引起别人的非议。其实，庄子正是看透了现实的不平与黑暗，才力求对现实的超脱，他之所以"游戏"也正因为他心中有一个真正的标准尺度的，只因为美好的理想在当时的社会无法实现，所以他采取了"游戏"的非暴力不合作的态度。

庄子的"游戏"人生并不同于近现代以后的"游戏"人生。庄子的"游戏"上文已讲到仍是自己追求无法实现而采取的态度，看似无物实际上是有理想追求的。但近现代以来的"游戏"人生，只是虚无主义的代名词，这是一种完全屈服于欲望、感性生活的空虚行为的掩饰，二者有质的区别，不可混为一谈。

其二，庄子"游"第二种比较具有代表性的含义指的是一种精神层面上的自由活动。庄子从对物质世界的游玩、赏析过渡到精神世界的遨游，这正是庄子哲学实现超越的关键性的一步。《庄子》一书中的相关佐证如下：

> "且夫乘物以游心，论不得以养中，至矣。"　　　　　　（《人间世》）
> "夫若然者，且不知耳目之所宜而游心乎德之和……"　　（《德充符》）
> "汝游心于淡，合气于漠，顺物自然而无容私焉，而天下治矣。"
> 　　　　　　　　　　　　　　　　　　　　　　　　　　（《应帝王》）
> "吾游心于物之初。"　　　　　　　　　　　　　　　　　（《田子方》）
> "胞有重阆，心有天游。"　　　　　　　　　　　　　　　（《外物》）

这种精神的自由除了超越性这个特征外，最突出之处在于自我的愉悦，人不仅从外在的物质束缚中解脱出来，而且在内心上更追求自我人性的解放，这就相当于西方所讲的"认识你自己"，这种精神的自我愉悦无疑是审美的，是中国人一贯追求自我修养的典型代表，同儒家的"内圣"似乎有相通之处。

其三，"游"的第三种含义是在前二种的基础上综合、生发出来的，即"天、地、人"共游的世界。这其实就是从人性所能达到的境界而言的，用庄子自己的话说就是"忘我"、"物我同一"的境界。人、物不是相分的而是完全融入一个和谐的世界里。就从人的角度而言，灵与肉是共存的，也就是说"忘我"、"物我同一"的人就是完满的人。这种"游"的境界同审美和艺术是相通的，是一种完全自由的方式。通过对"游"几个不同层次含义的分析，我们可以清晰地捕捉到庄子所表现出的心理活动过程。

二、庄子"游"的艺术审美心理世界

与庄子"游"的几种代表性含义相对应存在着相关的几种艺术心理活动。从审美心理学的角度来看，庄子"游"所体现的艺术心理世界也是比较丰富的，主要表现为三种。

第一，与"游"的一般含义"游玩"、"赏玩"相对应的审美心理是一种非对象化、非主客二元相分的直觉思维。在庄子看来人在观赏自然物时，人与物是处于相等的地位的，并不以人为中心，人在观物，物也在观人。人与物各为对方的欣赏对象。进一步讲，就是人与物之间不存在所说的对象化的关系，从而也就更不存在现在所说的主观、客观与主体、客体的分别了。《齐物论》中"庄周梦蝶"寓言就是最好的例子：

> 昔者庄周梦为蝴蝶，栩栩然蝴蝶也，自喻适志与！不知周也，俄然觉，则遽遽然周也。不知周之梦为蝴蝶与，蝴蝶之梦为周与？周与蝴蝶，则必有分矣。此之谓"物化"。

庄子的这种直觉思维是以感性经验为基础的，但它又不局限于此，感性与理性、直觉认识与推理认识几乎是不露痕迹地融为一体，在一瞬间把握事物的形象。这种直觉思维模式的建立，对中国人几千年来的艺术心理的建构产生了非常巨大的影响，一个明显的"共鸣"现象在艺术史上的普遍存在。

美国当代著名的艺术心理学家鲁道夫·阿恩海姆在他的《视觉思维——审美直觉心理学》一书中就提到与庄子相似的审美直觉，但他取了一个另外的名字——意象，有的也称之为"视知觉"。阿恩海姆也是反对西方一直以来将知觉与思维割裂的理性主义传统的①，反对直觉的认识与推理认识的孤立化②，从而表明艺术与视觉思维的密切关系。特别是在书中，阿恩海姆提到了他所欣赏的道家"复归于婴儿"的观点，他认为道家的这种主张正是和他的观点相吻合的③。

第二，在庄子"游"的精神自由活动的层面上对应着的是丰富的想象。在《庄子》中，想象也是贯穿始终的，它是通过大量的寓言故事、神话传说得以展开的。想象这一艺术心理活动在艺术创作中的地位是巨大的，庄子将南方特有的奇异的浪漫想象很好地弥补了当时北方讲究理性的诗学文化，对中国后世艺术的发展影响深远。庄子的想象是有某种内在逻辑和情感倾向性的。它基于生活的实际材料，但又不局限于此，往往带着自由的狂想，想象物可以任意地夸大或缩小，如《逍遥游》中大鲲鹏与小蜩、学鸠。但无论如何绝不是对具体事物的忠实反映，这在阿恩海姆的《艺术的心理世界》中论及想象时也有类似的说法④。

庄子想象的一大特征就是追求内在的某种超越性。超越有限有、个别的，达到无限的、普遍的，也就是超越所谓的"有待"达到"无待"，从而自由翱翔于宇宙之间。另外，庄子的想象是有细微的区分的，这种理想的幻游有时间、空间的两类自由活动。如"游乎天地之间"（《大宗师》），"游乎六合之外"（《徐无鬼》），"上于造物者游"（《天下》）就是空间的自由想象，而"以游无端"、"以游无极之野"（《在宥》），"游乎万物之始终"（《达生》），"浮游乎万物之祖"（《山水》）等，说的就是时间的自由活动。

与庄子"游"相对应的第三层次的审美心理就是"非目视乃神遇"。李泽

---

① ［美］鲁道夫·阿恩海姆：《视觉思维——审美直觉心理学》，四川人民出版社1998年版，第2页。

② ［美］鲁道夫·阿恩海姆：《视觉思维——审美直觉心理学》，四川人民出版社1998年版，第311页。

③ ［美］鲁道夫·阿恩海姆：《视觉思维——审美直觉心理学》，四川人民出版社1998年版，第6页。

④ ［美］鲁道夫·阿恩海姆、霍兰、莱尔德：《艺术的心理世界》，中国人民大学出版社2003年版，第73页。

厚在《华夏美学》中将"非目视乃神遇"定义为一种无意识的心理①，这是有道理的。因为"神遇"的境界是在熟练掌握技巧的基础上达到的，是经历过无数次"目视"之后才达到的，形成一种熟视无睹的无意识行为，就好比人步行而人的意识并不控制迈出的双腿。但"非目视乃神遇"的内涵不仅仅局限于此，从艺术心理的角度而言，它更具有一种哲学意义，也就是说"非目视乃神遇"是一种经验意义上的审美内视。这种审美的内视并不仅仅在于它是视觉上的，是视觉、触觉、嗅觉等多方面的融合，更是一种"神游"，只有如此，"物我同一"的境界才可实现。

"非目视乃神遇"在审美心理上最终所追求的是要达到某种内心的宁静状态，这对心理学的心理治疗或对艺术创作活动而言都是有重大帮助的。而内心的宁静状态的达到则要求人们要"虚己待物"，"虚己"就是将内心的杂念排除与万物相融，但"虚己待物"并非纳入，而是一种自然的和谐相处。庄子认为要实现"虚己待物"又有两个途径：

一是要"坐忘"；"堕肢体，黜聪明，离形去智，同于大通，此谓坐忘。"（《大宗师》）

一是要"心斋"："一若志，无听之以耳而听之以心，无听之以心而听之以气。听止于身，心止于符。气也者，虚而待物者也。唯道集虚。虚者，心斋也。"（《人间世》）

总之，"非目视乃神遇"的内心宁静状态是同庄子自然而然、顺物自然的主导思想分不开的，其目的也就是要达到"物我同一"的精神完全自由的境界。

三、中西关于"游"的思想的回溯

中西哲学似乎都双双注意到了"游"的思想，双方都提出了自己的看法且形成了各自的某种传统。

在中国传统文化中，除了道家经常使用"游"字之外，儒家也提到了"游"的思想。孔子在《论语·述而》中就说过："志于道，据于德，依于仁，

---

① 原文："想象力丰富的补充活动，只有它（a）沿着作者规定的结构线索进一步发展了文本的内容，以及（b）未超出特定作品风格一致的最高具象程度时，才是有益无害的。"见李泽厚：《华夏美学》，天津社会科学出版社2001年版，第169页。

游于艺。"不过孔子是从人性的全面发展而言的，讲求人与人之间的自由、和谐，这正好同庄子提倡人与自然的自由交融形成某种必要的补充。

西方很早以来也有关于"游"的思想的论述，甚至在其文明发展的每一个阶段都有一个不同的名称。比如中世纪的上帝的游戏，近现代以来康德的"无利害的快感"，席勒的"游戏冲动"等，它们共同的特点也是追求在审美的游戏中，人成为自由的人和真正的人。

由此可见，中西方关于"游"的异同点是相当明显的。它们的共同点似乎都是追求人的自由本性的发展。但差别也是明显的，中国无论儒家还是道德所讲的"游"是一种经验意义上的自由游戏，人与物并不分离，是世俗的游玩的精神上的提升。而西方始终围绕理性是否成为自由的依据。但是理性至上也明显地显示出其"游"的内在不足，是一种宗教性、建立在某种信仰上的自由游戏。

（作者单位：武汉大学哲学学院）

虚静：中国古代诗学审美心态论

张金梅

虚静在中国古代既有深厚的哲学文化意蕴，又有丰富的美学诗学内涵。自古以来，研究者不乏其人，并取得了丰硕成果，但是尚存有某些缺陷和不足。本文从审美心态角度立论，通过历史寻踪、心理解析、审美创造三个不同层面的论述，力图在前人研究的基础上做些查缺补漏、修正完善工作，从而宏观把握虚静作为中国古代诗学审美心态所具有的基本内涵。

一、"虚静"说历史寻踪

"虚静"一语，最初见于周厉王时代的《大克鼎》铭文："冲上厥心，虚静于猷。"指的是"宗教仪式中一种谦冲、和穆、虔敬、静寂的心态，以便虚而能含，宁静致远，用以摆脱现实欲念，便于敬天崇祖"①。先秦哲学领域里的虚静则更超越于宗教心境之上，具有新的理论内涵。

在先秦哲学领域，对"虚静"的论述最早也最具有代表性的是老子和庄子。老庄哲学以"道"为基本概念，在他们看来，"道"是自在自为、先天地而存在的宇宙本体，是物质世界和精神世界的本质，具有时空上的广延性和无限性，概念上的抽象性和多义性，只可意会，不可言传，无形无影，难以定义。而"虚静"则是"道"的本体存在的一种形态，即"道冲"（冲即虚空）。"道"的这种特性决定它不可能被致道之人以普通的感知方式所认知，所以老子说："致虚极，守静笃，万物并作，吾以观复。夫物芸芸，各复归其根，归根曰静"（《老子·第十六章》）即是说，道的本体特征是静，动仅是外在表现，因此致道之人只有虚静其心，个体汇入大化之中，犹如百川入海一般，才能与"道"周始，得到"至美至乐"的享受。庄子发展了老子的思想，把"虚"、

---

① 朱志荣：《中国艺术哲学》，东北师范大学出版社 1997 年版，第 11 页。

"静"合为一词，《庄子·天道》云："夫虚静恬淡，寂寞无为者，天地之平，而道德之至。"并提出"心斋"、"坐忘"。《庄子·大宗师》云："堕肢体，黜聪明，离形去知，同于大通，此为坐忘。""心斋"和"坐忘"，是庄子关于"虚静"的核心观点，前者侧重于去知，排除感官与外物的接触和感知，否定"心"的理性认识和逻辑思维；后者侧重于离形，不仅否定人的认识活动，还排除人的生理欲望，这样去知、离形就能达到与天道一样的虚和静。

在先秦哲学领域，除老庄外，宋尹、荀韩也讲求虚静。宋妍、尹文认为，"天之道虚，地之道静"（《管子·白心》），为了认识天地之道，心灵就必须"虚一而静"（《管子·心术》）。荀子杂糅了老庄及宋尹的思想，进一步重申"虚壹而静"："人何以知道？曰心。心何以知？曰虚壹而静。"并认为"心者，形之君也，神明之主也，出令而无所谓受令"（《荀子·解蔽》），这就容易把心的活动说成不受物质条件、客观环境的制约，将人的认识引向偏重于追求心的"大清明"，有浓厚的唯理论色彩。韩非则走得更远，"思虑静则故德不去，孔窍虚则和气日入"，"虚则知实之情，静则知动之正"（《韩非子》），主张把以静制动的辩证法用于实际人生，理性色彩显得更为浓厚。

迨至魏晋，佛、玄兴起和流行，虚静说也随之扩充了内容，并由哲学领域逐渐进入审美领域。最早将"虚静"自觉地运用于文学创作研究的是陆机。陆机身处魏晋易代之际，目睹各种动乱变迁，心灵蒙上了浓厚的阴影。道家深观物化、玄览静怀的思想，使他对人世和自然持虚静超然的态度，这必然影响到他的创作和实践。《文赋》云"伫中区以玄览"、"馨澄思以凝虚"等就是强调作家在艺术构思过程中必须保持一种虚静凝神的心理状态，其《辩亡论》、《演连珠》、《叹逝赋》等作品就是这种虚静审美心态的产物。在他看来，虚静是深观物化、与道周始的心灵的距离化，是从事审美创作的主体框架。

陆机的这种思想在南朝获得了进一步发展。南朝山水画家宗炳在《画山水序》中说："圣人含道应物，澄怀味象。""澄怀"即虚静其怀，就是使情怀高洁，不为物欲所累；"味象"即品嚼、把玩、体会宇宙万物的形象之美。不过，在宗炳眼里，"象"已不是现实的自然山水的外在形象，而是艺术家处于虚静状态中进行审美观照时所显现于目前或脑海中的审美意象。因此，"澄怀味象"实质上是指艺术欣赏时应当具备的一种审美心胸与精神状态。稍后，刘勰的《文心雕龙》更从文学理论角度对陆机的思想作了进一步阐发。他不仅指出审美主体内心的虚寂澄明是艺术构思得以进行的前提——"是以陶钧文思，贵在虚静，疏瀹五藏，澡雪精神"（《文心雕龙》），而且详尽论述了

"虚静"与创作情感、创作想象的关系。在刘勰看来,"虚静"就不是艺术创作前"唤起想象的事前准备,作为一个起点"①,而是伴随创作情感、创作想象贯穿于艺术创作的始终,是一种由静入动、以虚生实的过程。

六朝之后,诗学上的虚静理论蔚为大观。文学家、美学家们只要一涉及创作的心理过程,便不约而同地指出虚静的重要。如诗文曰静,"静室隐几","诗思遂生"(谢榛:《四溟诗话》);作画言静,比"凝神静气","扫尽俗肠",方能"胸有成竹","淋漓尽致"(王原邦:《西窗漫笔》);书法讲静,"欲书者,先乾研磨,凝神静思"(王羲之:《题卫夫人笔阵图后》);音乐求静,"心静即声淡,其间无古今"(白居易:《船夜授琴》)。需要说明的是,盛唐以降,佛禅盛行和士大夫心灵向内转,对诗学虚静论探求的渐进深入产生了重大影响;而宋明以后的诗学虚静论则对理学资取甚多。前者可以皎然、刘蜀锡、司空图、苏轼为代表,后者则以王国维为宗圣。

皎然是诗禅兼精的大师,其《诗式》论标举十九体,最后两体为"静"和"远",强调意中之静,意中之远,便于佛学的出世思想和静休功夫有关。刘蜀锡于诗、禅之道,多有会通。其《秋日过鸿举法师寺院便送归江陵引》云:"梵言沙门,犹华言去欲也。能离欲则方寸地虚,虚而万景入,入必有所泄,乃形乎词。"在他看来,僧人之所以能体察万景,创造出优美的诗境,是因为僧人能心地虚静,修炼入定,摒除世俗欲念。显然,这是禅学影响的结果。司空图是晚唐人,深受道、玄、佛三家思想的浸渍,署其名的《诗品》虽然没有直接提出"虚静"这个术语,但对这种审美心态的论说却含而不露地贯穿于各品之中。宋代苏轼,情况与刘禹锡相似,但对虚静的理解更富于时代色彩和他个人的人生经验。其《送参寥师》云:"欲令诗语妙,无厌空且静,静故了群动,空故纳万境。"在这里,苏轼把佛家的静、空观念作了脱胎换骨的改造,使其成为观察现实、涵蕴诗意的方法。他肯定了现实世界丰富的物质存在和客观事物都在运动之中,认为艺术家必须保持一种"空"和"静"的心灵,既要有清明而远大的眼光,又要有冷静而开阔的心胸,既要广泛经历世间的人事活动,又要高处于纷扰的环境之上。只有这样,创造出来的诗歌才能意境深远,韵味隽永。王国维是意境理论的集大成者,在《人间词话》中,他把境界分为"有我之境"和"无我之境":"无我之境,人惟于静中得之;有我之境,由于动之静时得之。"首次将虚静与境界同时并提,拓宽了中国古

---

① 王元化:《文心雕龙创作论》,上海古籍出版社1979年版,第114页。

代美学中"虚静"的理论视野，使"虚静"发展成为一种"物我两忘"的艺术境界。其中"有我之境"由非虚静向虚静转化，"无我之境"静始静终，物我两忘。既丰富了境界的美学内涵，又开拓了虚静的理论视野，两者相融相会，使"物我两忘"成为中国古代美学史上倍加推崇的艺术至境。

先秦以降，"虚静"在哲学领域也获得了长足的发展。《大学》具体明确了"静观"对于"格物"的必要性；道教为了交接神明，特重"斋戒"；魏晋玄学以"静"为本、"动"为末，"无"为体、"有"为用，强调以无统有，以静制动；佛学将以明镜之心去静静地参悟证入看成达于佛性的根本途径，强调以无物之心观色空之相；佛家宗派禅宗，无论南顿北渐，都强调宁静的心灵参悟；宋明理学更将虚静推向极致，它借佛道的个体修炼和宇宙论、认识论建构自己的伦理哲学，通过寂然不动的"主静"、"无欲"达到与天的"感而融通"，再通过人的思致而返归"纯然至善"。哲学是时代的精神，是影响一切精神文明的思想背景。中国古代美学、文艺心理学领域的"虚静"论，正是在中国哲学"虚静"论的影响、启发下，在对审美活动的分析中，形成了其特有的自身规定性——既是一种虚空澄明的审美心态，又是一种物我两忘的艺术境界；前者以后者为旨归，后者以前者为起点，充分体现了中华民族独特的审美心理风范，具有鲜明的民族特色。

二、"虚静"心理解析

从审美心理学的角度来讲，要使审美主体由日常活动顺利地进入审美活动，首先必须实现心理上的转换，调整心理定向，造成一种心理定势。正是从这个意义上，我们认为作为中国古人走入诗性境界的独特方式，虚静首先可以理解为主体有意识的审美遗忘。其具体要求有二：

虚静式审美遗忘首先要求忘物。客观事物一般都具有非审美属性和审美属性两个方面，20世纪初叶的英国美学家希洛把这两个方面称作两种视象：一种是"正常视象"，即事物与人的功利欲望相关的一面；一种是"异常视象"，即事物与人的功利欲望无关的一面。而忘物，就是要求审美主体去除事物的"正常视象"，观照"异常视象"，使事物的审美属性成为"前景"，而非审美属性仅仅作为一种"背景"。因此，轻贱世俗，离蹈独步，不为物象所拘，一直为艺坛所推崇。兼之，在中国古人眼里，客观外物从现象上看是"有"，从实质上看是"无"。因此，感官所感觉到的物象不过是物的"末"、"用"，那超以象外的"空无"才是物的"本"、"体"。所以，对于感官所感知的物象，他们一贯主张不滞与形，而是赋予其内在不息的生命和外在飘忽的神韵。也正因为如此，"雪中芭蕉"、"黄筌画鸟"、"戴嵩之牛"等看来是不符合客观之理，违反科学思维逻辑，却是中国古人艺术审美的极致。

虚静式审美遗忘更深一层的要求是忘我。人的主体心灵是一个复杂的世界，先天赋有与后天染化，使之可以分为三个不同的层次：一是掺杂着本能欲念的实用自我；二是运用概念思维以理智为规范的理性自我，这二者都属于一种非我的范畴。还有一种是能够透入道的本体，把握人生的艺术精神的直觉自我，它是人真正的生命世界，是与运动不止的大道共通无碍的心灵至境。因此，忘我就是排除实用自我和理性自我，简言之，就是忘欲忘知。

在中国古人眼里，忘欲是审美创造心理至为重要的课题。既要内除己欲，如梁武帝云"外去眼境，内净心尘，不与不取，不爱不嗔"（《净业赋》）；又要外斥诱惑，如贺贻孙论写诗"不为应酬而作则神清，不为滔溟而作则品贵，不为迫胁而做则气沉"（《诗筏》）。总之，主体对个人狭隘的功利欲求的摒弃是美的创造和欣赏得以实现的重要心理条件。虚静式审美遗忘在要求忘欲的同时，也要求忘知。我们知道，实现现代哲学认识论转向的康德，认为人的知识基础在于他具有先天的认识能力——先天结构或范畴，人以其所具有的先天认识结构来认识事物，否则，认识即不可能进行。当代发生认识论的开创者皮亚杰也认为，认识的基础在于主体认知图式或结构。那么，虚静式审美遗忘要求忘知，主张撤除一切认识的先前基础之后，认识还是否可能呢？诚然，在理性认识和对知识的掌握的范畴内，这是完全不可能的。但虚静式审美遗忘讲的恰恰不是理性认识和对知识的掌握问题，而是对宇宙本然生意和真精神的一种感性体验和领悟，而这种感性体验和领悟恰恰是为理性和知识所阻隔的，所以必须撤除这种主体先前的认知结构。这种消解了逻辑名理知识，凭借个体感性体验与领悟的忘知，虽然不具理性思维的形式，但在沉思静虑中，它却神奇般地实现了对美的对象的深观远照，同样达到了理性认识的高度。

经过忘物忘我的修养功夫，审美主体一身洁净，获得了心灵之空，像道一样至大无外，宇宙和心成为同一虚空的两种表达方式。然而，达于心灵之空并不是目的，空是为了让澡雪的精神充盈其中。它使审美主体的内在潜能不再彼此障碍或彼此消耗，而是各种心理功能变得更加活跃更加畅通无阻，感知、记忆、联想、情感、想象、理解等都充分自如地发挥作用，进入一种看似无为实则无不为的境界。具体说来，它大约经过了三种相连的幻化境界。

第一，主体物化，即主体因被客体吸引而幻化成客体，主体被客体同化。在这种境界里，审美主体的精神高度集中，想象高度活跃，进入了一种用志不分、专注凝神的状态。普通心理学把人的这种指向并集中于某一对象或活动的心理活动称之为"注意"，其主要生理机制受中枢神经过程中的优势兴奋中心和相互诱导原理支配。从中枢神经系统来看，人在注意某些对象时，大脑皮层相应区域就产生一个优势兴奋中心。由于负诱导的作用，皮层周围就会处于相对抑制的状态。优势中心的兴奋性越强，负诱导作用也越强，注意力就越集中，这时对不注意的对象也就视而不见听而不闻。虚静式审美遗忘要求忘物忘我，其目的就是为了更好地诱导出兴奋，使审美主体的全部精神"皆被吸入于一个对象之中，而感到此一个对象即是存在的一切"①。这种因有所注意故有所不注意的专注性状态使审美主体仿佛已变成各个独立的物象，和它们认同，依着它们各自内在的机枢，内在生命得到明澈地呈现。

第二，客体人化，即主体幻化成客体后，又用人的思维去思考。在这种境界里，审美主体变"外部注意"为"内部注意"，变"外视外听"为"内视内听"。"内视"一词，早在战国时期的文献中就已出现。《文子》云："道者内视而自反。"《鬼谷子》说："内视反听，定志思之太虚。"他们将"内视"看做思维与道德完善的途径。陆机则把"内视"引用到文艺领域："其始也，收视反听，耽思傍讯"（《文赋》）它指的是人们的心灵的内省。人的耳目，本来是听外界之音，观外界之象的，但是，审美主体应当把外向的耳目翻转为内向，让它听自己的心声，观自己的心象。这是一种内视自省、心驰神往、浮想联翩的心理活动，因其有极大的能动性、自由性以及超时空性，亦称为"内游"。这种超时空的"游心内运"状态"由于其存在的丰富性，心灵的能动性，超越的无限性，的确可以产生瞬间的生存、瞬间的超越、瞬间的永恒等作用，对人生的确能产生一种慰藉、寄托、享受与满足。这是审美活动之所以为人类生活所必需，是审美创作得以生存、存在的意义所在"②。

第三，物我为一，即物我不分，浑成天然，水乳交融。在这种境界中，"我"慢慢向"物"消融，"物"也慢慢向"我"消融，最终进入一种物我相互消融，彼此共处互照的通明状态。我既客亦主，物既主亦客，物我可以自由换位。这种消融性状态极近似于马斯洛所说的"高峰体验"。美国心理学家马

---

① 徐复观：《中国艺术精神》，春风文艺出版社 1987 年版，第 84 页。
② 皮朝纲：《审美与生存》，巴蜀书社 1999 年版，第 266 页。

斯洛把人生潜力的自我实现称为高峰体验,认为高峰体验是"觉得自己已经与世界紧紧相融为一体"① 的一瞬。当然,"自我实现"的高峰体验并不是一种实际的行为活动,从行为科学来看,它并没有什么外在行为结果。换言之,物我为一并不是真正的物我不分,人我不分,而是"审美主体'自我'之内诸种经验在潜意识中的交流"②,是主体的意识在一定程度上"失控"。当然,这种"失控"是相对的,因为意识与无意识不可截然分割。否则,如果是完全的"失控",就会滑向实际的行为,最终失去审美的意义。

以上论述了虚静的两重含义:虚静之心的形成和虚静之心的外射,这两重含义交相渗透,互为关联。前者是后者的根基,后者是前者的表现。前者决定后者的深度,后者反向决定前者的生成性。前者强调"出乎其外",后者强调"入乎其内"。前者奠定审美过程中人格体验的深度,后者表征审美过程中主客合一的自由。前者说明"无为",后者说明"无不为"。要之,前者指称一种备受推崇的审美心态,后者则意指一种魅力无穷的审美境界。深沉的静观伴随着自由的审美,静穆的观照带来艺术的腾飞,这就是虚静的实质所在。

最后还值得一提的是,由于深受道佛思想浸渍,中国古代的一些士大夫往往把这种瞬间的审美心态、审美境界扩大到整个现实人生,发展成为一种"静"的人生态度和人生境界。他们的出发点各有不同,有的是源于对统治制度的怀疑与否定,有的是为远离凶险的政治漩涡而退避自保,有的是因为仕途失意壮志难酬,还有的是为了实现自己的人生哲学理想,总之,"静"是人生理想与现实状况发生矛盾冲突的精神栖息地,是中国文人在封建专制重压下的一种生存智慧,它支撑着人们将个体在外部世界的失意和创痛改造、化解成内部世界的宁静超然,使人们在蹉跎苦闷的生活中完成心理的自我调适和完善,是中国古代文人的精神家园。

三、虚静与审美创造

艺术创作是艺术家独出心裁的创造性活动,在这个创造性活动中,艺术家的情感状态十分复杂,也十分微妙,它往往由艺术家的创作心境和创作激情同时贯注。激情,在心理学上,是一个与心境相对的概念,指的是"一种迅猛

---

① [美]马斯洛:《人的潜能与价值》,林方译,华夏出版社1987年版,第373页。
② 陶水平:《审美态度心理学》,百花文艺出版社1990年版,第83~84页。

勃发、激烈而短暂的情感"①。这种情感在艺术创作中十分重要，但不能直接进入艺术作品。而虚静作为一种良好的创作心境，"它是创作激情迸发后的凝结，是注意高度集中时的扩散，是思维活动高度紧张中的放松；主体有意识地将强烈的情绪弥散为宁静的心境，尽量使情绪脱离现存性刺激，将现存性刺激推到意识的边缘，演变成痕迹性刺激"②。这样，艺术家就进入了一种既充满情感活力又不失理性控制的状态。在艺术创作中，这种状态可能是长时间的，在整个创作过程中起着动力的积极作用，既有助于艺术家顺利展开艺术想象进行意象创造，又有助于艺术家自由运用技巧法度甚至超越技巧法度，使艺术家构思了然于心，文辞了然于手，写起来则思如风发，言如泉涌。郭若虚论画时曾云"神闲意定则思不竭而笔不困也"（《图画见闻志》卷一《论用笔得失》），即是此意。

当然，在艺术创作过程中，艺术家不可能总是文思泉涌，得心应手。有时因精神疲劳，气衰力竭，往往也会出现"卡壳"现象。如刘勰《文心雕龙·养气》曾云："且夫思有利钝，时有通塞，沐则心覆，且或反常，神之方昏，再三愈黩。"对这一现象的出现，他还作过明确解释："夫学业在勤，功庸弗息，故有锥股自厉，和熊以苦之人。志于文也，则申写郁滞，故宜从容率情，优柔适会。"（《文心雕龙·养气》）在他看来，艺术创作不同于劳心苦志、孜孜不倦地研究学问，而有着自己的规律："率志委和，则理融而情畅；钻砺过分，则神疲而气衰。"（《文心雕龙·养气》）因此，艺术家要越过文思障碍，使创作得以持续进行下去，就必须保持一种心和气畅的虚静心境。心和气畅则理融情畅，理融情畅则文思开通。

在艺术创作过程中，艺术家这种由文思闭塞到文思开通的转变，往往还会伴随着一种特殊的心理状态，即灵感。灵感是艺术家"思路阻塞而不得解决时，由于外部的某种刺激或主体心理某种感应，突然在一瞬间启发、激活了以往的情感经验和表象，使心理结构在短时间内迅速达到一种高度协调和有序的状态"③。皎然《诗式》云："有时意静神王，佳句纵横，若不可遏，宛若神助。""佳句纵横，若不可遏"的"神王"状态，就是艺术灵感降临时的创作状

① 童庆炳：《现代心理美学》，中国社会科学出版社1993年版，第277页。
② 王先霈：《文学心理学概论》，华中师范大学出版社1988年版，第92页。
③ 徐芳：《谈文学创作中创作主体的迷狂状态》，载《咸宁师专学报》1998年第1期。

态。而这种状态的出现，往往离不开主体心境的"意静"。因此刘文良便在《虚静与灵感》一文中旗帜鲜明地指出："虚静的精神状态可以促进艺术家创作灵感的爆发。虚静可以诱发灵感的到来，心情沉静下来，情思才会飞扬……作家往往都是在虚静的状态下'神与物'，调动丰富的生活经验积累，容纳现实的千景万象，展开丰富的艺术想象，从而发生强烈的兴会（灵感）冲动的。从一定意义上说，虚静就是灵感爆发的前夕。"[1] 不过，需要说明的是，灵感爆发时常常伴随着强烈的情感，这种强烈的情感往往使艺术家要么沉浸于痴迷的、专注的心境中，而忘掉周围的一切，到达一个"澄明"的境界；要么难以心平气和，为自己思路的畅通而紧张不已甚至欣喜若狂。换言之，灵感爆发时，艺术家可能继续保持一种虚静状态，也可能转而进入一种迷狂状态。不过，两相比较，作家们似乎更倾向于前者。如新时期文艺创作者就高声呼吁："迷狂创作的年代已经过去，中国传统的虚静创作应该复归，应该融会现代观念之后达到更高层次。我们从大时空的凝神观照中全方位延伸感觉半径，求得虚静，追求抚古今为一瞬，观四海为点滴。"[2]

艺术鉴赏与艺术创作一样，也是主体在一定的情感状态中进行的。虚静作为鉴赏者情感状态中的一个重要心理环节——鉴赏心境，能激发鉴赏主体的精神，促进鉴赏者顺利进行审美再创造活动。

在艺术鉴赏活动开始之前，鉴赏者常常是处在日常生活情状之中，他要进入鉴赏状态，首先必须实现一种"心理转换"。只不过这种"心理转换"在一般情况下往往很不彻底，诚如钱谷融先生所说，"他所中断的只是特定关系制约下的角色心态，并完成同文本实现对位关系的心理转换，而在阅读活动开始之前的特定的情绪状态，却会持续地保持下来，并且跟随读者进入阅读过程，影响实际欣赏活动的展开"[3]。但若此时鉴赏者以虚静心境进入鉴赏状态，则会出现另外一番景致。清代词论家况周颐论"读词之法"时曾指出："读词之法，取前人名句意境绝佳者，将此意境，缔构于吾想望中。然后澄思渺虑，以吾身入乎其中而涵咏玩索之。"（《蕙风词话》卷一）"澄思渺虑"即虚静之意，只有做到"澄思渺虑"，鉴赏者才能排除干扰，带着"缔构于吾想望中"的审美期待，"身入乎其中"，进入自得之境。由此可见，虚静心境有助于鉴赏者

---

① 刘文良：《虚静与灵感》，载《绥化师专学报》1999 年第 1 期。

② 莱笙：《"大浪潮"宣言》，载《诗歌报》1986 年 10 月 21 日第 1 版。

③ 钱谷融：《文学心理学教程》，华东师范大学出版社 1987 年版，第 379 页。

顺利完成心理转换，直接进入鉴赏状态。

当艺术鉴赏完成了最初的心理转换并且被呼唤起深层的期待欲之后，鉴赏者就会全神贯注地保持高度的注意，并将鉴赏心理过程引入一个新的阶段——"心理建构"。"心理建构"指的是"欣赏者向欣赏对象的一种整体的心理建构关系"①。这种关系在虚静心境的引导下，往往会激活鉴赏者包括感知、想象、情感、理解等在内的众多心理能力，形成一种主动的建构活动，从而顺利进行审美再创造。如金圣叹论鉴赏《西厢记》时说："但自平心敛气读之，便是我适来自造。"（《金圣叹全集》卷三）并反复强调要"扫地读之"、"焚香读之"，也即通过审美氛围的酝酿，造成一种虚静心境，以利于"自造""圣叹文字"。不过，这种主动的心理建构在多种心理因素的共同作用下，并不完全按直线进行，而是回环往复却又不断向前，逐步导向鉴赏活动的另一新阶段——"心理效应"。

"心理效应"是钱钟书、鲁迅两位先生对艺术鉴赏高潮和结束阶段鉴赏者所表现的一种具象思维的情感判断的代称，它往往在情感趋向高涨的时候就开始出现。"一方面把完成了的判断直接以'理解'形式投入新的阅读过程，借助它去破译更多的语码信息，另一方面就是以情感反应的形式出现，形成了直接的情感效应。"② 前者因有"理解形式的投入"，往往表现为一种冷静的、超脱的"静观"；而后者则因以"情感反应的形式出现"，往往表现为一种动情的、介入的"动观"。在艺术鉴赏的高潮阶段，上述两种情感状态往往是交替混合出现的。

心理效应不仅在艺术鉴赏进入高潮的时候发生，而且会一直持续到鉴赏过程结束之后，即叶朗先生在《现代美学体系》一书中所说的一种回溯性的心理活动——"审美回味"。鉴赏刚刚结束时，鉴赏者的情感和思维往往都还处在极度兴奋状态。经过对作品的回味反顾，鉴赏者的情感逐渐缓解下来，进入了一种康乐平和的虚静境界。也正缘于这种康乐平和，鉴赏者的思维开始脱离具象概括，并有可能逐步转为抽象思维，从而有助于强化鉴赏者的审美观念和审美能力，使鉴赏者更好地塑造自己的审美人格。

由上可知，虚静作为一种备受推崇的审美心境，在具体的艺术创作和艺术鉴赏活动中都具有十分重要的作用。只不过创作是作家由感物而动再收视返

---

① 钱谷融：《文学心理学教程》，华东师范大学出版社 1987 年版，第 361 页。

② 钱谷融：《文学心理学教程》，华东师范大学出版社 1987 年版，第 364 页。

听，以虚静心态进入创作过程的，而鉴赏则先于虚静，再去接受作品的感动"。二者具体表现虽不同，作用却类似，都激发了审美主体的主体精神，为审美主体顺利进行审美创造活动提供了条件。当然，在艺术创作和艺术鉴赏中，并不是所有的艺术家和鉴赏者都是通过虚静进入审美实践的。虚静是进行审美创造的一种理想心境。如在艺术创作上，司马迁便认为前人创作乃"皆意有所郁结，不得通其道也"（《史记·太史公自序》），韩愈也有"不平则鸣"（《送孟东野序》）之说。在现实生活中，每个人都会有"意有所郁结"的时候，每个人也都会有心有"不平"的状态，但不是每一个人都能成为艺术家，都能以创作"通其道"。对于大多数没有创作天赋或无意于成为艺术家的人来说，还是通过阅读与自己心境相契合的作品来"通其道"。如在艺术鉴赏中，许多人便常常是通过艺术作品去寻求精神慰藉、去陶冶性情、去净化情感。当然，在艺术创作和艺术鉴赏中，也并不是仅有一种理想的虚静心境，就能圆满完成审美创造任务。审美创造是一种十分复杂而又十分微妙的活动，它的顺利进行除需要一种理想的审美心境外，还涉及审美主体生活阅历、知识学问、理论修养、艺术修养等多方面的因素。

（作者单位：湖北民族学院文学与传媒学院）

《淮南子》的山水美学思想①

雷礼锡

　　秦始皇统一中国，既是中国政治、社会发展史上的大事，也是中国思想与文化发展史上的大事，对中国山水艺术美学的发展也构成了直接的现实基础。它导致中国南北东西的统一，引发人们逐步深入认识、理解、表现北方山水与南方山水，并在此基础上寻求山水意境的现实依托。如果说中国古典山水艺术意境的物质基础在于南方山水，那么从艺术与美学上发现南方山水，首先有赖于艺术家与美学家们对北方山水有过真切的体验与感受，还要有赖于艺术家与美学家们对南方山水有全新的体验与感受。没有南北方的政治社会统一或深入的文化交流，这是行不通的。另外从思想层面上讲，中国的统一也有助于将先秦百家争鸣的思想对立逐步归入平等对话、彼此融的状态，这也是诞生山水审美意境的基础所在。

　　正是以秦朝统一为基础，汉代得以成为中国山水艺术美学生成的重要时期。其主要的任务在于以儒道家思想为基础，将儒家、道家、阴阳、法家等诸家学说加以整合，形成中国古典文化思想的统一性基础，进而确立有关自然山水的审美意识，构成中国古典山水艺术美学的基石。刘安主编《淮南子》的山水美学思想，已初步形成了具有"入世"精神的山水意识与山水审美观，并与先秦道家出世的山水审美意识和儒家入世的比德山水观念呈现重要区别。这为随后的魏晋南北朝以佛教思想为契机，将儒、道思想及其山水审美意识加以融会，形成山水畅神的审美观念，开创独立的山水艺术形式，建立山水艺术美学的早期雏形，提供了重要的艺术与思想准备。

　　《淮南子》又名《淮南鸿烈》，是西汉宗室淮南王刘安招致宾客李尚、苏飞、伍被等人共同编著的。据《汉书·艺文志》说"淮南内二十一篇，外三十三篇"，现存二十一篇（卷）。《淮南子》综合秦汉以前各种主要学说编撰而

① 本文系湖北省教育厅 2010 年度人文社科重点项目 ［2010d078］ 研究成果。

成，内容十分庞杂，它并非美学著作，更不是山水美学著作。但其中所涉及的山水美学论题，却是中国山水艺术美学史上非常重要的内容，也对后世山水艺术美学的发展有重要的意义。

一、《淮南子》山水美学思想的哲学基础

中国山水艺术与山水境界的思想传统在于儒、道、佛各家思想的融汇。但在秦代，实施焚书坑儒，在思想文化上表现出专制霸权作风，缺乏开放的思想与文化胸怀，不可能从极度世俗功利的法家思想中诱发出山水审美情怀，反而有可能强化人们思想情感上的恐惧意识，导致扼杀人对自然山水的审美意识。以如同真人大小的秦始皇兵马俑群雕像为参照，虽然这些雕像极具艺术的魅力与价值，但整个雕像群的精神主调不是艺术性，而是绝对的权力与威严的象征，即使是现代观众观赏秦始皇兵马俑，也容易首先体验到权力与威严的精神意味，而不是艺术审美之心。当然，就单个兵马俑的艺术手法来欣赏，其艺术价值与审美价值也是不能低估的，只不过，这并不能代表整个秦始皇兵马俑的精神气质。由此可以理解，具有高度发展水平的秦代雕刻技术主要服务于政治权力与社会秩序，而不是满足人们的审美需要，也难说可以用于提升人们的自由审美意识。

秦亡汉立以后，不同思想与文化的融汇开始流行起来。汉代开始儒、道思想与阴阳学说的融会，人们的山水意识得以重新焕发。魏晋山水审美观念较多佛、道的出世思想。唐代山水审美观念则分属两个体系，一是以儒家建功立业为思想宗旨的山水艺术，属于咏物抒怀、历史纪实类型，二是以佛家出世思想为基础形成的山水艺术，讲究精神超俗的审美意境。这二者在唐代都有重要影响与成就。而宋代山水审美观念在文人山水艺术的推动下则融合了儒、道、佛（禅宗）思想基础，将山水审美观念中的入世与出世结合起来，如欧阳修、苏轼、郭熙等人的山水艺术美学就是标志。当然，宋代山水艺术美学能够融汇儒、道、佛各家思想，也是以历史为前提的。没有汉唐时期的思想孕育，宋代要完成这种思想融汇而建立山水艺术美学，也是难以理解的事情。汉代的《淮南子》堪称思想大融汇进程中较早的代表作。

《淮南子》将道家、阴阳、墨家、法家和儒家思想糅合在一起，但基本思想倾向属于道家即出世思想。全书开篇就讨论"道"的本质问题，认为"道"是"覆天载地，廓四方，柝八极，高不可际，深不可测"的东西，它"包裹

天地，禀授无形"①。其宇宙本体论思想就是以先秦道家为基础加以改造而形成的，认为天地未形成以前，整个宇宙浑然一体，是为"一"②，或称"太昭"（太一）③。"道始于虚廓，虚廓生宇宙，宇宙生气"④。因此，"道"实际上就是"虚廓"之道，是"一"之道。"道曰规，始于一，一而不生，故分而阴阳。阴阳合和而万物生，故曰一生二，二生三，三生万物。"⑤ 先秦道家主张"无为而治"，《淮南子·修务训》批评了消极的无为论，指出历史上公认的"先圣"都是积极有为的，如神农氏教导人们播种五谷，还发明医药以救治人们的病痛；尧舜禹汤等圣人也都积极主动地从事社会政治管理与社会教化，兴利除害，屡建奇功，因此，无为绝不是无所作为，而是因势利导。这就把道家思想作了更加明确而积极的阐释，也更加适合社会实际需要。

《淮南子》也继承并发挥了先秦儒家学说。儒家思想的核心是"仁"，讲究仁者爱人。《淮南子》对此充分肯定，认为"国之所以存者，仁义是也"，还说："遍知万物而不知人道，不可谓智。遍爱群生而不爱人类，不可谓仁。仁者，爱其类也；智者，不可惑也。"⑥《淮南子》也承袭了儒家思想，主张以民为本，如《氾论训》说"治国有常，而利民为本"，《主术训》说"食者，民之本也；民者，国之本也；国者，君之本也"，因此，《淮南子》主张仁义治国。

《淮南子》也借鉴了法家思想，如《氾论训》说："圣人制礼乐而不制于礼乐。治国有常，而利民为本。政教有经，而令行为上，苟利民主，不必法古；苟周于事，不必循旧。"又说："法与时变，礼与俗化。衣服器械，各便其用。法度制令，各因其宜。故变古未可非，而循俗未足是也。"

至于《淮南子》中的阴阳五行思想的印迹也是非常浓厚的。如《本经训》说"阴阳承天地之和，形万殊之体……终始虚满，转于无原"，这表明阴阳既与自然万物生成有关，也与天地宇宙和谐秩序有关。

---

① 《淮南子·原道训》。
② 《淮南子·原道训》："所谓无形者，一之谓也；所谓一者，无匹合于天下者也。"
③ 《淮南子·天文训》："天地未形，冯冯翼翼，洞洞灟灟，故曰太昭。"
④ 《淮南子·天文训》。
⑤ 《淮南子·天文训》。
⑥ 《淮南子·主术训》。

总之,《淮南子》以道家思想为基础,整合阴阳、墨家、法家、儒家思想于一体,为后世形成山水境界美学提供了重要的思想借鉴。当然,《淮南子》对先秦各家学说的继承与发挥,基本上属于资料"整合"而非内容上的有机融合,有利于将各家思想根据自己的需要给予重新编排加工。但是,它能够开放思想胸怀而容纳各不相同的思想主张,这种思想境界已经非常了不起,也是后世融合古今中外各家思想流派的重要范例。唯此,中国美学史上的审美境界、山水意境才能得以生成并完善。

二、《淮南子》山水本体论美学思想

《淮南子》充分肯定山水的本性在于"道",并且尤其推崇"水",认为"水""能成其至德于天下",天道之外"莫尊于水"①,从而使水成为体悟天道自然的最佳对象。

《淮南子·原道训》明确肯定"道"存在于天地宇宙之间,是无所不在的东西,也是自然山水的根本所在,"山以之高,水以之深"。同时,"道"也决定着山水的运行态势,保证"天运地滞,轮转而无废,水流而不止,与万物终始"。整个宇宙世界如若有"道"通"德",亦即遵循自然本性,那就带来这样的世界局面:天地和谐,四季协调,万物群生,草木滋润,虫兽茁壮,人间生活无忧无虑。这样的局面当然意味着人间幸福、世界和美,山水林木美好无比。

《淮南子》所说的"道",其具体内涵通常是用"自然"这个术语来解释的。《原道训》中明确说:"万物固以自然,圣人又何事焉?"意思是说,万物都依据其自然本性而运作,即使是圣贤之人也无力左右它们。作为万物组成部分的山水同样以"道"为其本性和依据,如水流不止,萍树生长于水中,木树生长于土上,等等,都是"道"的体现,是"自然之势"。而且,"水下流,不争先,故疾而不迟",正是道的自然从容的体现。

《淮南子·原道训》对人为争斗明确表示异议。它认为天道表现自然、纯粹、质朴,不是人力可以左右的东西;而所谓人为、人道,实际上就是"智故"、"曲巧"、"伪诈"的表现,不仅有违天道,而且败坏人心。此种遵循自然本性的思想显然不同于先秦看重"人为"的主张。作为兼具儒、法思想特

---

① 《淮南子·原道训》。

质的先秦重要思想家荀况就强调"人为",认为"人之性恶,其善者伪也"①,意思是说人的本性在于恶、听任自己的本性而作为,所谓约束人的言行的善即礼仪制度其实都是后天人为制造出来的东西。这并不表示荀况反对仁义礼制,而是表示荀况理解仁义礼制所产生的依据在于"性恶",需要礼法制度来约束人的言行,而不是听任"天道自然"。他一方面尊重自然天"道",认为人"不可以怨天,其道然也"②,意思是说人间社会的命运是由人自己造成的,不要埋怨上天;另一方面,他强调人可以"制天命而用之",这强于"从天而颂之"③,意思是说人与其顺从天道、歌颂天道,不如控制和掌握天道而用它来为人类社会服务。他还进一步指明:"错人而思天,则失万物之情。"④ 意思就是说,如果把人放置一边不予理会却要追索天道之事,那就丧失了人的本性。荀况重"人为"的思想是用于克服墨家重视"天志"思想的偏见的,而《淮南子》所讲的自然主要指"天性"、"天道",并且是人性、人道(人为)的基础。《淮南子·原道训》明确反对人的"机械之心",体现了对天性与天道的尊崇,其中明确地说:"机械之心藏于胸中,则纯白不粹,神德不全,在身者不知,何远之所能怀?""机械之心"表示人的机巧用心,属于"智"、"知"的范畴。《淮南子》认为,如果空有"智知",缺乏"精神"(实际上就是"天道"),则难以达到修身齐家治国平天下的理想。

既然天道在于自然,山水的本性也在自然天道,那么,天地之间什么东西最能体现道的本性?或者说,什么东西是人们体悟天道的最佳对象?淮南子明确肯定这个对象就是"水"。

《淮南子》认为,道是人的最高追求。要获得道、保持道,就是通过理解宇宙万物的规律来完成。比如说,道是刚柔相济,以柔守刚就是得道的体现;道是强弱和谐,以弱保强便是道的实现,此所谓"积于柔则刚,积于弱则强,观其所积,以知祸福之乡"⑤。而自然界最弱之物是什么?是水。

> 天下之物,莫柔弱于水,然而大不可极,深不可测,修极于无穷,远沦于无涯,息耗减益,通于不訾,上天则为雨露,下地则为润泽,万物弗

---

① 《荀子·性恶》。
② 《荀子·天论》。
③ 《荀子·天论》。
④ 《荀子·天论》。
⑤ 《淮南子·原道训》。

得不生，百事不得不成，大包群生而无好憎，泽及蚑蛲而不求报，富赡天下而不既，德施百姓而不费，行而不可得穷极也，微而不可得把握也，击之无创，刺之不伤，斩之不断，焚之不然，淖溺流遁，错缪相纷，而不可靡散，利贯金石，强济天下，动溶无形之域，而翱翔忽区之上，邅回川谷之间，而滔腾大荒之野，有余不足与天地取与，授万物而无所前后，是故无所私而无所公，靡滥振荡，与天地鸿洞，无所左而无所右，蟠委错紾，与万物始终，是谓至德。

夫水所以能成其至德于天下者，以其淖溺润滑也。故老聃之言曰："天下至柔，驰骋天下之至坚。出于无有，入于无间。吾是以知无为之有益。"夫无形者，物之大祖也；无音者，声之大宗也。其子为光，其孙为水，皆生于无形乎！夫光可见而不可握，水可循而不可毁，故有像之类，莫尊于水。出生入死，自无蹠有，自有蹠无，而以衰贱矣①。

《淮南子》推崇水，是因为水似有似无，似无实有，似弱实强，无为而为，惠及万物，不求回报，最能体现"道"的本性，是"至德"的象征，是有形之物中最能标志"大道"的事物，当然也是人们观天体道的最佳对象。

《淮南子》虽然推崇自然之水是体悟天道的最佳对象，但也认为水与山具有同一性。一方面，水与山一样都以天道为基础，是天道的体现。另一方面，水的存在与山的存在通常彼此相通，如"江出岷山，河出昆仑，济出王屋，颍出少室，汉出嶓冢"，它们"分流舛驰，注于东海，所行则异，所归则一"②。因此体悟天道虽以观水为最佳，实际上，观山察水难以分离。故而，体山与悟水常常联系在一起构成体道的最佳模式。这意味着山水构成了体悟天道的最佳对象。

三、《淮南子》山水体验论美学思想

《淮南子》进一步将人们体察自然天道的模式理解成具有审美意味的"静观"模式，继而，静观山水以体道的方式便具有了独特的静观审美意味，为

---

① 《淮南子·原道训》。
② 《淮南子·说山训》。

打开后世山水审美体悟的通途奠定了重要的基础。

《淮南子》把人与自然山水的本性都放置在"天道"的基础上，这在根本上沟通了人与山水的内在本性，使得人从自然山水中体悟天道有了思想的依据与美学的可能。因为既然反对"人为"，反对"机械之心"，那么，人要体察天道，最好的办法就是通过自然万物来实现。由于《淮南子》又把山水（尤其是水）当做体道观天的最佳对象，这就使得静观山水以体道的活动，不仅具有哲学的意义，也有美学的意义。一方面，通过自然山水的体察可以通达自然、天道；另一方面，体味自然山水也因为通达天道而获得精神上的自由享受，成为一种审美超越的具体模式。

《淮南子》明确认为"体道者逸而不穷"（《淮南子·原道训》），即体悟天道之人的精神有无穷的自由空间。此种"体道"与庄子推崇的"体道"一样包含了内在的审美特征。并且，《淮南子》明确认为人的体道活动，在其本性上应该是"静观"而不是"感动"。《淮南子·原道训》说：

> 人生而静，天之性也。感而后动，性之害也。物至而神应，知之动也。知与物接，而好憎生焉。好憎成形而智诱于外，不能反己，而天理灭矣。故达于道者，不以人易天；外与物化，而内不失其情。

《淮南子》的这段话阐述了人的本性与天道、万物之间的内在联系。它承认人的本性在于"静"，这与推崇仁爱思想的孔儒思想具有一致性，孔子就把好"静"当做"仁者"的根本品质，不同于好"动"的"智者"。在《淮南子》中，天道以静制动，人之本性也在静，并与天道相通。"感而后动"，是"静"的反面，也是人性的自我否定，构成对天道的冲突。因为人如果受到外物的感兴而心有所动，就会导致外物与人的内心（精神、情感）建立彼此感应、呼应的直接关系，从而有如条件反射一样，建立不同于天道自然的智识。如某物可以印证人的想法与感情，则此物受到喜爱，若不能印证人的想法与感情，便受到忽视、嫌弃。如此下去，人的爱憎日益累积，导致人不能反躬自省，体察天道，最终天理泯灭于人心之中，以至于天道不复存在，任由人力主宰世界。有鉴于此，《淮南子》主张人应静观天道，不要受到外物的感动、诱惑。

如何静观天道？这就需要自我修炼，一是"循天"、"游道"，即遵循天道自然；二是"保其精神，偃其智故"，即保持自己纯朴的自然本性，放下机心、巧智。这种自我修炼有似于"无为而为",即遵循天道,不以人为,则无所不为、无所不治,否则便劳而不获,劳而无功。

（作者单位：襄樊学院美术学院）

《文心雕龙·宗经》诠释

吴寒柳

《文心雕龙》作为一部继承了宋齐以前各家积极成果的体系完备的美学、文学批评理论论著,其中很多思想对后世产生了深远影响,特别是作为"文之枢纽"的《宗经》篇,其思想既回应了当时齐梁文坛的古今新旧之争,也成为后世文论复古思想不断复兴的源头之一。在《宗经》篇的研究成果中,学者们对其在"文之枢纽"中的重要地位已论述得十分透彻并已达成共识,但却在对"宗经"二字的内涵的理解上存在着分歧。

据东汉许慎《说文解字》可知:"宗,尊祖庙也。从宀,从示。"可见"宗"的本义是指祭祀祖宗的庙。在此本义之外另有这样几类引申释义:一是血缘承继之所从出的先辈、祖先,如《左传·成公三年》中有"若不获命,而使嗣宗职";二是同祖而称宗的宗族,如《史记·秦始皇本纪》中有"车裂以徇,灭其宗";三是尊奉、遵从,如《礼记卷八·檀弓上》中有"夫明王不兴,而天下其孰能宗予?";四是根本、宗旨,如《老子·七十章》"言有宗,事有君"。文心雕龙《宗经》篇中说:"故文能宗经,体有六义",结合《征圣》篇中所说:"是以论文必征于圣,窥圣必宗于经"可以看出,"宗经"之"宗"应是尊奉、遵从、效法的意思。

"经"的内涵却并不像"宗"字如此明晰。《说文解字》中说:"经,织也。从糸,巠声。"本义是织布的纵线。段注为:"织之从丝为之经,必先有经而后有纬,是故三纲五常六义,谓天地之常经。"此处"经"已是引申为以儒家礼义、诗教传统为典范的经典。而追溯至古文《尚书》,其中《大禹谟》篇有"与其杀不辜,宁失不经",《史记》的《太史公自序》篇中也有"夫春生夏长,秋收冬藏,此天道之大经也","经"作原则、常规之义解。之所以"经"由织布之纵线义、原则、常规义衍变为有特指儒家经典之义,这与孔子训周公旧典，编订六经、传习六义以教后世有着密不可分的关系。① 在《文心雕龙》中刘勰论及"经"，有"三极彝训，其书言经。'经'也者，恒久之至道，不刊之鸿教也"（《宗经篇》）；"经显，圣训也"（《正纬》篇）等论述，应该也是符合作为永恒的道理、根据、准则而应效法的经典的意思。

对此"经典"之具体内涵，学界众家却论说纷纭，经笔者整理综合，大体可分为三种观点：一说经是圣人的经书，且按历史的角度和刘勰的本意并不能简化等同于儒家经典；一说按全书内容和刘勰所述之志来看就是儒家经典；一说"宗经"一词本就是指当时佛教律学大师整理佛经使归入正宗的一种活动，且刘勰精通佛理，佛教思想对刘勰的本体观又有着很深厚的影响，那么作为"道"之衍化的"圣"、"经"就难免带有佛教色彩。对此问题的辨正应从刘勰对行文的安排入手，因为刘勰将《原道》、《征圣》、《宗经》、《正纬》、《变骚》五篇一同列入"文之枢纽"，其中"属于总论的，只有《原道》、《征圣》和《宗经》三篇"②，这三篇又有着明显的逻辑顺承关系，是为《文心雕龙》的理论核心。所以，要厘清"经"的内涵，还须先厘清《原道》中"道"和《征圣》中"圣"的内涵。

刘勰在《序志》篇说"《文心》之作，本乎道"，于是《原道》便成为《文心雕龙》中纲领性的一篇。"文之为德也大矣，与天地并生者何哉？"在开篇，刘勰便提出文是与自然并生的产物。在这自然中不仅天有天的文："夫玄黄色杂，方圆体分，日月叠璧，以垂丽天之象"；地也有地的文："山川焕绮，以铺理地之形"，这些皆是"道"所产生的文采。在这天地间，人作为"天地之心"、"五行之秀"，他所说之话，所作之文，同样也都是道的体现。在人之外的动物、植物、矿物等便更是道的推衍了。这里的"道"俨然就是作为天、地、人最根本的所在。这里的"道"是哪家之道？刘勰在《文心雕龙》中并没有明确指出，这也是研究者们争论不休的一个重点。就其在《原道》中论及"人文之元，肇自太极，幽赞神明，易象惟先"以及这种由道到天到地到人的逻辑推衍方式而言，刘勰受到《周易》特别是其中《传》的影响是显而易见的：《系辞上》就有"一阴一阳之谓道"③、"是故《易》有太极，是生两

---

① 参见范文澜：《群经概论》（范文澜全集（卷一）），河北教育出版社 2002 年版，第 1~2 页。

② 牟世金：《雕龙集》，中国社会科学出版社 1983 年版，第 224 页。

③ 本文中《周易》的引文皆引自陈鼓应、赵建伟注译：《周易今注今译》，商务印书馆 2005 年版，以下不再注释。

仪"、"六爻之动，三极之道也"这样的论述。这种由阴阳变化而衍生天地万物的运化，体现的是一种作为顺和宇宙万物变化的规律性的道，因为《说卦》有言："昔者圣人之作《易》也，将以顺性命之理。"同时《系辞上》也强调"日新之谓盛德"、"生生之谓易"，即这种规律性的道是以生生不息为德性的。而仿效这种天、地、人变化运动的道理的则是"爻"："爻有等，故曰物。物相杂，故曰文"(《系辞下》)，"文"又有"天文"与"人文"之分："刚柔交错，天文也；文明以止，人文也。"(《贲卦》)。尽管《周易》中所言的这种"文"具有审美意味①，但这毕竟还是与刘勰"文之为德也大矣"的思想有所出入。虽然刘勰在《序志》篇中也明确表达了对儒家圣贤的追随之情，但并不能就因此而将《原道》中那个作为本体概念的"道"归为儒家之道。

从思想源流上对此进行考察，历史上首先将"道"作为本体与自然合在一起解说的是老庄："道法自然"(《老子·第二十五章》)、"昭昭生于冥冥，有伦生于无形；精神生于道，形本生于精，而万物以形相生"(《庄子·知北游》)②。但老、庄之间的"道"存在着差异，老子论"道"集中于论述"道"是一种作为根据性存在的根本："道生一，一生二，二生三，三生万物。"(《老子·第四十二章》) 而庄子论"道"则是将其看做一种世界万物普遍运行所依据的准则："行于万物者道也。"(《庄子·天地》) 尽管如此，老、庄在对待"自然"的态度上却基本相同：老子把自然看做道的最根本的准则、特性，认为"道之尊，德之贵，夫莫之命而常自然"(《老子·第五十一章》)，庄子更是通过多则寓言故事揭示了自然而然之为万物本性，以及任之自然而能通达到的自由与美的境界。刘勰在《原道》中对自然的论述，无一不显示出老、庄对其的影响："心生而言立，言立而文明，自然之道也。""夫岂外饰？盖自然耳。"但刘勰的思想与老庄还是存在着一定距离，也不能简单地将"道"归为道家之道。因为，在《原道》中，"道"基本上是衍化为了"天地"，而没有像老庄所代表的先秦道家那样热衷于将"道"拉入"有无之辩"这种玄之又玄的境地进行探讨。刘勰所尊崇之自然也是基于天地之自然而然的意义上，在此基础上，文作为"道"之"德"才能与作为"道"之化身的天地并生，从而与先秦道家"德"在"道"之后的规定相区分。

---

① 具体考据参见李泽厚、刘纲纪：《中国美学史》(第一卷)，中国社会科学出版社1984年版，第 299～304 页。

② 本文中《庄子》的引文皆引自陈鼓应：《庄子今注今译》，中华书局 1983 年版，以下不再注释。

　　从刘勰的人生经历及文本创作时代的思想背景对此进行考察，刘勰从二十几岁就入定林寺，跟随僧祐整理编订佛教经典，其间也进行佛教碑铭的写作活动，佛教思想不可能不对其产生影响。从《文心雕龙》文本来看直接源于佛教思想的并不多见，但据张少康和笠征考证，刘勰的本体观、研究方法及《文心雕龙》中"神理"等概念都得益于佛教思想①。此外，从正始年间开始，玄学就以一种融合儒、道的姿态，在老庄哲学的基础上兴发成为一种新的道家学派，主要着力于论述名教与自然的关系。其中名教的思想与儒家颇为接近，强调重视历史传承下来的一套处世的准则，包括政治制度、宗法及伦理观念等。这些在道家"自然"的观念看来都是人为的产物，是应该摈弃的，但玄学却致力于融合这两者间的矛盾，力图使之结合统一。到了刘勰生活的时代，这种名教与自然合一的观念已是一种产生了深刻影响的社会思潮，刘勰自然不可能不受其影响。而在《文心雕龙》的创作之时，恰又处于从汉朝传入中国的佛教已逐渐与玄学合流，僧徒里有不少谈玄，并试图用佛来融合儒玄。《文心雕龙》创作于这种融合并包的时代，出现上述论述中种种似是而非的情况，就并不显得突兀了。结合以上论述，道应是一种融合了儒释道三家思想之道。

　　至于"圣"，通过考察其观念，可知其首先来自于对进行祭祀的巫师史官的神圣化。顾颉刚就指出在西周时代，"圣"是指能够听闻以及服从上帝意志（或天意）的人，或者其人从而表现出来的被当时人们善好的行为或状态。在当时的巫术·宗教性意识形态及其具体表现下的社会生活中，具有这种特异者大概是巫师等圣职者②。正是因为巫师史官等人在进行祭祀等重要的活动时存在着与天沟通的举止，在一般百姓眼中，就获得了权威性和神圣性。后来，随着社会的发展，巫师具有的神圣性与权力或智慧的掌握者联系起来，出现了"圣王"和"圣人"等，巫师原有的一部分职责消逝渐渐演变为史官，史官负责记下这些"圣王（人）"的言论，使之流传于后世，成为经典。刘勰在《文心雕龙》中之所以要征圣，应是受这种传统的"圣"的观念的涵养，相信圣人之文是可以在与天、地、人间相沟通，是天地万物的主宰"道"的体现。故而在《原道》篇中指出"道沿圣以垂文，圣因文而明道。"既然"道"是

---

　　① 　张少康、笠征：《刘勰文心雕龙和佛教思想的关系》，载《北京大学学报》（哲学社会科学版），2005 年第 4 期，第 49～55 页。

　　② 　顾颉刚：《"圣"、"贤"观念和字义的起源》，载《中国哲学》（第一辑），生活·读书·新知三联书店 1979 年版，第 80～96 页。

儒释道三家融合之道，那么"圣"理应就是指儒释道三家融合之圣。但刘勰在《征圣》篇中却独举儒家之圣，是为何故？这在于刘勰著《文心雕龙》的本意是为论文："唯文章之用，实经典枝条，……而去圣久远，文体解散，辞人爱奇，言贵浮诡……于是搦笔和墨，乃始论文。"而非是宣扬特定某一家的道理。佛教在当时虽兴盛，却并不专注于日常生活，并且对如何作文也没有提及，对文风基本没有什么影响；玄学的兴盛，又使得很多文人喜欢用玄理入文，用诗文来论说玄理，使诗文失掉了应有的形象、感情和文采。而另一方面齐梁之后文坛又出现一种崇尚绮靡、浮华的风气，为吸引眼球而炫耀文采，十分重视外在表现形式，本身却又没有什么实质内容。这两者都不能做到文质相符，所以刘勰才在《征圣》篇中独举"衔华而佩实"的儒家之圣。

由以上对"道"、"圣"的概念的考察以及由"道"到"圣"到"经"的推理体系可知，《宗经》篇所宗之经应是泛指圣人的经书，而并不拘泥于某家之经。为了克服齐梁文坛出现的种种"讹滥"的流弊，树立一个行文的范例，实现向天下推行一种美学理想的抱负，并结合另外道、释两家对文学的影响情况，刘勰在具体论述时才将儒家经书凸显出来。当然，这种宗法儒家经典的思想也不是刘勰的新创，而是古来有之。历史上第一位论述者是荀子，他指出人性是本恶的，所以六艺是处于天地之间的人在后天必须认真学习的："故书者，政事之纪也；诗者，中声之所止也；礼者，法之大分，类之纲纪也。故学至乎礼而止矣；夫是之谓道德之极。礼之敬文也，乐之中和也，诗、书之博也，春秋之微也，在天地之间毕矣！"（《荀子·劝学》）在荀子之后进一步明确提出要宗法儒家经典的是西汉以"孟子自居"的扬雄，为树立儒家为正宗，其在《法言·吾子》中指出："舍舟航而济乎渎者，末矣；舍五经而济乎道者，末矣。弃常珍而嗜乎异馔者，恶睹其识味也；委大圣而好乎诸子者，恶睹其识道也。"继荀、扬之后，刘勰于《文心雕龙》中也提出了宗法经书的观点，但已然不是老生常谈，而是具有了十分独特的意义。这在于他不仅将文的地位提高到"道"的层面，而且树立了一种行文的美学理想，并指出达成这种美学理想的具体要求："一则情深而不诡，二则风清而不杂，三则事信而不诞，四则义直而不回，五则体约而不芜，六则文丽而不淫"。（《宗经篇》）这些"情深"、"风清"、"事信"、"义直"、"体约"、"文丽"结合起来即是一种文质相符，风骨情采并重的行文典范。而对这些行文典范的掌握就在于对经书的效法，因为"五经之含文也"（《宗经》篇）。这种通过尊圣宗经而实现对文的自觉意识、美的自觉要求的思想对后世也产生了重要影响。当文坛一旦出现过分重视形式而实质又空洞无物，以雕琢绮靡为美或一味猎奇的时风时，尊圣宗经便成为一种时代的要求，成为扭转文风的必要手段，故而也成为了后世文学思潮不断回响的主题。

（作者单位：武汉大学哲学学院）

西方美学

亨利希·曼的批判现实主义文论

张玉能

亨利希·曼（Heinrich Mann，1871—1950），是托马斯·曼的哥哥，也生于商业城市吕贝克。他青年时代在书店和出版社工作，后来在柏林和慕尼黑的大学学习。1894 年开始发表小说，早期重要作品有长篇小说《在懒人乐园里》（1900），通过对交易所经纪人、投机商人、银行家和暴发户的描写，辛辣地讽刺了柏林新闻界和交易所。长篇小说《垃圾教授》（1905），描写了中学教师拉特的两面性，借以抨击德意志帝国的教育制度，揭露资产阶级道德的虚伪堕落；这部小说后由剧作家楚克迈耶改编成电影，名为《蓝天使》（1930），放映后引起轰动。另一长篇小说《小城》（1909）以意大利为背景，通过一个剧团在小城的演出，描写了第一次世界大战前意大利的社会生活，是对民主制度的一曲颂歌。亨利希·曼的代表作是长篇小说《臣仆》（1918），这部作品完成于 1914 年。但由于第一次世界大战爆发，当时未能出版。在创作长篇小说的同时，他还发表了不少中、短篇小说和一些剧作。第一次世界大战前后，他写了大量政论，抨击德国帝国主义的战争政策，号召进步作家投入反战运动，对俄国十月社会主义革命表示由衷的拥护。政论中最著名的是《左拉论》（1915），它以拿破仑三世——威廉二世、普法战争——第一次世界大战、左拉——亨利希·曼三重伪装，借 19 世纪下半叶的法国含沙射影地攻击正在进行战争的德意志帝国。重要政论集有《权力和人》（1919）、《理性的独裁》（1923）、《七年》（1929）和《精神与事业》（1931）。1933 年法西斯上台，亨利希·曼流亡法国，他和高尔基、罗曼·罗兰等一起反对希特勒暴政和侵略政策。在此期间，完成了杰出的长篇历史小说《国王亨利四世的青年时期》（1935）和《国王亨利四世的完成时期》（1938）。1940 年法国沦陷前夕，他流亡到美国，在那里完成了自传《观察一个时代》（1944）和长篇小说《呼吸》（1949）。第二次世界大战结束后正当他准备回德国时，不幸病逝。后遵照遗愿，骨灰运回柏林安葬。长篇小说《臣仆》是亨利希·曼最重要的小说，它是《帝国》三部曲

145

中最成功的一部，另两部为《穷人》(1917) 和《首脑》(1925)。《臣仆》创作于 1912—1914 年间，完成后于 1914 年 7 月，先在慕尼黑著名杂志《时代画报》上连载，但因第一次世界大战爆发，于 1914 年 8 月 13 日遭到禁止，中断登载。该书 1918 年才让出版，此后大受欢迎，六个星期内销售十万册，创下当时的新纪录。《臣仆》可以说是威廉二世时代的真实记录，它不仅揭露批判了德国的资产阶级，而且对 19—20 世纪之交的整个德意志帝国也作了全面的揭露批判。小说通过主人公狄德利希·赫斯林的一言一行，塑造了德国进入帝国主义阶段谄媚君主的忠顺臣仆的典型形象。赫斯林的父亲是旧普鲁士军官，战争中开造纸厂发了财，母亲是一个懦弱的人。赫斯林自小性格就非常复杂。在家里、在学校里，他都欺软怕硬。大学毕业后回到家乡继承父业。他在激烈的政治斗争中见风使舵、左右逢源，最后无耻地投向保皇党。贯穿他一生的是又胆小又残忍，害怕权势又崇拜权势，在强者面前是奴才，在弱者面前是暴君，这样一个体现了当时德国一切忠诚臣仆各种特点的典型。无限忠于德皇的奴隶劣根性是当时德国资产阶级的本质特征，亨利希·曼塑造了这样一个典型，使《臣仆》成为德国批判现实主义文学的一部重要代表作。小说在艺术上的主要特点是运用讽刺的笔调刻画人物形象，然后对这些形象进行深刻的揭露，其次是广泛使用夸张和对比的手法，彻底暴露主人公的内心世界和外形特征。看完全书，对赫斯林不能不感到憎恶，都会有"赫斯林——丑恶"（德文原义）的感觉。小说第六章中，赫斯林在威廉一世纪念像揭幕典礼上的演讲和表现，一方面反映出德国帝国主义侵略和扩张的野心，另一方面也显露了赫斯林之流色厉内荏的本质。当他正大言不惭地讲述德意志帝国的光荣历史时，一阵暴风雨袭来，他吓得赶忙躲在桌子底下的丑态，使人忍俊不禁。全书语言幽默生动，形象鲜明，讽刺性很强。历史小说《亨利四世》，是他的另一部重要小说。该书分上下两部：《国王亨利四世的青年时期》(1935) 和《国王亨利四世的完成时期》(1938)。这部作品取材于 16 世纪法国宗教战争。代表封建势力的天主教集团与代表新兴资产阶级的胡格诺教派，前后进行了三十多年的战争。当时法国南边的纳瓦拉公国的王后珍妮是一个胡格诺教徒，她常用人文主义思想教育和影响她的儿子亨利。亨利属波旁家族，这波旁家族又是 16 世纪在朝的法国统治王族瓦罗亚的近亲旁支。后来珍妮成了南方新教胡格诺派的首领。不久，珍妮去世后，亨利成为新教首领。1572 年，19 岁的亨利带领大批新教贵族前往巴黎和玛果公主结婚。但天主教集团首领洛林公爵吉士和太后卡塔林娜趁机策划了屠杀胡格诺教徒的"圣巴托洛美惨案"。亨利带去的贵族、将士大部被杀，他自己遭软禁，被迫改信天主教。卡塔林娜所以不杀亨利，主要是用亨利来牵制觊觎王位的洛林公爵吉士。亨利最后终于逃出巴黎，返回南方，与胡格诺派一起继续进行斗争。他以南方为基础，进行经济改革，争取到新的支持者。查理九世死后，继位的亨利三世软弱无能，失去了对全国的控制。由于瓦罗亚家族没有后裔，便立波旁家族的亨利为王位继承人。不久亨利三世被天主教联盟谋杀。亨利依法成为法国国王，是为亨利四世。1590年他出兵击败了西班牙和天主教联盟的军队。为了争取巴黎的天主教徒，不使国家动荡，他以国事为重，本着人文主义的宽容原则，违反他的胡格诺朋友们的意愿，再度改信天主教。对于北方的其他城市，亨利也一一用外交、经济手段加以占领，使国家得到统一。亨利四世为了民族的统一和国家的强大，采取了经济、政治、法律等各方面的措施，并努力改善连年遭受战争灾难的农民的生活，赢得了百姓的拥护和爱戴。1598年亨利颁布《南特敕令》，宣布天主教为国教，但胡格诺新教徒也享有一切平等权利。这一民主政策结束了宗教对立和宗教战争，促进了国家的繁荣昌盛。亨利四世对发展经济和欧洲和平事业的努力，特别是他代表新兴市民阶级利益的内外政策，激起了天主教反动势力的仇恨。他们多次派刺客暗杀他，终于在1610年5月13日被刺死，法国人民十分悲痛，为他守灵三周。亨利四世为法国统一，为建立法兰西民族国家，为上升时期的资本主义的发展立下了功绩。亨利希·曼在这部历史小说中，借古喻今，以一个博得人民爱戴、代表民族利益的开明君主，影射抨击残酷迫害人民、制造民族灾难的希特勒独裁统治。亨利四世的一生始终以民族、国家利益为重。他几次改宗天主教，完全是为了顺应发展、顺乎民心，为了国家的统一和民族的利益。作者塑造这样一位领袖形象，这和法西斯匪徒把希特勒吹捧为德国人民的"领袖"形成鲜明的对比，因此，这虽是一部历史小说，但在反法西斯斗争中却有着很大的现实意义。

一、滑稽漫画式讽刺资本主义社会的欺骗和虚伪本质

《臣仆》(1918)是德国批判现实主义作家亨利希·曼的成名杰作，是《帝国》三部曲的第一部。它描写主人公狄德利希·赫斯林获博士学位后，回到家乡，继承父业当上一家小造纸厂的老板。为了追求金钱和权势，他耍弄吹牛拍马、阿谀奉承、趋炎附势的伎俩，不惜使自己"变成坏蛋"，这部小说活脱脱地描绘了19世纪末20世纪初德国资产阶级一副既卑鄙可笑又怯懦渺小的丑

恶嘴脸。这是一部长篇讽刺小说，是德国批判现实主义文学的一部代表作。这部作品以第一次世界大战前威廉二世当政时期德国的一个小城市为背景，通过造纸厂老板赫斯林的发迹史，勾画了当时德国社会三大力量——保皇党、自由党和社会民主党的勾结和斗争，展示给读者一幅当时德国社会生活的图画。主人公赫斯林具有帝国主义时代德国资产阶级的典型特征。他对德皇无限忠诚，对进步势力极端仇恨，为人欺软怕硬，左右逢源，是德国皇帝的忠实臣仆。但是在奈泽西这个鄙陋的小城市里，赫斯林却凭着自己两面三刀的本领扶摇直上，不仅纸厂的生意兴隆，而且当选为地方议员，成为当地炙手可热的人物。自由党同社会民主党右翼在书中也各有自己的代表人物。前者虽然对现状不满，但懦弱无能，不肯也无力同反动力量进行斗争。后者，书中描写了一个工贼式的人物。这个人热衷走议会道路，忙于做官发财，根本不关心工人的疾苦，反而同保皇势力互相勾结。《臣仆》以犀利的语言和漫画式的手笔为我们勾画出一个个既可憎又可笑的小丑式的人物。特别是对主人公的描写，作者用粗线条的笔触进行了无情的嘲讽，但又处处细致地写出他的内心深处的活动。读者越感到这一人物的可信，也就越感到他的灵魂的可鄙。这种对反面人物的刻画方法别具一格。亨利希·曼的《臣仆》是一部揭露和批判德国资产阶级的滑稽可笑和卑鄙无耻的漫画讽刺长卷，非常成功地表现了亨利希·曼的批判现实主义文学思想：批判和揭露资产阶级的欺骗和虚伪本质。亨利希·曼的《帝国》三部曲的第一部《臣仆》计划描写资产阶级，第二部《穷人》打算描写工人，第三部《首脑》则描写德国资产阶级知识分子的遭遇，描写没有群众的"首脑"和没有军队的司令①。后来，亨利希·曼曾经透过《帝国》三部曲的《首脑》(1925) 主人公之一，反叛者和神秘主义者，军火大王的法律顾问特拉的口表白了一个流氓无产阶级者的心迹："我过着苦役者的生活，过着遮遮闪闪的逃犯生活……为了达到自己的目的，我必须撒谎，为了暗中破坏世界强者的事业，必须帮助他们做这些事。必须当着他们的面把人道拿来取笑挖苦，因为在我生活的地方再也没有比实行人道更可笑的了。这样，你得自己先干这些事，自己发财，才可以揭露有钱人。为了揭露他们，我什么都干。可是现在我在盘陀路上迷失了方向。生活充满了谎言和欺骗。"② 这正是亨利希·曼通过《帝国三部曲》所要批判和揭露的资本主义社会和资产阶级的本

---

① 苏联科学院：《德国近代文学史》(下)，人民文学出版社 1984 年版，第 848 页。
② 苏联科学院：《德国近代文学史》(下)，人民文学出版社 1984 年版，第 850 页。

质特征。

《垃圾教授》是亨利希·曼的另一部漫画讽刺小说。德国某城文科中学的教师拉特已执教 20 年。他表面道貌岸然，内心却卑鄙无耻。学生按照他名字的谐音给他起了"垃圾教授"的绰号。全校师生乃至分布在全城的历届毕业生都在明里和暗里叫他垃圾教授。拉特把学生当敌人，更把班上的洛曼、封·埃尔楚姆和基泽拉克三个学生视为眼中钉，经常借故关他们禁闭。一次，拉特在洛曼的作文本里发现了一首赞美歌女罗莎·弗蕾利希的诗，他认定这是道德败坏。为了抓到惩罚洛曼的把柄，他四出奔走，在全城寻找歌女罗莎·弗蕾利希。他终于在一家名叫"蓝天使"的下等娱乐场找到了罗莎，却立刻为她的风流美貌所倾倒。以后他每日必去蓝天使，与自己的学生争风吃醋，极尽向罗莎献媚之能事，服侍她更换服装，给她化妆。罗莎随洛曼等去郊游，砸烂了一座巨人墓，引起诉讼案。拉特也由于罗莎牵涉进去，搞得声名狼藉，因而被迫提前退休。拉特干脆与罗莎结婚，搬到城外一所住房居住。拉特自此完全受罗莎的控制。他的住房成了她勾引本城男性公民的幽会场所。拉特的积蓄花光后，只得依靠聚赌和罗莎卖淫为生。这个藏污纳垢的地方导致了许多人家破产，一些有身份的富裕市民也陷了进去不能自拔，把全城搞得乌烟瘴气，民怨鼎沸。一天，罗莎在城里偶然与刚从国外归来衣冠楚楚的洛曼相遇，约他趁拉特不在家时去相会。正当罗莎与洛曼在家约会时，拉特突然闯入，妒火中烧，竟下手要把罗莎捏死，还抢了洛曼的钱包。洛曼报告了警察，警察赶来逮捕了拉特，同时带走了祸害市民的罗莎·弗蕾利希。全城人民为之松了一口气，欢呼"终于运走了一车垃圾"！这部小说以漫画手法，多方面地揭露和讽刺了德皇威廉二世统治下摧残人性的法西斯奴化教育制度和丑恶的社会现实。小说有一个副标题：《一个暴君的末日》。由于小说的背景正是德国资本主义向垄断资本主义过渡的时代，因而作者笔下的垃圾教授不是一个人，而是代表他的整个阶级，以此反映 19 世纪末德国封建贵族和资产阶级的虚伪和堕落：他们自己虚伪堕落，却指责别人道德败坏；他们为了巩固军国主义统治，采用专制高压手段，对青年一代进行奴化教育，稍有越轨，就关禁闭惩罚，或是利用权势，断送年轻人的前程。垃圾教授对待学生犹如一个"暴君"。可是，疯狂一时的垃圾教授是短命的。拉特这个暴君的末日也象征了德国帝国主义的末日。《垃圾教授》对于德国自由资本主义转向帝国主义时代的教育制度进行了揭露和抨击，同时也把当时德国容克资产阶级及其知识分子的虚伪和欺骗的本质暴露在光天化日之下，让人们看清了容克资产阶级的"一个暴君的末日"的必然来临，把他们外表上道貌岸然而实质上道德腐败的滑稽可笑的丑恶面目公之于世，使他们成为了人类不齿的一堆垃圾。这就是亨利希·曼通过他的漫画讽刺小说所要表达的文学思想。

二、温情主义阶级批判的真实性描绘

亨利希·曼的《帝国》三部曲，特别是《臣仆》和《首脑》以及《垃圾教授》这类漫画讽刺小说，虽然尖锐泼辣地批判和揭露了德国资本主义社会转型时代的容克资产阶级及其知识分子的代表人物的丑恶嘴脸，不过，亨利希·曼的人道主义思想却使他并不能像马克思主义创始人及其文学批评家那样对资本主义社会和资产阶级进行彻底的革命性的批判，始终是一种温情主义阶级批判的真实性描写。不仅在这些著名的长篇小说之中，亨利希·曼并没有指明革命性的前景，因而主要是一种批判现实主义的文学思想，特别是人道主义文学思想的表现，而且在他的许多短篇小说之中，同样是如此。

德国文学翻译家关惠文在《亨利希·曼短篇小说选》的序言之中，对于亨利希·曼的短篇小说名篇进行了简明扼要的阐释解读。他说：我们这里选编的七篇短篇小说，都是历来最受青年读者欢迎的名作，篇篇都有不寻常的友谊，奇异的激荡人心的爱情，篇篇又都在探索人生，发人深省。譬如：《心》为作家的创作开辟了一个新的领域：描写社会和经济的主题，特别是爱情和事业的纠葛。小说通过克里斯多夫和美拉尼的神秘莫测的爱情生活，着力描写了克里斯多夫在维也纳、意大利和美洲的经历，刻画了他性格的发展和变化，向我们展示了人心的状况和变化。我们清楚地看到一颗正义的心、忠诚的心怎样一步步变成了一颗冷漠的心和严酷的心。再譬如：《斯台尔尼》写的是第一次世界大战后一个名叫拉克夫的退役军官为寻找战时人们遗失的一批价值昂贵的镭所作的冒险；他受了大投机商斯台尔尼的蛊惑，为了发财，竟然舍弃了自己的情人丽茜；只是当他险些断送了生命时，他才认识到这是一场骗局；最终还是丽茜的忠贞的爱情挽救了他。又譬如：《少年》写一个从维也纳到德国内地剧院演戏的演员途经苏黎世，在剧院和离开剧院的旅途中和一个少女、一个女演员、一个女房东和一个女盗贼相爱的复杂经历，他虽刚刚踏上社会，但走了很多坎坷的路，经历了一次又一次欢乐和离别，最后又孑然一身继续走他人生的路。

亨利希·曼的第一部成功的长篇小说是《在懒人的乐园里》，它的副标题

"一部上等人的小说"昭示了它的矛头就是对准所谓的"上等人"。这部小说以一个穷困潦倒的外省大学生楚姆才在柏林上流社会之中往上爬的经历,揭露了德国帝国主义阶段垄断资本家的金融统治和垄断统治以及这一时期的文化和道德的堕落腐朽。主人公楚姆才结识了垄断资本家、大财主托尔克海姆才得以在托尔克海姆的沙龙之中运用各种手段往上爬,先是充当年老色衰的托尔克海姆太太的情夫,后来为了更好地利用女人的嫉妒心理从托尔克海姆太太那里捞取更多好处,又与托尔克海姆的情妇阿格内丝勾勾搭搭,关系暧昧。没想到楚姆才的这一举动引起了托尔克海姆夫妇两人的同时愤怒,最终楚姆才与阿格内丝又回到了原先的底层生活环境之中,但是,托尔克海姆仍然是经济、文化、政治生活中的大人物。这种结局,一方面表明了德国垄断资本主义社会的根深蒂固,盘根错节,难以改变,另一方面也表示出亨利希·曼的一种温情主义的批判现实主义文学思想和批判现实主义的真实性思想。这些文学思想实质上也就是亨利希·曼当时政治思想的一种曲折表现。当时,他并不希望通过彻底的无产阶级革命来改变现实,还是充满人道主义理想。他怀疑用暴力使社会主义取得胜利的必要性,他把社会主义想象成建筑在平均财产和人人向往和平的基础上的自愿的阶级友爱。亨利希·曼把希望寄托在超时间的公正理想上,把它当做民族良心和智慧的最高综合,他相信人道宣传万能,认为它能使大家都相信"人人皆兄弟",这就使他脱离了现实①。

长篇小说《小城》(1909)同样也表现了亨利希·曼的反对暴力,主张和平的人道主义思想。故事虽然发生在意大利的一个小城,但是仍然是当时德国和欧洲的政治风云的风向标。意大利某小城于第一次世界大战前要来一个歌剧团,这是这个小城48年来第一次有歌剧演出。然而,关于是否演出的问题却产生了两派斗争。民主势力支持演出,而保守势力则反对演出。虽然斗争的结果是民主势力取胜了,可是,演出过程又产生了两派人们的吵闹和混乱,甚至武力冲突。不仅如此,斗争还在继续。某一天,剧团驻地发生大火。放火的人就是保守派的神父堂塔德奥,他出于嫉妒而放火,后来,他因被女演员伊塔里阿所感动,承认了放火的事实,并表示忏悔,认识到两派斗争导致了小城的混乱,决心与对方和解,呼吁全城市民保持和平。形势缓和下来,演出得以顺利进行。四天以后歌剧团又离开了小城。这篇小说虽然真实地反映了第一次世界大战前意大利乃至欧洲的社会状况,表现了当时社会民主势力与保守势力的激

---

① 苏联科学院:《德国近代文学史》(下),人民文学出版社1984年版,第845页。

烈斗争，不过，解决矛盾斗争的方式却是一种因为矛盾的一方堂塔德奥神父受到一名女演员的感动而承认错误和忏悔，终于一切矛盾就化为乌有，演出就得以顺利进行。这种温情脉脉的人道主义思想在阶级矛盾比较缓和的历史阶段和历史时期也许是行之有效的，但是，故事发生在第一次世界大战一触即发的阶级矛盾和民族矛盾相当突出的历史时期，亨利希·曼的这种人道主义的温情主义似乎就并不一定能够解决问题，不过是一种美好的愿望而已。当然，这种愿望的表达也许正好更加真实地反映了当时的矛盾斗争的激烈状态。这种激烈的矛盾斗争状态确实是武力无法解决的，而只能由人道主义理想的良心发现来解决。

三、以古喻今的历史主义真实性揭示

亨利希·曼的历史小说《亨利四世》(Henri Quatre, 1935) 分为两部：《国王亨利四世的青年时代》和《国王亨利四世的完成时期》。取材于 16 世纪的法国历史。法国历史上的亨利四世（1553 年 12 月 13 日—1610 年 5 月 14 日），也被称为亨利大帝（Henri le Grand）或纳瓦拉的亨利（Henri de Navarre），法国国王（1589—1610 年在位），纳瓦拉国王（称恩里克三世，1572 年起），法国波旁王朝的创建者。原为法国南部又小又穷的纳瓦拉王国国王，是法国瓦卢瓦王室的远亲。在 1562 年由顽固天主教分子挑起的胡格诺宗教战争中以新教领袖的身份参战，凭借出色的军事才能和善于利用敌方矛盾，成为这场内战中笑到最后的人，在 1589 年加冕为法国国王，开始了波旁王朝。称王之后的表现更加证明了亨利四世的远见卓识。亨利是旺多姆公爵安托万·德·波旁的第三子，母为纳瓦拉女王让娜·达布雷特（即胡安娜三世），生于法国—西班牙边境的波城。他自青年时代起就卷入了法国残酷的宗教战争。作为胡格诺派的领袖他逐渐拥有了很高的声望。但是圣巴托洛美惨案之后，他被软禁在法国宫廷里，接受法王查理九世的庇护。1584 年，由于王储阿朗松公爵弗朗索瓦的死，他成为了法国王位的合法继承人。1589 年亨利三世遇刺身亡后，他即位为法国国王。亨利四世结束了困扰法国多年的宗教战争。由于首领亨利公爵死去，长期在法国政坛占主导地位的吉斯家族再也不能成为和平的阻碍。法国的经济在他统治时代发展起来。亨利四世成为一个深受人民爱戴的君主。考虑到法国还是一个以天主教徒为多数的国度，1593 年，亨利四世宣布改宗天主教，5 年后颁布了"南特敕令"，宣布天主教为国教，同时给予新教徒充分的信仰自由，体现了在那个时代很难得的宗教宽容精神，结束了30多年的胡格诺战争，充分获得了民心。亨利四世以他的名言"要使每个法国农民的锅里都有一只鸡"而流芳后世，他也确实在经济恢复上取得不错的政绩。他任用苏利整顿财政，成效显著。亨利四世是法国史上难得的人格和政绩都十分完美的国王，在长期混乱之后，重新建立了一个统一且蒸蒸日上的法国。在亨利四世之后的百余年里，是法国历史上最强大的时期，几乎称霸欧洲大陆。1610 年，亨利四世被一个据说有弑君狂的人弗朗索瓦·拉瓦莱克刺杀。

亨利希·曼以这样一位具有博大胸怀和宽容精神，深受人民怀念，创造了一番伟大事业的法国国王作为自己的历史小说的描写对象，实质上就是为了以古喻今，以一个代表民族利益的开明君主，来影射和抨击创造民族灾难的希特勒独裁统治。亨利希·曼的主要用意仍然在于宣传他所热衷的人道主义思想和人民性思想。实际上，《亨利四世》既是历史小说，又是同过去一些伟大的现实主义者的作品相类似的"教育小说"。光是这两本叙述主人公"少年时代"和"成熟时期"的书的书名就告诉我们，摆在我们面前的是形式有所改变，然而毕竟早就在德国文学中确立了的"教育小说"（Erziehungsroman）。读者的面前展现了用人道主义"熏陶"主人公的感情，以及他在精神成熟时期和治理国家时期实际运用人道主义的过程①。

亨利希·曼所塑造的亨利四世的形象是一个人道主义和人民性的典型形象。

首先，亨利希·曼笔下的亨利四世是在人文主义（人道主义）的熏陶下成长起来的人文主义者。亨利四世生活的时代正是欧洲文艺复兴时代的晚期，人文主义（人道主义）在欧洲已经接近战胜中世纪以来的封建主义的神权统治，封建主义和旧的基督教（罗马天主教）已经在新生的资本主义生产方式、生产关系和经济制度及其人文主义思想文化的不断冲击之下，经过了以马丁·路德和加尔文为代表的宗教改革，封建主义制度及其神权统治已经奄奄一息，但是，仍然僵而不死。这就是亨利四世在世和在位的社会状况，正是这样的生活状态决定了亨利四世成为了一个人文主义者（人道主义者）。所谓人文主义（人道主义，人本主义）德文为 Humanismus，英文为 humanism，法文为 humanisme，俄文为 гуманизм，汉语翻译这个词却有三个词：人文主义、人本主义，人道主义。这是因为作为一种思想文化思潮，humanism 经历了从古希

---

① 苏联科学院：《德国近代文学史》（下），人民文学出版社 1984 年版，第 857 页。

腊罗马到文艺复兴再到 20 世纪的不同发展阶段。因此，我们可以把古希腊罗马时代的 humanism 称为人本主义，把文艺复兴时代的 humanism 称为人文主义，把 20 世纪的 humanism 称为人道主义，而 humanism 的最一般的通名则是人道主义。三者在中文的含义上稍有差异，但总体上是完全一致的。人本主义是以人为本的意思，它主要是古希腊罗马时代以苏格拉底为代表和 19 世纪以费尔巴哈为代表的 humanism，人文主义是人文化成的意思，主要是指文艺复兴时代的 humanism，人道主义是以人为道的意思，主要是指 20 世纪孔德以后的形形色色的 humanism。文艺复兴时代的人文主义的含义主要有两个方面：一是指与神学相对的关于人和社会的学科，大体相当于我们今天所谓的人文社会科学；另一是指以人为中心的，尊重人、人的价值、人的尊严，鼓吹人的解放和自由的一种思想精神。无论从哪方面来看，亨利四世的青年时代都是在文艺复兴时代的人文主义思想、文化、精神的熏陶下成长起来的。这在亨利希·曼的小说中表现为亨利四世与法国怀疑主义思想家蒙田的并肩战斗以及亨利四世的宏伟而崇高的乌托邦的社会纲领。亨利四世与蒙田的相结合缘起于他们共同的和平思想以及蒙田的怀疑主义与亨利四世的宗教自由思想的相接近。亨利希·曼在蒙田的思想品格之中突出了蒙田的思想和行动相一致的特点，同时还注意到蒙田是人道主义者和军人，他用笔和剑进行斗争，两种武器对他同样重要。亨利希·曼在 1918 年说过："在战士为自由举起剑来以前，总是先有语言给予的创伤。"① 正因为亨利四世要实现他的乌托邦计划，建立一个宗教信仰自由，各种教派和睦相处，政治统一，经济发展，人民生活富裕的国家，因此他的社会纲领必然与天主教反动势力产生尖锐冲突，最后，他也死于一个疯狂的弑君者的暗杀。这些，在亨利希·曼的小说中得到了生动的典型化描绘，小说塑造了一个历史上人文主义英雄人物的"时代的典型形象"②。

其次，亨利四世是一个十分重视人民，尊重人民的利益，顺乎民心民意的开明君主，这个形象不仅仅历史真实地再现了亨利四世的人民性思想，同时也表现了亨利希·曼的人民性文学思想。亨利四世之所以能够从一个贫穷落后的小公国纳瓦拉的国王逐步成为法国国王，其奥秘就在于他对人民和人民力量的依靠。亨利四世之所以由新教胡格诺教派改宗天主教，甚至颁布"南特敕令"宣布天主教为法国的国教，就是因为他看到法国人民之中天主教徒占着多数，

① 苏联科学院：《德国近代文学史》（下），人民文学出版社 1984 年版，第 858 页。
② 苏联科学院：《德国近代文学史》（下），人民文学出版社 1984 年版，第 859 页。

为了避免教派之间的残杀与战争而放弃了新教信仰。所以，亨利四世与人民结合在一起，在人民中汲取力量，他是马背上的人道主义者，由于他是在保卫民族的前途，他在激烈的厮杀中总是占上风。亨利希·曼以这种社会政治的人民性来表现出他的文学思想的人民性。因此，在小说中，人民被描写成最强大的力量。纳瓦拉的亨利在争取王位时求助于他们，天主教同盟为了自己的利益也竭力利用他们。两部小说自始至终都有作者对法国农民和巴黎下层民众的描写，民众被当做决定性的战斗力量，而争夺民众的斗争也就成了敌对双方——胡格诺教派和天主教两个阵营的意图。而且，亨利希·曼历史真实地把人民描写成暂时还是一支盲目的力量。这些民众听信宣传，被宗教弄得失去理智，容易上当受骗，被人愚弄去干违背自身利益的事情。他们还没有能力从自己的队伍里推选出领袖。这些无疑都表现出亨利希·曼的人民性文学思想。为此，他对欧洲文学史上的许多具有人民性思想的作家都给予了高度评价，比如莱辛、海涅、雨果、法朗士等，亨利希·曼断言这些伟大的作家的名字永远留在人民的记忆中是因为他们创作中包含的公民精神、倾向性和人民性，表现在它们都宣传了一个思想，即在论雨果的文章中准确阐明的那个思想："光是才能，人民性和对自己的使命的坚定不移的信念三者结合还不够，还必须有坚强的性格。"亨利希·曼希望自己成为坚强的战士，不过，他写历史小说并不是为了再现过去的历史，而是借古喻今，以唤醒人民。他说："教人学会现代生活比再现过去更加重要。从自己和别人的经验财富中得出结论比单纯塑造这个或那个创作形象更加重要。"① 由此可见，亨利希·曼的借古喻今的历史真实的文学思想是他当时进行反对现实中的法西斯纳粹思想的一个重要的思想武器，这也就是他的批判现实主义文学思想的现实意义之所在。

（作者单位：华中师范大学文学院）

---

① 苏联科学院：《德国近代文学史》（下），人民文学出版社 1984 年版，第 853～854 页。

试论康德崇高判断中的想象力

齐志家

在康德的《判断力批判》中，审美判断力分析包含"美的分析"和"崇高的分析"两个部分。在"美的分析"这部分中，通过鉴赏判断的四个契机概括出对于美的普遍一般的说明。就诸心灵能力而言，说明了鉴赏判断就是想象力和知性的自由协调和"游戏"。崇高的分析是从崇高对象是自然界的"无形式"出发，阐明了崇高是想象力和知性不能和谐（因而带来痛苦）却跳过知性去和理性达到和谐（从而带来更高层次的愉快），因而同样显示出想象力的合目的性活动。因此，在康德看来从对美的评判能力到对崇高的评判能力的过渡，就是想象力和知性的游戏过渡到想象力与理性的协和一致，也实际表现为想象力由"游戏"到"严肃"的工作态度之变化。并且，康德指出崇高的理论只是对自然合目的性的审美评判的一个补充，它并没有表现出自然中的特殊的形式，而只是展示了想象力对自然表象所作的某种合目的性的运用。因此说，崇高的判断是想象力的新领域。基于此，本文还需要考察崇高判断中"想象力的激发""想象力的扩展""想象力的跳跃"以及"想象力的界限"。

一、想象力的激发

美和崇高，两者本身都是令人喜欢的。且都是以反思性的判断力为前提的（既不是以感官的规定性判断，也不是以逻辑的规定性判断）。其愉悦既不像快适取决于一种感觉，也不像善的愉悦取决于一个确定的概念。然而却毕竟是与概念相关的，虽然未确定是哪一些概念；因而这愉悦是依赖于单纯的表现或表现能力的，由此，表现能力或想象力在一个给予的直观上就被看做对理性的促进，而与知性和理性的概念能力协和一致（因此这两种判断都是单一的，但却预示着对每个主体都普遍有效的判断，尽管它们只是对愉快的情感，而不

156

是对任何对象的知识提出要求)①。

康德认为,在鉴赏对象以外,还有一些对象是我们通过想象力与知性不能把握的。它们涉及那种无限的情况,这就是康德所说的"崇高"的对象。在康德看来,崇高对象的特征就是"无形式",意即对象的形式无规律无限制,表现为一种体积上的"无垠"广大,或者表现为一种力量上的"无比"威力。在这样一些无限的对象面前,我们就会感到知性不足以协调想象力把握住这个对象,不足以把它们凝聚起来。因此,过去在美的对象里,想象力与知性的协调出现了障碍,想象力遭受到某种挫折。康德比较了这两种情形:"自然的美涉及对象的形式,这形式在于限制,而崇高也可以在一个无形式的对象上看到,或通过这个对象的诱发而表现出无限制"②。"自然美(独立的自然美)在其仿佛是预先为我们的判断规定对象的那个形式中带有某种合目的性,这就自身构成一个愉悦的对象。相反,那无须妄想而只是凭领会在我们心中激起崇高情感的东西,虽然按其形式尽可以显得对我们的判断力而言是违反目的的,与我们的表现能力不相适合的,并且仿佛对我们的想象力是强暴性的,但这却只是越加被判断为是崇高的③。在这里,所谓的"强暴性"是来自表现能力的不相适应,使得想象力跟着对象狂奔、驰骋。一方面它无拘无束;另一方面在挫折中无奈中激发,需要更高的或者新的自由协调。

康德认为,想象力最终激发出能包含"无限"的理念的能力出来活动。这些理念虽然不可能有与之相适合的任何表现,却正是通过这种可以在感性上表现出来的不适合性而被激发出来,并召唤到内心中来的。对自然的美我们必须寻求一条我们以外的根据,对崇高我们却只需在我们心中,在把崇高性带入自然的表象里去的那种思想境界中去寻求根据④。

愉快是鉴赏中想象力与知性的和谐运动,而产生比较平静安宁的感受,"质"的因素更突出些;而在崇高中,则是想象力与理性的激发和斗争,产生激动强烈的感受,"量"的因素更为突出。美的愉悦直接带有一种促进生命的情感,因而可以和魅力及其某种游戏性的想象力结合起来。崇高的情感却是一种仅仅间接产生的愉快,因而它是通过对生命力的瞬间阻碍,及紧跟而来的生命力更为强烈的涌流之感而产生的,所以它作为激动并不显得像游戏,而是想

---

① [德]康德:《判断力批判》,人民出版社 2004 年版,第 82 页。
② [德]康德:《判断力批判》,人民出版社 2004 年版,第 82 页。
③ [德]康德:《判断力批判》,人民出版社 2004 年版,第 83 页。
④ [德]康德:《判断力批判》,人民出版社 2004 年版,第 83 页。

象力的工作中的严肃的态度。这种愉悦包含着惊叹或敬重。

崇高的情感具有某种与对象评判结合着的内心激动作为特征，不同于美的鉴赏预设和维持着内心的静观。这种激动是通过想象力的激发（要么与认识能力要么与欲求能力关联起来）而实现的，而在这两种关联中那被给予表象的合目的性却都只是就两种能力而言（没有目的或利害地）被评判作为想象力的数学的情调和作为想象力的力学的情调而被加在客体身上。

二、想象力的扩展

康德说："光是客体的大小，哪怕它被看做无形式的，也能带来一种愉悦，这种愉悦不是像在美那里一样对客体的愉悦（因为它们是无形式的），而是对想象力的自身扩展的愉悦。在美那里，反思性的判断力则是合目的地协调适应着与一般认识的关系的。"① 崇高之物的大，是不允许我们在该物外去为它寻找任何与之相适合的尺度的。而只能在我们的理念中去寻找。所谓的崇高是与之相比一切别的东西都是小的那个东西。并且"没有任何可以成为感官对象的东西从这一立足点来看能够称为崇高的"。但正因为知性在崇高面前的无能为力，我们的想象力带着一种前进至无限的努力而自身扩展至在我们的理性中一种对绝对总体性的理念的要求。在这一理念面前想象力达到了它的极限。

从具体过程来看，把一个量直观地接受到想象力中来，以便能把它用作尺度，或作为单位用于通过数目进行的大小估量，这里面必须包含同一个能力的两个行动：领会和统摄。领会并不带有任何困难，因为它可以无限地进行；但统摄却随着领会推进得越远而变得越来越难，并且很快就达到它的最大值，也就是大小估量的审美上（感性上）最大的基本尺度。如果领会达到如此之远，以至于感官直观的那些最初领会到的部分表象在想象力中已经开始淡化了，然而想象力却向前去领会更多的表象。那么想象力在一方面所得就正如在另一方面所失的那样多，而在统摄中就有一个想象力所不能超出的最大的量。②

康德举例说，人们要对金字塔的伟大获得完全的感动，就必须不走得太近也不走得太远。否则，有可能在想象力的不断领会的同时，而统摄永远完成不

---

① ［德］康德：《判断力批判》，人民出版社 2004 年版，第 87 页。
② ［德］康德：《判断力批判》，人民出版社 2004 年版，第 90 页。

了；或者领会得太模糊。① 再比如：当参观者第一次走进罗马·圣彼得大教堂时，会有突然袭来的那种震惊或困惑。因为这样一种情感，即对于整体的理念人的想象力为了表现它而感到不适合。在这一理念面前想象力达到了它的极限，而在努力扩展这极限时就跌回到自身之中，但却因此而被置于一种动人的愉悦状态。

在崇高的判断中，想象力在大的表象所需要的那种统摄中自行向无限前进，没有什么东西会对它构成障碍。想象力迫使把多数纳入的一个直观中的统摄的大小一直推进到想象力的能力界限，直到想象力在表现中还能达到的那个范围。而在知识的判断里，知性在数学的大小估量中，不管想象力所选择的单位是一个人们一眼即可把握的大小，还是选择，一个地球直径，对它虽然可以有领会，而统摄到一个数的概念之中；但不可能将之统摄进一个想象力的直观中。② 这里实际上存在两种不同的统摄：感性的统摄（来自想象力的）和逻辑的统摄（来自理性的）。面对自然客体的这样一种大，由想象力徒劳无功地运用其全部统摄能力于其上的大，也通过想象力自身的扩展，必然会把自然的概念超出最大的感性能力之范围而引向某种超感官的基底（这基底为自然界同时也为我们的思维能力奠定基础），这就是超越一切感官尺度的大③。

三、想象力的跳跃

审美判断力在评判美时将想象力在其自由游戏中与知性相联系起来，以便和一般知性概念（无需规定这些概念）协调一致。在评判为崇高时，将同一种能力与理性联系起来，以便主观上和理性的理念（不规定是那些理念）协和一致，即产生出一种内心情调。在这里诸能力间关系发生了变化，崇高的判断中想象力跟知性已经不能够协调了，知性也已经没有能力约束了。这是因为知性只能够对付有限，不能够对付无限，而只有理性才能对付无限。于是，想象力就到更高处去跟理性达到协调。

崇高的情感是由于想象力在对大小的审美估量中不适合，通过理性来估量而产生的不愉快感，但同时又是一种愉快感。这种愉快感的唤起是由于：正是

① ［德］康德：《判断力批判》，人民出版社 2004 年版，第 90 ~ 91 页。
② ［德］康德：《判断力批判》，人民出版社 2004 年版，第 93 页。
③ ［德］康德：《判断力批判》，人民出版社 2004 年版，第 94 页。

对最大感性的能力的不适合性所作的这个判断，就对理性理念的追求对于我们毕竟是规律而言，又是与理性的理念协和一致的。

在崇高的判断中，把诸内心能力（想象力和理性）本身的主观游戏通过它们的对照而表象为和谐的。想象力和理性在这里通过它们的冲突也产生出了内心诸能力的主观合目的性：这就是对我们拥有纯粹的独立的理性，或者说一种大小估量能力的情感，这种能力的优越性只有通过那种在表现感性对象的大小时本身不受限制的能力不充分性才能被直观到。

对一个空间的量度，作为领会，就是对这空间的描述，是在想象中的前进。而把连续被领会的东西统摄进一个瞬间之中，这却是一个倒退。它把在想象力的前进中的那个时间条件重新取消，并使同时存在被直观到。所以这种统摄就是想象力的一种主观的运动，通过这种运动，想象力使内感官遭受到强制力，统摄的量越大，强制力必越可感受。正是通过想象力使主体遭受到的强制力，对于内心的整个规定而言却被评判为合目的的①。

至于崇高情感的质，它是有关审美判断力的对某个对象的不愉快的情感，这种不愉快在其中却同时又被表象为合目的的。这种情况之所以可能，是由于那种特有的无能提示出同一个主体的某种无限制的能力的意识，而内心只有通过前者才能对后者进行审美的评判。

在一个审美的大小估量中，数的概念必须取消或加以改变，而只有想象力统握在这个尺度单位上（因而避开有关大小概念相继产生的某种规律的概念），对于这种估量才是合乎目的的。想象力必然扩展到与我们理性能力中无限制的东西，也就是与绝对整体的理念相适合而言，而这种不愉快，因而这种想象力在能力上的不合目的性对于理性理念和唤起这些理念来说却被表现为合乎目的的②。

我们从自然界的不可测度性，和我们的能力不足以采取某种与对自然的领地作审美估量相称的尺度，发现了我们自己的局限性。然而却同时也在我们的理性能力上发现了另一种非感性的尺度，它把那个无限性本身作为一个单位统率起来，自然界中的一切都小于它，因而在我们的内心发现了某种胜过在不可测度性中的自然界本身的优势③。在这里，"优势"由想象力的跳跃来实现。

---

① ［德］康德：《判断力批判》，人民出版社 2004 年版，第 97 页。
② ［德］康德：《判断力批判》，人民出版社 2004 年版，第 99 页。
③ ［德］康德：《判断力批判》，人民出版社 2004 年版，第 101 页。

自然界在我们的审美评判中并非是就激起恐惧而言被评判为崇高的。而是由于它在我们心中唤起了我们的（非自然的）力量，以便把我们所操心的东西（财产、健康、生命）看做渺小的，因而把自然的强力，决不看做对于我们和我们的人性仍然还是一种强制力①。

自然界被叫做崇高，只是因为它把想象力提高到去表现那些场合，在其中内心能够使自己超越自然界之上的使命本身的固有的崇高性成为它自己可感到的。②崇高不在任何自然物中，而只是包含在我们心里，如果我们能够意识到我们对我们心中的自然对我们之外的自然处于优势的话。

崇高是（自然的）一个对象，其表象规定着内心去推想自然要作为理念的表现是望尘莫及的，为了直观自然而扩展我们经验性的表象能力，那就不可避免地把理性加入进来（作为绝对总体的、无待性的能力），并引起内心的虽然是徒劳无功的努力，却使感官表象与这些理念相适合。这种努力和关于想象力对理念望尘莫及的情感，本身就是我们内心在为了自己的超越性使命而运用想象力时的主观合目的性的一种表现，并迫使我们把自然本身在其总体上主观地思考为某种超感性之物的表现，而不能把这种表现客观地实现出来。

四、想象力的界限

康德说想象力既属于感性又属于知性，它是联结感性与知性、直观与概念的中介。③但作为职能，它仍然是有界限的，特别是在崇高的对象面前，想象力活动到极限。而这种极限很大程度上是相对于鉴赏中那个平静游戏的想象力而言的，因此，我们有必要从那里开始探察想象力的界限。

赋予鉴赏判断的那种主观必然性是有条件的，鉴赏判断所预定的必然性条件就是共通感的理念。只有在这个前提下：即有一个共通感（但我们不是把它理解为外部感觉，而是理解为出自我们认识能力自由游戏的结果）才能有鉴赏判断。在这里，诸认识能力的自由游戏也是有条件的，它体现为诸能力形成这一主观必然性内心状态时的比例。康德说："如果知识应当是可以传达的，那么内心状态即适合于一个表象以从中产生出知识来的那个认识能力的比

---

① 〔德〕康德：《判断力批判》，人民出版社 2004 年版，第 101 页。
② 〔德〕康德：《判断力批判》，人民出版社 2004 年版，第 101 页。
③ 齐良骥：《康德的知识学》，商务印书馆 2000 年版，第 196 页。

例，也应当是可以普遍传达的，因为没有这个作为认识的主观条件的比例，也就不会产生出作为结果的知识来。"① 因此，鉴赏中的诸认识能力的自由游戏是有界限的。

一般地说，在鉴赏中想象力是自由的，又是自发地合规律性的。在这里想象力带有某种自律性，这似乎是一个矛盾。但康德认为，尽管规律由知性提供，但一个无规律的合规律性，以及想象力与知性的一种主观的协和一致可以实现想象力的这种自律。这种自律体现知性的自由合规律性（它也被称为无目的的合目的）②。而且，在康德看来，这种知性的自由的合规律性区别于有目的的合规律性。康德说："导致对一个对象的概念的那种合规律性，诚然是把对象表达在一个唯一表象中和在对象的形式规定中那种多样性的不可缺少的条件。这种规定就认识而言是一个目的，并且在与认识的关系中这规定任何时候也是与愉悦（它与任何意图，哪怕只是悬拟的意图的实施相伴随）结合在一起的。但是这样一来，这种愉悦就只是一种对于适合于某个是题目的解答的赞成，而不是我们的内心诸力以我们称为美的东西作自由的和不确定地合目的性娱乐，而在后者中，知性是为想象力服务的，而不是想象力为知性服务。"③

因此，想象力通过从一切规则的强制中摆脱出来，正好就设定了鉴赏力可以在想象力的构想中显示其最大完善性的场合。也反过来驱动想象力的自由至道规则的边界。比如，当知性通过合规则性而显身于它到处都需要的对秩序的兴致中，这对象就不再使它快乐，反倒使想象力遭受了某种讨厌的强制。在康德看来，"一切刻板地合规则的东西（它接近于数学的合规则性）本身就有违反鉴赏力的成分"，而想象力可以自得地合目的的与之游戏的东西对于我们是永久长新的"④。

那无条件的、绝对的大多是完全脱离在时空的自然界的，但却为最普遍的理性所要求的。这超感性之物的理念，虽然不能作进一步的规定，因而也不能把自然当做它的表现来认识。而只能这样来思考，但这个理念在我们心中却通过一个对象被唤起，对这个对象的审美判断使想象力尽力扩展到它的极限，或者是范围扩张的极限（在数学上），或者是这扩张加于内心上的强力的极限

---

① ［德］康德：《判断力批判》，人民出版社 2004 年版，第 75 页。
② ［加］约翰·华特生：《康德哲学讲解》，华中师范大学出版社 2000 年版，第 364 页。
③ ［德］康德：《判断力批判》，人民出版社 2004 年版，第 79 页。
④ ［德］康德：《判断力批判》，人民出版社 2004 年版，第 80 页。

（在力学上的）。因为这评判是建立在对内心的某种完全超出了自然领地的使命的情感之上的，鉴于这种情感，对象表象就被评判为主观合目的性的。

崇高感是与道德感类似的情绪相结合着的，都以思维方式的某种自由性，即愉悦对单纯感官享受的独立为前提。自然的美的愉悦表现出来的毕竟更多的是在游戏中的自由，而不是在合法的事务之下的自由（这是人类德性的真正性状，是理性必须对感性施加强制力的地方）。只是在崇高的审美判断中，这种强制力被表象为通过作为理性之工具的想象力本身来施行的①。

因此，对自然界的崇高来说愉悦只是消极的（与此相反，对美的愉悦是积极的），亦即一种由想象力自身对它自己的自由加以剥夺的情感，因为这想象力是按照另外的法则而不是按照经验性的运用的法则被合目的性地规定的②。

按照联想律的想象力使我们的满意状态依赖于身体上的东西。但就是这同一个想象力按照判断力的图形法的原则，却是理性及其理念的工具。作为这种工具，它却是在自然界影响面前坚持我们的独立性的一种强力，亦即把自然影响方面是大的东西当做小的来蔑视，因而把绝对的伟大只建立在主体自己的能力之中。

审美判断力把自己提升到与理性相适合（但却无须一个确定的理性概念）的这种反思，甚至就是凭借想象力在其最大扩展中对理性（作为理念的能力）的客观上的不相适合性，而仍然把对象表现为主观合目的性的③。在崇高中，想象力虽然超出感性之外找不到它可以依凭的任何东西，它却恰好也正是通过对它的界限的这种取消而发现自己是无限制的④。

五、余　论

众所周知，康德的《判断力批判》是对介于我们认识能力的秩序中，在知性和理性之间构成一个中介环节的判断力进行批判。这种判断力是从给予的特殊出发去寻求其可能的普遍原则的"反思性"的判断力。《判断力批判》的"审美判断力批判"部分就是要为这种特殊的判断力寻找先天原理，并厘定在

---

① ［德］康德：《判断力批判》，人民出版社 2004 年版，第 108 页。
② ［德］康德：《判断力批判》，人民出版社 2004 年版，第 109 页。
③ ［德］康德：《判断力批判》，人民出版社 2004 年版，第 109 页。
④ ［德］康德：《判断力批判》，人民出版社 2004 年版，第 114 页。

这先天原理的运用中判断力的职能。从理路上看，康德是从"权限上"为愉快和不愉快的情感能力寻找先天原理。康德认为，对愉快和不愉快的情感来说，只有反思的判断力是立法的。然而，在"事实上"，"自然的合目的性"这条先验原则通过判断力的运用必然以想象力的杰出活动为基础。这是因为，从表象来源的角度看，审美判断中想象力似乎具有了类似立法者的功能（在鉴赏中似乎只有知性和想象力在干预；在崇高评判中，似乎只有想象力和理性在干预），它对审美表象的形成起核心作用。并且，想象力的活动性质直接相关于审美判断的"反思性"。因此，想象力在"事实上"成为了"审美判断力批判"部分真正的主题。

具体来说，正是想象力的具体活动实现了感性和知性的实际联结并形成表象，成为作为知性之运用的判断力活动的开端。所谓"审美的王国"，也就是审美判断力所管辖的领域，而它又是由想象力的杰出活动实际构建的一个国度。在这个想象力的国度，想象力与知性、理性处在平等协调、和谐自由的关系中。这种关系作为一种内心状态涉及愉快和不愉快的情感的基础。而反过来，审美判断里"情感"并不规定对象要服从什么，而只是反映诸职能间的协调与否的关系。在康德的这个"审美的王国"，想象力是自由而合规律性的活动的。

在鉴赏判断中，想象力的自由合规律性的活动实际上是想象力的自我解放。它既相关于从知性概念的束缚中摆脱；又相关于知性发动下的归摄形象的先天综合。它具体表现为无概念的活动、无目的的协调，并且这些方面还是结构性、共时性地发生在鉴赏之中。

在崇高评判中，作为一种自由的合目的性的直观活动的想象力，由于与理性协调而带有无限性，因而使自身大大地扩张。相对于鉴赏中宁静地与知性游戏而言，想象力在这里严肃地工作着，它受到激发、不断扩展自身。不过，这种想象力的活动却使人感到了自己的尊严。它启示的不只是（在协调或游戏中的）自由；而且还有这种自由的道德性。在此，想象力似乎达到了它的边界。

（作者单位：武汉大学哲学学院；武汉纺织大学时尚与美学研究中心）

纯粹经验与直观：西田几多郎的艺术辩证法

韩书堂

西田几多郎是日本最负盛名的哲学家，因其在哲学上的重大贡献而被称为"日本的哲学家"。这一称谓的深层语意为，在西方哲学几乎一统东方的学术研究的语境中，东方有了自己的哲学家，其成就能够与西方的哲学家相比肩。这一成就的取得，在于西田几多郎在综合东西方哲学的基础上，立足于东方的思想传统，融合了西方的哲学话语和致思方式，以西方理性方式阐释东方，提出了"纯粹经验"这一核心观念，提倡整体性、中和性，反对西方思想中对整体所作的分析与分割。他认为，我们的一切业已发展起来的方法，对于对象的观察与阐释能力实在有限。任何一种方法都不过是对对象的某一方面某一角度的认识，就像一群摸象的盲人中的一个，理论总是难以掌握事物的全体。我们的文学理论就是这样，所有的方法与流派都对我们的研究与认识提供了独特的角度和方法并有所收获，但是没有任何一种方法达到了对文学的真理性、全局性和整体性的认识。要想达到这种认识的深度和高度，必须调整思维方法。根据西田的哲学，我们必须通过取消主与客的对立、物质与精神的对立、意识与无意识的对立、你与我的对立、过去与未来的对立、现实与未来的对立、真善美的对立，而把它们看作文学自身的各个方面，从不同的方面和方向观察文学，而不是视之为对立的双方；它们自身分别是就是文学的某个特性。这样，我们可以把文学视为一种纯粹经验，把文学当做一种实在，在主客一体、物我合一的状态下，通过把握整体性的知的直观，深入文学的内部，从而把握文学的生命意象及其意义。这就是西田哲学在文学研究上的东方情结。

一、经验与纯粹经验

据雷蒙·威廉斯考察，"经验"一词自 18 世纪以来产生的两种意涵。一是指"从过去的事件里所积累的知识——不管是通过高度意识的观察，或者是经由考虑与深思",如在"依据我的经验"、"间接经验与直接经验"以及英国经验主义哲学等用法中;二是"特别的'意识';这种'意识'在某一些意义脉络里,可以与'理性'或'意义'区别开来"①,如我们这里要讨论的文学经验以及诸种宗教体验。在第一个意涵里,experience 被"视为是所有后来的推理与分析的必然的(直接的、真正的)基础",而"在另一个极端里,experience 被视为是社会情境的产物,或者是信仰体系的产物,或者是基本的认知体系的产物,因而不是作为真理的资料,而是作为情境或体系的证据"②。在这第二种意涵上,"经验"是从"有意识的状态、情境下的主体"这个意涵扩及"内在的、个人的、宗教的经验"③,而这种意义用法,作为"最完整的、最活跃的一种意识",它包含了思想与情感两种元素。关键是,它"非常通行"于"美学的讨论里"④。可见,从经验一词意义的发展来看,"经验"具有两种意义域,一是指过去的、能够作为知识的基础存在的实体,一是指一种完全依赖于"情境"、"信仰"或"美学的"体验,具有较强的心理特性。

这种对立在胡塞尔的现象学哲学发生之后被消解了。从经验主义与理性主义哲学的历史对立来看,经验要么在经验主义者那里成为科学的牢不可破的、不可替代的基础,要么在理性主义那里被讥为心理主义和神秘主义的妖孽而被逐出科学的圣地。"经验"的哲学命运在不停地被重新审视和改写,而其动因则在于哲学家们对于"哲学的或科学的绝对基础的执著"。笛卡儿下决心"在我有生之日认真地把我历来信以为真的一切见解统统清除出去,再从根本上重新开始",以便"在科学上建立种种坚定可靠、经久不变的东西"⑤,于是他找到了"我思",完成了"朝着主观的方向转换"。胡塞尔继承了这种努力的方

---

① [英]雷蒙·威廉斯:《关键词:文化与社会的词汇》,生活·读书·新知三联书店 2005 年版,第 167 页。

② [英]雷蒙·威廉斯:《关键词:文化与社会的词汇》,生活·读书·新知三联书店 2005 年版,第 170 页。

③ [英]雷蒙·威廉斯:《关键词:文化与社会的词汇》,生活·读书·新知三联书店 2005 年版,第 170 页。

④ [英]雷蒙·威廉斯:《关键词:文化与社会的词汇》,生活·读书·新知三联书店 2005 年版,第 168 页。

⑤ [法]笛卡儿:《第一哲学深思集》,商务印书馆 1986 年版,第 14 页。

向和意志，其指导思想也是"把哲学确立为建立在绝对的基础之上的科学"①，将全部的学问置于唯一的、普遍科学的哲学之下，做一个"从根本上重新出发的哲学家"②。他凭借"现象学的还原"而发现了"先验主体性"这一牢不可破的科学的基础。他认为，以往全部知识学的基础，都是主体与客体、主观与客观的对立，主与客的关系构成判断即知识。这种对立结构作为知识基础如此地不可靠，必须要我们通过"加括弧"的方式"中止判断"，以此发现的纯粹的主观性，才是科学的哲学的坚实基础。"将预先给与我们的对客观世界的所有判断，特别是对世界存在的判断……全部放到妥当性之外（'禁止'、'使之不通用'）……通过这种方法，或者说得更明确些，我们作为反思者的我获得的是我们自身的纯粹的生，是属于该生的所有的纯粹体验和纯粹思念物的全部。……所谓的判断中止是为了凭借它，使我们将我自身作为自我，作为伴随我自身的纯粹的意识生活的自我进行纯粹把握的、激进的普遍的方法。"③ 它要求我们从没有根据的确信以及判断向后撤身，将世界按照显现于意识的原样重新认识，即要求我们捕捉"世界以及意义就那样显现出来的状态"（梅洛·庞蒂语）。这种状态、这种凭借判断中止而被主题化的意识被称作区别于意识的"纯粹意识"，又称"先验主体性"。这样，胡塞尔通过判断中止这种现象学的还原到达"纯粹的""先验主体性"，这被胡塞尔称作科学的哲学的牢固的出发点。这一出发点，再也无法向前追溯，具有终极意义，是认识的绝对的源泉，从而为所有的知识和理论确立了"终极的基础"。所谓"纯粹的"，一方面是指摆脱了经验事实，另一方面，这种纯粹也是指摆脱了外在实在。"先验主体性'不是思辨构造的一个产物'，而是'直接经验'、'先验经验的一个绝对独立的王国'。"④ 胡塞尔认为，经验应该强调个人性、内在性、主体性、情境性，它排斥主体对客体的判断。在这个意义上，一种对于科学的绝对忠诚的哲学思考，变成了对纯粹经验的最忠实的信奉。

① ［德］胡塞尔：《笛卡儿沉思录》，转引自今村仁斯等：《马克思、尼采、弗洛伊德、胡塞尔：现代思想的源流》，河北教育出版社 2002 年版，第 88 页。
② ［德］胡塞尔：《笛卡儿沉思录》，转引自今村仁斯等：《马克思、尼采、弗洛伊德、胡塞尔：现代思想的源流》，河北教育出版社 2002 年版，第 189 页。
③ ［德］胡塞尔：《笛卡儿沉思录》，转引自今村仁斯等：《马克思、尼采、弗洛伊德、胡塞尔：现代思想的源流》，河北教育出版社 2002 年版，第 191 页。
④ 倪梁康：《胡塞尔现象学概念通释》，生活·读书·新知三联书店 1999 年版，第 446 页。

也就是说，为了建立绝对的科学的基础，哲学家们从科学的、理性主义的一端逻辑地走向了经验、体验与宗教的一端。主观与客观、人与对象的对立格局被打破，主客一体、知情意合一的思维格局形成。这一成就影响了日本哲学家西田几多郎对经验和人生的把握。从"判断中止"出发，西田几多郎建造了他的"纯粹经验"的哲学大厦，他的"纯粹经验"，与胡塞尔的先验主体性具有内在的惊人的一致性，强调主客观的统一，强调判断的失效，强调经验作为先验主体性的重要性。

为了理解"纯粹经验"的内涵，我们有必要征引西田的一大段论述：

> 所谓经验，就是按照事实原样而感知之意。也就是完全去掉自己的加工，按照事实来感知。一般所说的经验，实际上总夹杂着某种思想，因此所谓纯粹的，实指丝毫未加思虑辨别的、真正经验的本来状态而言。例如在看到一种颜色或听到一种声音的瞬间，不仅还没有考虑这是外物的作用或是自己在感觉它，而且还没有判断这个颜色或声音是什么。这个瞬间的这种状态就是纯粹经验的状态。因此，纯粹经验与直接经验是同一的。当人们直接地经验到自己的意识状态时，还没有主客之分，知识和它的对象是完全合一的。这是最纯的经验。……即使是自己的意识，如果是对过去的想起或者是对现在的意识进行了判断，也已经不是纯粹的经验了。真正的纯粹经验是不具有任何意义的，而只是按照事实原样呈现的现在意识（引者据原文试译）①。

据此可以分析"纯粹经验"的内涵。第一，纯粹经验具有绝对的纯粹性，即自在性和自为性、非主体性和非思维性。他强调自己所说的经验是一种"纯粹的经验"。所谓"纯粹"，就是"去掉自己的加工"，按照事实原样来感知。在西田看来，纯粹经验之"纯粹"，在于它是"丝毫未加思虑辨别的"，排斥了任何判断、思虑以及任何附加的东西。因此，他埋怨"一般所说的经验，实际上总夹杂着某种思想"，企图把夹杂在经验里的"某种思想"完全洗净，从而使经验变成不反映任何客观事物的"最纯"的东西。经验不是反映在大脑中的智慧或思想，它存在于"那里"，我们不能企图思考它的客观存在，我们只能在某个瞬间，在没有主观自我的意识活动时，发现它"在呈

---

① ［日］西田几多郎：《善的研究》，岩波书店 1940 年版，第 1~2 页。

现"。因而纯粹经验不是思想，不是知识，而是一种近乎神秘的、不可被认识的瞬间的感觉，甚至在此瞬间，你没有意识到自己已经在"感觉"。当你在思考、在感觉，或意识到自己在思考、在感觉时，经验就变得不再纯粹。只有纯粹经验，摆脱了主体的主观性，才能够成为一切认识的基础。但是，我们无法确认，西田这种和主体意识不能发生任何关系的纯粹经验，如何才能成为科学的坚实的基础。毋宁说，作为一种文学的经验，我们能够发现并体验到它的存在。因此，我们可以说，纯粹经验不能是科学的基础，而是文学经验的一种，属于文学心理学的范畴。这应该是西田关于纯粹经验的最大的贡献。

第二，非对象性和对主、客对立认识论模式的超越。西田把纯粹经验又叫做直接经验。在他看来，纯粹经验所以是直接的，因为它是"还没有主客之分，知识和它的对象完全合一"。如果说知识或概念是对事物的间接的、抽象的反映，经验就是对事物的直接的、具体的反映；或者说，它根本就不能"反映"，它只是它自身"在呈现"，它和主体的关系是，人们通过自己的感觉器官直接地体察到一个事实。如果把经验视为认识的开端，那它就已经属于主观的认识范畴，而不属于客观的存在范围。主观的认识和客观的存在之间总是有一定的距离、一定的矛盾，不可能有"认识和它的对象完全合一"之时。可见，设想有一个"知识与它的对象完全合一"的直接经验不能不说是主观臆造的东西。如果对象性地理解"纯粹经验"，那就失去了纯粹经验之"纯粹"和"直接"的含义。即，西田的纯粹经验中的"纯粹"和"直接"，并不是作为思维对象被反省的，同时也没有主客之分。所谓纯粹经验，就是"主客合一"，"物我相忘"的状态，就是"还没有主客分离、还没有物我差别的状态"，就是没有精神和物质的区别，只有物即心、心即物的状态。"纯粹经验"最显著的特点在于自身的不可分析性，因为它是"主客不分"的，是"混沌一体"的，是"知情意合一"的。

第三，意义的客观内在性。西田认为，纯粹经验就是"判断中止"，"我们根本不会去想，来不及判断，或没有判断"。因而纯粹经验中没有"意义"的存在，"真正的纯粹经验是没有任何意义的"。也许，关于纯粹经验中有无意义，我们无法确定。因为，意义就其产生的途径而言，它是依赖主体的思维的，离不开从客观对象中被抽象出来的过程。但是，如果我们承认，意义并不是主体自身的产物，意义离不开事实，事实本身内在地包含意义，我们认识到的、拥有的意义是我们的思维从事实中抽象出来的产物，那么，依据我们对

"判断中止"的定义，我们就无从把握意义的存在。所谓纯粹经验中没有意义之存在，也就是指我们还没有通过我们的主体的思维去把握住它。因而，在纯粹经验中，有意义的存在，只是它仍然自在地存在于事实之中，是"纯粹经验"的一个不可剔取出来的组成部分。这就是纯粹经验作为一个情与理、知与意浑然一体地存在的最深层的阐释。

二、直观=反省=自觉：纯粹经验的逻辑结构

基于纯粹经验的上述种种特征，它往往被人诟病为神秘主义、心理主义、非理性主义。西田认为，任何对象，如果进入学术的视野，它必须是能够分析论证的，即它必须以概念、逻辑的形式体现出来；且东方文化往往被认为是缺少逻辑思维习惯的，西田对此并不认可。他说，纯粹经验同样具有严密的逻辑，同样可以用严密的逻辑形式表现出来。为此，他开始进一步分析纯粹经验的内部构成，试图给纯粹经验以明晰的逻辑结构。

为此，西田引入了"自觉"概念，并认为纯粹经验就是自觉。既然纯粹经验是"主客相没、知情意合一、物我相忘"的状态，那么，这个概念就内在地包含一种认识，即从主体的角度看，"我"是一个存在，主体作为"我"，具有强烈的自我认识要求，这就是自我的自觉。所谓我的自觉，理论上要求主体与客体对象之间必须具有一定的距离，在主客关系的语境中，客观对主观作出说明，"我"才得以生成。即从认识论的要求看，当我要认识我的时候，我和认识对象之间必然地应该具有一定的距离。而事实是，在纯粹经验中，我们却无法寻找出二者之间的距离，我也是客观的一个组成部分，我和作为被认识的对象的我之间是没有距离的，主观存在于客观之中，客观存在于主观之中，主观等于客观，主观与客观本身就是一个东西，是同体异名。那么，必然的结论是：如果认识论要求主观与客观、主体与客体之间有一定的距离，那么在纯粹经验的视野中，这个距离的数学值必然是"零"。即从"自觉"观念的角度看，理论上的主与客的距离，由于纯粹经验自身的要求，此距离总是处于行将消失的状态。可见，主体的形成依赖主体与客体之间的距离和此距离的消失两个条件。主客二者有距离，不过在纯粹经验中其距离是一个"零距离"。这样的分析，一方面承认纯粹经验的科学性，把纯粹经验放入了认识论的逻辑框架，同时，又坚持了纯粹经验的独立性、混一性，完成了赋予"纯粹经验"以科学性和逻辑结构的构想。

在主体与客体之间，一般具有两种关系模式，一是直观，二是反省。西田认为，直观与反省的同一就是自觉，就是纯粹经验。纯粹经验恰恰就像暖水瓶的内部。它是一个自给自足的整体，没有一个外界的他者与它发生关系。它的发展在于内部。它是有生命的，自我创造与发展的，因此，纯粹经验具有独立的人格。"纯粹经验作为纯粹经验自身被呈现"就是"自觉"。所谓纯粹经验就是自觉，意思是非自觉的经验不是纯粹经验。纯粹经验在纯粹经验中自我呈现就是直观。直观的意思是：肯定是这样，就是这样，不必论证，就是事实，必然的，一见之下，不可怀疑。直观或悟的对象是不容置疑的，我们不过是找到一种办法或途径去把握住它。它就"在"那里，等着被抓住。因而直观没有主客体的分别，也就没有主客体的距离，因而纯粹经验不能用主客体的关系模式去把握。纯粹经验只能自我呈现，只能直观自身。而反省是什么意思呢？我反思我，意味着主体对客体的思维作用，其前提是主体我远离客体我之外，二者有一定的距离，且一方总是在审视、评判另一方。也就是说，我必然是被分裂的。我反思我的存在，就是把人格分裂为两个个体的存在，一方对另一方进行观察、把玩并得出关于那个"我"的理性结论。这是判断的、对象性的、理性的，有主观因素的参与，是作为主体的主观的"我"对作为客体的对象的"我"的观照。在"纯粹经验"中，主体与客体的距离为零，因而所谓自觉就是："我"作为自我观照的主体，与作为客体对象的我，之间的距离为零，二者合二为一，或者说，二者从来就没有分裂为主体与对象，那么，反省就变成直观。所以，在纯粹经验的自觉中，反省就是直观。这一变化的机理在于作为主体的我与作为客体的我的距离的消失，这一距离的消失恰好就是纯粹经验的自我规定。这样，在自觉的体系——纯粹经验中，反省等于直观，主客体间的纯粹思维就转化为对具体之物的经验。思维同一于经验，直观同一于反省，纯粹经验保持了其经验的纯粹性。在自觉中并不存在所谓主观、客观这样对立的两种实在。在自觉中主观和客观、主体和客体是一体。在而且只在"自觉"中，"直观=反省"；在而且只在"直观=反省"的情况下才有自觉。直观与反省的同一，就是纯粹经验的结构。一言之，纯粹经验存在于主体与客体的距离消失之时，因而也是存在于感性与理性、知情意的划分消失之时。通过对"直观"与"反省"的分析，借助于"零距离"这种观念，西田真正认识了"自觉"、"纯粹经验"等神秘之物的构成，并由此申述了自己对于艺术、意志和道德等范畴的分析。

三、知的直观：统一性和整体性

"直观=反省=自觉"，西田取消了传统认识论中的诸种界限。西田继续认为：虽然三者是一个同一性的东西，但是，"直观"更宜于对美学和艺术的分析，"反省"更宜于用于哲学的逻辑分析，而自觉更宜于实践行为的分析。对于直观的重视，强调了西田哲学美学的东方色彩和现代性特征、艺术性和诗学特征。

直观又分为知的直观和行为的直观。知的直观，在西田哲学体系中的地位非常重要，它是其方法论和认识论的核心。从对纯粹经验的设定出发，知的直观要求我们对对象作整体的、统一的把握。"所谓知的直观不过是使我们的纯粹经验状态进一步加深和扩大，也就是指意识体系发展上大的统一的发现而言的。学者之得到新思想，道德家之得到新动机，美术家之得到新理想，宗教家之得到新觉醒，都是以这种统一的发现为基础的（因此都是基于神秘的直觉的）。如果我们的意识只是感官性质的东西，也许就只能停止在普通的知觉性的直觉状态。但是理想的精神寻求无限的统一，而且这个纯一是在所谓知的直观的形式上得到的。所谓知的直观，和知觉一样，是意识的最统一的状态。"① 天真烂漫的婴儿的直觉都属于这一类，艺术家、宗教家的直觉也属于这一类。真正的知的直观是纯粹经验上的统一作用本身，是生命的把握，也就是像技术的神髓那样的，更进一步说，就是像美术的精神那样的东西。例如像画家兴致一来，笔便自己挥动一样，在复杂的作用背后有着某种统一的东西在活动着。这种变化不是无意识的变化，而是一个事物的发展完成。对这一事物的领会就是知的直观，而且这种直觉不仅发生于高尚的艺术的场合中，在我们所有的熟练活动中都能看到，因而是极其普通的现象。这在普通的心理学上也许会认为只是习惯或有机作用，但从纯粹经验论的立场来看，这实在是主客合一、知意融合的状态。这时物我相忘，既不是物推动我，也不是我推动物。只有一个世界、一个光景。一谈起知的直观，听起来似乎是一种主观作用，但其实是超越了主客的状态。主客的对立毋宁说是由于主客的统一而成立的，如艺术家的触动灵感，就是达到了这个境地。并且所谓知的直观，不是指脱离事实的抽象的

---

① ［日］西田几多郎：《善的研究》，岩波书店 1940 年版，第 32 页。

一般性直觉而言。绘画的精神与其所描绘的每个事物虽然不同，但又不是脱离它而存在的。如前所述，真正的一般与个性不是相反的，通过个性的限定反而能够表现真正的一般，这就是艺术家的精巧的一刀一笔之所以能够表达全部真意的缘故。

在思维的根基里存在着知的直观。思维是一种体系，在体系的根基里必须有统一的直觉。在一切的关系的根本上有直觉，关系就因此而成立。我们无论怎样使思想纵横驰骋，也不能超出根本直觉的范围，思想就是成立在这上面的。思想并不是任何点都能够说明的，在它的根基里有不能说明的直觉，而一切的证明都建筑在这上面。在思想的根基里，始终潜藏着某种神秘的东西，连几何学的公理也是这样。我们常常说思想是能够说明的，而直觉是不能说明的，这里所谓说明，不过是意味着更能引回到根本性的直觉上来罢了。因此这个思想的根本的直觉，一方面成为说明的根基，同时不只是静止性的思想的形式，又是成为思维的力量的东西。也就是说，思维应该是对事物的本真和规律的认识，而任何思维形式的认识都不过是对事物的某个角度、某个方面、某个片面的认识，要想达到对事物的真正的客观知识，必须借助于直观：只有直观，才能使我们绕过认识的局限，从整体上达到对事物的把握。

正如在思维的根基里有知的直观一样，在意志的根基里也有知的直观。我们以某事为意志，就是对主客合一的状态进行直觉，意志就是通过这个直觉成立的。所谓意志的进行就是这种直觉的统一的发展和完成，这个直觉始终在它的根基里活动着，而它的完成就成为意志的实现。我们之所以认为自我在意志上进行活动，就是因为有这种直觉的缘故。我们所说的自我并不是别的，真正的自我就是指这个统一的直觉而言。意志的实施行为，必须在我们的意识中有对我们的目的、行为方式的合理性、结果的预期、善与恶的价值判断等方面的整体的设定，否则我们便不能实施行为，意志便不能实现。

宗教在本质上依赖直观，宗教不能阐释和说明，因而宗教只能信仰，而信仰立基于直观。我们不能询问宗教是什么和为什么，我们只能说：宗教就是这样。"真正的宗教觉悟，并不是以思维为基础的抽象的知识，也不单纯是盲目的感情，而是自己悟得存在于知识及意志的根基里的深远的统一。这就是一种知的直观，也就是深刻的生命的把握。因此任何逻辑的利刃都不能指向它，任何欲望都不能动摇它，而成为一切真理和满足的根本。它虽然有种种形状，但是我认为在一切宗教的根基里必须有这个根本的直觉。在学问道德的根基里必须有宗教。学问道德就是由于这根本的直觉而成立的。"①

同样，艺术里边既有思维，也有意志，既有知，也有意，这是谁也不能否定的。正如知与意实际是一个东西即纯粹经验一样，艺术也是知与意的合一，也是纯粹经验，也是通过思维与意志的实践在更高的生命层次上的最完全的统一，因而也是一种知的直观。面对艺术，我们也难以以逻辑的机械性去解析它的丰富与深远，我们只能直觉。对于艺术的真正的把握，是基于直觉的一种深层次的领悟。尽管我们不能没有分析与批判，但是，这种致思方式离我们对艺术的真正的把握相去甚远。

知的直观是对对象的本质的认识。当我们摆脱了对事物的理性的、分析的、逻辑的思维方式而试图把握对象的本质时，我们必须依赖"知的直观"；而且只有知的直观，才能把握对对象的客观性和整体性的认识。从知的直观的角度，西田认为，艺术是真善美的合一，是知意情的合一，是它们统一在一起的体系。只有从这个整体出发，才能把握艺术的本质。

四、行为的直观：行为与表现

相应地，对于实践行为的把握，却要依赖行为的直观。行为的直观，就是要求我们在行为即动中把握对象。任何事物，其存在都是在动中产生和发展的。因而行为的直观就是通过对动态的物的把握，掌握其样态与属性。艺术创作就是制作，是艺术家对某种知情意合一的体系的制作；艺术接受也是制作，就是通过对知情意合一的体系在意识中的复原，进行知情意的再合一的制作。我们综合而称之为"表现"，因而从行为的直观的角度，我们把艺术定义为"表现"。

所谓行为的直观，就是在动中见物，动即见。说到直观，一般认为，它是与行为正好相反，不能相结合的东西，因此一听到行为的直观就认为那是空虚的、神秘的概念。然而殊不知行为的直观是最具体的见物活动，它是形成"一切经验性知识的基础"、"极为现实的知识"的立场。我们通过行为见物，物限定我同时我限定物，这就叫"行为的直观"。这种场合行为必然与直观结合，原因是，所谓直观就是自己反映世界。这时，行为就是"见=映出"，

---

① ［日］西田几多郎：《善的研究》，岩波书店 1940 年版，第 34 页。

"见=映出"就是行为。所以用一句话说,行为的直观是"身体地把握物"、"离开行为无意义"。并且由于所谓物是历史的事物,所以确切些说,行为的直观就是"历史地身体地见物"。

可以说,"行为的直观"是与中期西田的"场所"思维方法相匹敌的后期西田的最重要的思维方法。下面我们从几个侧面分析一下行为的直观。西田说,行为的直观是说制造即是见,通过制造而见,但不是简单的直觉。它是指历史地生成和历史地观察实在。所谓知觉,只能出现在从行为的直观中抽掉时间=历史的契机之后。对于行为的直观来说,历史性格至关重要,从生物的世界不能成为行为直观的世界这句话中便可知晓。生物不具备主观的=客观的这样的对象;与其不同,行为直观的世界是主观限定客观,客观限定主观的历史的世界。这样,行为的直观就成了"物=表现物"与"我=作用者"这对矛盾相互联系地、矛盾地自己同一化的中介。从行为的直观中可以导出艺术和实践,即:"行为的直观就是物与我的矛盾的自己同一。任何时候自己都行为直观地变成物,在我向物变化的方向产生艺术;反之物任何时候都在变为我,在由物变我即我由物生出来的方向,形成实践的立场(由主观向客观,反之由客观到主观)。"① 西田还认为:"能动与被动、动与见的辩证法的同一是见形。这就是身体地见物,并且这种身体地见物就是我们造物。"②

这样一种(通过身体=活动及活动的身体)进行见物的行为直观的思维方法非常引人注目,因为它超出了把直观看做对象与自己的直接的一致的意识的立场,和单方面地只从外界眺望对象的立场。它超越了以主观和客观的分离或对立为基础而理解物、认识物的西方近代的知的认识方法,即全身体地把握世界或事物的认识方法。"行为的直观"的思维方法以及对这一概念的深入考察,将取代以往近代诸学问的普遍主义、客观主义、分析性,产生知者与被知者的活生生的交流的——感受性、直观=直感、经验等受到青睐。

行为的直观,对近代科学与哲学具有颠覆性,归纳起来大致有如下三点:

第一,近代科学原理上是从客观主义的立场把事物对象化,冷静地眺望事物,相反,"行为的直观"是相互主体且相互作用地看待事物。

第二,近代科学的知站在普遍主义的立场,都是从普遍性(抽象普遍性)

---

① 〔法〕笛卡儿:《第一哲学深思集》,商务印书馆1986年版,第111页。

② 〔日〕西田几多郎:《西田几多郎全集》(增补改订第2版第10卷),岩波书店1965—1966年版,428页。

的观点把握事物，相反，"行为的直观"重视各个具体事例或场合，进而重视事物所处的场所。

第三，近代科学的知是分析的、原子论的、逻辑主义的；相反，"行为的直观"是综合的、直感的＝直观的和共通感觉的。

五、西田的艺术辩证法

无论是知的直观，还是行为的直观，西田都在在纯粹经验（实在、场所、自己、绝对的无）的立场上，试图取消对事物的片面的、时间性的、思辨的、纯粹逻辑的把握方法，而采取全面的、整体的、空间的、实践的行为的把握方法。如果说，二者都是一种辩证法的话，那么，前者是黑格尔发展的时间辩证法，后者却是整体的空间辩证法。

西田把黑格尔的辩证法看做柏拉图的逻辑与亚里士多德逻辑的综合。在构成西方哲学基础的逻辑中，最基本的是作为希腊哲学双壁的柏拉图的逻辑和亚里士多德的逻辑。柏拉图认为，一切实在的根底都有一般，作为其一般的特殊化可以考虑万物。即，真正的实在是理念，若没有它，不可想象任何特殊。也就是说，他认为 "s 是 P" 这一判断式的终极的宾词 P 是实在，与柏拉图相反，亚里士多德认为，真正实在的东西是作为特殊的终极的个体，一般是所有个体具有的性质，不过是通过个体而存在。因此，就判断的形式来说，亚里士多德主张实在的东西是主词 s，与柏拉图的认识正好相反。把这种对立推向极端，即成为，"只作主词不作宾词之物" 与 "只作宾词不作主同之物" 的对立。

但真正的真理、真正的判断不能不是这两个极端合而为一者。把这相反的两个极端结合起来，使主词与宾词为一，个体与一般为一，即孕育矛盾把二者结合起来的是黑格尔的辩证法逻辑。西田对黑格尔辩证法的理解是非常特殊的，显然，西田这种理解的出发点，是在与亚里士多德的 "只作主词不作宾词之物"（实体＝具体的个体）相反的方向，谋求宾词的基体（无＝场所）——"只作宾词不作主词之物"，从而把握了含有积极意义的 "场所＝无"。

西田认为，黑格尔的辩证法作为具体的实在界的逻辑有它的长处，但仍然是主词的、过程的、观念的。说它是主词的，是因为这种逻辑把一般者＝绝对精神置于主词的地位，作为其主词的自我展开而导出各种特殊。说它是过程的，是因为这种一般者在自身之中包含有矛盾，并由此而无限地运动，发展。至于说它是观念的，那是因为由一般者的自己限定无论如何也不可能抵达个体，只是停留于合理地认识实在的水平。

与这种黑格尔的相对的、过程的辩证法相反，真正的辩证法应是绝对的、场所的，只有在这种辩证法中才有具体的个体同伴互相限定，同时个体与场所互相限定。西田说："由单纯的过程辩证法不能设想个体与个体的相互限定。在个体与个体的相互限定中，各个点都不能没有绝对的意义，过程中的每一步都不能没有接触绝对的意义和由绝对的死复活的意义。所谓真正的辩证法，不能是没有这些意义的东西，不能不是具有场所的限定意义的东西。"①

这表明，与黑格尔的过程辩证法的时间性、水平性不同，在西田的绝对辩证法＝场所的辩证法中，超时间性、垂直性是其重要的特色。西田强调"永远的今"或"圆环的时间"，当然也与其绝对辩证法＝场所的辩证法的超时间的、垂直的性质有关系。

在论文《永远的今之自己限定》中，西田从他的场所辩证法的立场，阐明了永远的今的意义所在，同时叙述了如何通过"永远的今＝绝对的现在"的认识方法超越过程的辩证法。西田认为，所谓永远的今，总是随时开始，瞬息翻新的，它可以把任何时候的过去和无限的未来聚拢到现在这一个点上来。时间不外乎是永远的今的自己限定。"作为无周边的圆的自己限定到处都会出现限定自己自身的无边的场所，即限定自己自身的现在，它（无的场所即现在——作者）作为被在无的自觉中限定的东西，必然被看做辩证法地即历史地（时间地）限定自己自身；同时作为场所自身的自己限定，必然被看做将（可以理解为）超越地限定自己自身的——（过程的）辩证法的运动包含于内并对其进行超越。"② 西田的逻辑提供了将黑格尔的时间的、历史的、过程的辩证法与亚里士多德的主词逻辑和柏拉图的宾词逻辑综合的线索。

西田几多郎研究专家市川白弦说，西田的逻辑比起"辩证法"来，"观"的性格更强。市川认为，在西田哲学中，安心的问题总是根底，进而用与其不可分割的形式提出实在的真相问题，终于从中酿出行为的原则。处于西田思考中心的是"行为的直观"，即佛教中说的"般若"（空）的体验的理解。通过

① ［日］西田几多郎：《西田几多郎全集》(增补改订第 2 版第 7 卷)，岩波书店 1965—1966 年版，第 94 页。

② ［日］西田几多郎：《西田几多郎全集》(增补改订第 2 版第 6 卷)，岩波书店 1965—1966 年版，第 196 页。

"行为的直观"，西田把在日常生活中寻求终极安息的东方人的睿智加以哲学的理论化。所谓东方人的睿智，是于有限之中见无限，于部分之中见整体，于时间之中见永远，于世俗之中见脱俗，于生死之中见无生死的智慧。这种睿智是为直观出生活所支撑的。

正是由于这种睿智，不安或苦恼的现实本身才可以成为安居的场所，并且若逆对应的话，自己也可以成为与绝对者相接触的场所。世界的这种逻辑结构不外乎是绝对矛盾的自己同一或"即非"。在这里即的逻辑与非的逻辑并非不同的东西。虽说把否定作为这一逻辑结构的本质契机，但这里的否定不是对象的，实践的否定从根本上看，莫如说是否定对象逻辑的思考和实践的态度。由此看来，这种场合所主张的辩证法就带上了佛教中所讲的"观"的性格。因此，重点就落到对立之物的同一性上了。

总之，西田试图从整体上空间性地把握实在及其表象，对"主客未分"和"物我不分"的统一性和同一性有独钟，从体系性、有机性和整体性上取消各种区分，而把主与客、物与我等的对立，不是看做事物的两个构成，而是看成事物自身的两个方面。且这两个方面并不是实际存在的两个方面，而是同一事物由于我们观察的角度不同而形成的两种观察的结果：实在是同一，意识的表现产生了分别。而表现与观察，都是含有意志的行为。这就是西田的辩证法。知的直观和行为的直观，就是要求我们从整体上、行为上把握实在。人，作为人格界的意志，以及世界，无不是一种纯粹经验。这种纯粹性之纯粹，在于主与客的未分、在于物我的合一。所谓我们面对的二分的世界，不过是一种理智的、出于分析的学术需要的想象。作为实在的世界包括我们自己在内，都是主客一体的实在自身。不过是我们从意识的不同的看视角度，把它们分别看成了物质与精神的两个方面而已。这种一体性，实质上都是一种意识的反映，因此，世界本质上是一种意识。只有在意识的范围之内，我们才能侦得实在的本相。而世界，就是一种意志行为，因此，意识又是一种行为，它存在于作为纯粹经验的场所之中，生成于制作与实践，以人的身体为载体。因此，世界作为意识，充满了物活论的气息，其主客合一、物我不分的纯粹经验与意志或实在，实质上具有一种艺术本相。对于世界、自我、宗教、道德与伦理等诸方面的论究，无不可以归之于艺术：我们正是以艺术的方式思考和把握世界及我们自身，世界的本质是艺术。因此我们可以断言，西田哲学是艺术的哲学；西田的人生，是艺术的人生；西田的经验，也是艺术的经验。

基于这种哲学理论，西田的美学与艺术论就成了顺理成章的结论。他认为，人的思维、意志、道德；知意情；真善美，其实并不是可以各自分开的独立的方面，西方哲学把这各个方面对立起来构成一个体系是虚妄的，因为，任何思维都是有意志的，也是有感情的，任何意志也必须受制于道德与认识，等等，没有纯粹的思维、意志与道德，我们根本不可能把三者分开来。所以，西田主张知情意、真善美的合一。这种合一性，体现了纯粹经验的纯粹性，体现了存在的真实，体现了存在的宗教性，更重要的，存在就是一种艺术。从这种同一性出发，西田展开了他对于艺术与美的描述，而不是分析与论证。

西田哲学或说艺术论给我们的启示是，我们不能把艺术活动分割成对立的单元，从对立的关系中把握艺术的意义；不能以分析的理性的思维对待艺术、人生和宗教问题，而重点在于体验，在于从纯粹经验的视角把握一种新的掌握方式。尤其是，对于我们东方的艺术思维方式和对世界的把握方式，更要引起我们的重视，其价值的现代化必须在文学理论的研究与文学作品的批评中实现。

（作者单位：山东经济学院文学院）

技术究竟有没有未来？

——兼论海德格尔与未来主义艺术

张贤根

技术的存在及其与时间的关系问题，无疑是现代思想与艺术所探究的重要问题。在这里，面向未来的技术，是存在的敞开与遮蔽的一种重要的方式，但未来技术的无家可归却是不可回避的存在宿命。因此，只有对技术的座架本性加以批判，让技术成为技术，我们未来在语言家园里的诗意居住才有可能。基于这种关系及其历史性演变，探讨技术在未来的可能存在，以及未来的技术何以可能等问题，进而揭示技术的形而上学本性，尤其是根据海德格尔与未来主义及其对技术的探讨，这或许会开显出技术与未来自身关切的崭新意义。

一、技术及其与时间的关联

作为人的身体的延伸，技术是人与外界打交道，实现自己目的的工具、手段。在技术自身的进步与发展中，技术在本性上又是与时间不可分离的，技术发展史就是这一关联的彰显及其表现。因此，技术与时间的关系就成为了海德格尔思想的重要问题。

作为一种艺术运动，马里奈蒂发起的未来主义最初纯粹是一种文学运动，它旨在打破语法、句法和逻辑的禁锢，让文学赞美未来技术世界的轰动事件和音响。也许正是在技术与时间的问题上，未来主义可能与海德格尔思想有着内在的关联与对话。

究竟何谓技术？"技术"一词自身也是历史性流变与生成的，它的英文 technology 是由希腊文 techne（工艺、技能）和 logos（词语、话语）构成的，即关于工艺、技能的论述、谈论。古希腊哲学崇尚知识，而贬低了技术，更缺乏对技术的深思。在 17 世纪，技术指各种应用工艺。20 世纪以来，技术的含义扩大至工具、机器及其使用方法。

至此，技术的问题就日益重要起来了。一切时代的技术活动，都是在先前技术展现的基础上进行的。同时，这些技术本身又成为未来技术的可能性前提。在技术的发展史上，对原初纯物的简单加工构成了人类的早期技术、器具，如以石头为重要技术的石器时代。技术语言不仅是技术的表征，而且是技术对语言渗透的生成物。

海德格尔所处的时代，早已是一个技术的时代。在这个技术时代，语言的技术化是不可避免的宿命。并且，技术成为规定人们的思想与生存的根本性尺度。"因此，在语言科学看来，语言无非是可加工的齐一的并对主体的行动来说合适的材料；语言被生产成技术的干预及语词和概念的客体。"① 技术语言更加剧了语言的形而上学化的进程。

近代的技术主要体现为以机械为代表，它更多地表征为人类肢体及其能力的延伸。在现代，技术主要体现为自动的、信息的技术，它是人的身体、大脑功能的延伸，尤其是大脑思维能力的延伸与功能拓展，这构成了现代技术的主要标志与根本特质。不仅如此，互联网、虚拟世界的技术，将社会带入了一个前所未有的后工业化状态，这显然是未来主义所未曾预想到的。

当然，这也属于未来主义所指的"未来"的范围。此外，技术让各种事情的同时发生、出现成为了可能。在这里，"同时性是指多事同时发生的动态环境和现代生活本身节奏，尤其是由科技精神产品构成的生活节奏。"② 这种同时性，既是海德格尔所关注的，也是未来主义所诉求的。

在海德格尔看来，传统形而上学把存在当成优先于时间的东西。因此，对形而上学的反对就表明为强调存在的时间性本性。海德格尔所说的时间性，指与有向将来发展可能性的此在相一致的时间观念。在时间性上，此在是有限的。技术与时间的关联不仅体现在，不同时间里技术的表现方式是不同的，还表现在技术对时间的内在关切上。

存在及其与时间的关切，在海德格尔那里成为了一个根本性的问题，并表征着过去、现在与未来的交织，其中，未来更是根本性的存在。就未来主义而言，"该流派强烈颂扬现代科技、速度与城市生活，并且不惜精力地贬损西方

---

① ［德］冈特·绍伊博尔德：《海德格尔分析新时代的技术》，中国社会科学出版社1993年版，第150页。

② ［英］保罗·克劳瑟：《20世纪艺术的语言：观念史》，吉林人民出版社2007年版，第62页。

艺术的传统"①。在未来主义那里，对艺术的追求就必须关注当下的技术，并且还要放弃过去的艺术传统。因此，博物馆艺术被藐视为"嗜古"的艺术，而即将来临的战争则受到热烈欢迎。

在时间之维中，技术既展现为各个不同时期的技术产品、生产与生活器具，它们有着不同的原理、功用。在前后不同的思想时期，海德格尔对技术有着不同的理解。"海德格尔第一和海德格尔第二之间的差异就在这里：前者认为，技术是一种存在物；后者认为，它是一种揭示事物的形式。"② 当然，如果把海德格尔思想分为三个时期，那么与其早中晚相对应的技术则是：手上之物、器具与语言的工具化。

更为重要的是，这些技术在敞开一个特定的世界之时，又对存在自身给予了一种遮蔽。根据海德格尔，作为一种完成了的形而上学，技术与一般形而上学一道，力图在时间的流变中，让存在者确立与定格下来，并根据技术的座架本性去设定自然万物。

在20世纪，未来主义等现代艺术派别，与技术生产发生有着密切的关联。值得注意的是，技术样式与形态的变化，不仅是随时间的流逝而发生的，而且，技术的存在本身就是历史性的。这种历史性是历史的基础，就如同时间性使时间成为可能一样。"技术展现扩展到一切领域，其中也包括艺术。"③ 可以说，技术已经无所不在了。

在现代尤其是当代艺术中，技术、器具与艺术的界限，正在日趋模糊，乃至消失。技术不仅改变了艺术表现的方式，还规定了艺术观念及其变化。与此同时，技术的历史性与时间性的关系是，历史性是基于时间性的，并且二者又是相互生成的。在时间性的维度中，过去的技术在现在成为了现实，而现在的技术既有过去的痕迹，又有未来的预期与意向。

二、技术的可能及其时间性基础

作为人类活动的手段，技术是人与物、人交互作用的中介。尽管人们可以

---

① [英] 斯蒂芬·利特尔：《流派：艺术卷》，三联书店2008年版，第108页。
② [法] 让-伊夫·戈菲：《技术哲学》，商务印书馆2000年版，第130～131页。
③ [德] 冈特·绍伊博尔德：《海德格尔分析新时代的技术》，中国社会科学出版社1993年版，第161页。

生产与选择各种各样的技术产品，并以之与世界打交道，但技术既不是内在于人的，也不是外在于物的东西。"未来主义者在技术的进步中发现了根本的救赎。他们主张，他们的时代的意义体现在高功率运转的机器的物力论与速度之中。"① 同时，人们也不是可以任意支配技术及其存在的。相反，原本作为手段的技术，往往又成为了目的并支配人。

未来主义绘画曾受到过新印象主义、立体主义的影响，如它借鉴了新印象主义的点彩技法与立体主义的形式语言。与立体主义一样，未来主义致力于现代工业社会审美观念的表征。

基于实用与否，海德格尔把物分为纯物（无用）、器具（有用）与艺术作品（无用）。当然，这种区分主要是就其基本特性而言的。器具可能是手工的，也可能是现代工业的，总之，它是具有实用性的人造物。在这里，器具既是技术活动的产物，同时它又为新的技术的出现，奠定了物的基础。

就物是否敞开而言，纯物是幽闭的，而器具与作品则是可以敞开的。"海德格尔这里所说的技术（technology）不仅仅是指机器。它们是一种转喻，指的是他称作为技术（das Technik）的特定的可能性领域。"② 同时，技术的规定意义，也远远超出了作为手段的技术本身。因此，与器具相关的技术，也同样是以存在为基础的。因为技术总是发生在存在的领域，尤其是人们的生活世界。

在早期，海德格尔将存在者分为此在、手上之物与手前之物。这里的手上之物也就是人造器具，它往往因为合手好用而未能彰显出自身的存在。也就是说，正是存在使器具成为可能。作为一种存在者，器具又与存在发生密切相关。并且，海德格尔把此在与时间相关联。作为人的规定，此在揭示了人的存在及其时间有限性。基于或关切于器具的技术，它往往以遮蔽的方式敞开了存在。

海德格尔早期的重要著作是《存在与时间》，"该书中著名的'工具分析'预言了技术在存在论上先于科学"③。因此，存在与时间的关切，也使技术存在具有了时间性特征。当我们探讨技术何以可能的问题时，也就是在探究技术

① Timothy Taubes. *Art and Philosophy*. Buffalo：Prometheus Books，1993，p. 43.

② ［美］大卫·库尔珀：《粹现代性批判——黑格尔、海德格尔及其以后》，商务印书馆2004年版，第24页。

③ ［美］唐·伊德. 让事物"说话"：《后现象学与技术科学》，北京大学出版社2008年版，第34页。

存在的基础问题。存在与时间在本性上的相关性，表明了技术可能的基础也是时间性的。

技术不仅表现为外在性的器物，更在其存在维度上展现为一种设定的力量。现代技术的不断进步，表明为一种可能性的存在。在这里，可能性指一种潜在的可实现性，并表明为一种可选择性。

对未来主义来说，"马里奈蒂1909年写的《未来主义宣言》为整个运动奠定了基调，表现在崇尚支力主义，赞扬机械美和速度美，坚决反对传统文化遗产，这本身与柏格森关于存在即创新和不断生成的观点是一致的。尼采在他的书中也表示了类似的思想，同时尼采也是备受马里奈蒂及其同行们所推崇的一位哲学家"①。在这里，柏格森力图以直觉摆脱近代的理智，尼采强调了生命力、强力意志及其在艺术上的体现与意义。在这里，力量与速度都是技术发展及其表征。

在柏拉图看来，理念世界是现实世界的原初形式，现实世界是分有理念形式而形成的。根据柏拉图的理念论，理念是可能的，而现实世界是现实的。亚里士多德所说的潜能与现实，也就是可能性与现实性的关系。亚里士多德认为，偶然性是依据条件可能发生也可能不发生，这种可能性具有一种外在性的意味。

在中世纪，唯实论认为，共相作为上帝造物的形式而加之于万物，也具有可能性的意义。如果说作品敞开了艺术、真理，那么，"与之相反，器具的制作却决非直接是对真理之发生的获取。当质料被做成器具形状以备使用时，器具的生产就完成了。器具的完成意味着器具已经超出了它本身，并将在有用性中消耗殆尽"②。作为一种有用性，技术往往遮蔽了其自身的存在。器具受有用性的规定，并展现为一种日常生活与工作用品。现在技术的存在，为未来技术的可能性奠基。

技术是实用性的，未来主义把可能性作为其基础，力图通过可能性的提出进而达致探索的成功。对未来主义而言，"波乔尼的雕塑宣言比先前艺术家的声明更彻底地探索了机器时代的世界的审美的可能性"③。这种审美的可能性，

---

① ［英］保罗·克劳瑟：《20世纪艺术的语言：观念史》，吉林人民出版社2007年版，第51页。

② ［德］马丁·海德格尔：《林中路》，上海译文出版社2004年版，第52页。

③ Marianne W. Martin. *Futurist Art and Theory* (*1909—1915*). Oxford：Oxford University Press，1968，p. 130.

在很大程度上取决于技术的规定。海德格尔所说的可能性，是一种存在论意义上的，不再如西方逻辑学上所说的可能性。

在未来主义那里，技术的可能就是技术在未来的存在。就技术与时间的关系而言，未来主义的未来技术是向前延展的、不可逆转的与回不去的，而海德格尔所说的技术在未来也从来不会游离于过去、现在的语境。由此可见，海德格尔与未来主义所理解的技术可能性也有所不同，后者忽视与割裂了技术的历史性的联结，而前者则努力让技术被遮蔽的历史性开显出来。

三、时间的到时与技术的本性

在海德格尔看来，在技术的本性得以揭示之前，必须首先清理与批判历史上流行的技术观。这些流行的技术观，把技术看成达到目的的手段和人的活动，因此是工具性的与人类学意义上的。因为，工具性与人类学的技术观，把技术看成人类创造的、适用的，并且还可任意选择与处置的东西。工具性与人类学的技术定义虽然正确，但它们并没有揭示出技术的本性，以及技术之于人的存在的意义与影响，也不能阐明技术与时间的本性关联。

在这里，"时间性并非先是一存在者，而后才从自身中走出来；而是：时间性的本质即是在诸种绽出的统一中到时"[①]。时间性不能归结为某一具体的时间，如编年史的一个年代。技术决定论主张，技术是决定社会发展的根本性力量，它成为未来主义的重要理论来源。但技术决定论显然把社会发展及其动力看得过于单一。

在时间性维度上，技术自身的规定和物化外观都会发生相应的变化。就技术的规定而言，现代的存在成为了技术的基础，但技术的形而上学反过来又使存在被遮蔽。又比如说，外观更小巧、美化，但技术自身规定的变化，则会更加复杂与隐蔽。作为时间性的绽出方式，"将来、曾在与当前显示出'向自身'、'回到'、'让照面'的现象性质"[②]。在海德格尔看来，技术是一种座架的力量，它力图使一切它所接触的、发生关联的原初之物，按技术本性要求的那样去定向。

---

① ［德］海德格尔：《存在与时间》，生活·读书·新知三联书店 1999 年版，第 375 页。

② ［德］海德格尔：《存在与时间》，生活·读书·新知三联书店 1999 年版，第 374 页。

在存在论上，人与技术的关联，不再是主体与客体、创造者与被创造者的关联，而是作为独特存在者的人即此在与技术存在者之间的关系。器具及其技术本性导致了，使用它的此在的原初敞开被遮蔽，而且还被定向化的处置。

但未来主义的时间到时，是以现在、将来与过去的分离为前提的。海德格尔以此在消解了主体论对人的支配，但他的此在尚有主体论的痕迹。在波乔尼那里，"他认为机械是新的时代观念的表征，机械的持续不断的运动，产生速度和美感。动力是时代最具典型性的感觉。歌颂'速度之美'，是未来主义者追求的目标"①。作为人的存在，此在以领会自身的方式而存在着，并与技术发生着关联，而且，这种关联还随着时间的流逝而变化。

而且，此在并没有现成的本性，它在对自己的存在的不断追问中展现自身。根据海德格尔，此在是基于时间性的，也就是说，时间性构成了此在的原始的存在意义。在未来主义那里，艺术家的行为受技术的支配。

在 20 世纪，也就是海德格尔所处的时代，未来主义也正在这一世纪兴起。从本性上说，这是一个技术的时代。技术不仅是以其座架本性，敞开了一个世界，但也因此对存在带来了遮蔽，并且对现代艺术产生了深刻的影响，如技术在未来主义中的地位等。

在未来主义那里，"现实"是一个内在和外在过程的相互渗透，"这个复杂渗透是通过'同时性'的画面构图而显现出来的，把相继续的转为相并立的和相叠、相渗入的，观赏者被引进这一构图里面去"②。就技术的本性而言，技术是与时间相关切的。技术的本性及其存在，使得未来主义的同时性丧失了完整性，未来的技术将与过去、现在的技术发生历史性的分裂。

从表象上来看，技术及其器物随时间而变化，也就是说，技术是不断"进步"的，在不同时代、时期，技术表征为不同的样式与形态。在海德格尔那里，作为真理的一种展现方式，技术的去蔽是具有挑战性的，其前提与基础就是"设定"（stellen）。也正是形而上学，使技术成为了座架，把自然物设定为技术的持存物。所谓设定，就是从某一方面去看待某物、取用某物，将事物变成持存物。

在这里，技术的座架本性设定与构成了事物的本质。作为存在者，事物在

① 晨朋：《未来派》，人民美术出版社 2000 年版，第 29 页。
② ［德］瓦尔特·赫斯：《欧洲现代画派画论》，广西师范大学出版社 2002 年版，第 153～154 页。

表象中成为了对象。海德格尔揭示了现代世界被把握为图像的状况，并且认为世界之成为图像，与人在存在者范围内成为主体，乃是同一个过程。这一情况，也同样适合对未来主义的描述。尽管如此，技术从来没有，也绝不可能摆脱形而上学的命运。

形而上学把存在作为存在者来追问，预设了存在者存在的自明性前提，这就必须使存在者的存在与时间性相分离。"因此，与存在者打交道的技术方式并不是人们任意选择的，相反，人被那种海德格尔称为座架（Ge-stell）的无蔽形式限制在这种方式中。"① 技术的敞开是一种特定意义上的，它是一种定向与异化的样式。

由此，形而上学遗忘了本源性的时间，而技术在本性上由于设定而成为一种形而上学，而且还是一种完成了的形而上学。技术以让时间凝固的方式，成为一种对时间本性的反离，它最终是一种遮蔽存在自身的形而上学。在未来主义那里，现代技术不仅成为了艺术表现的重要方式，还规定了艺术存在的根本特质。

四、技术存在如何面向未来

在时间性的基础上，技术得以存在并展现开来，从过去、现在到未来，由此显现出技术发展的时间可能性。"计算带来的技术化使西方的知识走上一条遗忘自身的起源、也即遗忘自身的真理性的道路。"② 那么，作为一种可能性，技术又是如何从过去、现在走向未来的呢？为此，首先还必须厘清未来与现在、过去的关系。

在海德格尔那里，时间性与有向将来而存在的可能性的此在相关联。在作坊时代，技术主要是手工性的，这突出地表征在工艺上。经由技术革命，人们的生产方式已由手工技术转向基于大机器生产的工业技术。在此，未来主义的出现也离不开现代技术的到来，同时，现代技术也在根本意义上规定了未来主义及其技术表征。

但是，"也正是拉尼尔提醒我，海德格尔的技术观念更多地属于工业技

---

① ［德］比梅尔《海德格尔》，商务印书馆 1996 年版，第 128 页。
② ［法］贝尔纳·斯蒂格勒：《技术与时间：爱比米修斯的过失》，译林出版社 2000 年版，第 4 页。

术，而不是电子技术"①。在哲学上，一般所说的时间是从过去、现在到未来的无限的时间之流，这也是牛顿经典物理学语境里的时间。与此不同，海德格尔把时间与此在关联，认为在此在的可能性中，未来是时间性的关键所在。

其实，新材料的出现也与技术、时间密切相关。波乔尼认为，在雕塑中应该广泛的使用新材料，如玻璃、钢铁、水泥、镜子、电灯等，这些材料是先前未曾运用的，它们的出现与当时的现代技术是密切相关的。此外，他还提出使用发动机以使某些线条或平面活动起来，这种想法在构成主义那里变成了现实。在未来主义那里，技术成为了动力、速度与节奏的基础，艺术凭借技术来表征现代生活的旋涡，即一种钢铁的、狂热的、骄傲的与疾驶的生活。

而且，未来主义者将沉溺于昔日时光的行为戏称为"过去主义"，把这些人称为"过去主义者"，有时甚至对他们进行身体上的攻击。但是，未来与现在、过去是不可分离的，因为，"只有当此在是将来的，它才能本真地是曾在。曾在以某种方式源自将来"②。当然，此在是向着未来的。此在在世界之中的存在、生存，只有通过这种向着未来的时间性才能得到阐明。汽车、飞机与工业化的城镇等，在未来主义者的眼里充满了魅力。

在这里，技术的前瞻性也表征为面向未来。但问题在于，基于技术及其成就的展现，未来主义割断历史以创造一种全新的艺术，却没有看到技术本身就有其时间性、历史性的基础。与之不同，海德格尔还揭示了技术对时间性自身的遮蔽。

在其处境里，此在从未来回溯到现在、过去。应该注意的是，现在是当下的存在，过去是曾经的存在，它们之间存在着广泛的互文性。与之相关联，技术也表征为曾经的技术、当下的技术与将至的技术。"当海德格尔指出，时钟是一个人和其他人同在的时间，其意义在于：技术的时间是一种公众的时间。"③ 作为技术时间的表征仪器，时钟揭示的显然不是本真的时间。

如果说，基于时间性的技术回溯，是从将至的技术、当下的技术到曾经的技术的话，那么技术面向未来就是从曾经的技术、当下的技术到将至的技术。

---

① ［美］唐·伊德：《让事物"说话"：后现象学与技术科学》，北京大学出版社 2008 年版，第 53 页。

② ［德］海德格尔：《存在与时间》，生活·读书·新知三联书店 1999 年版，第 371 页。

③ ［法］贝尔纳·斯蒂格勒：《技术与时间：爱比米修斯的过失》，译林出版社 2000 年版，第 283 页。

当然，这种关联并不是单向的、线性的，而是一种共在性的。在未来主义那里，未来不仅没有成为过去的基础，还是过去的割裂与终结，各时间之间的互文性已经断裂。

而且，正是未来遮蔽与解构了过去的技术。在海德格尔看来，曾在是此在走向它的未来所必须参考的，曾在与将在相关切，成为现在一切行为的指导。"此在从其本己的未来中——此在在其中获得自己，实现自己——把自己时间化。这种此在就是本真的此在，而他的未来的时间化就是预备。"① 但未来的技术，却不是本真性的。

同样，现在的技术既受制于过去技术的曾经，更牵涉于未来技术的将至。1916 年后，未来主义对达达主义产生了深刻的影响，这不仅是由于新技术的作用，还由于未来主义模糊了不同艺术之间的界限，以及经由媒体而完成的对大众的文化挑衅。作为一种现代艺术，未来主义既关涉存在，同时它又经由技术遮蔽了存在自身。

走向未来的技术与艺术，从来不是简单地抛弃它们的过去。"未来主义拒绝了过去的艺术与文化：他们希望破坏一切陈旧的东西，并且对一切新生事物的重要性抱以尊敬。"② 不同于一般的时间观念，海德格尔存在论语境里的时间性关联，就是曾在出自于将在，以这种曾在为出发点，将在产生现在。

因此，时间性的交织表征为，曾经存在着的、现在存在着的未来，即面向未来、参考过去与决定现在的时间性。这也表明，技术的发展既不是简单的回溯，同时也并非只是前瞻，它是三个时间的技术及其互文性，其根本所在就是面向未来。在时间的基础上，虽然未来与现在、过去是相互交织的，但面向未来之于生存则是根本性的，这也决定了技术在未来可能的存在状况。

五、未来的技术与家园的问题

就技术的规定性问题，"在海德格尔看来，'原子时代'这一命名可以显示出决定我们时代的东西，与之相对，一切其他的东西——从艺术到宗教——

---

① ［德］比梅尔：《海德格尔》，商务印书馆 1996 年版，第 60 页。
② ［英］斯蒂芬·利特尔：《流派：艺术卷》，生活·读书·新知三联书店 2008 年版，第 108 页。

都必须退居次要地位"。① 在未来主义的语境里，技术之于艺术具有更为重要的意义。马里奈蒂的"人体金属化"的主张，在西方的电影中有所体现。对技术及其理性的探究，不能仅仅停留在工具理性与价值理性等层面上，而是应该将理性还原到存在的语境中去。

未来主义充分强调了技术的重要性，以及与技术相关的速度、节奏、暴力等因素。不同于过去的、现在的技术，未来的技术是具有各种可能性的、潜在的技术。但是这种可能性，却不是与存在相关切的本真的可能性。未来主义强调的是现代技术，这种现代技术在艺术中的表现，使艺术相对于过去而言，呈现出某种未来性。

或许，艺术原本是无暴力的，但后来却并非如此。"人们理解了，海德格尔……作为非技术恐惧论者，为何宁愿在这'无暴力的权力'——艺术作品，尤其是诗歌——中，去寻找出路……"② 但是，未来主义已经让艺术置于技术及其暴力的语境里，并在本性上接受了技术的规定。不过，海德格尔认为，有一个神还能拯救我们。

在海德格尔所处的技术时代，面向未来的技术总是与虚拟的、信息的技术相关的。在海德格尔那里，技术是此在的原始性的遗忘。就其本性而言，技术基于座架让事物去定向，纯类、自然按座架的定向要求，去成为技术及其器物。考虑到荷尔德林的诗句"但哪里有危险，哪里也生救渡"。或许正是危险，使技术的救渡成为可能。

所以说，"据此，我们就必须再度追问技术。因为据上所述，救渡乃植根并且发育于技术之本质中"。③ 作为形而上学的完成，技术在敞开事物的时候，又让事物遮蔽在存在者之中。在显现存在时，与技术相关的存在者更是以另一种方式遮蔽了存在。形而上学导致了存在的遮蔽与遗忘，技术这种完成了的形而上学，则使这种状况达到了极致。

技术及其对存在的遮蔽与遗忘，在根本意义上导致了人类的无家可归。在克服与超越近代认识论及其理性困境的同时，海德格尔为艺术及其存在的探讨，奠定了一个基础存在论的语境。技术规定了现代科学，并决定了存在被遗

---

① ［德］冈特·绍伊博尔德：《海德格尔分析新时代的技术》，中国社会科学出版社1993年版，第40页。

② ［法］让-伊夫·戈菲：《技术哲学》，商务印书馆2000年版，第132页。

③ ［德］马丁·海德格尔：《演讲与论文集》，生活·读书·新知三联书店2005年版，第29页。

忘这一命运的加剧。在晚期，海德格尔更强调语言家园之于人的存在的重要性。其实，遗忘早就是存在的宿命。

在这里，"遗忘的主题在海德格尔关于存在的思想中占有主导地位，存在是历史性的，存在的历史就是它对技术性的归属"。① 对技术及其座架本性的克服，就必须让技术语言向诗意语言回归。这里的诗意不再是持存的创建，而是对尺度的接受，即倾听存在的呼唤与语言的道说。当然，这并不是要放弃技术及其语言，而是把技术语言限制在技术的领域，不得泛滥于技术领域之外。

但未来主义企图以机械美、技术美代替艺术美、自然美，到机械的喧嚣与战争的威胁中去寻求灵感。问题在于，未来主义让技术规定艺术，不仅使艺术的本性被遮蔽，还可能导致虚无主义的泛滥。作为人的存在的本己相关之处，家园是生存、生活的基础，但它既不是一个外在的空间如房屋，也不是人的内在的精神如观念。

在本性上，存在之家才是我们的家园。形而上学让人们远离了存在之家，未来技术也更加剧了这一历程。与所有技术一样，未来技术也是无家可归的，但它又呈现出独特的状态。"海德格尔所指的'当今一代'预示这个无未来的一代。"② 如果说传统的技术让我们回不到自然，现代技术让我们回不到存在的话，那么未来技术甚至使我们连现实都回不去了。我们或许只能沉溺在虚拟的世界而不能自拔，却没有实现对现实的审美超越。

未来主义对网络化的当代社会也有着影响，如"赛博朋克"的出现。当然，"赛博朋克"的创作也在警示人们：社会依照如今的趋势可能出现的未来景象。悲观的技术决定论者认为，现代技术的规定与支配可能导致人类走向毁灭的未来。乐观的技术决定论者认为，现代技术的负面效应会随着技术的进步而得到解决。显然，这两种观点都存在着自身的问题。

其实，海德格尔并不属于这两者，因为他没有简单地否定或肯定技术的存在，而是深思技术的座架本性，并力图让技术回到存在的规定上去。无家可归表明，我们有家回不去；即使回去了，家已不是原来的那个家。更有甚者，我们或许有了很多所谓的"家"，如以房屋为"家"，以工作为"家"等，但本性的存在之家却始终隐而不显、视而不见，这个存在之家甚至根本就不再

---

① ［法］贝尔纳·斯蒂格勒：《技术与时间：爱比米修斯的过失》，译林出版社 2000 年版，第 4 页。

② ［法］贝尔纳·斯蒂格勒：《技术与时间：爱比米修斯的过失》，译林出版社 2000 年版，第 272 页。

存在。

失去了传统，未来主义艺术也不可能有自己的家园。"海德格尔认为，从技术的未来回返到过去的路上，未来就开放了。人应当放弃自身作为主体、作为万物参照点的地位。那时，语言中的存在就会有可能展现自身并给我们赐予一座崭新的家园。"① 因此，只有对技术的座架本性加以批判，让技术成为技术，我们未来在语言家园里的诗意居住才有可能。

（作者单位：武汉纺织大学时尚与美学研究中心

---

① ［荷］E. 舒尔曼：《科技时代与人类未来——在哲学深层的挑战》，东方出版社 1995 年版，第 96 页。

西方现代哲学美学思想的主题

——以晚期海德格尔诗意的思想为例

王　俊

一

如果将西方的历史划分为古希腊、中世纪、近代、现代和后现代的话，那么其哲学主题发展的总体路径便是从理性到存在再到语言，即古希腊（自苏格拉底）、中世纪、近代是理性，现代是存在，后现代是语言问题。与哲学相关，西方美学主题的发展经过了准美学期即古希腊的诗学，以及中世纪在上帝、世界、灵魂的维度中对美的探讨；严格意义上的美学是在近代由德国哲学家及美学家鲍姆嘉通创立的，它是感性学，但正如感性要被理性所规定，美学也是主体性哲学的一部分，因此，"在德国古典哲学诸大家的体系中，美学都是不可缺少的一个理论环节和结构要素"①。而且"由正（康德美学）到反（席勒—费希特—谢林的美学），在黑格尔的美学中达到了合。德国古典美学作为一个充满辩证法的哲学美学就最终完成了，它是对古希腊以来各种美学思潮，特别是近代理性主义和经验主义两大美学思潮的最终合流，美学在黑格尔这里就具有了西方美学史上前马克思主义阶段的最完备的理论形态。"② 但在现代，随着哲学的死亡，美学和诗学也成为反美学和反诗学；在后现代，美学的核心是语言或文本的问题。这样西方美学的发展便经历了一个完整的过程，即"古希腊是美在整体（世界），中世纪是美在上帝，近代是美在自由，现代

---

① 聂运伟：《美学与马克思学说的总体结构》，载《湖北大学学报》（哲学社会科学版）2008 年第 1 期。

② 张玉能：《德国古典美学使西方美学不断完备》，载《上海师范大学学报》（哲学社会科学版）2008 年第 1 期。

是美在存在，后现代是美的无规定性"。① 在海德格尔以前的哲学和美学，其主题都被理性所规定，其中尤以近代为典型。近代哲学美学基于"我感觉对象"，美和艺术虽然是感性的，但主题是理性，如康德、黑格尔的美学。理性即一种形而上学的思想（此一形而上学的思想在现代社会中有一现代形态，就是技术的思想和科学的思想，"在科学中的各种不可回避之物：自然、人、历史、语言，它们作为不可回避之物对于科学来说并且由于科学的缘故是不可接近的"②）。在现代，美学似乎终结，美的问题不再是理性的问题，而是存在的显现。

因此，现代哲学美学思想的主题形态不再是理性，即不再等同于传统的哲学、形而上学、科学一类的思想。在黑格尔之后，哲学的终结已成为了一种共识：作为一门科学的形而上学的终结意味着什么？形而上学终结于科学意味着什么？当科学发展到全面的技术统治，并因而导致"在的遗忘"的"世界黑暗时期"这种尼采曾预言的虚无主义时，难道我们要目送黄昏落日那最后的余晖，而不欣然转身去期望红日重升的第一道朝霞吗③？哲学终结之后，我们仍然在谈论哲学，那么这是一种什么样的哲学呢？"所谓'哲学的终结和死亡'源于理性已完成了自身的使命，但它却召唤人们对于存在的关注。"④ 因此，对于西方现代哲学美学而言，不再是思想规定存在，而是存在规定了思想。西方现代哲学美学的这种思想形态，即是"诗意的思想"，这对于不再强调追问，而是侧重倾听语言的晚期海德格尔而言，尤其如此。具体对海德格尔而言，"诗意的思想"是对于存在的思想，尤其是对于语言的思想。对于存在、语言的思想，海德格尔的独特表达即经验存在、经验语言，因为经验既非理性意义上的思考，亦非反理性的个人体验，而是比理性与非理性更本源。

二

在晚期海德格尔"诗意的思想"中，存在与语言进一步具体化为纯粹语言的诗意语言，而作为诗意语言道说的两种方式的诗与思想，接受的是诗意语

---

① 彭富春：《哲学美学导论》，人民出版社 2005 年版，第 29 页。

② Heidegger. *Gesamtausgabe*. Vittorio Klostermann, 2000, p. 7.

③ Gadamer. *Truth and Method*. China Social Sciences Publishing House, 1999, p. 50.

④ 彭富春：《哲学与美学问题——一种无原则的批判》，武汉大学出版社 2005 年版，第 91 页。

言的规定，即它们是对于诗意语言的倾听，然后互相对话。但在形而上学的历史中，思想的诗意本性是被遮蔽的。思想与逻辑学相连，此逻辑学是理性科学的一部分；与此相对，诗相关于诗学或美学，它从事于感性的经验。于是，思想和诗绝非同属一体，相反二者是分开的，而且始终被看成对立面，它们之间的对话无从谈起。

关于思想，人们强调它的非诗性，也反对诗成为思想的表达或概念的工具，因此思想没有诗意。同时，诗意也是被遮蔽的，人们误解了诗意。"思想的诗意特性仍被遮蔽。"① 思想的诗意特性的遮蔽是如此之深，以致于此特性完全被遗忘了。西方传统讲的诗意主要是将其变成一种设立，设立主要是一种主观的意愿，它来源于亚里士多德对于诗、诗意的规定，即海德格尔所批判的"设立"、"给予一个尺度"。海德格尔不仅认为整个形而上学误解了诗意的本性，而且认为诗人之诗人荷尔德林也误解了诗意的本性。虽然海德格尔说的"人诗意地居住在此大地上"来源于荷尔德林，但海德格尔和荷尔德林对"诗意的居住"的理解是迥然不同，荷尔德林所理解的诗意仍然是设立，"但那永远长存者，为诗人所创立"②。这是说不仅形而上学误解了诗意的本性，而且荷尔德林也误解了诗意的本性。另外，海德格尔在早期和中期也没有像晚期这样真正地把握诗意的本性。海德格尔早期讲语言的时候，侧重言谈，言谈是此在敞开的一种样式；中期主要讲真理的创立、设立；只是到了晚期，海德格尔才讲所谓诗意的语言是真理的口授，"思想道说存在的真理的口授"③。作为诗，思想在此既非设立，也非创立，而是道说，此道说是为存在的真理所口授的。当设立和创立规定了存在时，那作为真理口授的道说的诗却被存在所规定，此即由思想规定存在转向存在规定思想。

如果诗意是真理的口授的话，那就完全违反了传统形而上学对于诗意的规定。如上所述，传统形而上学认为诗意是设立，是规定或者设立一个尺度，但海德格尔则强调诗意是听从一个尺度，接受一个尺度。从规定一个尺度向接受一个尺度转变，这是所谓传统的形而上学诗意观到现代哲学美学——晚期海德格尔诗意观转变的一个根本性的特点。当思想作为诗意的思想、作为真理的口授的时候，思想便跟语言发生了一种关联；当思想跟语言发生了关联时，思想

---

① Heidegger. *Gesamtausgabe*. Vittorio Klostermann, 1983, p. 13.

② Hölderlin. *Sämtliche Werke*. Stuttgart, 1949, p. 2.

③ Heidegger. *Holzwege*. Frankfurt am Main, 1980, p. 17.

便跟声音发生了关联。正因如此，思想不仅仅是一种经验，思想不仅仅跟诗、诗文的写作发生关联，而且还跟吟唱，跟歌声发生一种关联。海德格尔说："吟唱和思想是诗的相邻树干。"① 在此，出现了吟唱、思想、诗三者，此三者是相邻的树干，它们同生成于存在，即被存在所规定，对于晚期海德格尔而言，它们即被语言、林中空地（Lichtung）所规定。这里的语言是林中空地的语言，林中空地除了是既显现又遮蔽的地方之外，还是一个宁静、寂静的地方，但此宁静与寂静又发出声音，这种声音具有规定性，它规定了吟唱、思想、诗三者。由此，思想接受这样一个规定与尺度，成为诗意的思想。

不仅是思想的诗意特征的遮蔽，而且诗的本性的遮盖也发生于形而上学的历史中。如在近代，德意志唯心主义将思想理解为设立，但依据海德格尔可从诗意方面予以解释。此设立"完全基于康德的洞见，亦即理性的本性作为'构成的'、诗意的'力量'的本性"②。理性因此是诗意的，因为它是思想的设立，它正好表达于那在诗意意义上的想象力之中。凭借于设立和构成同属一体，思想和诗也处于同一之中。但是，形而上学的思想的诗意特征遮盖诗意的本性和自身的本性，因为它遗忘了存在的本性。在此，那必须存在的，只是那已被思考的。思想最终规定了存在的本性，只要存在是思想的所思的话。

如果说传统哲学或形而上学是一种说明根据、建立根据的思想，那么在这种思想中，思想真正的任务却隐而不显。因此，唯有通过放弃说明根据，思想才能经验到那尚未言说的，此尚未言说的是那在根本上给予去思考的。正是在放弃之中，那尚未言说的走向语言，它在此不再被那在理性意义上的思想所遮盖和伪装。"放弃触及了迄今为止的所熟悉的与道的诗意的关系。放弃是对于另一关系的准备。"③ 在此，那迄今与道的关系吻合于形而上学的思想，而"另一种关系"是一种非形而上学的思想，即"诗意的思想"。海德格尔说："思想之诗在事实上是存在的形态学。它给存在道说出其本性的地方。"④ 不仅诗，而且思想与诗均是存在的形态学，诗意的思想能将存在的形态描述出来，揭示出来。康德说哲学家是人类理性的地理学家，"著名的大卫·休谟就

---

① Heidegger. *Gesamtausgabe*. Frankfurt am Main, 1983, p. 25.

② Heidegger. *Nietzsche*. Pfullingen, 1989, p. 1.

③ Heidegger. *Unterwegs zur Sprache*. Pfullingen, 1993, p. 19.

④ Heidegger. *Gesamtausgabe*. Vittorio Klostermann, 1983, p. 13.

是人类理性的这些地理学家之一"①，对于康德而言，哲学家就是要描述人类理性的界限，而对于现代思想家如海德格尔而言，人类的思想不再是描述理性的界限而是描述存在，包括人的存在的形态。

三

一种诗意的思想，因为是倾听、接受的思想，所以它首先要学习，然后要放弃，最后是作为建筑居住②。

首先是思想的学习。当我们强调要学习思想，即意味着我们还不会思想。为什么？从存在的角度讲，是因为存在自身遮蔽，存在自身遗弃，作为虚无的存在隐蔽自身，从而导致我们不可能思考存在；从我们人方面而言，原因在于意愿和能力，但我们有强烈的意愿去思考时，这种意愿又恰恰阻碍了我们去思考事情本身，正是因为意愿的强烈，导致了我们人思想能力的无力。按照海德格尔，我们要学习思考是因为我们还不会思考，这个不会思考是值得思考并值得焦虑的。但那最值得思考的是存在自身。但不是思考去规定存在，而是存在规定思考。因此思考、思想在海德格尔即"思索"、"沉思"，即思考要沉思于存在之中，接受存在自身的规定。学习思想有两个层面：一方面，经验存在，即人要进入存在之中，并作为一个被指引者被存在所指引；另一方面，要重新思考我们思想的本性。海德格尔强调，思想本身要被规定。思想本身被规定是通过思想的区分到达的，海德格尔区分了两种思想：计算的思想和思索的深思。从事思想，就是要放弃计算的思想，去从事思索的思想。所谓计算的思想是思想规定存在，思索的思想是存在规定思想。思想的学习最终还是要回到存在本身，回到林中空地，回到对于诗意语言的倾听。

然后是思想的放弃。海德格尔讲的放弃是思想要放弃自身已有的本性，此本性是指西方已有的思想，就是哲学、形而上学、科学的思想。因为对于海德格尔而言，这样一种思想正好导致了无思想性。无思想性体现为两个方面：一方面是思想无能，即思想没有接受存在或者语言给予它的能力；二是思想自身的意愿，这个意愿由于过于强烈，以致它阻碍了思想去思考。这种放弃了的思

---

① ［德］康德：《纯粹理性批判》，人民出版社2004年版，第583页。
② 彭富春：《无之无化——论海德格尔思想道路的核心问题》，上海三联书店2000年版，第165～182页。

想是一种林中空地的思想。海德格尔强调林中空地是存在自身显现出来，而这种显现同时又有遮蔽性，是既显现又遮蔽。海德格尔将这种舍弃了自身本性，从而回到林中空地的思想，描述为一条原野之路。"道路在最高意义上是原野之路，亦即一条原野上的道路。它不仅谈论着放弃，而且已经放弃了一规定性的学说和有效的文化成就和精神行为的要求。"① 原野之路不是田间小路，更不是高速公路。与原野之路相比，田间小路是人工的，高速公路是连接两个城市的手段。而原野之路是自然的，它不是手段，也没有目的，它自身就是目的。原野之路是依据周边地形地貌自行开辟的道路，林中空地也是存在自身的显示。原野之路是自然之路，自然之路是自身生成的，它就是林中空地之路。

海德格尔强调，放弃的经验能够把思想带到事情面前。在这样的经验当中，思想本身是没有任何力量的，但正是在这样一种无力的思想当中，事情本身能够显示出来。思想因此可以经验到它自身不可能言说那尚未言说的。因为我们传统的思想都是理性的思想，运用的是逻辑，是概念。而这样一种放弃了理性的思想，会撞击到理性的边界——理性和非理性的边界，能够经验到那些非理性的东西。非理性对于海德格尔而言，是存在自身那些不可言说的东西。这样一种放弃了自身已有历史本性的思想，可以经验那些不可言说的东西。

同时，思想在放弃当中，会保持一种转折，就是允诺和拒绝。比如，一种诗意的语言可以对我们有一种允诺：人要按照诗意语言的指引诗意地居住在大地上。面对允诺，海德格尔认为思想必须拒绝。思想的拒绝是对于自身本性的拒绝，对于思想自身本性的拒绝同时就有对于允诺的回应，拒绝和回应同时发生。在此就出现了转折，放弃形而上学的思想，行走在林中空地的原野之路上。思想在此就是无意愿与泰然让之（Gelassenheit zu den Dingen）。泰然让之即让存在作为存在，也即思想遵从存在自身。意愿是传统形而上学对于存在的基本的规定和对思想的基本规定，在现代技术时代里，这样一种意愿的思想就表现为一种技术的设立、改造的态度；与意愿不同的是，泰然让之是自然的态度，是林中空地的态度。泰然让之是对意愿或者技术思想的克服，从而成为诗意思想的显现形态。如果我们对世界采取一种泰然让之的态度，我们就告别这样一种意愿、技术的思想，从而让另外的东西显现出来，这所谓另外的东西海

---

① Heidegger. *Vorträge und Aufsätze*. Pfullingen, 1990, p. 70.

德格尔称之为神秘（Geheimnisvolle）。但是在技术的时代里，这种神秘已经不存在了。按照海德格尔的思想，如果我们泰然让之，我们就能让这种神秘作为神秘存在。

最后是思想作为建筑。诗意的思想作为建筑是居住性的建筑，凭借于建筑被居住所规定以及思想被存在所规定，因此作为建筑的思想是一条道路并且是通往居住的运动。建筑和思想在此均属于居住。"建筑和思想依据其形式各自对于居住而言是必要的。但是，这两者对于居住而言却是不充分的，只要它们分离地从事它们的自身的事情，而不是相互倾听的话。"① 思想和建筑的同一性在于，二者均是让居住；其区分为：当建筑属于居住时，思想却属于存在。"但是，只要存在理解为人的居住的话，那么，建筑必须理解为思想性的建筑，正如思想是一建筑性的思想。"② 思想与建筑是同属一体的。

由此，海德格尔认为，思想作为道路在一地方建筑，此道路自身却是运动的。"去那的道路不能如同一街道一样合乎计划地标明。我几乎愿说，思想崇敬一奇迹般的道路建筑。"③ 凭借于建筑道路，这种建筑性的思想转离了形而上学，同时转入本源的地方性的林中空地。形而上学的思想不能建筑居住，因为它为存在的遗忘所规定，凭借于它遮蔽了存在的本原性的真理。技术性的思想也不能建筑居住，因为它是形而上学思想的后继者，并用信息语言取代了道说的语言。只有当林中空地自身敞开和思想于此在家的话，思想才可能成为建筑的思想。因为思想作为道路建筑居住，所以它在根本上是诗意的，只要人诗意地居住在此大地上④。

如开篇所述，如果将西方的历史划分为古希腊、中世纪、近代、现代和后现代的话，那么关于存在问题的探讨则是西方现代哲学美学的核心维度，此时的主题思想，不再是规定存在的理性的思想，而是经验存在的诗意的思想。于是，在现代，美或艺术不再是被理性所规定的，而是存在自身最直接的显现。现代反对将美或艺术作为人的一种感觉现象，而将它们当做一种关于存在的经验。关于存在的经验不限于人的精神或心灵层面，也不限于一般性的个体的、

---

① Heidegger. *Vorträge und Aufsätze*. Pfullingen, 1990, p. 71.
② 彭富春：《无之无化——论海德格尔思想道路的核心问题》，上海三联书店 2000年版，第 174 页。
③ Heidegger. *Unterwegs zur Sprache*. Pfullingen, 1993, p. 21.
④ 彭富春：《无之无化——论海德格尔思想道路的核心问题》，上海三联书店 2000年版，第 174～175 页。

身体的体验，从而更为本源，成为感性和理性的基础。这对于马克思、尼采、海德格尔均是如此。具体到海德格尔，其"美学不再基于传统美学的'我感觉对象'，而是基于'人生于世'；在此不再是主客体的二元分离和综合，而是人与世界本原的合一；不再是我设立对象，而是我体验和经历存在"①。

（作者单位：武汉大学哲学学院）

---

① 彭富春：《哲学美学导论》，人民出版社 2005 年版，第 13 页。

论本雅明的"光晕"及其与艺术品的关系

刘雪枫

"光晕"虽是本雅明重要美学观点之一,但并不是他本人始创,早在20世纪初期的德国就早已出现了此概念。本雅明在总结前人观点的基础上,将自己的对其的理解注入其中,在《摄影小史》中首次尝试接触"光晕",而后在《机械复制时代的艺术作品》中将其含义继续完善,从而形成具有自己鲜明特征的美学观点。

一、对"光晕"的词源理解及其在本雅明思想中的含义

"光晕"首次出现是在20世纪初德国文艺评论中,它在德语中的原意为外形特殊事物的神秘特性和在宗教神话中圣像上的光环。

本雅明在《摄影小史》中第一次提及"光晕"的概念,他在列举摄影技术发明后不同作品的呈现的不同效果时,曾谈到一幅卡夫卡童年肖像的作品。在这张摄影作品中,面带哀愁的少年与以往为了照相在镜头前刻意摆出某种特定姿势的人物不同,他的面部感情更让人感到真实,甚至可以让欣赏者感受到这位少年的情感。正是由于在这幅作品发现了在其他摄影作品中很少看到的真实感,本雅明认为"早期的人像,有一道'光晕'环绕着他们,如一种灵媒物,嵌入他们的眼神中,使他们有充实与安定感"①。以此来表达他怀念早期能够显现真实自身的艺术作品,反感矫揉造作、为了真实而刻意通过光学技术手段让欣赏者误认为是真实的假象。"光学仪器的发展提供了足以完全征服黑暗的工具,能忠实反应自然现象。利用最明亮的镜头以压制黑暗,将'光晕'从相片中去除,正如同主张帝国主义的布尔乔亚阶级将'光晕'从现实中

---

① 〔德〕本雅明:《摄影小史》,广西师范大学出版社2008年版,第26页。

驱逐。"①

当时风靡一时的摄影技法造假伎俩让本雅明厌恶,他欣赏恰当运用摄影技术将作品与内容本身融合在一起,使这二者成为一个整体,从而感染欣赏者。"本雅明攻击的是过去和现在的呼神唤鬼的庸俗文学作家,以其平庸之作,将光晕贩卖给平庸之人。"② 他甚至举了一个小提琴家和钢琴家的例子来说明这层关系:与钢琴家简单地敲按琴键不同,小提琴家需要带有感觉触动琴弦才可以让乐器发出美妙的乐曲;与生硬追求真实自然而拙劣运用光影技术的摄影者不同,只有能够捕捉到摄影对象"光晕"并且把实物对象从"光晕"中解脱出来的摄影者才是真正意义上的优秀摄影家。

本雅明在 1963 年发表的作品《机械复制时代的艺术作品》中继续完善在《摄影小史》初显雏形的带有自己美学观点的"光晕"概念。他强调通过在艺术作品中所体现的感知方式变迁来体现出社会变迁,而社会变迁中元素的变更就在于"光韵"的衰竭。为了更形象地体现出这种历史对象,本雅明借在空间中距离遥远而心灵上感觉贴近的自然对象概念来加以说明。"在一个夏日的午后,一边休憩着一边凝视地平线上的一座连绵不断的山脉或一根在休憩者身上投下绿荫的树枝,那就是这座山脉或这根树枝的光韵在散发,借助这种描述就能使人容易理解光晕在当代衰竭的社会条件。"③ 通过在时间和空间两个维度中对自然界的景象进行解读,可以看到本来距离遥远的事物也可以在心灵上给人以亲近的感觉,在这段说明文字中山脉和树枝给人带来普遍享受同样也可以运用到艺术品中去。本雅明所强调的不仅是实物给人的印象,更是人的主观感受能力扮演着的角色。在休憩的同时也去凝视正是体现了观察者与被观察者之间密不可分的关系:不需要在浮躁的喧哗中去高歌艺术价值而是在专注的审美中感受美的存在。

二、技术复制受到的挑战与"光晕"的凋零

艺术品的复制一直贯穿于艺术的发展史:早在古希腊时期,铸造和建模就已成为人们制作青铜器、陶器、硬币等的复制手段;而几个世纪后木刻技术的

---

① [德] 本雅明:《摄影小史》,广西师范大学出版社 2008 年版,第 26 页。
② [德] 方维规:《本雅明"光晕"概念考释》,载《社会科学论坛》2008 年第 17 期。
③ [德] 本雅明:《机械复制时代的艺术作品》,中国城市出版社 2002 年版,第 90 页。

发明让版画的流行成为可能；随后的印刷术更是在文献领域中给文字的机械复制奠定了基础；最后照相摄影技术的产生颠覆了手在传统艺术品中的重要角色，使得人能从更广阔的角度得到视觉享受。"19 世纪前后、技术复制到了这样一个水准，它不仅能复制一切传世的艺术品，而且它还在艺术处理方式中为自己获得了一席之地。"① 不难看出，技术复制不仅仅是让艺术品有了更大的发展空间，更是让人有机会从更多不同的角度去审美。然而在人们钟情于这种新技术带来的种种优越时，却无法抹煞其给原本的艺术品带来的相关问题。

随着技术的进步，复制品越来越可与真品媲美，但即使是最完美的复制品也会在某些方面不及原作，原真性就是其中的一方面。一件艺术品自被创造出来就开始累计从那一时刻起可继承的所有东西，包含了独特的物理构造与外界关联的特性，无论复制品技艺怎样精湛，都不能与之堪比。就像一只年代久远的青铜器，它的制造工艺也许远远比不上现代，但正是它来自于遥远的过去，才使它成为价值连城的宝物。若是来自现代的一件青铜艺术品，其制造工艺完全可以与年代久远的作品媲美，但其所蕴含的历史价值在与古青铜器比较时就望尘莫及了。面对一件艺术作品所蕴含的历史价值，技术复制时代无能为力。

原真性的特性就在于它无法用技术复制而达到，这已成为其面对手工复制的赝品时能够拥有自身权威性的地方。历史证据确保了真品的权威性，同时这也是在传统方面表现的重要性，而一旦面对技术复制品时，这种权威就不再有稳固的立足之地了。一方面技术复制可以让艺术品呈现的范围比手工复制品更加广泛，例如照相摄影技术就能让肉眼不能看见的景象呈现在镜头之下，这一点甚至比原作更有优势；另一方面技术复制能为原作开启其本身不能达到的境界，例如留声机的发明就为声音能在不同地点不同时刻的出现提供了可能。在技术复制时代，复制活动让艺术品实际存在时间摆脱人类控制的同时也让其历史证据得到质疑。由于复制的技术是一样的，其创作出来的作品的时间又不能代表蕴含的历史价值，那么艺术品的权威性就难以成立了。在同样复制技术下诞生的艺术作品，它在哪一个时段被创作不再重要了，它的历史累计内涵因与其他复制品一样，因此也不再重要了。

"总而言之，复制技术把所复制的东西从传统的领域中解脱了出来。由于它制作了许许多多的复制品，因而它就用众多的复制物取代了独一无二的存

---

① [德] 本雅明：《机械复制时代的艺术作品》，中国城市出版社 2002 年版，第 84 页。

在。"① 在技术复制时代，艺术作品的优劣鉴定方式已经不再局限于真假，因为此时它们的即时即地性已经消失了，与此对应，原真性和权威性也就受到了威胁。复制品无法达到原作的原因就在于"光晕"在机械复制时代的凋零，但复制品能克服原作时间和空间的局限性，为接受者在自身现实的环境中欣赏提供可能。技术复制时代让现代的复制品与传统的真品产生了摩擦，同时也让现代社会的各种人性危机与作为对立面的传统产生了碰撞。"现代大众具有着要使物在空间上和人性上更易'接近'的强烈愿望，就像他们具有着接受每件实物的复制品以克服其独一无二的强烈倾向一样。"② 人们是想从真品中寻求审美享受的，但时间和空间的局限往往不能让人们如愿以偿，于是通过对象的酷似物、摹本等复制品间接地欣赏就成为一个行之有效的方式。无论是摩擦还是碰撞都与现代社会人类的思想与审美观点息息相关，而电影就是其中的典型代表。

电影演员所呈现的艺术效果是通过机械实现的：摄影师拍下演员们在镜头前对剧情的演绎，并通过剪辑将材料组接起来，才会完成一部完整的可观看的电影。通过机械这样一种媒介来展现自身，电影演员们不再需要在表演过程将观众的适应性考虑其中。"对电影来说，关键之处更在于演员是在机械面前自我表演，而不是在观众面前表演。"③ 演员们在片场工作，不能直接和观众面对面，本来直接的交流只能通过机械作为传递工具相互进入对方的世界，在此演员放弃了被塑造的形象应有的"光晕"，因为"即时即地性"无法在机械复制时代达到。然而电影技术的发展的确不枉为机械复制时代的典型代表，它正迎合了大众对影像艺术迫切的需求，让人们有机会在能够在电影院里得到视觉享受，这种快捷性让电影的受欢迎性成为可能。

在此我们会思考为什么电影中的"光晕"在机械复制时代日益消散，但却比以往众多的艺术品有更多的魅力去吸引欣赏者，甚至它的出现还造就票房神话，为投资者创造不可忽略的利益和捧红了一批电影演员，这无疑表明了电影的艺术表现方式是符合客观实际的。"机械复制客体损害其独特的光晕，可望破除在重复中找到其最高形式的拜物教。"④ "光晕"的出现本身就有一定

---

① ［德］本雅明：《机械复制时代的艺术作品》，中国城市出版社 2002 年版，第 87 页。
② ［德］本雅明：《机械复制时代的艺术作品》，中国城市出版社 2002 年版，第 90 页。
③ ［德］本雅明：《机械复制时代的艺术作品》，中国城市出版社 2002 年版，第 103 页。
④ Walter Benjamin. *Illuminations*, Schocken Books, 1992, p. 226.

条件，而在本质上也可称之为一种拜物教，表现为人与物的关系和人与人的关系。电影明星们被追捧的现象与"光晕"产生的距离远近关系有着异曲同工之妙，它体现的正是艺术品在技术复制时代社会功能的转变。

三、"光晕"的消散与作品的普遍接受

在石器时代生活的人们在洞内墙壁上作画，他们所表达的并不是对艺术的追求，而是对神灵的信奉；中世纪大教堂中有很多圣像并不能轻易被观赏者看到，有些甚至常年隐藏不被人所见，它们也不是作为被欣赏的艺术品而与观众见面，而是作为神灵的符号表达宗教含义。"古典时期表现为对圣像的宗教式的膜拜，对艺术最初的食宿膜拜产生于文艺复兴，三百年来一直存在。"① 由此可见，"光晕"在早些时候是具有膜拜价值的，不仅是表现了艺术品的活力，更是体现了人们对作品的情感寄托和敬重。

当时人们与艺术品的接触方式也不如今天自由放松，往往是通过凝神贯注，在一番深思和感悟后才会理解作品的境界和体会其中时空的距离感。然而"光晕"在艺术品中的表现又体现在闲暇之上，这在本雅明列举夏日午后的群山绿荫一例中就可见一斑，"这说明，支撑'光晕'的核心理念不是现代性经验，而是一种传统的经验"②。"光晕"通过神学体现，距离感也是由礼仪造成的，但艺术品的真谛不会永远被宗教所掩盖，在技术复制时代，它终于有机会朝着世俗化的方向发展，而摄影技术的出现，为艺术品的复制开创了先河，同时也是艺术在礼仪崩溃瓦解之后由单纯的宗教神学通向世俗化的里程碑，而艺术本身同时也面对相应的问题，这便是"光晕"的消散。

艺术作品在机械复制时代，丧失了让其保持原真性的时空性、延续性以及独特性，在此代价下换来的是艺术品走向大众的可能。"艺术效果应当为神所感知，而不是为人所感知。这种情况随着艺术从宗教仪式中脱身出来而发生了变化。"③ 在机械复制时代，艺术品并不因"光晕"的逐渐消融而变得一无是处，而是在更广阔的范围呈现为美，因为"光晕"超越了宗教礼仪的狭隘范

---

① 于闽梅：《灵魂与救赎——本雅明思想研究》，文化艺术出版社 2008 年版，第 48 页。

② 于闽梅：《灵魂与救赎——本雅明思想研究》，文化艺术出版社 2008 年版，第 54 页。

③ ［德］斯文·克拉默：《本雅明》，中国人民大学出版社 2008 年版，第 118 页。

畴。"光晕"的消失在机械复制时代是不争的事实，但这并不意味着以往的艺术被摧残得一无是处，而是意味着它们在新时代获得了重生。面对着宗教礼仪的逐渐消融，艺术品的根基转向了一种实践，这便是政治。"一旦真确性这个批评标准在艺术生产领域被废止不用了，艺术的全部功能就被颠倒过来了，他就不再建立在仪式的基础之上，而开始建立在另一种实践——政治——的基础之上了。"① 现代的艺术形式已不再像以往那样单一，仅仅局限于宗教神学，而是朝着伦理道德、社会生存等多个维度发展，其中来自生存社会的物质基础又占重头，这就不难解释"光晕"消散的同时，艺术品的社会功能也从信仰转向实用的现象。

大众与艺术作品的初始关系并不像今天人们欣赏艺术品那样简单随意，二者之间总是有着隔膜，相互的关系比较保守，这也是膜拜价值在文艺复兴时代以前成为艺术品艺术接受主流的原因。那时人们难以理解艺术品是因为二者之间有宗教神学这层隔膜，艺术品俨然高高在上的姿态让普通群众难以轻易接触，试想达芬奇笔下的"最后的晚餐"又怎会成为大众茶余饭后消遣的话题。在技术复制时代的背景下，技术的运用让艺术品在社会中的广泛推广成为可能，普通群众能轻易接触到各种各样类型的艺术品。"光晕"在机械复制时代的消散伴随着来自艺术生产的巨大变革，传统的艺术作品被大量的复制，使它们从以往的宗教仪式中解脱出来，给普通大众广泛的影响。"人在无聊的感觉中体验到了虚无的来临，但人既没有寻找也没有赋予事物自身以特定的意义，而使事物充实起来。"② 自从摄影技术产生后，艺术品的展示价值就开始逐渐从社会接受那里取代膜拜价值，与此同时艺术品自身也获得了新生，它颠覆了艺术品以往以"光晕"为标志印上宗教神学符号的形象，从而让艺术成为一种更具有亲和力的大众文化。

本雅明列举电影在机械复制时代的影响向我们介绍了艺术品与大众的关系，这时的艺术仍然有膜拜对象，但已从宗教神学形象转化到了被大众所能更广泛接受的艺术品本身，其本质仍然是一种精神膜拜。贡布里希曾说：我们不愿用小刀在自己心爱偶像的照片上划上一刀，这其中也包含着我们对照片中人物的情感，我们觉得此时的艺术品有着一种神秘的"光晕"。电影就将"光晕"在新时代的变形扩展得更大：当大屏幕走向普通大众的时候，电影中的

① ［英］特里·伊格尔顿：《走向革命批评》，译林出版社 2005 年版，第 36 页。
② ［德］本雅明：《经验与贫乏》，百花文艺出版社 1999 年版，第 277 页。

角色更是走进了观众心里，而塑造角色的演员们更是赢得了观众的心，于是在文艺复兴之后渐渐消融的神学偶像崇拜在这里演变成了对明星的崇拜。"为了弥补光晕的萎缩，电影在摄影棚外制造出'名人'。"① 明星们取代神灵的地位，成为在机械复制时代人们的崇拜对象，二者说到底本质相同，都是对某一形象的崇拜。在电影中连续播放的画面所造成的震惊效果直接导致了艺术接受从顶礼膜拜到消遣接受的改变。从前欣赏者观赏中世纪绘画作品所需要的凝神观照，时至今日已转化成大众对艺术品快餐式的需求。

本雅明通过对技术复制时代艺术品危机的剖析，发现了"光晕"的消散和它所导致的后果，即传统艺术品因宗教神学的膜拜价值消逝而没落、现代艺术因复制技术的蓬勃发展而仅仅体现展示价值；在以往需要聚精会神才能领悟的艺术品价值而今却只需要精神涣散的走马观花就可大致吸收。现今的艺术品的社会接受方式大多表现为震惊，它已经在很大程度上取代了传统审美方式。"虽然艺术作品是一种制作而成的东西，但它表达的东西不仅仅是物，它将某种有别于自身的东西公之于世。"② 艺术品的"光晕"在机械复制时代消散，并且被新的形势取代说明技术已经在当代社会无可争议地进入人们的日常生活及审美意识当中。虽然这与传统意义上艺术品的本质背道而驰，但却在当代社会艺术品成为交流中介的现实情况下找到了自己相应的栖息之地。当代的艺术品由曾经拥有"光晕"而让人们顶礼膜拜的对象演变成了个人的膜拜对象，在这一过程中艺术品的宗教基础转向了普遍基础。本雅明是提出"光晕"在机械复制时代消逝的第一人，但他并没有简单地用好与坏断定这种现象，而是对艺术品在新形势下发展作出了研究与分析，重建现代艺术的审美判断力，为当代的艺术品在新时代寻求到了生存之地。

（作者单位：武汉纺织大学服装学院）

---

① 彭富春：《哲学美学导论》，人民出版社 2005 年版，第 160 页。
② 朱狄：《当代西方艺术哲学》，人民出版社 1994 年版，第 172 页。

论阿瑟·丹托"艺术的终结"论

计 旋

在 21 世纪，思想文化领域出现了很多思潮。诸如历史终结论、哲学终结论与艺术终结论等，"终结"似乎成为一种流行话语并显现为一种思想的焦虑和期待，尤其反映在对艺术的思考中。艺术的终结到底意味着什么？为什么会有艺术的终结？艺术终结后的艺术何为？这些问题不仅仅是艺术终结这一话题所引发出的追问，更应该是艺术终结问题自身所包含的理论与哲学命题的展开，对这些观念及理论的探讨与哲学反思，具有重要的美学意义。

一、艺术的规定、终结及其问题

何谓艺术？艺术的规定究竟是什么？这是西方艺术哲学与美学研究中的重要问题。古希腊认为美在整体的和谐；中世纪的艺术则"充满上帝的光辉"，推崇的是信仰的力量；近代艺术强调匀称、自然和理性精神，如达·芬奇的"蒙娜丽莎"，罗丹的《思想者》；现代艺术更多地强调生存、奇异、惊讶，如蒙克的"呐喊"，而到了后现代时期则是去中心化、什么都行，混杂、互文性、回归"自然"，如萨拉·卢卡斯的"纯属自然"。可以说西方艺术的每一个时代都具有自身划时代的特性，有着属于自身时代的规定，每一个时代的终结都构成另一个时代的开端。

黑格尔首先明确地提出了"艺术终结"的这一观念。黑格尔认为："就它的最高的职能来说，艺术对于我们现代人已是过去了的事。因此，它也丧失了真正的真实和生命，已不复能维持它从前在现实中的必需和崇高地位。"① 与此同时，黑格尔还指出，我们一方面曾给艺术以崇高的地位，"另一方面也要提醒这个事实：无论就内容还是就形式来说，艺术都还不是心灵认识到它的真

---

① ［德］黑格尔：《美学》（第 1 卷），商务印书馆 1996 年版，第 15 页。

正旨趣的最高的绝对的方式。"因为"艺术却已实在不再能达到过去时代和过去民族在艺术中寻找的而且只有在艺术中才能寻找到的那种精神需要的满足"①。由此,黑格尔开启了艺术终结的历程。在这里,黑格尔所谓的艺术终结,表达的是对古典艺术即将远去的惆怅,黑格尔作为一个大哲学家,他坚信理性哲学是艺术的最高的归宿,这也是近代自笛卡儿以来西方思想总的特征,即理性始终是高于或统摄感性的,艺术与美不过是"理念的感性显现"。

黑格尔对于艺术的迷茫最后通过艺术终结于哲学而得到解决,艺术是其绝对精神历史运动的起点,最后经过宗教消失于哲学中,成为精神现象即观念世界的一部分。他对艺术的理解置于其宏观的逻辑与历史相统一的认识论框架内,并未过多关注艺术作为自身感性存在的价值,这是对艺术自身权利的一种历史剥夺。

现代艺术也可称为现代主义艺术,这是相对于传统艺术而言的。它发端于近代工业革命晚期的时代思考中。如20世纪初达达主义就试图终结传统的文化和美学成就真正的艺术。艺术的终结更是20世纪西方艺术哲学中引起广泛讨论的重要问题。在现代,艺术的发展也呈现出了花样繁多的艺术形式。第二次工业革命以后,科技的发展和工业文明的不断进步,人与人之间的关系和人们的生活方式发生了巨大的变化,消费决定生产,艺术作品不再是王者和贵族所独享,同时也作为商品走进了市场,这给艺术的发展也带来了巨大的挑战。

于是艺术家们为了自身的发展需要,纷纷宣称艺术不再为谁服务,艺术有了为完善自身而独立存在的可能并被思想家所把握。"传统艺术在西方已完全丧失了主流地位,各种现代主义艺术相继出现,并支配了20世纪的艺术。"②这就要求艺术家们必须打破传统艺术的风格与模式,选用新时代的艺术语言来认识与表现世界。

现代艺术的开端是由印象派开始的,他们不再忠实于原本或摹本,而将艺术家即审美主体的感知和经验从客体束缚中游离出来。印象派画家认为世界万物并没有什么"固有色",在阳光照射下,无处无光,无处无色。为此,他们力图表现丰富微妙的光色变化,直截了当地以自己敏锐的感受去观察大自然的真实面貌。印象派在光色表现技法上的成就主要是依靠他们忠实地"直观自然"和辛勤的艺术实践,而不是关注事物内在的本质,力图摆脱理性的规定,

---

① [德]黑格尔:《美学》(第1卷),商务印书馆1996年版,第15页。
② 张贤根:《20世纪的西方美学》,武汉大学出版社2009年版,第169页。

甚至是放弃了和破坏了西方几千年完善起来的严谨造型和规则体系。

在表现手法和方式上，现代艺术也远远不同于传统艺术。在现代艺术的各个流派之间，也存在着很大的不同，可以称为百家争鸣。艺术的发展也由此呈现出多元化的态势。如传统观念里，海德格尔认为器具不是艺术品，而现代观念里杜尚认为的小便池（器具）就是艺术品。

丹托多次提到过杜尚的作品，特别是他的《泉》，对于这一当时艺术史上的标志性事件，丹托并非着眼于其艺术形式和美学的反叛力量。他认为："《泉》并不适合每一位艺术爱好者的趣味，我承认从哲学上非常钦佩它，但要是把它送给我，我就会尽快把它换成与任何一幅夏尔丹或莫兰迪作品差不多的画。"①"而且相信任何分享我的趣味的人也会发现，在那涂鸦般的 'R. Mutt 1917' 上有某种令人反感的东西"②。在艺术史的发展中，杜尚的作品所引起的冲突不仅仅是艺术观念上的断裂，在丹托看来，更直接的是艺术的历史感和历史意识的一种丧失。在杜尚等人的作品，以及 1964 年沃霍尔的《布里洛的盒子》中，艺术与历史开始坚定地走向不同的方向。在丹托看来，"或许艺术会以我称之为后历史的样式继续存在下去，但它的存在已不再具有任何意义"③。"在今日，可以认为艺术界本身已丧失了历史方向，我们不得不问这是暂时的吗？艺术是否会重新踏上历史之路，或者这种破坏的状态就是它的未来：一种文化之熵。"④ 当艺术成为哲学，它便不可避免地要经历黑格尔所说的艺术终结的命运。

二、艺术终结在现代的发生

在丹托看来，艺术发展就是艺术不断通过自我认识达到自我实现。换一句话说，就是艺术不断地认识自身本质的一个过程。20 世纪的艺术实现了它的这一最终目标，因此艺术走到了它的终点。那艺术是否会终结了呢？"问题的答案是肯定的，由于已变成哲学，艺术实际上完结了……"⑤ 在丹托看来，对于艺术的剥夺，最终是因为哲学所导致了艺术的终结。

---

① ［美］阿瑟·丹托：《艺术的终结》，江苏人民出版社 2005 年版，第 40 页。
② ［美］阿瑟·丹托：《艺术的终结》，江苏人民出版社 2005 年版，第 40 页。
③ ［美］阿瑟·丹托：《艺术的终结》，江苏人民出版社 2005 年版，第 95 页。
④ ［美］阿瑟·丹托：《艺术的终结》，江苏人民出版社 2005 年版，第 95 页。
⑤ ［美］阿瑟·丹托：《艺术的终结》，江苏人民出版社 2005 年版，第 89 页。

但是，丹托的艺术终结是不同于黑格尔的艺术终结。丹托所处的时代是现代艺术风起云涌的时期，他认为"艺术"这个术语就是近代观念的产物。丹托认为，艺术并没有被哲学所替代，今天的"艺术"是逐渐被历史中存在的人建构起来，丹托借用黑格尔的话语，其艺术路线是艺术直接走向哲学，哲学直接完成对艺术的剥夺，而不需要经过宗教阶段。所谓艺术终结论的逻辑起于近代再现艺术，经过表现艺术，终结于后现代的开端处。现代艺术失去了传统，却获得了自由，其理论基调是积极肯定的，它扬弃过去，面向未来。

艺术的叙事性终结了，但被叙事的主体——人，并没有消失，也就是指艺术它没有终结，终结的只是艺术的审美自律以及对艺术的传统规范。

丹托的观点主要是以沃霍尔的《布里洛的盒子》作为经典的案例来阐释的。同样的一个盒子，不可能在 1964 年之前就为艺术品，1964 年超市里用来包装肥皂的同样的盒子也就不是艺术品了。要想把《布里洛的盒子》看成艺术品的话，那我们必理解在那个时期，关于艺术世界的历史和理论。作为强制性的这种艺术理论，它决定了任何一件东西都有可能成为艺术品。

在沃霍尔的《布里洛的盒子》里，提出了"什么是艺术的本质"的问题之后，艺术就走向了终结。也就是说，艺术与日常生活、艺术与非艺术之间的界限已经模糊以至消失，追求艺术自律已经不起作用。丹托把"终结"理解为，从宏大叙事中真正"解放"出来，这种宏大叙事曾经使追求美成为了艺术的目标。20 世纪 60 年代，丹托从艺术实践发现，这种叙事已经不能够控制艺术家以及艺术批评家。

这样理解的艺术终结，实际上为艺术创造了更多的自由和更有力的生命。"当杜尚试图使审美及追求审美之美气馁时，他并不想终结艺术，而是想终结这种艺术：它在精力充沛地追求美时不得不抛弃意义。正是通过引起艺术家从存在转向意义，从美的审美范畴转向趣味的审美范畴，杜尚赋予艺术以新生命。"可以看出，黑格尔、杜尚和丹托三者，没有任何一个人给艺术判决死亡，艺术并没有消亡，艺术终结了，但艺术仍然存在。

丹托的这种预言看似是悲观的，"艺术会有未来，只是我们的艺术没有未来。我们的艺术是已经衰老的生命形式"①。"艺术随着它本身哲学的出现而终结。"② 丹托提出的艺术的终结，"无论如何，它不是关于艺术的死亡的"，

---

① ［美］阿瑟·丹托:《艺术的终结》，江苏人民出版社 2005 年版，第 120 页。
② ［美］阿瑟·丹托:《艺术的终结》，江苏人民出版社 2005 年版，第 121 页。

他是在"叙事"的意义上使用"终结"一词的，意在宣布某种"故事"的终结①。当艺术获得自身认同的哲学意义后，它就走向了终结。所以他才会重复黑格尔先前的思考："我宁愿在这种重复中看到历史必然性的被认可，而不愿看到闹剧般的重新上演。"②

三、艺术终结之后的艺术与审美

当艺术和博物馆联系在一起时，艺术与教堂或神庙、艺术与宫殿疏远之后，艺术的处境是危险的。当杜尚这样宣布自己的意图："当我发现现成物时，我想使美学气馁。新达达派采用了我的现成物并在其中发现了审美之美。作为挑战，我将瓶架和尿壶砸在他们脸上，而他们现在因审美之美而赞美它们。"③ 被丹托称之为艺术"办事的代理人"的"美的艺术"也正在面临着"审美之美"的挑战。

在更深层次上，引发广泛关注的"艺术终结论"首先面对的就是这种"审美之美"的艺术挑战。因此，"艺术终结论"的问题意味着，艺术史不再能提出解决历史问题的有效途径，同时也意味着，在一种美学的视野中，艺术的本质问题所面临的新的危机，这也正是"艺术终结论"以及"艺术终结"研究的思想启发，它在艺术的"现场化"语境，以及艺术的"哲学化"存在，重新聚集了关注当代艺术与美学的目光。

在这种意义上说，"艺术终结论"以及"艺术终结"的研究不仅具有了艺术的合法性，而且更具有美学的合法性。艺术的合法性，是把目光投向了杜尚以及沃霍尔等人的艺术实践中所引起的关于艺术本质的危机，而这种危机指向美学，从而使"艺术终结论"同时具有现代性与后现代性。在这种视野中，去审视当代的艺术实践以及当代艺术发展的问题，可以最终将目光定在艺术终结之后的艺术与美学的研究上。

当然，事实证明艺术并没有因为理论家宣告终结而终结。艺术的概念本身就是历史阶段的产物，不同的时代对于艺术有着不同的理解。即便是丹托心中的那种艺术的确已经终结，也不能因此就盲目得出结论说艺术终结了，因为在

---

① ［美］阿瑟·丹托：《艺术终结之后的艺术》，载《世界美术》2004 年第 4 期。
② ［美］阿瑟·丹托：《艺术终结之后的艺术》，载《世界美术》2004 年第 4 期。
③ ［美］卡斯腾·哈瑞斯：《艺术终结了吗》，载《江海学刊》2007 年第 4 期。

今后的时期，人们也许会把另外一些什么东西称为艺术。

马泰·卡林内斯库认为，杜尚在《泉》这一充满诗意的题目下，拿区别于直接"现成品"的"被帮助过的现成品"去参加 1917 年纽约艺术展，以及他为达·芬奇的杰作《蒙娜丽莎的微笑》画上两撇小山羊胡子后题上谜一般的标题"L. H. O. O. Q."（用法语拼出来的是淫秽的语言："她是一个大骚货"），是"现代将传统虚假化"的表现，并且认为，"杜尚不仅借助媚俗艺术来拒绝某些浅陋的美学谬见和陈腐的美学惯例"，而且借助它来提倡一种先锋派冲动，这就是抛弃建立于表象之上的美学。"① 而在他看来，媚俗艺术正是现代性的典型产品，其"最终的原因是美学的"②。这也为我们在现代性美学视野中审视"艺术终结论"提供了一些理论的依据。

事实上，在杜尚和沃霍尔的艺术作品中，"什么是艺术的本质"这样的问题被赋予了新的理解，在他们的手中，艺术与生活、艺术与社会及艺术与政治在消除隔阂的同时走向了一种新的再现方式，展现出了对传统的"美的艺术"的肢解和对"审美之美"的期待。

在杜尚和沃霍尔的作品中，他们对现代主义艺术的理想是，艺术在融合人生活的同时又可以赋予生活新的文化图像。如果这是现代艺术的最终理想，那么也是当代美学要警惕的事实。因为这种艺术理想并不能够为当代艺术与美学的更深层次的发展提供值得信赖的途径。艺术终结论的启发就在于，它告诉我们对这样的艺术理想做出深入的反思与批判，这也是艺术终结论的思考在当代美学与艺术文化现实中得以继续深入的表现。

在丹托的艺术终结论中，他感慨艺术在走向哲学的过程中出现了非历史化的趋势，他的思考就立足于那种在非历史化的艺术中。在当代美学理论面对种种消费美学观念的兴起，特别是后现代主义文化的侵袭，审美理论的非历史化问题成了一个新的审美现代性的难题。艺术的终结并非是强调某种终结的历史事实，也并非是人类艺术研究的终结，而是一种面对艺术的未来、艺术史的发展与美学的反思精神。对当代美学研究而言正是一种警醒式的开端。

无论是历史的终结还是哲学的终结，艺术的终结应该是人类反思精神的一种永恒实现过程，终结不是终止，它是永恒艺术精神的凝聚，终结终结着，永

---

① ［美］马泰·卡林内斯库：《现代性的五副面孔》，商务印书馆 2002 年版，第 275 页。

② ［美］马泰·卡林内斯库：《现代性的五副面孔》，商务印书馆 2002 年版，第 15 页。

不停息，旧的艺术不断死亡，新艺术不断聚集和生成，它体现了现代艺术内在的动力机制。一切艺术都是人的艺术，只要人类存在，就有艺术的存在，任何一种伟大的艺术都包含着时代思想最深刻的密码解读方式并成为人的自由精神的表征，每一个时代的艺术都会达到一个时代最遥远的边界，自我完成并寿终正寝，这样的终结也是创造性的开端，在此意义上艺术的终结是永无止境的历史过程，是未来艺术的起点。

（作者单位：武汉纺织大学时尚与美学研究中心）

激情与祈祷

——作为生命价值存在的诗的言说

吴晓红

一般所谓"诗"的概念，有狭义与广义之分。狭义的诗是指一种文学体裁，其主要特点是讲究语言的韵律性和内容的抒情性。广义的诗包括诗歌、小说、戏剧等各种语言艺术形式，指通过语言的诗化活动建构意义世界的目的行为。广义的诗使用的是诗的原初意义。本文探讨作为生命价值存在的诗的言说，意在追问原初意义的诗的本体论根据，即：超越文化差异的原初的诗意精神是什么？人类诗化活动的存在论意义是什么？

一、不同的文化精神与相通的诗意精神

诗的言说包蕴人类最深刻的文化精神，所以东西文化的差异在东西方诗的言说中得以鲜明体现。对此，刘小枫在《拯救与逍遥》一著中有非常宏观的梳理与分析，他认为，在诗的言说中，隐含着审美与救赎两种精神方式，"审美与救赎的精神差异，是自然生命的赞歌与神恩生命的福音的精神差异"①。笔者认为这个结论揭示了中西传统文化精神的基本差异。中西文化差异是人类历史发展的结果，是一种客观存在，它决定了生活在不同文化传统中人们不同的生命意识。西方基督教文化认为，人不是一般的自然物，人是上帝按自己的形象创造的，人的自由意志与纵欲妄为，使人背离上帝，沉沦入苦难的此岸。所以西方人的生命感强化了一种忘恩负义的罪感，并由此带来一种独特的精神意向：祈求上帝的救恩，人由残缺的罪感生命转向神圣爱的生命才能得到幸福。而中国儒道文化则认为，人和自然万物一样，秉天地自然之大德而生，个体自然生命本然地充盈着与天地宇宙相通的玄德，所以个体生命的幸福在于如

---

① 刘小枫：《拯救与逍遥》，华东师范大学出版社 2007 年版，第 36 页。

何使个体生命深契大化生命，与自然之道相合。

在《拯救与逍遥》一书中，刘小枫对中西方现代文化困境的深刻理解，对中国传统文化精神痼疾的强烈批判，以及他高扬基督教精神的爱的大旗以反对形形色色虚无主义的明确价值立场，都是我非常欣赏的。可是刘小枫虽然洞察到，审美与救赎的精神差异历史地展现在中西的文学形态中，但由于过于强化中西传统文化精神的绝对差异，刘小枫把所谓诗的审美精神与诗的救赎精神也截然对立了起来，同时，他把文化精神的不同上升至原初诗意精神的不同，认为："审美与救赎的冲突，本质上是精神的原始冲突、两种诗的精神之间的冲突，而非民族文化精神之间的冲突。"① 这样，中西文化即使在作为人的原初精神方式的诗中也找不到可以沟通的路径。对此笔者是不能赞同的。

文化的差异使中西文学中传达的人生情感与人生理想大异其趣。对此我们可以把关注点从文化的差异本身，转向植根于文化差异的诗意精神，去审视诗的言说中所传递的人的原初存在的生命欲望，并重新梳理中西文学的精神历程。中国自古崇尚诗歌，对于诗歌本性很早就有明确的认识，所谓"诗言志"（《尚书》）说明诗歌是用来表达内心愿望的，"诗缘情而绮靡"（晋陆机《文赋》）进一步揭示了诗歌情感与诗歌文采的因果关系。《诗经》中有"关关雎鸠，在河之洲；窈窕淑女，君子好逑"这样景美、人美、情美的爱情诗句。古代劳动人民的喜怒哀乐、对美好生活的向往在历代民歌中有充分而朴实的展示。而文人创作的诗篇，情感更丰富深沉。屈原的《离骚》"逸响伟辞，卓绝一世"。其中有对生命短暂的感伤："岁月忽其不淹兮，春与秋其代序。惟草木之零落兮，恐美人之迟暮。"有对人生苦难的哀怜："长太息以掩涕兮，哀民生之多艰！"有对自己人生信念的执著："亦余心之所善兮，虽九死其犹未悔！""路漫漫其修远兮，吾将上下而求索。"有对现实黑暗的厌恶与孤独感："世溷浊而嫉贤兮，好蔽美而称恶。""何离心之可同兮，吾将远逝以自疏！"屈原因绝望而死，他的自杀本身是一个祈求的象征！陶渊明和屈原一样对现世绝望，但他找到了一个自然的家园："方宅十余亩，草屋八九间。榆柳荫后檐，桃李罗堂前。"（《归田园居》）在田园生活中，风光的优美，劳动的快乐、乡情的纯朴都让诗人感到一种精神的自由。此后，屈原式的忧国忧民和陶潜式的寄情自然成为中国诗人基本的价值生活方式。到唐代，杜甫、李白、王维分别在他们的诗中完美言说了儒、道、禅的精神意境，而宋代的诗人苏轼则是中国的

---

① 刘小枫：《拯救与逍遥》，华东师范大学出版社 2007 年版，第 36 页。

诗性智慧圆融成熟的人格典范。"人有悲欢离合，月有阴晴圆缺，此事古难全。但愿人长久，千里共婵娟。"（《水调歌头·明月几时有》）对残缺人生的旷达情怀，对共在于世的生命祈祷，堪为绝唱。然而中国传统精神终于走入了它的历史困境。作为生命价值存在的诗的言说，《红楼梦》充溢着对封建大家族贾府的必然衰败与大观园百花凋零的悲凉的深深的痛惜，对其中分别代表和象征的儒家伦理理想和道家自然理想双重破灭的苦苦思索。"好一似食尽鸟投林，落了片白茫茫大地真干净！"曹雪芹的这种人生幻灭感与虚无感代表了中国古典诗意精神的终结。

始于《荷马史诗》的西方诗性智慧所展示的是人性的善恶冲突的悲剧感，所揭示的是渴望彼岸神圣者的救恩的宗教情怀，而西方传统的诗意言说方式主要不是个体生命的抒情，而是对现实的"涕泣之谷"的悲剧性展示以及对神性的爱的生命的祈求。希腊悲剧揭示了悲剧的真正含义：尽管生活本身就是恶，人也不得不活。无辜的俄狄浦斯悔恨地戳瞎自己的双眼，因为自己无法改变杀父娶母的不幸命运（索福克勒斯的悲剧《俄狄浦斯》）。深情的美狄亚面对丈夫的绝情弃义，不惜亲手杀死自己的两个孩子来报仇（欧里庇得斯的悲剧《美狄亚》）。在西方诗人们的笔下，种种人间苦楚、生命无常以及令人惊恐的世界性残酷、骇人可怕的价值荒谬，揭示了生命本体意义上的恶与欠缺。所以，从《旧约》中的雅歌，一直到近现代的但丁、莎士比亚、荷尔德林、陀思妥耶夫斯基、艾略特、卡夫卡……诗人们讴歌和祈求的不是自然的人间欢情而是神性的爱的生命的救赎。作为"中世纪最后一位诗人，同时又是新时代的最初一位诗人"，但丁悄悄开启了文艺复兴人本主义精神的序幕。对人的自然本性欲望的肯定，对随人性欲望而来的生命激情和快乐的赞颂，文艺复兴复兴的是西方人在古希腊就有的作为人的自信与人的高贵。然而区别于古希腊的人神共演，在莎士比亚的悲剧中，诸神隐匿，上帝不在场。面对世界的混乱、人性的丑恶，莎剧中高贵的主人公们纷纷走向了疯狂与死亡。就这样，西方人传统的宗教世界崩塌了。海德格尔如此表述他身处的时代："诸神之昼终结……黑夜降临了。""世界之夜的时代是贫乏的时代……它已经成为如此的贫乏，以至于它不再将上帝的缺席看做是缺席。""由于这种缺席，世界缺乏那支撑它的基础。……基础乃是为了在其中扎根和挺立的大地。没有基础出现的时代，它悬挂在一深渊之上。"①

---

① ［德］海德格尔：《诗·语言·思》，文化艺术出版社 1991 年版，第 82 页。

从东西方经典文学作品的宏观比较视野，可以看到，中国古典诗意精神是眷恋和肯定人尘世生活的，现世人生的自然美、人情美透露着中国人独特的自然性的生命意识。道家物我一体的自然生命观、儒家传宗接代的家族生命以及后来由佛教改造而来的禅宗的个体生命的自觉，无不是围绕尘世生命的文化意识，道家的养生之道、儒家的乐生思想、禅宗的悟生观无不包含热爱自然生命自身的文化精神。中国文化固然缺乏西方文化那种，宗教式的精神超越感，但中国文化中那种自然情怀与身心合一的生命超越意识，也是西方文化所欠缺的。文化有相对的差异却无绝对的优劣，我们可以说，中国传统儒道禅文化为中国人的诗情画意提供了全方位的精神营养，儒家思想侧重的是人与人的社会关系，道家思想侧重的是人与自然的关系，禅宗思想侧重人与自身心灵的关系，由此植根于中国传统文化的中国文学枝繁叶茂，自有其风神。不仅如此，对比中西经典文学，我们还可以发现，虽然它们文化价值取向不同，但因为个体生命的不能自足而祈求自我超越的渴望幸福的生命取向却无二致。不同的文化精神后面是相通的诗意精神：生命的激情与生命的祈祷。在诗的言说中，原初的精神方式不是审美，也不是救赎，而是诗人的激情与诗人的祈祷。审美与救赎只是某种文化精神的特质。激情与祈祷才是原初的诗性精神，是作为生命价值存在的诗的言说。

二、激情与祈祷是原初的诗意精神

理解诗作为人类原初的精神方式，不能局限于文化诗学的领域，必须扩展到人类学的宽广视野。作为人的原初存在的生命欲望，作为生命本身的言说，诗的语言揭开人类最真实的生命体验，在诗的世界中既呈现为浸透了诗人精神信念的诗的激情，也呈现为充盈着诗人生命激情的诗的祈祷。激情与祈祷是诗的最本然也最高级的诗性品质，构成作为生命价值存在的诗的言说的基本内容。在人类早期的诗歌活动中，诗、歌、舞三位一体，人类祖先常常用这种方式向神灵表达自己的愿望、理想和祈求。所以，在诗的本性中包含着人类普泛的对生命的热爱、对更美好存在的希望。哲学、宗教后来从诗歌中分化独立，专司人的神灵之思，诗歌似乎更注重抒发人类的情感了。但诗与哲学、宗教的亲缘关系从未断绝过，不仅如此，诗歌的抒情从个人世俗欲望的宣泄提升为具有诗性品质的生命激情的表达，根本上取决诗人的生命感中领承到的绝对神圣的高度。激情与祈祷的关系，也就是诗人的欲念与信念的关系。它们既对立又统一，构成了诗人生命内在的张力，外化为诗意的境界。诗性的智慧不同于哲人的玄思或宗教人的传喻，它必然是诗人生命的痛苦与泪水的结晶，区别于哲学的冷静与宗教的超然，诗人的信念靠激情来滋养，靠真实的生命感来存在。

沉思诗的言说不是诗艺赏析，而是要进入诗所显示的世界。诗的世界是一个完全不同的世界的梦，在其中人和世界的关系与日常生活加之于我们的实际关系有质的不同，即通过语言形式的转化作用，所描述的事件被赋予了新的意义。如马拉美对诗歌本质的定义："如果不是为了使描写对象脱离它的直接的和可接触的外表，从而凭借幻想描写出它的最纯粹的本质，我们为什么还要表演那种在挥动着的文字魔杖下自然物体几乎完全消失的魔术呢?"① 激情与祈祷之所以是最本然的诗性精神，是因为在激情中生命敞开存在最幽深的领域，在祈祷中人能够倾听到最高远处"道"的言说。

对于人的生活的基本经验来说，人直接的语言是欲望性的，一般意义的爱和恨在此基础上形成。激情是根源于生命最真实最本质的欲望的强烈情感。我们身处的时代，看上去欲望流行，实际上是被技术所控制、所刺激的欲望，生的欲望被物质的占有的欲望掩盖，爱的欲望被利益的算计异化。所以在泛滥的欲望中匮乏的是生命与爱的激情。诗人是富于激情的人，是因为他的欲望比常人更纯粹。诗是激情的产物，如 19 世纪的英国批评家赫兹利特所说："恐怖是诗，希望是诗，爱是诗，恨是诗；轻视，忌妒，懊悔，爱慕，奇迹，怜悯，绝望或疯狂全是诗。"② 但诗的激情决不是个人情感的宣泄，而是人类根本的生存处境的展示。诗的激情区别于缺乏现实感的梦幻之情，那种自恋式的浅吟低唱。诗的激情是历经磨难后的真情，沉淀着一个成熟人格对世界的感悟、思考。我们能接受现代沉溺的诗人和荒诞的诗人为诗人，是因为即使他们制造的只是废墟和冷漠，但毕竟我们从中至少看到现代人的"空心人"的存在状态，那种精神的荒原。诗歌言说生命的激情与欲望，这种言说之所以成为诗的，是因为这种生命的欲望与激情是属于人类的。

诗意的语言在根本上是真理的。诗的言说自身生成意义，这意义之光照耀人在黑暗中的行走。诗的言说因此是祈祷，是对存在意义的探索。在《圣经》中，神的语言是真理的语言，与此不同，人最初的语言是欲望的语言，欲望本

---

① ［德］汉斯·罗伯特·耀斯：《审美经验与文学解释学》，上海译文出版社 1997 年版，第 398 页。

② ［英］赫兹利特：《泛论诗歌》，载《欧洲古典作家论现实主义和浪漫主义》，中国社会科学出版社 1980 年版，第 302 页。

身不是罪恶，是因为人听从自身的欲望而违背了上帝之道，人的欲望的语言于是成了罪恶的语言，成了与神的语言相对立的谎言。人在语言的世界里通往神的道路是唯一的，那就是祈祷。祈祷作为人的语言是独白，这种独白排斥了人与世界、他人的任何一种关联，它实际上使人置身于虚无，惟有语言，惟有神。如彭富春所说："祈祷是人的独白，然而却是人与神的对话。……神的话语在人祈祷的时候借助人的话语说了出来。因此人的祈祷不在于人自身的言说，而在于倾听神的言说，并且将这种听到的话说出来。正是在祈祷之中，神显现自身。"① 正是通过祈祷，诗实现给自身赋予意义。诗歌的力量来源于祈祷，诗歌的最高品质是祈祷。作为真理的言说，诗人的歌声具有不可比拟的独特性。因为"诗意并不是超临和脱离于大地。相反，诗意使人进入大地，从属大地，使人居住"②。所以，倾听诗人的言说，人同时进入生命的最深处和最高处。

三、诗人的激情与祈祷开拓人类精神存在的空间

诗人生来为信念而生，诗人言说什么，无不与一个民族的哲学和宗教精神相关。自 19 世纪以来，中西方的文化精神传统都陷入精神的晦暗黑夜，而 20 世纪人类更是被逼入了价值虚无的深渊。中西文化的现代困境充分表现在中西现当代文学中。在中国，继曹雪芹之后，能身为精神风范的诗人是一代文豪鲁迅。面对曹雪芹所谓"白茫茫的大地"，鲁迅说："什么是路？就是从没有路的地方践踏出来的，从只有荆棘的地方开辟出来的。"从苦闷中的《彷徨》到怀着希望的《呐喊》，他以前所未有的深刻揭示中国国民的可悲的畸形人格，也毫不逃避的自我剖析灵魂深处的黑暗。他鼓舞人们："觉醒的人……各自解放了自己的孩子，自己背负因袭的重担，肩住了黑暗的闸门，放他们到宽阔光明的地方去；此后幸福的度日，合理的做人。"(《坟·我们现在怎样做父亲》)鲁迅以诗意的言说传达了中国思想现代化的热烈诉求，至今仍然是我们的精神旗手。鲁迅之后，中国思想一直在探索一条走出传统的现代化之路。中国对于西方思想进行了有选择性的引入和独特的解释，其中包括对中国现代文学影响

---

① 彭富春：《哲学与美学问题——一种无原则的批判》，武汉大学出版社 2005 年版，第 120 页。

② ［德］海德格尔：《诗·语言·思》，文化艺术出版社 1991 年版，第 189 页。

较大的人道主义、个人主义。但如彭富春所说,由于"人们主要考虑的是,如何基于中国现代现实的需要来接受西方的理论。这种实用思想阻止了思想作为理性自身的探索,而表现为一种经验的思维"①。相比西方以人的理性和人的存在的思想为根据的现代性,中国没有自己独特的现代性。中国思想的困窘反映在作为生命价值存在的诗的言说中,就是现当代文学在鲁迅之后没有伟大的民族诗人的出现。相比之下,西方现当代文学中却出现了大批植根于民族文化传统的现代诗人。

"在贫乏的时代,诗人何为?"一个真正的现代诗人必定会领悟时代的贫困,在黑暗中祈祷神性之光的重临。祈祷就是思索生命的意义,对生活的热爱是诗的原动力,对超验意义的祈求是诗的本性。如海德格尔所说:"人能否诗化,取决于他的本质在何等程度上顺服于那垂青人因此而需要人的神。按照人此种顺服的程度,诗化有真伪之分。"② 西方现代抒情诗空前发达,然而以波德莱尔的《恶之花》为代表的沉溺的诗,沉溺于破碎、荒诞、丑恶的日常经验,抒写认同生命有限性的缺陷后惊慌不已的自然情欲,不过是让人从现实的废墟进入诗的废墟。以萨特为代表的荒诞的诗人拒绝一切信仰,把虚无作为个人绝对自由的根据,然而"这种在恶中并为恶所得到的有限性的自由",使萨特的作品中,只有叛徒、性欲反常者、娼妓、阳痿的男人、阴冷的女人,而在实际生活中,这种自由选择使萨特成了政治投机分子,荒诞诗人不过是在世界的冷漠外再增添诗的冷漠。能安慰世人的诗,是古代那种与某种确定的世界意义相连的诗;能救助世人的诗人,是在虚无的深渊不放弃、不退缩,在真诚的祈告中寻求生命转变道路的现代诗人,荷尔德林是这样的诗人,陀思妥耶夫斯基、卡夫卡也是这样的诗人。荷尔德林在神性的黑夜孤身祈告,真切地追问真理。"神是什么?……神本是人的尺规。""大地之上可有尺规?绝无!""在这贫困的时代,诗人有什么用场?可是,你却说,诗人是酒神的神圣祭司,在神圣的黑夜中,他走遍大地。"(荷尔德林的哀歌《面包和酒》) 荷尔德林在隐遁中追寻神灵光照的诗意家园,以诗的祈祷守护心中的圣灵。陀思妥耶夫斯基的叙事展示了上帝死后,群魔乱舞的恶的世界。以拉斯柯尔尼科夫(《罪与罚》)为代表的"地下室人"是诗人内心的信念危机的艺术体现,小说中人物强烈

---

① 彭富春:《哲学与美学问题——一种无原则的批判》,武汉大学出版社2005年版,第136页。

② 转引自刘小枫:《拯救与逍遥》,华东师范大学出版社2007年版,第207页。

的自我反省与心理矛盾倾向，正是渴望信仰的诗人在怀疑中痛苦不安的挣扎。以美思金（《白痴》）为代表的秉有基督精神的人物，则是诗人希望为一个被启蒙理性扰乱的世界重新确立爱的根基的巨大努力。形而上学的理性的上帝与十字架上受难的上帝根本不是同一个上帝。上帝的独生子耶稣的受难、复活是一个神圣的启示，不能靠论辩来让人相信。卡夫卡的叙事通过象征和隐喻写出了最绝望的人类处境：对恶的世界极为敏感又深感人性的无能为力。《变形记》借人变大甲虫的荒诞情节写出人卑下的处境与人本性的冷漠。《诉讼》借一个法律的诉讼过程写出人在漫无边际的恶中辨不清方向的无力和绝望的状态。《城堡》中K渴望走进城堡，却始终不能成功，卡夫卡以此象征一个寻求恩典的灵魂的个人遭遇。卡夫卡的主要作品无一不是用心刻写恶的统治下人的瘫痪无力感，但他作品中的主人公无一不在绝望中挣扎着要摆脱恶的纠缠。卡夫卡绝望的写作因此是为自己寻求救赎的希望的写作。

20世纪的西方思想家们为摆脱文化危机，日渐走出理性的思辨，走向诗之思，走向语言之途。海德格尔更是在技术主义的时代大声疾呼："倾听诗人的言说。"同样，中国的现代化之途，不在于走向西方的传统文化，不在于追随西方的现代文化，同样也不在于简单的回归中国传统文化，应该重视和呼唤真正的现代诗人，在激情和祈祷中，才可能重新焕发传统文化的生命活力，在激情和祈祷中，才可能让异域文化精神融化入本民族文化的血脉中。笔者相信，有真正的诗意精神在，人类就会在诗的言说中开辟一条条新的生路。

诗是欲望的言说，是在欲望的旗帜下生命之流激荡出的情感的浪花。强烈的欲望是诗歌激情的来源，呈现为诗人的痛苦与欢乐、绝望与希望。然而从欲望进向祈祷，是充盈着激情的生命寻求出路的必然进程。谁真实的生活过，真切的爱过痛过却依然不放弃对幸福的追寻，谁就将谦卑的敬畏，并由此进入超验的意义世界。诗人贪恋现世，主动为世界提供意义，诗人是现世可见的世界与不可见的超验世界的中介。诗人与哲人、宗教人一样关心绝对价值的真实，诗人以对某种绝对价值的忠诚信念引导自身走出人生的黑暗，世界的虚无，并使之内化为一种生命激情的绝对价值，赋予破碎的俗世生活以无损的意义，在一个有意义的、诗的、言语的世界中，热爱现世又深感现世异己的冷漠的人，得以实现"诗意地居住在大地上"。

（作者单位：江汉大学人文学院）

媒介·语言·艺术

——兼评麦克卢汉语言媒介观

李跃峰　　陈建国

艺术与美的显现离不开特定的媒介，艺术史在某种意义上也是其表达媒介的演变史，从陶艺、雕刻到书法、文学、绘画艺术乃至现代影像艺术之间曾经经历了无数次媒介材料和技术的革命。作为历史上最具活力的一种艺术媒介，语言作为声音与文字，能指与所指，符号与意义的合体，超越时空以有限的语言单元去虚构、镜像无限的事物，成为人类审美地把握和呈现世界的根本方式，语言的艺术更凝聚了古典时代最高的精神旨趣，人把历史与自然世界，包括人自身的心灵和感觉经验转换为语音和语词，语词成为存在的表象或媒介，思想也是对概念语言进行建构的结果，人与自然的关系已演变成为一种不断深化的中介化关系。20 世纪传播学以自己的方式经验到语言媒介的变迁并提供了对于艺术的独特视角，新媒介既是科技的艺术也是大众影像的聚集，被称为"电子时代的代言人"的麦克卢汉认为大众媒介就是 20 世纪的"基础语言"，它成就了大众艺术并消解了精英文化的经典特征，而且"唯有艺术家才能敏锐地感知媒介与人的关系"①，甚至"媒介即信息"，当代媒介社会亦被称为"信息社会"。无疑，语言的诞生构成最隐蔽的媒介事件，原始语言和人类全部的感官一起开创了文明的开端，而与触觉和声音分离的静态文字也引领着人类思维走向理性文明，开辟了修辞、逻辑和科学分析解释世界的时代，它们为当代世界提供了具有深层历史价值的符号及意义基础，印刷术和可书写的磁性介质等实体性媒介因而塑造了近现代艺术与文明的基础。

当代语言媒介不仅是艺术的语言，而且也是美学与技术的语言，具有自身多媒介的形态，且整体上进入"比特"时代，"比特"(bit) 以 0 与 1 的编码语

---

① 〔加〕埃里克·麦克卢汉、弗兰克·秦格龙：《麦克卢汉精粹》，南京大学出版社2000 年版，第 360 页。

言，使得当代艺术获得空前的同一性，比特作为超真实技术语言正消解着书写—印刷文明所建构的近代以来理性的文明结构，如此的语言不再只是声音与文字，语言自身成为一种"世界观"，乃至一种把握和建构世界的技术，陈述则让位于拟像，"赛博空间"（Cyberspace）成就了超越屏幕的拟像世界并再次培育了我们的感官，新媒介带来一种"比真实更真实"的虚拟真实，"自然的人化"进入新阶段，技术成为人体的延伸并造就了人的第二自然。艺术量化为信息流，不断拷贝、复制、虚拟合成与重构，悄然脱离纸媒和电子媒介的历史羁绊，不再是自然的镜像或仿象，成为自我创造的媒介，这不仅在于当代移动触媒、数字音频、全息影像、闪客乃至博客、播客等数字技术已经取代传统艺术介质如石材、泥胚、纸媒乃至某些特定作为新媒介艺术的媒介（如各类装置艺术和行为艺术的道具等）成为艺术媒介的主流，更在于它超越实体性媒介的空间和形式规则直接以比特为语言单子创造了虚拟的艺术时空，虚拟真实取代仿真和模拟现实并成为主流和规定性的，它无处不在又没有踪迹，带来令人耳目一新的美学奇观，而类似 Flash、3Dmax 和 QQ、Facebook 这样一些应用和终端软件本身就构成现代语言世界的传奇，新一代 iPad2 和 iPhone4 手机已经能将整个图书馆的数据下载到移动触媒，成为人脑功能的延伸，现代媒介语言已经整体上撼动了书写和印刷文明所铸就的文明准则并再次改变我们的身体和感觉，我们必须思考当代媒介与语言的本性，思考它与当代艺术的内在关联。

一、媒介与语言媒介

媒介一词的出现是媒介社会逐步由隐而显的标志，它源于 19 世纪以来传播学的发展，更伴随着地理和文化屏障崩溃的近现代全球化人类历史。"媒"有"引导"、"招致"、"触发"的意义，是关系的聚集和质变的前奏，介是"介质"，是事物之间发生功能转换、传递的桥梁，更侧重实体物性特征，"媒介"一词合在一起则意味着关系与物的聚集，是万物聚合生成的关键。狭义的媒介主要是指承载并传递信息的物理形式，如原始的结绳记事和石刻，现代纸媒、书写材料、磁性介质、光纤、晶体管技术载体如广播电视等，它们构成传统媒介的物性特征。广义的媒介则包括人化的自然和语言、还有货币和商品乃至某种抽象民族性文化符号等，是人类感官经验的文化集成，而语言同时也是把感觉转化为各类形式和符号的隐性介质。当代世界是媒介化的世界，媒介不仅被理解为世界、人类意志与情感的表象，而且媒介也是一种独特的力量结构，它隐性的控制力已经深入社会的所有神经元，万物通过媒介聚集和表征自己，它是生成性的，世界是媒介化的能被感知的世界。

现代媒介已经充分社会化，媒介化组织和制度已经构成社会结构不可分割的基础构成，而且成为文化聚集的首要力量，充满活力的媒介构成文明与时代最直接的表达和动力基础，成为现代社会独特的一极，传播学者麦克卢汉认为，媒介作为实现沟通和信息传播的通道，是人的感官的延伸，是"人的一切文化"①。美感得以显现的渠道，人发现创造了媒介也被媒介所形塑。感官结构、比例和秩序的差异构成文化的不同，它体现于万物媒介化的历史与现实之中，每一个时代的文化和艺术都会创造出它的主流媒介并在主流的媒介中得到根本显现，而媒介自身也是不断进化、叠加、彼此融合乃至相互生成，任何新媒介都有一个裂变和被发现的过程，正如电视对电影、音乐和文学的整合是媒介内在的社会性需求一样，今天的虚拟媒介对传统媒介的整合也早已悄然开始，如 ITV 电视即"三网合一"（广播电视、电话、电脑）技术的运用，文学也在为适应电影电视媒体的需求而不断成为新艺术的实验剧本，新的感性也在不断寻找新的媒介。在艺术家看来，新媒介不断为人类打开了通向新的感知与活动领域的大门，成为时代先锋艺术的场域。麦氏认为日新月异的媒介自身就是一个时代最重要的有意义的信息，媒介不仅以它所承载传播的信息而且以自身的形式构成独特的言说，每一种新媒介的产生在本性上都意味着感官结构的重构，导致某种感性、感觉的解放或流失，从而以隐性的方式形塑一个时代的文化。今天，我们所经历的媒介丰富性显然已经超过历史上任何一个时代，一种媒介化的生存决定了文化的根本特征。媒介即显现。艺术更以媒介的方式显现，作为显现的艺术也是媒介自身。

媒介社会的显现是近代以来的文明现象，语言的诞生却有着比媒介概念更为久远的历史，与文明同样古老，先是前口语时代的酝酿，之后在话语的逐步丰富刺激下，"那一堆为了实施我们的质疑力量而放置在世界上的符号——消失了"②。原始文字告别人类身体的直接性成为静态可保留的书写文字，古埃及法老时代的字母和中国商代的甲骨文等诞生了，语言与存在建立了新型的关

---

① ［加］埃里克·麦克卢汉、弗兰克·秦格龙：《麦克卢汉精粹》，南京大学出版社 2000 年版，第 9 页。

② ［法］米歇尔·福柯：《词与物》，上海三联书店 2001 年版，第 127 页。

系，开始了语言媒介化的历史，"话语成为词语符号所表象的表象本身"①，它将一种媒介的本性本源性地置于语言之中。就历史而言，作为口语的语言是最原初的语言，也是视觉、味觉和触觉、听觉等身体感官平衡的表现，它培育传承了原始的文明，在书写文字产生以前，作为口语的语言其媒介特征难以成形，没有对往事的视觉重构，一切都是即时、可感知和整体性的，触觉、听觉、味觉和视觉是一体的，语言与其言说对象是同一的，语言就是聚集与显现的游戏，口语化的语言成为美感的直接显现，那是传说与神话流行的时代，古希腊的神话和雕塑就是那种完满感官和谐的呈现，最早的语言直接展现了人类童年的纯真，这构成部落时代的特征，也是麦克卢汉梦想中原初的理想语言。

古希腊从毕达哥拉斯开始就发现了逻辑语言巨大的能动性，他认为数是一种富有神秘性的创造性语言，"数创造了整个宇宙"。在苏格拉底之后，柏拉图正式开始系统切割语言与现实的关联，他把自然世界看做"上帝写给人类的书信"，而且是用数学语言写就的，他尝试建立感觉与理性之间的壁垒以确立静态视觉的优先性，书写逐步战胜口语的直观性，它排斥审美快感以维护理念世界的纯粹，切割空间形式与实体的关联，人的整体感觉场被破坏，文字的抽象力量开始全面进入人类思维，部落长者与身俱在的记忆力不再重要，人们更相信可保留的书写文字的真实性，语言作为现实的反映却高于现实。柏拉图甚至认为唯有文字传达的理念是真的，而人类感官所感触的现实世界不过是"理念的影子"，艺术作为模仿则是"影子的影子"，感性或感觉的价值被贬低，诗人则被赶出"理想国"。中世纪的语言是上帝的给予，传播的是上帝的话语和信仰的绝对力量，崇高感完全屏蔽了日常感觉的冲动和价值，近代哲学则把人看成理性的、会自如把握语言的人，语言的概念结构开始完善和明晰，人们要成为读书人和书写者，并接受书本的指引，启蒙主义的理性语言借助印刷术的普及并最终导致了"上帝的死亡"和宗教的衰落，文艺复兴和新古典主义就诞生在这样一个近代理性语言成型的时代，近代数学语言成为科学语言的一部分，它们都是人类探索世界的工具，传播学则把语言视为交流和学习的工具。传统语言学因而认为人是语言的主人，而语言作为概念则是满足理性和逻辑的要求、是交流的工具，成为被撕裂的静态视觉的强化和延伸，这奠定了书写—印刷时代的世界观：人是理性的动物，概念化、逻辑化的语言是规定性的，理性取代上帝。

---

① 〔法〕米歇尔·福柯：《词与物》，上海三联书店 2001 年版，第 108 页。

现代传播介质的发达逐步打破了近代书写和纸媒塑造的时空观，从哈贝马斯开始的媒介批判已经转向"普遍语用学"批判，但语言依旧直接或间接被实体化的物质媒介和逻辑思想所规定，现代分析哲学的维特根斯坦开始已经意识到形而上学对语言的误用，认为语言是世界的逻辑图像，分析思想的唯一途径就是分析语言，在语言与世界间之间存在逻辑对应关系，处于这种严格数理关系中的世界才是可说的。当然，现代语言发展到今天也是一种独特的理性技术，如各类广告语言和意识形态话语以前所未有的深度和广度充斥在社会生活的各个空间，成为隐性的语言结构，而这也是结构主义语言理论的独特发现，巴特的符号世界也是其语言学的一部分，认为文本作为符号整体具有深层语言结构，人是"符号的动物"，卡西尔醉心于符号的文化实践，把自由的符号生产视为人类文化活动的中心，列维施特劳斯甚至认为人类学也与语言学一样具有共同结构。总之，现代以来语言不仅被理解成交流的工具，而且是理性的结构物，经验、知识与文化符号的存储和转换器，世界的逻辑图像，语言受到前所未有的重视。即使到了所谓"读图时代"，图像艺术也依旧被视为"语言世界的解构与还原"，"视觉化过程依赖于对于语言概念的建构性的理解"，它背后体现的依旧是语言的逻辑和历史力量①。但分析哲学和结构主义的语言还只是工具的语言，图像的泛滥更多地体现为一种解构主义的欲望话语，也许海德格尔的语言观体现了现代思想对于语言的本真自觉，即"语言是存在的家园"，它保持了现代思想对于技术和欲望语言的警惕，为纯粹语言即语言自身的凸显创造了可能。

语言成为突出的媒介现象是日益发达的信息社会的必然，在工业化和电子化以后，后工业时代的人类经历了对于信息时代的全新思考，唤醒了对于语言的深度自觉。电视使用的是符码化的视觉语言，这是一种经过编码的信息流，他必须面对受众的解读策略，但受众主要还是信息的消费者。后现代思想认为人不仅是"理性的动物"，而且是语言性的存在，人在使用语言的同时也使得自身被语言所统摄，成为"语言的动物"，甚至是"信息的动物"，网络时代的人们生活在信息的海洋里，高效传播的信息带给我们支离破碎的时间感和被隔离、分解的注意力，人们关注于瞬间图像的刹那印象，没有了对于理性文字持久的关注，人们被无限的信息海洋所淹没，理性的主体破碎，语言成为漂泊

① 刘成付：《论视觉文化传播的哲学根基》，载《图像时代：视觉文化传播的理论诠释》，复旦大学出版社 2005 年，第 73 页。

的语词，欲望话语流行成为我们身体的显现，瞬间经验、图像语言获得某种神圣性，它导致了传统感觉的崩溃，这是近代语言逻辑演绎和现代消费主义共同作用的结果。后现代的美学消解于语言之中，不是生活模仿艺术，而是艺术造就生活，不再有对于本原和摹本的中心地位，不再有逻各斯中心主义和元话语。

语言是人的声音与记录，"但是语言并不是人的自然本性，而是历史性的生成，由此给予了人类一个居住的世界。不过语言并不外在于人，相反它就存在于人的口中，即存在于人的言说之中"①。"语言是存在的家园"（海德格尔），一切文明最后的居所，在现代虚拟媒介所构筑的时空中，地理的、宗教的，乃至文化的壁垒都在逐步退却，语言正开辟着一个文明最遥远的边疆，有正在消失的语言，如很多小国家和少数民族语言，有正在生成的语言，如中国化的英语或新新人类的网络语言等，当代信息社会使人们更多地构造语言，新的语言不断生成并形塑出新的"语族"，网络上产生了众多可流通的非标准语言，甚至乱码也获得某种独特意义，它们无疑也是虚拟世界的经验产物。书面单词具有即时的特征，好像语言在说话，由此成为话语的第三级拟像，同时语言技术不断建构新的感觉终端如 IE 和 MSN 等，计算机语言如神经细胞一样渗透到实体媒介之中，成为隐蔽而绝对的力量，获得新的神圣价值。由此语言技术化成为常态，它打开了人类交往与文明生成的崭新渠道。如此的语言不再是理性和交流的工具，而是具有了超越传统媒介的特征，成为语言自身建构世界的开始，它既是有形的也是无形的，是一种不在场的在场和作为边缘的中心。虚拟文本正成为人类最核心的媒介，它脱离了原初的自然世界和本雅明的机械复制时代的艺术准则。虚拟语言建构了属于自身的真实性，所谓"视觉转向"并未脱离语言的隐性规定，比特语言将一种非中心的虚无的语言力量带入当代艺术的实践，它是历史性和思想性的，更是语言性的；它不断唤醒被历史遮蔽的感性并生成新的文化感官，如鼠标与手，视觉与 3D 屏幕，符号、图像语言的流行唤醒了全新的美感与艺术范式；它无处不在，到处撒播和延异又毫无踪迹。后现代思想因而对语言因而有更细致的区分，如索绪尔所说的符号能指的差异性，以及德里达所说的文字与书写的差异、符号与意义的分离等。

麦氏认为，20 世纪作为媒介的广告、漫画和电影在广义上已经不是代码，

---

① 彭富春：《哲学与美学问题———一种无原则的批判》，武汉大学出版社 2000 年版，第 331 页。

而是"基础语言",媒介不仅是语言的聚集和放大,也是时代本性的直接呈现,媒介即信息,信息具有等同于物质的能量结构,也是广义的动态文本,它使日常化的媒介艺术创造在技术上成为可能,理性的受众成为交互式的大众,并催生出充满动感的大众艺术,精英艺术式微。受其影响,后现代的鲍德里亚则认为现代媒介已经成为"超现实"(Hyperreality),即现实的替代品,"人们生活在一个虚拟复制的文化中,被各种多余的,丧失了意义的符号和信息所包围"①。感觉信息化,人居住于纯粹空间亦即虚无之中,那曾经给予人类家园感的神话和诗意语言消失了,技术化的媒介语言战胜了口语和近代书写,新媒介的书写悄然建立新的感官原则和秩序,赋予现代媒介独特的文化力量,当代语言获得更为隐蔽多元的媒介形态,一方面是信息的爆炸,到处是泛滥的符号符码,程序语言的永恒变异等;另一方面,新媒介的生成在根本上是消费的即欲望语言的聚集,语言成为欲望的技术,是欲望、技术的无穷游戏,本性的语言主要处于遮蔽亦即失语之中。

二、语言与艺术

在新石器时代晚期,古拙的陶器、骨器和玉器已经开始游离出单纯的实用功能并显现出朦胧的艺术气息,开始聚集符号的意义。在远古人类尚未产生可交流的语言以前,人的原始声音和身体动作也成为传达各种信息和进行情感、思想交流的工具,这催生了原始奔放的舞蹈和节奏,即原始的身体语言和音乐语言,它成为原始人审美意识的有机呈现。稍后的口语复杂而和谐的结构唤起了对实体空间的意识,雕塑和文字随后开始成形,并承载延伸语言的意义、开始构设虚拟的叙事原则和艺术文本,诗歌、神话和传说诞生了。语言在自身差异化的历史运动中内在地促成古代艺术的发生,作为声音与文字的合体,也作为原初表达的知觉的变形,语言的诞生构成了原始文化的文明突变,混沌的世界在初生的语言面前变得清晰起来。人们开始借助语言更深刻地去认识把握世界,人类精神的升华也有了更为清新的表达。欲望也获得自身的边界亦即文化面具,它以文字的方式中断了身体和感觉的直接对应,将感性的声音沉淀为书写原则,"语言既是一切媒介之中最通俗的媒介,又是人类迄今可以创造出来

---

① 转引自石义彬:《单向度、超真实、内爆——批判视野中的当代西方传播思想研究》,武汉大学出版社 2003 年版,第 221 页。

的最伟大的艺术杰作"①。口语文化的开放与活力将人类由史前文明带入古代文明阶段,早期人类口语从实践中丰富发展孕育、分离出更高级的原始音乐、歌唱艺术和强烈动感特质的舞蹈,而音乐歌唱艺术的发展又培育了诗歌的结构与韵律,《诗经》中就有大量早期社会的民间歌谣,后来,随着文字符号的诞生与记录载体的完善,视觉对听觉的把握占有了某种先机,文字把理性力量沉淀到文明的基因内部,古希腊的字母和中国商代甲骨文弥补了口语到书面语言之间的断裂,使得语词和概念的论述成为可能,并带来人类心智水平的积累与快速提高,它不断重构打乱原始人类的感官比例,终结了部落文明。

古典时代的谚语、箴言、传说和神话和最早的史诗成为早期人类智慧的媒介外壳,诗意和妙悟淬炼了感觉结构。语言艺术成就了那个时代最高的精神旨趣,如西方的《荷马史诗》和中国的《诗经》、《楚辞》等。诗言志,歌咏言,咏之不足则舞蹈之,古代艺术伴随着语言媒介及有效载体的发展越来越丰富多彩:铭文和篆书则成为书法艺术的发端,文字统一和竹简的发明带来文化信息的稳定性和有效传承,孔孟老庄等由此得以荟萃百家。书写竹简时代的美学语言,奠定了先秦华夏美学的基本形态;诗词歌赋的流行积累了大量词汇和文艺法则,这又催生了后来的戏曲与小说。东汉时期蔡伦发明了造纸术,使得绘画和书法艺术从此有了更为稳定的媒介依托。文字也依托纸媒成为媒介的艺术,书法艺术则摆脱钟鼎器物和竹简的羁绊而进入楷书和行书的时代;绘画则从原始符号回归到某种自然和人文意象,画像石艺术进入卷轴画时代,并使得隋唐绘画艺术的高峰得以到来。宋代毕昇的活版印刷术,使得民间版话和后来小说艺术的流行得以可能,传统文艺经典如四大名著等才得以不断丰满和流传,也由此培育传承了明清以来的市民文化与民间艺术。如果没有隋唐尤其是宋朝以来活版印刷术与民间说书艺术(文字再口语化)的隐性催化,小说叙事则难以走出历史叙事模式成为真正的大众艺术,而没有近代报业革命和白话文运动,陈独秀等人开启的五四运动也无法开拓出中国近代以白话文运动为标志的新文艺浪潮。在一种历史决断的时刻总是伴随着某种媒介革命的发生,它们都会导致作为核心媒介的语言内在与外在结构变迁。

在近代西方,古登堡的机械印刷术的发明,意味着印刷文明达到高潮,它使得文艺复兴所带来的启蒙思想迅速世界化。文字获得高效稳定的媒介支撑,

---

① [加] 埃里克·麦克卢汉、弗兰克·秦格龙:《麦克卢汉精粹》,南京大学出版社2000年版,第424页。

古籍得以流传，文化不再为少数精英阶层所垄断，理性的力量借助书籍报刊得以广泛渗透。现代媒介把语言变成高效传递的信息，并被视为改变世界结构的文化动力。文艺复兴可以在南欧展开；欧洲的理性哲学可以抗衡基督教的力量，它将语言逻辑的力量带入广泛的人类文化和艺术生活，使得古典主义、新古典主义和巴洛克的艺术才有自己的人文基础。这都与古登堡的机械印刷术不无关系。在一种古典辉煌的回归中，近代文明得以伸张，在哲学上这是理性语言逐步取代宗教话语的时代，理性成为人与语言的规定，成为美与艺术的出发点。19世纪40年代电报的发明，使得距离不再是文明间的绝对障碍；全球化速度加快，西方世界与中国才真正开始广泛、深入和激烈的文化碰撞和融合。固定电话的发明使得人类语言交往打破时空限制，手机文化则代表了大众文化的新阶段，今天的微博技术则将之与互联网结合起来使之上升为网络文化的一部分，语言虚拟化程度加深导致媒介演变速度加快，摩尔定律显现了硬件和软件功能升级的实现周期。硬件越来越小，软件则越来越强大。

正如麦氏所言，20世纪广播和电视相继充当了大众文化的主要角色，带来了视听艺术的繁荣，促使他对于"地球村"有着强烈的渴望，他渴望一种新的媒介超越地理和文明的障碍，让人类走出自柏拉图设立"理想国"以来至近现代文明的矛盾冲突，恢复到一种具有完满感官活力的共通文明结构之中。今天，随着虚拟语言的出现，IT技术已将人类感觉末梢延伸到虚拟空间并因而再造了某种世界化图式。虚拟媒介突破传统实体化艺术媒介的羁绊开始成为决定文化生产的根本力量之一，古典艺术及其媒介范式在新媒介的冲击下成为边缘。今天，威尼斯双年展的架上绘画更多让位于数字艺术。计算机、光纤、通信技术和数字语言技术的发展，信息高速公路、宽带的出现，更被托夫勒视为新的文明浪潮。贝尔的后工业社会图景更直接将信息视为最主要的核心要素。语言技术成为核心，它使得传统语言游离出传统实体媒介的羁绊成为崭新媒介语言，从短信、飞信到微博，已经不断给人类交往模式带来突变，而一种游戏的网络语言催生了诸如韩寒和"当年明月"这样一些在传统媒体根本不可能生存的艺术人物，并延伸再造了周星驰等人在传统艺术媒介所开创的"大话语言"。更重要的是，"赛博空间"让作者的身份变得越来越模糊不清，互文性成为虚拟艺术的特征，它们是语言自身能动性的全面升级，不是一个作者而是无数文本的交织和相互生成。语言成为时代经验的聚集、衡量世界的尺度，它开辟了虚拟世界的艺术边疆。由此，语言的本性也有机会走出既有的历史而回到自身，现代和后现代艺术从此有了根本性的媒介和感官基础，人们生

活在信息的海洋里，数字艺术成为艺术进化新的里程碑，无形的虚拟媒介更是把当今世界整体囊括其中。它们统一在一种全新的虚拟化语言（比特）之中，这是一个纯粹虚无的数理构设。它无规则且无中生有，把现代世界虚无的经验带到存在的领域，时间和空间被瞬息万变的信息不断重置，时空消失了，又诞生了一个虚拟的空间。艺术成为虚无的显现，如此的虚无不是否定与虚空，而是存在的生成，虚拟成就了现实，空间成就实体，这是一个需要新的感官平衡的时代。

三、媒介与艺术

艺术作为存在本性的显现无疑是最有效的媒介，一个时代最突出的艺术媒介往往是那个时代的书写，如青铜时代（奴隶制文明）的铜鼎器皿、竹简时代（封建社会早期）的篆书简牍，活版印刷时代的绘画与书法，电子时代（20世纪）的影视艺术，信息时代（现代社会）的虚拟和仿真等。"任何媒介的任何变化总是要使同一文化中的所有媒介发生变化"①，媒介自身也构成自身运行的动因和前提，媒介化的世界万物因而也具有属于自身的媒介生态且具有现代社会学特征，是一种历史性的生成。

麦克卢汉式媒介化视角的人类社会大致可分为4个主要时期，即：

（1）口头传播时期，它带来口耳感知为主的生活，听觉压抑视觉，此为"部落人"时期，艺术难以突破时空限制，塑造了地域化的原始艺术和文明原型，传说与神话流行。

（2）文字印刷传播时期，口语转化为空间形态，视觉主导并凌驾于其他感官，祛魅化历史逐次展开，知识分子开始以科学及哲学语言重建立论述根据，语言成为理性和传播工具，它实现了语言的普遍沟通能力，语言成为文明间最有效的沟通方式，近代文化形成。

（3）电子传播时期，即"重新部落化"时代，语言成为信息，信息过剩，电子媒介成为人的神经系统的延伸，感觉碎片化，精英文化依托学科化的科学语言而存在，计算机语言开始成形。

由此，麦氏媒介视域下的"地球村"概念才是可能的，新媒介新感知，

---

① ［加］埃里克·麦克卢汉、弗兰克·秦格龙：《麦克卢汉精粹》，南京大学出版社2000年版，第450页。

地球变小了，时间不再对应空间；同时也变大了，它把传统实体化的媒介延伸到虚拟媒介空间，电子媒介将世界连成一体，距离感消失了，世界变得犹如一个村落，人们似乎找到了伊甸园。今天，"比特"级（bit）的数字流似乎正以绵绵不绝的力量重构人类的宇宙时空。于是沿着麦克卢汉的思路，如果前三个时期可以总括为实体媒介时代的话，那么21世纪或许可以被称为人类文明第4个时期，即：

（4）虚拟媒介（数字化）时期，它不再专注于任何实体性的介质（分子、原子和电子），而将虚无的存在即比特（bit）作为自己的基础语言，这是一个纯粹的数理语言构设，0与1的运算游戏，万物得以显现的基础，它将自古希腊毕达哥拉斯开始的数学语言的内在逻辑发挥到极致，万物数字化成为万物媒介化的基础，纯粹逻辑语言达到它历史性的极限，一种历史上从未出现的能囊括一切媒介的虚拟媒介似乎产生了，它以无为有，把虚无的力量本源性地置于艺术之中，虚无成为存在的本源。

与当今时代对信息的崇拜不同，在麦克卢汉的时代，转瞬即逝的信息充满不确定性，是媒介聚集了信息，而非信息规定、建构媒介，"对于整个人类史而言，真正起作用的不是那些转瞬即逝的信息，而是不断发展和变革的媒介本身。这些媒介改变着我们传播和接收信息的方法，造就了我们生活方式本身"[1]。麦氏认为"一切传播媒介都是人类感官的延伸"[2]，他认为媒介会重构人类感觉模式，塑造着我们感知世界的方法和能力以及思想的模式"，更"相信未来的电子媒介将会带来一场更为伟大的文艺复兴，重新整合人的感官平衡，创造出瞬间直觉的整体环境"[3]。就美学作为感性学而言，它也重构了我们的美学，这种成为人体延伸的媒介也是媒介不断获得自身独立性和生命力的过程，任何文化都是感觉的组合与排列，媒介的生命力也在于它的美学经验的完善，正是各类媒介成为感觉的通道并塑造完善了人的文化感觉，人类正是通过媒介把自然变成自己身体的延伸，媒介的感觉成为人的感觉，人们必须通过对媒介的把握建立新的感官平衡，并不断走出信息爆炸所带来的感官紊乱状态。

---

① ［加］埃里克·麦克卢汉、弗兰克·秦格龙：《麦克卢汉精粹》，南京大学出版社2000年版，第14页。

② ［加］埃里克·麦克卢汉、弗兰克·秦格龙：《麦克卢汉精粹》，南京大学出版社2000年版，第241页。

③ 转引自李洁：《传播技术建构共同体》，暨南大学出版社2009年版，第54页。

只是麦克卢汉时代的媒介整体上还是实体性的，无论分子、原子、还是电子都是有质量和结构的"物质"实体，包括语言也是一种结构性的存在，但他毫无疑问已经意识到信息语言在媒介结构中的优先性，亦即语言对于技术的价值包括媒介形式所具有的语言意义等。当代媒介的虚拟化特质显然早已超越这一实体化特征，它立足于"比特"的"存在"（即虚无作为存在），亦即语言之无。现代艺术因而不再仅仅是对客体的模仿和模拟、表现和再现，空间超越实体并消解了实体的神圣性，审美客体与自然客体分离，也不再拘泥于电子世界的解码和编码，而直接是创造性、幻想或感觉的直接生成。今天的比特语言成就了超真实的无中生有，超现实艺术成为普遍的艺术准则，艺术灵感直接诉诸技术语言，成为媒介语言的言说，数字化介质代替胶片和纸媒，图像被分裂为任意文本并不断被重构，一切都是可解构的，它们不断剥夺与生成，成为存在的遮蔽与显现的游戏。

四、当代艺术与媒介的反思

在历史性显现的媒介面前曾经诞生了记者、编辑、导演、编码者、解码者、程序员，之外还有观众、听众、受众、电视人、网民、博客、黑客、播客、切客、威客、闪客等人格语词，它们都是不同时代人类自身媒介化乃至异化、碎片化的历史符号。媒介在其历史性生成中显现了自身不可替代的意义，且具有了某种对人而言的反规定性。如新媒介不断涌现，旧的媒介艺术如古老的京剧不再流行，连剪纸艺术也成为文物保护或非物质文化遗产对象。无疑，今天的人们通过媒体感知了万物的丰富性，通过语言还原了万物的"丰富性"，却放弃了对自然的直接的全面感受，媒介的突变导致感觉失衡，广播让耳朵听到千里之外的声音，却难以感受天籁的回声。当然，后现代的媒介不仅否定、解构而且建构现实，亦即一个超现实的世界，一个虚拟的自由随时准备取代现实的自由，不断把本性的人推向异化边缘……人们在创造中感受到了一种全新的异化力量。

如果说厌倦是电视一代的普遍情绪，那么孤独就是网络一代的普遍情绪（威廉·德雷谢维奇 William Deresiewicz）。现代世界不再保有自我统一性，人也成为媒介化的他者，到处是分裂的单向度的个人和单向度的书写：语言狂欢，感觉膨胀，肤浅流行，人在自由的名义下经历刻骨铭心的孤独，如此遥远、隔膜但又如此"亲近"，虚拟媒介再次强化了这一体验。这是一种悖论性的存在经验，它也许是所有古老文明必经的命运。后现代的鲍德里亚也没有继续保有对麦克卢汉的"地球村"梦想，当代美学也不再仅仅是传统理性美学，关于存在的心理学和符号美学的对象，它不断游离并跨越现代美的边界，成为后现代技术语言和语言技术的世界，信息不断内爆和坍塌，人们在不断呈几何级暴增的信息浪潮中遨游但也不断被淹没。因而当代世界也是破碎语言（信息）的聚集，他们分解了人的感觉和注意力，信息不平衡破坏了人的感官平衡，并形成新的信息鸿沟，民族，国家，乃至无数原子化个体之间，一方面虚拟社区正悄悄改变地理国家和文化的边疆，另一方面人们又似乎丧失了真正的社会感，人们敏感而麻木，深刻又肤浅，孤傲又自卑……没有了对于文字和书写的品茗，他们在一种语言的拟态环境中经验着对本性的语言的远离——那在远去的口语和印刷时代所铸就的家园般的诗意语言，处于被根本性地遮蔽甚至遗忘的命运。

无论是何种媒介，都是技术化的媒介，都是感觉得以延伸完善，同时也是让原始感觉不断切割和重构的技术，技术文明是人类对自然的胜利，但它也意味着人性在更深程度上的分离与聚合，这带来现代世界独有的孤独、隔膜和无知，它不是无关系，而是在关系和物的聚集中不断去经验历史性的虚无，现代媒介虚拟的镜像整合了人与人、人与社会、人与世界的全新关系，带给我们全新感官经验包括前所未有的精神和感受的危机，在创造感觉的同时也疏离了感觉，如现代电子音乐的流行和传统戏曲欣赏能力的丧失等，新新人类钟情于"蜡笔小新"和"动漫文化"，少了几许案头文字的书香与品茗文字的雅致；短信拜年代替那种亲临的现场感所铸就的亲情文化，造成感觉新的失衡和失真。这样一个时代的超真实虚拟主张在本性上也更多是对真实的遮蔽，它更多地意味着某种文化感觉的流失亦即艺术的失语。

语言媒介的产生是历史性的生成，媒介作为语言的聚集就是显现，它规定了艺术的发生，现代艺术乃至视觉语言已经更多接受比特语言的建构力量，虚拟原则正成就着当代艺术的主流样式。在麦克卢汉的时代，大众传媒"……就是某种意义的语言，就是集体经验的编码"①。但麦氏的语言媒介显然还未整体上走出实体化媒介的羁绊和技术的规定，媒介的语言是表象的技术语言，还处于语言自身显现的萌动之中，尚未经验对于语言自身的本性思考，麦氏

---

① ［加］埃里克·麦克卢汉、弗兰克·秦格龙：《麦克卢汉精粹》，南京大学出版社2000年版，第407页。

"地球村"留下的更多还是电讯技术的理想幻影，后现代比特化的"地球村"却充满荒凉，它将经历对虚无意义最严峻的拷问亦即对存在命运的追问。但村落与故乡只是一种隐喻，每个时代的艺术都会默默寻找属于它的媒介"语言"并立身居住于其中，因为艺术不是别的，它就是存在真理的显现，并成为语言性的存在，人性的真正在场，媒介构成一个时代最本性的存在，不是生活模仿、镜像艺术，而是艺术虚拟并创造生活，从口语、文言文到白话文、现代文学再到文本、信息乃至"比特"语言的变迁也见证了实体性媒介到虚拟媒介的艺术史。从模仿、再现、复制到虚拟和仿真，对历史而言，每一种新媒介的诞生都是一个时代大写的语言事件，语言的解放也意味着存在历史的展开，它聚合着一种被遮蔽的历史性力量。现代哲学将语言视为"存在的真理"或"存在的家园"，承认一种巨大的历史性虚空就存在于语言之中并等待语言自身去揭示和言说出来，我们时代的艺术也需要这样一种语言，不仅以自己的内容也以自身的形式去显现时代最本真的存在，在不断被颠覆的艺术语言中去寻找一种被遗忘的爱与真理，在此意义上，当代艺术整体上无感觉的彷徨和失语也是召唤，它召唤我们走出信息时代的媒介幻象与感觉的迷失，去填充那个技术和消费时代所造就的巨大历史性虚空。

（作者单位：武汉大学哲学学院）

美术与设计研究

"六法"的句读与气韵的阐释[①]

——读钱钟书《管锥编》有感

胡家祥

　　钱钟书先生在《管锥编》第189节论及谢赫的《古画品录》，提出了一个令人震惊的观点：自张彦远《历代名画记》问世以来，人们虽普遍引用谢赫"画有六法"之说，但"皆谬采虚声，例行故事，似乏真切知见"；更为严重的是，学界"不究文理，破句失读，积世相承，莫之或省"。这样的断语具有非同寻常的爆炸力，让人不由得急切地要往下拜读，以明通畅的文理，以求正确的句读。于是钱先生郑重地公布了他的"标点"："六法者何？一、气韵，生动是也；二、骨法，用笔是也；三、应物，象形是也；四、随类，赋彩是也；五、经营，位置是也；六、传移，模写是也。"从语法上看，这确实不失为一种较为通畅的断句方法；现在的问题是，从语义上考量，它是否较之传统的理解更为符合谢赫的本意或更为切合艺术的实际？

　　然而，当我们仔细阅读和品味钱先生的后续论证，不免有些失望。

　　钱先生所持的理由之一：如果"六法"均为"四字俪属"的词组，则"是也"何须六见？仅在"传移模写"之后用一个就足够了。从语句的凝练方面从严要求，的确可以如此责难；但是并不能因此而断定传统句读"文理不通"。"是也"的句式通常表示肯定判断，如《论语·微子》中就单独用过，似乎并未限制在仅用于解释性的判断句。按照钱先生的断句，称"气韵即是生动"、"骨法即是用笔"固然在语法上说得通，但依传统的断句，称"一为气韵生动"、"二为骨法用笔"其实也无可厚非，更何有"荒谬"可言？

　　其理由之二："六法"中其他五法尚可四字俪属，但"骨法"与"用笔"

---

　　①　教育部人文社会科学基金项目"气韵范畴的深广来由、丰富含义和现代活力研究"（08JA751041）。

牵合，"则如老米煮饭，捏不成团"。不知钱先生是否斟酌过，从语义方面考量，称"骨法即是用笔"才真正有些于理不通。骨法体现于用笔过程之中，通常指用笔勾勒出对象的外形轮廓从而表现其特定神态的技巧，它与用笔密切相关却不相等，因而不宜互训；但是又完全可以并列强调：如果说"气韵生动"为主谓关系，"经营位置"为动宾关系，"随类赋彩"为偏正关系，那么，将"骨法"与"用笔"并列提及也未尝不可，"传移模写"也为同样的并列式结构。

钱先生多以轻蔑的口吻评述前人的相关观点，用词不吝尖刻。一般说来，凡是持如此态度的人，自己立论往往不免失之轻易，因为既然感觉驳倒他人旧说可以不费吹灰之力，那么以一己新见取而代之也就易如反掌。我们看到，钱先生为自己的断句仅列举一条正面的理由，即推测谢赫是考虑到"气韵"、"骨法"、"随类"、"传移"四者都很费解，而"应物"、"经营"二者虽然容易理解却又太过浮泛，所以再各找一词加以阐释。我们无从确认谢赫有无此种意图，只是觉得古人即使惜墨如金，也未必拘泥于以一词释一词，如此难以达到解决表意费解或浮泛的目的。

姑且承认被削减为十二字的"六法"为谢赫著作的原貌，正如钱先生的断句那样；但令人遗憾的是，对"六法"如此归纳似乎很不严密。一个明显的破绽是其中"应物"与"随类"二法的确既费解又浮泛。究其原因，"应物象形"和"随类赋彩"均为偏正式结构，深谙画之三昧的谢赫一定会以"象形"与"赋彩"取代前二者。现有的文本居然是取"应物"与"随类"而隐"象形"与"赋彩"，借用《管锥编》中的话说，"观谢赫词致，尚不至荒谬乃尔也"。此外，"传移模写"本来就可以简化为"传写"，作为六法之一法，按理说用此二字最为精当，又何必拈出"传移"来另作解释呢？即使需要在"传移"与"模写"之间选择，取"模写"也当比"传移"更为恰当一些。

当然，历史上人们对于谢赫论著的传抄有不同的版本。《古画品录》的题名就很可能有后人添加的成分，在谢赫时代，称之为"画品"当更为合适，因为其中所录的较多画家去齐梁不远。既如此，张彦远在《历代名画记》中所引"六法"的相关文字就未必是随意的：宋初黄复休的《益州名画录》所记"六法"也是"一曰气韵生动，二曰骨法用笔……"的句式；"是也"二字原先没有而为后人添加也并非不可能。假如真是如此，则历史上尽管对"六法"有各种不同的理解，却从未出现过"破句失读"的情形；相反，将原来的词组强行断开，则只是一种新的误解。

历来的画论家公认，"气韵生动"为"六法"的根本和总领。唯谢肇淛和邹一桂曾就其重要性和顺序排列表达过质疑；钱先生则更直接地指出，谢赫以"生动"释"气韵"是粗略的，尚未达意尽蕴，仅道"气"而未申"韵"。依钱先生之见，"气韵"的确诂应该是司空图《二十四诗品·精神》中的"生气远出"——"气"者"生气"，"韵"者"远出"。如此看来，"气韵"便不是一个名词性的联合式合成词，而是一种主谓结构；"气"固然是名词，"韵"则成为动词了。也就是说，"生动"只是描述了"生气"方面，而未能表达"远出"的意涵。果真是这样吗？

仅就钱先生自己的相关阐述考察，这一观点便很难成立。因为他在论证可以用"生动"释"气韵"时即明确肯定：气韵非它，就是画中人物栩栩如活之状，如顾恺之画人物，颊上添毛，"如有神明"（《世说·巧艺》），眼中点睛，"便欲言语"（《太平御览》）。难道这不是生气远出吗？随后在解说龙、马、雀、鼠之类为何有气韵时，又称这些动物同于人之具"生"命而能"动"作，则"生动"就不只是指生气，而且当有生气得以显现而传神的意涵。另外，他还认为，古希腊人作画也重"活力"或"生气"（enargeia），可以与汉语的"气韵"骑译通邮，等等。将此节前后出现的观点作一对照，不免让读者感到有些无所适从。

一般而论，"生动"是形容词，"生气"是名词，前者描述的是一种状态，后者指称的是一种事物，二者虽有关联但决非一义。如果说以"生动"释"气韵"有偏，那么这并非谢赫之失，而恰恰反映了钱先生断句之误。因为谢赫其实无意于仅仅拿一个形容词来解释一个名词，特别是像"气韵"这样的极为重要的名词。他的本意当是强调气韵的显现要达到生动的程度，即用一个谓词来描述主词。我们可以推论，"气韵生动"与在该时代的人物品藻中已见的"气韵高艳"（《魏书》卷八十五）、"气韵恬和"（北魏郑道忠将军墓志铭）之类断语属于同一句式；若要更明确一些表述其语义，便是后来郭若虚所说的"气韵双高"（《图画见闻志》）。

"气韵生动"是谢赫用于评价画作品位的基本尺度。在他看来，气与韵缺一不可，二者双高才是艺术理想，"力遒韵雅"则超迈绝伦。若一端偏胜，便是有失，如夏瞻的画"气力不足，而精彩有余"，丁光的画虽然精谨却乏于生气，等等。应当承认，谢赫评论二十七（张彦远《历代名画记》存二十九）位画家，从气力角度指出不足者居多，鲜见批评某人乏于韵致。这可能是时代观念使然，我们看到，在理论上他与刘勰一样重视"风骨"。但并不能据此而断定谢赫轻视韵的方面，因为他一般是在肯定某人作品不乏韵致的前提下嫌其气力不够。再就谢赫本人的创作而言，其欠缺之处恰恰是气力不足，如姚最所说："至于气韵精灵，未穷生动之致；笔路纤弱，不副壮雅之怀。"(《续画品》)

既如此，钱先生为何还要责难谢赫没有重视韵呢？原因也许在于，他本人并不像后者那样讲求立论的持平、公允，而认为可以直接地用"韵"来表述"气韵"之所指。如钱先生引王坦之《答谢安书》中"人之体韵犹器之方圆"一语分析道："'形'即'体'，'神'即'韵'，犹言状貌与风度；'气韵'、'神韵'即'韵'之足文申义，胥施于人身。""体韵"一词是否应该拆开来分别训为"形"、"神"，细心的读者自有判断（如《文心雕龙·体性》篇的"体"就不是形体义）；单就"神"与"韵"二者来看，它们是相等的关系吗？所谓"神"，通常可以称之为"神气"，也可以称之为"神韵"，它本是气与韵的合体，犹如人的风度是气与韵的合体一样。钱先生站在偏重韵的营垒中出击，一下子将"神"挟持了过去，且不说偏重气的营垒能否心悦诚服，就是持中间立场的学人也难以接受。再回头看钱先生解释《古画品录》中"神韵气力，不逮前贤"的评语时居然断言："是'神韵'与'气韵'同指。"明明有"气力"一词在后，怎么能视而不见？只要立场稍许客观一些，便能看出"神韵气力"才同"气韵"的所指相当。

由此我们不难理解，《管锥编》中讨论"六法"的此节文字用了过半篇幅在说"韵"。作者推司空图和严羽等为谢赫的"气韵"说的继承者和完善者，正在于他们偏重韵；最后引出范温《论韵》中的观点，几乎照录了全文。范氏为黄庭坚的弟子，秉承其师"书画以韵为主"之说而立论。从以"气韵生动"为第一要务到"以韵为主"，是时代文化大风格的巨变，我国古代艺术大致说来以中唐为界，前期以气胜，后期以韵胜。身居后期的学人重视"韵"的研究是合乎情理的，但是不能由此而断言，前人所谓的"气韵"就只是他们所说的"韵"。

即使在中唐以后，能够在理论上继承谢赫思想或在艺术实践中获得相似经验的仍大有人在。如李方叔《答赵士舞德茂宣义论弘词书》中写道："文章之无气，虽知视听臭味，而血气不充于内，手足不卫于外，若奄奄病人，支离憔悴，生意消削；文章之无韵，譬之壮夫，其躯干枵然，骨强气盛，而神色昏蓄，言动凡浊，则庸俗鄙人而已。"这段话也曾为钱先生所引，它不是明白无误地揭示气为生命之力而韵显人格之雅吗？既然二者均为健康人格形态的必需，焉能厚此而薄彼？

"气韵"观念之所以千古流传，在于它本身具有强大的生命力。有一点也许先贤尚未明确地认识到，气韵是宇宙之道的表现，气与韵是艺术形态学（在严格意义上当称之为艺术神态学）最根本的二元。如果说，一阴一阳之谓道，那么气为阳而韵为阴。我们的先人认为，易道生生，乾、坤二元为万物形成的"父母"，据此看来，气便是乾健之性的体现，韵则是坤顺之性的呈露；乾知大始，坤作成物，乾为开拓性的倾向，坤为赋形性的倾向，二者合成的神态便是气韵。落实于人类学层面，气是生命力昂扬的体现，韵是心灵和谐的表现，气韵是人的性情中刚柔相济而呈现于外的风度、风采。演化于符号学层面，就传统的绘画艺术而言，气韵生于笔墨，气的力度尤其通过用笔勾勒而体现，韵的雅致尤其通过着墨晕染而形成，二者合成艺术品的审美风貌：气盛韵弱为壮美，气爽韵雅为优美，气弱韵显为弱美。艺术的发展史常见这三种风格形态的更替。

现在再来看钱先生所甚为不屑的西方学者对"气韵"的翻译。无论是"具节奏之生命力"也好，"心灵调和因而产生生命之活动"也好，抑或"生命活动中心灵之运为或交响"也好，尽管未能周全地概括气韵的性质和特点，但是最基本的意蕴还是抓住了：一方面是生命力的活动（形成作品之气的基础），一方面是生命的节奏或心灵的调和（形成作品之韵的基础），气韵大致是由这两方面合成的流溢于作品周身的神采。在西文中，没有与"气韵"相匹配的对译词，能够如此理解已属不易，宜以宽宏的胸襟予以适度的赞许才是——深谙中国艺术精神的宗白华先生，也曾将气韵理解为"生命的节奏"或"有节奏的生命"；反之，随意斥之为"梦寝醉呓"便显得有些不够友善了。即使是中国学者，若恃才傲物而蔽于一曲，说不定还达不到这样的概括水平呢。

钱先生不愧为学术大师。《管锥编》谈"六法"一节汇集了很多相关知识，其中对"韵"的把握也多有启发人思考的地方。先生致力于中西会通，切实时代的需求；旁征博引，展现治学的风范；只是在切身体认（如宗白华）和逻辑思辨（如徐复观）上稍逊一些，影响了其观点的说服力。本文限于分辨"六法"的破句失读问题，其他方面拟另文论述。读书无禁区。对于大师的观点，同样需要甄别，正确的应加以弘扬，错误的则当摒弃；随意地拉大旗作虎皮或"明哲"地为尊者讳，都不利于当代学术的健康发展。盲目地信从为钱先生生前所不齿，我们需要继承和发扬这种追求真理、实事求是的精神，继往开来，努力将学术事业不断地向前推进。

（作者单位：中南民族大学文学与新闻传播学院）

楚美术的生命主题及其审美意义

王祖龙

楚美术图像是春秋战国时期集绘画、雕刻、工艺、建筑等诸多形式于一体，且观念明确、结构复杂的视觉体系。其中的漆绘、帛书、帛画、锦绣、青铜或漆木雕刻，为我们探索中国早期墓葬美术图像、观念的形成及其流变提供了明确、可靠的线索。作为中国美术图像初成期的宝贵资料，因表达了上古深邃而复杂的丧葬信仰，奠定和发展了古代美术的造型技巧和表现形式而具有重要意义。由于其图像的奇诡谲怪和风格的神秘虚幻，学界围绕其功能和性质的探讨一直争论不休，或认为是镇墓辟邪，或认为是招魂复魄，或认为是引魂升天，或认为是为了满足幻想中的死后欲望，等等，众说纷纭，莫衷一是。导致对楚美术图像功能和性质作出上述阐释的因素有很多，其中传世文献《楚辞》的影响是主要原因。《楚辞》中的"招魂"、"大招"等两篇巫咒诗经常被作为阐释楚墓葬器物功能的依据而广为学者所援引。其次是艺术史研究缺乏对墓葬整体的综合性考察，往往把墓葬当做提供各种分类研究资料的宝库，分成青铜、玉器、漆器、陶器、丝织品、绘画、雕刻、书法等类别，以此阐释各自专业领域的历史。这种"消解原境"的研究是以破坏墓葬作为整体性的实物存在和分析对象为代价的。当一个墓葬的内涵被分类为不同的媒材来研究，它的完整性也就自然消失了，同时也阻碍了对器物作为特定文化和艺术表现的真正理解。故而对楚美术图像的理解必须回到"原境研究"，即回到墓葬本身。

一、象征性空间中的象征图式

生者为死者造墓，是"藏"在地下的永久家园，缘于中国传统的社会结构和相应的伦理思想。这种习俗可以追溯至公元前 4000 年前，先民不惜大量人力物力营建地下墓葬，并配以精美的装饰和随葬品。据司马迁描述，秦始皇骊山陵地宫，穷全国七十万劳力才建成"上具天文，下具地理"的微型宇宙。

楚人"信巫鬼，重淫祀"，认为人之死是肉体的死亡、灵魂的永驻，是向另一世界的过渡：精神升天为"神"，形骸归土为"鬼"。由此而生的就是对死者隆重的祭奠，对地下世界考究的经营和丰厚的供奉。人死后，一般日常生活的衣食住行与娱乐的器物（所谓"生器"）都应随葬墓中。此外，为了满足死者的需要还要专门制作"明器"、绘画、雕塑等陪葬入圹。在这里，墓室作为安放死者遗骸的世界，实质上是仿照墓主生前生活打造的。在这个世界，死者拥有享用和永驻的一切必备品，以象征生命的续存与永恒。具体到个体死者魂魄的安抚，主要表现为丧葬制度中"双重目的与性格，即一方面要帮助其顺利地升入冥界，一方面要好好伺候形魄在地下宫室里继续维持人间生活"①。于是，日益复杂完备的丧葬礼仪、规模日渐庞大的陵墓营造和大量随葬品，成为配给死者的隆重礼遇，为之提供完备的地下生活空间与灵魂升天的一切便利。曾侯乙墓随葬品多达 15000 件，从器用衣物、兵马偶人到声色享乐之器无不具备。可见，墓葬之于古人，"绝不仅仅是一个建筑的躯壳，而是建筑、壁画、雕塑、器物、装饰甚至铭文等多种艺术和视觉形式的综合体"，"是完整的、具有内在逻辑的墓葬本身"②。这个"完整的、具有内在逻辑"的墓葬，是死者生前生活的浓缩，是专为其灵魂布置的"象征性空间"。

"象征性空间"的布置，主要模拟了现实中"家"的原型。不仅配置有食物、饮料以及日常礼仪用品，还绘制有象征死者魂像的肖像、象征宇宙多面性的天象图、象征四方的四神图和天文图，以及满足死者对财富和感官享乐的世俗生活图景，形象生动地表述了"幸福家园"的理念。两幅著名的楚帛画正是死者的魂像，标志着死者灵魂在墓中的存在，可以帮助我们从死者灵魂的角度来"观看"墓葬的内部。楚帛书则是一幅象征四方的四神图和在"象征性空间"具有可操作性的月令禁忌。曾侯乙墓漆棺上彩绘开口的窗子，则是象征死者灵魂自由出入的大门，灵魂可以在这个"象征性空间"中自由出入。漆衣箱上的二十八宿图则是这个"象征性空间"的天象图。至于墓中随葬的各种奢侈品、应有尽有的食物与饮料和绘有世俗生活场景的彩绘，主要象征墓主死后的安逸生活；殉葬的甬、士兵、车马，以及各种雕刻的镇墓兽、虎座飞鸟器或绘画中的保护神，则主要用来守护死者来世中的"幸福家园"。

在这个"幸福家园"中，随葬品的"物质性"，诸如材质、尺寸、形制、

---

① 张光直：《古代墓葬的魂魄观念》，见《中国文物报》1990 年 6 月 28 日。
② 巫鸿：《美术史十议》，生活·读书·新知三联书店 2008 年版，第 78 页。

色彩也与死亡和死后世界密切关联。据《仪礼》记载，士的丧礼只能使用明器和生器，其中的生器包括日常用品、乐器、武器，以及死者的私人物品如冠、杖和竹席；大夫或大夫以上死者的丧礼不仅包括明器和生器，还包括以往使用的祭器。作为丧葬器物，不仅要求其材料具有持久性，还需要强调其稀有和美观，金、铜、玉理所当然地成为楚贵族墓葬中表现永恒和来世享受的重要选材。明器作为随葬品，"貌而不用"是其特征，其质材昂贵，其尺寸往往是实物的缩微版。明器同墓葬本身一样，是现实生活的象征，"构筑了一个不受人间自然规律约束的地下世界，由此无限地延伸了生命的维度以至永恒"①。生器的陪葬则暗示着死者的身份和灵魂在墓室中的存在，其意义因既指涉"过去"，又指涉"现在"，显示了生死之间的延续，象征着地下永恒不变的现在时态。

二、乐生与事死：随葬品的彩绘主题

由于死亡的不可避免，故对死亡的回应成为楚美术图像创造的真正动力。这种回应最为典型地体现在随葬品的造型与装饰上。我们看到，楚墓中从棺椁到随葬器物，无一不悉心彩绘，其纹饰之繁盛、色彩之华美堪称登峰造极。彩绘色彩以象征生命中两极的红黑二色为基调，恣意彰显生命的活力与永存。彩绘主题则以乐生与事死为内容，极力探索死后世界的命运。乐生图像体现了楚人对世俗生命的眷恋和礼赞；事死图像体现了楚人对永恒的"幸福家园"的向往，二者构成了图像主题的二重变奏。

乐生图像主要有两种表达方式。其一是对世俗生活场景的着意描绘，以此将地下墓室转化为象征性空间。楚人把死后的世界描绘成死者原有生活的延续，死亡甚至使人们获得了生前不曾拥有的一切：死者可以在装饰华美的厅堂上享受仆人的服侍，享用精美的盛筵，观赏五光十色的表演。种种华美无比的图像显示了一个理想的社会也将因死亡得以实现。盛大的宴饮场面、车马出行、礼聘迎行、乐舞游艺，主要是用来满足死者对财富和感官享受的渴望，体现了人们现世的企盼和生命狂欢化追求的乐生情结。这些理想化的世俗景象，是上古美术创作中的重大题材变革，预示着对礼乐文化中的正统礼仪图像系统的颠覆，表现了生命突破正统思想的禁锢而趋向狂欢与宣泄，人性挣脱礼仪的

---

① 巫鸿：《时空中的美术》，生活·读书·新知三联书店 2009 年版，第 179 页。

束缚而向自然张扬。这种图像话语集中体现在丧葬漆器的彩绘上。这些洋溢着浓烈生活气息的画作，开启了两汉以来画像艺术表现现实的题材传统，堪与西方现代美术作品媲美。长台关楚墓漆瑟上有《狩猎图》、《燕乐图》，描绘钟鸣鼎食、笙管齐呐、琴瑟和鸣的燕乐祭享场面，形象写实，生活气息浓郁；长沙颜家岭楚墓漆奁上有狩猎图，连续描绘了两头野猪据地而斗，两猎手分执箭戟围捕林中犀牛，一猎手在后引弓待发等紧张情节，也是形象生动而富有真实感的世俗生活画面。包山楚墓漆奁上有《车马人物迎行图》，对现实生活场景和人物活动的倾心描绘，表明了楚人对感性生命的肯定与礼赞。这种全新的艺术趣味和艺术主题，与主流社会的具有政治色彩和礼仪规范的图案装饰相区别，是楚地社会心理中特有的颠覆正统潜在因素的礼俗系统。它既是这个时代人们对现实生活的巨大热情的反映，也彰显了在正统思想压抑之下的生命狂欢宣泄和人性的自然张扬。乐生图像的另一种表达形式是对天上祥瑞图景的描绘，以此将墓葬转化为天界。随葬器物装饰着龙腾凤翥、虎走鹿奔、藤蔓缠绕、云气飞扬的景象，反映了人们对超乎日常物质世界的不朽境界的向往。这些图式始终洋溢着异常强烈的生命活力和激昂跃动的运动精神，生动地诠释了生命运动的真实含义，使我们真切地感受到了一种沉潜的生命意识，一种凝结了原始心理体验的生命气息和生活情绪。楚人的生命体验、生存意志、生产意向和生活理想，以及与之交织互渗的包括自然崇拜、祖先崇拜、天象崇拜在内的原始信仰和相应的宇宙观等，都是这些图像的精神内涵。

"事死"图像的背后往往隐藏着试图超越死亡的动机。超越死亡的最好办法就是长生。卡西尔曾指出："即使在最早最低的文明阶段中，人就已经发现了一种新的力量，靠着这种力量他能够抵制和破坏对死亡的恐惧。他用以与死亡相对抗的东西就是他对生命的坚固性，生命的不可征服、不可毁灭的统一性的坚定信念。"① 对灵魂不朽与再生的渴望也是楚人生命意识的又一侧面，它与长生不死观念一样，都源于原始人的混沌思维。关于灵魂观念的起源，恩格斯曾谈到，它乃是远古时代的人们对梦的思考并受到梦的影响，"他们的思维和感觉不是他们身体的活动，而是一种独特的、寓于这个身体之中而在人死亡时就离开身体的灵魂的活动"②。楚人希望死后灵魂升天，然而死亡既是一个超出其生活经验的阶段，又是永恒的恐惧之源。死后将进入的黑暗世界可能充

① [德]恩斯特·卡西尔：《人论》，上海译文出版社 1985 年版，第 110 页。
② 马克思恩格斯选集（第 4 卷），人民出版社 1995 年版，第 223 页。

满了可怕的幽灵和精怪。灵魂在前往天界的旅途中也许要遭遇种种危险。这些恐惧成为楚地招魂巫术背后的中心动机，其主要目的是引导和保护未知世界中的灵魂。在超凡的天堂观念尚未完全形成之前，使死者灵魂回归原来的躯体是一个最令人安慰的归宿。这种信念至为鲜明地体现于《楚辞》的"招魂"和"大招"中。由于招魂的观念是为了对付死亡，在流行的信仰中，灵魂在天堂中可以享受到更大的幸福。于是，楚人对死后升天的追求达到了前所未有的高度。在楚地，遍设鬼祠、尊崇厉神、隆祀国殇、祷求先祖等皆是"事死"的重要内容，其他一些配合丧葬礼仪而精心彩绘的巫物法器，也主要用于"事死"过程中的侍鬼、驱鬼、辟邪和祭魂。为了防止鬼灵作祟，楚人往往在随葬品上彩绘镇墓驱鬼、辟邪禳灾的象征物。曾侯乙墓漆内棺的左右侧板上，描绘着驱逐墓中鬼魅不祥的大傩场面：方相氏率百隶岁终逐鬼，巫师则用弓矢逐疫鬼；长台关锦瑟漆绘描绘的是巫师头戴面具，张弓搭箭，正对着一头戴鸟形面具的女巫（扮作厉鬼）作欲射状，女巫惊慌失措，落荒而逃。此外，在楚墓葬中，我们常常可以见到天界的图像表现。两幅楚帛画所表现的空间正是天界中的景象，而图中的龙、凤、鸟、舟等物象则是沟通天人的神异之物，有助于运送死者灵魂旅行。此外，沟通天人的法器还有镇墓兽、虎座飞鸟和鹿鼓等，这些器物的彩绘多以龙凤鹿和云气为主。在楚文化观念中，龙、凤、鹿、虎、云气等皆是通天的神物，不仅能辟邪，还有着勾通天地、引导墓主灵魂升天的作用，是丧葬活动中楚人分外看重的神明之物。它们被用于墓葬，蕴含了楚人对于生死两个表象世界的一体化认识和无限超越的顽强生命意志。

乐生与事死是对死亡沉重压抑的反拨与回应，其理念有如巴赫金所谓"狂欢化"思维。巴赫金认为，狂欢化的世界观和世界感受的主要精神是颠覆等级制，主张民主、平等的对话精神；它坚持开放性，强调未完成性、变异性，反对僵化和教条，反对独白，其核心是交替与更新、死亡与新生、颠覆与重构①。楚墓葬图像主题最为集中地体现了在死亡面前人人平等的理念，天人鬼神对话沟通仪式和方生方死、死即新生的信仰呈动态变化的综合信仰系统，与"不语怪、力、乱、神"的周礼规范严重背离。这种"不服周"的"越礼"取向，表达了楚人对生命的歌颂，为这个时代的艺术吹来了一缕清新之风，也预示着一个艺术新世界的到来。

---

① 夏忠宪：《巴金狂欢化诗学研究》，北京师范大学出版社 2000 年版，第 68 页。

三、礼仪中复合图像的造型观念

为了摆脱死亡的恐惧，向往那永恒的生，一个与生死相关联的概念——天，在楚美术图像创造中占据着核心地位。子弹库《楚帛书》即以四色树和十二月神的图像奠定了楚人心目中的"宇宙式图"；楚墓葬中的许多典型视觉形象，也形象生动地表述着"天"的含义。楚墓葬中有许多复合图像，往往将两个或两个以上的不同自然物象复合在一起。图像的原形中有人、有物、有龙、有凤、有虎、有鹿等，不管它们以何种方式复合，其视觉形象无不与"天"相关，如镇墓兽、虎座飞鸟、鹿角器、漆木羽人、多头神灵等图像堪称其中最有代表性的作品。这些图像在局部形态上虽然是实在的，但新的复合体已经超越了各自的自然性质，从而带上了浓郁的神秘色彩。下面具体考察楚墓中复合图像的几种类型：

其一是同质的自然形体复合。这种复合方式或取自然形体的整体加以复合，或取局部以代整体加以复合，典型的图像有虎座飞鸟、镇墓兽、鹿角立鹤、兽形磬架等。虎座飞鸟图像分为虎座飞鸟和虎座鸟架鼓两类。虎座飞鸟图像一般是长颈、长腿、曲颈昂首、尾翼短小且上举、体态呈流线形的鸟，双足立于一只伏虎背上，双翅作展开状，背上插鹿角。虎座鸟架鼓凤背无角，代之以鼓悬挂其间。镇墓兽图像一律采用"三段式"造型，下部为方形底座，喻"地"；中部为兽身，复合了天禄、麒麟、辟邪、龙、虎、蛇等多种动物形象；上部是在兽头上插鹿角，喻"天"，鹿角向上伸展、辐射的抽象形式，极大地强化了"镇墓兽"的远引向天的功能。鹿角立鹤图像是鹤与鹿角的复合，也是"三段式"造型，下为方形底座，中为立鹤昂首伫立，上为鹿角，张扬生势的鹿角和立鹤展开的双翅似欲拥抱苍天，高蹈远引、指向于天的意象十分明确。兽形磬架是同质的自然形体取其局部复合，有兽首、鹤颈、龙身、鸟翼、鳖尾等。这种复合图像虽然仍与自然原型保持一定联系，但其整体形象有着不确定的一面，禽兽共体，虚幻怪诞。

其二是异质的自然形体复合。这类复合图像是人与物的复合，人与动物复合有"羽人"图像，人与植物复合有"人顶树"图像。天星观楚墓的髹漆木雕"羽人"，上身为人，下身为鸟肢，腹部则是人向鸟的过渡。"羽人"上身局部也有鸟的特征，口部为鸟喙，臀后长凤尾，下身虽为鸟肢，但又有人的特征。曾侯乙墓漆棺彩绘"羽人"，分上下各二躯，皆头着两尖饰物，两翅舒展，一手握戈，腹部绘鳞纹，两腿叉开，有扇形尾翼。长台关漆瑟"羽人"人面鸟身，似在接引护卫墓主灵魂飞升。长沙"羽人"纹铜镜，"羽人"也有明显的飞升之意。翅膀被常被先民看做有神性的形象，楚人借此表达对"天"的向往，即人借鸟翅飞升，使自身转换成神的形象。

"人顶树"复合图像见于荆州李家台4号楚墓盾牌彩绘①和曾侯乙墓鸳鸯漆豆彩绘。荆州李家台4号楚墓盾牌造型上拱下平，腰部以上有起伏转折变化，顶部的拱形造型形似穹隆，穹隆之下的大部分空间规整而对称地分布龙凤图案。穹隆形顶及龙凤图式是楚人关于"天"的形象表述，而底部的四株树及两个"人顶树"图像则象征人界和地界。整个图像形象地表达了楚人的"通天"理念：人树复合且树直指上天，表明人借树之神性实现身份转换，进入龙翔凤翥的天界，达到"通天"的目的。"人顶树"图像旁各有两株树，且树巅各栖一鸟，符合叶·莫·梅列金斯基关于"宇宙树"垂直向标志的诸级次"顶端为鸟类"的论述②，树作为"中央之柱"是"通天"的阶梯，而鸟则充当人"通天"的助手。曾侯乙墓鸳鸯漆盒上的击鼓舞蹈图像也是巫术性质的情节性绘画，同样表达了"通天"主题。画中建鼓立杆安插在一怪兽底座上，立杆顶端呈树状。鼓右为乐师，头形如鸟，头上生树，手舞鼓槌轮番击鼓；鼓左为舞师，头顶一树，举臂扬袖作歌舞状。乐师舞师击鼓舞蹈，配合默契，其意境正是"以舞降神"。建鼓作为法器，主要在于震慑心灵。人类学研究表明，有节奏的鼓声容易造成精神幻觉，发生向另一种精神状态的过渡③。在祭祀乐舞场面，建鼓起到了呼唤天界神灵的作用，而树和鸟首在图中则是"通天"的阶梯和助手。

其三是同质的自然形体取其局部加以派生或复制，复合成怪异的神灵。"三头凤"刺绣品，凤头居正中，张开的双翅之上还对称地各分布一凤首，三首共一身。按照弗雷泽"同类相生"的原则，神性可以根据数量的派升而递增。难怪楚帛书上的十二神怪中有一月神，头上生着三头。这些图像在现实生活中是不能并置的，但在楚人的礼仪中却和谐地共置一处，其观念和意义在

① 荆州博物馆：《江陵李家台楚墓清理简报》，载《江汉考古》1985年第3期，第20页。

② ［苏联］叶·莫·梅列金斯基：《神话的诗学》，商务印书馆1990年版，第239~240页。

③ 央宗：《20世纪西方宗教人类学文选》（下），生活·读书·新知三联书店1995年版，第672~685页。

于，它以特殊的图像构成方式塑造了一个虚幻的空间，这个空间作为完全独立的东西而不是实际空间的某个局部，是一个独立完整的体系。不论是二维还是三维，均可以在它的各个方面延续，有着无限的可塑性。

楚人的复合图像看起来奇诡怪诞，莫可名状，有着明显的原始思维的遗痕。不管其图像如何变化，但礼仪的内涵却始终不变。虎座飞鸟升腾欲飞，鹿角立鹤高蹈远引，镇墓兽张扬升腾，飞仙"羽人"飘举飞升，它们有着共同的意象指称，那就是"通"。大千世界，万象纷纭，"通"什么呢？当然是通"天"。"天"至高无上、超离人间，是灵魂的永居之所，是理想的"幸福家园"，对苍天的敬畏和向往就成了楚人的最高人生境界和终极目标。故楚人的复合图像，动物与动物可通，动物与植物可通，动物与人可通，植物与人亦可通，总之，天地人神之间无所不通，正如《庄子·天地》所云："通于一而万事毕，无心得而鬼神服。"

楚美术图像作为丧葬礼仪体系中具有特定功能和意义的象征符号，是楚人宇宙观的形象体现，反映了楚祭祀集团"通天"的本质。楚人通过对现实和非现实中特定形象的处理，建立起了能为楚国社会广泛接受和认可的一个贯通天地、沟通人神的宇宙秩序，它对我们管窥当时社会的意识形态和宗教信仰，了解社会结构的运转层次，以及追溯楚美术造型观念的源流提供了独特的视角和资料。

《金刚经》插图与中国早期版画发展

刘茂平

国内最权威，收图比较全面的《中国版画史图录》①共收元以前版画32幅，全部为佛教题材，其种类有陀罗尼轮图、单幅佛菩萨像、大藏经扉画、单部佛经扉画，其中以后一类最多，共9幅，共牵涉两部经，其中《妙法莲华经》4张，《金刚经》5张。另据《日本藏中国古版画珍品》所收日本藏年代最久远的古版画为宋代作品共六张，全部为佛教题材。由此，我们看到一个明显的事实，现存中国古代版画唐宋以前的作品，都为佛教题材，而从具体涉及的佛经来看，只涉及两部，从这里我们得出如下判断：一是中国版画的产生与发展，与佛教弘传关系密切：二是在元以前佛教的弘传过程中，《金刚经》地位独特。因此，本篇文章将围绕《金刚经》插画做一简单的分析与梳理，以使佛教的传播与中国版画发展的关系，引起更多的研究，从图文互证的角度看，也可推动早期佛教传播以及早期版画发展的研究。

我们先来讨论一下《金刚经》插画，在这5张《金刚经》插画中，四张为经本扉画，一张为《金刚经》注经图，而此注经图又是早期佛画中唯一的一张注经图。由此，我们可以推断：《金刚经》在元以前佛经传播中，可能不仅是传播最广的，也是注解最多的（此处，我们仅仅依据既有的图像提供的信息来分析）。如果这种推断能够成立的话，可以在一定程度上解释，为什么恰恰是以《金刚经》为基本经典的禅宗影响最大并发展成为中国化的佛教。

下面，我选取两张最有代表性的佛经扉画，来初步分析一下《金刚经》与中国版画早期发展的一些关系。

第一张是唐咸通九年王玠雕印《金刚经》扉画：

1900年，在敦煌莫高窟发现了一卷印刷精美的《金刚经》，经卷最后题有"咸通九年四月十五日"字样。唐咸通九年，就是868年。这件由7个印张粘

---

① 周芜：《中国版画史图录》，上海人民美术出版社1988年版。

接而成、长约 1 丈 6 尺的《金刚经》卷子，图文风格凝重，印刷墨色清晰，雕刻刀法纯熟，是迄今所知世界上最早的有明确刊印日期的印刷品。这本《金刚经》卷子也被英国图书馆称为世界上最早的书籍。此经原藏敦煌第 17 窟藏经洞中，1907 年被英人斯坦因骗取，曾藏于英国伦敦大英博物馆，现藏大英图书馆。

据经本提供的信息，该卷为王玠为二亲敬造普施的《金刚经》，全经作卷子装。卷首扉画框高 24 厘米，宽 28.5 厘米。正文前是净口业真言，凡 5 行；正文包括首尾题名，凡 287 行；正文后又是真言，凡 4 行；最后落款一行，总共 296 行，每行 19、20 字不等，总计约镌 5000 字。正文框高亦为 24 厘米，全长 463 厘米，加上卷首扉画宽 28.5 厘米，总长则为 491.5 厘米。

卷首所镌扉画，描写的是释迦牟尼佛坐祇树给孤独园对长老须菩提及僧众说法的故事。释迦牟尼佛（侧身，与一般壁画中正面坐不一样，似更利于故事性情节的表达，影响了后世版画构图）端坐中央莲花座上，妙相庄严，神态怡然。长老须菩提偏袒右肩，右膝着地，合十恭敬而向佛言。佛的左右，挺然屹立着两员护法天神，面目威严。周围环立着众生和施主，亦洗耳恭听，神态虔诚。在微风吹拂中幡幢浮动，两位仙女驾着祥云从左右两个方向飘然而来。与之上下呼应，经筵前面却卧着两头勇猛的狮子，神态刚烈呼之欲出，但又囿于佛法，表现得无可奈何。画中凡人物 22，狮子 2，加上经筵、经幢、祥云、砖地、莲座、佛光、衣带等，显得构图错综复杂，但又中心突出，层次分明，错落有致。人物形象各异，面部表情、站行神态，都很生动自然，人的须发、衣姿褶皱、行云飘带等各种线条，都很流畅明快。整个扉画显得古朴大方。

正文字体为端楷，浑朴厚重，气势磅礴。镌刻的刀法剔透稳健，行气严整。麻纸印造，墨色纯正。文字四周镌刻粗黑边栏，但文字行与行之间未镌界行。整个看上去，已是一幅相当成熟的雕版印刷品。

众所周知，唐朝的佛教虽经武帝剪除，不久又继续发展，到唐懿宗时又兴盛起来。《资治通鉴》唐懿宗咸通三年评论唐懿宗说："上奉佛太过，怠于政事。尝于咸泰殿筑坛，为内寺僧尼受戒，两街僧尼皆入顶。又于禁中设讲席，自唱经，手录梵夹。"封建社会常常是上行下效，形成社会风气。唐懿宗身为皇帝，既然这么奉佛，足见佛影响此时又已遍及举国上下。在这种社会气氛下，出现王玠为父母双亲祈福而雕印的《金刚经》，就显得很自然很容易理解了。此经既是雕版印刷，按理不可能只刷印一份，而且既是"为二亲敬造普施",那就应该普施到各大寺院、佛塔,以充供养。惜只存此一件,但也就因为只此一件,才成为世界瞩目的珍贵孤本。这件珍贵的印刷品,在雕版印刷术的发展史上,在中国古代书籍发展史上,在版画雕印发展史上,在书籍雕印版式及插画形式上,都有极高的研究价值。

这一张版画的重要性从下列事实可见一斑,就笔者所见到的国内比较权威的相关著作全部著录,并以重要篇幅介绍,如《中国印刷史》、《中国古代插图史》、《佛教版本》、《中国古代木刻画史略》,斯坦因的西域考古著作《发现藏经洞》,版本目录学著作《插图本》、《古代版本通论》等。

第二张是《金刚经注》卷首画,刻于元至正元年(1341)。

《金刚经注》(经褶装)卷首扉画坐着无闻老和尚注经,侍童一人,正在磨墨,旁立一人,应是供养人,双手合十,十分虔诚,无闻和尚背后还有一棵大松。全卷朱墨套印,画面用同版分别涂以两色,书案、方桌、云彩、灵芝用朱色印成,其他为墨色,经文卷首,朱字印《金刚经》。黑字印"姚秦三藏法师鸠摩罗什诏译,梁昭明太子加其分目,汝水香山无闻思聪注解"。以下经文为朱色,注释皆黑色,图右上方题:"无闻老和尚注经处产灵芝,至元六年岁在庚辰解制日寓中兴路……刻于湖北江陵资福寺。"此画现藏于台湾中央图书馆,此版同版扉画,日本也有收藏。

雕版印刷初都为单调的白纸黑字,至此有了两色,在雕版印刷上是一种创新,既是印刷史上的大事,也意味着套色版画的诞生,这张版画也就成为存世最早的彩色套印插图。是继辽代漏印套色《南无释迦牟尼佛像》之后我国最早的雕版套印版画。比欧洲第一本带色印的《梅因兹圣诗篇》早170年,比日本最早的宽永四年(1627)《劫尘记》的套色版画早280年。

这两种作品都采用了雕版印刷,雕版印刷也是在中国出现的最早印刷形式,可能大约在2000年以前就已经出现了。雕版印刷的第一步是制作清稿。然后将清稿反转过来摊在平整的大木板上,固定好。然后各种技术水平的工匠在木板上雕刻绘上的或写上的清稿,大师级雕工负责精细部分,普通工匠负责雕刻比较便宜的木头或不太重要的部分。然后在雕刻好的木板上刷上墨,在印刷机中加压形成清稿的复制品。一般来讲,雕版印刷优于活字印刷。像中文方块汉字这样密集型的书写符号,雕版印刷的初期投入会便宜一些。这种工艺有利于绘画和图表的制作。

这两张插画,其图像的基本情况,以及在中国版画发展史上的地位,我们已经清楚了。因此,我们下面要回答的是,为什么是金刚经而不是别的佛经印行和流传，体现在中国版画的发展上，这对《金刚经》经卷本身以及对中国版画的发展意味着什么？

《金刚经》于公元前 994 年间（约当中国周穆王时期），成书于古印度。是如来世尊释迦牟尼在世时与长老须菩提等众弟子的对话记录，由弟子阿难所记载。目前中国保存有《金刚经》六种原译（均存于《大藏经》中）本：

姚秦三藏法师鸠摩罗什译本；

元魏菩提流支译本；

陈真谛三藏译本；

隋笈多译本；

唐玄奘译本；

唐义净译本。

据《高僧传》云，罗什在长安译经三百余卷，但金刚经第一个译本是不是鸠摩罗什在长安期间译的，据汤用彤先生分析，尚不能确定译出准确时间①。但罗什圆寂于公元 413 年，《金刚经》的译出早于此年是没有疑问的。

由于《金刚经》弘传及注释的历史已经不可能还原，对《金刚经》在中国佛法弘传史上的独特地位（为什么刊刻《金刚经》如此兴盛）也缺乏细致理解。因此，还不能回答为什么中国版画发展的两个关键性图像，恰恰是《金刚经》题材，这是不是一种偶然？还有如何厘清《金刚经》经本的图文关系，恐怕还有好多考证工作要做，但以上作品至少给我们一些提示，也为我们研究中国古代版画史提供了一条路径。

对以上问题，一些研究者已经给出了一些结论，如《中国古代插图史》就指出："中国的书籍插图艺术很大程度上是靠佛教发展需要的刺激发展起来的。反过来插图艺术又以明白、想象的画面，进行广泛的宣传，促进了佛教一层又一层地渗透进中国文化。"②

对中国早期版画发展与佛教传播的关系，学界判断正如上文所引，基本上是一致的，但进一步的研究，还有赖于统计定量的研究，以及新的考古材料的支持。本文关注的重点，是在基本结论的基础上，关注不同的经本，在此，是具体讨论《金刚经》在版画发展乃至佛教传播中的不同作用。因此，笔者就本文的论题，做两点延伸。

---

① 汤用彤：《汉魏两晋南北朝佛教史》，中华书局 1983 年版，第 216 页。

② 徐小蛮、王福康：《中国古代插图史》，上海古籍出版社 2007 年版，第 54 页。

第一，《金刚经》在诸多大乘经典中确实地位比较独特，我们看教内学者是怎么分析的：

"《金刚经》全名叫做《金刚般若波罗蜜经》，在传介到中土的大量佛教经典中，《金刚经》是译介最早、流传最广、影响最深的经典之一。这部经似乎跟中国人特别有缘，念经者，喜欢念金刚经；讲经者，喜欢讲金刚经；注经者，喜欢注金刚。自从公元 401 年，鸠摩罗什法师把它翻译成汉字以来，历经各朝代，《金刚经》所衍生出的各种文化现象，已成了中华文明不可缺少的重要组成部分。人们把《金刚经》与儒家的《论语》、道家的《道德经》并列为释儒道三家的宝典。

在中国历史上，佛教的各宗各派都十分尊重《金刚经》，为其进行注疏。尤以唐宋以来盛极一时的禅宗，与《金刚经》更是结有深厚的因缘。禅宗大德，六祖惠能禅师，因在街边听到有人诵读《金刚经》中"应无所住而生其心"一句时，便激发了佛性，后来，他远赴千里之外去亲近五祖，五祖专为他讲《金刚般若波罗蜜经》，于是，他就豁然大悟了。本来禅宗是依据《楞伽经》修行，但自惠能大师之后，就依据《金刚经》了。

《金刚经》之所以受重视，是由于中国佛教自身的特点："一是重实行，如台、贤、禅、净各宗，都注重行持，尤重于由静定思虑生发智慧的体悟；二是好简易，中国人的习性有好简洁的一面，卷帙浩繁的经论，是极难普遍流通的。鉴于这部《金刚经》既重般若的悟证，有极强的可操作性，又不繁复艰涩，恰合中国人的口味，所以能特别流行。"①

这个分析，是非常中肯的。

第二，本文重点所讨论的两张版画，虽皆为插图类，但应视为版画史上的成熟作品，而且是中国版画史最重要的版画之一。这里，有必要对版画稍作界定：所谓版画，简单地说，就是以雕版印刷的方式取得的图画。因为古代大量运用的画版材料是木板，所以也被称为木版画、木刻画。在美术史上版画通常划分为两个时期，早期以印刷与出版为目的而制作的版画，被称之为"复制版画"；当版画艺术发展到脱离出版而成为一个独立的画种后，则被称之为"创作版画"。当代美术语汇中的版画，多已是指后者。而作为插图本研究的对象，则无疑主要是前者。这里值得强调的是，被认定的几件早期雕版印刷品实物，都是有图有文的"插图本"。而版画最初的功用，也正是作为雕版印书

① 琼那·诺布旺典：《图解金刚经》，陕西师范大学出版社 2007 年版，第 6 页。

的插图。尤其是上面所讨论第一张，虽然时代最早，但画面复杂而构图布局极有章法，丰富完整；人物众多而造型面貌栩栩传神，颇有大唐风韵；纹饰纤秀华丽，刻线流畅，雕镂精湛，得心应手，已经是一件相当成熟的版画艺术品。

　　这两张版画，恰都为《金刚经》题材，不应视为一种偶然，这从反向证明了《金刚经》在中国佛教传播中的独特作用，易言之，《金刚经》的印行传播，对中国古代版画发展起到了独特的推动作用。

（作者单位：湖北美术学院）

制器活动中道器关系探讨

胡　胜

对于道器关系的探讨的文章可谓汗牛充栋，就以往的研究方式而言，基本都是通过哲学思辨的方式展开，围绕各自的思想体系并结合太极、气、阴阳等中国哲学的范畴解读道器关系，并在此基础上，形成了以道为本体，器为现象的基本观点，并衍生出"重道"、"重器"、"道器并重"等多种不同的道器观。在"扬道抑器"、"存道废器"、"道器并重"、"器在道先"这几种观点中，前两种观点一直以来都占据主导地位。当代社会，物质财富或器的创造受到高度关注，器的地位似乎较以往有了本质性的提升，然而这仅仅发生在现实生活的层面，在理论的探讨中，道的地位依然不可动摇。一般的观点认为器虽重要，但它无法为人生的最终幸福提供帮助。譬如在艺术创造中对艺术观念的重视，杜尚的《泉》就是一个极好的例子，艺术史上人们只是依据该作品所透露出的现代艺术观念而承认其为艺术作品。由"扬道抑器"、"存道废器"的观点出发，在处置人与物的关系时往往呈现为对物的忽视，而这种"有人无物"的状态实质上也意味着人的存在、人性的形成与外在之物无关。显然，无论从现实还是理论上这都是说不通的。尤其是在人性变幻之际人们往往习惯于将人性的迷失归因于物对人的压抑，而物对人的压抑常常和技术联系在一起，如庄子所说，"有机械者必有机事，有机事者必有机心"（《庄子·天地》）。这种观点自身所蕴涵的矛盾使得它无法解释人与物的关系。因此，唯有首先明晰道器之中间环节即技术问题，方有可能明了道器关系，而不是以往在探讨道器关系问题时所采取的种种行而上的方案所能解决的。而技术在制器活动中体现得最为充分。因此我们认为，通过制器活动中技术要素的分析来解决中道器关系是较为理想的途径①。此外，道器之间并不存在高下之分，技术作为沟通道器关系的核心要素的同时，也是解决道器之间的冲突，以及人与物

---

① 宗白华：《美学散步》，上海人民出版社 1981 年版，第 32 页、第 34 页。

之间的矛盾的关键所在。

一

制器活动是人造物的产生、形成过程。这一看似纯粹指向具体的物的制作活动同时又具有超越其物质层面的精神意义和价值，这些精神意义和价值被归结为道。就中国哲学史而言，器一般被认为是依据道而形成的，如《周礼·考工记》的"知者创物"说，《周易》中的"观象制器"说。而现代马克思主义则坚持人的观念是在现实生活中产生的，有什么样的器则会产生什么样的道。因此要想弄清道器两者关系如何，我们首先应该做的就是明了两者分别为何。

道，我们可将它分为广义和狭义两个方面，广义的道可以说就是宇宙万物、现象世界背后的本体。如"道可道，非常道"中的道，在宇宙论意义上近似于西方思想中的"理念"。狭义的道可以理解为是在某个具体领域中的与现象相对而言的思想内容。如"艺术来源于生活"，生活即艺术之道。无论是在广义的道还是狭义的道，不同的思想流派对道的内涵的理解有着显著的区别，他们依据自身对于宇宙世界、人类社会以及个体生命活动等的认识而得出了各自不同的道。就儒家而言，它的道就是以"仁"为核心的伦理道德；就道家而言，道则体现在宇宙论的层面，以"无为而无不为"为其特征生成宇宙万物。不同的思想流派奉行着不同的道，但有一点是相同的，即他们都以对道的追求作为宇宙万物、人生在世的最终目的。因而，这里所言的儒、道之道，就它们所具有本体论意义而言的是属于广义的道，另一方面，当这种广义的道贯通到各个领域，便产生了种种狭义之道。道是多层面的，一阴一阳是道，仁义也是道，大到宇宙自然之道、人类社会之道，小至一事、一物都有自己的道，而"小道"又是从属于"大道"的。因而，广义之道与狭义之道两者实质上是贯通的。总的来说，无论哪种维度、哪种层面的道它都是形而上的，都是具有规定性的。至于我们所探讨的制器活动中的道自然是狭义的道，它是在制器活动这一具体领域中区别于具体制作活动、制作成果而言的抽象的思想依据、标准等。具体来说，制器活动中的道一方面是指制器活动必须遵循的法则、标准，另一方面是指制器活动中人的精神追求。《考工记》总论中说："知者创物，巧者述之，守之世，谓之工。百工之事，皆圣人之作也。"这里把制器之道归结为圣人创物的创造性思想，全部制器活动都由此而来。器物的形成，首先就源起于圣人之原创性智慧。同时，制器之道中的"道"还包含器物造型、制作传统等经验性因素，对于这些经验性要素的理论提升的结果就成了道。原创性智慧、经验性要素构成了制器活动中道的第一层内容。而制器活动中所蕴涵的人的精神追求主要体现在器物之中，如楚庄王"问鼎中原"中所问之鼎，它所承载的精神内涵已经超越了作为纯粹的物的意义，该器物的象征内容即为该器物之道。事实是，几乎所有的人造之物都或多或少的蕴涵着人的精神追求，这意味着器物与人、人性是密不可分的。就历史的角度而言，随着时代的变迁，道的具体内容必然有所改变，但这种发生在道自身的变更并不影响其与器之间的基本联系。

相对道而言，器的含义较为明确。"器，皿也，象器之口，犬所以守之。"（《说文解字》）这就是器的最基础的含义，这一层含义非常明确，在典籍中出现频率也较高。如《考工记》在为"工"定义时说："审曲面势，以饬五材，以辨民器，谓之百工。"在涉及具体工种时也多次涉及器，如"梓人为饮器"，"庐人为庐器"（《考工记》）。《老子·第十一章》也说："埏埴以为器"。以上所引材料，器在其文中都具有相同特征：它指某种可见可触摸的物质形态，而且还是将自然之物经由人工创造而形成的具有功能效用的物品。在器的这层含义中，我们似乎很难将器与道这两个范畴联系起来。在《论语》中，孔子首先把器与人联系起来："子曰：'君子不器。'"（《为政》）"子贡问曰：'赐也何如？'子曰：'女，器也。'曰：'何器也？'曰：'瑚琏也。'"（《公冶长》）这里的器已经不是指作为实用之物的具体的物质层面的器物，而是指向人的才能，后世以器论人，儒家贡献颇丰，这可以看做器的第二层含义。老子也把器与道又联系了起来："朴散则为器。"（《老子·第二十八章》）《说文解字》曰："朴，木素也。"从字面上讲，也就是未经雕琢的木，即原木经雕琢而成为可用之器具。字面看来，这里的器似乎就是器的第一层含义，但我们知道，"朴"在《老子》中实质上就是"道"的另一种称谓。如此看来，这里的器就不能简单理解为某种具体实用之物了，而应被理解为道所成的"肉身"。又如："上德若谷，大白若辱，广德若不足，建德若偷，质真若渝，大方无隅，大器晚成，大音希声，大象无形。"（《老子·第四十一章》）这里更为直接地指明了器是可以通向道的。器前加个大字，如同"大音"、"大象"一样是指向道的，或者我们也可以说大器就是道自身。在老子看来，器实为道毁后的东西，但他把器与道联系了起来却是毫无疑问的。再看《周易·系辞上》这样一句话："是故形而上者谓之道，形而下者谓之器"。在此，器就被提升到与道相对应的高度，虽然后人由此将道器分出了高下，但《系辞》本义道器却是平行的关系。海德格尔关于器具的界定则有助于我们进一步明了器与道之间存在着确凿联系，他说："器具由物性规定着只是半物，但它又有多的东西。"① 由此看来，器不单纯是具体可感之物，它同时还可指向物背后的存在——道，器与道之间由此而呈现出某种密不可分的关系。

落实到器，道成为指导制器活动的准则与器物评判的标准似乎是一件再自然不过的事。由此看来，"扬道抑器"似乎是理所当然的事。然而，问题在于，对于制器活动而言，器是直接目的；另外，如果无器，道又如何能够显现呢？此外，人的精神追求又是怎样在器中显现的呢？这些问题并不能简单的通过道指导制器、评判器物就可以解决。这需要我们进一步思考道与器的关系，特别是传统道器关系的理论。

"形而上者谓之道；形而下者谓之器"这句话似乎对道器关系已经有了明确表述，后世关于道器关系的研究大抵由此开始。这句话往往被理解为以形为中介，形上者为道、形下者为器。如此一来，道器关系问题也就转换为形的问题。同样是《周易·系辞上》中还说"形乃谓之器"，也就是说形即器，这与形上者为道、形下者为器的说法看起来似乎是矛盾的，实质上并不矛盾。"形而下者谓之器"中的"下"是指"内"的意思。"形而上者谓之道；形而下者谓之器"即是说道无形、在形外，器有形、在形内。如此一来，形就成了理解道器关系的关键所在。那么，何谓形？形，它一方面指向抽象的形式（或可称之为理念、理式等），如亚里士多德所谓形式因。这样的形看来无论如何都是不符合作为"形下者"之器的，它更为接近作为"形上者"的道。另一方面形又指向具体存在之物的物形，在这种形中我们似乎发现了器的存在，然而，令人沮丧的是自然之物的存在使得这一层面的形同样无法等同于器。另外，还有一种形，如卦象、如郑板桥的胸中之竹，这种形显然也不是器，这样一来，形内者并非只是器，形自身实质上涵盖了道与器这两个层面，形可以为道亦可以为器。所谓"形而上者谓之道；形而下者谓之器"只能表明道、器所属层面的差异，而这种差异不过是指向形的不同方面而已。由此看来，通过形我们获得的只能是道器之间存在的界限，即"抽象"与"具体"的区别。

然而，以"抽象"、"具体"来区别道、器是否准确还是个问题。如，**物**

---

① ［德］海德格尔:《诗·语言·思》，文化艺术出版社 1990 年版，第 31 页。

理学中的"场","场"的存在是无形的、抽象的，然而它只能是属于现象世界的一部分，我们没法将它提升到道的层面。另外，器物自身所包含的无，是器得以实现其功能的要素，如："当其无，有车之用。……当其无，有室之用。"(《老子·第十一章》) 无，显然是属于抽象的，然而，这里的无却应该被看做是器的一部分，因此，器也不是纯粹的"具体"、"有形"。再说，是否有了具体之形就可以称之为器呢？事实并非如此，自然万物有形，人亦有形，我们并未称之为器。既然"形而上者"一定"谓之道"，"形而下者"也不一定"谓之器"，那么以"形而上者谓之道；形而下者谓之器"作为判断道与器的关系的凭据显然就不是那么恰当了。因此，以此作依据所得出的道器关系自然是十分可疑的。

形不仅不能作为道器区分的标准，而且道器两者的融通、转换、转化也无法通过形获得解决。我们从制器过程中形的转换来看，由自然之物形到人心所构之形再到器物之形，形的转换并未见出道的流转。道器两者在形这里是分离的，形无法彰显道与器的联系。

另外，"形而上者谓之道；形而下者谓之器"中所讲的上下之分亦呈现为人与物的地位高下之分，精神与物质的高下之分。这种高下之分是特定历史时期的产物，是基于"人为万物之长"观念而产生的高下之分，具有某种人类中心主义色彩。今天我们倡导人与自然的平等关系，这种高下之分已经不能适应社会发展需求。人与自然之物的关系是平等的，在此基础上，我们可进一步提出人与人造之物即器的关系也是平等的。由前文对器的解释中我们已知器一方面包含自然之物的要素，同时也蕴藏着人性，由于器作为自然的派生物，我们提倡人与自然的平等就必然意味着人与器的平等。就道的层面我们同样可以得出这样的结论：道所体现的是人对世界、人生的把握与理解，这种把握与理解运用到具体的领域则成为指导方针、法则。道因人而彰显，人与自然之平等不过是人道与天道的相应，反过来说，因人道与天道是相应的，所以人与自然是平等的，中国哲学的天人合一精神与此是吻合的。器中同时蕴涵人与自然两个方面的要素，道也包涵人道和天道两方面，人道与天道的相应也就意味着器之道与人道、天道是平等的。由此，我们可以讲，器、人、自然皆是平等的。

二

传统的形而上的诠释实在难以符合当代社会解读道器关系的现实需求。那么在制器活动中的道器关系究竟该如何解释呢？从形的角度理解道器关系所采取的研究方式是逻辑的，前文的分析已经表明了逻辑的方法难以解决，那么，我们不妨尝试通过历史的方法来解决。人类的文明史往往被分为石器时代、青铜时代、铁器时代、机械时代、信息时代这样几个阶段，稍加留意，不难发现这样一种划分人类文明演化的标准实质上就是工具。工具，我们可以将之看做是人类技术的结晶，而每一时代的标志性工具实质上就是该时代人类技术所达到的最为辉煌的成就。人类的智慧也在这种技术的物化形态——工具中呈现出来，而工具只是无数器物中具有代表性的器物。作为器的代表的工具是以技术凸显出来的，因此，我们也可以说技术是器物的核心的要素。当然，在这里我们所关心的是制器活动中的技术要素，在制器活动中，技术主要体现为人对物的把握与运用。制器活动中的道是制器活动的准则与器物评判的标准，这种准则与标准的形成就是在人与物的相互交往过程中形成的。人与物的交往的结果之一表现为人对于物的把握与运用，即技术。因此，制器活动中作为准则与标准的道是蕴涵在技术之中的。从器的角度而言，器自身是技术的物化，作为技术物化形态的器物真实地再现了人对物的把握与运用状况。由此，我们可得出这样的结论，制器活动中的道器关系是在技术中呈现出来的。

既然技术中既包含道的要素也包含器的要素，那么我们自然可以将道器关系分解为道与技、技与器的关系，如此一来，解决道器关系的关键便在于对技的分析了。

依据人对物的把握与运用的程度，我们可以将技术分为萌芽、发展、成熟三种形态。下面分别就这三种不同形态的技术具体分析制器活动中的道器关系。

技术的萌芽状态意味着人只是初步具有把握与运用物的能力，对应人类认识发展史，在这一时期的制器活动中的道只是模糊的。而道的这种特征也是与技术的不成熟一致的。对于同期的器的考察，我们发现，技术的不成熟引发了器的粗糙。道的模糊、物的粗糙在具体的器物中有着清楚地显示，譬如石器时代特别是旧石器时代的石刀、石斧等。这样的器物自然也是技术的物化形态，但它更近自然而远人为。人为要素的微弱意味着智慧之光的黯淡、技术成分的不足。当然，这里的人为与自然的区别是和后来对于自然之美的强调所产生的近自然远人为是两码事，一为追求人为而不得，一为追求人为的"巧夺天工"或者说实质有为而显现出来的却是无为。以技术为标杆，道器在此是同步的。

技术的发展状态可以说伴随人类社会发展的全过程，在不同的领域中，技术始终存在着发展变化的过程。与萌芽、成熟状态比较而言,发展状态中的技术体现为人在制器活动中能够把握、运用物性,器物体现人性的同时又压抑人性,即物由于对人的限制而产生种种异化现象。因此,在这样一种技术状态中,器在体现道的同时又时时与道背道而驰。工业社会中比比皆是的器物即是明证。为解决器对人性的压抑、器与道的背离,思想家们或寻求社会的变革,或构建种种乌托邦。从法兰克福学派审美乌托邦的构建中我们似乎也看到了解决道器之矛盾的曙光。然而,众多人文思想家对技术的蔑视、敌视态度决定了这一矛盾是无法解决的。

而道与器的矛盾是在技术的成熟状态中消失的。庄子通过寓言故事告诉我们何谓技术的成熟状态。如"匠石斩郢人鼻端之垩"(《庄子·徐无鬼》)、"庖丁解牛"(《养生主》)。这两则寓言向我们显示技术的成熟实质上就是"道"自身的显现。在庄子所讲寓言之中,技术的成熟本质上是人与物之间的融通,精神与物质之间界限的消失。如果在制器活动中达到这样的技术水准,也就意味着所制之器是通向道的,进而我们甚至还可以说器即道。这样的器物并不少见,如商晚期的"四羊方尊"、东汉的"铜奔马"等。

这里所说技术的三种状态并不是与文明史严格对应的。在文明史的早期,如石器时代、青铜时代,并不意味着所有的器物都是由不成熟的技术制作出来的,文明的近现代也并不意味着器物就是由成熟的技术制作出来的。但总体上来说,技术的进步与文明史的进步大致是同步的。这一点,众多工艺史著作中对某类器物的发展状况的描述已有足够的证据了。

三

技术在人类社会发展史中的重要地位毋庸赘述,然而人类对待技术的态度却与它的地位大相径庭。人们往往将技术看做是与客观世界密切相关的东西,这固然是可以接受的,但同时却忽视了技术中人的、智慧的、道的要素。技术作为文化的产物,虽然在物质文化方面的表现是第一位的,也是一直为我们所强调的,但同时技术对人性的发展我们往往视而不见。因而,面对技术出现了所谓人文与科学之争。"扬道抑器"、"存道废器"的倾向与对技术的这种态度正好一致。中国传统文化中对于技术同样并不重视,技术只是为了某种特定目的服务的东西,其自身的价值蔽而不视。如果剥离器的道德伦理、社会秩序方面的属性,那么属于器的纯粹的技术内容往往是要遭到排斥的。下面这个例子也许很能说明问题："公输子削竹木以鹊，成而飞之，三日不下。公输子自以为至巧。子墨子谓公输子曰：'子之为鹊也，不如匠之为车辖，须臾刘三寸之本，而任五十石之重。故所为功，利于人谓之巧，不利于人谓之拙'。"（《墨子·鲁河》）制作飞鸟的技术可谓高明之极，然其却不如制作车辖为人所重视。究其原因，不过是制作飞鸟的技术不符合墨子的"实用之道"，因此，这"器"连同制器的技术一并为他所抛弃。这并不是墨子的个例，而是一个在传统思想中普遍存在的现象。如古代工艺、设计的一些重要著作及实践，因其中谈的较多的是技术问题，虽然蕴涵非常丰富的设计的、美的思想也因此未能得到应有的重视①。

由此看来，对技术的不同理解也就形成了不一样的道器关系。对于轻视技术的人来说，道器两者自然是重道轻器；对于重视技术的人来说，则会选择重器轻道。然而，技术自身在道器两者之间并未偏向某一方，它是建构在道器两者之间的桥梁。

正如佛家所说万物皆有佛性，对于器而言，本身都蕴涵着道。无论怎样的器物，我们都可以从中发现道的要素，但唯有在技术成熟状态下所制之器才明晰地呈现道之所在。对于道而言，离开了器，它既无从显现也无法存在。在技术的萌芽、发展状态中都存在着道与器的偏离，这种偏离其实不过是由技术的不足所致。如此说来，技术即道即器。

如同"艺术"的概念从技术中分离出来的过程所显示的那样，传统观念倾向于把技术归入物质层面，技术中所蕴涵的道的因素因此被忽视了，这种忽视实质上是对于精神世界的过度强调引发的。因此，虽然技术中包含道的要素，但因它与物质世界关系非常紧密而被置于人们的视野之外。当代美学、艺术理论所倡导的"艺术就是生活，生活就是艺术"，正是对于这种倾向的纠正，恢复技术本身所蕴涵的精神与物质两方面内涵。在对成熟的技术的追求中，融会精神与物质为一体，表现为艺术的生活化，生活的艺术化。在道器之间架设技术的桥梁，不仅可以解决道器之间的冲突；更为重要的是，在技术维度中，我们还看到当代艺术世界所处困境的解决方案以及生活真谛之所在。

（作者单位：三峡大学文学院）

---

① 宗白华：《美学散步》，上海人民出版社 1981 年版，第 32～34 页。

王受之现代设计史论观浅议

赖慧蓉

王受之是著名的设计史论家，他对西方现代以来的设计史论有多方面的建树，尤其是对西方现代设计从总体上进行把握并分门别类进行论述，王受之不仅在中国是第一人，而且在西方恐怕也不多见。这是王受之先生对中国设计界和设计教育界的巨大贡献，其筚路蓝缕的辛苦，只有在这个领域辛勤耕耘的人才能体会。虽然他对自己的工作没有太高的期许，自言只是想给国内的研究者提供一点信息和便利，但当我们总结他的工作时，才意识到，他的著作已经构成了一个西方现代设计史的完整的体系。因此，笔者就主要以他的现代设计史著作为依据，进行简单的分析，试图发现其现代设计史论的基本特点。

一、王受之的设计史观

《世界现代设计史》可能是王受之最有影响的著作，是其在 1995 年《世界工业设计史略》(1985 年版) 的基础之上，结合自己在美国教学研究的心得，对材料大量充实和观点进一步修正改进后出版的，时间跨度从 1864 年至 1996 年近一个半世纪的设计发展历程，反映了其在美国系统研究西方现代设计史的最新成果，国内目前有新世纪出版社和中国青年出版社两个版本。迄今仍然是中文世界这个领域最权威的著作。

所谓现代设计理论，实际上包括的范围很广泛，主要包括了现代建筑史论、工业产品设计史论、平面设计史论、时装设计史论、广告设计史论等。而在每一个范畴中，又有派生的理论分支，比如在建筑理论中，又有室内设计、环境设计、景观设计、城市规划设计等理论分科，体系庞大。设计理论界因此也基本是按照这些门类分别进行研究的，史论的阐述也基本是分开进行的。王受之在多年从事设计史论研究和教学中，集中精力于各个门类的设计活动之间的横向的、交叉关系的研究上。设计运动的迭起、设计探索的推进，其实与整

267

个社会经济、政治、文化的演进分不开，从横向研究设计史论，往往能达到一个纵向研究、分科研究所无法达到的认识高度。何况，许多设计活动本身就是互相交叉发展的，如包豪斯既是建筑的研发中心，又是产品设计和平面设计的探索中心，它还包含有实验摄影、电影的探索在内，如果硬性把其分为建筑现代主义教育、工业产品设计教育、平面设计教育几个范畴，切割历史背景和运动背景来讨论，恐怕难以反映其真实面貌。因此王受之采用夹叙夹议、纵横联合的方式，对现代设计的兴起、发展、演进等进行了一个较为清晰、系统的论述。其重点不在于详细介绍具体设计范畴的发展，而在于把影响设计发展的历史背景、文化背景和设计发展本身联系起来讨论，为读者建立一个对现代设计发展脉络宏观的认识。借用他在出版前言的话是"希望能够反映出新的设计理论和历史研究的结果，对国内和中文世界的设计教育起一个促进作用"①。事实上，这本设计史也的确被视为全国各大设计艺术院校，特别是研究生入学考试的不可或缺的参考书目，大批艺术设计专业的从业者正是在研读这本设计史时，掌握了更多对于设计及设计历史的知识，逐渐在设计领域成长起来。

从国际情况看，在设计史领域，分科研究是主要的，虽然越来越注意到交叉学科的问题。比如法国人诺布列特在 1993 年编辑出版的《工业设计——一个世纪的反映》一书，在论述工业产品设计的同时，尽量提供了整个背景资料，提供了比较广泛的文化基础。而比尔莱斯贝罗撰写的，由美国麻省理工学院出版社出版的《当代建筑与设计》则是以建筑为主轴，兼而讨论到设计运动。这些都是很好的范例。

除了分范畴的设计史论研究外，对具体国家和具体设计师的研究也相当丰富。比如对于具体国家的设计发展，也出现了一些新的、水平很高的著作，诸如意大利、西班牙、荷兰、德国、美国、英国、斯堪的纳维亚四国、日本，甚至东欧一些国家的设计现状和发展进程，对于进一步研究具体国家的设计发展，了解这些国家的设计进程，掌握这些国家的设计特点都是非常有帮助的。对于一些设计大师进行研究的著作也不断涌现，并已超出简单的传记范围，发展到对他们的设计思想和设计哲学的研究，如有关弗兰克·赖特（Frank Lloyd Wright）的或者密斯·凡德罗（Ludwig Mies Van Der Rohe）的研究著作就达几十甚至上百种之多。这些状况表明，现代设计史论的研究在发展和深化之中，专门讨论纯理论的著作也不少，在设计的各个方面，史论的研究不断在深化和

---

① 王受之：《世界现代设计史》，新世纪出版社 1995 年版，第 6 页。

发展。

王受之身在西方，对上述情况十分熟悉，但国内要想在短时期内全面了解西方各领域的设计现状，不太现实，正是基于此种现状，国内又迫切了解西方的设计的历程，因此，他首先为国内读者写作了通史性的《世界现代设计史》。他认为，设计史应服从于"设计"发展这一目标，围绕揭示设计特征和演变线索有重点地展开。基于现代设计是 20 世纪期间发展起来的设计活动的事实，王受之认为，与其将"现代设计"说成一个风格的概念，还不如说是一个时间的概念。他对于现代设计史章节的安排力图将设计运动与社会演进、社会事件联系起来，同时又细分为各个国家的具体情况，而将影响重大的诸如包豪斯的历史则单独叙述。这种界分力求体现设计间前后更迭以及突出阶段的设计特征，遵循设计演进的规律，抓住大的转折和影响全局的几个关节重点展开分析。

他认为，现代设计兴起的时代背景，是理解现代设计的重点，现代设计是工业化大批量生产的技术条件下的必然产物；同时又是设计界改变以往专为权贵服务的价值取向，转而提出要为民众服务的口号下的产物，是设计民主化的进程；现代设计是基于社会的日益丰裕，中产阶级日益在社会生活中起主导作用，社会日益向消费时代转化，商业主义成为设计背后的主要推动力量而形成的。

他的另一个重要观点是：设计是一个总体的概念，是一项涉及人类各领域的复杂活动。设计的复杂性体现在它既是文化现象，同时又是商业现象。很不兼容的这二者在设计上不得不在矛盾中共存，这导致了设计史研究的难度。"二战"以后，特别是 80 年代以来，人们对于设计解决问题的范围，对设计功能与定义的范畴的要求和理解已经非常广泛和复杂，设计开始被视为解决功能、创造市场、影响社会、改变行为的手段，而不再仅仅是功能与外形的问题了。

王受之的这本系统的世界现代设计史诞生之前，国内也有一些设计理论研究成果，有个人研究的阶段性的成果，如朱铭、荆雷合著的上下册的《设计史》；有适应教学之需编写的教材，如何人可主编的《工业设计史》。王受之的著作则凸显了以下几个特点。

（1）大篇幅，系统完整地介绍了现代设计发展演进的过程，将史料和自身对设计的理解进论述行结合。比较以上提到的两本相关的著作，朱著只在下册的后半部分有现代设计的相关内容，并且由于对设计理解程度的差异，著者虽一再申明不想将设计史写的"既像是科技发明史，又像是工艺美术史，也有点像人类文明史"①。但仍有罗列设计史料，泛泛介绍设计案例之嫌，并无多少对于设计本身的认识和理解。何著主要是针对工科院校的工业设计专业的学生学习，虽然在设计方法论、设计观上有了较准确的定位，但因为篇幅的限制，也因为编写面对的主要的阅读对象所限，在许多问题上并没有展开论述。

（2）观点明确，论证充分。例如，在"装饰艺术"（Art Deco）的问题上，王受之的观点明显不同于何人可的观点。王受之首先指出"装饰艺术"并不仅仅是一种单纯的设计风格，细致分析了"装饰艺术"运动风格形成的背景因素，因为它的范围广泛，所以和之前的"新艺术"运动一样，看做一场运动更为恰当。而后将其又与"新艺术"运动做相对应的比较分析，将两者联系起来看，从思想和意识形态方面指出它积极的时代意义。更重要的是，与同时期的现代主义相比，"这两种设计运动都有不少的内在联系"。雷蒙·罗维（Raymond Loewy）和勒·科布西埃（Le Corbusier）的两位的设计案例就是说明这个问题，雷蒙·罗维在 1937 年为纽约世界博览会设计的"工业设计师办公室"，就很难说是单纯的现代主义，还是"装饰艺术"风格；勒·科布西埃在 20 世纪 20 年代中期设计的家具也是两种风格兼有。表明"装饰艺术"与现代主义之间并不完全是矛盾的关系，他推翻了"以往常常把'装饰艺术'视为与现代主义对立的设计运动来看"的观点。对有的西方理论家容易混淆的称谓和观点，王受之也予以了明确的说明，他界分的标准则是依照设计所服务的对象来进行，并由此判断性质，这种方法同样用在对"现代设计"的界分上。

（3）史料丰富，图文呼应。文字部分与图片部分相对平行的发展，但两者联系紧密，由于其彼此相对应的形式使用的极其自然，更增强了这种关联性，介绍设计风格特点的同时，文字说明以外必配有典型设计案例，与文字呼应，图文并茂，配合恰当，很好地证实了作者的观点。

二、王受之的设计观

我们常说，有什么样的设计观，就会做什么样的设计，王受之的设计思想不仅十分丰富，而且贯穿在他的设计活动中，下面，我们从两个方面分析一下

---

① 朱铭、荆雷：《设计史》（下册），山东美术出版社 1995 年版，第 542 页。

他的设计观。

1. 设计的定义

在对于设计的定义问题上，王受之有着非常明确的观点，即"设计指的是把一种计划、规划、设想、问题解决的方法，通过视觉的方式传达出来的活动过程。包括计划构思的形成、视觉传达的方式和计划通过传达之后的具体应用"。这个观点与之前的《世界工业设计史》1985 年版中的定义（设计是一种构思与计划，以及把这种构思与计划通过一定的手段视觉化的活动过程）是有着更准确的考虑的，之后的定义更是能够分为几个方面来进行理解，即其一是计划、构思的形成；其二把计划构思设想解决问题的方式利用视觉的方式传达出来；其三计划通过传达之后的具体应用。这样的全面定义也便于读者多层次的理解，以便于对接下来的现代设计的性质有了清晰的认识，"现代设计是为现代人、现代经济、现代市场和现代社会提供服务的一种积极的活动"。何人可在他的《工业设计史》中说："设计是人类为了实现某种特定地目的而进行的一项创造性活动，是人类得以生存和发展的最基本的活动，它包含于一切人造物品的形成过程之中。"[①] 尹定邦这样定义设计："设计就是设想、运筹、计划与预算，它是人类为实现某种特定目的而进行的创造性活动。"[②] 柳冠中先生也认为"人类有目的的创造性活动"[③] 是设计的最本质意义。显然，这些对设计概念的限定很大程度是基于了解社会文化学背景下，而不具有设计在具体实践层次的表达。当然，的确不论从语意学还是哲学的角度都是可以讨论"设计"的，但是如果针对具体从事设计的人来说，具体的讨论应该比抽象的讨论更容易理解一些，也比较容易展开和深入。在王受之给一个设计系列丛书的序言中这样重申了，"设计就是一个思想、一个创意，把这种构思和创意通过视觉表达方式，形成产品"。

今天，设计这个词汇已经广泛地出现在人们的生活中，例如图形设计、时尚设计、室内设计、工程设计、建筑设计、工业设计、形象设计等，以致人们更无法明确设计所真正意指的内涵。设计似乎指一种活动，一种行为，也指一种方法，一种概念，无论是行为方法还是方法概念，设计都呈现出一种无所不包的状态，因此，有的设计史家和设计理论家认为，给设计下定义不过是一种

---

① 何人可：《工业设计史》，北京理工大学出版社 2000 年版，第 4 页。

② 尹定邦：《设计学概论》，湖南科学技术出版社 2002 年版，第 1 页。

③ 柳冠中：《事理学论纲》，中南大学出版社 2005 年版，第 4 页。

临时性的。

约翰 A. 沃克在《设计历史与设计的历史》中认为："设计因为它具有不止一个共同的意义而变得模棱两可：它可以指一个过程；或者指那个过程的结果；或指运用设计作为手段的产品制作；或指一件产品的外观或总体模式。"①这里，约翰 A. 沃克试图在一种与设计有关的活动关系中来阐述设计所包含的含义。这与王受之在给设计定义时的出发点不无一致，是对于设计这一活动的多层次的揭示。

了解现代设计发展的背景可以更好地定义现代设计。他认为首先就是强调不同种类设计的共同点，即设计和工程技术，设计和美术的区别。美术是艺术家个人的表现是为本人，设计则是为他人服务的活动；工程是解决人造物各部件相互间关系的学问与活动。设计的众多种类最大共同点就在于，都是立足于解决物与人之间的关系问题，使物能在最大限度内满足人的生理和心理需求。设计的范围非常繁杂，不可能有一个统一的设计界定范围，而只能根据不同的设计情况来决定它的属性。现代设计和传统设计的区别在于，现代设计是 20 世纪期间发展起来的设计活动，与传统设计最根本的区别在于现代设计是与大工业生产、现代文明和现代社会生活密切联系的，这是传统设计所不具备的。人类几千年的设计文明史其实是一部为权贵的设计史，一旦设计满足的对象是大众，那就开始有现代的意味了，对现代设计的了解应该以现代主义设计的发展，现代主义设计运动的发展为中心。这种对相关概念比较的方法显然更有利于对设计本身的理解。

其次，对现代设计的理解必须了解时代的巨大变化，特别是市场结构的变化，对设计造成的影响。从历史的角度来看，设计的定义曾经非常简单。大多数集中于功能与形式的关系上。无论是英国的"工艺美术"运动还是美国的芝加哥建筑学派，无论是德国的"工业同盟"还是密斯·凡德罗，基本上都是集中在这两者的平衡关系上。其实 19 世纪末，20 世纪初绝大多数的设计先驱都就形式与功能的问题在进行探索，设计也被看做解决两者关系的重要手段。但是，第二次世界大战以后，特别是 20 世纪 80 年代以来，人们对于设计解决问题的范围，对设计的功能与定义的范畴的要求和理解已经非常广泛和复杂，设计开始被视为解决功能、创造市场、影响社会、改变行为的手段，而不仅仅是功能与外形的问题了。堪萨斯大学教授维克多·巴巴纳克（Victor

---

① John A. Walker. *Design*, *History and the History of Design*, Pluto Press, 1989, p. 23.

Papanek）提出的现代设计涉及的六方面影响因素①，目的是泛意义的良好功能，王受之认为这些观点虽然并不能完全赞同，但是，从人的自身要求开始，逐渐推广到社会要求的分级分析方法是可取的，也能够揭示设计的本质。任何事物都是没有绝对的定义，设计同样如此，但是把设计的定义分为个人、群体、社会的三个层面来看是必然的。设计在自身的发展过程中自身的概念范围也在不断变化，对此的理解该是应时而论的。

2. 设计的划分及类别研究

王受之认为设计涵盖的范围之广，彼此对象不同，内容差异也很大，如果要加以限定，可以划分为这样 9 个方面：（1）工业设计包括交通工具设计，特别是汽车设计、航天器设计、火车和其他运输工具的设计；工业产品设计，如机电产品，电子产品，日用品，家具等。（2）平面设计包括包装设计、书籍设计、企业标准及总体形象设计、公共标志平面设计、POP 设计。（3）建筑、环境、室内展示设计。（4）广告策划与广告设计。（5）插图。（6）摄影。（7）电影与电视。（8）时装设计。（9）纺织品设计②。

此外，王受之对于设计的评论标准也认为，根据设计涵括的三个要素（功能、技术、形式）来看，前两者是可以量化的，而后者则是比较感性的、心理方面的、审美的，因此也就没有绝对的标准。将这三个方面综合考虑，才是对设计的准确评价。的确，根据设计的要素和原则，我们可以创立一个评价体系。

设计也不是可有可无的，它是使人类拥有良好的、安全、舒适、美观的生活工作环境而进行的重要活动。在现代社会生活中，设计还起着促进人们交流的作用。现代设计的大众化标准化国际化使世界越来越近，人们的交流越来越容易方便。好的设计不但是解决功能的需求，同时也是一种文化和价值的构造，杰出的设计对于经济的作用也是不言而喻的。

王受之推崇"一体化"设计，认为缺乏系统设计观是当前中国设计中一个很突出的问题。所谓"一体化"的设计是指一种从建筑、室内、产品和环境艺术设计的统一整体设计。最早在设计上提出走一体化设计道路的是 20 世纪初期奥地利维也纳"分离派"运动的几个重要的设计大师，他们希望能够

---

① 维克多·巴巴纳克提出的是制约设计 6 个社会、环境、人类本身的因素，分别是：方法、联系、美学、需求、遥感因素、使用。

② 王受之：《世界现代设计史》，新世纪出版社 2001 年版，第 24 页。

从建筑到室内，从产品到平面，从环境到艺术品有一个统一的设计概念，这个概念通过包豪斯的推广，逐步在国际设计界被广泛接纳。

随着经济的迅速发展，中国对各种设计的要求也越来越高，越来越与国际水准接轨，人们对于设计的认识也越来越深刻，一体化设计不失为中国设计应该发展的一个方向。从世界范围内来讲，各个国家的设计都有自己的面貌，虽然现代设计与国际主义趋同，但是也依然有非常突出的民族的区域的特色。而试图思考在东方与西方、现代与民族之间一种可能的桥梁，在多元设计的今天，如何融入现代又超越现代，进入国际，同时又不失自己本土的民族的特征风貌，是当今中国设计师肩负的历史使命。王先生在面对中国设计存在的诸多问题时显示出的责任心确实值得我们设计界反思。

（作者单位：湖北美术学院美术学系）

京剧服饰色彩意象解读

刘重嵘

意象是客观形态与主观精神、情趣的和谐统一，色彩表达的意象变化多样，它带给人一种感觉、一种情感、一种气氛，或高雅或世俗，或拘谨或奔放，或冷漠或热情，或亲切或孤傲，或简洁或繁复。从某种角度来说，京剧服饰的色彩意象表达，就是将主体（即主观情趣）融入客体（即服饰色彩）之内的主客观的统一，色彩意象的运用在京剧服装中不仅赋予以多种生动的面貌状态，而且赋予其不同的品格、气质、个性等，京剧服饰色彩的奥妙就在于能将要传达的意象用恰当的色彩表达出来，使得见"象（色）"而得"意"，达到服饰与色彩的完美结合。

一、京剧服饰的色彩特点

在京剧服饰中，色彩对虚构的意境表现是无声的，但却比语言更传神、更简练，其灵动、抽象的色彩感觉也是最直观的艺术表达形式。京剧服饰色彩通常是以平面的方式呈现，大块面的纯色或正五色体现了京剧简洁大气的服装风格。对于具体人物，力求扩展服装主要基色的面积，造成一衣一色、上下同色的效果，直意挥洒，不同于其他艺术服装上的穿插搭配用色。一衣一色浑然一体的视觉效果，突出了服装轮廓的气势，给人一种完整深刻的观感和气氛，体现出或"沉静别致"或"肃穆优雅"的意味引人深思。

京剧服装色彩具抽象的意味，不注重时代特点的追求，不受朝代的限制，无论哪个朝代的扮相，在京剧中都按"生、旦、净、末、丑"角色分类，各个角色的扮相及服饰色彩都形成了固有的统一制式，不会因为朝代的改变而改变，在有限的舞台上表现出无限自由的空间场面，唤起观众内心的无限遐思。京剧服装色彩简洁，却具有很强的形象概括力、时间包容性，充分运用了色彩的不同情感，表现人物个性及其艺术美，其丝帛纷呈、令满堂生辉的京剧服饰色彩，配合京剧优美的唱腔和富于音乐性的念白和舞蹈艺术，构成了特有的意境，继承了中国古典美学写意性的特征。

二、典型京剧服饰色彩意象表达

京剧服饰着色变化错落有致，勾绘精巧，富有图案美，具有鲜明的艺术性与意象性。京剧"无形不彩"，在京剧舞台上出现的各个人物所穿的服装无不赋之以适当而鲜明的色彩，从而在整体上形成了一个五彩斑斓的艺术世界。下面分析几种典型京剧的服饰色彩的运用。

1. 黑色的意象表达

黑色在京剧色彩中代表几种意象，如幽玄、幽雅、忍耐、高贵、敬畏、贵重、闲寂、悲伤、严肃、神圣、强烈、出色、显著、熟练、愉悦、争论、激烈等。黑色也称"玄"色，象征着对天的崇敬，在京剧黑蟒服装中黑色的使用是统一的，所以在民族审美意识中给人以庄重气派的感觉，多用在刚直豪放性格的人物服饰装扮上，如包拯、张飞、项羽等以勾黑色脸为主的人物。

如图一所示，在京剧《袁宗焕》袁夫人这一人物的服装中，沉静的黑色大面积运用加上简素大方的服装结构，使观者的情绪宛如进入一种悠远的境界，引起难以名状的感动，在观念上产生幽静闲寂的美感，在深沉的色彩思索中让人物内心沉淀，让观赏者也能强烈地感受到这种沉淀的色彩分量与幽深的意境。图二京剧《淮河营》中汉室旧臣蒯彻前往刘邦之处说明吕后杀母的真相，反遭囚禁，悲愁万分，黑色头冠及蟒袍也无形中渲染出当时的意境。

图一　《袁宗焕》中袁夫人所穿黑色团花帔　　图二　《淮河营》蒯彻所着的黑色蟒服

2. 白色的意象表达

白色的意象是无常、刹那、须臾、浮生，也代表着羞怯、优美、纯真，它具有圣洁、俊秀、潇洒儒雅的美感。所以像杨延昭、赵云、周瑜等人物均穿用白色，京剧服饰中的观音帔也都统一用白色。如《鲤鱼仙子》观世音菩萨，在白色观音帔上装饰银绒绣墨竹，或平银绣竹，是发挥白色的象征性，表现人物所处的自然环境——南海仙山的意境。例如图三，京剧《赤壁》中周瑜的戏装颜色上是以白为主点缀蓝色龙纹蟒袍，以表达其内心的平静和稳定，仿佛力量对抗后瞬间定格为永恒的一种意象效果，不由得让人联想翩翩。同时，用白色来表现也营造出一种"水墨三国"的意境。

3. 灰色的意象表达

与白色相关的还有灰色，灰色代表了平淡、调和的意象，经过时间的洗礼，将生硬的东西变得协调，是一种自然的意象。图四中《赤壁》诸葛亮的戏装配合白色、浅灰等颜色，通过将亮度差别小的相近色系的浅淡灰色系进行搭配，让人感受到其中变化无常的意象，恰到好处地展现了其追求仙风道骨的清逸淡雅。灰白色的羽扇搭配后让其形象既有潇洒飘逸的一面，又有展现其运筹帷幄、傲视群雄的自信的一面。

图三　《赤壁》中周瑜所着白色蟒袍　　　图四　《赤壁》中诸葛亮所着浅灰帔

4. 红色的意象表达

京剧服饰中的红色可以传达忠勇、正义、张扬、高傲等不同的褒贬意蕴，作为尊贵之色，红色服饰一般为一方之君、权臣、高官等形象所穿。如图五《赤壁》剧中的曹操，蟒袍以红色为主色调，同时增加了云肩、腰箍、革带等武官扮相的元素，以展现曹操的大将之风。同时红色还有过于张扬、自负、好斗等的负面意象，如在《大登殿》剧中的薛平贵在西凉国的帮助下，夺得唐室天下，自立为帝，本可穿黄蟒，但实际上却穿红蟒，其中就传达了人物内心某种高傲、极具野心的贬义意象。值得注意的是，红色在京剧脸谱中多用于正面形象，传达一种忠勇义烈的意象，忠臣义士多涂红色脸，例如图六《关圣》在表现三国戏中人物关羽时，用红色脸谱代表其赤胆忠心，勾起红脸、舞起大刀，迈起沉稳的关公步，以摆出老爷戏的威武功架。使人感到关公的忠正、血气刚义，并显示了这一人物的智勇双全。

图五　《赤壁》中曹操所穿红蟒　　　　图六　《关圣》中关羽的扮相

三、京剧服饰色彩意象的作用

色彩是京剧艺术家向观众传达信息的一种独特而又重要的文化语言，有着多种意象表现的功能。京剧服饰运用中国民族艺术的传统色彩，色彩倾向鲜明，用色夸张、大胆，注重强烈对比。京剧服饰及脸谱用色都有特定的寓意，在京剧妆扮上着重"以色表意"，多表现多种人物忠、奸、善、恶，寓意褒贬、爱憎分明，因此色彩在京剧服饰中起到潜移默化的重要作用。

1. 区别身份地位

京剧服饰色彩根据具体人物身份地位而定，正色示尊，间色示卑。达官贵人多用正色，平民百姓多用间色。如教坊司伶人及乐妓等地位低下之人，裹绿头巾，衣服只能用明绿、桃红、水红、玉色、茶褐等间色，皇帝及权臣显宦则分服黄、朱、赤等正色。京剧中皇亲国戚、权贵显要的人物穿的是黄、朱（赤）、绿、白、黑五色，樵夫、店家等卑贱者服用的是蓝色、米色、褐色等间色。京剧服饰不带有地区特色，而以角色的等级地位和类别为标准。服装色彩偏重于指示身份，而脸谱色彩则偏重于象征人品和性格。但两者相通的是，它们都是图案化的、带有指示性的，而且表现十分丰富。

2. 寓意角色褒贬

京剧服饰色彩帮助刻画人物性格，正直的人常穿红色或绿色，如《单刀会》等戏中的关羽、《斩经堂》的吴汉均穿绿蟒。黑蟒多为性格刚毅或性格威猛的正面人物所穿着，如《铡美案》等剧的包拯、《霸王别姬》中的项羽都穿黑蟒，表现出这些人物的性格粗豪。另外，有些性格蛮横、凶残的权势人物，如《宝莲灯》一剧的秦灿、《算粮》的魏虎、《宇宙锋》的赵高，也都穿黑蟒，以表现他们的阴险狡诈。观众从京剧演员的出场扮相，尤其是其面部装扮或戏衣的色彩中，便可一眼认出是何类角色，华丽与朴素的对比用色等，可以说一切性格特点尽情流露于色彩中。

此外，京剧脸谱的色彩也有鲜明的作用，同样寓意着其人物角色的好坏，脸谱用色与性格褒贬密切相关。一般来说，红色代表忠勇、正直；黑色代表勇猛、直爽；白色代表奸诈、狠毒、阴险；油白色代表自负、跋扈；蓝色代表刚强、骁勇；绿色代表顽强、侠义；黄色代表凶暴、沉着；灰色代表老年枭雄；紫色代表智勇刚义、刚正威严；金银色代表神、佛、鬼怪、精灵。京剧服装从传统、民族、民间艺术中借鉴运用了对比色的强烈、中间色的和谐，把传统"上五色"和"下五色"运用得自然调和、淋漓尽致，充分发挥了色彩给人们造成的美感和共鸣。

四、总　结

在京剧服饰的艺术创作中，色彩对虚构的意境表现是无声的，但却比语言更传神、更简练。其灵动、抽象的色彩感觉也是最直观的艺术表达形式。京剧舞台服饰色彩源于生活，但不是模仿、拘泥于生活，而是要反映出生活的神韵和本质，其色彩艺术形式借助京剧服装的蟒、帔、靠、褶、衣五大制式，加以综合和美化，使色彩的表现更贴合人的外部气质和心理变化。京剧服装装扮色彩是古老的中华民族几千年传统审美的积淀，在简约的色彩境界中追求一种精神美、一种丰富的意象。

（作者单位：武汉纺织大学）

服装广告的符号体系解码

刘淑珍

广告已成为当代社会生活中不可缺少的一个环节，广告符号是符号系统中重要的一类。广告之所以是一种符号现象，是因为广告在完成自身经济信息传播的同时，能动地体现了纷繁多样的时代文化内涵和社会价值取向，重构了符号秩序并成为可消费符号。符号学为研究广告这一符号现象提供了充分理论支持。同时广告创作本身也体现了对于语言及非语言符号的应用。服装作为人们生活必不可少的生活符号更是大量运用了符号学研究成果，这对服装广告的创新和发展的重要意义。

服装广告中的图形、标志及广告语的首要目的是为了表现产品信息，是品牌信息传播的载体。服装广告图像、标志等视觉符号是以传达某种与商品品牌相关的思想、品牌文化观念的重要媒介，目的是与消费者实现良性互动并最终形成自身的消费价值，实现商品保值增值，因而广告符号必须是双方都能理解的，能打动、吸引消费者实现有效的媒介沟通，且引发购买行为，以获得营销效益，实现广告价值，其中广告人有创意的广告符号设计就显得尤为重要，服装广告符号是为了达到营销目标而设计产生的一系列符号符码（见图1）。

图 1　LEVIS 牛仔裤广告

281

一、服装广告中的符号体系分析

1. 符号学分类方法

西方符号学家们依据各自不同的符号理念产生不同的符号分类方法：瑞士语言学家费尔迪南德·索绪尔第一次把符号当做一门新学科提出，并进行深入系统研究。作为现代符号学的奠基人之一，索绪尔从语言现象开始入手，创立了语言符号学。它是研究语言符号的内涵、外延及其传播过程的学科。他在把"符号"与"图像"、"语符"、"标志"、"预兆"等近义语词进行区分的基础上，提出了"能指"与"所指"的概念①。而符号作为能指与所指的联合，是一种二元现象，这即是他的二元结构分析法。近代康德把符号划分为任意的（艺术的）、自然的和奇迹的三种。属于任意符号的有：表情符号、文字符号、音符、视觉符号、等级符号、职务符号、荣誉符号、耻辱符号、标点符号等②；属于自然符号的有：推证符号，纪念符号和预测符号；奇迹符号则主要指天上的征象和奇观等，不一而足。现代美国符号学家苏珊·朗格把符号分为推论性符号和表象性符号，前者包括科学符号，逻辑符号和语言符号，后者则包括图形符号。也有如格雷马斯（Algirdas Julien Greimas）则把符号分为象似符号，相关符号和规约符号③。

中国哲学中一向认为"书不尽言，言不尽意"，"圣人立象以尽意"。这里的言指的是语言符号，而象则是卦象，指表象性符号。这其中，美国符号学创始人皮尔斯（Peirce Charles Sanders）根据他的解释符号学思想提出的符号的三分法，成为众多分类法影响最为深远的一种。在符号学概念的三元结构基础上，皮尔斯得出了66种可以被实际所列举的符号类型。接下来又依据符号形体与对象的关系（即"表征方式"）将这六十多种符号分成三类：图像符号、指索符号以及象征符号④。这种分类方法已受到符号学领域普遍认同及沿用，因此本文也主要依据皮尔斯的划分方法将服装广告中符号划分为如下三种类型。

2. 服装广告中的图像符号

---

① ［瑞士］费尔迪南·德·索绪尔：《普通语言教程》，商务印书馆1985年版，第71~90页。

② ［德］恩斯特·卡西尔：《人论》，上海译文出版社1984年版，第56~60页。

③ ［德］恩斯特·卡西尔：《人论》，上海译文出版社1984年版，第56~60页。

④ ［德］恩斯特·卡西尔：《人论》，上海译文出版社1984年版，第56~60页。

皮尔斯认为图像符号的表征方式为肖似，即图像符号的形体与对象具有类似关系。以这种表现方式为依据，图像符号又可以分为形象肖似符号、结构肖似符号、主题肖似符号。顾名思义，形象肖似符号指与物体外观即在外部形态、质感、颜色，声音等物理属性上相似的符号，结构肖似符号指与物体内部结构类似的符号，而主题肖似符号则指与物体主题相近的符号。服装广告中的图像符号指服装广告中图形形象，主要包括广告的构图、画面、服装、色彩、文字等。展示服装图片是形象肖似符号，其主要目的在于展示产品外观。

所以，根据呈现状态划分，服装形象肖似符号可以表现为动态画面形象肖似符号和静态画面形象肖似符号。例如电视、网络、动画效果展示即属于动态形象肖似符号，而平面效果展示属于静态形象肖似符号。而服装结构示意图则为结构肖似符号，在服装广告中图像肖似符号与结构肖似符号在某种程度上具有相同的部分，即图像符号中的服装符号，也就是服装广告中的结构肖似符号。

如图 2 所示，Dior 这则广告图像符号包括"Dior"四个字母、服装、色彩、商标图像肖似符号；其中的服装肖似图像符号也即结构肖似符号，展示了服装的内部结构。这两种类型的符号在服装广告中具有重要作用，它们可以给消费者以直观感受。而有些广告虽然不直接展现服装形象，但其状态，主题与服装广告的诉求点相同，则为主题肖似符号。如 PUMA 运动服装的平面广告就是以跑步者的姿态表现出 PUMA 在同行业中先行者的地位，也传达该品牌的服装理念，勇做时代的弄潮儿（见图 3）。

图 2　Dior 夏装广告　　　　图 3　PUMA 早期的运动系列广告

皮尔斯还指出，图像符号的认知方式为联想，即通过某种形象联想到某物①。也就是说，消费者对于图像符号的认知过程在于先借助服装图像、图片，然后才在脑海中产生关于服装的形象。对于大部分消费者来说，服装是具备审美能力的展示物。特别是在当今物质生活极为丰富的今天，消费者在选择产品时更趋多元复杂的审美要求，而忽略产品的性能和功能。因此图像符号主要成为服装广告的重要表现形式之一。

3. 服装广告中的指索符号

皮尔斯认为，指索符号的表征方式是因果性及邻近性，即符号形体与被表征的符号对象之间存在着一种直接的因果或邻近性的联系②。由于指索符号的这一特征，它的符号对象总是一个确定的、与具体广告目标相一致的实物或事件，如商标、标识、代言人、广告语等都属于指索符号。指索符号以因果关系与邻近关系为表征方式，包括自然指索符号和人工指索符号。自然指索符号是指符号形体与符号对象之间的因果邻近关系是自然形成的，它们独特的表征方式是通过人们经验性的观察而获得的。人工指索符号是指符号形体与符号对象之间的因果邻近关系不是自然形成的，而是人为约定的。指索符号的认知方式是推理，即能够通过这一符号依据内心经验与人为约定推理出指代事物。

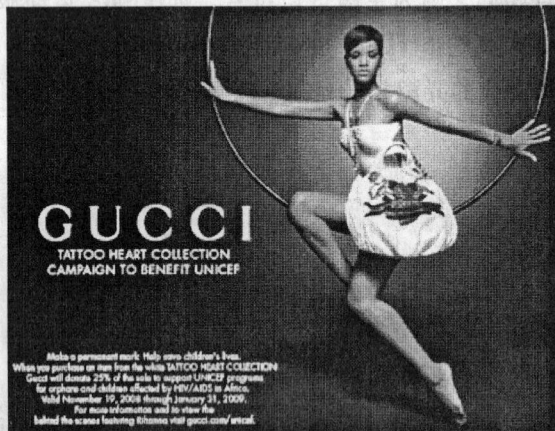

图 4　Gucci 广告

---

① 〔德〕恩斯特·卡西尔：《人论》，上海译文出版社 1984 年版，第 56 ~ 60 页。
② 〔德〕恩斯特·卡西尔：《人论》，上海译文出版社 1984 年版，第 56 ~ 60 页。

图 5　CHANEL 设计师 Karl Lagerfeld

广告是人为创造出来的,广告中的指索符号客体体与目标对象之间的联系是人为创造联系起来的,因此服装广告中的指索符号为人工指索符号。服装广告的指索符号包括代言人,商标等。如图 4 为意大利时尚国际品牌 GUCCI 春夏广告,广告画面中明显的标志与代言人成为 GUCCI 这则时装广告的指索符号。又如图 5 所示,著名品牌 CHANEL 的首席设计师拉格菲尔德(Karl Lagerfeld),总是一身黑白分明的衣服,戴着黑墨镜,一头银灰色的头发扎成辫子放在脑后,手摇折扇、不苟言笑,人称"时装界的凯撒大帝"。就是这样一个特别的指索符号,当人们看到他,就能很自然联想到香奈儿,想到这个品牌的一切。因此,这种特殊的代言人的也是指所符号的一种,他与其他图像指索符号一样,成为广告的所指。

4. 服装广告中的象征符号

与图像符号和指索符号不同的是,象征符号与所指涉的对象之间无直接的联系。它所指代的对象以及有关意义的获得,是品牌初期的创意与品牌长期积淀与社会沟通的结果。是约定俗成的结果,即品牌文化与社会文化互动交融的产物,不能够随意制造和联系。

服装广告中的象征符号主要是指具有象征意义的图像符号,以及它所传达的象征意义。例如品牌名称如同一个人的名字,它是一个服装企业区别于其他同行企业的根本标识,它所传达的是象征意义。文案包括说明文字及广告词,文案在创意过程中也要与广告目标相一致。说明文字主要目的在于介绍服装品牌的品牌内涵、品牌主题等。而广告语的创生过程也需表达出与该广告一致的诉求点，并衍生出它的文化意义，释放出该品牌的文化内涵。意在于对广告受众进行深层劝诱，以促进销售。具有象征意义的图像是体现服装广告诉求的精神、文化内涵的重要途径之一。

例如：NIKE 这个名字，在西方人的眼光里很是吉利，易读易记，很能叫得响。耐克商标象征着希腊胜利女神翅膀的羽毛，代表着速度，同时也代表着动感和轻柔。耐克公司的耐克商标，图案是个小钩子，造型简洁有力，急如闪电，一看就让人想到使用耐克体育用品后所产生的速度和爆发力。如图6为该品牌的一则广告，该广告采用中国传统文墨意象象征符号传达出了浓郁的人文情怀，同时又象征着品牌文化。

图6　NIKE 广告

二、服装广告符号外延与内涵的"换挡加速"

"根据索绪尔的观点，符号由能指与所指两部分组成。在语言学里，能指是发音与形象，所指是概念或思想。"① 例如"玫瑰"(ROSE)，这个单词的字形与发音是能指，而我们对玫瑰的直觉定义为红色的花朵是所指。所指和能指的结合形成"玫瑰"这个符号，或者称为"玫瑰"这个意指。能指和所指的结合最初是任意的、随意的；但是在结合之后，特别是长期约定俗成之后，符

① ［瑞士］费尔迪南·德·索绪尔：《普通语言教程》，商务印书馆1985年版，第71～90页。

号便具有了稳定性，不能够随意变更。

一种符号基本上是通过符号形式（能指）和符号内容（所指）两者间的相互关系构成的，但是，作为意义表现的过程并没有到此结束。比如橄榄枝象征着和平，那么，橄榄枝就是能指，和平就是所指。二者的关系产生一个符号——橄榄枝。但是这时作为一种符号的橄榄枝并不同于作为能指的橄榄枝，它已经超越了物质本身的实体，由社会约定和自身的意义，形成了一个具有新意义的符号语言。在一定条件下，已形成的符号整体可作为符号形式与新的符号内容相对应，在更高一级层次上产生意指作用。符号的这种由表层向深层发展的过程，可以看做"外延"和"内涵"的递进发展过程，也可称为"换挡加速"。

广告是视觉文化符号中具有代表性的一种。但是，从更深层意义上来讲，广告这种视觉文化符号，不仅是对现实的模仿，更同时构成了现实本身，并在一定意义上超越了现实，成为一种观念的代表，一种生活方式的隐喻式再现，乃至一种流行艺术的发端。

以李宁的一则广告为例，这个广告很明确地阐释了符号的这两层含义：本广告的能指层包括木条，篮球明星达蒙·琼斯、文字符号、色彩、篮球、球鞋等图像，与广告指所符号一起构成了这则服装广告的能指。当人们看到此广告很自然就能联想到本广告的主题、内涵——当消费者穿上了李宁的运动鞋（该系列），就会不惧怕任何困难，像明星达蒙·琼斯一样不怕坎坷直奔胜利的篮筐，给人以信心、激励，从而形成了深层意蕴的象征符号（见图7）。

图 7　李宁服装品牌广告

我们说，广告是一种具有时代印记的视觉文化符号。当今社会，消费者也因审美趣味的差异而追求差异化的时尚和风格，青春、美丽、健康、自信、幸福快乐、魅力十足、高品质的生活、成功、成就感等都成为时代精神的表征符号，同时环保，低碳、原始古朴的自然意象、无纸化的工作主张也在获得时代的崭新符号认同……由于消费者对如此种种的时尚内涵的追逐，也迫使各种名牌产品改变广告诉求路线，品牌创意的定位重点在产品的象征意义与符号价值链上。作为一种以营销为目的的功能性活动，广告必然也是对现实的迎合与创制，是整个时代文化的表征符号，具有多重意义，一些经典广告甚至是时代艺术与精神的直接显现。

图 7 广告正是这样的广告文本。为迎合消费心理，这则广告选用了励志创意，使整个画面透露斗志昂扬、热情激烈的气息。篮球明星达蒙·琼斯很早就是 NBA 赛场上的明星，而"李宁"则是国际知名的经典品牌，二者完美结合，当然成了大众的消费首选，是奋进与激情、崇拜与理想的表征。从这个意义上说，时代气息又赋予了广告——这种视觉文化符号更加广阔的"外延"和"内涵"。

从对服装广告的符号体系解码来看，当代服装广告呈现以下发展态势：从通告式广告到图文并茂的广告显现了从语言符号到图像符号的转向，这是人类阅读方式和社会经济发生改变所引起的。广告必须而且只能在消费者匆匆瞟过的瞬间吸引视线并完成符号意义的传递和生成。因此，图像成为主要的传播符号，成为语言的代码和衍生形态且与语言符号相互生成。由于服装广告的根据流行文化短暂的周期性特点，广告符号必须尽可能从浩如烟海的产品信息中超越出来，以超凡的敏感与文化创制力吸引消费者注意力，让图像符号准确切近消费者心理需求，在与消费目标群体的互动中建立隐性的价值同盟，共同缔造品牌的价值内涵，使品牌消费成为娱乐娱心的日常生活方式之一，并最终引领、创造流行时尚，以不断涌现的符号和概念价值去兑现文化与消费的多重主张，牢牢占有市场先机。

由于技术的进步、多媒介的发展与融合，符号也获得多元化的存在样式，更给人带来多重视听感受。特别是网络虚拟技术的出现，实现了多元符号体系的全面整合，开拓了创意符号生成的新空间，符号编码与解码，符号价值生成与信息爆炸之间的对冲更为频繁，这将更加促进服装符号体系的完善，是挑战也是机遇。

（作者单位：武汉纺织大学）

表演艺术研究

布莱希特《中国戏剧表演艺术中的陌生化效果》解读

邹元江

1935 年早春布莱希特在莫斯科观看了梅兰芳的演出。1936 年他发表了著名的《中国戏剧表演艺术中的陌生化效果》一文。在这篇文章中他首次在世界范围内将中国戏曲艺术的审美特征概括为创造出"陌生化效果"。他认为中国古典戏曲很懂得这种陌生化效果，而这种陌生化的艺术效果在中国古典戏曲中是通过以下方式达到的：

其一是非幻觉化。布莱希特认为："中国戏曲演员的表演，除了围绕他的三堵墙外，并不存在第四堵墙（这个说法是不确切的。对中国戏曲艺术而言，不仅这"第四堵墙"不存在，就是"围绕着他的三堵墙"也不存在——引者注）。他使人得到的印象，他的表演在被人观看。这种表演立即背离了欧洲舞台上的一种特定的幻觉。"① 即中国戏曲艺术公开承认是在演戏，并不需要像欧洲舞台上那样用一系列丰富的技巧把演员隐藏在四堵墙中"当众孤独"，在舞台上制造对现实生活逼真反映的幻觉。斯坦尼斯拉夫斯基在《演员与导演的艺术》一文中曾反复讲到"当众的孤独"问题。《演员与导演的艺术》是斯坦尼斯拉夫斯基 20 世纪 20 年代末为英国百科全书撰写的简要叙述其"表演体系"原理的论文。布莱希特曾在《论斯坦尼斯拉夫斯基体系》一文中针对斯坦尼斯拉夫斯基"当众的孤独"、"完全化身"的说法分析说："演员努力克服自我，完全化成角色的做法在理论上是由斯坦尼斯拉夫斯基提出的，而且他还为此规定了许多练习。要求演员完全化为角色的目的是为了能使观众同这个角色或同这个角色的反角完全融为一体。"但这可能吗？布莱希特对这种"引起全面共鸣的做法是否还值得欢迎"表示怀疑。"当众的孤独"、"完全化身"实际目的就是为了制造幻觉，可布莱希特尖锐指出："至少有三种因素会破坏制

---

① ［德］布莱希特：《布莱希特论戏剧》，中国戏剧出版社 1990 年版，第 192 页。

造幻觉：观众会发现舞台上发生的事件不是第一次发生的（只是重复而已）；舞台上发生的事件不是演员自己经历的（演员只是讲述者）；效果的产生不是很自然的（是人为制造的）。"①

其二是非情感化。这是与非幻觉化相关联的问题。所谓"非情感化"即防止观众与剧中人物在感情共鸣的基础上完全融合为一。我们知道，布莱希特和皮斯卡托创立"史诗剧"的目的正是"努力创造一种能放弃全面共鸣的表演方法"。即"不应通过感染的方式，而应该用另外一种方法来建立演员和观众之间的接触。必须把观众从催眠状态中解放出来，必须使演员摆脱全面进入角色的任务。演员必须设法在表演时同他扮演的角色保持某种距离。演员必须能对角色提出批评。演员除了表演角色的行为外，还必须能表演另一种与此不同的行为，从而能使观众作出选择和提出批评"②。布莱希特认为中国戏曲艺术既是非幻觉化的，那么，演员就不仅仅承认自己是在演戏，而且演员也是观察自己在演戏。因此，中国戏曲"演员在表演时的自我观察是一种艺术的和艺术化的自我疏远的动作，它防止观众在感情上完全忘我地和舞台表演的事件融合为一，并十分出色地创造出二者之间的距离"③。也就是把观赏者与舞台上发生的事件间离开来，而不让观众直接的进入到事件中去在那"自居"。许多观众在看西方戏剧的时候，比如看到莎士比亚的《哈姆莱特》的时候就下意识地想到自己的命运如何，这就叫"情感自居"：自觉地把自己换化成哈姆莱特或剧中某某人。斯坦尼斯拉夫斯基直到晚年临去世前才意识到这是不可能的。苏联戏剧家查哈瓦在《争取"表现派"和"体验派"的结合》一文中回忆说："在康斯坦丁·塞尔盖耶维奇（即斯坦尼斯拉夫斯基——引者注）逝世前不久，也就是他75岁诞辰的那一天，我和瓦赫坦戈夫剧院的同志们很荣幸地和他有过一次谈话。谈的是怎样上演莎士比亚的悲剧的问题。我们从康斯坦丁·塞尔盖耶维奇口中听到那些话，当时真使我们大吃一惊。他说：'扮演汉姆莱特、奥赛罗、理查三世、麦克佩斯这样的角色，要想从头到尾都靠情感，那是根本办不到的。这是任何人力也做不到的事情。五分钟靠情感，三小时靠

---

① 〔德〕布莱希特：《布莱希特论戏剧》，中国戏剧出版社1990年版，第262～268页。

② 〔德〕布莱希特：《布莱希特论戏剧》，中国戏剧出版社1990年版，第262页。

③ 〔德〕布莱希特：《布莱希特论戏剧》，中国戏剧出版社1990年版，第194页。

高度的技术——只能这样上演莎士比亚.'"① 由此,查哈瓦认为:"真正的情感也是离不开高度的技术的。所以不是三小时靠高度的技术,而是三小时零五分钟。因为没有高度的技术,演员的情感就成了无翼之鸟,不能越过脚光,飞进观众席里。高度的技术就是给真实的、自然的、从活的情感中找到言语和动作加上另外两种重要属性的能力,这两种属性是:舞台表现力和特定的风格。"② 布莱希特说中国戏曲恰恰不是导致观众"情感自居",它恰恰是拉大这个戏剧世界与观赏者之间的距离。也正是这种"距离",使得演员避免了将自己的感情引导为观众的感情。所谓演员将自己的感情变为观众的感情也就是我们平常所说的"煽情":观众看着演员掉泪也跟着掉泪,甚至情感不能自持的个别观众还会拿出一支枪来把舞台上那个让他痛恨的人物(演员)给"嘣"了——这在戏剧史上是屡见不鲜的。那么,这种冷静的表演是不是中国戏曲演员就无感情,或者说不表现感情呢?布莱希特明确地加以否定。他说:"这不是中国戏曲抛弃感情的表现!"戏曲演员也同样表演激烈的情感生活,但其表演方式却不同于西方演员那样流于狂热急躁。在表演人物内心深处激动的情感的瞬间,戏曲"演员的嘴唇咬着一绺发辫,颤动着"③。但这也只是一种"程式惯例",布莱希特看到了中国戏曲的翎子、髯口、发辫这样一些形式因只是表现情感的一种程式。既是一种"程式",也就并不是赤裸裸的表现。"程式"就是形式因,它是经过深思熟虑从大量能表现情感的标志当中选择出来的"特殊的东西",它能将情感简朴地、抽象地表达出来。中国戏曲表现情感的方式太丰富了,它创造了一系列特殊的"程式惯例",比如翎子功、髯口功、"甩辫"、"炸音"、"跳门槛"等这样一些特殊的方式,它能够将炽热的情感极其冷静地、审美地表达出来。这是中国戏曲审美精神的核心,这是一种"艺术化的描绘",它恰恰是中国戏曲的长处。

其三是非体验性。这也是与非幻觉化、非情感化相关联的问题。斯坦尼斯拉夫斯基的体验性简言之就是演员用尽他的一切力量将他本人尽量无保留地变成剧中人。然而,在布莱希特看来,"当这种毫无保留地变成另一个人的表演

① 中国戏剧出版社编辑部:《戏剧理论译文集》第三集,中国戏剧出版社 1957 年版,第 60 页。

② 中国戏剧出版社编辑部:《戏剧理论译文集》第三集,中国戏剧出版社 1957 年版,第 60 页。

③ [德]布莱希特:《布莱希特论戏剧》,中国戏剧出版社 1990 年版,第 194 页。

获得成功的时候，演员的艺术就差不多耗尽了"①。为什么呢？因为将自身（也就是演员）创造成另一个人（也就是角色）是一种"直觉"的，亦即一种模糊状态的行动，是在下意识中进行的，甚至带有一种强制性、逼迫性。而下意识的控制作用从心理学的角度来讲是极其微弱的：这就是所谓拙劣的"情绪记忆"。我们的"情绪记忆"往往是瞬间即来、瞬间即走的，这是非常浮浅的一种"记忆"。而对中国戏曲演员来说，布莱希特认为并"不存在这些困难"，因为戏曲艺术是"抛弃这种完全的转化"的。那么，现在所要追问的就是，戏曲演员是用什么艺术手段控制自己不作这种"转化"呢？用布来希特的说法就是"只需要一点儿幻想"（此处"幻想"当指演员的意象性想象力和创造力——引者注）。比如梅兰芳。布莱希特说有哪一位沿袭老一套的西方演员能够像梅兰芳那样，"穿着男装便服，在一间没有特殊灯光照明的房间里，在一群专家的围绕中间表演他的戏剧艺术的片断呢"？② 西方演员绝对做不到。即梅兰芳艺术的魅力并不在于一些外在的环境烘托（比如"四堵墙"）、服饰灯光的设置，也不在于是否能魔术般地完全"转化"成李尔王或奥赛罗，而在于他以独特的"艺术化的描绘"为观众所营造、也能被观众所意识到的审美意象的世界。梅兰芳的兰花指除了他的姿态好看以外，恐怕观众也不仅仅是看他的兰花指姿态是否好看本身，而是一个兰花指随着他的一个鹞子翻身、一个曼妙姿态的呈现，观众可意识到他的眼睛和手所划出的曲线生成了一种意象，这样一种流动的意象不是任何一幅仕女画在一个具体的场景所能够涌现的，它具有极大的审美表现的明晰性。这个东西是最厉害的，最让西方艺术家着迷的就是这个东西。梅兰芳所有的美，所有的一切（魅力、韵味、意味）都在他的身上产生，这才真正叫做"无中生有"。一个真正具有审美品位的观众就可以联类无穷的想象得出他这一个兰花指、一个鹞子翻身所能告诉你的无尽的东西。任何人在不同的年龄段、不同的情绪的状态下从梅兰芳的手指的这个线路看去，所能感受到的东西是截然不同的，而且永远是不可重复的。这样一种巨大的创造性不就是中国戏曲艺术的一个最本质的东西，中国人文精神最本质的东西吗？"无中生有"啊，那万般的景致呼之即来，挥之即去，在嘴上、在身上、在手上——这实在是太神奇了。所以，布莱希特说，体验派虽然

---

① ［德］布莱希特：《布莱希特论戏剧》，中国戏剧出版社 1990 年版，第 195 页。

② ［德］布莱希特：《布莱希特论戏剧》，中国戏剧出版社 1990 年版，第 195 页。这里指的是 1935 年 4 月 13 日梅兰芳在全苏对外文化协会召开的戏剧座谈会上的即兴表演。

能使观众随着演员转化成角色而进入"催眠状态",可一旦这个瞬间的"催眠状态"消失之后,还能给我们留下什么呢?这种趋于逼真日常生活的幻觉已经限定了观众的思维,在这种"催眠状态"所限定的"四堵墙"里只能感受到贫乏的世界。而梅兰芳浑身所散发、聚合出的重重意象,却让观众感受到无尽的意味。这种英国著名美学家贝尔所说的"有意味的形式"一旦遭遇这种"催眠状态"就会瞬间消失。如此一来,真正能留给观众的艺术韵味又在哪儿呢?"艺术的神圣性"又在哪儿呢?也正是在与梅兰芳艺术的比照中,布莱希特对斯坦尼斯拉夫斯基体验派占统治地位的欧洲戏剧持否定的态度。他毫不隐讳地说:"与亚洲戏剧艺术相比,我们的艺术还拘禁在僧侣的桎梏之中。"①"僧侣"的天地是极其狭窄的,也是极大的受到限制的。

其四是非风格化②。源于古希腊语的"风格"一词一直是一个歧义丛生的词。在艺术领域人们一般所习称的"追求风格"、"形成风格"都是以追求艺术特征的确定性、凝固化、可言说性和不可更易性为内涵的。理论界甚至将风格的形成视作艺术家创作上成熟的标志③。然而,布莱希特却反对风格化,他认为中国戏曲艺术是不追求风格的。他说:"'陌生化效果'表演方法显然并不为矫揉造作的表演提供条件。人们绝不应把它理解为流行的风格化。恰巧相反,陌生化效果是和表演的轻松自然相联系的。"④ 也就是说中国戏曲是不创造风格的,创造风格对戏曲演员来说是不可思议的。爱森斯坦曾说中国戏曲是有机的,既然是一个有机性的东西,它就不是一个凝固性的东西,你怎么能说它是一个风格性的东西?中国戏曲具有流动性的特点,而创造的生生不息正是产生审美流动性的根基。所以,这种产生陌生化效果的艺术它也不是风格所能确定的。所谓"流行的风格化"即斯坦尼斯拉夫斯基体系"要求演员每天晚上都产生某种感情冲动和情绪"的体验。而中国戏曲艺术的陌生化效果由于是非体验性的,因而其创造的可能性、非确定性,包括在布莱希特看来戏曲演员创造出来的神秘性都是非风格化的,甚至是"不可思议"的。

毫无疑问,除了以上的精见,布莱希特将中国戏曲艺术的审美特征作

① 〔德〕布莱希特:《布莱希特论戏剧》,中国戏剧出版社 1990 年版,第 196 页。
② 〔德〕布莱希特:《布莱希特论戏剧》,中国戏剧出版社 1990 年版,第 213 页。布莱希特曾在多篇文章中反对"风格化",见该书第 215~216 页。
③ 参见邹元江:《中西戏剧审美陌生化思维研究》,人民出版社 2009 年版,第 362~372 页。
④ 〔德〕布莱希特:《布莱希特论戏剧》,中国戏剧出版社 1990 年版,第 197 页。

"陌生化效果"的解读也包含着诸多误读。比如他说:"中国的戏曲演员使自己置身于惊愕状态之中,并去运用陌生化效果。"同样的意思布莱希特又表述为:"(中国戏曲)演员力求使自己出现在观众面前是陌生的,甚至使观众感到意外。他所以能够达到这个目的,是因为他用奇异的目光看待自己和自己的表演。这样一来,他所表演的东西就使人有点儿惊愕。"与此议论相关,布莱希特又说:"当我们欧洲人看中国人表演的时候,首先将遇到一个困难,就是要从他们的表演所引起的惊愕感情中解脱出来。"① 中国戏曲演员的表演既不会"使自己置身于惊愕状态之中",也不会"使人有点儿惊愕"。这无疑是布莱希特的误读。另一方面,布莱希特之所以"误读"也是有原因的,这个原因来自几个方面,其中就包括过去西方的艺术家、戏剧家对中国戏曲的"前误读"。过去西方要了解中国戏剧有一本最权威的书,也就是卡尔·加格曼的《世界戏剧指南》。那么,这本过去被西方人视作认识中国戏曲的一本指南性的书实际上已经对中国的戏曲作了一种"误读"。加格曼在书中非常傲慢地说:"中国戏剧处于十分幼稚的阶段,在中国人的理解里,戏剧既没有精神价值,也没有审美价值,而只有提供感性的热闹场面的价值。"所谓"感性的热闹场面"指的就是戏曲艺术"急急风"式的锣鼓喧天上场表演,西方人是很容易被这样一种热闹的场面所误导的,以为中国戏剧就是这样一些东西,它很原始。所以,按照西方的戏剧逻辑,中国的戏曲艺术是不值得一提的。

布莱希特显然也受到了影响。他说:"我们站在一种原始技巧,一种科学初级阶段的艺术表现面前。中国戏曲演员象从魔术的附录里获得他的陌生化效果。'这是怎么做出来的呢?'这却仍然不可思议。"② 说戏曲艺术的表现方式只是一种"原始技巧",并将艺术的表现方式与"科学初级阶段"联系起来,这就不仅仅是误读,而是曲解了。而将中国戏曲艺术的陌生化效果审美特征又加以神秘化,与"魔术的附录"相比类,这自然又与将中国戏曲艺术的表现形式视作一种"原始技巧"的看法自相矛盾。布莱希特说戏曲艺术的表现方式只是一种"原始技巧",这个话很显然是有所本的。当然,他所说的"原始技巧"跟加格曼说的不太一样。加格曼他是带着一种轻蔑态度,带着一种西方戏剧中心的傲慢来贬斥一个弱小民族的戏剧。而布莱希特所谓的原始戏剧的"原始技巧"是从另外一个角度来理解的,即他认为中国戏剧的这种程式表现

---

① 〔德〕布莱希特:《布莱希特论戏剧》,中国戏剧出版社 1990 年版,第 198 页。
② 〔德〕布莱希特:《布莱希特论戏剧》,中国戏剧出版社 1990 年版,第 198 页。

力，具有一种他所不能理解的神秘性。他说中国戏曲是如何使演员的身上产生那么丰富的一套一套表现力的程式化，就仿佛"魔术的符录"一般，虽然他不能理解这种程式化是怎么训练出来的，不过，他意识到这是"一种成功的有控制的表现力，一种完美的胜利"——显然，在误读中他抓住了戏曲艺术程式化表现的审美特性。

由此看来，布莱希特对中国戏曲的解误包含着"合理的误读"。而在这些"误读"中也包含着许多富有启发性的东西。比如化事为史。所谓化事为史就是将现实事件历史化①。什么叫"历史化"？布莱希特曾有多种表述。他在《简述产生陌生化效果的表演艺术新技巧》一文中说："演员必须把事件当成历史事件来表演。历史事件是只出现一次的、暂时的、同特定的时代相联系的事件。人物的举止行为在这里不是单纯人性的、一成不变的，它具有特定的特殊性，它具有被历史过程所超越和可以超越的因素，是屈服于从下一时代的立场出发所做的批判的。不断的发展能够使我们对前人的举止行为越来越感到陌生。演员应该采取历史学家对待过去事物和举止行为的那种距离，来对待目前的事件和举止行为。他要使我们对这些事件和人物感到陌生。"② 这是从历史的视野来看待现实的一切，将我们习以为常的现实加以历史的审视和批判，使观众对这些早已熟视无睹的现实感到惊讶。这就是布莱希特所说的，"对历史化的戏剧来说，一切都是另一个样子。日常发生的事件最需要探讨，要全力研究它独有的特殊的东西。"③

另一种对"历史化"的理解是从艺术的陌生化效果来看待一种间离的审美效果，让所表演的东西"使人有点惊愕"。就像我们从历史的视野来看待现实的一切一样，"这种艺术使平日司空见惯的事物从理所当然的范畴里提高到新的境界"④。如《打渔杀家》中的渔家姑娘划船这件现实中的事，正是梅兰芳既作为扮演者，又作为旁观者，将这件"事"历史地加以审视、作出评价。布莱希特认为这正是陌生化效果的表演。梅兰芳正是"用奇异的目光看待自己和自己的表演"⑤，因此，梅兰芳作为演员与被表现的形象（渔家姑娘）"保持着一定的距离"。这样一来，不仅演员的表演获得了双重的维度（既是

---

① ［德］布莱希特：《布莱希特论戏剧》，中国戏剧出版社 1990 年版，第 213 页。

② ［德］布莱希特：《布莱希特论戏剧》，中国戏剧出版社 1990 年版，第 213 页。

③ ［德］布莱希特：《布莱希特论戏剧》，中国戏剧出版社 1990 年版，第 200 页。

④ ［德］布莱希特：《布莱希特论戏剧》，中国戏剧出版社 1990 年版，第 193 页。

⑤ ［德］布莱希特：《布莱希特论戏剧》，中国戏剧出版社 1990 年版，第 193 页。

表演者又是审视者），而且，将现实的事件转换成与现实保持着距离的历史事件。而作为化为历史的现实事件也因此而被删略去非本质的表象，这就如同演员将藏在手中的白粉抹在脸上以表现因恐怖而引起的苍白，这显然是将"被抓住的事物的本质诉诸于观众的视觉……引起陌生化效果"。布莱希特认为："这是一种更高的创造，因为它已提高到意识的范围里。"① 这里也存在着布莱希特对中国戏曲艺术表演方式的"误读"成分。但他所说的化现实为历史的陌生化效果审美创造，的确从一定意义上抓住了作为"代言体"的戏曲艺术的特征。

所谓"代言体"也正是具有将表演者（演员）与被表演者（角色）相疏离的特点。中国的戏曲演员从来没有直接在舞台上表演自己、表演角色的，它永远处于一种疏离状态。西方的话剧演员到舞台上以后他就是罗密欧，"我不是扮演罗密欧，我得就是罗密欧"，用斯坦尼斯拉夫斯基的说法，我就是哈姆莱特，我就是李尔王，我与他之间、我与角色之间连"一根针都插不下"。我扮演妓女我就得是妓女，我要做妓女状，以妓女自居。而中国戏曲作为"代言体"演员永远不是作为角色来出现的，他永远是疏离于演员与角色之间。所以，演员怎么能不断地要自己掉下眼泪来呢？实际上演员是不断地在审视你自己，演员是以他的审视来表明他对角色的一种判断。这也就是"代言体"：它是将表演者（演员）、被表演者（角色）相疏离，而表演者作为"代言"者的身份也确实具有作为第三者（旁观者）的评价成分。也就是说，中国戏曲的演员他不仅仅是作为他自身的一个对象，他还作为第三者（观众），作为观众、旁观者，作为第三者的观众这样一种评价的媒介。那么，这样一种"评价"，客观的"评价"也就带有了"意识"的内涵，就属于"意识的范围"。

应当说布莱希特在这种"误读"里他确实把握住了戏曲"代言体"的特征，这个特征使他意识到中国的戏曲演员与西方话剧演员的最大不同就在于他不进入角色，他是与角色相疏离的。他既是作为演员，也是作为角色、评判者（即作为旁观者、观众），他是三者的合一。这一点和西方戏剧完全不同。西方戏剧只有一个维度——演员即角色，而中国戏曲具有三个维度：作为演员自身，这是个表演的媒介材料、物理事实；作为角色，也即演员所扮演的剧中人；作为评判者，这既是做为演员对角色的评判者，也是作为观赏者（观众）

---

① ［德］布莱希特：《布莱希特论戏剧》，中国戏剧出版社 1990 年版，第 197 页。

对角色的评判。也就是说，中国戏曲艺术演员的存在与西方戏剧相较有三个维度，西方戏剧演员的存在只有一个维度。

又如易与不易。布莱希特在《论中国人的传统戏剧》一文中说："学会古老的东西是困难的，他（指梅兰芳——引者注）学会了它。他从传统中革新发展。这样就使一种真正的艺术（就像一种科学）特征固定下来，这就是令人激动的自然因素，就是清晰可见的，能够判断的，与古老东西决裂的负责任的做法。"① 布莱希特在这里讲的是梅兰芳的表演所体现出的"易"与"不易"的辩证法。他说梅兰芳表演特定的动作，又十分夸张地甩开它，从而引起一种美学的激动效果，这本身就形成了一个令人激动的场面，演员在完成这种表演的时候把他整个的名声都押上去了——这是误读，但又不全是。的确，梅兰芳在表演特定的程式时有确定的一面，也有不确定的一面（布莱希特对此作了分析）。确定的一面是"不易"之处，是"传统"的根基，而不确定的一面则是变化、是"易"的层面。布莱希特并不了解戏曲"不易"之根基何在，所以，他误读了梅兰芳的表演"十分夸张地甩开它"。但他注意到梅兰芳表演的确定与不确定、"易"与"不易"的关系，尤其是他通过与西方戏剧演员表演的"无根"性的比较看出这种"不易"之有根性的"易"（变化）的优长。这是十分敏锐、精到的见解。布莱希特完全了解西方戏剧演员表演的困境："我们容许甚至指望每个演员创造出一个与过去著名的演出完全不同的新的形象，但是，这个形象是在十分偶然的情况下出现，它与其他同时或者过去被创造的形象甚少联系，没有增添任何新的东西。"② 这就是西方的戏剧演员"表面的人物塑造"，即只能"神经质地用一些细微末节的特征去拼凑形象"，而这些特征"说明的东西很少，或多或少地只是出于个人的原因"，因而"不能表现什么东西"。布莱希特承认："事实上我们这里表演艺术的革新之所以如此困难，乃是由于现存的东西没有什么可供变革的。"③ 这是极其深刻的判断。西方戏剧没有形成"不易"的纯艺术程式，因而其表演的非艺术呈现方式就显得无可奈何，只能诉之于单向度的思想性和导演、舞美等外部技艺的拼合，而难以见出演员自身的艺术造诣的规定性。这正是西方戏剧的致命伤。斯坦尼斯拉夫斯基晚年及格洛托夫斯基等现代剧人虽注重形体训练，但也不是从

---

① ［德］布莱希特：《布莱希特论戏剧》，中国戏剧出版社 1990 年版，第 204 页。

② ［德］布莱希特：《布莱希特论戏剧》，中国戏剧出版社 1990 年版，第 204 页。

③ ［德］布莱希特：《布莱希特论戏剧》，中国戏剧出版社 1990 年版，第 205 页。

"不易"之有根性的程式意义上来进行训练，因而也是缘木求鱼、难以奏效的。

再如间断特性。所谓"间断"特性用布莱希特的说法就是戏曲演员的表演"可以在每一瞬间被打断"①。这是和西方戏剧根本相分歧的一点。我们知道西方戏剧的一个特点就是它的"整一性"。从亚里士多德开始，到卡斯特尔维特罗，到古典主义形成"三整一律"，到斯坦尼斯拉夫斯基的"最高行动线"、"贯串动作"、最高行动意志等，总之，西方戏剧都是为了结构一个完整的故事框架，讲究起、承、转、合，它强调的是这种"整一性"。可中国戏曲没有"整一性"的诉求。戏曲艺术的一切表现都诉之于它的间断性，演员的表演是随时可以被打断的。之所以随时可以被打断、被间断，是基于"中国戏曲演员不是置身于神志恍惚的状态之中"的缘故。这里有几层含义：一是戏曲艺术的表演演员无所谓"进入"（角色），因而，也就无所谓"走出"（角色）。即是说，戏曲艺术既然是表演者（演员）与被表演者（角色）之间保持着距离，那么，也就不存在斯坦尼斯拉夫斯基体验论意义上的"神秘创造的瞬间"，即所谓"化身为角色"、"生活在舞台上"，产生逼真现实的幻觉。中国戏曲演员永远不存在化为角色的瞬间问题。既然不存在进入角色的问题，也就无所谓"从里面出来"。因为演员没有进入这样一个神秘的瞬间，所以，观众就可以任意的打断表演。梅兰芳们仍"可以从被打断的地方继续表演下去"。

二是戏曲艺术的表演不是"体验式的表现"，而是"展示式的呈现"。前者是斯坦尼斯拉夫斯基们，后者是梅兰芳们。这是一个本质的差异。也即是说，梅兰芳"当他登上舞台出现在我们面前的时候，他创造的形象已经完成"②。所谓"形象已经完成"即是说剧中的主要情节线索、人物的性格特征等都已通过第一场的副末，第二场的冲末，通过"自报家们"已经向观众交代、和盘托出了，因而也就没有什么西方话剧意义上的故事情节悬念可言了，只需要看演员如何将已真相大白的故事梗概怎样复杂化的、程式化的展示呈现出来。即中国戏曲的重点并不在人物性格塑造本身，而是如何呈现观众已经知道的性格（脸谱的喻褒贬、别善恶特性已经明确告诉观众剧中人是一个什么性格的人）。所谓"如何呈现"也就是说人物性格、形象已经完全形式化了、

---

① ［德］布莱希特：《布莱希特论戏剧》，中国戏剧出版社 1990 年版，第 197 页。
② ［德］布莱希特：《布莱希特论戏剧》，中国戏剧出版社 1990 年版，第 197 页。

程式化了，人物的言行都被赋予了或歌或舞的形态，所谓"无声不歌，无动不舞"，只需将这些已经完成的动作作"纯粹的表演"。所谓"纯粹的表演"即舞台形象已经完全"形式化"了，而不是"情节化"了。也就是说，体验派的表演，人物形象在表演之前是尚未完成的，它要求演员每天晚上都要激发出某种逼近所扮演角色的感情冲动和情绪，而只有在这种被激发出来的感情冲动和情绪的表现过程中，人物形象和性格才能逐步被显露出来，及至最终在那瞬间完成塑造，达到高潮。而戏曲演员的表演则是展示某种已经完成的形式动作，所以，戏曲演员他并不服从情感的指令，而是服从于"纯粹的表演"的审美旨趣。所谓"纯粹的表演"的审美旨趣也就是将已经或歌或舞化的形式动作充分冷静地呈现出来。这就是布莱希特说的中国戏曲它有一种控制力，即对它的形式的控制力。因此，中国戏曲艺术它是让观众轻松感受形式美的展示呈现过程，即"怎样做"，而体验派戏剧则是让观众在情节悬念中紧张感受人物形象的体验表现过程，也就是"做什么"。后者的关注焦点在情节故事，也就是所谓的"真"的反映，而前者的关注焦点则在形式意味，也就是所谓"美"的创造。

三是戏曲艺术的表演是不存在"第四堵墙"，也不存在空间限制的。布莱希特说，梅兰芳"在他表演的时候，改变他周围的环境，对他不会有什么妨碍"①。为什么呢？因为对中国戏曲艺术而言，所谓"环境"并不是实体化设计出来的（像西方戏剧那样），而是就在演员的一招一式、一个眼神、一个圆场中意象性地让观众感知到的。也就是说"环境"在演员的身上、嘴上、手上，召之即来，挥之即去。譬如"表现一朵云彩，演员表现它突然出现，由轻淡而发展成为浓厚，表演它的迅速的渐变过程"②。这或许仍是布莱希特的"误读"，但他的"误读"仍能让我们意会到中国戏曲演员的确是通过眼神、手指、身段和水袖等表现手段，让观众感受到他所营造的这样一种审美意象的存在。也就是说，这个"意象"虽然并不一定就要坐实为"云彩"，或浓的、淡的，或为其他某物，但是，每一个观看中国戏曲演员表演的观赏者都能够通过演员的嘴上、手上、身上、眼睛的表演让你意识到他为你描绘的一种独特的审美的"意象"，它虽然是不确定的、模糊的，但它却是充满了一种无穷的意味的。即是说，中国戏曲艺术家是以想象力为中介的意象性审美创造为其圭臬

---

① ［德］布莱希特：《布莱希特论戏剧》，中国戏剧出版社 1990 年版，第 197 页。
② ［德］布莱希特：《布莱希特论戏剧》，中国戏剧出版社 1990 年版，第 193 页。

的。因此，舞台对梅兰芳们所"提供的艺术创造的空间大小并不存在什么破坏演员想象力的东西"①。

正是基于对以上中国戏曲艺术陌生化效果创造显著特征的认识，所以，布莱希特试图将这种"伟大的艺术"作更深入、更具普遍意义的理论概括，所谓"把中国戏曲中的陌生化效果作为一个可以移动的技巧（即与中国戏曲脱离的艺术概念）去认识"②。这是值得我们高度重视的，虽然布莱希特也充分意识到"这不是简单的事"。的确"不是简单的事"。布莱希特将中国戏曲表演艺术中的陌生化效果仅仅视作"技巧"，一个"艺术概念"，这显然与他的上述分析是自相矛盾的。事实上，无论是认为中国戏曲艺术通过非幻觉化、非情感化、非体验性和非风格化方式达到陌生化效果，还是在"误读"中却包含着对认识中国戏曲艺术富有启发意义的化事为史、易与不易和间断特性的把握，布莱希特实际上已对中国戏曲艺术的陌生化效果创造特征作了具有艺术本体论意义的阐释。布莱希特意识到这是一种完全不同于统治西方达几千年之久的亚里士多德的戏剧艺术特征的"伟大的艺术"。既然承认中国戏曲艺术是"伟大的艺术"，而且布莱希特也坦率承认他无法认识、甚至"不可思议"中国戏曲艺术陌生化效果创造的神秘，因而，以陌生化效果创造为特征的中国艺术精神就不能在一般意义上理解为可以普遍运用的一种"技巧"，而应从布莱希特的论述中直接衍生出具有本体论意义的"艺术概念"——"陌生化"或"陌生化效果"。严格说来，"陌生化"和"陌生化效果"是有本质区别的。"陌生化"是陌生地感知和创造的状态，而"陌生化效果"则是"陌生化"地感知和创造所生成的具有审美意义的陌生效果。

（作者单位：武汉大学哲学学院）

---

① ［德］布莱希特：《布莱希特论戏剧》，中国戏剧出版社 1990 年版，第 193 页。
② ［德］布莱希特：《布莱希特论戏剧》，中国戏剧出版社 1990 年版，第 198 页。

再谈历史真实与艺术真实

胡应明

十多年前，就历史剧创作中"史"与"剧"的关系问题，我在《剧本》月刊（1995 年 8 月号）发表了《撷谈历史真实与艺术真实》一文。文章开宗明义提出"戏剧本体"涵容"历史"，历史真实，最终必定消融、沉潜于戏剧本体中而经由艺术真实体现出来；并辅以四个子题加以阐述，其分别为"驰骋想象，把结论性的历史真实转化为'过程性'的艺术真实"、"探幽烛微，把外显性的历史真实转化为内在性的艺术真实"、"传奇传神，把事件性的历史真实转化为情节性的艺术真实"、"活灵活现，把抽象性的历史真实转化为形象性的艺术真实"。文章发表后，引起了一定的反响，更难得的是得到许多实践工作者的认同。十多年过去了，时代生活乃至进程中的戏剧状态都发生了新的深刻变化，而关于历史剧中"真实"问题的讨论却迄未止息。当年"撷谈"，是拾取别人的话题来借题发挥；今日"再谈"，是想补充一些新的认识和体会。我把近年来的思考主要归纳为下面三点：

一、历史剧创作要确立"戏剧本体"的地位

席勒在比较小说等叙述类艺术与戏剧的特征时说过一句很有意味的话："一切叙述的体裁使眼前的事情成为往事，一切戏剧的体裁又使往事成为现在的事情。"① 这句话可谓不期而然却又恰切地道出了戏剧的"本体"性质，更道出了历史剧的"当下"性质，即戏剧总是某种行动着的"当下"的展开与呈现。尽管戏剧有着一整套复杂的艺术系统，但无论是作为"类"的戏剧艺术，还是单个的戏剧剧目，其本性都是在两人小时左右的舞台艺术时空中凝结为一种"本体"状态亦即李泽厚先生所言的"最终实在"。而历史剧的"往

---

① ［德］席勒：《论悲剧艺术》，人民文学出版社 1963 年版，第 98 页。

事"，何以能"成为现在的事情"和"眼前发生的事情"，盖因戏剧的本体性质使然！也正是戏剧的这种"当下"性，使观众如身临其境，感同身受，使观众乐在其中地观赏"眼前发生"的历史"往事"，也使观众的审美接受表现为即时审美、当堂反馈、潜移默化、长期受用等特点。

我们通常说中国老百姓，过去大多是从历史剧目或"老戏"中获得一些历史知识的。但这种获得不是自觉地刻意求之。观众走进剧场，是"看戏"、"听戏"，是要获得一些"形式美"的满足，是怀着一种（审美）期待去为即将呈现在眼前的剧情和人物，洒一掬同情之泪或为之解颐开怀……因而，唐文标先生在分析了中国古剧中的道德因素后认定"道德剧"就是"娱乐剧"①。"娱乐"在这里，我们可以理解为悲剧或喜剧所带来的不同的审美快感。因此，无论是历史知识，还是道德教化，最终还得附着在戏剧本体之中，涵泳于戏剧予观众带来的当下的审美快感之中。

同样，无论历史学家们对"历史"如何定义，如"历史是过去与现在的对话"、"历史是探究确定年代的事件"、"历史作为一种伟大的精神现实"、"一切历史都是当代史"、"一切历史都是思想史"等，尽管说法不一，各有侧重，但这些有关"历史"的思考元素以及历史的"本事"、"往事"，都可以"为我所用"而真实地归化于戏剧本体之中。

当然，我们也注意到"历史"与历史剧确实存在着一种"异质同构"的联系。历史是"人"的历史，无论是以帝王精英及其"大事件"为主导的所谓"大历史"，还是以籍籍草民、日常生活、边缘事件为主导的所谓"小历史"，都是人的实践活动推衍出的事件、事变、事态，进而创造出的"事实"历史（亦即维特根斯坦所说的"世界"）。也正是古往今来真实存在过的无数个体生命以及他们的灵性、才情、机心乃至权术等，演绎了历史的波澜壮阔甚或波谲云诡。而戏剧，恰恰是为历史的人提供了"真实"活动的"现时"舞台。"命运的必然性——时间的逻辑，这是一件最具有深刻的内在确定性事实，这一事实充塞在整个神话式的宗教和艺术思想中，构成了全部历史的本质和核心。"② 历史学家所说"命运的必然性"（或是偶然中的必然）、"时间的逻辑"，也都是历史剧所藉以建构戏剧本体的客观法则，在这里，历史与历史剧形成同构关系；同样，不管"历史"的定义如何繁复多样，但却不外乎"实

① 唐文标：《中国古代戏剧史·序》，中国戏剧出版社 1985 年版，第 2 页。
② ［德］斯宾格勒：《西方的没落》，张兰平译，上海三联书店 2006 年版，第 6 页。

际上的过去"与"历史学上的过去"这两种基本形态。前者具有客观实在性，是本然的历史；后者虽力求客观真实，但因个人的关切渗入其间而难免打上主观的印记，因为历史学家的"历史"总表现为对"往昔的叙述和借此得出建构叙述的研究方法"这一点上。艺术家也和史学家一样借此建构自己的表现方法、也和历史学家一样关注故事。但不同的是，史学家是"讲"故事而述以往，历史剧是"演"故事于当下；"历史"只陈说已经发生的事实，历史剧则基于历史的本质（命运的必然性、时间的逻辑）富于想象力地陈说已然或可能发生的事情；"历史"的目的在于追求史事（包括意义）的真实性，而历史剧在假定性的前提下则尽可能地追求历史形象的真实性以及假定的真实性；"历史"事实上重点关注着"大历史"，而历史剧总是能将"大、小历史"冶于一炉来加以呈现；"历史"更多地瞩目于"事件"及其成因、背景，历史剧则既青睐于"事件"，更充满着对事件背后的"历史心灵"的叩问和剖现，典型的例子如《屈原》中的"雷电颂"以及戏曲历史剧中一些习见的核心唱段。

从以上简要的分析比较中，不难看出，"历史"与"戏剧"在"人"的问题上，在"命运的必然性"和"时间的逻辑"上同构而契合。但"戏剧中人"比"历史的人"更丰富更复杂更生动也更直观；不论历史剧与历史有着怎样千丝万缕的联系，但不同的质的规定性又使二者呈现出各自不同的"本体"形态。而在以"历史"为表现或反映对象的历史剧中，"戏剧本体"无疑将"历史本体"包容其间，也正是在这里，"戏剧本体"高于"历史本体"。

我们高兴地看到，李泽厚先生在其近著《历史本体论》中对"历史本体"作出了这样的界说："所谓'历史本体'，并不是某种抽象物体，不是理式、观念、绝对精神、意识形态等，它只是每个'活生生'的人（个体）的日常生活本身。但这'活生生'的个体的人总是出生、生活、生存在一定时空条件人的群体之中，总是'活在世上'，'与他人同在'。由此涉及了唯物史观的理论。""'我活着'，'我意识我活着'。整个'历史本体论'就归宿在这里。"① 这一界定，无疑为"戏剧本体"打开自己的"天地境界"或曰审美境界，提供了来自"历史本体"的有力声援！然而，李先生对"历史本体"直切本质的真实把握，在当下的历史研究中尚属一种理想状态。而他所呼唤的

---

① 李泽厚：《历史本体论》，生活·读书·新知三联书店 2002 年版，第 13 页。

"历史本体"得以归宿的"天地境界",及境界中的"命运偶然性、个体特异性、人的有限性、过失性和对它们的超越",恰恰能在历史剧之"戏剧本体"中得以真实体现和"充分绽出"!由此,我们在确定了历史剧之"戏剧本体"地位后,就可以切入历史剧的历史真实与艺术真实的关系问题了。

二、"历史真实"应服膺于"艺术真实"的建构

历史真实与艺术真实的长期纠葛与博弈,被有的论者认定为"循环论证",若确定二者是对等关系,则此论不无道理。但如前所述,历史剧中的"戏剧本体"对"历史本体"是一种吸纳式的包容关系而非对等关系(在"剧"中的不对等)。"剧"较之"史","剧"是涵容并重构"历史"的主体。同理,历史真实只有经由艺术真实的浑整形态体现出来。历史真实只是为艺术真实的建构提供"真实"的可资剪裁、提炼的创造依据。这两种"真实",位阶不同,因而不存在所谓"循环论证"的问题。

必须指出的是,把历史剧中的历史真实混同于艺术真实或把历史真实视为高于艺术真实的事却时有发生。获得茅盾文学奖的长篇历史小说《张居正》,竟被有的史家挑出了近百处有悖"史实"的"错误"。历史体裁的创作者们一不小心就会扣上一顶有违历史真实或"反历史"的帽子,令人莫可适从。目前历史学界的确有一种将历史"细碎化"、"碎片化"的倾向,如考证出"李白先后结了四次婚"、"孔子的身高2.21米,与姚明几乎一般高",等等①。如按照这些所谓的"历史真实"去要求并对照历史剧的创作,则扮演孔子的人非姚明莫属了,而扮演《法门众生相》中的太监刘瑾则断断不能由"花脸"行当来演了!殊不知,作为已被观众接纳的艺术形象,观众并不会去关心或追究人物的身高多少、声音是否"娘娘腔"这样一些琐碎的外在"真实",这即使作为一种"历史常识",在一种艺术氛围中,观众也是无意或无兴趣去接受的。相反,观众会从中不自觉地感受到一种更本质的真实,如孔子的"仁"、刘瑾的"奸"及其绽出的活生生的人物形象。

田汉先生在创作《关汉卿》时,几乎没有什么直接的历史资料,依据的只是关氏的十几部作品及其他零散材料。但由于作者对历史背景的深度把握、

① 陈香:《孔子2.21米比肩姚明?学者称警惕治史"狗仔化"》,载《中华读书报》2008年11月14日版。

对历史本质的深刻领悟以及对历史人物的深切关怀，并据此来营构自己的艺术真实，从而尽可能地反映出了那个时代的历史真实。即便如此，也有人指出《关汉卿》一剧的失"真"之处，指责其在元代人物身上使用了"吸烟"细节，而烟草"是明万历年间才从海外传入我国的"。对此，我觉得仍要从全剧的整体面貌来作判断——"吸烟"细节前置的人物对白是"不知哪一年能过上太平日子啊！／真有点累不起了，在这里抽一袋烟再走吧……"——作者要反映的历史真实，并不在于"吸烟"或那一年代是否已有了"烟草"，而在于反映底层民众面对天灾人祸生出的对太平年景的祈盼！一句"真有点累不起了"，既是对所处时代的不堪重负，也是具体情境中人物的疲乏之态，于是"吸烟"抑或是"喝茶"什么的，便成为"无奈中透一口气"的真实写照，是人物情态"对象化"了的真实！在这里，观众显然不会或不屑于关注"烟草是何时传入"这样碎片的真实，而是经由作者建构的艺术真实来感受一种历史氛围的整体真实。当然，一般情况下不必违背"历史常识"，但若是为了更高的艺术真实，完全可以如郭沫若先生所说的"失事求似"，失细枝末叶之"事"，求形神兼备之"似"，来达致表现历史本质的艺术真实，成功者如《关汉卿》这样的不朽名篇是也！

在这里，我们可以举一个戏剧之外的作品例子来加以佐证。前苏联画家苏里科夫的名画《近卫兵临刑的早晨》，如果按历史事件（行刑）发生的真实地点，是黑沼地而非红场，画家对这一"历史真实"是非常清楚的，而他甘冒被史家指责的风险，把行刑地点移到了红场。之所以这样做，是为了更有张力地反映俄国社会尖锐而紧张的时刻，两种不可调和力量的冲突。"红场上的'布景'帮助画家更深刻地揭示出人民与国家的执政者在彼得大帝时代复杂的形势下的矛盾。画家离开了具体的事实……然而，他不仅没有离开艺术的真实，而且形象地表现了历史事件的确切含义。"① 这是真正的历史理性在艺术中的真实体现！在这里，艺术的真实，蕴含并更有力度地表现了历史的本质真实。但若拿某些人的历史"望远镜"来看，则明显违背了历史事实而失"真"；若换一架科学的"显微镜"来看，则不过是无数"真实"的色斑而已。的确，一些非艺术的"深入观察"与较"真"，正在葬送审美的感觉，正在消解艺术真实赖以生存的审美品格。而"牛顿的彩虹和诗人的彩虹"完全是两种不同的观察方法的产物。在历史剧的创作中，我们不能被有违艺术规律

---

① ［苏联］鲍列夫：《美学》，中国文联出版社 1986 年版，第 251 页。

的东西，以其条条框框来"剪断天使的双翼"、"征服所有的神秘"、"拆散了彩虹"①!

此外，在历史剧的"真实"问题上，在历史体裁的创作中，通常会遇到这样一些诘难，如"在古人身上赋予了现代人的思想、行为、语言"而违背了历史真实。对此，也要作具体分析。管仲是齐国名相，在"朕即天下"（管仲所处时代帝王尚未用"朕"之称谓，在此只是借代使用）的封建王权统治下，他却把"君"与"国"分得很清，不肯"殉君"是因要"报国"，忠"国"而不忠"君"，这是古代人的思想？我看比现代人还"现代"!"行为"是人的行为，作为"类"的人完全可以推己及人包括推及古人，并在特定情境中"行为"之；"语言"现代与否，中国古典戏曲的丑角艺术，早已解决了这一问题，根据剧情的需要，"丑"行跳进跳出，说出很"现代"甚至时尚的语言，恐也无可厚非。其产生的"间离效果"，反而能让观众从其切中本质的"代言"中获得快感和真实感。张庚先生在《古为今用——历史剧的灵魂》②一文中，曾比较了取自同一历史题材的《三关摆宴》和《四郎探母》，两个剧目，写作年代不同，作者的思想倾向也不同，前者表现了国破家亡时的悲情大义；后者则弥漫着甘于被奴役的卑琐之情。这两种应时而作的写法，并没有视为"反历史"。我反倒认为，因其不同的艺术真实的表达，倒是更本质地传递出原题材所蕴含的历史丰富性以及不同写作年代的历史真实。我想，这或许是这两个剧目至今仍在扮演的一个内在原因。

由以上的分析不难看出，历史剧中的历史真实，与艺术真实既有联系，又有质的区别。历史真实是一种确定的真实。即确有其人、实有其事，而艺术真实是一种弗晰状态的真实，即"失事求似"、"离形得似"，是难以直接类比、须要意会通观的真实；历史真实是一种已然的真实，艺术真实则是一种可能状态的真实，是以有限的艺术时空创生无限可能性的天地人生境界的真实；历史真实是一种力求客观的真实，艺术真实则是具有主观规定性的真实，即更接近人本身的经验性真实，并以此照亮处于历史"幽暗之地"的心灵的真实；历史真实也常常表现为单一的真实，如评价某剧中某一点是否真实，而艺术真实则是一种浑成状态的真实，是吸收各种养分特别是历史的滋养而整体生发出的

---

① ［美］艾布拉姆斯：《镜与灯》，北京大学出版社 2004 年版，第 384 页。
② 张庚：《古为今用——历史剧的灵魂》，见《张庚文录》（第 3 卷），湖南文艺出版社 2003 年版，第 392 页。

真实。因此，历史剧中的艺术真实是一种自体性的真实，它以一种开放的动势，咀含、吸纳确定的已然的客观的历史真实，并以此审美地把握历史本体来构筑自己的真实世界。

三、通达艺术真实的审美途径

如前所述，历史真实是一种客观、已然的存在；而在历史剧的具体的创作过程中，艺术真实，较之前者是一种事后的存在，它要依赖艺术家的主体创造来加以构建和浑成；而这种主体创造，既离不开对象化的历史真实，更离不开有效的审美途径；否则就真的会失"真"，或只见历史之真而无艺术之真，或两种真实皆失。笔者以为，要审美地构筑历史剧的艺术真实，主要依赖于以下几种相辅相成的构造方式。

1. 努力营造真实的历史戏剧情境

历史学、考古学的研究中早已引入了"情境"理论，如历史生态学中的"情境"方法，考古学中的"评论的情境"等，意在还原真实的历史事件或器物所处的特定环境。而历史剧的"戏剧情境"则比其更丰富更直观更具冲突性，意在创造出"真实的（历史生活）幻觉"。较之前者的"配景"（连缀、合并、搭配），戏剧的情境设定，可以说是一种"造境"艺术。一方面，要造设真实的外部环境，以营造出真实的历史气息和特定的历史氛围；另一方面，又要造设真实的人际环境，即人物关系、人与人的冲突、心灵与心灵的撞碰包括心灵本身的分裂与矛盾，进而形成展示人物性格、命运、情感的生气灌注的艺术时空。在这一时空中，"戏剧艺术是普遍或局部的、永恒或暂时的约定俗成的东西的整体……给观众一种关于真实的幻觉"①。因此，好的历史剧的戏剧情境的营造，能将历史生活创化、完形为艺术真实的整体性呈现。

由于历史本身就处在一种矛盾运动状态，戏剧的"情境"刚好能据此引入一种"破坏性"的冲突因素，而使历史情境转化为真正的戏剧性"情境"。京剧《膏药章》如用纯粹的历史真实来要求，则很难站得住脚。但由于营造出了充满"真实幻觉"的喜剧情境，如破败的龙旗、倾斜的构件、森严的石狮等"不协调"的外部环境，据此传达出晚清将亡大厦将倾的真实的历史信

---

① ［法］萨塞：《戏剧美学初探》，载《西方剧论选》（下卷），北京广播学院出版社2003 年版，第 422 页。

息；并通过"破坏性"因素的引入——革命党要巧借膏药章来刺杀官府大臣。原本胆小怕事、安贫乐道、优哉游哉且自鸣得意的小人物膏药章就此卷入一场"革命"风潮中。没杀人却莫名其妙地成了杀人凶手。即至绑赴刑场，膏药章因害怕而瘫软，被人用箩筐抬着且歌且舞、且嗟且叹等一系列喜剧性场面的出现，乃至在感叹时运不济中唱出了"如今的物价随风涨"等间离性的无稽之叹……这一些并没让观众感到"不真实"，反而让人们在规定情境中真切地感受到了处于历史剧变期的小人物的悲怆、无奈和被揉搓的个人命运。

同样，京剧《廉史于成龙》的主人公为官十几年居然没能回一次家与妻子及家人团聚。仅就此而言，即使吻合历史实情，仍有不合情理、"高大全"之嫌。但由于很好地设定了戏剧情境——切近的民生疾苦、撞入眼帘的冤假错案、官员的强横腐败以及个人的囊中羞涩等一些"破坏性"因素的纷至沓来，才使这一人物真正"真实"起来、真实地"高大"起来，而观众更多的是体味到其内心世界的酸甜苦辣和悲悯之情才予以价值认同的。以上两剧，一谐一正，但皆因营造了真实而具体的规定情境，从而能化部分的"不合理"为整体的"可信"，是"可信的不合理"（亚里士多德语）。我想，这就是"情境"的力量，也是艺术真实的力量！

2. 倾力酿造真切的历史人生情感

情感的真实，是观众接纳艺术真实的重要表征。人之常情，古今相通。一部《四下河南》或是《秦香莲》，观众为何屡看不厌？盖因有情感的投射、情感的积淀、情感的互动，从而推人及己，唤起了自身深切的人生体验。观众总是同情弱者、同情美好、同情正义而投以终极情感的关切！冯友兰先生所说的"道德的抽象继承"，在历史剧中则要化为"情感的即时传递"，因为观众在看戏时，更多的是在"人同此情"的情感反应中去咀嚼道德意味的，更多的是在人物情感是否真实上作出价值判断。我们常常看到，台上呼天抢地，台下无动于衷。这首先得归结为情感的不真实，"强哭者，虽悲不哀"也。

我们欣喜地看到越剧《赵氏孤儿》在对历史人生情感的真切把握上，显出自身的独到之处。全剧超越了机械的道德"二元对立"模式，写程婴的"忠义"，并不简单忽略掉他的人生"情感"，或把这一"情感"理念化、抽象化，而是铺足垫稳，写足了他为"救孤"而换嫡子时强烈的情感矛盾和内心冲突，写出了数百婴儿将因此受戮的紧张情势。而这些，丝毫无损于程婴的"忠义"，反而让这"忠义"，在痛苦，两难中更显真实、更切近人本身、更富人间气息！同理，在"孤儿"得知真相而欲仗剑弑"父"时，面对这个养育了自己十六年并呵护有加的"父亲"竟又是杀死自己亲生父亲的仇人,他现出了片刻的不忍与犹疑……艺术家捕捉到的这种情感状态,是源自深切的人生体验,使之在复杂中透出单纯、在个别中体现普遍,从而更加切合人物此时此地的真实情感。假若没有这些笔触,人物都将会变成抽象的"道德"工具或"复仇"工具,沦为黑格尔所诟病的"抽象旨趣的人格化"产物,这也是艺术真实的本质规定性所忌惮的。

同样,越剧《西施归越》在对历史人生情感的体验与掘发上也作了有意味的探索。勾践"卧薪尝胆",送西施入吴而最终灭吴,西施竟怀孕归来,深爱着西施并盼其归来成婚的范蠡得知此情而陷入不堪重负的情感危机中,痛苦、愤懑、退缩、怜悯、谴责、自责、担忧,种种真人的情感以及人性的弱点,在这一特定情势中一一展露;勾践视西施为复国的英雄又耻于承认而不能见容之;而西施为复国,体现出伟大的牺牲精神,为孩子,又体现出真切的母爱和母性的尊严……经由深入历史人物的内心和深切的审美体验,酿造并催化出情感的复杂性、丰富性、真实性,以及情感的"分裂与矛盾",原本是戏剧艺术最能令人动容之处,然而,有批评者却将剧中的西施、勾践、范蠡分别误读为"荡妇"、"色狼"、"戴绿帽子"的小人。我想这既非作者原意也不符合实际的呈现状态。作者是希图在一种动态过程中来剖现历史人生所赋有的真切情感,并融入自己对历史人生的普遍旨趣的情感化思考。而这恰恰是吻合马克思主义的美学观点和历史观点的。因为,在历史唯物主义那里,"历史"并非时空范畴中的社会历史,而是把事物当做"过程"而非"实体"来理解的辩证思维方法。而历史剧作为一种"艺术的掌握"方式,也同样是把事物(如"卧薪尝胆")当做一种历史人生的情感"过程"来加以动态地展开的,而不是借此来描写"抽象"观念而成为被马克思所批评的"时代精神的单纯的传声筒"!唯此,才能真正体现历史人生的真切情感以及"经心灵观照过的真实"。

3. 着力塑造真实的历史人物性格

历史剧艺术直接关涉的就是"历史的人"及其所挟带的人类的普遍旨趣,并将其化为"有生命的实际存在"。沈从文先生先事文学,后"被迫"治史,正因为他的双重身份,使他认识到,历史研究不止于文物、文献,还要有形象。因此,当他面对那些"坛坛罐罐"发出的"历史信息"时,似乎感到了"人的体温",看到的是活跃的人间生命!这些文物"不仅连接着生死,也融洽了人生"。这当是一个一身二任的有良知的学者的大智慧大悲慨!我在前所述及的那篇谈历史剧的文章中，也曾提及沈从文先生，也谈到过"首先要理解和同情你笔下的历史人物才能塑造出有血有肉的人物形象来"，这一观点，无独有偶，早就有史家声言要对历史人物充满"同情的了解"并以此作为历史主义的治史方法之一，史家如此，况艺术乎①！

我们在评剧《帘卷西风》（改编自孙德民同名话剧）的创作中，没有简单地接受对慈禧这一人物"盖棺论定"的历史评价，而是紧扣一个 27 岁的有着特殊身份的年轻女性来进行"这一个"的性格塑造。既写出了她的精明强干和强悍的一面，又注意到她忍辱负重的一面；既写出了她渴望宠幸的小女子心态，又写出了她的冷峻肃杀；既写出了她的野心，又写出了她身处险恶环境中的"平常心"；既写出了她在政变得逞后的踌躇满志，又写出了她的内心虚弱与后怕；并据此性格预示出一个原本正常的女人，注定要将自己终身放逐在政治旋涡中而没有归路的命运走向。剧中有一个慈禧为取悦于慈安太后竟割下臂肉作药引的情节，若究其历史真实，恐难令人置信，但在其身处险境而又图谋战胜"八大臣"的特定时刻，此举将其野心、机心、无奈之心、委屈之心，一并毕现而闪射出"有体温"的性格锋芒。

昆剧《公孙子都》取材于较为平面的《伐子都》，但由于对历史人物充满了"同情的了解"和对人物内心世界的深切体验和审美观照，而使公孙子都这一人物性格大放异彩。全剧充满了人物的心灵挣扎、灵魂拷问、身体扭曲等富于张力的戏剧场面，子都刚愎、自恋、狭隘而不乏英雄气的性格质素，使其最终成为席勒所说的"自我惩罚"的悲剧英雄。由此表达出了一种历史人生的普遍情状，即每个人都得面对自己的良知，面对自己选择或被迫接受的命运，面对时间的严酷淘洗……这是历史的本质真实在人物身上的具体体现。因此，子都的性格塑造抵达到历史心灵的幽暗之地，并使其宛若重生，从而给人以"体温"般的艺术真实。

综上所述，我们在历史剧的创作中，只要真正确立了戏剧的本体地位，历史真实与艺术真实长期的纠结与龃龉，就会因其位阶不同而得以消解；艺术真实是依据着并涵容了历史真实的一种更浑整、更澄明、更直观的自成体系的真实，是一种基于历史、高于历史、又显在于历史的真实，也是观众真正得以接受到的真实。观众会从此"真实"中，感受到历史律动的真实质地，但那是经由艺术真实生成出的一种历史质感！而要真正建构出令"历史"服膺也令

---

① 黄进兴：《历史主义与历史理论》，陕西师范大学出版社 2002 年版，第 21 页。

观众信服的艺术真实，只有通过情境的营造、情感的酿造、性格的塑造等一系列的审美创造活动，才能达致"天地境界"并于此境界的"当下"情态中，掘发并照亮被历史湮尘遮蔽了的无数灵性生命的人性的真实、形象的真实乃至历史本质的真实！

（作者单位：湖北省艺术研究所）

论"一剧之本"与"无本之戏"

张 蕾

20世纪初期，王国维的戏曲研究开创了学者对中国传统戏曲进行学理性研究的先河。当戏曲成为了学术研究的对象，首先被关注的必然大多是有文字记载的汉族城市文人的创作剧本。于是，长期以来，剧作家和剧本研究成了戏曲研究的唯一思路，文人创作的元杂剧和明清传奇被直接等同于中国传统戏曲。幸运的是，一度被忽略的民间戏曲潜流，随着研究方法的更新和研究视野的开拓，在21世纪以来开始不断受到学者的关注。一系列戏曲文物的发掘和新的理论视角的提出，促使研究者开始重新思考传统戏曲的发展脉络及其美学本质。非物质文化遗产保护概念的提出，推动学界开始重估民间戏曲的价值：即将其视为一种由民众创造、传承、共享的民族文化财富。同时，戏曲演出形态研究开始代替传统的作家作品研究，并逐渐成为学术研究的新宠。以至于原来一些被认为是某剧作家创作的剧本，也被发现其实很大程度上是经过了戏曲艺人的改编才得以流传的，也就是所谓的"演出本"。此外，更多地方戏剧目，甚至都没有固定的剧本，大量的"无本之戏"常年活跃在民间舞台上。那么，没有剧本或者说不一定先有固定剧本的中国"戏"，究竟是如何成为可能的呢？本文试图回答这一问题。

一、对"一剧之本"的质疑

曾有学者无不惋惜地感慨道："我国传统戏曲是重文学性的，但到了近代，或者说昆曲衰微以后我国戏曲史似乎进入了一个不重文学、没有剧作家的时代。"持此论断的学者们基本都同意这一点：戏剧具有文学性是应有之义，文学性是戏剧理所应当的特质、乃至本质，即所谓"脑袋——戏剧核心精神或曰戏剧之魂"①。那么，戏剧是否属于文学范畴？剧本是不是文学作品？"戏剧文学"这一概念的命名是否具有合理性，如果合理，它内在的逻辑是怎样的？笔者以为，戏剧艺术首先是一种独立的艺术种类，并不隶属于文学范畴。其次，凡被纳入文学作品行列进行研究的剧本，在某种程度上来说，已经丧失了它在戏剧艺术中的价值和功能，而是作为一种与小说、诗歌、散文等并列的，具有特殊形式和内质要求的文学题材而存在，或可被称为戏剧体的文学作品。最后，"戏剧文学"这一概念的内涵和外延都缺乏明确规定性、对它的定义和评价尚需进一步探讨。"戏剧文学"不等同于"戏曲文学"，"戏剧研究"也不同于"戏曲研究"，这两组概念不能简单地画上等号。

尽管如此，当今戏曲演艺界却日益表现出对剧本无以复加的重视和渴求。究其原因，一方面恐怕仍然是深受西方传统话剧理论的影响，受"一剧之本"观念的影响。这里强调"西方传统话剧理论"乃是因为，西方话剧重视剧本、重视文学性和思想性的特点，在 20 世纪以来已经受到了新的戏剧观的挑战。从梅耶荷德开始，西方戏剧界越来越意识到自身表现力的不足转而向以中国戏曲为代表的东方戏剧取经。中国戏曲依靠演员深厚的、强烈的艺术表现力所带给西方戏剧界的震撼，也引起了他们对戏剧本质的重新思考②。另一方面，过分看重并依赖舞美、灯光的作用，先是限制了老一代优秀演员表演技艺的发挥，后又抑制了新一代演员刻苦练习基本功的积极性。于是，在没有成熟、优秀的演员时，便只能依靠名编剧、名导演来吸引观众，用现代灯光和音响技术来掩盖演员表演的不足。这样，演员便失去了提高表演技术水平的压力和动力。而没有出色的演员，仅凭普通演员的普通表演，却很难使一出剧"立起来"，根本不能吸引观众，于是又反过来只得更加依赖于故事和舞美。这样便成一个恶性循环，不仅严重破坏了剧目创作和市场演出的平衡发展，而且不利于对新观众群体的培养。这种恶性循环如果持续下去，就会形成戏曲艺术的"伪传统"，使得演员和观众都习惯于大主题、大制作舞台作品。也就是说，当前戏曲演艺界对"剧本"的渴求与重视，在某种程度上已经不再是初始意义上，因追求戏曲的"文学性"和"思想性"所做的主动的努力，而成为一种无奈之举，仅仅是为了弥补因演员表演技艺不足而使戏曲缺乏观赏性的

---

① 董健：《呼唤戏曲文学性的回归——〈宋词剧作选〉·序》，载《艺术百家》1998年第 1 期。

② 邹元江：《戏剧"怎是"讲演录》，湖南教育出版社 2007 年版。

缺憾。

当然，在当前的戏曲舞台作品创作模式之下，在缺乏足够优秀而具有天才创造力的演员的现实之下，"好剧本"仍然是创作优秀剧目的主要依赖。寄希望于出现一批合适的"戏曲剧本"来延续戏曲的生命、满足市场的需要、暂时稳住观众也是可以理解的。但毕竟这并非治根治本的长久之计。"正本清源"，回归戏曲艺术的本体，才是发展戏曲的根本途径。让我们回到传统戏曲"剧本"来分析。从创作模式角度出发，可将传统戏曲分为两类：一是文人创作剧本，经艺人改编后搬上舞台；二是"以演员为主体，用'条纲'划定框架即可演出"①。前一种创作因为文人的身份优势，其"剧本"能够很好保存下来并为后世所见，从而成为传统戏曲研究的重点，其历史价值主要在于所谓的"文学性"和"思想性"。但是，由于长期以来我国古代特殊文化环境制约，戏曲作为一种民间技艺，其本身很难进入正统的历史记载，而其中能够以文字形式流传下来的剧本少之又少。而知名文人创作的作品，较之民间戏曲却更容易被关注并记录下来。这便很容易导致一种认识的误区，即认为我国戏曲的传统和正宗就是文人创作剧。但事实上，"在汉族城市戏曲的明河之外"、在上层文人创作剧目之外，还"存在着一条农村戏剧的潜流"②。这是一条完全不同于都市文人戏剧的洪流，也是中国戏曲的生命之流。在这条传承血脉中，演员才是核心，表演才是本质。

二、"无本之戏"何以成为可能

从源自西方传统戏剧理论的"一剧之本"的观点看来，没有剧本，不能演戏；没有剧本，不能传戏。但我国的传统戏剧，不依赖于文字形态的剧本，视演员为戏剧创作、传承的核心，没有剧本、或者说不需要先有固定剧本，仍然创造出了大量的优秀剧目。这些优秀作品，不依赖于文字创作、文本记录，直接付诸舞台实践，凭借演员出色的技艺表演而完成，并且能够被世代传承，笔者将其称为"无本之戏"。其实，已有众多学者从不同途径出发，分析论证了这样一个事实：即没有先在的、成熟的、完整的、具有高度文学性和思想性

---

① 马志：《浅论戏曲剧本与戏曲舞台的关系》，载《剧作家》2007 年第 2 期。
② 康保成：《回归案头——关于古代戏曲文学研究的构想》，载《文学遗产》2004 年第 1 期。

的剧本，中国戏曲仍然成就了自身的辉煌，其中原因何在？即为什么我国传统戏剧能够不依赖剧本进行创作，并且得以传承？

想要理解"无本之戏"得以成为可能的原因，首先要明确所谓"剧本"，对中国传统戏曲究竟有何种意义？这种意义与西方传统戏剧理论中对剧本的重视有何不同？早在半个多世纪以前，焦菊隐就曾回答了这一问题："欧洲戏剧发展规律是：时代的美学观点支配着剧本写作形式，剧本写作形式，又在主要地支配着表演形式。戏曲却是时代的美学观点支配着表演形式，表演形式主要地支配着剧本写作形式。"① 此外，陈多也曾指出："传统戏曲剧目通行的主要创作方法，不是先有剧作者写出排练、演出用的'一度创作'，不是先有了它才产生'二度创作'的演出。与此相反，在这里，大多数'剧本'只是民间演剧的产物，演员演出的记录。"② 以上两位先生的观点总结起来主要说明了以下三点：首先，戏曲剧本的写作形式及美学风格受到舞台表演的影响和制约；其次，戏曲剧本是为舞台演出服务的，是戏曲剧目整体创作的一部分；最后，戏曲剧本，可以是表演之前的"草稿"，也可以是演出之后的"记录"。总而言之，是舞台演出的"附件"。也就是说，戏曲是以最终的舞台呈现为根本目的的，舞台演出又以满足观众的审美娱乐需求为宗旨，观众欣赏的则是舞台上的"舞容歌声"。因此，演员的技艺表演是戏曲艺术最直接、也是最重要的创作媒介，演员以肢体表演直接进行艺术创作。

明确了这一点，让我们再从剧目创作和传承两个层面出发，回答本文提出的主要问题："无本之戏"究竟如何成为可能？

戏曲剧目创作包含着编写故事和设定技艺两方面内容。就故事编写而言，大家更为熟悉的，是以梅兰芳的剧目创作模式为代表的"攒戏"的方式。古典传奇强调"无奇不传"，现代戏剧注重"悬念"，而"攒戏"模式正是集合了众人的智慧来设计巧妙的情节，并且大大提高了创作效率。这一模式的形成和完善，使戏曲创作的故事编写问题得以解决。除了"攒戏"，传统戏曲剧目的故事还有一个重要的来源，就是已有的经典故事母题，并且往往来自说唱艺术，甚或其他剧种。众所周知，戏曲的成熟和完善得益于唱讲文学提供的足够多的、情节足够丰富的故事本事，当前许多盛行的传统戏剧目，都和唱讲文学

---

① 焦菊隐：《〈武则天〉导演手记》，载《焦菊隐戏剧论文集》，上海文艺出版社 1979 年版，第 52 页。

② 陈多：《〈白兔记〉和由它引起的一些思考》，载《艺术百家》1997 年第 2 期。

有很大的关联。由于说唱文本本身就是"从无数艺人的口中产生的'口头创作'的阶段成果"①。那么，既然在唱讲文学内部，都允许艺人对底本进行口头的即兴创作，当它转为另一种形式不同却拥有同样的"表演"本质的艺术时，这种被实践证明极富创造力和实用性的创作方式自然毫无疑问地会被继承下来。以经典传统剧目《二进宫》为例，有学者对该剧的故事来源进行分析，指出其源自鼓词《香莲帕》，但同时却又指出两个故事文本之间存在着"缺环"②。其实，这一"缺环"的填补完善，恰恰是戏曲艺人在实践过程中，口头创作"改编"的功劳。也就是说，"攒戏"、"改编"的双保险保证了戏曲源源不断的故事题材来源。有了故事，就不怕没"戏"。

但是，对一个优秀的剧目来说，只有故事是不够的，还需要"艺"，即演员高度技艺化的表演。对观众来说，他们对戏曲的审美需求是，"既要看戏，又要看艺"③。经由"攒戏"、"改编"而出的故事，还有一步重要任务，就是嵌入演员的技艺展示。所谓"艺"，应包含两方面的内容，一是灵活演绎故事，在舞台演出过程进行口头创作的能力；二是基于深厚的童子功基础之上，通过"手、眼、身、法、步"进行的技艺展示。所谓"口头创作"，在传统戏曲中主要以"幕表戏"和"活口"的形式体现出来，如在幕表戏演出时，演员依照故事情节大纲，依靠自身的积累和临场发挥完成唱段和念白，并以各种技艺化的表演丰富演出。而丑行的"活口"，则是优秀的演员在舞台上灵光一现的神来之语。"艺"对戏剧剧目创作的意义，是远远高于"故事"的。"幕表戏"得以成为可能、"活口"能够发挥意想不到的审美效果，都是依赖于演员在丰富舞台经验基础之上的强大创造力，这也正是"无本之戏"得以成为可能的根本原因之一。

"幕表制"要求演员有超强的记忆能力、"活口"要求有天才的创造力，所谓"童子功"，则只能来自于长期的艰苦训练。戏曲表演的"功夫"也有两个层面的含义，一是各个行当的基本技法，一是演员个人的个性化技艺。演员从开始接受戏曲教育起，就按照各种具体的要求进行练习，即所谓"练功"。等到演员的"功夫"达到自己所属行当的基本要求以后，就需要提升至更高

---

① 段宝林：《曲艺特性初探》，中国曲艺出版社 1989 年版，第 48、49 页。

② 周靖波：《曲式的解放与戏剧性的增强—京剧〈大·二·探〉文本分析》，载戏剧研究网，2007 年 8 月 29 日。

③ 赵山林：《戏曲观众的心理定势》，载《戏曲考论》，上海百家出版社 2008 年版，第 331 页。

的层次，即演员个人的"个性化"技艺。这种"个性化"的技艺是在行当基本技法要求的范围内更具高难度、更精致化、更具灵动性的"功夫"。达到行当基本技法的要求，可以保证一个演员把戏演"对"、保证一个剧团把戏演"完"，但能不能演"好"则取决于演员在"童子功"的基础上能不能不断精进，且按照自身的优势练就成更富个性魅力的"功夫"。因此，"高度技艺化、繁难化的童子功"①。本身足以成为艺术欣赏的对象，没有优秀"剧本"预先设定的完善、成熟的文本故事和深刻的思想内涵，传统戏曲仍然创造出了无数成功的剧目。

剧目传承是一个十分复杂的问题，在过去很长一段时间，我们只关注戏曲文本材料的传播、继承，而忽略了舞台演出形态的传承、演变。随着大量戏曲剧种被列入非物质文化遗产保护名录，非物质文化遗产学对非物质文化遗产"传承性、社会性、无形性、多元性和活态性"的重视②，为我们认识传统戏曲的传承和发展提供了新的有益视角。从客观、真实的民间演剧生态出发，窥探戏曲剧目传承的规律和特点，可以帮助我们理解大量"无本之戏"得以世代传承的根本原因。

仅以笔者对陕西省宝鸡市新声剧团演出剧目的调查分析结果为例，该团主要演出剧目均以讲述男性人物的英雄故事为主，这一特点的形成，一方面是由该团演员行当分布和演出实力决定的；另一方面，当地观众对秦腔艺术舞台演出的审美需求也对其产生着重要的影响。而这两方面的因素归根结底都符合秦腔的表演艺术特点和规律。也就是说，由于须生行当更能集中体现秦腔的艺术魅力，因此，广大观众对以须生为主要角色的剧目保持着持久的兴趣和关注，而剧团为了满足观众的这一审美需求，必然从演员培养、剧目编排等方面进行调整。同样，宝鸡地区其他秦腔剧团也根据自身的演员行当分布、表演风格，形成了各自独有的剧目创作的标准和尺度，相同的剧目在不同的剧团有不同的演法，也就形成了不同版本的"剧本"③。

就传承、流播方式而言，传统的"无本之戏"主要是通过师徒之间的口

---

① 邹元江：《中西戏剧审美陌生化思维研究》，人民出版社 2009 年版，第 337~338 页。

② 宋俊华：《非物质文化遗产特征刍议》，载《江西社会科学》2006 年第 1 期。

③ 笔者于 2009 年 2 月开始，对陕西省宝鸡市新声剧团进行了长期的跟踪调查，文中所有涉及该团信息以及有关的秦腔民间演出情况，均为笔者在田野调查基础上的分析研究结果，特此说明。

传心授，同行之间的口耳相传得以实现的，文字剧本对剧目传承、流播所起的作用是十分有限的。传统剧目在舞台上的流失，往往是因为缺少优秀演员或者行当齐全的演出团体而无法上演。笔者调查了解到，许多秦腔传统剧目中的特技表演，虽然通过老艺人、老观众的回忆在理论上可以"还原"，但没有一定功底的演员，却无法在实际演出中实现，以这些特技表演为主要"看点"剧目也就因此而失传。总体来说，戏曲剧目的传承一方面依赖于观众的审美需求，另一方面则是由于，传统戏曲的传承并不依赖于文字形态的剧本，而是凭借演员代际直接的口传心授、口耳相传，同时也受制于演员对表演技艺的实际继承、掌握情况。这是"无本之戏"能够被世代传承的根本原因。

三、结　语

总之，传统戏曲中，剧本的作用和意义十分有限，最多只是为演员表演提供平台、为舞台演出提供一个故事蓝本而已。没有成熟的、完整的、严格意义上的"一剧之本"，作为"无本之戏"的中国传统戏剧仍然创造出了辉煌的历史。其中最主要的原因在于：中国戏曲永远都是"场上之曲"，戏曲剧目的创作主要依靠演员扎实的童子功基础、高度技艺化的舞台表演和天才的临场创造力为主要手段。此外，更以口传心授、口耳相传为主要传承、流播方式。如果说，一个好故事是一出好戏上演的平台，演员扎实而绝美的"功夫"展示，才是戏曲在其故事载体之上，灼灼盛开着的最夺目的花朵。这"功夫之花"是如此绚烂，使得它成为戏曲魅力的重要源泉，成为"无本之戏"能够带给观众绝妙的审美体验的关键之所在，也是"无本之戏"能够成为优秀舞台艺术作品的根基之所在。

"无本之戏"得以成为可能，并且创造出精彩非凡的艺术成就，本应当是中国戏剧的骄傲。如今，这种包含了强大创造力的创作模式和孕育着顽强生命力的传承方式，却只在民间演剧中有所保存。民间戏曲延续着我国戏曲艺术的精神血脉，承担着戏曲传统继承和发扬的星星之火。追寻"无本之戏"的力量源泉，大大有益于我们对今后中国戏曲前进路上的探索。

（作者单位：中山大学）

抗日战争时期的儿童戏剧活动及其当代启示

黄李娜

中国的儿童剧①发展经历了九十多年的历史，从黎锦晖的儿童歌舞剧算起，儿童戏剧真正为团结群众、打击敌人开始自己的战斗历程，应该说是从抗日救亡运动开始的。在抗战期间，儿童戏剧的创作剧目之多，参演人数之多，儿童剧团之多，演出范围之广令我们叹为观止。其创作和上演方式也给我们当代的儿童剧提供了不少很好的启示。

一、抗日战争时期儿童剧的创作方式

儿童剧的创作方式大致可以包括编剧对故事题材的整体性把握和导演对儿童剧的整体性设计。鉴于战争期间的特殊情况，在此只能对前者作出一番梳理。

1. 通过创作活动宣扬儿童观念

进步的知识分子参与儿童剧的创作，宣扬他们的儿童教育观念，唤起民众对儿童的重视是这一时期儿童剧创作的一个特点。

叶圣陶是我国著名的文学家、教育家，他于1931年创作了儿童历史剧《西门豹治邺》和《木兰从军》，之后又与何明斋合写了儿童歌舞剧《蜜蜂》和《风浪》。这位曾经做过小学教师的新文化运动主将几乎在他创作第一篇小说的同时，就开始为孩子们创作童话和儿童戏剧作品。在他的作品中浸透着他对儿童的理解和关爱。他认为，孩子开始走进这五光十色的世界，当他们以好奇的眼光观察这个世界，希望认识这个世界的时候，是需要家长、教师和作家的引导和指点，教会他们应该怎样认识生活、理解生活的。叶圣陶的作品努力

---

① 儿童剧是指以儿童为主要受众的电影、电视剧、广播剧、舞台剧。这里是指儿童舞台剧，也称儿童戏剧。

把孩子们引到一个爱、美、善的理想世界里①。

1937 年，熊佛西②创作了四幕儿童剧《儿童世界》，并于次年的儿童节在成都公演。这是一部充满高昂战斗色彩、鼓舞人心的儿童宣言。序幕一拉开，作者便安排了"张老师"一大段热情激昂的开场白，直接阐明了"儿童是未来世界的主人翁，是明日国家的栋梁"。并将世界的纷乱、中国的衰弱归结为"没有重视他们（儿童）的幸福，忽略了他们的健康，忽略了他们的教养"。为此，他呼吁，无论处于何种境遇，都"应该给他们（儿童）丰富的营养，给他们完美的教育，给他们美满的环境，尽量地设法满足他们的需要……循循善诱为他们树立好榜样"。在"张老师"看来，儿童"好比是含苞待放的鲜花"，"好比是一群白鸽"，他们"有圣洁的心，有天使的行动，有活跃的精神，有伟大无限的前程。要完成国家建设、达到世界大同，今后只有靠儿童"。最后，"张老师"强调社会各界除了要肩负起指导教养儿童的责任外，还要加紧培养他们的抗战意识。在这里，"张老师"的宣讲实际上是包括作者在内的众多进步人士对身处苦难境遇中的儿童应有态度的淋漓表白。作者借"张老师"之口点明了时代的要旨，强调了儿童的重要性③。

董林肯④是一位成绩卓著的剧作家和组织家。董林肯的儿童教育观更多地体现在他的戏剧活动中。1947 年，他在上海创办了立化出版社。"立化"，意即"教育立体化"。这是一家专门出版儿童戏剧的出版社。在创办到停办的七八年间，共出版儿童戏剧剧本丛书 14 种，儿童图画故事 6 种。1949 年 3 月 20 日，上海一家名为《儿童问题丛刊》的杂志社，曾召开过一个儿童读物座谈会。会上董林肯比较详尽地论述了他关于"教育立体化，教师舞台化，教材戏剧化"的构想。他注重从儿童的年龄特点和特殊的审美心理出发，来强调直观形象在教育中的重要作用。他认为将教育立体化，便于儿童更好地接受书

---

① 李涵：《中国儿童戏剧史》，中国戏剧出版社 2003 年版，第 16～17 页。
② 熊佛西（1900—1965），原名福禧，谱名金润，字化侬，笔名戏子。戏剧教育家、剧作家，江西丰城人。有剧作《一片爱国心》、《王三》、《上海滩的春天》，论著《佛西论剧》、《写作原理》等。
③ 李涵：《中国儿童戏剧史》，中国戏剧出版社 2003 年版，第 19～20 页。
④ 董林肯创作了很多儿童剧作品如《小主人》、《小间谍》等，并于 1939 年创办了昆明儿童剧团，但是由于种种原因，昆明儿童剧团于 1940 年解散。他的儿童教育观念主要体现在他的儿童戏剧出版活动中，虽然这已经是抗日战争结束后的事情，但是笔者认为这是他抗战时期儿童剧精神的延续。

本知识，也有利于他们各方面知识的拓展①。

2. 通过现实题材宣传抗日精神

这一时期的儿童剧作品大多通过现实题材的创作，真实地再现儿童的苦难生活，激起人们对外国侵略者的强烈愤慨，达到宣传抗日的目的。

1933 年，于伶创作了现实题材的独幕剧《蹄下》。这是一出描写上海"法租界"里法兰西巡捕踢死剃头店学徒高丫头的惨剧。在剧中我们看到，在那云障雾遮的岁月里，儿童不但得不到正常的教育，享受不到童年的快乐，而且连最起码的生活保障也无法得到。高丫头子、大萝卜、小狗子、阿宝小小年纪就为了生存而奔波。他们都是底层社会的学徒，举止言谈粗俗，像小大人似的计算着生计。因为怕挨师傅的毒打和虐待，相互争着"抢生意"。主人公高丫头子捧着胸部咳嗽，因为咳得很凶，瘦黑的脸颊震得通红。她的境遇是："我家师傅花了钱给我领了照会，还跟你们一样做不到生意，才打得厉害呢！打了还不算，跪在地上不许吃饭，不许睡，还……"真是苦不堪言。这些孩子除了受剥削阶级的摧残，还遭到租界外国人的欺凌。可怜的孩子犹如无辜的羔羊任人宰割。当剧情进入高潮时，富有正义感的中国人的情绪也高涨了：难道中国的少年儿童就这样被作贱下去吗？外国殖民主义侵略者就这样无法无天了吗？作家怀着强烈的悲愤和社会责任感，以冷静客观的现实主义笔触，通过活生生的形象，发出了激愤人心的呼号。《蹄下》是"九·一八"事变后带有鲜明政治倾向的一部儿童剧作，它鲜明地体现了儿童戏剧的时代性和战斗性②。

石凌鹤是我国现代一位卓有建树的戏剧家。他于 1939 年创作了我国第一部大型儿童话剧作品《乐园进行曲》。其时正值第二次国共合作时期，而国民党业已掀起了第一次反共高潮。这部作品以抗日战争的严酷现实为背景，通过一批苦难的孩童在斗争中成长的历程，从一个侧面反映了中国人民在中国共产党领导下高涨的抗战热情，巧妙地揭露和抨击了国民党消极抗日的面目，以及残害儿童的行径。作品气势恢弘，所塑造的人物个性比较鲜明，对现实生活的反映有一定的深度③。

在这一时期，涌现出了很多优秀的作品，如陈白尘的《两个孩子》、《一个孩子的梦》，姚时晓的《在炮火中》，董林肯的《表》、《凸凸大王》，莫耶

---

① 李涵：《儿童戏剧艺术的魅力》，中国戏剧出版社 1997 年版，第 24~27 页。

② 李涵：《中国儿童戏剧史》，中国戏剧出版社 2003 年版，第 18~19 页。

③ 李涵：《中国儿童戏剧史》，中国戏剧出版社 2003 年版，第 36~37 页。

的《荒村之夜》等作品，这些作品大多运用现实题材进行创作，作品中折射出儿童生活的苦难，激发民众的抗日热情。

二、抗日战争时期儿童剧的上演方式

戏剧的上演方式主要包括演出的形式、新剧目的宣传方式和剧团的运营方式等。这里主要是指演出的形式。

1. 灵活多变的演出形式

抗日战争时期的儿童剧除了少数以"阵地战"的形式演出外，更多的则是以"游击战"的形式上演的。他们走到哪儿演到哪儿，戏剧成为团结民众、宣传抗日、振奋民族士气的强有力的手段。以孩子剧团为例：他们离开上海后，走到哪儿就演到哪儿。1939 年 4 月，孩子剧团在重庆分成两队后，用两年多的时间，在川东、川南近三十个县，举行巡回演出，平均两天中要演出两三场。每场观众少则几十人、几百人，多则千把人，几千人。它历经苏、豫、鄂、湘、桂、黔、川七省的许多城镇乡村，行程两万多里①。

再如，1937 年 9 月 3 日诞生的厦门儿童救亡剧团，在它成立之初就投入了抗日救亡运动。先后在鼓浪屿鹭江戏院、厦门南星戏院演出《在炮火中》、《古庙钟声》等抗日救亡剧，在街头演出《放下鞭子》、《打回老家去》、《小英雄》等街头剧。在大街小巷教唱救亡歌曲，激发广大群众的抗日爱国热情，在厦门地区引起了很大的反响。1938 年 5 月 13 日厦门沦陷后，厦门儿童救亡剧团从漳州出发，经漳浦、云霄、诏安进入广东汕头，随后由潮州、惠州，历时 3 个月抵达广州。他们边走边宣传，每到一地，不顾旅途劳顿，便作街头漫画，张贴标语，演出街头剧，向广大群众控诉日军的暴行，激发沿途群众的民族义愤。据不完全统计，厦门儿童救亡剧团从漳州到广州的 3 个多月时间里，进行街头宣传 35 次，听众约 1.5 万人；歌咏巡行 14 次，影响群众 20 余万人；参加各界欢迎会及联谊会 87 次，与会者共 8 千余人；正式公演 21 次，观众约 2.6 万余人；户外演出 24 次，观众 5 千余人②。

抗日战争期间涌现出的儿童剧团就像一支支小生力军，大多远离亲人故土，忍受重重苦难艰危，以集体的力量，到处演出，用一切他们能拿得起的文

---

① 李涵：《中国儿童戏剧史》，中国戏剧出版社 2003 年版，第 48 页。
② 刘正英：《一支出色的抗日宣传队》，载《福建党史月刊》1995 年 6 月刊。

艺武器宣传抗日。

2. 各具特色的剧团演出

据统计，从抗战开始到抗战胜利，共有 160 多个儿童剧团，儿童剧团的演出活动由于其各种条件相异而各有特色，其中最有影响的是孩子剧团、新安旅行剧团和昆明儿童剧团。

孩子剧团是于 1937 年 9 月 3 日在上海成立的一个从事抗日救亡宣传活动的儿童团体。在上海沦陷以前，它按照中国共产党的指示，在共产党员的带领下，转移到武汉。在武汉撤退前夕，又从武汉出发，经长沙、桂林、贵阳转到重庆。在 5 年时间里，剧团经历了千辛万苦，克服了重重困难，为抗日救亡运动作出了贡献。虽然这个剧团存在的时间只有五年，参加的人数从最初的二十余人起，进进出出，前后加在一起不过 110 余人，他们中年龄最小的只有 8 岁，大的也不过 16 岁，但它是正式打出儿童戏剧旗号的专业剧团，并以其艺术成就获得戏剧界高度赞扬和社会承认。孩子剧团一直以演儿童话剧为主，以歌咏、舞蹈、演唱及书画木刻展览等宣传手段为辅[1]。

1938 年 5 月，孩子剧团在武汉接受了第三厅收编以后，结束了动荡不安、没有保障的生活。据许翰如回忆："我们每天早晨是早操，练音和早会；上午是上课，读书；下午就是工作，或者排戏，或者演戏，或者练歌，或者做其他的事情；晚上就开小组会，做日记，9 点钟睡觉……洪深、石凌鹤、马彦祥、应云卫给我们讲授戏剧理论、导演、表演、化妆、舞台美术等方面的基本知识……我们排演的第一个独幕剧《放下你的鞭子》就是请吴雪同志来帮忙排的。后来，在戏剧界老前辈的辅导下，先后排演出了《红丹胡子》、《捉汉奸》、《街头》以及由我新编的儿童独幕话剧《帮助咱们的游击队》和儿童哑剧《不愿意做奴隶的孩子们》、《团结起来》……我们在汉口青年会第一次演出《捉汉奸》、《帮助咱们的游击队》、《街头》等几个儿童剧，就受到群众的热烈欢迎……"[2] 由此看出，孩子剧团的特色与指导他们的戏剧界老前辈不无关系。

皖南事变以后，国民党顽固派反共活动愈来愈嚣张，孩子剧团逐步受到限制、迫害、摧残，最终被迫解散。

新安旅行剧团（简称"新旅"）从 1935 年成立到 1952 年结束，前后共经

---

① 李涵：《中国儿童戏剧史》，中国戏剧出版社 2003 年版，第 43 页。

② 雷正先：《蜚声中外的孩子剧团》，载《湖北文史资料》1995 年 3 月刊。

历了 17 年。较之孩子剧团，"新旅"更注重发起中国儿童运动，争取儿童应有的生存权、受教育权，发挥儿童力量，组织儿童帮助大人抗战。在抗战期间，他们通过放抗战电影、教唱救亡歌曲、讲演、推销进步书刊、开座谈会等多种方式，宣传党的团结抗战主张。他们又以主要力量组织了许多工作队到各县、区去，组织儿童团，培训儿童团干部，组织儿童歌咏队宣传队，到集镇宣传、慰问新四军，组织儿童团帮助大人站岗放哨查坏人……陈毅曾风趣地说："新四军愿意用消灭敌人（的方式）同'新旅'组织儿童团来竞争。"这个时期，"新旅"先后编辑出版了《儿童生活》、《儿童画报》、《每月新歌》等刊物，其中《儿童生活》、《儿童画报》是敌后根据地的第一个儿童刊物。"新旅"还有一个与孩子剧团不同的特点在于擅长歌舞剧表演。这也是自始至终贯穿于"新旅"前后的传统特色。在精彩纷呈的歌舞节目里，涉及儿童戏剧体裁的有童话歌舞剧《春的消息》、歌舞剧《四姐妹拜年》、《小放羊》，舞剧《虎爷》、《打倒日本升平舞》等。其中，《春的消息》每次演出都取得了很好的效果，它成为"新旅"演得最多的节目之一。而 1940 年演出的大型舞剧《虎爷》，则是我国第一部完整的大型舞剧，已经载入我国舞蹈发展史册。另外，歌舞剧《打倒日本升平舞》还将"新旅"的名声带到了国际舞台①。

昆明儿童剧团是 1939 年在董林肯的倡导下在上海成立的。最初由 30 多位同济大学的学生及个别联大学生组成，团址在省民教馆（文庙）里。在接下来的日子里，董林肯领着这班"大朋友"分头到全市各小学物色在歌舞、表演方面有才能的学生，收为团员。在"八·一三"那天，昆明儿童剧团来到昆明街头，演出了《难童》。不久他们又以《小间谍》参加了第一届戏剧节。这出戏首战告捷，轰动了昆明城。1940 年昆明连遭敌机空袭，昆明儿童剧团因小朋友纷纷疏散而停止活动②。昆明儿童剧团的活动时间很短，但董林肯一直没有停止过对儿童戏剧的追求。他于 1947 年在上海成立了立化出版社，这是一家专门出版儿童戏剧的出版社，它在从事儿童戏剧的普及工作中具有很大程度的广泛性和具体性。

在董林肯的主持下，这家出版社除了出书，还承担了大量的通信辅导工作。他们所出版的儿童剧本上，印有一份"立化社广告"。里面针对将要排演他们所出版的儿童剧本的少年朋友，亲切地说："如果你们需要的话，我们还

---

① 李涵：《中国儿童戏剧史》，中国戏剧出版社 2003 年版，第 43～53 页。
② 邱玺：《忆昆明儿童剧团及董林肯》，载《中国戏剧》1995 年 5 月刊。

愿意尽全力帮助你们演出，告诉你们怎样去解决上演时所发生的各种问题，和怎样去克服排练过程中的各种困难。"董林肯和他的同仁们说到做到。凡同他们联系的学校，不论遇到什么困难，他们都全力以赴，帮助解决。实际上，这些出版家是将导演、舞台设计、灯光、服装、化妆等诸项工作都部分地承担了下来，甚至连购买化妆用品、灯光器材等杂活儿，也不惜代劳。出版家同少年儿童的亲密关系，不仅使前者赢得了大量的读者，也使他们的出版物赢得了众多的排练者和观众。他们所做的普及工作，其具体和细致，实在是到了无以复加的地步①。虽然这已不算昆明儿童剧团的活动范畴了，但是这是昆明儿童剧团精神的延续。

三、抗战儿童剧对当代儿童剧发展的启示

抗日战争时期的儿童戏剧，无论在创作题材和演出方式上都能给我们当代的儿童戏剧以启示，具体内容如下。

1. 运用现实题材反映社会问题

关于儿童剧的创作题材问题一直是儿童剧工作者研究和讨论的课题。有人认为："只应将美好的光明面展现给孩子看，一切残酷的、丑恶的东西都会给单纯幼稚的心灵蒙上阴影。"② 这是一个值得探讨的问题。

抗日战争期间，儿童剧团大多演出的是现实题材的儿童剧，很多剧本是根据当时的情况现编现演的，为了配合当时的斗争需要，内容还必须时常更新。儿童剧的内容大多反映侵略者的暴行和少年儿童生活的苦难，唤起人民大众对儿童的同情及对日本侵略者的愤慨，激起人民的爱国热情。这些足以说明，现实题材的作品更能迅速地反映出社会和儿童问题，引起观众的共鸣，表达时代的心声。在儿童剧比较发达的西方国家，也常常会用现实题材的戏剧来反映社会问题和儿童问题。丹麦是儿童剧很发达的国家，虽然人口不多，却有上百个专业的儿童剧团，每年演出达 2000 余场。丹麦的儿童剧是很关注现实的，比如，孩子因为自身弱点被朋友孤立、家庭问题等都会用一种戏剧表达出来，并力求通过水平视角来诠释儿童生活③。英国也很注重儿童剧创作的现实主义题

---

① 李涵：《儿童戏剧艺术的魅力》，中国戏剧出版社 1997 年版，第 27 页。

② 程式如：《儿童剧散论》，中国戏剧出版社 1994 年版，第 60 页。

③ 刘慧：《丹麦专家建议：中国孩子应多接触儿童剧》，载《中国文化报》2007 年 6 月 4 日版。

材。"他们创作的剧本，大多从自己实际生活中来，有一定针对性，对当时当地的社会生活有很强的现实意义。据说，这个地区社会秩序一度不太好，他们就针对这样的社会现象，编排了重视社会道德、树立良好风尚的戏。社会上曾有过一些法西斯主义残余思想的流毒，影响了一些青年，他们就自己编写剧本，有的人扮演法西斯主义分子，有的扮演反对他们的群众，对法西斯的种种谬论及其危害展开了生动的批判与形象的揭露，使青少年们深受教育。他们关心青少年成长中的一些问题，比如生理卫生、友谊、恋爱、家庭生活等题材，他们从自己感受的实际生活出发，通过戏剧都有所反映。"① 现实题材的儿童剧对一个儿童成长的好处是不言而喻的，儿童剧评论家程式如曾经举过一个反面的例子：一位考上大学的"知青"诚挚地向她讲，他是看剧院的戏长大的，舞台只向他展现了光明美好的事物，当他走向生活，遇到种种复杂现象时，他完全没有精神准备，以致手足无措，几乎精神崩溃。……希望今后的演出能帮助孩子从小学会思考辨别，让他们懂得更多一些。诚然，儿童剧不可能担负起少年儿童步入社会前的全部准备教育，但是孩子也从来不是在真空中生活，父母、教师、长辈、同辈各自的世界观时时在影响着孩子的心灵，一切孩子也是在社会的综合影响中长大的②。

在我们的身边，青少年的很多心理问题和不良行为是不容忽视的，如吸毒、早恋、自杀等，我们完全可以通过戏剧的手段把这些问题反映出来，让戏剧成为他们和这个时代相互沟通的桥梁。近年来，武汉人民艺术剧院在创作现实题材的儿童剧方面走出了可喜的一步。该院创作的两部优秀的青春剧《柠檬黄的味道》和《古丢丢》，在给我们以审美愉悦的同时也给我们留下了深深的思索。前者是以女主人公米未的离家出走而引发的对一系列社会问题的探讨：如父母和孩子的沟通；中学生早恋；父母亲的关系；同学之间的交往等问题。后者通过对一个弱智儿童的描写，呼吁我们对周围有生理缺陷孩子的关注。这些实实在在发生在我们周围却被我们忽视了的事情，确实需要我们好好地对待。

2. 采用灵活形式普及戏剧活动

在我国，儿童戏剧活动的普及率是很低的。我们暂且将儿童剧分成以下两类：一类是儿童自身参与演出的戏剧，即现代意义上的校园剧，另一类是由成

---

① 赵寻：《英国儿童剧印象记》，载《中国戏剧》1980 年 3 月刊。
② 程式如：《儿童剧散论》，中国戏剧出版社 1994 年版，第 60～61 页。

人组成并专门为少年儿童演出服务的专业儿童剧团。我国的儿童人口数量约为3.7亿，而专业的儿童剧团不超过20个，大多数儿童对儿童戏剧是陌生的。又由于各种原因，我国的中小学校很少成立校园戏剧社，演出儿童剧更是无从谈起。其实，让孩子参加戏剧活动是有很多益处的：读台词，能锻炼口才和语言表达能力；背台词，又可加强记忆力与逻辑思维能力；扮演角色，要模仿各种人物性格化的举止形态，促进他们观察分析生活的兴趣……在戏剧排练演出中各有分工，担任导演、剧务、可以学习组织工作；担任化妆、服装、道具、布景，还能学习制作……因此，戏剧活动对于儿童是一种全方位的锻炼①。

　　抗日战争期间儿童剧团的演出活动，可谓儿童剧普及工作的典范。他们大多采用"游击战"的演出形式，背起背包就出发，走到哪儿，演到哪儿，送戏上门，和群众打成一片。为了便于演出，演出的队伍大多很精炼，行头也很简便。如1933年成立的蓝衫剧团为每一位团员都准备一身蓝衫和里红外白的三角形上襟。演戏时，不用多化妆，红领象征革命人物，白领代表坏人。据说这是李伯钊②从苏联学来的③。无独有偶，现在日本的很多儿童剧团在普及儿童剧方面与我国抗战期间的儿童剧团有异曲同工之处。比如风之子剧团下面的"2+3"演出组，全部成员共五人，即两个女演员加三个男演员。他们到处演出，非常活跃，在戏剧界和教育界颇负盛名。再如"七个皮箱剧场"，其全部演出用的布景、服装、道具、效果及化妆用具都装在七个皮箱里，提起来就走，到了一个地方就演，真正做到了轻装、灵活、方便、节约④。现在我们的儿童剧团就是缺乏这种简便灵活的演剧作风，正如日本学者濑户宏谈到的，日本的剧团行政人员很少，最多三个，一般的行政人员都是兼任剧团的演员和导演，而中国儿童剧团的行政人员很多，队伍冗长⑤。可以说，要想普及儿童戏剧活动，我们要做的工作还很多。另外，加强校园戏剧社和业余儿童剧演出队伍的建设也是很有必要的。只有尽可能地调动一切可利用因素，才能实质性地推动儿童剧的普及工作。无论是过去还是现在，儿童对戏剧的喜欢和热爱是毋

---

　　① 程式如：《儿童剧散论》，中国戏剧出版社1994年版，第6～7页。

　　② 李伯钊（女），著名戏剧家、剧作家。1911年出生于重庆，1926年曾派往苏联莫斯科中山大学学习，1930年回国后曾任蓝衫剧团团长。

　　③ 李涵：《中国儿童戏剧史》，中国戏剧出版社2003年版，第27页。

　　④ 方鞠芬：《在日本看儿童剧有感》，载《中国戏剧》1980年3月刊。

　　⑤ 2008年11月15日在武汉大学外语学院举行的国际莎士比亚研讨会上与濑户宏先生关于日本儿童剧的一次简短谈话。

庸置疑的。一位曾是孩子剧团团员的老人在说到孩子喜欢看戏时回忆道："在抗日战争的初期和中期，我有幸参加了上海孩子剧团。在党组织的领导下，我们曾辗转江苏、河南、湖北、湖南、广西、贵州、四川七省的城乡，对广大群众和儿童进行抗日戏剧宣传，受到他们由衷的欢迎。……我们经常是走到哪里，哪里都有一些小朋友跟着我们，有的想跟几天或一个星期，看戏看不厌。在我们的影响下，这些省许多城镇的中小学，都建立了儿童剧团，少年演剧队的组织，儿童戏剧的魅力多大啊！"孩子本该是戏剧天然的朋友，而我们常常忽视了这一点。

3. 借鉴"群体心理"培养戏剧意识

抗战期间的儿童剧事业得到了蓬勃的发展，我们不禁要问：在那个衣不遮体、食不果腹的年代里，是什么促使一大批有识之士将生死置之度外，一心谋求儿童剧的演出和发展呢？这恐怕与当时民众的民族仇恨心理是分不开的。

1931 年"九·一八"事变后，日本帝国主义步步加紧入侵，妄图把中国变为它独占的殖民地，民族矛盾上升为主要矛盾；蒋介石坚持"攘外必先安内"的反动政策，对日一再屈膝投降，对内加紧围剿红军和镇压工农运动，民族危机迫在眉睫；人民群众忍无可忍，全国抗日救亡运动不断高涨。全国民众以不同的方式参与抗日救亡运动。正如邱玺所说的："在抗战的年代里，凡是以宣传抗敌救亡为宗旨的工作，我都无条件参加。这是当时在爱国统一战线的号召下的一种社会风气，全民一致共赴国难的精神。"[①] 这就体现了民族仇恨心理。

民族仇恨心理是一种群体心理。根据群体心理学，其实质包括两方面内容：一方面是聚集成群的人需要有共同目的；另一方面是个体之间还要有联系或影响。比如在战争年代，民众的目的只有一个，即抗日。由于抗日的需要，民众之间必须要有所分工，一部分人必须上前线，一部分人组成抗日救亡组织宣传抗日等，但他们之间是相互联系和影响的。群体心理学认为，构成群体的个人不管是谁，他们的生活方式、职业、性格或智力无论相同还是不同，一旦组成了一个群体，他们的感情、思想和行为变得与他们单独一个人时的感情、思想和行为不同。在集体心理中，个人的才智被削弱了，从而他们的个性也被

---

① 邱玺：《忆昆明儿童剧团及董林肯》，载《中国戏剧》1995 年 5 月刊。

削弱了。异质性被同质性所吞没，无意识的品质占了上风①。从群体心理学的一般特征中我们可以分析出，当我们面临民族存亡的危急时刻，当我们面对日本侵略者的丑恶行径时，一切个人的思想和行为就变得不重要了，不论年龄，不论职业，我们都会选择适合自己的抗日救亡方式加入到抗日队伍中来。就这样，一部分儿童、知识分子和军人等组成的各具特色的儿童戏剧宣传队通过戏剧的形式宣传抗日，就自然地成了一种自觉的行动。以上分析，我们可以窥见，抗日群体心理是由于外在强大的压迫性事件（即日本无端侵略）内化而成的，而这种内化了的群体意识所生发出的强大力量又促使自觉的抗日救亡行动（儿童戏剧活动）成为可能。为了便于说明，我们可以将自觉抗日救亡活动形成的过程抽离出来，姑且称之为"群体心理"原理，即：外在强迫力→内化为群体心理（意识）→形成自觉行动。

在当今中国，强大的民族仇恨心理早已不复存在，我们依靠什么来推动儿童戏剧的发展，就成了摆在眼前现实的难题。在这方面，儿童戏剧专家们也进行了各种各样的研究和论证。有人认为通过振兴剧团经济发展儿童剧；有人认为通过丰富创作题材和普及戏剧演出来吸引更多的观众等，但是收效甚微，确切地说是没有抓住儿童剧发展的本质。儿童剧团缺经费、儿童剧团缺人才，儿童剧团缺数量都只是表面现象，我们最缺的是大人和孩子的观剧意识！这才是事情的本质。缺少了观剧意识，其他不缺才怪。那么，怎样培养孩子们的观剧意识呢？我们不妨借鉴"群体心理"的原理。大家都明白，政府有强势话语权，现在唯一能给我们施加压力的只有政府。首先通过政府的行为，鼓励和要求专业儿童剧团进校园，每年面向学生演出一定场次的儿童剧，要求保证每个学生每年看到 1~2 部优秀的儿童剧，演出补贴由政府提供或企业赞助②。其次，政府要鼓励和提倡中小学校建立校园剧社，并定期举行校园剧社演剧比

① 吴凤云：《抗日救亡时期救国会蓬勃发展原因探析——心理学视角》，华东师范大学 2007 年硕士学位论文。

② 近年来，欧洲各国在发展文化产业方面，企业的作用越来越显著。巴黎、哥本哈根、斯德哥尔摩等地的文化活动资金和文化场馆运营资金中除了一部分来自国家的财政拨款外，更大的一部分来自企业和各类文化基金会的资助。如斯德哥尔摩歌剧院有 100 个常年赞助企业，每年总共给予 700 万欧元的赞助。企业的大力赞助有力地支持了剧团的创作活动和日常运营，使这些文化艺术活动得以更好地发展，也使得歌剧院可以以低廉的票价贴近普通市民，使每个市民都能享受到文化艺术的发展成果。在法国，无论大企业还是中小企业，都能依法参与文化赞助活动，而作为补偿，企业可获得减免税收或者享受冠名权等各种不同的回报。

赛，增进各校剧社的交流，培养学生演剧和观剧的热情。再次，要求每个专业剧团成立儿童戏剧服务部，为学生和业余人士提供优秀儿童剧本，并为学生剧社和业余的儿童剧演出提供帮助。这一点在我国是有传统的，上文提到的董林肯的立化出版社就担负起了这样的义务。

在 11 月 15 日召开的武汉 2008 年莎士比亚戏剧研讨会上，许多专家和学者也都意识到了发展戏剧必须从娃娃抓起。诚然，推广儿童剧的工作是比较繁琐的，但是只有这样踏踏实实地对孩子进行长期悉心地培养和戏剧熏陶，政府的行为才能内化为孩子自觉的演剧、观剧意识，若干年之后，这批孩子就能成为推动戏剧发展的生力军；同时也只有让我们的孩子具备了自觉的戏剧意识，中国的儿童剧事业才能够得到真正的普及和发展，中国的戏剧才会真正后继有人。

（作者单位：武汉大学）

1949 年以来中国民族声乐艺术范畴之研究

刘　暄

1949 年中华人民共和国成立，全国上下百废待兴，中国民族声乐艺术也呈现出繁荣的发展局面。从这时开始，中国不仅建立了国家级的声乐艺术团体和培养声乐艺术人才的音乐院校，而且还有组织的学习、挖掘、整理和研究中国传统民族民间音乐，探索与西洋音乐相结合的声乐艺术创作和发展道路。60多年来，对中国民族音乐艺术的理论性研究成果已见成效，中国音乐界在整理、积累和发展自己本民族音乐理论方面作出了突出的贡献，并不断努力地建立科学的、系统地中国民族音乐体系。从这些已取得的理论成果来看，对纯音乐艺术形式涉及较多，而对声乐艺术的理论探索相对较少。在研究当代中国民族声乐艺术范畴及其主要美学特征之前，我们应该对这些前人已做出的研究现状及其成果做一个回顾和考察。

一、1949 年以来中国民族声乐艺术范畴研究之缘起

1. 范畴研究的缘由

对事物范畴的界定是对其进行学习和研究的基础，是构成该事物理论体系首要的、重要的部分。1949 年以来，对中国民族声乐艺术范畴的研究处于声乐艺术理论研究加强的良好背景。音乐理论研究是音乐艺术的组成部分之一，因此 1949 年以来，中国对音乐艺术的理论研究开始进入重要的时期。同西方一样，中国的音乐艺术也曾经有着灿烂的文化和历史。中国古代的先哲们早就在许多论著中有对音乐艺术尤其是歌唱艺术相关的论述。可是，同西方音乐艺术相比较，中国在对音乐艺术进行理论的总结和整理方面明显落后。欧洲音乐在几百年的历史中已形成了各种完善的艺术体系，有大量的理论积累并成为世界所共有的资源，可以在世界各个地方传播自己的音乐文化。中国，这个曾经有过辉煌音乐历史的国度，接受和学习西方的音乐理论曾几何时也成为现实音

乐生活中主要的内容。为了形成中国自己的音乐理论体系，1949 年以来中国音乐界越来越重视对音乐理论的积累、整理和总结。中国在加强音乐艺术理论建设方面做出了突出努力，也有了不少有价值的成果，包括声乐艺术理论方面。随着对中国音乐艺术中声乐艺术认识的不断深入，他们也加强了对中国民族声乐艺术理论的研究，研究的内容涉及中国民族声乐艺术的方方面面。在研究的过程中，中国民族声乐艺术在实践中取得了大量成果和经验，而在回答什么是中国民族声乐艺术问题时突然发现有些模糊，甚至出现误差。许多中国声乐艺术工作者逐渐开始意识到，对中国民族声乐艺术范畴的研究是解决民族声乐艺术其他问题的前提和关键，对中国民族声乐艺术本身是重要的也是必要的。基于这样的考虑，在中国音乐理论、声乐理论研究深入的大环境下，中国民族声乐艺术范畴的研究进入中国声乐艺术研究的视野。

关于对声乐艺术范畴的认识，石惟正认为："这是一个即涉及科学、合理地表述又涉及约定俗成地现实，在历史和现实中又遇到最多争论的一个问题，在这个问题上含混就会引起一系列的概念混乱和误解。"[①] 可见中国声乐界早已意识到对中国民族声乐艺术的范畴应有更加清晰的认识和更准确的界定。为了更好地加强中国声乐艺术理论研究，最终提出建立属于中国的声乐艺术体系，使中国民族声乐艺术体系走向更加系统化、科学化、完善化是中国声乐界世代的夙愿，因此，我们认为只有解决好处于中国民族声乐艺术理论研究基础层次的范畴问题，才能有基础站在更高的理论角度，以更广阔的艺术视野审视中国民族声乐艺术在未来的发展。基础牢固了，才能建立起坚实的中国民族声乐艺术理论大厦。

2. 范畴研究的切入

要对当代声乐艺术范畴进行研究，我们首先应当明确"范畴"一词的基本概念，以及对中国民族声乐艺术"范畴"的研究何时进入中国声乐艺术研究领域。

第一，范畴的基本概念。"范畴"（Category），反映事物本质属性和普遍联系的基本概念，人类理性思维的逻辑形式，是人们对客观事物的本质和关系的概括。范畴是人类在一定历史时代理论思维发展水平的指示器，是帮助人们认识和掌握自然现象之网的网上纽结。

"范畴"一词语出希腊文，原指表达判断的命题中的谓词。它从产生时

---

① 石惟正：《声乐学基础》，人民音乐出版社 2002 年版，第 9 页。

起，就一直同哲学基本问题的理解相联系。在哲学史上，古希腊哲学家亚里士多德最早对范畴体系进行了较系统的整理和研究。把它看做对客观事物不同方面进行分析归类而得出的基本概念。唯物辩证法认为范畴是主观与客观的辩证统一，范畴作为思维的形式是主观的而范畴的内容则是客观的。范畴是对现实的反映，是对现实事物和现象的本质的概括。范畴也是主体和客体联系的纽结。任何范畴都是包含诸种要素的概念系统，范畴的本质表现在构成它的各个要素之间的关系结构中。诸种范畴之间存在着内在的联系。对立的范畴既互相区别，又互相联系和转化。只有通过范畴体系，才能有条件地、近似地反映永恒运动和发展的客观世界。任何范畴都是确定性和流动性的辩证统一，范畴体系的结构是历史的、变化的，不是僵死的、凝固的。以往的范畴是人类认识史的概括，是一定历史阶段科学认识成果的凝结。随着客观现实的发展和科学认识的进步，不仅范畴的数量和内容日益丰富，而且由于个别范畴的意义和地位的改变，也会引起整个范畴体系结构的变化。建立范畴体系的基本原则是逻辑与历史的统一，即整个范畴体系的逻辑发展顺序以简化和扬弃的形式包含、再现着事物形成的历史。

"范畴"还可以解释为类型和范围。汉语"范畴"是取《洪范》中"洪范九畴"的意思，主要指分类。各门具体科学都有各自的范畴体系，中国民族声乐艺术也不例外。任何一门科学的理论体系都由该门科学特定的概念、范畴和规律构成。艺术是一个大的学科，包含的内容、涉及的方面很多，声乐艺术也应如此。

第二，中国民族声乐艺术范畴研究的切入。从中国声乐艺术发展的历史来看，对当代中国民族声乐艺术范畴的研究分为三个时期。蕴含对中国民族声乐艺术范畴相关理论研究意义的初步表现是从 1949 年新中国成立初期开始的。"自 20 世纪 40 年代至今，我国民族声乐艺术走过的是一条错综复杂、曲折漫长的道路，也是一条多种观点相争多种唱法相融、充满艰苦探索的道路。其核心是围绕中国的'土唱法'与西方的'洋唱法'的彼此碰撞、彼此了解、相互沟通、相互吸收、相互融合、相互补充，并试图创立中国民族声乐艺术体系。"[1] 早在 20 世纪 50 年代，就有了关于中国民族声乐艺术范畴的相关讨论。在中西声乐艺术、观念和文化的交流与碰撞中，中国声乐界发生了一场关于唱

---

① 郭建民、赵世兰：《六十年来中国民族声乐艺术"土""洋"关系的微妙变化》，载《武汉音乐学院学报》2004 年第 2 期。

法的"土洋之争"大讨论，在当时特定的条件下，这种讨论被一些音乐工作者简单地理解为"土嗓子"和"洋嗓子"之争。这些讨论虽没有上升到完全意义上的理论研究，也没有明确地提出范畴研究一词，但可以说这是对什么是中国民族声乐艺术作出的最初研究。

20 世纪 80 年代中国民族声乐发展史上出现了关于中国民族声乐的又一次大讨论，主要集中在对以"民族唱法"作为确定中国民族声乐艺术性质的标准是否准确、全面的讨论上。"20 世纪 80 年代开始，为了方便歌唱比赛，中国声乐界出现了用歌唱技术的分类的方法，按歌唱中的不同风格、不同表达方式、不同声音，把歌唱分为美声、民族、通俗'三种唱法'。"[1] 如今，各种客观的、主观的因素已经把这种唱法分类的观念根植在中国百姓的文艺常识理念中了，甚至包括声乐教师、歌唱家。在关于三种唱法的反复讨论之中，中国声乐界对中国民族声乐艺术的界定问题的研究更加明确化："以民族传统唱法为基础，吸收西欧严肃音乐唱法的科学成分，从而能够融中外古今、民族差异、地方特色为一炉的具有广泛包容性与适应性的一种专业化的歌唱学派。"[2]从已有的资料来看，这是最早关于建立中国声乐学派问题已形成文献的说法，虽然没有明确对中国民族声乐艺术的范畴作出界定，但可以说这种说法中已经包含了对中国民族声乐艺术范畴界定的初步表述。在这之后，随着对三种唱法讨论的深入，以及对"唱法"概念理解的逐渐清晰，中国声乐界有了许多关于界定中国民族声乐艺术的研究，以下是笔者认为对这一问题的几种较全面的阐述：

（1）中国民族声乐艺术："它既不同于原民歌、曲艺、戏曲唱法，又不同于一般意义上的美声唱法，它是在深入研究、学习、吸取各种唱法的优点的基础上，综合发展而成的一个新的演唱体系——中国的新声乐艺术"[3]。

（2）以中国文化为背景、以民族语言为基础、以科学发声为原理，并代表着民族气质、民族个性，代表着广大人民的欣赏习惯和审美标准的中国式歌唱艺术[4]。

（3）现今我国的民族声乐艺术从广义上讲，主要包括传统的戏曲演唱、曲艺说唱和民间的民歌演唱三大类民族演唱艺术，也包括新民歌、新歌剧的演

---

① 吴培文：《关于三种唱法的思考》，载《音乐研究（季刊）》1999 年第 1 季。

② 王宁一：《什么是中国民族声乐学派》，载《人民音乐》1987 年第 9 期。

③ 周小燕：《中国声乐艺术的发展轨迹》，载《人民音乐》1992 年第 2 期。

④ 刘朗：《声乐教育手册》，北京师范大学出版社 1995 年版，第 121 页。

唱和西洋唱法民族化的演唱等①。

20世纪末中国声乐艺术步入更繁荣的时期，中国声乐艺术形式和内容随着时代的发展变迁而改变，进入21世纪中国声乐表演、声乐教育、声乐理论和声乐作品的创作等方面都达到了空前的规模和水平，对当代中国民族声乐艺术范畴的研究也进入更加理性，以更加宽阔的视野和开放的态度看待中国民族声乐艺术。21世纪初，从对当代中国民族声乐艺术的表现特征的分析中，中国声乐界对这一声乐艺术形式范畴的界定也向着更清楚更全面进步。2003年，在天津音乐学院召开的声乐论坛上，天津音乐学院著名声乐教授石惟正在自己的报告中，提出了界定中国民族声乐艺术范围的新观点和新角度，他总结出："以中华儿女熟悉、喜爱的母语文学以及音乐语言表达中华民族的思想、感情的声乐作品及其表演，就是中华民族的声乐艺术。换言之，用中华民族的一种语言和风格，以声乐形式表达民族思想、感情的艺术种类就是我们的民族声乐。"这应该说是至今为止，中国声乐界对当代中国民族声乐艺术范畴作出的较全面、科学的解释。

二、1949年以来中国民族声乐艺术范畴研究现状之审视

1. 范畴研究的基础

（1）1949年以来中国民族声乐艺术范畴的理论基础：

历代的音乐理论中早就有了关于歌唱的论述，这些都是中华人民共和国成立以来直至今天乃至未来研究中国民族声乐艺术相关问题的理论基础。中国远古的音乐文化除了有限的文物实物外，主要是在诗、歌、舞三者密切结合的形势下，实现其审美意识的表达的。

"千百年来，中国思想家、音乐家们对民族声乐艺术的特点和规律都曾作过精辟的论述。其中具有代表性的论著多半集中于元、明、清三代。如元代燕南芝庵所著的《唱论》，明代朱权所著的《词林须知》，明代魏良辅所著的《曲律》，明代王骥德所著的《方诸馆曲律》，明代沈宠绥所著《度曲须知》，清代李渔著《闲情偶寄》，清代毛先舒著《南曲入声客问》，清代徐大椿著《乐府传声》，清代王德晖、徐沅之著《顾误录》等，

---

① 李晓贰：《民族声乐演唱艺术》，湖南文艺出版社2001年第1期。

堪称古典声乐论著中的精萃。这些论著都从各种不同的角度阐述了中国古典唱法对歌唱的咬字吐字、歌唱的呼吸、发声、共鸣、润腔及情感的表现等要求和审美标准，从中我们也可以发现民族声乐文化的精神本质。"①

"我国古代关于声乐艺术的论述上可追溯到先秦时期，《尚书·尧典》说：诗言志，歌咏言，声依咏，律和声。认为：诗，是人用语言表现内在情感意志的手段；歌，是诗歌语言的咏唱方式。声音和长言相配合，乐律调和歌声使之有序。此说是我国历史上最早的歌唱艺术发生论，其理论意义在于创发并阐明了'以言为本'的歌唱美学思想。我国古代较为系统涉及歌唱艺术的论述是从《乐记》开始的。《乐记·师乙》是一篇专论歌唱的篇章。主要是对《尚书》中提出的观点进一步加以论述。《乐记》认为：歌，既是'长言'，必然表达人的思想感情，因而歌曲就包含着情和意；因为'长言'犹感本足，才有曲折变化，拖长了声音，所以才是咏唱。《乐记》所提出的音乐起源于感情的歌唱美学思想，代表了那个时代对歌唱艺术的最高认识。"②

其中，元燕南之庵的《唱论》中就已经注意到了歌唱音色与演唱风格的问题，进一步提出"腔必真，字必正"的要求。清代李渔的《闲情偶寄》是中国传统唱论中一部颇具代表性的理论著作，特别明确地提出了声情并茂的感情美学思想。徐大椿的《乐府传声》"不仅唱法分析更为详密，而且其论述颇有新意。这部论著中阐述了戏曲创作既要'取直而不取曲，取俚而不取文，取显而不取隐'又要'直必有至味，理必有实情，显必有深义'从而能达到'因人而施，口吻极似、本色之至'的'至境'……《乐府传声》以后，到近代虽然仍有不少唱论不乏真知灼见……但在美学思想上却没有超出《乐府传声》。"③ 这些论著中体现的关于歌唱音乐审美的思想成为中国传统民族声乐艺术和现代民族声乐艺术重要的理论渊源。

由于古代中国疏于对音乐思想的理论总结，与灿烂的中国古代音乐历史相比，留存的有明确文字记载的音乐理论不多见，显得与其深厚的历史积淀不相匹配。1949 年以来，中国音乐界对音乐艺术作出了大量的理论性研究，为总

---

① 毕海燕：《从中国古典声乐论著看民族唱法特点》，载《中国音乐》2002 年第 1 期。

② 冯效刚：《中国传统唱论美学思想的发展脉络》，载《艺术百家》2001 年第 1 期。

③ 冯效刚：《中国传统唱论美学思想的发展脉络》，载《艺术百家》2001 年第 1 期。

结、整理中国音乐理论作出了所有理论性研究成果，丰富了中国音乐理论体系，这些研究成果互为研究基础，与中国古代关于歌唱的论著一起成为中国音乐工作者研究中国民族声乐艺术范畴重要的理论基础。正是这样，中国声乐艺术前辈才能较全面的认识中国民族声乐艺术在近现代的发展特征，才能在不断的研究中逐渐对中国民族声乐艺术的范畴有更清楚的界定。

（2）1949 年以来中国民族声乐艺术范畴研究的实践基础：

中国传统民族声乐艺术在几千年的历史进程中，用事实说明了它的繁荣，也为近现代以来的中国民族声乐艺术提供了充分的、可借鉴的实践经验。一批批各个时代的声乐表演者，在演唱过程中不断实践，前者为后来者开拓，在实践中进行声乐艺术表演的探索；后来者则青出于蓝而胜于蓝。在古代中国，就出现了许多歌唱家，如汉代的李延年；唐代的李龟年、许合子、念奴等。他们的出现，足以证明自古以来中国歌唱艺术就有着兴旺的演唱事业，他们一代代的成功和实践经验的总结，是 1949 年以来中国声乐界研究中国民族声乐艺术宝贵、丰富的实践基础。

中国声乐舞台上随着时代的发展，阶段性的又出现了喻宜萱、周小燕、郎毓秀、郭兰英、王昆、郭颂、胡松华、郭淑珍、王玉珍、才旦卓玛、沈湘、黎信昌、马玉涛等，还有彭丽媛、黄华丽、吴碧霞、戴玉强、廖昌永等。他们不仅活跃在中国声乐舞台上，给民众带来不同风格的演唱享受，还陆续在国际声乐舞台上崭露头角，并多次多人获得国际声乐大奖。中国人在用中国传统的民族唱法唱中国歌、用西洋传统美声唱法唱外国歌以及中国歌上都得到了世界的认可和接受。1949 年以来，尤其是 20 世纪 90 年代以来，中国人在声乐艺术探索道路上的成功经历和积累的实践经验，为中国声乐界进行声乐艺术理论的总结提供了良好的、重要的实践来源。同时，伴随着他们一同发展的中国声乐艺术理论也一直与之相伴，在总结中得到实践，在实践中不断总结。

2. 范畴研究的现状

自 1949 年以来，关于中国民族声乐艺术的理论性研究成果已成规模。从目前笔者掌握的资料信息来看，1949 年以来关于中国民族声乐艺术的理论研究文献近 800 多篇（部），主要集中在人民音乐出版社、上海音乐出版社、中国文联出版社等部门出版的专著、论文集中，专题研究文章主要见于《人民音乐》、《音乐研究》、《中国音乐学》和国内音乐艺术院校学报等（其余散见于各类书刊、杂志和报刊上的文章未列入其中）。根据这些文献所涉及的具体内容，主要集中在中国民族声乐艺术学科的理论研究、民族声乐演唱技术的理论研究（包括少数民族）、民族声乐表演基础的理论研究、民族声乐教学理论研究、民族声乐艺术审美特征的理论研究等 5 个方面，对声乐艺术文化、声乐艺术美学等研究就涉及较少了。

纵观这些已取得的理论成果，笔者发现 1987 年，在一篇名为《什么是中国民族声乐学派》的文章中对中国民族声乐学派进行过明确定义，从中可以推论出关于中国民族声乐艺术界定的某些因素，这应该是最早含有关于中国民族声乐艺术范畴界定意义的初步表述。进入 20 世纪 90 年代，中国声乐界对中国民族声乐艺术法范畴的研究开始有更多、更深入的涉及，但多是在对中国民族声乐艺术其他研究中提及到这一问题，专门的论及则少之又少了。与同时期对民族声乐艺术所作的其他研究相比，对中国民族声乐艺术范畴的研究无论在研究的力度、深度上，还是在研究成果的数量上、质量上都存在着差距。而且，人们似乎对中国民族声乐艺术这个最基础问题的研究不太关注。不仅如此，至今人们对什么是中国民族声乐艺术的问题还存在着争论和认识的偏颇。

简而言之，当代对中国民族声乐艺术范畴的研究现状是：研究不足，且还存在认识的偏颇。

3. 范畴研究现状分析

分析当代中国民族声乐艺术范畴研究的现状，产生的原因可有如下几点：

首先，20 世纪初西洋美声唱法传入中国并同中国传统民族声乐演唱融合后，极大地推动了中国声乐艺术的成长、发展和演变，中国声乐艺术也逐渐形成了新的声乐艺术风格。尤其是自 20 世纪 80 年代以来，随着西洋美声声乐艺术在中国发展的不断深入，中国声乐艺术取得了惊人的进步并有了许多可喜的成果，这些足以证明它已成为具有中国特色的声乐艺术体系。同时融合了中国传统声乐艺术和西洋声乐艺术，这一时期的中国声乐艺术在内容、形式、风格等方面都发生了明显的变化，中国声乐艺术凸显出其特殊性和复杂性。

其次，1949 年以来对中国民族声乐艺术范畴的研究主要是从"唱法"角度展开的，而中国声乐艺术表现出来的特殊性和复杂性，使相当一部分声乐作品在属性和演唱方法的判断上存在着不少盲目性，或者说是模糊性。大家对《小白菜》、《孟姜女》等声乐作品的民族属性确定无疑，但如《我爱你，中国》、《长江之歌》、《黄河颂》等优秀声乐作品因为通常是西洋美声唱法教学的经典曲目，并在各种声乐比赛中以美声唱法参加，引导人们的视线更多的投向对这些作品唱法的关注，久而久之无形中削弱或忽略了对它们土生土长于中国这片土地上的本性的认识，继而也影响了对这些声乐作品属性的判断。用唱法分类的方法似乎越来越习惯的成为代替区分中国声乐艺术内容、现象的主要方式，每两年一度的全国青年电视歌手大奖赛也默认了这种唱法的分类。目前，为了更好地发掘和发展传统民族声乐艺术，2006 年举办的"第十二届全国电视青年歌手大奖赛"又新增了"原生态唱法"，这使得中国民族声乐艺术的范畴更加难以清楚准确的界定。

最后，根植于中国悠久文化沃土中的中国声乐艺术，由于受到历史特殊性和发展进程中复杂性的影响，经常容易与中国民族声乐艺术等缠绕在一起，造成概念上的混淆和关系上的错位，极易把中国声乐艺术与中国民族声乐艺术在概念上简单的等同。除此之外，"唱法划分"的出现造成了唱法与中国声乐艺术、中国民族声乐艺术之间关系认识上的误差，形成了模糊感，引发了争论。其实，仔细地分析"唱法"的划分是带有一定社会学性质的现象，也符合不同唱法的基本特征和规律，是无可厚非的。我们发现真正值得争论的焦点是"民族唱法"。争论是因为在中西唱法结合之后，随着自身的不断发展，中国民族声乐艺术在演唱方面不仅承袭了中国传统民族声乐艺术的典型特点，还受到了时代的影响。中国民族声乐艺术兼收传统与现代特征，所以在潜移默化中已经成为对中国声乐艺术、中国民族声乐艺术范畴产生模糊性的重要原因，也从某种程度上给中国民族声乐艺术范畴这一问题带来了理解上的误区。

（作者单位：武汉大学艺术学系）

评当代文化语境下的青春版《牡丹亭》

王雯

　　2001 年 5 月，中国昆曲被联合国教科文组织列为首批"人类口述和非物质文化遗产代表作"，在中国掀起了保护非物质文化遗产的热潮。这以后，昆曲戴上了博物馆艺术的光环。人们从传承人的保护、资料的搜集整理和动态展示教育等方面对其进行宣传和缅怀。观众期望从昆曲中找寻过去经典的蛛丝马迹而不是审美感受。以昆剧中最有代表性的剧目《牡丹亭》为例，自 20 世纪五六十年代的《牡丹亭》新编主要集中在以下几个方面：一是对传统折子戏的继承。如 1957 年 12 月，上海市戏曲学校俞振飞、言慧珠演出的新编《牡丹亭》，其中的《游园惊梦》、《魂游冥判》、《叫画冥誓》、《硬拷迫认》四出就基本沿用传统折子戏的路数。二是对故事完整性的追求。如在收场问题上，湖南省郴州专区湘昆剧团以《回生婚走》结束，凸显杜丽娘为情死生的戏剧性冲突；而华粹深和苏雪安的本子则以状元及第后全家团圆结尾，使得故事发展更加完整。三是突出生角的戏份。如 1986 年 11 月江苏省昆剧院推出的《还魂记》，以及 1995 年 3 月上演的《拾画记》，就增加了小生柳梦梅的戏份，旨在突出生旦并重。四是表演形式的创新。如 1995 年 3 月江苏省昆剧院在新编《牡丹亭》中加入了主题歌、增加生旦伴唱等表现手段。五是现代剧场新技术的引进。如 1999 年 10 月上海昆剧团上演的上、中、下三本《牡丹亭》，在音乐、灯光、舞美等方面全面引进现代技术手段以丰富舞台表现力，堪称"迎接新世纪的全新大制作"①。此外，近年来利用当代舞台语汇反复搬演的经典剧目《牡丹亭》，在海内外都产生了很大的影响，他们以不同的舞台语汇给观众带去了风格各异的感官体验。彼得·赛勒斯指导的《牡丹亭》，将歌剧、话剧融入昆剧，这种意趣有别的艺术形式共同演绎的经典传奇故事，显得很刺激

---

　　① 吴新雷：《一九一一年以来〈牡丹亭〉演出回顾》，载《姹紫嫣红牡丹亭》，广西师范大学出版社 2004 年版。

也很另类。而陈士争指导的《牡丹亭》则刻意营造出苏州园林式的舞台时空，也给观众留下了古典的美好回忆。这些基于《牡丹亭》的各种努力无不显示出昆曲向生的勇气与不懈追求。它们也是青春版《牡丹亭》的现代创造与探索的基石。

　　然而，昆曲作为非物质文化遗产的最大的价值应该是以"活"的姿态显现民族个性、民族审美习惯。它应该依托于"人"本身而存在，以声音、形象和技艺为表现手段，并以身口相传作为文化链而得以延续。但目前"人"却是这种"活"的文化传统中最脆弱的部分。在对非物质文化遗产进行保护与传承的过程中，人是极其重要的，尤其是青春力量。因此，让青年一代产生对昆曲这一古老艺术的认同感，使昆曲所承载的中华文明传达到现代青年群体的内心深处，无疑是具有里程碑意义的。这将重新激发古老昆曲的活力，使昆曲从非物质文化遗产转变为具有时尚感的艺术形式，从而焕发其艺术青春。青春版《牡丹亭》的成功，就是昆曲转变的一次有益的探索。它面向青年群体，在全世界范围内为昆曲的复活做了一次精彩的"亮相"，确立了昆曲所营造的时尚与典雅的风范。

　　青春版《牡丹亭》第一次明确提出为昆曲培养大量青年观众的重要宗旨，第一次主动将昆曲艺术与非主流群体相结合，将民族文化遗产与都市时尚群体相联系，为昆曲艺术初建起青春文化语境。青春版《牡丹亭》选择青年演员作为传播昆剧艺术的使者，将古老的昆剧建立在青年观众、青春爱情这一三角关系当中，使昆剧成为青春文化的一部分，这是四百年来昆剧第一次真正与青年群体牵手。

　　明清传奇以才子佳人的男欢女爱故事为主要题材，抒写青少年青春萌动时期对性爱的渴望，对永恒爱情的追求。这种基于真爱之上的性爱自主对当时的年轻观众产生了极大的影响。如娄江女子俞二娘，酷嗜《牡丹亭》传奇，因有所感，曰："书以达意，古来作者，多不尽意而止，如'生不可死，死不可生，皆非情之至'，斯真达意之作矣！"在《感梦》一出，她批注道："吾每喜睡，睡必有梦，梦则耳目未经涉者皆能及之。杜女固先我著鞭耶。"[1] 杜丽娘生死死生的爱情故事，激发了俞二娘躁动的青春，但封建社会对女子性欲的粗暴遏制却使她十七岁愤惋而死，以死来告慰自己的青春憧憬。朱彝尊曾写诗悼

---

① 徐扶明：《牡丹亭研究资料考释》，上海古籍出版社 1987 年版，第 213 页。

念这位年轻女性："画烛摇金阁，真珠泣绣窗。如何伤此曲，偏只在娄江。"①
又有明万历年间的扬州女子冯小青，她十六岁嫁杭州冯生作妾，"结缡以来，
有宵靡旦，夜台滋味，谅不如斯"，在性生活方面横遭蹂躏，再加上频遭冯妻
悍妒，幽居孤山，患上了影恋病："时时喜与影语，斜阳花际，烟空水清，辄
临池自照，絮絮如问答，女奴窥之即止，但见眉痕惨然。"② 影恋病是性心理
的病态，也是当时畸形病态社会在青少年性心理上的反映。"冷雨幽窗不可
听，挑灯闲看《牡丹亭》，人间亦有痴如我，岂独伤心是小青？"③《牡丹亭》
成为小青这样的妙龄女子们疏导忧闷的途径。此外，还有黄淑素、程复、浦映
渌、冯娴、叶小鸾等女性借诗词表达自己对青春爱情的痴迷神往，对杜丽娘痴
情至死至生的认同。这些都是被禁锢的青春群体的感性冲动的表达。

青春期的感性冲动，既有个体生理上的无意识躁动，又有针对社会的有意
识反叛。虽然时代变迁，但是青少年的生理躁动和反叛意识却是古今中外共通
的。《牡丹亭》本身就是青春躁动和性爱反叛的杰出作品，这两点在一定程度
上迎合了当代青年的性观念。第十出《惊梦》中，杜丽娘感叹自己："吾生于
宦族，长在名门。年已及笄，不得早成佳配，诚为虚度青春。光阴如过隙耳。
可惜妾身颜色如花，岂料命如一叶乎！"④ 目睹满园春色，怅然想起自己如花
青春却虚度年华，于是走遍牡丹亭上三生路，终于成就如花美眷。杜丽娘追寻
真情的这条路不仅是超越生死的，而且也是对明媒正娶"正统"婚姻规范的
反叛。正如第五十五出《圆驾》中，皇帝质问："'不待父母之命，媒妁之言，
则国人父母皆贱之。'杜丽娘自媒自婚，有何主见？"杜丽娘的回答是，因有
柳梦梅的再活之恩，所以请母夜叉为媒人自主自婚。柳梦梅也回应这是"阴
阳配合正理"⑤。由此可知，青春版《牡丹亭》淡化了对反抗封建礼教内容的
宣扬，通过第三本中《如杭》、《淮泊》、《硬拷》、《圆驾》等出，突出强调这
对青春美眷婚姻自主与坚持爱情。昆曲是古老的，但是"承诺、责任、牺牲、
受苦与无怨无悔"，则很显然是一种现代情感的思索与表达，它符合时尚群体
的青春冲动与内心向往。这既是时尚群体对青春版《牡丹亭》的美好感受，
也是昆剧古典美的青春理想表现。青春版《牡丹亭》将昆曲的古典美通过青

---

① 徐扶明：《牡丹亭研究资料考释》，上海古籍出版社 1987 年版，第 214 页。
② 毛效同：《汤显祖研究资料汇编》（下册），上海古籍出版社 1986 年版，第 868 页。
③ （明）徐扶明：《牡丹亭研究资料考释》，上海古籍出版社 1987 年版，第 216 页。
④ （明）汤显祖著、吴书荫校点：《牡丹亭》，辽宁教育出版社 1997 年版，第 24 页。
⑤ （明）汤显祖著、吴书荫校点：《牡丹亭》，辽宁教育出版社 1997 年版，第 153 页。

春理想实现，传递到了青年群体的内心感受与美好记忆之中，为昆剧在世界范围内的传播培养了观众。

中国文学自古就有词曲入乐而宾白不入乐的传统，到元代戏曲发展时期，曲为主、念白为宾，大抵曲白相生。元代剧本中的唱词，主要表现人物在特定情境中的思想情绪，甚至直接透露作者的心声，具有强烈的抒情性。这种具有诗一般抒情性的唱词，构成了我国戏剧文学的特色。元代剧本中的宾白，则主要为戏剧提供故事线索、情节冲突，推进故事发展，具有前后勾连的叙事性作用。正如杨恩寿在《词余丛话》中提道："若叙事，非宾白不能醒目也，使仅以词曲序事，不插宾白，匪独事之眉目不清，即曲之口吻亦不合。"因此，自元代戏曲始，我国戏剧文学就体现出了叙事文学与抒情文学之间互补共生的关系，即曲白口吻相合、曲白相生的美学追求。当然，这种美学追求的主导力量是曲牌联套的音乐体制，它规定了戏曲剧本以曲牌为单位前后联缀、环环相扣。所以创作和欣赏戏曲剧本往往是以曲带白的方式进行的。到了明代，出现伶人自编宾白的现象，对宾白的态度有了两极分化。一部分正统文人批评它浅陋、鄙俗，是可有可无的，如臧晋叔在《元曲选·序》中提到的"其宾白，则演剧时伶人自为之，故多鄙俚蹈袭之语"；另一部分戏曲作家则称赞它通俗、浅显，可与曲文等量齐观，如李渔所说的"尝谓曲之有白，就文学论之，则犹经文之于传注；就物理论之，则如栋梁之于榱桷；就人身论之，则如肢体之于血脉，非但不可相轻，且觉稍有不称，即因此贱彼，竟作无用观者。故知宾白一道，当与曲文等视，有最得意之曲文，即当有最得意之宾白，当使笔酣墨饱，其势自能相生"①。除了对宾白的地位提出肯定以外，李渔还强调了宾白的外在叙事功能和发掘人物内心的探隐烛微作用，这既丰富了戏曲塑造人物的手段，又增强了戏曲剧本的故事性和戏剧性。对宾白的艺术创造作用的进一步开掘，使传奇的叙事性更趋凸显。明以后，戏曲传奇剧本的体制基本没有大的变化，而这次青春版《牡丹亭》的剧本却在基本保持文辞、曲牌、格律原貌的基础上，对剧本作了更适合现代读者阅读习惯的调整，主要表现在以下两个方面：

一是淡化曲牌联套体制，以叙事结构代替抒情结构。首先，青春版《牡丹亭》则不再用套曲讲故事，而是以念白来讲故事，突出剧本的叙事性。套曲被念白隔开，各自分配到主唱人物的名下，表达演唱者的内心情绪和感受。

① （清）李渔：《闲情偶寄》，中国戏曲出版社1980年版，第38～39页。

戏曲的曲牌联套体是指将若干支不同的曲牌按照一定规则组织成套曲,用若干个不同的套曲来演唱一个完整的故事。青春版《牡丹亭》中,以往用于讲故事的套曲被分配给不同人物以便于抒发各自心理情绪,而削减了它的叙事功能。其次,人物念白的字号大于曲词字号,并且不再采用以曲带白的格局,而是像话剧文本一样,以人物名字引出人物语言。人物之间的语言交流和戏剧性动作成为剧本传达的主体。读者可以很方便地通过念白把握故事。最后,曲牌里包含的念白比曲词的字约小两号,且用括号注明说话者。这种曲中套白且曲白分明的格局,既保持了曲牌的流畅性,又突出了人物的反应动作,保持了戏剧动作的前后贯穿。

所有这些安排都说明,青春版《牡丹亭》的剧本有意区分唱词和念白,而且该剧本完全打破了曲为主白为宾的传统,突出了念白的讲故事功能,迎合了现代青年读者的阅读习惯。然而,这种表面上的迎合实际上改变的是古典戏曲讲故事的方式,即从抒情性代言转变为戏剧性叙事。

二是文本不书角色行当,而只标示人物,但生旦净末丑行当基本齐备。青春版《牡丹亭》文本不书角色行当,而只标示人物是值得商榷的,它的弊大于利。有利的地方在于方便文本在海内外的传播。不利之处在于抹杀了中国传统戏剧的程式美的独特性,割裂了剧本与场上搬演之间的内在联系,并且遮蔽了创作者汤显祖的美学趣味。

《中国大百科全书》载,角色行当是"中国戏曲特有的表演体制",它"既是戏曲中艺术化、规范化的性格类型","又是带有性格色彩的表演程式的分类系统"①。由此可知,行当提供人物的自然属性、社会属性、表演技术专长和创作者的美学判断,正如孔尚任所说:"角色所以分别君子小人。"洛地先生对角色行当做了更详细的辨别。他认为,行当是"具体剧作中的某一具体人物之所属及某一具体演员之所工的某门'角色'"。角色是"我国戏剧构成中特有的事物,它既是班社一群演员备有所司又互补相成的分工,又是剧中众多相互关系的人物的分类"。"角"即"戏剧班社必须具备的各有分工的演员","色"即"演员群体各有所司的装扮"。"每门'角色'各有其特殊的技能,在一剧中的功能及其在戏剧中的性能,从而构成我国戏剧剧场上艺术的综合表现的组合体制'角色综合制'。此所以,中国传统戏剧(剧本)以'角

---

① 《中国大百科全书·戏曲·曲艺》,中国大百科全书出版社 1983 年版,第 170 页。

色'登场并不以'人物'登场。"① 因此，角色综合制决定了我国传统戏剧无
论在剧本创作或者舞台搬演上，都是以"角色登场"为前提的。角色登场的
意义在于，它既便于直接、直观地表现人物性格本质，又是戏曲演员进行形象
创造的造型基础；它既体现出戏剧班社的实力，又呈现了剧作家在人物设计、
安排上的匠心独运；既能展示排场的冷热，又能表现剧本的高低；既是戏剧程
式性在人物形象上创造上的集中反映，又是中国戏剧场上艺术的有力注解。总
之，角色登场是戏曲成为场上艺术的起点，是中国传统戏剧的程式化特征之
一，它也是区别于其他国家戏剧样式的根本性标志之一，是不应该被剧本省掉
的。

对《牡丹亭》剧本的改造，说明青春版主创人员有意使古典剧本大众化，
易于被青年人所接受。然而，"当一个文本被用来辨别不同的个人，并训练人
们接受另一个阶级的思维与感受的习惯时"，它是不可能成为大众文本的②。
明传奇是宋元南戏的延续，文词体制和一应排场并无明显的分别。但明传奇在
曲调上多出南戏数倍，"成为剧本上一种最复杂的表现"③。而且，"掺合南北
曲而成立了种种新的形式，事实上可谓奄有南北曲调之长。再加以借宫犯调，
变化多端，由是蔚成明传奇所用曲调的巨观。"④ 至于家门开场、冲场第二、
以及每出全部角色下场时例有下场诗等格范，则是明代观者读者都不言而喻的
通套，但是这些对于现代读者却是很大的障碍。除了明传奇本身的烦琐规矩以
外，《牡丹亭》文本自身语言典雅华丽，有的古奥难解，也在一定程度上影响
了其现代传播。因此，青春版《牡丹亭》的剧本改造，目的在于降低阅读门
槛，使之更容易理解且更流行，从而对大多数人更具有吸引力。以前，昆曲剧
本作为高雅文学围绕"作者—艺术家"建立互文关系，而且将文本视为技巧
高超的对象。如今，青春版《牡丹亭》剧本则以大众文化的姿态，建立起
"表演者—文本—观众"之间的互动关系，其中文本为传播介质。这拉近了昆
曲古典美与日常生活之间的距离，使青年观众成为这种审美距离的受益者。

综上所述，青春版《牡丹亭》并不刻意复制汤显祖，它反映的是白先勇
集结的现代学者对《牡丹亭》的再创造——以高贵而优美的实际面目，让海

---

① 洛地：《中国传统戏剧研究中缺憾一二三》，载《戏史辨》（二），中国戏剧出版社
2001 年版，第 18 页。

② ［美］约翰·费斯克：《理解大众文化》，中央编译出版社 2001 年版，第 147 页。

③ 周贻白：《中国戏剧史长编》，上海书店出版社 2004 年版，第 272 页。

④ 周贻白：《中国戏剧史长编》，上海书店出版社 2004 年版，第 273 页。

内外的时尚群体感性地确认昆曲代表中华文明而进入人类共同遗产的标志性地位。这一再创造使"青春版《牡丹亭》"成为高校流行语，激活了古老剧种现代化改造的青春梦想，让青年群体真真切切地感受到了中华文明传承了数百年的"美"与"情"。

（作者单位：江汉大学语言文学研究所）

论三峡工程"史诗气象"的意象化生存

刘　涛

　　舞台艺术的本质特征就在于，其在一定的时空结构中，通过舞台人物的当下表演以及各种形式因素（灯光、舞美、音响等）的配合，对审美意象加以赋形，并直接诉诸观众视、听感受中。由于这种审美形式在与观众所展开交流的观—演关系的共享中稍纵即逝，观众作为交流对象，事实上已经参与到了舞台艺术特有的"创造—共享—再创造"的艺术感知系统。也正是在这个特殊的艺术感知系统中，视、听中的审美形式由于得到主观意志与情感的浇铸，而逐渐摆脱物质化的形式外壳，进入到意象感知的境地。据于此，舞台艺术视野中的三峡工程，就不是简单地对现实存在的三峡工程作对象性或对象化的理解，并将其某些物理特征挪置到舞台上加以再现，而是将现实中的三峡工程视作原型，在对三峡工程的主体情感支配下，理性认知（对人工建筑体等）和具体物象（舞台形式的等）之感知交融，是对三峡工程最有概括性的意象与所具有的精神意义在舞台上的最高体现的赋形。由此，三峡工程的文化意象全面、典型地渗透在作为舞台艺术的三峡工程题材作品各种类型与层面中，成为三峡工程在舞台艺术中的根本生存方式。正是在这个意义上，我们认为，舞台艺术视野中的三峡工程，实质上就是三峡工程的"史诗气象"在舞台上的"意象化生存"。所谓的"史诗气象"，即基于三峡工程本身作为深刻影响中华民族历史进程的重大事件，其规模之壮观博大，气势之恢弘崇高，效能之遒劲经久，所综合展现出的饱含国人盛世情怀、民族自豪感、渴盼发展、留恋传统，以及对伟大工程与技术文明所引发的忧患意识等在内的时代总体精神风貌。这种史诗气象分别依托舞蹈与戏剧艺术形式显现在舞台上，并呈现出两种不同的意象生成路向。

一、生命之舞：巴楚传统因子的当代传承

舞蹈作为"人类创造出来的第一种真正的艺术"①，"在史前就已经发展起来"，并产生于由我们人类最早的"舞蹈家"所组成的原始部落里。这种原始部落在楚地由来已久（这可以从出土发现的舞蹈文彩陶盆上所刻画的那些新石器时期神农氏时代原始歌舞图案中得到印证）。在这些部落中，楚地先民"击石拊石，百兽率舞"，将舞蹈作为一种生命意象的本真存在方式，流溢出整体的生命气象。近现代以来，由于技术文明的进步，某些感官畸形发展，导致人的深层生命感觉力愈发迟钝与残缺。正是基于这些规定舞蹈创作的现实，自20世纪80年代以来所涌现出三部大型歌舞剧、五部大型舞剧以及数十单支舞蹈，纷纷取材三峡以及荆楚原始情貌，试图通过身体创生的原始意象回归纯朴自然，在对心灵之舞的激发中，昭示出巴楚传统因子在当代的传承。

在历届桃李杯参赛的单支舞蹈作品中，呈现三峡文化代表人物精神意象的个体性古典舞独具特色。如《国殇》、《山鬼》（武汉市艺术学校创作），《屈原天问》（北京舞蹈学院创作），《送屈子》（桃李杯武汉音乐学院创作）等十几支屈原题材的舞蹈，其楚魂精神意象的呈现主要依托以《离骚》、《天问》为核心的艺术要素，以"忧患"、"抗争"、"求索"为舞蹈贯穿行动线。在表现上，除了体现早期舞蹈艺术特征的大幅度肢体动作，以及衣袖、绸扇、鼓剑等以道具延伸和强调人的肢体的动作设计，格外强化了对作为精神的镜像的面部表情。当然，这也是舞蹈艺术进入成熟阶段，改变面具脸谱式的简单夸张和概念化表现的成果。人物面部生动丰富，与肢体动作融为一体，使得心灵的波动在身体上放大，身体的意蕴在面目中升华，呈现出现代屈原题材古典舞表演艺术的最大特色。同时，舞蹈语汇紧扣屈原精神中的浩然正气，以发扬蹈厉的刚健之舞步，由简到繁，反复强化屈原以大地为纸，以手掌为笔的爱国爱民炽烈抱负。屈原心系人民，愤懑抗争，激昂求索的至大至刚的人格精神美在这里得到艺术再现与升华。可见，身体表现力在这些舞蹈艺术中的极致发挥，极大增强了舞蹈的思想性，这无疑为当下舞蹈创作中如何统一赋有灵性的身体和可感性极强的时代观念，提供了启示与借鉴意义。与屈原题材舞蹈不

---

① ［美］苏珊·朗格：《艺术问题》，中国社会科学出版社1983年版，第11页。

同，舞剧《楚水巴山》中的昭君题材舞蹈在表现上，更多关注其汉魂精神意象的营造，以及对"线"的呈现。从昭君作为纯情、质朴的山村少女在山清水秀的小溪流水，桃花绽放环境中的玩耍，到其离乡的愁思、入宫的怨情以及出塞的抱负，我们看到那身轻如燕的曼舞在旋转轻盈的飘带中缓缓流动，这飘带成为昭君的肢体，它循环往复、千姿百态、千变万化，一气贯通地旋流划出了一个神奇绝妙的线的世界。昭君似乎被一种轻若尘埃、薄若蝉翼的湛然之气所裹携，通过"圆"、"曲"、"拧"与"倾"的动作程式，以极富生命暗示和表现力量的"有意味的形式"，轻轻流过古井边、楠木旁、桃树下、小溪中、草原阔、烈马昂等，昭君形象的舞蹈美、舞台美、表演美的动态、韵律和表情，使其意象在舞者的气象里得以显现、附体，即"具象化"、"肉身化"。

包括《土里巴人》、《家住长江边》、《楚水巴山》等在内的峡题材的大型舞剧，在取材上以古为新，纷纷选取带有荆楚神韵的各种意象，有其天然优势，即身处斯地，耳濡目染，便于溯地理人文之源，展民族文化之根，现区域风情之美。如《家住长江边》以长江为主线，把三峡、巴土、武当山、洪湖、神农架五个极具地域性文化的地方串联起来，用壮美雄奇的峡江、原始神秘的神农架、巍峨神圣的武当山、堪比天堂的洪湖，铺展连缀成了一幅幅摇曳生姿的人文山水风情画。《楚水巴山》则从三峡地区流传已久的神农氏即炎帝创农耕、育五谷造福黎民，到楚少女制陶情影，从巴人崇火的母亲火塘至巴山夜话的"毛古斯"巴人原始舞蹈，通过香溪昭君、西塞烽火征伐、钟鸣云天和谐到尾声虎凤合鸣的辉煌，对巴文化精髓做出舞台展现。还有其深刻的时代原因，即舞蹈中律动的人体直接展示情感的波动与精神的翱翔，加上现代舞台技术的不断完善，往往会形成激发强烈美感体验的视听奇观，在全球化时代越来越频繁而深入的世界性艺术交流中，舞蹈已经成为突破语言障碍直接交流的艺术形式，即使是浮光掠影的文化观光旅游中，舞蹈也成为民族文化形象的直接表现，因此，各文化体系纷纷开始发掘利用其传统舞蹈资源，塑造其各具特色的民族文化形象。所以，遵循传统文化的审美原则来建构和复兴中国古典舞，成为时代向我们提出的迫切要求。

与此同时，《编钟乐舞》、《楚韵》、《三峡情祭》、《山水谣》、《筑城记》等三峡题材舞剧的集中出现与大获成功，也为技术文明时代舞蹈发展的走向发出了深层次的诘问。其实，三峡工程在本质上与三峡风貌本身有不同的语义象征，即三峡风貌更倾向于自然层面的景观和传统的人文关怀，而三峡工程则象征着机械性文化进步所带来的技术理性层面的种种革新。就在这种以技术理性为表征的现代文明的高速发展，使人的精神世界的扩张和客观化越来越成为普遍的现象时，人们忽然发现自在的自然已远离，人生存在人造环境和人文环境中，铺天盖地袭来都是复制化的感觉，感官变得日趋钝化，肉身成为我们最近最后的自然。在这种情况下，连通古今，凭借对原始风貌的身体探寻，将有助于我们为生命之舞接续活力之源。因此，巴楚传统神韵在当代有望再度成为舞台时尚。

与此相呼应，我们还在舞剧作品中发现了对理性精神的有意躲闪，以及对原始思维的顺承。如著名编导门文元执导的舞剧《筑城记》，该剧围绕城而构架，随着城的建设而展开，展现了一幅祖先在与大自然的搏斗中的坚忍不拔，在远古的荒原建设一座坚如磐石、壮观无比的盘龙城的壮丽图景。在这里面，城作为能御天灾、能抵人祸的最终的劳动成果无疑具有强烈的象征意义，因为它既是人类发挥主观智慧与自然灾害搏斗的结晶，也是一种朴素的理性技术主义的雏态。但是全剧对城建的描绘并不算多，而更多关注的是人面对所谓的"历史进步"的谨慎态度。也就是说，全局呈现出的似乎是人在耕耘岁月、编织历史的艰难，难就难在这种不息的奋斗犹如黑暗中的摸索，如同剧中的季尚、季敖们，每向前进展一小步，认知能力哪怕是微小地发育成熟，都要伴随着种种的苦难和阵痛，甚至是人们最不愿看到的残忍和血腥。这种现象即便在高度文明的今天也依然存在。因此，该剧的确是在筑城，同时也是在筑人。整部舞剧之所以会时而风狂雨骤，时而情意绵长，时而悲风狂扫，时而阳光满天，皆因剧中人季尚、季敖、兰荪、母亲等在云遮雾障的步履蹒跚中，不同认知的交锋，不同操守的碰撞，不同情感的纠缠所引发出来的。这其实也是他们在成长中无法绕开、无法躲避的必经之路。

同时值得我们警醒的是，在舞蹈创作中，思想性虽然并非本质性的追求，但却能够透露出一定的精神取向，尤其是在当代艺术审美已经全面步入日常化生活之后，为防止舞蹈退化为身体简单摇摆和抽搐，在形式上对原始文化的复归与模拟，以及内涵上对原始自然生命力及本能、情感和理性一体化的混沌而丰富的精神状态的追寻，进而创作关乎心灵的生命本真之舞意，这同样是一种前卫艺术的最初体现。

二、天地之心：三峡精神气象的人文生成

戏剧艺术的原始魅力就在于通过塑造舞台意象而直观地展示人生的方式、意义与价值，其给观众带来的审美快感，体现出一种超然于现实的人生态度和心灵境界，这种心灵境界走向极致便是人与社会的全面的精神发展。在这个意义上讲，三峡工程题材的戏剧作品其艺术功能的实现，既涉及观众个体的精神愉悦，又关乎社会整体性的价值追求。因此，对三峡工程题材的戏剧作品艺术功能的准确理解，就必须将其放在一个社会文化及其历史发展的大视野中全方位、多维度地加以审视。长期以来，我们注重物质层面多于文化层面，一个伟大的工程，作为一个客观存在，必定会留传于世。而在这些不朽的工程上面，还凝结着众多历史和文化内涵，及其无数建设者的智慧和奉献。比如万里长城，透过其坚实的外表，我们不仅看到了它所属时代文明的雄浑气象，还看到了一种独特的中国心胸——天地之心。怀有"天地之心"，即能以人生的眼光看宇宙，又以宇宙的眼光看人生。所以，一方面是一个人伦化、情感化的天地（天地可感，鬼神可泣），另一方面是一个最现实最真切，同时又是最超越最空灵的人生。两方面结合，就形成了一种"浑于万物同体"的形而上情怀，"以合天心"。在天地之间立其心，就使得情感化的天地直接为个体人生敞开了一片可观、可游、可居的境界，亦即一个身心俱适的居所，而三峡工程也当作如是观。

具体而言，当三峡工程作为一种气势宏大的现实题材进入戏剧创作，所创生出的舞台意象充满了当代舞台艺术创作者的所饱含的盛世情怀。这也是一种天地之心。有感于此，情景剧《盛世峡江》力图给出最好的例证。该剧的总导演马志广一再强调："三峡工程作为我国民族复兴大业中的一项标志性工程，其象征意义可能甚至超出她的工程建设意义。她的横空出世凝聚着一个民族腾飞的远大理想。"① 可见，马志广以舞台虚构与历史理性相结合的方式，对国家的改革与发展给予格外关注。他积极探索社会现代化转型的可能路向，发掘着当下正在发生的变革与创新因素，并调动了几乎一切多元的具有积极建设性的力量来营造盛世峡江的恢弘气象，其创作意图实源自对强大国家主体的

---

① 黄钒:《〈盛世峡江〉：一部诠释三峡工程的文化力作》，载《决策与信息》2009 年第 2 期。

呼唤，源自对"和谐盛世"的急切期盼。导演的这种盛世情怀直接决定了演出所采用的具体表现形式。这出情景剧分为"祭江·水患"、"纤魂·追梦"、"豪情·壮志"、"天筑·奇观"、"盛世·峡江"五章，与国内同样式的演出相比，气象独具：一是因为三峡大坝的唯一性，演出的文化背景独一无二；二是在演出的表现方式和表达意向上，摒弃国内传统民俗表演一味强调自己、叫卖式的演出风格，取用如中华文化"龙图腾"式的"四不像"的集大成方式，有效整合各种文化元素；三是力图表现出恢弘、大气、向上、质朴的大坝本色，演出不以娱悦耳目为目的，而重点突出震撼人心的效果。可见，三峡工程作为一项跨世纪的伟大工程，不仅召唤出了与之相匹配的舞台艺术作品，还对创作者们须站在现代文明的高度，以自觉的开放的文化意识，面向全球化的语境，真正建构起健康、开放、大气、和谐的盛世有了更高的期望。

如果说情景剧《盛世峡江》所呈现出的盛世情怀是三峡工程所处时代的史诗气象在舞台艺术的意象化存在，那么与之相关联的，在被称为"三峡工程第一戏"的《沙洲坪》、《移民金大花》两部以三峡移民的题材的话剧中，舞台人物形象则是三峡库区百万移民面对机遇和挑战所展现出的精神气象在舞台上的意象化落实。剧作家以特有的艺术目光和敏感，审视着举世瞩目、跨世纪的三峡工程与百万大移民，以现实主义的、喜剧化的笔触营构着"流逝的沙洲坪"，塑造着栩栩如生的舞台人物，就在由大搬迁所引发出的那一阵阵躁动、不安与期盼中，他们舍小家顾大家勇于个人牺牲奉献的行动以及对土地的依恋与对未来的憧憬，洋溢着崇高的人格精神与一种隐藏在搬迁背后的民族认同感。众所周知，话剧艺术的优长就在于通过人物形象的塑造而直指人的内心，恰如阿尔托所言，"话剧的使命就是使我们内心的压抑重生"①。面对移民搬迁这个特殊的时代主题，以"老天牌"望作栋为代表的敦厚朴实的沙洲坪乡亲们在要搬离祖辈繁衍生息的热土、改变生活方式的当口，有过躁动、不安与思索，他们接纳不下太多的"诸子百家"，但伟大祖国实现复兴大业需要搬迁时，这些善良的百姓紧抱着良心的天平，确实感到已有的生存环境和道德规范已无从保证心灵的平静和良知的安宁，并最终将真情厚爱无私地奉献给造福于人类的三峡工程。无疑，这是情感自觉正缘于一种深厚的民族认同感。他们相信这个民族会腾飞，他们相信这个国家在阵痛后的强盛，所以，他们愿意

---

① ［法］安托南·阿尔托：《残酷戏剧——戏剧及其重影》，中国戏剧出版社1993年版，第32页。

将自己的命运与其连缀在一块。而来自移民库区的《移民金大花》，秉持了同样的信念，将一群在我们日常生活里从不出现，但为了整个国家发展的需要，背井离乡，默默付出牺牲的人民带到了观众的面前，让我们近距离地触摸到了他们崇高的人格精神、朴素的民族信仰与高扬的民族集体意识。马丁·艾斯林认为，剧场是"一个民族当着它面前的群众思考问题的场所"①；西班牙剧作家洛尔伽更是直截了当地指出，"戏剧是哭与笑的学校，也是一座自由的论坛"②。因此，我们应该正视移民壮举精神后隐藏的现实困难，因为话剧在大团圆结局后，移民真正的生活才刚刚开始。

　　还有另一类舞台人物形象，他们因为三峡，从四面八方走到一起；因为三峡，从素不相识到精诚团结；因为三峡，原本普通而变得美丽崇高，他们就是三峡工程几代建设者与支援者。音乐剧《大三峡》的创作动机正如编剧李穗所言："我们一直想写一部反映三峡工程的作品，但如何把这样一个宏大的工程转化为感性的艺术表达形式是一个难题。于是我们想到了写建设者的命运以及他们心灵的艰辛历程。"③ 剧中，抛家弃口、长年献身三峡工程事业，其妻因此与之离异的老水利专家罗磊，面对偶然相遇的亲生女儿，他愧疚于自己对家庭和亲人未尽到责任，不敢相认，直到为三峡工程建设鞠躬尽瘁、死而后已的刹那，一个有血有肉、有着不屈的奋斗精神与豪迈情怀的形象所展现出的人格震撼力集中迸发弥漫开来，几代三峡建设者面对巍巍三峡、浩浩长江，发出铮铮誓言："罗老，您放心去吧，这里有三峡，这里有我们，这里有三峡精神……"还有满怀理想与抱负的大学生为代表的支援者们，"我是复旦大学毕业生，向三峡报到！""我是武汉大学毕业生，向三峡报到！"他们一离开校园，就来到三峡，准备在这个伟大的工程中献出自己的一份力量的急切，连同他们的豪情壮志一起化为了拥有"天地之心"、"浩然之气"的舞台人格意象。

　　在立象取意的舞台形式的呈现上，三峡题材的戏剧还充分吸纳科技成果，勇于营造工业文明意象，体现出了科技人文的现时代精神。如在《盛世峡江》中，整个舞台设计以工程美学与现代造型相结合，充分运用灯光技术，在节目底调上也运用大色块，给人视觉上的震撼。同时，为了显示三峡的大气磅礴，表演上也尽可能运用大手笔、大线条。具体而言，在 1200 平米的舞台上，有

---

　　① ［英］马丁·艾思林：《戏剧剖析》，中国戏剧出版社 1981 年版，第 97 页。
　　② ［西］洛尔伽：《谈戏剧》，载中国社会科学院外国语言文学研究所：《外国现代剧作家论剧作》，中国社会科学出版社 1982 年版，第 67 页。
　　③ 谈扬、孟华：《音乐剧〈大三峡〉点滴谈》，载《大舞台》2007 年第 2 期。

6 个巨型塔吊，演员台前幕后加起来有 500 多人，整个带给观众的就是一个施工现场，塔吊林立的感觉。这让观众感觉到的都是萦绕全局的那种人与自然的和谐理念与中华民族的进取精神。有"钢筋混凝土上的交响乐章"之美誉的音乐剧《大三峡》，在 50 余人的交响乐团现场伴奏下，其以音乐剧的通俗性，去表现三峡工程建设中的人性和人情；以音乐剧宏大的场景，去表现三峡工程壮观的建设画面；以音乐剧强烈的现代风貌，去表现三峡工程所体现出来的伟大时代精神。尤其是在大屏幕播放解放军在洪灾中舍身救人、三峡大坝胜利合龙、三峡机组顺利发电等录像片段的时候，我们感受到了一种交响思维、现代配器以及仿真大坝舞美与现代灯光所共鸣传达出的"雄性"的演出风格，而这种风格正是人文情怀和现代科技综合美的直接体验。

三峡戏剧所创生出的磅礴宏大的时代气象、豪气干云的人物形象与铿锵壮观的技术文明意象，以其鲜活的感性存在成为人类文明发展的具体见证。其通过观演关系向世人传递了那种人类在面对三峡工程作为重大现实文化事件时所迸发出的中华魂精神。在天地人同构共感的宇宙观的基础上，三峡戏剧艺术用自己的此在之光使世界澄明朗照，并开启了中华民族"在天地之间立其心"与"站出来生存"① 的真正表演。

（作者单位：武汉大学哲学学院）

---

① 邓晓芒语。他认为，人之为人就在于他"站出来生存"，即用自己的此在之光使世界澄明朗照，而不是遮蔽自己。参见邓晓芒：《灵之舞——中西人格的表演性》，东方出版社 1995 年版。

试论劳拉·穆尔维的电影理论

金 虎

劳拉·穆尔维（Laura Mulvey，又译劳拉·马尔维），女，英国人，当代国际著名的女性主义电影理论家及实践者。作为一位杰出的学者，穆尔维著述甚丰，但其最为人所知的是其成名之作——《视觉快感与叙事电影》。这篇完成于1973年、发表于1975年英国《银幕》上的文章，开创性地为女性主义者提供了一个研究电影的全新理论架构和视角，成为女性主义电影理论上无法回避的经典之作。尽管穆尔维早已蜚声国际电影理论界，尽管早在20世纪80年代就有学者将其引介国内，但穆尔维及其理论在国内学界似乎仍显陌生，鲜有学者对其理论展开研究。正是基于此，本文试图初步探讨穆尔维的女性主义电影理论，特别是重点分析其代表作《视觉快感与叙事电影》。愿拙文能抛砖引玉，就有道而正焉。

一

对于女性主义者而言，"电影是一种文化实践，一种女性、女性气质、男性和男性气质神话，简而言之性别差异神话被制造、复制和表现的文化实践"[1]。在《视觉快感与叙事电影》一文伊始，穆尔维就开宗明义、旗帜鲜明地提出了文章的目的及方法论。她的目的大致有三：第一，分析破解好莱坞主流电影的色情模式，"阐明父系社会的无意识是如何构建电影形式的"[2]。电影反映、揭示和利用了父系社会关于两性差异的神话，"即控制形象、色情观看方式和奇观的"[3] 神话。第二，从理论和实践上对主流电影提出挑战，进而

---

[1] Anneke Smelik. *And the Mirror Cracked: Feminist Cinema and Film Theory*, St. Martin's Press, 1998, p. 7.

[2] Laura Mulvey. *Visual and Other Pleasures*, Indiana University Press, 1989, p. 14.

[3] Laura Mulvey. *Visual and Other Pleasures*, Indiana University Press, 1989, p. 14.

对父系文化提出挑战。第三，寻找可替代性的解决方案，孕育新的欲望语言，但并不彻底否定过去，提倡一种在政治和美学意义上的先锋电影。

关于如何实现其目标，穆尔维也是开门见山，说得十分清楚。首先，她要对精神分析学进行政治性的运用，"把精神分析理论用作一种政治武器"①。"女性在父系文化中作为男性他者的能指而存在，为象征界所束缚；而男性在其中可以通过强加于沉默的女性形象的语言命令来保持他的幻想和强迫观念，而女性依然被束缚在作为意义的承担者而非制造者的位置上。"② 精神分析理论的优势 "在于准确地描绘出了女性在菲勒斯中心主义秩序下所经历的挫折"③。穆尔维认为，精神分析理论是破解 "大众神话机制及原材料"④ 的利器："精神分析理论……能看穿文化现象的表面，似乎具有 X 光的理性眼睛。具有性别歧视的图像和思想被转换为一系列线索，解码充满移置内驱力和误认欲望的下面世界。"⑤ 穆尔维在文中主要运用了精神分析学代表人物弗洛伊德和拉康的理论，特别是深受拉康思想的影响。需要指出的是，精神分析学是 "父系制度所提供的工具"⑥，是父系制度的语言。除了精神分析学，《视觉快感与叙事电影》也或多或少地受到阿尔都塞马克思主义和符号学的影响。其次，穆尔维提出 "毁灭快感是一激进武器"⑦。好莱坞风格主流电影的魔力 "不过是来自它对视觉快感游刃有余的操纵"，"把色情编码纳入了主导的父系秩序的语言之中"⑧。因此她主张分析这种快感，抨击这种快感，破坏这种快感，在实践中针锋相对地提倡一种在政治和美学意义上的先锋电影，"但它依然只能作为一种对位旋律而存在"⑨。

穆尔维认为："电影提供了若干可能的快感。其一就是观看癖（scopophilia）。在有些情况下，观看本身就是快感的源泉，正如相反的情况，被看也具有快感。"⑩ 她援引弗洛伊德的观点，认为观看癖从主动的方面看，是 "以他人作

① Laura Mulvey. *Visual and Other Pleasures*, Indiana University Press, 1989, p. 14.
② Laura Mulvey. *Visual and Other Pleasures*, Indiana University Press, 1989, p. 15.
③ Laura Mulvey. *Visual and Other Pleasures*, Indiana University Press, 1989, p. 15.
④ Laura Mulvey. *Visual and Other Pleasures*, Indiana University Press, 1989, p. 13.
⑤ Laura Mulvey. *Visual and Other Pleasures*, Indiana University Press, 1989, p. 14.
⑥ Laura Mulvey. *Visual and Other Pleasures*, Indiana University Press, 1989, p. 15.
⑦ Laura Mulvey. *Visual and Other Pleasures*, Indiana University Press, 1989, p. 15.
⑧ Laura Mulvey. *Visual and Other Pleasures*, Indiana University Press, 1989, p. 16.
⑨ Laura Mulvey. *Visual and Other Pleasures*, Indiana University Press, 1989, p. 17.
⑩ Laura Mulvey. *Visual and Other Pleasures*, Indiana University Press, 1989, p. 16.

为观看对象"，将"被观看的对象处于控制性的好奇观看之下"① 从而获得快感。性本能是观看癖的色情基础。这种观看癖发展到极端，就会"产生入魔的窥淫狂和偷窥狂；他们唯一的性满足从主动控制性的意义上说，可来自观看对象化了的他者"②。同法国电影理论家克里斯蒂安·麦茨一样，穆尔维也认识到了电影院的放映条件在制造窥淫情境中发挥着重要作用：黑暗的放映大厅的银幕方框形成了一个钥匙孔系统，赋予观众一种向内窥伺隐秘世界的幻觉。电影院观众压抑了自己的裸露癖（exhibitionism），而将这种欲望投射到窥淫世界中的表演者身上。

穆尔维认为电影"还进一步从自恋的方面发展了观看癖"③，利用了观众倾向于认同银幕上与其相似相类但又更富魅力更为完美形象的心理。这里，她援引了拉康的镜像理论。拉康认为，婴儿在 6 个月到 18 个月时处于镜像阶段，形成"自我"（ego 或 I）。婴儿通过镜子，发现自己镜中的影像是一独立完整的实体，欣欣然认同于镜中的影像。但这种认同是一种想象性的误认，因为镜中呈现的是一个理想的自我——更为完美，更为完全，具有控制能力；这同婴儿对自己身体的实际体验相悖，此阶段的婴儿是无法协调控制自己身体的，对身体的感知是支离破碎的。同麦茨一样，穆尔维认为人的个体心理具有一种类似镜子的功能，而电影银幕也可看做一面从中可窥见人类自身的镜子。电影观众身处黑暗的影院中，为银幕上的形象所陶醉，自我意识暂时消解——忘却自己是谁，身处何时何地，如同一个有待形成自我的婴儿。而与此同时，电影重新再现或唤起了主体自我形成的镜像时刻。观众认同于银幕上富有魅力的明星——一种理想的自我，就如同镜像阶段的婴儿误认镜中更为完美、更为完全、具有控制能力的影像一样。

穆尔维分析了"传统电影情景中观看的快感结构的两个相互矛盾的方面。第一个方面，观看癖，产生于观看以另一个人作为性刺激的对象所获得的快感。第二个方面，是由自恋和自我的构成发展而来的，它来自于对所看到影像的认同。因而，用电影术语来说，一个暗示主体的性欲认同与银幕上的对象是分离的（主动的观看癖），另一个则通过观众对类似他的人的迷恋与识别来要求自我认同银幕上的对象。第一个方面是性本能的机能，第二个方面则是自我

---

① Laura Mulvey. *Visual and Other Pleasures*, Indiana University Press, 1989, p. 17.

② Laura Mulvey. *Visual and Other Pleasures*, Indiana University Press, 1989, p. 17.

③ Laura Mulvey. *Visual and Other Pleasures*, Indiana University Press, 1989, p. 17.

里比多（libido）的机能"①。她认为，这两种相互矛盾的机能在银幕上的幻想世界中是十分和谐的、相辅相成的。穆尔维将电影世界同弗洛伊德关于快感是本能内驱力之间张力的观点进行了类比，认为电影银幕上的幻想世界和理想化自我在某种意义上是人的性本能机能和自我里比多机能的外化。她也将电影世界同拉康有关人格发展三阶段的理论进行了类比：观众相当于处在本能的真实界和镜像阶段的想象世界中，而电影则既类似于有着镜子特征的想象世界，又处于制造语言和欲望的象征世界中。

作为一个女性主义者，穆尔维认为，在好莱坞主流电影中男女是不平等的，女性是供消费观看的色情对象，而男性则是色情的观看者，控制着叙事结构。首先，"在一个男女两性力量失衡的世界里，观看的快感分为主动的/男性的和被动的/女性的。发挥决定性作用的男性目光把他的幻想投射到按此风格化了的女性形体上。女性在她们传统的裸露性角色中同时被人观看和展示，她们的外貌被编码成具有强烈的视觉色情冲击力的形象，从而具有了被看性的内涵。作为性欲的对象而被展示的女性是色情奇观的主旋律：从墙上的美女画到脱衣舞女郎，从齐格非歌舞团女郎到伯斯贝·伯克莱歌舞剧的女郎，她们承受视线，并迎合指代男性的欲望"②。"在常规叙事电影中，女性的出现是奇观中不可或缺的因素，但她在视觉上的出现往往会阻碍故事线索的发展，在观看色情的时刻冻结了动作的流程。因而，女性的这种格格不入的出现不得不同叙事有机地融合起来。"③"传统上，被展示的女性在两个层次上发挥着作用：即作为故事中人物的色情对象和作为观众席上观众的色情对象而发挥作用，其中银幕内外的两种视线之间存在着不断变换的张力。譬如，表演女郎使得这两种视线在技术上统一起来而故事世界没有任何明显的中断。表演女郎在叙事中表演；观众的视线和影片中男性人物的视线有机地结合起来而不会破坏叙事的逼真性。"④

其次，穆尔维认为在叙事结构中，男性处于主动地位，女性处于被动地位。在主流电影中，男性人物不是供消费观看的色情对象，因为男性不愿意观看他同性的裸露癖者。男性人物会控制着影片的幻想，作为权力的代表出现，

---

① Laura Mulvey. *Visual and Other Pleasures*, Indiana University Press, 1989, p. 18.
② Laura Mulvey. *Visual and Other Pleasures*, Indiana University Press, 1989, p. 19.
③ Laura Mulvey. *Visual and Other Pleasures*, Indiana University Press, 1989, p. 19.
④ Laura Mulvey. *Visual and Other Pleasures*, Indiana University Press, 1989, p. 19.

控制推动故事的发展。主流电影会围绕一个观众可以认同的男性人物来构建影片结构，来观看消费女性的色情形象。男主人公是观众的认同对象，是观众银幕上色情观看的代理人。"男影星的魅力特征不是被观看的色情对象的特征，而是孕育于最初在镜子前识别时刻的更为完美、更为完全、更为有力的理想自我的特征。"① 男影星就是观众的理想自我。穆尔维指出电影中有三种不同的观看：（1）"摄影机纪录具有电影性的事件的看"；（2）"观众观看拍好的电影时的看"；（3）"银幕幻觉内人物相互之间的看"②。主流电影否定前两种看，使它们服务于第三种看，努力使观众忘却摄影机的存在，忘记自己是在看电影，防止其产生间离意识，从而创造一个男主人公担当观众观看代理人又令人信服的虚幻电影世界。主流电影会运用各种电影手段，来为观众营造一种类似于镜像阶段的窥淫情境，或"直接窥淫癖似地观看供其享受而展示的女性形体"，或认同于银幕上的男影星，通过这个代理人来"控制占有故事世界中的女性"③。

从精神分析学的角度看，女性为男性带来了问题。由于女性缺乏阳具，她会唤起男性产生阉割威胁的不快之感。按照弗洛伊德的观点，这种阉割焦虑同孩子最初发现母亲没有阳具的创伤有关，孩子往往会认为母亲被阉割了。电影有两种方式来摆脱控制这种阉割焦虑：第一，通过窥淫癖重新搬演女性原先的创伤，对其进行调查，破解其神秘性，揭露其罪过，对其进行惩罚或拯救，这种窥淫癖往往与虐待狂有关。第二，通过恋物癖或恋物的观看癖彻底地否定阉割，赋予女性以美貌，将其塑造成为自身就能令人满足的尤物，从而使人忘却其没有阳具，变为保险而非危险，甚至出现对女明星的崇拜。

穆尔维认为斯登堡的影片是恋物癖或恋物的观看癖的经典范例，而影片扮演者黛德丽则是典型的恋物癖尤物。斯登堡的影片"没有或很少以主要男主人公的眼睛作为观看的中介"，"为了使形象与观众发生直接的色情关系而宁可中断男主人公聚精会神地观看（也就是传统叙事电影那种特征）。作为对象的女性美和银幕空间融合在了一起：她不再是有罪的承担者，而是一个完美无缺的产品，她那由特写所分割和风格化了的身体就是影片的内容，就是观众直接观看的内容"④。他往往会削弱银幕的纵深幻觉，突出女影星黛德丽的外貌

① Laura Mulvey. *Visual and Other Pleasures*, Indiana University Press, 1989, p. 20.
② Laura Mulvey. *Visual and Other Pleasures*, Indiana University Press, 1989, p. 25.
③ Laura Mulvey. *Visual and Other Pleasures*, Indiana University Press, 1989, p. 21.
④ Laura Mulvey. *Visual and Other Pleasures*, Indiana University Press, 1989, p. 22.

美，以特写重点刻画黛德丽的面部、胸部和大腿等部位。恋物癖和拜物教在英文中都是"fetishism"一词，穆尔维曾着重谈到了它们在电影中的联系。她认为"fetishism"是"否定知识、支持信念的一种心理和社会结构"①，"都是为了理解社会或精神分析领域中的价值符号体系；一个是在社会领域内使用，另一个是在心理分析领域内使用"②。在社会领域内使用的"fetishism"称拜物教，而心理分析领域内使用的则是恋物癖。马克思所说的商品拜物教揭示了一个抽象的价值体系是如何被嫁接到事物的想象性投资之上，价值的起源和价值进入流通的符号化过程是如何被否定的；而弗洛伊德探讨的则是恋物癖如何"把过多的价值归于被社会一致认为是无价值的物品"③。在这里，马克思的拜物教和弗洛伊德的恋物癖在电影梦工厂中实现了完美的统一。一方面，银幕上作为色情奇观的女性是一种完美的恋物情结，她被赋予了远远超过其美貌和魅力的价值；另一方面，在工业化的好莱坞生产模式中，"电影是商品，也把商品进行展示。不同的恋物形式于是在电影银幕上找到了汇聚点。这一汇聚点典型地物化为女明星的情色化模式，制造出一个完美的、流线型的女性形象"④。穆尔维指出窥淫癖这一策略典型地体现在了黑色电影中。这类电影中往往有一个妖艳危险的女性，男主人公通常是一个警察或侦探，他在破案的过程中对该女性展开调查，最终发现其有罪。男主人公代表着法律，位于合法的一边，而女性则处在非法的一边。男主人公通过对该女性窥淫癖和虐待狂似的控制，再次确立了他的统治地位，而男性观众也通过男主人公在无意识中巩固了自己的优越感。穆尔维认为希区柯克的电影既使用了恋物癖的机制，也运用了窥淫癖的机制，其代表作《后窗》、《眩晕》和《玛尔妮》就是典型例子。

三

作为一位女性主义者，穆尔维电影思想的形成既有着个人的因素，也受到了时代思潮的荡涤。一般认为，20世纪六七十年代正是女性主义运动第二波浪潮风起云涌的时期，这一时期的女性主义者认为，尽管女性主义运动第一次

---

① ［英］劳拉·穆尔维:《恋物与好奇·序》，上海人民出版社2007年版，第11页。
② ［英］劳拉·穆尔维:《恋物与好奇》，上海人民出版社2007年版，第2页。
③ ［英］劳拉·穆尔维:《恋物与好奇》，上海人民出版社2007年版，第2页。
④ ［英］劳拉·穆尔维:《恋物与好奇》，上海人民出版社2007年版，第12~13页。

浪潮在法律上为女性赢得了选举权、工作权和受教育权，但表面的性别平等掩盖了实际上的性别不平等，性别差异被认为是在文化、工作和心理等方面造成女性从属于男性地位的基础。因此，她们要求批判性别主义、性别歧视和男性权力，消除两性差异，在各方面实现真正平等。在这种大的时代思潮影响下，穆尔维注重于探讨电影中陈旧模式化的性别形象的心理文化意义，猛烈抨击对女性性别客观特征的对象化表现，要求消除性别差异，在电影中同男性一样平等地表现女性，而不是将其性别特征对象化客体化。作为英国妇女解放运动的重要成员，穆尔维曾参加过许多女性主义社会活动，其中最著名的是1970年伦敦世界小姐选美大赛的抗议活动。这些活动显然为穆尔维深入思考父权社会下作为视觉奇观的女性形象、女性身体表现方式及女性观众的消极性等问题提供了丰富的素材，为其电影理论的形成打下了坚实的基础。针对主流好莱坞电影，穆尔维还在七八十年代积极投身于先锋电影制作中，与其夫彼得·沃伦先后合作拍摄了《亚马逊女王》、《斯芬克斯之谜》、《艾米!》和《看水晶球》等影片，宣扬实践其女性主义电影理论主张。

穆尔维在《视觉快感与叙事电影》中主要是从男性观众的角度来破解批判好莱坞主流电影的色情模式的。在她看来，主流叙事电影将观众的观看定位为男性的观看，只迎合了男性的幻想与快感。既然有男性的观看，那是否有女性的观看呢？女性的观看又是怎样的呢？男性观看和女性观看成为女性主义电影理论中研究的重要问题。"如果说20世纪70年代女性主义电影批评以探讨男性观看为特征，那么80年代的探讨则以强调女性观众为特征。"① 关于女性观众这一她曾忽略的问题，穆尔维在1981年《关于〈视觉快感与叙事电影〉的反思——由〈太阳喋血记〉所受到的启示》一文中进行了思考。她仍然坚持在《视觉快感与叙事电影》中的观点，但从两个方向进行了深入探讨：第一个是女性观众的问题，第二个则是情节剧中居于叙事中心地位的女性角色问题。穆尔维再次援引了弗洛伊德的观点。弗洛伊德认为女孩子身上有一个前俄狄浦斯的菲勒斯阶段，与积极性相联系，后来由于女性气质的发展而被压抑。在一些女性生命历程中，她们频繁地退回到这种菲勒斯阶段，其行为反复地在消极的女性气质和倒退的男性气质之间徘徊。穆尔维认为，女性观众既可以拒绝男性观看的视觉快感，从而破解主流电影的色情魔力；也可以"隐秘地几

---

① Laura Mulvey. *Visual and Other Pleasures*, Indiana University Press, 1989, p. 22.

乎是无意识地享受认同男主人公所提供的对故事世界的行动和控制自由"①。"围绕男性快感构建的好莱坞类型电影，让女性观众认同于积极的视点，使得女性观众能重新发现她们性别身份失去的一面，从未被完全压抑的女性神经症基础。"② 一般而言，传统文化形式的叙事"语法"往往让读者、听者和观众认同于故事中的男主人公，而大众电影继承了这种其他文化形式所共有的叙事"语法"。"电影的女观众可以利用这种古老的文化传统使自己适应这种习俗，顺利地从她自己的性别过渡到另一种性别。"③ "由于欲望在文本中被赋予了文化的物质性，对于女性而言（从孩童时代开始），跨越性别的认同是一种非常容易成为第二天性的习惯。但这种天性并不容易固定，穿着借来的异性装扮衣服不断地游移改变。"④ 对于情节剧中居于叙事中心地位的女性角色而言，她临时接受"男性气质"是回归前俄狄浦斯菲勒斯阶段的表现，但影片不会重点表现其男性气质认同的成功，而是其悲伤的一面。

虽然穆尔维的电影理论主张具有极大的开创性，她后来对自己的观点还进行了一定的修正和补充，但其缺陷和问题仍然是十分明显的，受到了许多学者的批评。学界对于穆尔维的批评主要集中在以下几个方面：第一，穆尔维只探讨了男性观众的体验，明显忽略了对女性欲望、认同和观众地位的研究，尽管她后来对此进行了补充。第二，她将主体（观众/主人公）和客体（影像/故事）的关系概括为两元对立的主动的/男性的和被动的/女性的关系，过于简略，十分偏颇。第三，她忽略了主流电影中女性权力存在的案例。第四，她忽略了其他影响其观点正确性的观众因素，如年龄、阶级阶层、性别取向和种族等。穆尔维所指的女性是中产阶级异性恋的白人女性，而非所有的女性⑤。第五，她所分析针对的电影主要是好莱坞模式的电影，而不是所有的电影。第六，她所运用的精神分析法本来是父系制度的语言和工具，带有强烈的男权色彩，以其得出的结论显然是令人怀疑的。穆尔维后来指出，《视觉快感与叙事电影》按照她的意图是一种挑衅或宣言，而非一篇考虑周全、逻辑严密的学术论文。

① Laura Mulvey. *Visual and Other Pleasures*, Indiana University Press, 1989, p. 29.
② Laura Mulvey. *Visual and Other Pleasures*, Indiana University Press, 1989, p. 31.
③ Laura Mulvey. *Visual and Other Pleasures*, Indiana University Press, 1989, p. 32.
④ Laura Mulvey. *Visual and Other Pleasures*, Indiana University Press, 1989, p. 33.
⑤ Peter Bennett, Andrew Hickman & Peter Wall. *Film Studies: The Essential Resource*, Routledge, 2007, p. 261.

三

　　尽管穆尔维的电影理论存在这样或那样的缺陷和问题，但其开创性地提供了一个研究电影的全新理论架构和视角，许多女性主义电影学者都是按照她所开创的研究范式进一步探讨电影的。《视觉快感与叙事电影》是最早运用精神分析法研究电影的文章之一。在她之前，电影理论家让·路易·博德里和麦茨都曾以精神分析法研究过电影，但穆尔维最主要的贡献在于开创性地从女性主义的视角运用精神分析法对电影展开研究，也就是说她最先将电影理论、精神分析理论和女性主义有机地联系结合在一起。

（作者单位：湖北美术学院动画学院）

电影非职业演员成功奥秘探析

郭 娜

非职业演员又叫非专业演员，指没有接受过系统的表演训练（或学习），不专门从事表演专业（一般又以其他职业为生），在偶然的机遇中被摄制组临时邀去扮演某种角色的人。受舞台剧表演特点的限制，非职业演员不可能有很大的发展空间。但是，随着电影艺术的产生及发展，以及人们对电影和电影表演特性认识的逐步深入，非职业演员逐渐成为电影界（也包括电视界）一个不容轻视的群体：各个年龄阶段、各种职业和阶层的人都可以成为银幕上最有说服力的形象；世界电影史发展的每一阶段，都出现过非职业演员唱"主角"的情况，比如电影诞生之初的影像片段、意大利新现实主义电影、法国"真实电影"、伊朗"新电影"等；尤其是最近几十年来，由非职业演员担纲主演甚至出演整部影片，几乎成为某个国家或某些导演群体的偏好。在国内外电影节的大奖赛上，由非职业演员独领风骚的现象时有发生：聋哑姑娘玛莉·麦特琳因在影片《悲怜上帝的女儿》中的出色表演而荣获1987年的奥斯卡最佳女主角奖；当时还只是一个中学生的夏雨，因接拍姜文的《阳光灿烂的日子》而连摘三项国际大奖——威尼斯国际电影节最佳男演员、新加坡国际电影节最佳男演员和中国台湾金马奖影帝……因非职业演员的精彩表演而永载电影史册的影片更是不计其数：《战舰波将金号》、《北方的纳努克》、《偷自行车的人》、《小鞋子》、《牯岭街少年杀人事件》、《小武》等。这种现象绝少在其他表演艺术形态中出现。那么，非职业演员为什么能够在电影诞生之初就站稳脚跟，并取得一个又一个让职业演员也相形见绌的成就呢？

一、非职业演员拥有得天独厚的先天优势

电影是一门包容度极大的艺术，它所需要的演员涵盖了天下各种各样、形形色色的类型，其中必有职业演员所触及不到的角落，这就不得不求助于非职

业演员。因此，非职业演员本身所具备的条件就成为他们在电影中独占一片天地的先决条件。

其一，有些影片会用到具有显著生理特点或生理缺陷的角色，如巨人或侏儒、失去手臂或双腿的残疾人等，这都会给康健端正的职业演员（几乎所有的职业演员都是这样）带来不可逾越的障碍和困难。因为在电影艺术纪实特性的"关照"下，他们很难通过化妆或演技改变实质性的身体局限。对此，雷诺阿毫不含糊地说："理想的情况自然是把角色委派给那些在生活中就具有剧中人物精神和外貌的人们去担任。"① 而符合剧情需求的非职业演员自然成了导演的最佳人选。在银幕上，他们身体外形的每一处鲜明特征都会产生饱含激情的表演性。看过韩国电影《外婆的家》的观众都不会忘记那个白发苍苍的"外婆"，她的扮演者金亦芬本人又聋又哑，一生中从未走出过电影的拍摄地——那个只有八户人家的山沟，但她所"塑造"的外婆形象却感动了天下的观众。其实，她什么都没有做，什么也不用做，她慈祥的眼神与微笑、满脸的皱纹、满头的苍苍白发和瘦小佝偻的身躯就已经在生动地表演了。

其二，影片中常有许多场合需要展示角色的职业，比如各种体育运动、器乐演奏、武打格斗等，职业演员却一般很少具有恰巧符合剧情需求的特长。一些行之有效的技艺培训又很难使他们获得相应的职业气质——这最是让职业演员苦恼却又难以克服的困难。电影大师爱森斯坦就很体谅演员的这种苦楚："任何职业演员的作假都不可能作出一个水手或一个渔夫的那种美妙的行家的手势。一丝亲切的微笑或一声愤怒的喊叫就像天空的一条彩虹或浪涛汹涌的海洋一样难以模仿。"② 因此，启用具有一定特长和相应职业气质的非职业演员无疑是明智之举。1981 年我国导演张暖忻拍摄影片《沙鸥》时，大胆选用从未演过戏也没有接受过任何表演训练的北京女排队员常姗姗担任主角。1982年的金鸡奖导演特别奖证实了张暖忻选择的正确性。在利用非职业演员职业气质的导演群中，最有说服力的莫过于张艺谋了，从《秋菊打官司》、《一个都不能少》到《千里走单骑》，他都能充分发掘非职业演员的职业气质来为他的影片增光添彩。

其三，电影表现更多的是那些日常生活中真实复杂、平凡无奇的人。不

---

① 转引自邵牧君：《为本色演员正名》，载《电影艺术》1985 年第 9 期。
② ［德］齐格弗里德·克拉考尔：《电影的本性——物质现实的复原》，中国电影出版社 1981 年版，第 124 页。

过，每个人都有自己的人生经历，不同的人生经历会在他们的内心留下与众不同的情感体验，相由心生，这自然会打烙印于他们的外部形体动作和神态之上，这些都是难以模仿和不可复制的。因此，不少导演在挑选演员时，非常看重演员的生活经历与角色的相似性。意大利新现实主义时期的著名导演德·西卡在拍摄《偷自行车的人》时，坚持让一个真正失业的炼钢工人和一个出身贫困的小男孩出任主角——失业工人安东尼奥和他懂事的小儿子布鲁诺。与角色极其相似的人生经历，赋予他们一种天然生动的角色感。他们的表演质朴真切，该影片也由此成为意大利新现实主义电影的代表作并于 1949 年获得奥斯卡的特别奖。相同的情况在我国也屡见不鲜，1985 年张良导演的《少年犯》，片中那 18 个少年犯全都来自真实的铁窗内；1999 年张艺谋拍摄的《我的父亲母亲》找了一个刚刚失去丈夫的农村老太太饰演"老年母亲"。相似的人生经历，是打开人物内心世界的钥匙，也是演员进入角色的切口。职业演员在表演创作时，为激发影片某个场景规定的情感状态，也常常以寻找与角色相似的人生经历为灵丹妙药。而直接启用与角色有相似人生经历的非职业演员，对导演对演员都是省时省力的捷径。

需要指出的是，随着电影领域数字技术的飞速发展，数字技术越来越多地参与了电影演员的表演，如今它已能任意改变演员身体的外部特征和演员与外部环境的关系，使以往不得不求助于非职业演员的角色，可以用"职业演员+电脑特技"的方式轻易解决。获第六十七届奥斯卡六项大奖的影片《阿甘正传》就多处采用了这种办法，如失去双腿的丹中尉和俨然乒乓球顶级高手的阿甘。虽然，数字技术使职业演员面对角色生理与职业的特殊要求不再"心有余而力不足"，却不能解决那些牵涉到角色心理与精神层面的东西：由生活经历带来的精神面貌，由身体的缺憾所造成的心理创伤，由特殊的职业而逐渐培养起来的神韵气质等，毕竟多数演员不具备汤姆·汉克斯一样出神入化的演技。因此，数字技术并非万能，它只能解决角色的外部问题，其余的仍需演员自己来做。所以，面对数字技术的铺天盖地，非职业演员仍然具备强劲的发展潜势。

二、导演能够有效地引导非职业演员的"表演"潜能

虽然非职业演员在塑造人物形象的过程中有着得天独厚的先天优势，但后天不足也是致命硬伤，比如没有任何表演知识、不懂得如何能动地创造人物

等。所以，他们在拍摄场地一般都会肌肉紧张、不知所措，从而失去其自身优势。因此，塑造银幕形象的重任实际上就落在了导演的肩上。他们必须具备"甚至能诱使一袋白薯进行表演"① 的能力，以创造性的思维激发非职业演员充分显现自身的角色部分，同时弱化或掩藏其非角色的部分，帮助他们顺利地完成角色的塑造。

其一，为了保证非职业演员的本真自然，导演常常与他们长期相处，在沟通情感交流思想的过程中，使之不知不觉地熟悉拍片环境，习惯在镜头前生活。弗拉哈迪在拍摄《北方的纳努克》时，在北极与"纳努克"一家生活了15 个月，在漫长的拍摄过程中，"形成了一种由他所开创的电影方法，即把拍摄活动和现实的人际交往有机地融合在一起"②。这种拍片方法在当时曾深刻地影响了格里尔逊领导的英国纪录电影学派，30 多年之后名震世界的伊朗电影大师阿巴斯"青出于蓝而胜于蓝"，他觉得"在跟非职业演员的合作过程中，如果没有情感上的联系就无法与他们沟通"，演员就无法表演。③ 所以，他在拍片很久以前就与非职业演员联络感情。

其二，请非职业演员出演影片，最怕他们模仿职业演员的表演，其自身的天然优势也常因此消失殆尽。所以，导演通常只告诉他们剧情大意，然后有目的地引导由其即兴发挥，以保证这些浸透在生活中的非职业演员能以最简单的形式呈现最真实的人物和故事。维尔托夫和法国"真实电影"应该说是这种拍片方法的始祖。他们提倡通过与非职业演员直接的面对面的交谈、询问等方式，激发他们在摄影机前重现自己的日常生活。1974 年，伊朗电影大师阿巴斯即将开拍《过客》，影片因主角（一位目不识丁的老太太）背会了所有的台词而不得不临时更换演员。这件事让他得出两个教训："第一是每个角色都必须是他们自己的生活写照；第二是你必须只给演员一个故事大纲，然后引导他们往你所要的方向前去"④。从此，这就成为他的"御用"拍片法。

其三，电影中一些比较复杂微妙的表情或动作是多数非职业演员难以完成的，这时导演就要创造一种符合他们生活习性的氛围或环境，激发、引导他们类似的表情或动作。普多夫金在拍摄电影《逃亡者》的最后一个场景时，就

① ［德］齐格弗里德·克拉考尔：《电影的本性——物质现实的复原》，中国电影出版社 1981 年版，第 127 页。

② 林旭东：《影视纪录片创作》，中国广播电视出版社 2002 年版，第 11 页。

③ ［伊朗］阿巴斯·基亚罗斯塔米：《阿巴斯自述》，载《天涯》2003 年第 1 期。

④ 叶基固：《阿巴斯电影的风格和语言》，载《北京电影学院学报》1999 年第 2 期。

通过故意营造庄严肃穆的气氛和赞美其演技的方式，让那个天生怕羞的小伙子在一瞬间顺利地完成了由惊诧紧张到得意自足再到矜持谦虚的表演。普多夫金本人也非常得意地"把这个片断称之为影片的全部表演中最成功的片断之一"①。张艺谋在拍摄影片《一个都不能少》时，利用顽皮男孩张慧科对妹妹的思念，引起他泪流满面，这就是我们在电影中看到的感人场面：进城打工的张慧科在电视上看到魏敏芝流着眼泪说同学们都很想他、都希望他能回来，眼泪顿时夺眶而出。

以上三种方式的目的都在于模糊非职业演员生活和演戏的界限，使他们忘掉演戏的不适，以日常生活的状态入戏。但问题是，由导演激发而产生的表情动作的含义与剧情所要求的常常是不一样的，如前例张慧科的痛哭是因为思念妹妹而并非感动于魏敏芝的言行，却为什么取得了同样的效果呢？这里有一定的理论依据。符号学认为，电影画面和语言文字都可作为符号表达意义，但两者因表达所用的材料即能指的不同，与被表达物即所指的结合关系也不同。语言符号能指与所指的结合以任意性和约定性为原则，也就是说用什么词作符号表现现实中的事物是任意的，是由各民族文化约定俗成的。比如对"水"这一物质，英语叫"water"，我们叫"水"；在语言形成之初，我们甚至可以叫它"木"、"火"或者"土"，而它仍然是自然界的"水"这一物质。电影的能指与所指的结合却遵循着"相似性"或者说同一性的原则，即电影的能指与所指"合二为一"。用现象学美学家杜夫海纳的话说就是："电影画面根本没有能指与所指的差距"，"因为它是它所表现的东西"②。电影能指与所指的关系使电影画面本身就包含着被表达物的意义和形象，甚至直接就是原材料的再现。所以，即使非职业演员表情动作的含义与整个剧情的内容和走向"风马牛不相及"，却仍然能够达到同样的效果。

三、观众对非职业演员有着极大的审美期待

"人类的一切活动都是指向人自身的，并且只有在社会中才能见出活动的意义"，当艺术家完成艺术作品的创造活动以后，接下来就是观众的欣赏/审

---

① ［苏联］普多夫金：《论电影的编剧、导演和演员》，中国电影出版社1984年版，第221页。

② ［法］杜夫海纳：《哲学与美学》，社会科学出版社1984年版，第99页。

美活动。能否得到观众的普遍认可，就代表着艺术作品的成功与否。对于演员的表演更是如此，因为"表演缺乏观众的欣赏，表演就不是表演了"。① 所以，若要弄清非职业演员银幕成功的奥秘，必须把最后的落脚点放在观众那里。

其一，观众既往的审美经验决定了他们接受非职业演员的可能性。回望我们人类几千年的文明长河，尤以描摹现实的文艺作品最为强劲。它们既创造了欣赏写实作品的人类群体，又逐渐培养起他们欣赏作品时期待真实图景的审美需要，作为艺术界后起之秀的电影似乎就是为满足人类的这种需求而产生的。虽然影片的写实风格不一定非职业演员所能成，但其自身强烈的真实气息却能给电影带来职业演员难以比拟的写实风格。艺术史上古今中外的写实作品和电影史上由非职业演员出演的影片，一起作为文化的产品，一层又一层地积累在观众的心灵中，形成了一种先在的理解模式。接受美学认为，正是这种由过去的审美经验所形成的理解模式，使接受者（观众、读者、听众）在接受新的作品之前已经产生了接受同类作品的期待视野。因此，观众对电影非职业演员期待视野的产生，就来自自己以前阅读写实作品和观看由非职业演员出演的影片所形成的审美经验。同时，人类祖先欣赏写实作品所获得的审美经验的内在遗传，也可以看作现代观众对非职业演员期待视野产生的来源。瑞士心理学家荣格认为，人类世世代代普遍性的心理经验也会长期积累，"沉淀"在每个人的无意识深处，其内容不是个人的而是集体的、普遍的，是历史在"种族记忆"中的投影，因而叫集体无意识。我国美学家李泽厚在谈及后代人喜欢前代作品的欣赏现象时，也曾设想欣赏经验集体无意识的存在。因此，上代观众审美经验的内在遗传也会促使现代观众对非职业演员期待视野的形成。

其二，观众现实的生活经验孕育了他们对电影非职业演员的期待心理。由非职业演员出演的电影表现更多的是那些普通而真实的人——他们更能使我们产生本能的亲近感，因为他们常常就是我们身边的亲友、邻居，或者只有一面之交的人，甚至就是我们自己。从现实生活经验的角度来理解观众对电影非职业演员的接受，与后结构主义电影理论的"镜像阶段"论不谋而合。"镜像阶段"论认为，6 到 18 个月大的婴儿已经开始觉察到自己和他人的区别了。虽然这时的婴儿还不会说话和自由行动，却能够通过镜子确认自己：确认自己和自己镜中影像（即镜像）的同一，并由此而发现自己与别人的不同。电影观

_____

① 彭万荣：《表演诗学》，中国社会科学出版社 2003 年版，第 212、214 页。

众与电影画面之间的关系就类似于婴儿及其镜像的关系。尽管电影画面与镜子对人像的反映有很大的差别，但因为由非职业演员出演的电影对生活和人的表层毫无顾忌的逼真再现，并由此揭示了其中合规律性的本质，观众仍然愿意（甚至乐意）像婴儿认同自己的镜像那样认同非职业演员的银幕形象，并通过逼真的电影画面重新认识自我和他人、自我与他人的区别、自我的生活和他人的生活、自我和他人的微妙关系等。

其三，对非职业演员的接受，也是观众渴望在现实生活中释放自己天然本性的一种补偿心理。在现实的日常生活中，我们不可避免地要与自己讨厌甚至憎恶的人打交道，还常常要做自己不喜欢的事情和工作。这时，我们就必须带上某种面具——在荣格的格式塔心理学中叫做"人格面具"，与之相对应的由人的遗传、血质、不同的文化和生活经历所形成的性格就是人的"天然本性"。荣格认为，人格面具虽然不一定就是人的天然本性，却是"社会生活和团体生活的基础"，因为它不但能使我们和不喜欢的人和睦共处，还"可以使人生活的自由些，也较少受人打扰"①。当我们自觉地接受一定的社会规范和文化习俗时，也就是在用人格面具掩盖天然本性的时候。但是，倘若这种面具走向极端，压抑了我们的天然本性，就会造成不同程度的精神分裂。由于人不可能脱离社会及其文化氛围而独立存在，我们就必须时刻戴上人格面具，然而从内心讲，我们都想按照自己的天然本性自由地生活。出于舒放天然本性的需求，观众希望在银幕上看到真实的人，不仅看他人格面具的一面，而且看他天然本性的一面。表演技能从某种程度上说就是一种虚饰、做假，因为它需要演员掩饰自身的真实性格，屈从于角色的思想性格。而没有演技的非职业演员是作为真实的人走上银幕的，他们的一言一行一举一动，几乎都是天然本性的自然流露。"观赏者对艺术形式的欣赏和关照，实质上是对我们自身灵魂与生命的形式（包括了它的生存，成长和消亡过程的整体性）的领会。"② 在观影中，非职业演员真实的形貌举止可以获得观众更多的心理认同感，把自己投射到他们身上，一定程度上补偿了自己现实生活中的不满和缺憾，缓解了自己在现实生活中的失落和懊丧，同时也就是满足了观众坦诚自己天然本性的心理欲求。

其实，研究非职业演员落脚于非职业演员之外（电影或电影表演本身，

---

① 陆扬：《精神分析文论》，山东教育出版社 1998 年版，第 106 页。

② 滕守尧：《审美心理描述》，中国社会科学出版社 1985 年版，第 298 页。

导演、职业演员或摄影师、剪辑师等电影工作者），才能得出有现实意义的研究结果。比如对于导演来说，研究非职业演员可以帮助他们重新定位自己与演员的关系、重新思考如何更有效地激发演员的创造力以及如何拍出更受观众欢迎的影片；对于职业演员来说，研究非职业演员则会给他们带来一些启示：如何处理日常生活与艺术的关系、如何处理艺术虚构与角色真实的关系、什么样的表演更易得到观众的认同；对于摄影师来说，研究非职业演员却可以帮助其如何捕捉演员更真实、更符合影片需求的表演，等等。本文只是一次粗浅的尝试，却奢望它能够为后来者进一步的研究提供某些经验。

（作者单位：广东工业大学通识教育中心）

短　论

何 为 艺 术?
——以乔治·迪基《艺术是什么》为中心

徐照明

一、西方当代艺术的哲学美学背景

以"何为艺术"为中心的西方当代艺术理论探讨中的众说纷纭、莫衷一是的状况，与实践领域无所不用其极的所谓"先锋派"艺术是一致的。而这种艺术理论的思想又和当代哲学、美学领域的思想密不可分。"从一种角度讲，当代是信息混乱的时期，是一种绝对的美学熵状态（美学扩散及消失后的状态）。"① 而当代哲学、美学则完成了对传统哲学、美学的较为重要的转变，呈现出非理性、甚至反理性的特征，具体表现在科学哲学、美学与分析哲学、美学的思想倾向上，前者直接延着费希纳所开辟的"自下而上"的美学研究道路，重视对美和艺术进行科学实证的研究，尤其关注其中的审美经验、审美心理研究，鲁道夫·阿恩海姆，约翰·杜威是其中重要的代表；后者强调对审美判断中所使用的语词、意义做精密的语义分析，维特根斯坦、韦兹是重要代表。

与此相对应的是艺术思想领域内的新的思想动向，"现代标榜科学、理性的美学日益导致形式主义，甚至是'美学取消主义'；非理性的美学则越来越成为一种'诗化哲学'，它排斥一切科学，立足于诗性和审美感受。而真正的哲学即形而上学在今天不再是'科学的科学'，而是'艺术的艺术'、'伦理的伦理'"②。首先，艺术的审美经验取代艺术的形而上学探讨成为关注的中心。

---

① ［美］阿瑟·丹托：《艺术的终结之后——当代艺术与历史的界限》，江苏人民出版社 2007 年版，第 15 页。

② 邓晓芒：《西方美学史纲》，武汉大学出版社 2008 年版，第 126 页。

其次，艺术的表现论，尤其是非理性的表现理论成为主导理论。最后，与艺术的表现论相关的艺术形式问题成为艺术中的重要问题。

二、当代美学关于"艺术是什么"的争鸣

如上所说，当代艺术领域的基本问题和哲学、美学的基本问题是紧密相连的，或者说，艺术问题是哲学、美学问题的更为具体的表现，是哲学、美学问题的风向标。如同哲学、美学中对哲学、美学这一本体论概念所展开的质疑、讨论，艺术中的艺术概念，或者说艺术的本质问题成为探讨、争论的焦点。这主要体现在两个方面，首先，是反对"艺术本质论"的观点。其次，是支持艺术本质论的观点。

反对"艺术本质论"的观点，以维特根斯坦及其后继者韦兹为代表。从语义分析的角度，维特根斯坦认为，美这样的词仅仅如同"呵！"的感叹一般，是个形容词，而不是传统美学里所谓的有一种美的特质这样的客观的属性，因此，美、艺术这样的词是一种逻辑上的误用，它们是开放性的概念，探索"什么是美"，"什么是艺术"这样的问题，是没有意义的，也是没有可能的，因为，它们之间没有共同的特质，有的无非是些相似的因素。维特根斯坦对传统美学、艺术概念所做的一种分析，是一种"消极"的澄清，消解了美、艺术定义的可能性。

这种反本质主义的哲学、美学为后来者提供了方法，韦兹、肯尼克等分析美学家是维特根斯坦理论的坚定支持者，他们认为，这种美学可以回答当前艺术难以定义的窘境，一方面，他们利用它来解释当代艺术中以先锋派为代表的艺术中的艺术现象，尽管这种解释是不确切的，并不令人满意。另一方面，他们借此表明对传统哲学、美学、艺术的反叛。

在传统美学中，源于古希腊的传统艺术，尽管艺术概念处在不断的变化中，但艺术是人所创制的作品这一点是没有分歧的，但韦兹却将构成艺术的必然条件"人工制品"也抽掉，连"漂浮木"这样的自然物也成为艺术作品，这样，当代的艺术作品成为最广义的艺术品，艺术与自然的区别完全被打破，艺术的概念似乎得到了前所未有的扩展，或者，毋宁说传统艺术已经消亡。

当代分析哲学中支持"艺术本质论"的观点，在反对"非本质论"的艺术理论，反对传统理性的形而上学，以及认为艺术可以定义并努力清晰定义等这些方面是共同的，但具体应该怎样给艺术定义，却有不同的观点。

唐纳德·沃尔豪特认为分析美学出现之前的艺术的性质是简单明了并且具有一定逻辑程序的，主张从经验上、标准上、形式上分别考察艺术作品最频繁的效果、艺术作品最有意义的效果以及艺术所产生的效果是否必须不变，以此弄清艺术作品所能发挥的主要作用，并作为艺术性质的基础，这样，就可以回答：艺术作品所具有的共同特征是什么？艺术作品是否具有一种共同特征？艺术作品的充分必要条件有哪些？是否有一种必要和充分的条件在支配"艺术作品"这一术语？

斯图尔特·汉普沙尔（Stuart Hampshire）认为艺术是许多不同性质概念的集合体，一种从一定时代、社会背景出发的概念不仅是可能的，而且也是必要的。与此相似，罗德里克·奇泽姆（Roderick Chisholm）坚持通过问"一件艺术作品的充分必要条件是什么"，即"艺术作品仅为它自己所有的本质特征"而可以通达艺术性质问题的中心。

以上是从审美以外来探讨艺术的定义，从审美相关的领域来探讨定义的观点也表现在一些美学家的定义中。

迈克尔 H. 米蒂阿斯（Michael H. Miteas）认为，艺术的本质是它可以产生审美经验。与保罗·齐夫认为艺术作品是适合于审美注意的对象相似，斯蒂芬·戴维·罗斯（Stephen David Rose）认为应该从艺术作品所引起的效果给艺术作品下定义。

这种坚持艺术可以定义的思想，一方面，如同"艺术非本质论"的思想一样，反对传统静观的、审美的、形而上学的艺术定义；另一方面，坚持艺术可以定义，或者以来自传统的审美心理为依据，或者从社会历史背景出发。这种定义，在与传统的艺术定义产生巨大的差异、反传统的同时，还关注了自己思想对手的论证，并为解释当代日益复杂的艺术现象留下了余地。乔治·迪基的艺术思想就是这种倾向的代表。

三、乔治·迪基《艺术是什么》的解读

乔治·迪基是主张"惯例论"（Institutional theory）艺术理论的分析美学家，它的定义随着论敌的批判有过修正，总体上他的"惯例论"一方面不同于传统形而上学的艺术理论，另一方面和分析美学中的"艺术非本质论"有较大差异，在艺术本质能否定义的核心观点上，"惯例论"认为艺术是可以定义的观点和"艺术非本质论"的代表维特根斯坦及韦兹直接相对。

乔治·迪基的惯例论认为，一件艺术作品必须具备两个最基本的条件：首先，它必须是件人工制品；其次，它必须由代表某种社会惯例的艺术界中的某人或某些人授予它以鉴赏的资格。

这种惯例论的艺术思想在乔治·迪基的这篇"艺术是什么"的短文中已经有较为清晰的论证，其中最后一句话的总结正是显示了这种定义艺术的特点："艺术作品是一个人已经说过的对象，'我把这个对象命名为艺术品。'"①首先，艺术作品是一个对象，而这个对象，乔治·迪基之前已经做了区分，它是一种人工制品。其次，说明了在艺术品成其为艺术品中"主体授予"的重要作用。这箴言性的总结自信地对应于前文对艺术品的定义，"即描述性感觉中的艺术作品是：（1）一个人工制品。（2）建立在社会或社会的族群所授予的欣赏候选者资格的基础上"②。

迪基在文中讨论了艺术概念与艺术的门类的亚概念的关系，认为艺术的亚概念像悲剧、雕塑、绘画、羊人剧、偶发舞蹈等因缺乏充分必要条件无法定义，但是这些亚概念之和即类概念——"艺术"是可以定义的，原因是这些亚概念中的共同特征"人工制品和一个以及更多的艺术作品的特征将它们与非艺术相区分"③，在这点上，他体现了和主张艺术及其门类亚概念都不能定义的韦兹的思想差异的。一方面，声明了艺术可以定义，区别于艺术无本质。另一方面，为艺术的定义设定了一个必要条件，即人工制品，尽管不是唯一的，但区别于无条件。

迪基在最初论述韦兹所谓的"人工制品"时，似乎还没有把像"漂浮木"这样的自然对象包括在人工制品中，而仅仅把"这块浮木是多么美好的一个雕塑"一句中，关于认定浮木为雕塑的观点作为一种"评价性的"的表达，而非描述性的（即定义）的表达。但在后面的论述中，这种类似"漂浮木"的自然对象也被纳入了人工制品的范畴。

自然对象被纳入人工制品范畴与迪基定义中的第二个条件，即"建立在社会或社会的族群所授予的欣赏候选者资格的基础上"的观点密不可分。在

---

① George Dickie. Defining Art. In Steven M. Cahn. *Philosophy For The 21st Century*. New york Oxford University Press, 2003, p. 787.

② George Dickie. Defining Art. In Steven M. Cahn. *Philosophy For The 21st Century*. New york Oxford University Press, 2003, p. 785.

③ George Dickie. Defining Art. In Steven M. Cahn. *Philosophy For The 21st Century*. New york Oxford University Press, 2003, p. 784.

此，授予艺术资格的主体是"社会或社会的族群"，也就是丹托所谓的一个带来艺术历史知识，一个带来艺术气氛理论的"艺术界"，迪基认为，正是这样一种艺术界的惯例授予了人工制品的艺术品资格，如同牧师通过对一个人的洗礼而使其进入教堂。而且，这种艺术品资格的授予超出了艺术家自身创造出的作品的范围，甚至超越了与自然物相对立的人工制品的范围。前者，在于以迪尚为代表的先锋派艺术的理论的即将一个工厂生产的便池作为"喷泉"进入艺术馆展出，以此确立其艺术品的资格；后者，受前者的启发，一个自然界的"漂浮木"在通过"带回家，并挂在墙上"，或者"拾起自然对象，并把它送去展览"的方式授予其资格而成为艺术品。与此相关，迪基还谈到了欣赏的问题，他认为当今艺术是一种特别的审美欣赏，尽管绘画、诗歌等门类艺术作品差别很大，但"如果我们认为，欣赏就像意味着在经历一个人所发现的事物的有价值的品质，那么，各种各样的欣赏相似是没有问题的"①，这里，迪基从审美鉴赏的角度，阐述了所谓当代艺术鉴赏的可能，即有一种"价值"标准，尽管他没有进一步阐释是何种价值。但，从他的思想可以推断，所谓审美价值标准无非是判定艺术品之为艺术的艺术家群体，艺术界机制。

在《艺术是什么》文末，迪基将他所提供的艺术"惯例论"理论与传统的定义进行了五点区分。

第一，他认为，"并不试图把好的艺术的概念带入到艺术的定义"②，迪基这里显然是与传统受传统理性哲学、美学影响的静观的审美相区分，去除传统中与美紧密联系的善，这种善具有丰富多彩的内容，通常作为内容与形式相对，与感性与理性、他律与自律等另外几对传统范畴密切相关。

第二，他认为，艺术"并没有超载"，并用马戈利斯"艺术是人类的探索活动，是在一种超理性、虚幻的方式中创造出来的现实"③ 的论断来支持其观点，在此，迪基认为承担了模仿、表现以及与之相关的功能的传统艺术定义对艺术的强迫，艺术似乎不堪承受其重。

---

① George Dickie. Defining Art. In Steven M. Cahn. *Philosophy For The 21st Centry*. New york Oxford University Press，2003，p. 786.

② George Dickie. Defining Art. In Steven M. Cahn. *Philosophy For The 21st Centry*. New york Oxford University Press，2003，p. 787.

③ George Dickie. Defining Art. In Steven M. Cahn. *Philosophy For The 21st Centry*. New york Oxford University Press，2003，p. 787.

第三，他认为："艺术不包括形而上学和非经验理论。"① 如同流行的分析哲学、科学哲学的套路，一方面，他的艺术定义区别于传统思辨的形而上学的探究，另一方面，他的定义是来自经验，并且可以在现实经验中得到证明。

第四，他认为，他的定义范围"是非常广阔的"②，具有很大的内涵，并与在当今受到嘲弄的传统模仿理论相区分。传统艺术的模仿理论的压力在于当代以先锋派艺术为代表的艺术的挑战，显然，模仿无力对诸如废品雕塑、漂浮木艺术品、噪音音乐等先锋派作品作出雄辩的说明，迪基的定义对此却能说明。

第五，他认为，"这种定义考虑（或至少试图）了过去和当今艺术界的现实实践"③。在此，迪基鲜明地表明了其艺术定义的重要前提，即"过去和当今艺术界的现实实践"，这就是他惯例论的理论来源，或者说是其涵盖的范围。"过去和当今艺术界的现实实践"有着广泛的涵盖面，当今沿袭过去而来的艺术理论，艺术家群体，甚至艺术馆、剧院的演出设施及营造出的艺术气氛。

四、乔治·迪基艺术"惯例论"的影响和局限

乔治．迪基惯例论中的核心概念"艺术界"源自阿瑟·丹托的论文《艺术界》，其惯例论的影响也是明显的，T. J. 迪夫利、马西娅·米尔顿·伊顿等吸取并改造了惯例论，另外一些从文化的角度对艺术进行定义的艺术家，如罗伊登·拉比诺维茨（Royden Rabinowitch）、理查德 H. 贝尔（Richard H. Bell），也受其影响。

如同乔治·迪基的艺术惯例论对当代艺术理论和实践的影响，对其批评和质疑也一直没有停止。

首先，以迪基为代表的艺术惯例论试图为以先锋派为代表的当代艺术证名，因此，反映在其理论上，便有将理论复杂化、牵强化的倾向，对"漂浮

① George Dickie. Defining Art. In Steven M. Cahn. *Philosophy For The 21st Century*. New york Oxford University Press, 2003, p. 787.

② George Dickie. Defining Art. In Steven M. Cahn. *Philosophy For The 21st Century*. New york Oxford University Press, 2003, p. 787.

③ George Dickie. Defining Art. In Steven M. Cahn. *Philosophy For The 21st Century*. New york Oxford University Press, 2003, p. 787.

木"成为艺术品的解释就是这样的表现。

其次，一方面，迪基惯例论中的"惯例"被斥为固守于传统而与传统之外艺术的本性格格不入。但另一方面，它却丢掉了一个重要的传统，即社会历史的发展。"艺术与非艺术的区分绝不是由某个人对某种活动和活动的产品授予'艺术'的称号的结果，而是人类的艺术活动具有不同于其他活动的本质特征和社会功能，于是在人类的语言中才产生了'艺术'这个词"①。

再者，在构成惯例论定义的两个必要条件中，最重要的显然是授予艺术品资格的艺术界体制，但这一条件显然过于抽象，首先，究竟谁是艺术界中的人。其次，如果确定了艺术界的人的范围，但如果对艺术作品的资格存在异议，怎么解决？

M. C. 比尔兹利认为迪基应该回答授予活动能做什么、授予对象是什么、谁来授予、授予活动的本质是什么四个相关问题后才能得到自圆其说。他认为，"艺术品并不能由本身很模糊的授予来决定，赛马运动员之所以戴上赛马场的帽子是因为他先取得了参赛资格，而非戴上帽子才具有参赛资格"②。与此相应，另一种观点认为一些欣赏物并没有在授予资格后才能欣赏，如欣赏自然风景。

另外，迪基惯例论的另一局限，是他惯例论的根基是历史文化学，用一种文化判断来代替传统的审美判断，是一种大而化之的一般化说法，无法确切地指出艺术的定义。

最后，这种历史文化学的根本缺陷是没有追问其本性，只是在历史中呈现的经验事实或它们的总结，因此，开端没有被探讨。

（作者单位：武汉大学哲学学院）

---

① 刘纲纪：《艺术哲学（新版序）》，武汉大学出版社 2006 年版，第 4 页。
② 朱狄：《当代西方哲学》，人民出版社 1996 年版，第 119 页。

古汉语"艺术"词义简析

范明华　靳　晶

在美学史上，"什么是艺术"的问题始终是一个难题。美学家们给出的定义往往难以令人满意，尤其是难以令那些游离在新旧艺术之间，甚至游离在艺术与非艺术之间的边缘上的先锋艺术家满意。这个问题的症结在于：一方面，艺术作为一种与人的价值观念相关的文化活动始终处在不断的变化之中；另一方面，"艺术"作为一个语词的含义也同样处在不断的变化之中。这种情况使得理论上的界定变成了一种暂时的假定，一种权宜之计。美学家们对"艺术是什么"的回答也似乎转换成了对另一个问题的回答，即"艺术应该是什么"。而一般人对"艺术"的模糊认知则常常依赖于语言的惯例。因此可以说存在着两种艺术定义，一是美学家给出的定义，一是按照惯例给出的定义。这两种定义有时相互交叉，有时则互不相干。

从语言学的角度说，或者说从惯例的角度说，"艺术"一词的含义无论是在中国还是在西方，都经历了非常复杂微妙的演变。英国史学家和美学家柯林伍德说："'艺术'的美学含义，即我们所关心的含义，它的起源是很晚的。古拉丁语中的 Ars，类似希腊语中的'技艺'，意指完全不同的某些其他东西，它指的是诸如木工、铁工、外科手术之类的技艺或专门形式的技能。在希腊人和罗马人那里，没有和技艺不同而我们称之为艺术的那种概念。……古拉丁语中的 Ars，很像早期现代英语中的 art，词形词义都是借用的。它意指任何形式的书本学问，例如语法、逻辑、巫术和占星术之类。……可是文艺复兴时期，首先是意大利，然后是其他各国，人们又重新恢复了'艺术'一词的古老含义……一直到 17 世纪，美学问题和美学概念才开始从关于技巧的概念或关于技艺的哲学中分离开来。到了 18 世纪后期，这种分离越来越明显，以至确定了优美艺术和实用艺术之间的区别；这里，'优美的'艺术并不是指精细的或高度技能的艺术，而是指'美的'艺术。到了 19 世纪，这个词组通过去掉表示性质的形容词，并以单数形式代替表示总体的复数形式，最终压缩概括成为art。"①

　　相比于西方，中国人对"艺术"的理解以及"艺术"一词（按："艺术"一词出现在汉代，汉代以前只说"艺"而不说"艺术"）的使用，也经历了类似的演变过程。但其中既有与西方相同的方面，也有与西方不同的方面。

　　汉语的"艺"字，本义为种植，《说文》谓："艺，种也。"甲骨文中的"艺"字是一个人在种植的形象，含有劳动、生产、技术的意思在内。"艺"字，古文写作"藝"，也写作"埶"，《汉书·楚元王传》颜师古注："埶，古艺字。"《广雅·释诂》："艺，治也。""治"是指"治理"，也是指"种植"一类的农业生产。《诗经》里有不少"艺"字，全都指的是"种植"的意思，如《诗经·唐风·鸨羽》谓："不能艺稻粱。"又如《诗经·齐风·南山》谓："艺麻之如何？"一直到战国秦汉时代，都还保留了这种含义，如《左传·昭公十六年》谓："艺山林也。"《管子·立政》谓："行乡里，视宫室，观树艺，简六畜。"《孟子·滕文公上》谓："树艺五谷。"《史记·五帝本纪》谓："治五气，艺五种……播百谷草木。"甚至到了明清时代，也还不乏以"艺"为"种植"的用法，如明刘基《诚意伯刘文成公文集》中说的"启陑篝以艺粟菽"、清张廷玉《明史·海瑞传》中说的"令老仆艺蔬自给"，等等。这种以"艺"为"种植"的用法，大抵是与中国古代很早就进入农业社会的事实相关。

　　然而，大约从战国以后，"艺"字的指涉范围就开始扩大了。《论语·述而》中讲的"游于艺"，《论语·雍也》中讲的"求也艺"，《论语·子罕》中讲的"吾不试，故艺"，《庄子·天地》中讲的"能有所艺者，技也"，《尚书·周书·金滕》中讲的"多材多艺，能事鬼神"，《周礼·天官·宫正》中讲的"会其什伍而教之道艺"，《汉书·楚元王传》中讲的"楚元王……多材艺"，以及先秦两汉时代的所谓"六艺"，都与"种植"无关，它指的是一些与社会生活有关的专门技术或技能。"材"、"艺"均指技能，其中，《尚书》说周公旦"能事鬼神"的"艺"，是巫师的技能——龟卜、蓍占（占卦）一类预测吉凶祸福的技术（方技、方术）。至于"六艺"，在汉代有两种说法：一是指礼、乐、射、御、书、数，这是汉代人编的《周礼·保氏》的说法；一是指《易》、《诗》、《书》、《礼》、《乐》、《春秋》"六经"，这是汉儒的说

---

　　① 〔英〕柯林伍德：《艺术原理》，中国社会科学出版社1985年版，第6~7页。

法。前者也叫"小六艺"，后者也叫"大六艺"。"小六艺"，按宋儒朱熹《朱子语类》的说法，是小学的科目，所谓"礼、乐、射、御、书、数"，即礼仪、音乐、射箭、驾车、字学（"书"非书法，而是文字学）、数学（实即为算术）。而"大六艺"是大学（太学）的科目，即《易》、《诗》、《书》、《礼》、《乐》、《春秋》六部儒家经典。一般来讲，最普遍的说法是以为礼、乐、射、御、书、数为"六艺"，这也是《论语》中"艺"字的基本含义。

在古代，"艺"、"技"、"术"可以通用互训。如上引《庄子·天地》中谓："能有所艺者，技也。"即以"艺"、"技"为同一概念。《礼记·乡饮酒义》郑玄注："术，犹艺也。"孔颖达疏："术者，艺也。"即以"艺"、"术"为同一概念。

"技"是手的活动或手工制作。《说文》："技，巧也。""技"是能够体现人的特殊才能的手工技术，所以也称为"技巧"。《汉书·艺文志》谓："技巧者，习手足，便器械，积机关，以立攻守之胜者也。"这是指制造弓弩、刀枪、剑戟等军事器械的技术。但《礼记·王制》说得更广："凡执技以事上者，祝、史、射、御、医、卜及百工。"这里的"百工"是个概数，泛指所有手工技术工人（工匠）以及他们所从事的行业，而"祝"是以言语祷告神灵的巫师，"史"是草拟文辞、记录社会生活事件的史官，"射"是射箭的人，"御"是驾车的人，"医"是行医的人，"卜"是占卜（卜，指龟占）的人。其中，"祝、史、射、御、医、卜"，也可用以指代这几类人所从事的行业。

"术"是方术（也称为"方技"），"方"指方国、地方、民间等。"方术"有与王公贵族的学问不同的、民间的知识技能的意思。在古代文献中，"艺"有时专指方术，如《广韵》所谓："艺也，又方术也。""方术"、"技术"最初在内容上是一个东西，到后来逐渐神秘化，成为预知死生、吉凶、祸福以及上知天文下知地理、导养神气、长生久视的"道术"。《庄子·天下》："天下之治方术者多矣。"成玄英疏："方，道也。自轩顼已下，迄于尧舜，治道艺术方法甚多。"秦汉时期，方士大行其道，"方术"成为"术"、"艺"的主要内容。而"方术"则成为用天象、灾变、变异（奇特的自然现象）和阴阳五行之说来推测、解释人和国家的吉凶祸福、气数命运，以及追求个人长生不老、国家永远昌盛的卜筮术、占星术、观相术、遁甲术、堪舆术、医术、养身术、房中术、炼丹术、神仙术等的总称。按《汉书·艺文志》的说法，方术可分为数术和方技两大类。数术又分天文、历谱、五行、蓍龟、杂占、形法六种，方技则分为医经、经方、房中、神仙四种。

　　"艺"、"技"、"术"的互通，特别是由于"方术"的流行，促成了"艺"、"技"、"术"三个字的结合，于是在汉代出现了一个词组——"艺术"，如班固《答宾戏》中说："扬雄覃思，《法言》、《太玄》，皆及时君之门闱，究先圣之壶奥，婆娑乎艺术之场，休息乎篇籍之囿，以全其质而发其文，用纳乎圣德，烈炳乎后人，斯非亚与！"又范晔《后汉书·孝安帝记》中说："诏谒者刘珍及《五经》博士，教正东观《五经》、诸子、传记、百家艺术，整齐脱错，是正文字。"班固所说的"艺术"指的是卜筮一类的东西，而范晔所说的"艺术"则似乎包括经史诸子以外的所有方技和技术。

　　汉代以后，"艺"和"艺术"同时使用，但含义也极广。如三国时魏国人邯郸淳所著《艺经》，内容包括围棋、弹棋、博局、投壶、藏钩等古代游戏。《晋书·艺术传》中的"艺术"则专以占卜为"艺术"，所谓"艺术之兴，由来尚矣。先王以是决犹豫，定吉凶，审存忘，省祸福"。《魏书·艺术列传》中的"艺术"既有卜筮术，也有医术。《世说新语》卷下有《巧艺》一篇，其内容包括建筑、书法、绘画、射箭、骑马、下棋等在内。《旧唐书·顺宗本纪》谈到"艺术"时说："史臣韩愈曰：顺宗之为太子也，留心艺术，善隶书。"这里的"艺术"一词，特以书法为例，与我们今天所说的"艺术"已有相近之处。此后如《新唐书·艺文志·杂艺术类》，《通志·艺文略》等书中的"艺"和"艺术"一词，所包含的范围也都十分庞杂，与汉代以后各类典籍中所列举的名目大致相当。至《清史稿·艺术列传》，始作一概括，认为过去史书中的"艺术"这一部分的内容"或曰方技，或曰艺术。大抵所收多医、卜、阴阳、术数之流，间及工巧。夫艺之所赅，博矣众矣，古以礼、乐、射、御、术、数为六艺，士所常肄，百工所执，皆艺事也。近代方志，于书画、技击、工巧并入此类，实合于古义。"

　　总的来说，古代的所谓"艺"和"艺术"，范围十分宽泛，其内容大体包括四类：一是种植、园艺、营造、家具和器皿制作等手工生产技术；二是卜筮术、占星术、观相术、风水术、炼丹术、医术、算术、天文、地理等方技；三是射箭、驾车、骑马等军事训练活动，以及围棋、弹棋、投壶、蹴鞠、魔术（幻术）、杂技等体育竞技活动或游戏娱乐活动；四是书法、绘画、雕刻、音乐、舞蹈等观赏性的艺术活动（至于把"六经"也称为"艺"，则是一种比较特殊的用法，而且多半也是汉儒的说法，魏晋以后用的也就少了）。

　　由以上分析可知，中国古代并没有"美的艺术"和"美术"的概念，也很少把"艺"和"艺术"与"美"联系起来，甚至也没有刻意明确美学意义上的、总的"艺术"概念。当我们去查找和搜索古代文献中"艺"或"艺术"这个词汇的时候，我们通常发现的是一些与我们今天所说的"艺术"完全不同的东西。

"艺术"一词的这种演变，其实也反映了一个历史事实，即"艺术"的内涵和外延都是不确定的。我们无法找到一个永远不变的艺术定义。有的过去被视为"艺术"的东西可能被历史所淘汰，而有的新出现的"艺术"现象也可能挑战既有的艺术定义并被接纳到"艺术"的范围之内，甚至有的已经被淘汰的东西也有可能重新发现而再次拉进"艺术"之门。这一切其实都与传统、惯例和特定时代的价值取向有关。

但这不等于说中国古代就没有审美意义上的"艺术"存在，也不等于说中国古代就完全混淆了审美意义上的"艺术"与种植、卜筮术之类的差别。

中国古代没有"美的艺术"和"美术"的概念，这是因为在中国古代美学史上，"美"并不是一个中心概念。西方的"美的艺术"概念的出现，既与古希腊以"美"为最高理念的美学思想有关，也与以"美"为最高评价标准的古典艺术和古典主义艺术有关。可以说，西方近代美学中的"艺术"概念的出现，以及"艺术"与"技术"的分离，是"美"的理念渗透于艺术并逐渐占据主导地位的必然结果。

而在中国古代，审美意义上的"艺"和"艺术"的概念是与"道"的概念结合在一起的（当然，这种结合首先是由哲学家和美学家提出来的）。中国古代不但有"艺道"和"道艺"的说法，而且很早就把"艺"和"艺术"与"道"联系起来看待。可以说，正是"道"的概念，以及与之相关的气、神、意、理、韵、趣、自然等概念的介入，才使得中国古代具有审美意义的"艺术"观念得以凸显出来。因此也可以说，"道"是使作为技术的"艺术"逐渐向审美的"艺术"转变的一个关键。

先秦时代的儒、道两家就已经开始从"道"的角度来言说"艺"（或"技"）。如《论语·述而》中说的："志于道，据于德，依于仁，游于艺。"《庄子·养生主》中说的："道也，进乎技矣。"孔子与庄子所说的"道"，意义不同，但也有相同的地方，即他们都认为"艺"（或"技"）不只是"艺"，或者说，"艺"还有超出它本身之外（或之上）的意义。

自魏晋以后，"道"、"艺"（包括"文"）相提并论已逐渐潜移默化为一种传统，一种得到广泛认同的美学话语。如王微《叙画》中引颜延之的话说："图画非止于艺行，成当与《易》象同体。"即认为绘画不是普通的技艺，它可以像《周易》的卦象一样体现天地阴阳的变化之道。又如刘勰《文心雕龙·原道》中说："辞所以能鼓动天下者，乃道之文也。"符载《观张员外画松图》评张璪的画说："观夫张公之艺，非画也，真道也。"《宣和画谱·道释叙论》中说："艺也者，虽志道之士所不能忘，然特游之而已。画亦艺也，进乎妙，则不知艺之为道，道之为艺。"这些看法都是把"艺"（包括"文"）与"道"联系起来，把"道"看成"艺"的根据，而把"艺"（包括"文"）看成"道"的补充和表达。清代学者刘熙载的看法最具代表性且言简意赅，他在《艺概》的序言中开宗明义就说："艺者，道之形也。""形"即形象，作动词用即"形成"、"成形"，用现在的话说，也可谓之"呈现"、"显现"。而这句话的意思就是说：艺术是道的形象，是道的呈现或显现。这大概可以说是中国古代关于"艺"、"道"关系的最精准的表述。

　　"道"的概念与"艺"的概念的结合（不管这个"道"是儒家的"道"还是道家的"道"或者是别的意义的"道"），大大地扩展了"艺"的内涵。它不仅提升了"艺"、"艺术"和艺术家的地位，而且更主要的是赋予了艺术以一种形而上的品格，给了艺术一个不断提升自身审美价值的终极目标，并使艺术能够超出物的层面，形的层面，以及技术的限制。这种形而上的终极目标，虽不是艺术价值的全部，但是艺术价值的根据，是中国古代艺术意境的基石。法国当代画家巴尔蒂斯说：在"物象的背后，还有另外一种东西，一种眼睛所不能见到但可以用精神去感觉到的真实存在。中国古代大师之所以高明，能征服后人，能征服我们，就在于他们捉住了这种东西，并且完美地把它表现出来"[1]。巴尔蒂斯所说的"背后的东西"，具体而言是中国绘画理论中经常谈论的"神"、"气韵"、"生气"，是荆浩《笔法记》中所说的"度物象而取其真"的"真"，是张彦远《历代名画记》中所说的"意存笔先"、"画尽意在"的"意"，而从根源上说，则即是符载所说的"非画也，真道也"的"道"。

（作者单位：武汉大学哲学学院，武汉大学文学院）

---

　　① ［法］巴尔蒂斯：《巴尔蒂斯论艺术》，啸声译，载《美术家通讯》（内刊）1995 年版。

审美主义艺术的发展与局限

张　昕

一、审美主义艺术辨析

在学术界，Aestheticism 通常译为两层含义，广义上是审美主义，狭义上是唯美主义。

可以笼统地讲，从文艺复兴开始到现代主义之前的欧洲艺术主流是审美主义艺术。从卡拉瓦乔到现实主义的种种艺术样式和题材，莫过如此。

哲学层面上的审美主义，主要来自于尼采、海德格尔和福柯的理论。在《悲剧的诞生》中，尼采认为："只有作为审美现象，生存和世界才是永远有充分理由的。""艺术是生命的本来使命，艺术是生命形式上的活动。"① 尼采认为审美至上，审美超越善恶、规范和习俗，只服从于创造的冲动，只承认个人生命意志的实现。他在《快乐的科学》中提出："我们要成为我们自己——新颖、独特、无可比拟、自我立法，创造自我的人！"② 海德格尔继承尼采的思想，把审美看做人类生存的最根本结构和方式，他在《艺术品的起源》和《林中路》中，都认定："艺术使世界生成；审美与其说是一个艺术问题不如说是一种与世界的联系方式。"③ 他的审美主义使他认为艺术是对真理的启示，是在创造真理。福柯又在一个更高的领域总结审美主义。他认为审美领域应作为生活价值与生命意义的最高源泉，从而创立了生存美学。正是这三位哲学家

---

① ［德］尼采：《悲剧的诞生》，生活·读书·新知三联书店 1986 年版，第 131 页。
② ［德］尼采：《快乐的科学》，漓江出版社 2000 年版，第 88 页。
③ Allan Megill. *Prophets of Extremity*, University of California Press Berkeley and Los Angeles, 1985, p. 120.

的推导和论述，将审美活动扩展到了整个现实领域，把艺术看做人生经验的首要原则。

以上哲学层面的审美主义，其主要内核为：从本体论出发，以感知和体验为基础，与唯理主义相对，强调感性和艺术生存，设定情感的生活为最高价值，否定道德和理性，主张个人至上，反对以集体为名对个性的压抑，艺术形态突出视觉审美价值，符合视觉欣赏规律。

Aestheticism 的另一种释义是唯美主义。既指一种文艺思想和流派；又指一种艺术学派。这种解释源于 19 世纪法国，后波及整个欧美的文艺思潮，并形成了一种艺术流派——唯美派。英国的王尔德、法国的波德莱尔和美国的爱伦·坡等人是唯美派艺术的代表人物。

在造型艺术领域，唯美主义思潮以及艺术风格，一直以来几乎主导了整个 19 世纪末期之前的各门类艺术，成为古典美术时代最为典型的艺术风格和流派。

所有的唯美主义艺术家，都主张艺术至上。他们的共同宗旨是：艺术是人类文明成果中最具有价值的东西，是人类文化的最高目的和最具普世意义的情意表达。波德莱尔认为：艺术品的目的仅仅在于自己完美无瑕的形式所表现出的美；艺术完成了美的条件，也就是完成了一切条件。唯美主义和审美主义都主张艺术至上，美的原则高于道德原则和社会原则；都强调美感是生活中的至上体验，都是文艺复兴旗下释放出来的人性的拓展和延伸。

这种"至上体验"来源于人的感知和实践。人的审美经验是通过感知实践获得的系统知识。古希腊时期，虽然美学、艺术学这类系统学科还没有产生，但有关美和艺术的一些重大问题都在哲学家的思考视野之内。这使得知识论意义上，赫拉克利特提出的"人不能两次踏入同一条河流"与德谟克里特提出的"模仿"产生艺术和美的观点，都基于同样的"感知经验"。即：对河流的视与听，对自然的观察，都与由此所成之经验、判断是两码事。在面对对象的同时，审美经验体现为一种对"和谐"、"智慧"（赫拉克利特）和"才智"、"快乐"（德谟克里特）的经验重组和观念系统化，这就是知识。柏拉图和亚里士多德把这一点确定下来，柏拉图说："当一个人的欲望被引导流向知识及一切这类事情上去时，我认为，他就会参与自身心灵的快乐，不去注意肉体的快乐。"亚里士多德说："有经验的人较之只有感官的人为富于智慧，技术家又较之经验家，大匠师又较之工匠富于智慧。而理论部门的知识比之生产部门更应是较高的智慧。经验的知识化，也就是感性的理性化，这意味着真正的美产生于知觉到对象的征象、特征时，以意识的"能"再把"知觉"与这些征象、特征分离开来，最终获得哲学化的、理论化的、纯粹的美本身。所以，尽管亚里士多德强调知识生成有一种质料因，但第一因，是最后的，它是要与现实的、经验到的分离开来的。基于如此的观念，西方审美知觉系统就从强调感知出发，进而发展到强调感知性知识（智慧），终以感性与理性的分离、对立为代价完成了其知识系统的结构转换。

19世纪末期的唯美主义艺术，"为艺术而艺术"，片面追求艺术技巧，脱离现实，追求人工的美，以视觉审美感官效果为绝对至上的标准，消解艺术的社会教育作用。在极力推崇尼采、海德格尔和福柯的艺术主张下，法国画家戈蒂埃和英国艺术家王尔德，成为了唯美主义艺术中最具典型性和代表性的人物。

他们提倡的唯美主义艺术，应该具备下列三个论点：

（1）艺术应该离开人生、从人生超脱。

（2）艺术除了它本身之外，什么也不表现。

（3）艺术不是反映人生，而是人生反映艺术。

唯美主义绘画《莎乐美》所呈现的绚丽手法与华美技巧，极大地拉开了与现实生活的距离，最大限度地消解了作品的内容和含义。

二、审美主义艺术的限度

在文艺复兴时期，人们就开始不再以相同的眼光看待工艺美术和其他门类的艺术了。尽管当时诸如达·芬奇、米开朗琪罗等艺术家，既绘画创造作品，又从事手工制作和雕刻。但是当时的人们尚未领略其中的审美情趣之高低和艺术才华的高下，似乎认为彼此之间并不直接相关联。直到18世纪，法国美学家阿贝·巴指出艺术有"美的艺术"和"实用艺术"之分，以此来维护艺术自身所谓的纯洁性。在这种区分之中，所谓的"纯艺术"和"实用艺术"各自的特征开始明朗化了。艺术纯化的过程当然付出了巨大的代价，这就是工艺美术和设计艺术往往被归入了"实用艺术"范畴，作为"美的艺术"的对立面遭到了不公正的轻视。

审美主义运动的参与者都坚决反对艺术的功利性，反对将艺术当做有用的物来看待。戈蒂埃甚至说："一件东西一旦变成有用的，就不再是美的了。""自由就变成了奴役。""只有毫无用处的东西才真的称得上是美的，一切有用的东西都是丑陋的。"① 这一类极端的主张就是审美主义运动产生的时代背景。审美主义艺术观一经确立，其内在局限性也就随之显露了。

在造型艺术载体中，建筑艺术和雕塑艺术基本特征是三维性和立体感。形体的视觉特征总是以三度空间的质感传达的，现两者相同之处正是如此。但是，在审美主义者眼中，建筑是功能第一性的，违背了"个体至上"，"感性存在即本体性存在"，"反工具理性的物质气息"和"反客观化、科学化的理智性思维的一切创造物"等既定逻辑，因此，建筑是丑陋的，也必然是不美的。

雕塑艺术整体上是符合审美主义趣味的。但是，审美主义者十分挑剔雕塑艺术的题材技巧和置陈氛围。追求表现主义的题材内容，必须把自己想象成为雕塑作品中的形象，用整个躯体来感觉空间。强化感性空间的存在，借助作品的视觉张力，把周围空间据为己有，使作品成为整个空间的中心。

审美主义在肯定审美的至上价值时，不仅仅在理念维度，道德维度而且也在时空维度，强化审美载体的独一无二性、崇高性和无可替代性。因此，将艺术的视觉张力推向极致，就是审美主义者认同雕塑艺术审美价值的必然倾向。

三、审美主义艺术的局限性

按照克罗齐的意见，艺术进步或退步的标准，不能给予能否实现某一假定的理想或标准。比如艺术将经历象征、古典、浪漫三阶段，最终消融于宗教和哲学，以完成绝对理念自我发展的黑格尔模式。克罗齐曾用大量例证，充分说明了审美进步，即艺术趣味随着审美知识的积累而拓展成熟的过程。在这个意义上，后人不仅拥有自己时代的精神财富，还拥有前人创造的所有时代的精神财富。以此为据，后人肯定可以比前人精神充实、思想专富、心胸开阔，后人的艺术趣味肯定比前人要宽容精致完美成熟，至少比前人更加拥有这样的可能。

贡布里希在《秩序感》文中，论及审美趣味若干问题时，毫不留情地对"不该装饰时用了装饰，壮丽成了浮华和炫耀"进行了批判。针对尼采、海德格尔和王尔德们将"艺术至上"和"美的原则凌驾于道德原则和社会原则之

---

① 赵澧、徐京安：《唯美论》，中国人民大学出版社 1988 年版，第 78 页。

上"的论点,贡布里希从道德原则切入,列举了中日两个民族对于器物审美观的不同态度,进而提出:"最简陋的日本乡村器物"与"最华丽的中国青铜器或陶瓷古玩"① 之间,艺术审美的价值是同等的,美学上的责难仍然是和道德上的疑虑紧密相关的。

对于反审美主义的论点和范例,人们时常提及西塞罗(Cicero)。他认为简朴和通俗之美也是高雅的,他曾写道:"有些女人不打扮反而更漂亮,因为这样对她们来说更合适。同样的道理,简朴的风格,虽缺少修饰,但以其简朴使人愉快,在这两种情况里,都有某种东西在无形的增加美感。这些妇女不需要任何显眼的东西,譬如珍珠来装饰,用不着发夹等卷曲形的饰物,也用不着任何化妆品,不管是白色的还是红色的,把这些去掉所剩下的便是整洁清爽。"②

特别需要指出的是,西塞罗并没有说缺乏修饰的风格总是可取的。他更强调简朴风格的美学优点在评论传统中占有了某种牢固的地位。最微妙的矛盾也恰在于此;要达到外观上的简朴是需要技巧的,但缺乏技巧也可以是一种特殊的优点。

西塞罗和贡布里希的观点指示了审美主义是工具理性和现代性的异己力量。

对于某一审美思潮和艺术流派而言,与时俱进,随时代而嬗变是必然的。一切历史都是当代史,历史的生命在于为当代所关注,进入当代人的思想。正是基于这一认识,克罗齐批评了一叶障目、鼠目寸光、狭隘封闭的艺术趣味。克服狭隘封闭的关键,在于培养富于美感的心灵和勤于综合的智慧。这就要求人们开放自我,打开心灵,善于学习,勤于积累。"有人曾对有无可能理解过去的艺术抱有某种怀疑态度,在这种情况下,这种怀疑态度要引申到历史的任何其他部分(思想史、政治史、宗教史、道德史)。这种怀疑态度会由于陷人荒唐地步而自相矛盾,因为自称为现代的或属于当前的艺术和历史本身也是'过去'的东西,就像最远古时期的艺术和历史也会像当前的艺术和历史一样成为当前的东西,这一切都只取决于有感于它的心灵和有悟予它的

---

① [英]特里·伊格尔顿:《审美意识形态》,广西师范大学出版社 2001 年版,第 78~79 页。

② Ginvanti Gullace. *An Introduction to Benedetto Crocetto Croce's Poetry and Literature*, Southern Illinois Niversitg Press, Carbondale and Edwardsvile, 1981, p. 121.

智慧。"①

在造型艺术领域，现代艺术是一场社会文化转型的视觉缩影。不仅仅是知识和概念的变，也是人本身的转变。所以，现代艺术是告别传统社会下的古典艺术的宣言书。

但是，现代艺术在发展中走向了片面化。在理性的工具性之中脱离了价值理性的引导。在现代艺术中，作为手段的工具理性与作为目的的价值理性相分离，手段成为了目的，出现了缺乏综合的、共同的文化理想，即"价值理性"缺失的局面。从塞尚、马蒂斯到毕加索的艺术，证明了这一点，也充分说明了人类意志力的软弱，只能屈从于欲望，将自己的自由意志拱手出让，使目的下降为手段，从而最终迷失方向。看看我们身边的那些当代艺术吧，能相信这些艺术将帮助人们摆脱当代的重重困境吗？当然，无论过去还是将来，总是有些艺术作品和艺术时期是我们所认识不清的。这种情况无非只说明这样一点：即目前在我们身上还缺少从内心深处感悟它们的条件，我们还缺乏对许许多多国家的人民和许许多多时代的思想、风俗、行为的认识。人类作为单个的人，回忆许多其他事物，除非他能在自身中不断更新记忆，而精神活动的开展就能使他做到这一点。

麦吉尔在《危机预言家》一文中提出：审美主义不是指自足的美的领域，而是指一种将美扩展到整个现实领域的理想，是指艺术看做人生经验的首要原则。

审美主义作为一种美学观点，将感性存在定为本体性的存在，虽然经历了浪漫主义和现实主义的修正，但是，其局限性仍然是无法克服的。

麦吉尔认为："我们对审美主义需持一种既同情又怀疑的态度，不把审美主义者看成引路人，而是视其为对手。"② 我们可以认为，审美主义是一面镜子，它不断地无情地映照着，现实的破碎性和异化性也正是在对审美世界的不断企望中，艺术不断地被激活，被人们审视。艺术趣味的本意是艺术使人愉快、使人感到有意思有吸引力的特性，一般指人对艺术的特定敏感性和鉴赏力，往往成为特定的时代与民族审美特点和水平的标志。审美经验表明，艺术趣味主要来自习惯性养成。它的形成在任何人身上，都要经历一个从无到有、

---

① ［意］克罗齐：《美学或艺术和语言》，中国社会科学出版社1992年版，第250页。

② ［英］转引自贡布里希：《秩序感》，湖南科学技术出版社2002年版，第28页。

由简入繁、去粗取精、去伪存真的过程。而群体或个人艺术趣味的广狭俗雅，则与其审美阅历的深浅、艺术实践的多寡大致成正比。所谓"操千曲而后晓声，观千剑而后识器"，说的大致就是这个意思。在审美经验不断积累、审美水平不断提高的个体史与群体史上，对艺术趣味的不断拓展与成熟，发挥着重要作用。艺术思潮是艺术趣味的集体意识，一个时代的艺术趣味，决定了艺术思潮的走向。

（作者单位：湖北美术学院）

论美和美感的先在性与后在性问题

贺天忠

美与美感孰先孰后的问题，是美学理论中争议极大而又未能很好解决的重大的基本的美学理论问题。尤其是 20 世纪前苏联和中国美学界从马克思的《1844 年经济学—哲学手稿》中依据人化自然和人的本质力量对象化阐发的实践美学的思想之后，该问题一直处于含混不清的状态。由于实践派美学单线性地解说了手稿中的马克思的美学思想，对于美与美感孰先孰后的解答，也必然陷入理论纵深感不足以致削足适履地把自然美纳入到人类社会系统中加以曲解，从而得出与马克思主义哲学基本原理相矛盾的结论。在此，笔者认为美与美感孰先孰后的问题应当从马克思主义哲学即辩证唯物主义和历史唯物主义完整的统一体中求得科学的解释，宇宙自然美和生态美是宇宙自然本质力量非自觉自由创化的结果，先于"人化的自然"和社会化的人类即人化美和拥有审美能力的人类出现，因此，美的出现先于美感和人化美的出现，这是对美与美感孰先孰后问题，比较科学的理论解答。

一、中国当代美学对美和美感先后问题的三种见解

美与美感的关系，本来是中外美学史上已成定论的基本美学理论问题。但到底是美在先，还是美感在先，抑或美与美感同时出现，却变成了 20 世纪五六十年代和 80 年代中国美学大讨论中热点问题之一，直到现在都没有达成应有的共识，竟成为一个悬而未决的美学基本理论问题。陈望衡先生在《20 世纪中国美学本体论问题》一书中，归纳各派看法后，认为当时的美学家们对于美与美感的谁先谁后的理解，形成了四种不同的意见[1]。笔者认为这其中实

---

① 陈望衡：《20 世纪中国美学本体论问题》，武汉大学出版社 2007 年版，第 285 ~ 291 页。

质上只有三种看法。

一是美先美感后说，以蔡仪为代表。他认为美是一种客观存在的，美感是对美的反映。蔡仪先生认为："一方面说，只有音乐的美才能激起人的音乐的美感；这就是说只有现实的美才激起人对现实的美感。而另一方面说，对于不辨音律的耳朵，最美的音乐也是毫无意义，但这音乐还是最美的。"① "美与美感的关系，即美在于对象的本身，不是由观赏者的美感决定的，不是由人的意识决定的。"② 蔡先生认为最美的音乐的存在与能否欣赏音乐的耳朵是没有关系的。陆梅林先生也说："……美感。这是美的客体在人身上引起的一种情感反应，是一种情感态度，是一种审美享受。"③ 显然先要有"美的客体"，才能有美的"情感反应"。陈望衡先生评析这派美学家的共同特点，就是站在认识论的立场上来看美与美感的关系。美作为认识和欣赏的对象，它必然先于认识和欣赏活动而存在，而且它不以认识和欣赏活动是否进行而改变。笔者认为美先美感后说，总体上是坚持了马克思主义哲学的基本原理，美和美感的问题虽不一定与哲学认识论等同，但美学必然要对美和美感的本质问题依循哲学认识论进行科学的解答。但学界大都认为蔡仪先生仅从自然物的自然属性上来对待自然美，带有机械唯物主义性，未能深入发现自然美创化形成的深层内在的根源和本质。

二是美与美感同时生发说，它源自李泽厚的实践美学，以朱立元和程代熙等学者为代表进行了阐发。李泽厚认为，美与人类的审美心理结构都是在历史过程中自然人化的产物，"美感就是内在自然的人化"④。美与美感应该是同时产生的，不存在先后的问题。但具体到个体审美发生，则是先有美的对象，然后有美感活动产生，美并不以审美主体的存在为前提。李泽厚先生虽然认识到审美意识和美感的产生形成必须先要有美的对象，但由于他后期仅局限于人类学本体论考察美学问题，这种美先美感后的思想，在他的学说找不到真正的落脚点。其他主体实践美学家们则从"自然的人化"的角度，得出了美与美

---

① 转引自程代熙：《马克思〈手稿〉中的美学思想讨论集》，陕西人民出版社 1983年版，第 302 页。
② 转引自程代熙：《马克思〈手稿〉中的美学思想讨论集》，陕西人民出版社 1983年版，第 302 页。
③ 转引自程代熙：《马克思〈手稿〉中的美学思想讨论集》，陕西人民出版社 1983年版，第 151 页。
④ 李泽厚：《美学四讲》，生活·读书·新知三联书店 1989 年版，第 123 页。

感是不可分的，美与美感同时发生的结论。其基本思想是，自然的人化是美与美感的共同根源。这其中影响最大的要属审美关系论的一支。朱立元先生说："音乐（审美对象）与音乐感的耳朵（审美主体的特殊本质力量）之间的关系清楚地表明了人与对象之间审美关系的相互依存、相互规定的辩证性；没有特定的审美对象（如美的音乐），仅有主体的审美感受即审美的本质力量（如有音乐感的耳朵），就不可能形成现实的、特定的审美关系；同样，仅有美的客体而无与之相适应的审美主体的特定本质力量，也无法建立起现实的、特定的审美关系；就是说，在这种情况下客体不是作为美的对象而呈现给主体，就审美而言，它'毫无意义，不是对象'。"朱立元回避了美与美感孰先孰后的问题，用"审美对象"与"审美主体的本质力量"的关系来取代美与美感。认为审美对象与审美主体的本质力量是相互依存的，美与美感是相互依存的。这种观点通过审美关系这个精神关系的概念，以思辨性的论证，主观性地否定了美的对象的先在性，贯穿的不是唯物主义精神，而是滑向了主体决定论。朱立元先生说："在审美主客体这对矛盾中，矛盾的主要方面是审美主体，现实的、特定的审美关系能否形成，关键在审美主体及其对象化活动。"① 朱立元认为，美的对象与主体的审美感觉、审美能力以及两者之间的审美关系，是在人的实践活动即人化自然的基础上同时历史地形和发展起来的，不存在孰先孰后的问题。程代熙先生也持这种看法："人对现实的审美关系也属于历史的范畴，一个符合逻辑的结论是：随着人对现实的发展和演变就必然引起反映这种关系的美的概念的内涵的不断演化。"② 程先生认为美的概念作为审美关系的反映，不是孤立地指审美主体的美感或审美客体，而是这两者的统一，美的概念与人类实践具有一种必然的对应关系。

我认为这种说法看似符合历史唯物主义的，实际上是在主体精神范围内，以审美主体的有无确证美是否客观存在的问题。某个具有审美能力和审美创造的人去世了，或者夸大点说，地球和地球上的人类都不存在了，但大宇宙仍然存在，宇宙自然非自觉自由的创造进化仍然存在，只要宇宙物质仍然是运动变化的，创造不止，美也不息。该派美学思考主要立足于人类社会实践的角度来建构美学理论体系，对解答人化美和美感的先后问题大致是符合实际的，也可

---

① 朱立元：《历史与美学之谜，学林出版社 1992 年版，第 75～76 页。
② 程代熙：《马克思〈手稿〉中的美学思想讨论集》，陕西人民出版社 1983 年版，第 384 页。

以说人化美与美感是在"人化自然"过程中并生共发的。但将自然美也归结为与人化美同时发生，就从基本道理上说不通。因为，自然美是伴随着宇宙自然的本质力量创造而生成的，与人的本质力量没有直接必然的关系，而人的本质力量恰恰是宇宙自然的本质力量异化的结果。因此，要解决美与美感孰先孰后的问题，不能仅仅局限于人的角度和尺度来分析问题。只有从根本上解决了自然美和人化美不同的根源和本质以及他们共同的根源和本质，美与美感孰先孰后的问题才从学理上得到根本澄清。这就是我在《美与象境界》中的《引言》所说："审美主体的后生性不能否认审美客体（美的对象）的先在性，应该成为新型美学体系形成的一个基本的思想，自然界生成的各种物品，是人们最先享用和欣赏的'艺术品'。"①

三是美感在先美在后说，以朱光潜和高尔泰为代表。朱先生认为美与美感是相互依存的，从历史的角度看，美与美感是难分先后的，但在实际的审美活动中，美感是美产生的重要条件，美感在先，美在后。"只有音乐才能激起人的音乐感，对于没有音乐感的耳朵来说，最美的音乐也毫无意义……"② 朱光潜先生认为："这两句极简单的话解决了美和美感的不可分割的关系以及美是主观的、客观的还是主客观统一的问题。"③ 这就是说美感与美相互生成，谁也离不开谁，这个观点朱先生一直都没变。这种看法显然是不符合宇宙自然和人类社会产生发展演变的实际的，也与人们一般认识事物的过程是相矛盾的，因为自然美和生态美在人类之前就产生了。学术界把朱先生的美学定性为唯心主义的美学，是比较符合总体实际的。朱先生60年代以来，通过钻研马克思主义，对美与美感的关系的认识有所深入，认为："无论物质生产还是文艺创造，都可以产生美感，这就进一步说明了二者的一致性。"④ 把美感产生的根本原因归于生产劳动，认为"'美感'起于劳动生产中的喜悦"⑤。因此，欣赏或创造艺术所产生的愉悦与生产劳动中所产生的愉快是一样的，都是美感。但李泽厚先生认为朱先生把两种不同的实践混淆了。

高尔泰先生也认为美感先于美，美作为主体评价的对象，是价值客体。从20世纪50年代到80年代，这个基本观点没有变。他认为："价值论之所以不

---

① 贺天忠：《美与象境界》，武汉出版社2009年版，第3页。
② ［德］马克思：《1844年经济学—哲学手稿》，人民出版社2000年版，第87页。
③ 朱光潜：《朱光潜全集》第5卷，安徽教育出版社1993年版，第426页。
④ 朱光潜：《美学拾穗集》，百花文艺出版社1980年版，第100页。
⑤ 朱光潜：《朱光潜全集》第3卷，安徽教育出版社1993年版，第290页。

等于本体论，就因为没有自在的价值客体。而美，作为一种自由的象征，是我的存在的价值，它当然不是他物'给予'我的什么，更不是自在的客体。"①高先生认为作为"我的存在的价值"的美，不可能是客观的，它是"我"的价值决定的，是人评价的产物。高先生只认为有主体的价值，没有自在的价值客体。这是不符合实际的，马克思在《哥达纲领批判》中就认为自然界是使用价值的源泉，自然事物具有价值是不能否认的。

陈望衡先生认为，上述分歧的根源还在于对《1844 年经济学—哲学手稿》的理解。马克思在《1844 年经济学—哲学手稿》中强调劳动异化向对象化转移的关键在于主体自我意识的能力的增强，共产主义之所以带有泛审美性质，其中一个关键是"对象化和自我确证……之间的斗争的真正的解决"②。美感不同于一般的感觉，一般的感觉是对事物现象的反映，而美感不只是对事物现象的反映，还是主体的一种"自我确证"，是一种"判断在先"的情感反应。感受音乐与感受一般的声音是不同的，前者是认识，后者不是认识，还有体验和创造。陈先生的这种分析，大致是肯定美感先于美的。马克思的那段话，我认为这样来理解是比较合适的，艺术美激发的是人的艺术美感，自然美激发的是人的自然美感，艺术美和自然美都是客观存在的，对于没有艺术美和自然美感觉的人，最美的艺术和最美的自然，都没有意义。马克思不仅强调了人的社会化和艺术化感觉的重要性，显然也蕴含着美先于美感的思想。

总结以上三种看法，我以为虽然都有一定的道理，但都没有从根本上科学解决美与美感孰先孰后的问题。这其中固然有时代环境条件的限制，也有学术视野和学术本身等方面存在的问题。但最根本的问题是把马克思主义哲学片面理解为历史唯物主义，仅仅局限于人类社会历史的现实的实践来解答美学的一系列重大根本的问题，画地为牢来分析美与美感孰先孰后，都不可能把问题分析论述透彻，甚至会遮蔽真正带有根本性的美学理论问题。

二、宇宙人美学认为美先于美感

中西美学史上除主观唯心主义学说外，都不乏美先于美感的诸多见解，如在西方雄霸了长达两千余年无论是客观唯心主义的柏拉图式的还是朴素唯物主

---

① 高尔泰：《论美》，甘肃人民出版社 1982 年版，第 45 页。
② ［德］马克思：《1844 年经济学—哲学手稿》，人民出版社 2000 年版，第 87 页。

义的亚里士多德式的模仿说，其基本见解，都是主张美先于美感；到中世纪神学美学居于主导地位的时期，认为神和上帝是真正美的创造者和本原，剔除其中的客观唯心主义成分，实际上也是主张美先于美感；近代唯物主义美学家如博克、狄德罗、车尔尼雪夫斯基、费尔巴哈等也无不是主张美先于美感的；马克思恩格斯创立的辩证唯物主义和历史唯物主义统一体的马克思主义哲学认为物质第一性，意识第二性，社会存在决定社会意识，虽未明确指出美先于美感，但其基本美学思想也应符合美先于美感。中国古代无论是易学、先秦诸子学，还是儒家、道家、佛学、理学、朴学等基本美学见解都明确提出过或隐含着美先于美感的思想。如庄子在《知北游》中就曾明确说过："天地有大美而不言，四时有明法而不议，万物有成理而不说。圣人者，原天地之美，而达万物之理，是故至人无为，大圣不作，观于天地之谓也。"庄子明确指出天地之间存在着非凡的美，圣人只不过是"原天地之美，而达万物之理"而已。六朝时期的大文论家刘勰在《文心雕龙·原道》中也明确指出有三大类美：一是道造就的天文地理之美："玄黄色杂，方圆体分：日月叠璧，以垂丽天之象；山川焕绮，以铺理地之形。此盖道之文也。"二是人类创造的文明之美："心生而言立，言立而文明，自然之道也。"三是动植物自然之美："傍及万品，动植皆文：龙凤以藻绘呈瑞，虎豹以炳蔚凝姿；云霞雕色，有逾画工之妙；草木贲华，无待锦匠之奇。夫岂外饰，盖自然耳。至于林籁结响，调如竽瑟；泉石激韵，和若球锽。"刘勰的"原道"说穷根尽源地探索了文学乃至全部人文的深层本质，包括文学在内的所有人文和宇宙自然万物之文一样，统统都是最深层的事物的本体大"道"之文，也是"道"美的具体表现形态。在《情采篇》中刘勰从不同属性的角度把文分为形文、声文和情文"故立文之道，其理有三：一曰形文，五色是也；二曰声文，五音是也；三曰情文，五性是也。五色杂而成黼黻，五音比而成韶夏，五情发而为辞章，神理之数也"。文在中国古代从广义的角度讲就是文饰、美化和美，也可以说是对宇宙自然和人类社会领域中一切美的对象另一种称谓。

但在 20 世纪后半期的两次"美学热"的大讨论中，中国美学界出现了客观派、主观派、主客观统一派和社会实践派之间的论争、对峙，后来又出现了"后实践派美学"、生命美学、生存美学、生态美学和"新实践派美学"等众多派别，但对美和美感的谁先在与后在的问题都没有形成统一的看法。把一个本来比较明朗化的美学问题竟解说成为美和美感同时发生，美感先于美等说法。从根本上看，除客观派外，其他三派中，主体实践派以唯物主义思考始，徘徊动摇于唯物与唯心之间，最终沦为主观唯心的抽象思辨；主观派和主客观统一派虽然不断修正其思想观点，其基本立场始终是主观唯心主义居于主导地位，所以，主张美感先于美。1980 年 6 月，在昆明召开的第一次全国美学会议上，一些学者提出了以马克思的《手稿》中的"自然的人化"说和"美的规律"说来探讨美的本质问题。此后，以马克思的主体实践观来建构美学本体论，成为美学界大多数人的共识。但即使在这次全国美学会议上仍然有学者提出不同看法："不能把美学变成社会学，单纯的社会学观点不能揭示美的本质。人在社会中生活，也在自然中生活，从'人化的自然'来说明自然美的本质，并不意味着自然本身没有审美意义，我们欣赏自然，并不是都把它拟人化了才觉得是美的。自然美不在于外加的社会内容，它本身具有审美属性。"①到 21 世纪以来，美的根源和本质等根本美学问题由于受西方反本质主义的影响，许多论者斥之为无意义的伪命题，实践派美学的基本美学思想也不断遭到质疑。20 世纪 90 年代中期兴起的生态美学，从当代科学发展的实际和对人与自然关系生死与共的思考中，打破了极端狭隘自私的现代人类中心主义的神话，其最大的美学价值就是颠覆了仅仅是主体实践创造美的片面认识，在一定程度上论证了生态美和自然美的客体实践本性，而对美学的根本问题的思考和解答仍显得无能为力②。中国当代美学可以说步入了众说纷纭、莫衷一是的多元化生成时期。

　　笔者认为美学一系列重大的基本理论问题若不切实加以解决，美学作为终极关怀的人文科学就无法真正确立形成，而演变为对细枝末节美学问题现象学式的繁琐分析论证，只能是貌似美学而非美学的小美学。以前学术界趋从于政治意识形态的压力或附和主流意识形态研究学术问题，而现在又增添了市场经济的负面作用和影响，学术政治化，学术官场化，学术商业化，学术媚俗化导致中国学术风气严重扭曲和异化，而缺乏真正学者的认真思考，严谨论证，不为功名利禄所动摇而追求探索真理的学术精神和品格。近几年我通过反思中外美学研究的状况，认为以往在美学根本问题的研究上之所以无法实现根本性的突破，主要还在于哲学思想上没有真正坚持从辩证唯物主义和历史唯物主义统一体上来认识分析和解决问题，不少论者把马克思的唯物史观简单认同为历史

---

　　①　樊公裁：《第一次全国美学讨论会在昆明召开》，载《哲学研究》1980 年第 7 期。
　　②　贺天忠：《生态美的客体实践本性与美学的终极关怀进路》，载《中南民族大学学报》2009 年第 6 期。

唯物主义，有的甚至否定马克思哲学中有自然辩证法和辩证唯物主义的内容，认为"自然辩证法的实质是人化自然的辩证法"①。

2007 年 8 月底以来，笔者先后发表了《人类大宇宙哲学观念与美的根源和本质新解》、《宇宙自然本质力量自由创化是自然美的根源》、《自然美的根源和本质》、《论客体实践本体与主体实践本体辩证互动规律》、《生态美的客体实践本性与美学的终极关怀进路》、《由地球人美学到宇宙人美学的思考》、《论主客体实践自由与美的本质》和《美与审美的发生是根本不同的美学问题》等系列论文，将宇宙人美学要解决阐述的核心理论问题和相关理论问题都进行了较为深入的分析论述。自然美的先在性的确立，是美先于美感的根本思想，应该成为建构新型马克思主义美学理论体系的出发点。自然美是宇宙自然本质力量对象化的结果，和人的本质力量对象化没有直接必然的关系，也就是说，自然美是宇宙自然的本质力量造就的。我以为只有从马克思主义哲学辩证唯物主义和历史唯物主义完整的哲学思路，全面领会把握马克思主义的美学思想，才能把自然美和人化美的不同根源和本质以及他们共同的根源和本质揭示出来。现在的宇宙自然中存在两种力量，即自然力和人力。"在人类社会没有出现以前，宇宙自然的一切变化发展按照宇宙自然自身演变的意志周而复始地进行着；当具有了人化自然能力的人出现之后，形成了自然化与人化两种力量交替混合作用于地球自然的局面。"② 由此而产生了两种不同本质力量的对象化，即自然化和人化，自然化先于人化，那么自然美必然先于美感和人化美；并产生了两种根本不同的自由，即客体实践本体的自在自由和主体实践本体的自为自由。只有把自然美和生态美的根源确立为宇宙自然的本质力量自由创化而产生形成的前提下，才不会把自然美和生态美与人化美混为一谈，以人化美附和自然美，把自然美看做人化美或艺术美的折射，即间接反映了人的本质力量的对象化。因为，马克思说"人类在生产整个自然界"③，宇宙自然是第一原创性的生产者，自然万物是宇宙自然创造的各种产品，宇宙自然运动变化的过程，也是自由创化的过程，只不过这是一种非自觉无目的无功利的创造，是真正的美的本体。自然美和自然物不可能分割开来，人类自身和一切人化美包括人的美感都是自然进化中和依托自然物而造就的，换句话说，人化美

---

① 周林东：《人化自然辩证法》，人民出版社 2008 年版，第 1～34 页。

② 贺天忠：《人类大宇宙哲学观念与美的根源和本质新解》，载《孝感学院学报》2008 年第 1 期。

③ ［德］马克思：《1844 年经济学—哲学手稿》，人民出版社 2000 年版，第 81 页。

和美感是在自然美的基础上逐步产生而形成的。马克思说"五官感觉的形成是迄今为止全部世界历史的产物"①，是一个完整的思想，即人类社会化的感觉感受包括美感的形成是以前宇宙自然的全部历史演变的结果，同时也就表达了美先于美感的思想。马克思说："一方面为了使人的感觉成为人的，另一方面为了创造同人的本质和自然界的本质的全部丰富性相适应的人的感觉，无论从理论方面还是从实践方面来说，人的本质的对象化都是必要的。"② 人的本质性的感觉感受以及美感，来源于自然界丰富多彩的自然现象和事物，也就是来源于自然美的丰富多彩性。"自然界的本质的全部丰富性"实际上就是指无限丰富多样的自然美。这不仅道出了自然美的先在性和美感后在性的思想，同时也指出了主体实践对产生丰富人的本质力量的重要性。由于同自然界的本质全部丰富性相适应，造就了人的本质的感觉丰富多彩性，也可以说人的本质包括美感等社会化的感觉感受不是静止不变的，而是随着对自然本质丰富性的感觉认识深化相适应而逐步提升的。自然美不依附人类社会实践而具有自身的独立性，才是马克思主义美学的真正起点，无视这一本体和前提，一切美学思考都将失去牢固的根基和理论生长点。当然，在人类社会出现以后，由于自然力和人力的交互作用，出现了地球自然界日趋人化的局面，当今地球的自然美既有原本的自然美，也有人工造就的自然美，显然人工造就的自然美是从原生自然美中选择培植而形成的。地球的自然生态环境也是如此，而太阳系和宇宙中其他无人类的星系和星球，也都还是原本自然的状态。所以，对前述三种关于美和美感孰先孰后的观点中，笔者认为蔡仪先生的美先于美感的观点是正确的，而且始终贯穿在一生的学术思考和研究中，尽管他没有做出让人十分满意的回答，但他这种执著追求真理，不轻易放弃马克思主义基本立场的学者品格，在中国学术界确实是极为难得的。

笔者在《由地球人美学向宇宙人美学转变的思考》一文中，明确提出："客体实践本体先在创造了万事万物，包括生命存在的主体实践本体；主体实践本体是再生产或二度生产并持续性消费一度生产的各种物品。以自然美为基础产生了人化美，而不是自然美折射和同构了人化美，自然美是先在的原生态美，是宇宙自然自由创化的'自然的作品'，包括人类的自然身体美。人类奋斗发展的历程异常艰巨坎坷曲折，而无限广阔的宇宙时空平台，随着宇宙自然

---

① ［德］马克思：《1844 年经济学—哲学手稿》，人民出版社 2000 年版，第 58 页。
② ［德］马克思：《1844 年经济学—哲学手稿》，人民出版社 2000 年版，第 87、88 页。

无数神秘的谜底的揭开，为人类提供了无限发展的空间和无穷的审美对象。"①
由此重新反思以往美学研究中存在的各种问题，都会得到相对合理的解答，这
其中美的先在性与美感的后在性问题表述得是非常清楚明白的，那么，再经过
深入的思索研究，一个新型的马克思主义美学体系也必将破茧而出。

（作者单位：孝感学院文学与新闻传播学院）

---

① 贺天忠：《由地球人美学向宇宙人美学转变的思考》，载《中国外资》（学术版）
2009 年第 10 期（下）。

模件化与中国艺术

——雷德侯《万物》阅读札记

许伟东

一、"模件化"发现与模件化写作

德国学者雷德侯（Lothar Ledderose）的《万物——中国艺术中的模件化与规模化生产》吸引我近年来多次阅读。

最初吸引笔者的是它在材料方面所下的工夫。笔者认为，"桐城文派"提出的义理、考据、辞章三位一体、相辅相成的文章标准仍然卓具成效。在现代学术视野中，考据指向材料与论证，辞章近似方法与修辞，义理约当于思想。在阅读当代西方汉学家的著作时，问题意识的凸显所带来的义理纷披人所共见，方法的新颖独特亦多能启发人们找到追问与深入的路径，至于考据一端，他们有时并不自信。比如即使优秀如美国汉学家史蒂芬·欧文（宇文所安）居然也在一本书的序言中嗟叹："不管我们如何努力，那些最优秀的中国同行的学问之深是我们无法企及的。"① 面对雷德侯的《万物》，笔者不仅佩服该书材料搜罗之宏富，而且叹服其材料抉择去取之合宜。因此，相对于欧文的感慨，笔者感觉到的恰是与之不同的别样滋味：经过持续努力，西方学者在面对某些学术专题时的材料工夫已不在中国学者之下，有时甚至令国内同行汗颜。固然，不是所有研究都需要强大的材料支撑，但是，在绝对需要严谨细致苛细周到的材料支持的场合，我们仍然每每见到轻慢材料的状况，这时，《万物》的示范作用就璨然可见了。试问：我们有多少学者愿意像雷德侯那样亲自对古

---

① 转引自莫砺峰：《神女之探寻——英美学者论中国古典诗歌》，上海古籍出版社1994年版，第2页。

代艺术遗产做翔实周密、繁琐艰辛的田野调查？有几个学者愿意俯下身子亲自量一量古代石刻的字径，摩挲一下其风化痕迹？其间差距，难道仅仅因为经费问题？这个问题看上去微不足道，却折射出不同的工作态度。在《万物》的字里行间，我们读到作者对一个古老民族的艺术遗产的深挚感情、对自己所从事的研究工作的尊重以及对不可预知的读者的尊重，这正是作者严谨工作态度的缘由。

当然，《万物》的魅力主要不在于材料，而是在于它提出了一组概念——模件、模件体系、模件化——以及在此基础上对中国艺术乃至中国文化的一系列引人入胜的独到阐释。

作者这样解释他的模件概念：

有史以来，中国人创造了数量庞大的艺术品：公元前 5 世纪的一座墓葬出土了总重十吨的青铜器；公元前 3 世纪秦始皇陵兵马俑以拥有七千武士而傲视天下；公元 1 世纪制造的漆盘编号多达数千；公元 11 世纪的木塔，由大约三万件分别加工的木构件建造而成；17—18 世纪，中国向西方出口了数以亿计的瓷器。

这一切之所以能够成为现实，都是因为中国人发明了以标准化的零件组装物品的生产体系。零件可以大量预制，并且能以不同的组合方式迅速装配在一起，从而用有限的常备构件创造出变化无穷的单元。在本书中，这些构件被称为"模件"①。

在作者看来，汉字就是一个模件体系的典范。汉字分为由简到繁的五个层级：元素、模件、单元、序列、总集，分别意指笔画、偏旁部首、单字、一组同部类的字、全部汉字。每一个汉字都由可以分拆的模件（偏旁部首）构成，看上去这些模件比拼音文字的字母复杂，但是就是靠这些稍微复杂一些的模件，汉字赢得了在构字、构词、丰富性、复杂性、美感、直观、传达久远、文化连续性、政治统一性等方面的一系列比较优势。众多的模件构成模件体系，模件的运用渗透在中国艺术和中国文化的各个方面，形成模件化。循此思路，作者细致考察了青铜器纹饰、秦俑造型、瓷器制造、建筑组件、印刷术、地狱

① 雷德侯：《万物——中国艺术中的模件化与规模化生产》，张总等译，党晟校，生活·读书·新知三联书店 2005 年版，第 10 页。本文引文除注明者外均见于此书。

图、书法、文人画等各个领域，对每一个领域模件化的表现形式作具体考察，分析其中的联系与差异，从中获得关于中国艺术与中国文化的有趣发现。

作者并不讳言，"模件化"的解释思路得益于作者幼年时代玩耍中国拼图的游戏经验，但是《万物》仍然不是灵感忽来的率意之作。作者经历了长期探索，先是于 20 世纪 60 年代在巴黎与叶利赛耶夫共同开展对青铜器纹饰的研究，后又于 70 年代在日本参与铃木敬研究小组受到凑信行关于中国绘画研究的启发，以及与贡布里希的交谈，在深思熟虑之后，作者才把"模件化"概念提取出来，用于中国艺术史的描述与阐释。

笔者的初步看法是：首先，可以肯定地说，至少在中国工艺美术领域，在形式构成层面，《万物》所提出的模件化给出了一个非常精彩的解释。这样的解释不仅有助于人们的进一步观察与分析，也非常有利于工艺美术领域教学训练方法的改进。其次，除了作者的文化背景自然赋予其比较文化视野之外，作者还调动了考古学、历史学、美术学、设计学、文献学、经济学等多学科的知识储备来完成自己的推演与论证。但是，在整个过程中，作者无故弄玄虚之意，有实事求是之心，严谨朴实，脉络分明，把心中的所思所想表达得异常清晰。本书的价值暂时将局限于中国艺术研究，但是在久远的将来或将呈现于多种学科。再次，《万物》一书的构成方式非常有趣，俨然成了一个模件化的实例。《导言》是全书的综述，像一个人的面容。第一章"汉字"是全书的一个模件——一个基础模件，从第二章一直到最后第八章是另外一些模件，若干模件组合在一起，像一个人的身躯。全书的构成并不是"从第一章→第二章→第三章→……→第八章"的层层递进格局，而是按照"第一章+第二章+第三章+……+第八章"的并列平铺的格局呈现。不知道这样的著作结构是作者的无意还是有意，或许作者正是在对中国艺术模件化的玩味与体察中习得了中国艺人的手法与智慧。

以上种种，带给笔者持久阅读的兴趣和深入讨论有关问题的冲动。这正是我国学术界那些四平八稳、按部就班、面面俱到、陈词滥调的教材以及大量把教材改头换面成著作的货色永远缺少的一种魅力。

二、"模件化"与书法

"模件化"理论在面对书法时，常遭遇难以化解的困难。就像雷德侯自己所发现的那样：尽管工匠们始终不渝地追求更高程度的标准化，且已达到了模件及其组合单元的完美一致，书法家们却一直都在做着相反的努力。他们有意识地开拓书迹在无意识中显现的种种变化，试探新的形态，寻求新的样式，研究前代大师的发明，补苴他们的创造并加以阐释。一代接着一代，无数的实践者建起了日趋复杂的大厦，那正是中国书法的伟大传统。

书法并不全是朝着模件化相反的方向发展。在书法家族内部，书法诸体并不是整齐均一的。即使用最简要的划分方法，我们也可以将书法分为正、草、隶、篆、行五种书体。在篆书、隶书、楷书中我们可以找到一定的模件化解释空间，像"永字八法"、"欧阳询大字结构三十六法"等就是与模件化具有密切关联的归纳思路。但是熟悉中国书法的人都知道，所谓"永字八法"、"欧阳询大字结构三十六法"等都是书法用笔与结构方面的入门法则，仅仅具备书法启蒙教育的阶段性意义。一旦进入书法的高级阶段，人们对它们不仅关注甚少，而且毫不讳言它们对书法创作的潜在的禁锢。

行书与草书历来被视为最富于艺术意味的书体。如果对行书和草书存而不论，书法将魅力尽失。而行书与草书都显然呈现出雷德侯所看到的与"工匠们始终不渝地追求更高程度的标准化，且已达到了模件及其组合单元的完美一致"的"相反的努力"。这种相反的努力不仅声势强大，而且绵延不绝。有成就的书法家们众口一词地对"匠气"表示轻蔑，视亦步亦趋的书写为"奴书"，认为"状如算子"的书法根本就不是书法。一句话：标准化与模件化乃书法的大敌。

问题还不仅限于此，这种"相反的努力"几乎受到占据中国书法主流的广大知识分子的共同拥戴。与此关联的是，在印刷术成熟的宋代之后的中国书法中，楷书的地位渐次下降，几乎不再有书法家仅仅依靠楷书的成就受到艺术史的青睐，即使在后来清代碑学运动洪流中，楷、隶、篆书受到重新关注，对台阁体、馆阁体的恐惧也始终是一代代书法家萦绕于心的重要关切。

《万物》专门讨论到怀素狂草作品《自叙帖》。雷德侯承认：怀素的书迹手卷亦非用模件构成。人们无法从中辨识出特定的或可以互换的成分，借以说明这位和尚曾一再如此书写，而后又将其加以组合，并且也无从发现它曾在此卷与彼卷中反复采用的写法。依靠模件的工作都要靠标准化、分工，且可预先设定。像怀素这样的书法家却是为原创、个性以及自然天成而不懈努力。

对待这一难题，《万物》一书的某些评论者一口料定：书法虽然例外，但是仍然是模件化与艺术家个性的结合。但是问题仍然没有完全解决。我们仍要追问：模件化与个性在书法中各占几何？它们分别在这门艺术中占有怎样的分量？它们又是怎样结合的——是融合为一还是此消彼长？

深入观察中国书法，我们认为，模件化的解释效力仅到篆隶楷书为止，仅限于书法艺术中触目可见的形式构成层面，一般用在书法启蒙教育阶段，如此而已，它所关注的对象相当于庄子哲学中所谈到的"筌"、"蹄"、"言"——而中国艺术家历来有得鱼忘筌、得兔忘蹄、得意忘言的倾向，因此模件化无法阐释书法艺术的深层机制。面对书法这个庞然大物和复杂迷宫，模件化理论显得势微力薄。

同样的情况出现在中国画领域。宋代以后，文人画成为中国主流绘画。不错，后期中国花鸟画中出现了梅、兰、竹、菊等常见母题，山水画中出现了树、石、舟、屋等常规景物，但它们都只具有题材价值与寄寓功能；至于传为王维《山水诀》的所谓"丈山尺树，寸马分人；远人无目，远树无枝；远山无石，隐隐如眉；远水无波，高与云齐"等一套套口诀，明代《芥子园画谱》中的一幅幅构图程式，也都只具备启蒙阶段操作层面的意义。尽管它们无比重要，但是它们始终不是中国绘画的首要关注与核心追求。鉴别中国画艺术价值之有无艺术水准之高下，人们历来侧重的不是其母题，不是其模件组合内容，而是超越于题材内容之上的气韵、节奏与趣味。发展到最后，曾经在历史上拥有辉煌业绩的古代城市风景画——界画——这是最具备模件化特征的中国绘画——因为遭到士大夫们的侧目几乎被逐出了艺术的领地。

三、"模件化"与中国古今艺术观念

中国书法在中国艺术中占据特殊地位，被认为是中国艺术与中国文化的核心①。虽然熊秉明先生的书法"核心论"遭到一些人的质疑，但是如果我们把熊先生"核心论"理解为一种极言书法之重要的修辞，那么相信大部分人是可以达成共识的。

接下来要问的问题是：假如模件化理论无法解释中国书法，那意味着什么？是否意味着模件化理论也因此无法解释中国艺术？要回答这个问题，必然会牵扯到另一个问题：究竟什么是艺术？

什么是艺术？不同时代、不同人群、不同场合、不同需要，都会导致截然不同的答案。既然我们无法就艺术达成一个一劳永逸的共同定义，我们不妨来

---

①　熊秉明：《中国书法理论体系》，四川美术出版社 1990 年版，第 167 页。

看看艺术具体表现为什么。但是这时，问题仍然难以解决。从外延入手还是不能达成共识。贡布里希干脆说："现实中根本没有艺术这种东西，只有艺术家而已。"① （这句话的原文是：There really is no such thing as Art. There are only artists）这样的理解与后现代主义已经非常接近。后现代主义干脆宣称"怎样都行"，每个人都有命名的权利，每个人都可以成为立法者。在后现代主义思潮冲击下，相当一批著名学者渐渐放弃本质主义追问，把艺术置于更为宏大的社会文化结构中，在错综复杂的关系中对艺术做动态的考察与开放的研究，以此来揭示其中的诸种隐秘。

为了回应雷德侯的模件化理论无法解释中国艺术的质疑，《万物》一书的译者之一张总在《跋语》中写道：

《万物》一著结构精妙，立意在先。它没有按现代一般通史著作来结构，将纯艺术的门类与实用工艺分开，而是将二者有机地结合了起来。有人可能会说，中国艺术史主要应是绘画和书法，其根本规律亦在其中，如宫廷、文人书画等。而《万物》侧重的陶瓷、丝织、青铜、印刷等，多属应用工艺品的范畴，并不能代表中国艺术的主流。这是一种只见树木，不见森林的偏见。

由于有了现代后现代思潮的洗礼，对张总的解释，我们并非不能理解，雷德侯援用何种理论资源完全是他的自由，但是中国读者的批评也持之有故，因此，笔者难以接受张总先生轻松地发出的所谓"偏见"的指责。毕竟，雷德侯的《万物》是一本解释中国艺术与中国文化的书，《万物》的译本是面向中国读者的著作，自然，它必然要经受中国读者的检视，必然无法回避与中国古今艺术观念的碰撞。

关于古代中国人的艺术观念，《万物》中有诚实而细致的考察。雷德侯通过《古今图书集成》的分析和中国古代艺术收藏的考察解释了中国古代的艺术观念。得出的结论大致是：中国文人几乎垄断了文化艺术的解释权利；在他们的观念中，"术"与"艺"截然不同，不太契合"模件化"理论的书法与绘画恰是他们最为认可的艺术，而最适合"模件化"理论的其他种种如陶俑、瓷器、青铜纹饰、地域图版画、印刷术、建筑构件等恰恰被限制在工匠之术的范围。

今天中国人的艺术观念固然发生了很大变化，但是"艺术"与"工艺"、

---

① ［英］贡布里希：《艺术发展史》，范景中译，林夕校，天津人民美术出版社 1992 年版，第 4 页。

"美术"与"工艺美术"之间仍是森严壁垒的两组大词，它们的分别，在大多数中国人的心中仍然是清晰明确的。你即使指责这种观念是一种地域偏见或文化偏见，但你不得不承认它是一种结结实实的观念存在，你无法不面对它。

（作者单位：湖北美术学院）

413

书画鉴藏漫议

郭玉军　盛茂柏

一、书画鉴藏的历史概况

大约在晋代以前，中国书画还依然保持着深闺淑女般的宁静、清纯和高雅。那时，纵然也偶有传移摹写的复制，但却尽皆出于保存、学习和流传的意旨。

自从书画的物质文化价值与本身的艺术价值日益凸显之后，经济价值也便迅速起了日甚一日的扶摇。随着收藏和赏玩热情的不断升温，一些长于勾填临摹的高手和一些重利的商人，便有意无意地联袂演出了无数造假售伪的双簧。

由是，不论是达官贵人，还是处江湖之远的平民寒士，只要钟情于书画的收藏或赏玩，便必须直面去伪存真的严峻现实。

接着，一门旨在破迷拨雾、沙海淘金的书画鉴藏学便应运而生。不知经由了多少人呕心沥血的探讨和孜孜不倦的钻研，方广种薄收出历史上一些善鉴的大家。

前人张应元的《清秘藏》较系统地梳理了自西晋至明末的数千年书画鉴藏史，并遴选出了颇具代表性的书画鉴藏家 170 余人。今人苏庚春的《明清以来书画鉴定家选》，又从去今不远的数百年中，追记出书画鉴藏家 120 多人。悠悠数千年，茫茫几百代，两家专著述及的书画鉴藏名家人数总和，也仅仅是个三百之数！这真像煤的形成："当时用大量的木材，结果却只是一小块！"

书画鉴藏，除须具备广博全面的学识外，还须饱览书画作品（包括真赝），以及个人对书画鉴藏的先天悟性，再加之旷日持久的奋免不辍。只有这四者持之以恒，不偏不废，才有望在书画鉴藏领域找到安身立命的空间。

古代书画鉴藏大家主要有：贾似道、王芝、赵孟頫、祥哥刺吉、王世贞、王世懋、项元汴、董其昌、梁清标等。而峥嵘于书画鉴藏界的庞元济、张伯驹、张大千、吴湖帆、张葱玉、王季迁、张珩、谢稚柳、徐邦达、启功、刘九庵、杨仁恺、傅熹年、李霖灿、方闻等，都是各有所长、各具慧眼、各有建树的现代著名书画鉴藏家。

二、书画创作、作伪和市场现状

我们如要涉足书画鉴藏，并希望做出点成绩，或使自己的书画鉴藏少交点学费，除了学习、借鉴先贤前辈们书画鉴藏的得失外，还应该与时俱进地洞知现代书画创作、作伪和售伪的常见手段。知己知彼，方可百战不殆。

作伪现象自古有之，但当下社会书画作伪已远远超过历朝历代。特别是随着造假者技术手段不断翻新和发展，反鉴定能力不断提高，仿真程度日新月异，日趋成熟。加之，目前我国大部分拍卖行对拍卖的书画作品不进行保真，于是，买卖书画作品的风险无疑落到买家身上。字画作伪方法大体可分为以下数种：添款加印、一画揭二、假画真跋、代笔作伪、同门造假、挖腹换心、新画做旧、勾描添墨、仿真印刷、纸质仿造、编造著录等，令人目不暇接。

如有人在墨中掺洗发精，在未干的色墨上撒食盐……这些是过去很少出现或从未出现过的造伪技术。又如借助先进的写真照片放大或缩小，用幻灯投影以求准确布局和造型……这些"科研成果"的引用，是当今作伪者们的"发明"。

近年来，随着书画市场的逐渐红火，低仿、高仿、乱真仿的书画伪作正在高频率地鱼目混珠。而且，越是含金量高的名重作者之迹，被赝作侵权的现象也便愈频繁。这大约也就是启功、林散之、齐白石、张大千、徐悲鸿、范曾、黄胄等人的赝作泛滥成灾的原因。这和人们宁肯不惜血本去假冒茅台、五粮液、大中华等，而决不去仿造散酒、劣烟的道理相通。相通的道理无非是：趋之若鹜于一本万利，止步于得不偿失。

推销伪作的方法还有：如将已故名家的真迹同作伪字画一同出版，提高身价，蒙骗买家；用现代照相技术将画家和作伪字画进行"合影"，以此证明画作为真迹。谁若不小心，就极有可能被这种名实不符的假象蒙骗了！而那些业余和专业的售伪者，他们花样翻新的无孔不入，则为伪作的成功流通，顺利地赢得了一次又一次的绿灯。如此新奇、热闹、甚至险恶的书画创作、作伪和推销，不仅令人目不暇接，更令人方寸易乱！

三、在成功和失误的犬牙交错中提高

足智多谋的诸葛亮一生都有三失，我辈才智平平自难战无不胜。在书画鉴藏的实践中，如有人说自己从无走眼的事例，那这位先生肯定是一位吹大牛的里手。举凡迷恋书画鉴藏的人，大约总不乏吃亏的经历。郑燮说：吃亏是福。眼力的提高，就往往和吃亏同步。吃亏上当后，几十几百几千元倒还好想，如果是几万几十万元、上百万、千万甚至上亿元之数，任谁都会刻骨铭心。这时常常凭着一股不服输的犟劲，想将吃亏的原委弄个明白，或想亡羊补牢找回白掷的银子，这样一来二往，大概就有了眼力和艺术水准的提高。

当然，在书画鉴藏界，永无长进的"老同生"也是有的。他们反反复复犯着同一个错误：错鉴错藏，一如既往，直至阮郎羞涩。诚然，在书画鉴藏中，任何人都难免犯错误。但是，我们绝不能重蹈覆辙，犯同样的错误。

一般认为，书画鉴藏的主要依据是查证书画作品的时代风格特征和书画家的个人风格，辅助依据主要是考证印款、题跋、收藏印的真伪，印泥、装裱的特色，著录书籍的记载，文史知识的真实，纸绢的鉴别，等等。我们在不断学习总结他人书画鉴藏的成败经验的同时，不断坚持自己的书画鉴藏实践。多少年来，我们既有过成功的喜悦也有过失误的苦恼。正是成功和失误的犬牙交错，使我们的书画鉴藏水准终有了些微的提高。

四、用眼粗览整体神韵

一般说来，领略一件书画作品的整体神韵，以一人拿天杆，一人双手各握两边轴头或地杆，徐徐展观的办法，会限制我们的视角和视距，在桌案上平摊展观的办法亦然（狭长的手卷和幅小的册页除外）。凡条件许可，均应用画叉将有待鉴藏的书画悬挂在易于平视，且自然光充足的素壁。这样不仅能使被鉴藏的书画，一目了然地映入我们的视野之内，还使我们拥有了近看远望、平视侧观——随心所欲调整自己视角视距的便利。

这时，无论我们以孙过庭的书谱，还是谢赫六法的要义精论，去考查、评判、感悟它们的整体神韵，我们都赢得了极利于书画鉴藏的冷静清醒和从容。

更重要的是"书画怕挂"，这句平易简单的俗话，几乎成了审查书画真伪优劣的试金石。确实，任何人的书画，一经挂起，不管它们是灵动还是呆滞，是无章可循还是乱中有法，是天然超迈还是浓妆淡抹……一句话：不管作者以何种技法、何种手段，营造成何种艺术神韵，都将——明白无误地完整于我们的视觉之内。

此刻，即使袒露无遗在我们眼前的书画作品，其随类赋彩，经营位置，题字钤印，乃至署名……都和谐着无懈可击的完整神韵，鉴藏的进程还决不可戛然而止。眼睛得来总肤浅，用心细解才深刻。

五、用心细解心造之境

西方艺术尊重客观物象，中国书画强调主观感受。所谓主观感受，就是自我张扬，就是提倡作品中"存我"。"存我"之好恶志趣、"存我"之学识才智、"存我"之操守人格……自我越强化，作品个性便越突出。越是个性突出的作品，越是不会被书画的汪洋大海所淹没。

那么，书画艺术又是怎样完成主观阐示命题的呢？

传统认识以为"心之官则思"。这就是说：人的行为举止概由心来规范。臧否人物常云：心术不端、心中罗锦、心地龌龊……既说诗为心画、文乃心声，又说书画作品是"中得心源"之产物。

这种心为思维器官的旧说，虽早在科学认知前名存实亡，但人们仍依然着这个傀儡式的历史沿袭。既然大家至今还那么抬举心，我们权且来一次邯郸学步。

纵然每位作者、每件作品的完成，都有早、中、晚期之分，制作时的情绪亦有喜、怒、哀、乐之别，但却都是作者们当时心境的艺术性外化。也就是说：作者的心境定格了创作的书境或画境。换言之：即书境或画境，完全彻底地受制于作者的心境，也可以说艺术统统被作者的心境所左右，并且还被左右得丰富多彩、千变万化！

由是，世间才有：干禄之书、野逸之画、豪放之笔、妍丽之色、桀骜不驯之高标、甜腻媚俗之低格等异彩纷呈、千姿百态的分野。所以，在每件书画作品的鉴藏中，我们总是想方设法，用自己的心去和作者的心连通，通过心和心的深层对话互动，挖掘作者们挥毫时的心境遗存，还原他们创作时的真实心境，进而达到破释书画真伪的目的。这决不是一种玄之又玄的"空泛"，而是丰富着内含的"具体"。

具体说来：倘有感而发，大多从容不迫，任情使性，线条块面流泄着无法复制的自然；若为功利染翰，势必自我淡化，易见仰人鼻息的奴颜；假如终生春风得意，作品中就常充盈着潇洒的矜持；要是毕生遭际困顿，纸绢上就将奔突着愤世嫉俗的不平；凡是要出名未出名者的作品，几乎尽皆认真严谨，那些毫不马虎的每笔每画，是博取世人认可的努力；凡是功成名就者的墨迹，大约总难逃放笔一挥的轻率；那些作伪摄利者，几乎无一不谨小慎微，唯恐效颦露馅，故前顾后盼，致使下笔落墨迟疑犹豫，以致留下不畅达流利，甚至断气或臃肿的笔墨病灶，以致在鉴藏者们洞若烛火的诊断下，明显成无药医治的沉疴。

凡此种种创作心境，必将转换成种种凡此的书境或画境。既然"境由心造"。那么，我们自不能仅限眼的感受，"心造"之境，我们只能用心去细解。

只要我们心领神会了纸绢上的心境密码，大概也就获得了诠释这件书画真伪的钥匙。不过，即使鉴藏者和创作者顺利地完成了心境的连通，并成功地细解了作者心造的书境或画境，也只能说大致锁定了书画作品真伪的归属。这时，哪怕已经有了百分之九十九的鉴藏把握，但仍然不能百分之百地深信不疑。我们还必须全面地对它们作一番考查及考证，而作品上的印鉴便是考查的重点之一。

六、书画上的用印

从现有的考古成果看，印章的滥觞可追溯到殷商时代。已发现的三枚青铜实物，虽无法解读印面上的古文字，但却证明：最迟在殷商时代便出现了印章。春秋战国时，官府为保证驿传文书的绝密，印章又派生成盛极一时的封泥。古印中名气最大的乃为汉代官印；最珍贵的当首推实物迄今尚未发现、以和氏璧制成的秦玺。将印章直接钤盖在书画上，作为拥有的标记，始自唐太宗李世民，书画作者在自己的作品上直接敲印，为宋徽宗首开先河。元代为石印的原创期。明、清两朝实为篆刻名家辈出之时。自此，印章与字画更是如影随形，珠联璧合得相得益彰。名姓章、斋号章、寓意深远隽永的闲章、佐证曾为某人私物、或经某人过目的鉴藏章，在书画上风头出尽，风骚至今。

由于印章的加盟书画，作伪者们便在印章上动起了脑筋：有的利用谢世书画家遗留下来的真印作伪；有的自己动手或延请旁人代劳仿刻，以造假牟利。一般说来，仿刻之印极难保证尺寸大小、印文粗细屈曲、刀法个性与原印毫厘不爽。故而，20 世纪五六十年代以前的书画，确实还能凭印章确定书画真伪的大概。

自从鬼斧神工的电脑制版术被引进篆刻后，便轻而易举地化解了千百年来仿刻的困难。自然，也为书画作伪者们提供了用印的便利。今天，这种制版印已从最初的锌版、树脂版，与时俱进到了金石味十足的青田石版、寿山石版、昌化石板、巴林石版。这些印不是以著名书画家的信物现形，便是以著名鉴藏家的验证显身。并且，它们无一不是按图索骥地来自印谱，以至于与印谱逼肖得毫无二致。从此，不少朋友慨叹：印章在书画鉴藏中的依据作用尽失！而且，不管是主要依据作用还是辅助依据的作用。

然而，世上的万事万物，有一利就必有一弊。鉴于伪印业已乱真的严峻事实，在书画真伪认定的实践中，任何一件作品，纵然我们已基本有了真伪的梗概，最后，我们都要对其上的用印，作一番苛刻的挑剔，以便确定是手工篆刻？还是制版产品？如结论是百分之百的制版印，那该件作品大约也是百分之百的伪作。当然，书画家有时出游也有未携印的，其即兴的应酬，很可能被为了便利的得主，以制版印或仿刻印自行钤上，但这仅是罕见的特例。实践中也有好几次，由于书画上的用印，竟改变了我们原本认定的真伪归宿。从这点上讲，印章似乎又成了旋乾扭坤的依据。

我们辨认书画上用印是否制版物的办法有四种：

第一，制版印几乎无一例外地取样于印谱，而印谱不是取样于原作，便是取样于书画家本人或其亲属。因此，印谱上的印蜕大抵是可信赖的。故而，我们总是用印谱与书画上雷同之印相核对。一般说来，制版的阳文印笔画皆粗于原印蜕；而阴文印笔画又皆细于原印蜕。当然，这不是认定制版印的唯一办法。即使是手刻真印，如钤盖时底垫软厚，或印泥干湿，或印面清洗如否，或钤盖时用力大小，都会直接影响到印文的清晰度和粗细变化。鉴于此，我们就把注意点转移到印蜕的四周。

第二，金属制版印、树脂制版印等成形后往往是薄薄的一片。为了钤盖方便，使用者便粘上木把、石把，而粘把的宽窄大小，常常未和印面的宽窄大小吻合，这样一来，印把的宽大部分，便会将沾上的印泥屑沾在字画上，白纸红色，就像画蛇添足，使人一目了然。如作伪者切除了印把的宽大部分，或擦洁了宽大部分沾带的印泥，我们便再改换自己的审查和考证的视角。

第三，金属版、树脂版印等因印面结构严密光滑，故印面的附着率低于石印和木印，这类印章留下的印蜕，经常是密密麻麻的小白点遍布，印蜕呈色浅淡轻浮，宛如手无缚鸡之力的老翁所为。

第四，名人书画上所用的印泥大多极佳，这种印泥敲出的印蜕，浑厚得突出纸面。而伪作由于要计算成本，故所用印泥大多价廉质差，这种印泥敲出的印蜕，浮淡浅薄得全无立体之感。当然，书画名家也有使用便宜印泥的。生前潦倒清贫、画名不显的陈南原与黄秋园所用的印泥据说就不是很好。

伪印的最新研究成果——青田石、寿山石、昌化石、巴林石制版类，因其金石味太逼肖于手工印，我们尚无辨识良策，在此，恭请熟谙方家赐教！

在这里我们还要啰嗦几句的是：旧书画上新盖的"旧印"，包括作者和历代鉴藏者的钤印。古代书画素重流传有序。所谓有序，即各朝各代都有鉴藏者题跋钤印（也包括典籍记载），而鉴者藏者的钤印也就是有序之一类。而这种钤印，自然是名人的为好。这类名人印既可证明该作的可靠程度，又可提升该作的经济价值。因此，古往今来的作伪者们都乐此不疲。现今，市场上的旧书画上的"旧印"。我们都要大打折扣，任凭它们酷似得与钤印人活动的时代同步，我们也不敢掉以轻心，深信不疑。

七、书画家早中晚作品的异同

每个艺术家的生命行程，都铁定遵循稚嫩的少年、血气方刚的青年、老成持重的暮年的自然规律。每个书画家的作品呈貌，亦有早期、中期、晚期之别。一般说来，早期所为总是天真烂漫，少见法度；中期之迹大多精力弥满，恣肆汪洋；晚期染翰必然狠辣苍劲、规矩森然。

在现实生活中，谁都有突然邂逅多年未谋面的朋友，一时竟形同陌生难认的经历。面貌虽变得不似往昔，但细加辨别，很快又认定现在的他（她）正是从前的他（她）。

一个书画家早中晚作品的呈貌不同，其实是说怪不怪的。认定那些少见的早期作品，虽不能像认人那样简单快捷，但只要我们来一番深入细致的研究，大约总还是能够确认无误的。

我们曾见过一幅张裕钊的早期对联，出处为张氏原配夫人黄氏的梓里。上款乃黄氏娘家数华里之遥的一位嘉庆朝举人（张廉卿也是举人出身），单就张夫人和上款人故乡的邻近，以及赠者与获者科举等级的相同上，就为这副对联提高了可信度。并且，从装潢材质和款式到书写所用纸墨，都一一和张廉卿的活动年代相一致。

然而，该对联文却是地地道道的《兰亭序》集契。从每字的结体间架到每字的撇捺横竖，活脱脱一个王羲之书艺的缩影。猛然一看，几乎没有张廉卿本人书风的丝毫痕迹。但是，整幅作品纵然与张廉狂卿外方内圆的定格书风大相径庭，却无法改变它实为张氏早年手笔的事实。

正是从这副对联中，我们窥见了张廉卿早岁博采众长的奋免，而又不步前贤后尘的意气，以及锐意开拓自己艺术领地的倜傥风华。其实，张廉卿非但对二王有过刻苦的临池和菁华的撷取，他对所谓的馆阁体，同样有着极高的造诣。否则，以楷书取仕的科举，又怎能给他以功名？历来行规道短、廉洁奉公的曾国藩更不会将他纳入自己的门槛。并延请他为湘军的幕僚，起草檄文奏折，随军转战。

随着这副对联把玩时间的增长，我们终于发现了张廉卿书风的隐约，只是这种隐约还不够强悍，不够突出，被卷裹在王羲之强大的铁划银钩里了！

张廉卿治学的严谨和浸淫书道的广博，与时下写了几天字、画了几天画，便自诩大师、巨匠，进而炒作得沸反盈天的书画混混们，又岂知寸木岑楼之别！在这里，请读者原谅我们这番题外的感叹！其实，这感叹听似离题太远，实则和书画鉴藏密切相关。在书画鉴藏中，我们既不能被书画混混们的鼓噪所左右，更需当心被名人的书跋口跋误导。

八、不要太迷信名人的书跋口跋

古往今来，中国文物界素有"有价青铜重铭文，无价书画贵题跋"之说。正因为题跋在书画身价中有举足轻重的分量。题跋也便在书画上持之以恒地风靡。有的将真书画上的真跋移到假书画上；有的以重金、或人情铺路，求请名人为伪作书跋。凡此种种，无非都为了一个"利"字。

我们曾见过不少名人真跋的假画，随着岁月的流逝，我们已将它们纷纷忘怀！唯独有一张画上的两跋，使我们刻骨铭心，虽历数年而记忆犹新。

那是安徽合肥一位玩家的藏品。其为三尺整纸的八大山水，斯画右棱边上，有名重鉴定界的某某先生书跋，跋意无非是肯定该幅为朱耷早期真迹；斯画左棱边上，则是资深专家某某先生的书跋，内容不外乎重申该画为八大早年手笔。从斯画本身看，笔者井蛙之见：疑点颇多，纸张不到代，水准更不够……若从两位老先生的书跋看，却是绝对无疑的真跋。

这么大一张八大山水，会是一个什么概念？少则几百上千万元的重价不算，将还是当之无愧的国家级重宝。恃才傲物，斗酒百篇的诗仙李白，当年在黄鹤楼上读了崔颢的七律《黄鹤楼》，竟震撼得不敢吟咏黄鹤楼了。我们是何人？面对当今鉴界泰斗，白裱黑字早有定论的八大真迹，又怎敢马虎，怎敢妄唱反调？为了尽快穿越既不敢认，又不敢否的迷宫，我们便十万火急，电告眼力胜过我们的专家某某君。俗话说：三个臭皮匠，顶个诸葛亮。经我们反复地认真辨识，结果是：画假跋真。这个结果，无情地打破了我们心中的不少偶像的形象，迫使人不得不重新掂量自己的某些崇拜。

然而，回说八大山水裱边上的二老之跋，却是毫无悬念的真迹。这到底是作伪者移花接木的"杰作"，还是二老鉴时失识，抑或是人情难却……这一切的一切，我们自然没法知，不想知，也无必要知。

首要的，倒是从这张假画真跋中，吸取利己的教益。那便是：不要迷信名人的书跋。自然，也包括人们不负责任的口跋。自然，无论现在或将来，自以为是的"专家"，大约总不会绝种的。对他们的鼎鼎大名和振振有词，关键是：我们既不能轻信更不能盲从。

书画鉴藏的波澜老成，决不取决于纡青拖紫的官位、朱门绣户的出身、以及瓦釜雷鸣的高调。这是一门既需要理论作支撑，更需要在实践中反复磨炼，方可成就的专业。

九、不要太依赖工具书

近年来，有助于名人书画鉴赏的工具书问世日多，然而，仍以俞剑华先生的《中国美术家人名辞典》为上乘。其收录人数之广、记述艺事之详、查找之便捷、装印之精良……都荣膺该类书籍之鳌头。截至 2005 年，该书已重版13 次。如此畅销，可见社会对该书的认同程度。

白璧微瑕，任何事物大约总难做到完美无缺，俞著亦然。我们建议：再版时，能不能考虑将后面的补遗，按笔画顺序归入各自姓名的条目（总共才不过 51 人）。书后的三个附录可否也能以此处理！勘误与修订，也应通过修改正文，删除那长达七页半的累赘。

诚然，俞先生已早于 1979 年谢世，俞著虽有许多过人之处，但随着使用频率的增多，错讹也渐显多。如：1163 页中的晚清画家黄润条。"黄润，字楚垣……"其实是字弋垣，或乙坦。同时，介绍过于简单。黄氏乃该地当时的重要画家。他不但擅人物、善山水，晚期的作品还极具创意。他当年鬻艺黄鹤楼畔时，微服出游的张之洞，令其按意应画。黄氏由于不满其随行幕僚的盛气，竟拂袖拒就……这则轶闻，至今还在民间流传。

又如：1096 页中的程炎条。"程炎（清）……与罗振镛同时而稍后。"再看 1506 页罗振镛条。罗振镛（现代）。"同时而稍后"于罗振镛的程炎误成了"清"。

再如：曾因画猫一度名动京都的曹克家，名头还真不小，但俞著中漏了。凡此种种，纵然不胜枚举，但瑕不掩瑜。俞著仍无愧于一部千古可传的经典。

针对《中国美术家人名辞典》的微瑕，乔晓军的《中国美术家人名补遗辞典》两卷，便又于 2004 年先后行世。纵然该书的装帧、用纸、编排均逊于俞著，而且，书眉、书边、皆未付印所载笔画，使查阅不及俞著便捷。同时，仍感遗珠不少。俞著偏重南方，乔著详记北地，介乎两者之间地域的却遗者颇多。

随着盛世收藏的日趋升温，文采书艺兼佳的进士墨迹，已成为许多鉴藏者的猎标。三甲进士的书作，许多本来就钤有状元、榜眼、探花、传胪……之印。但未钤直道身份印章的亦为数不少。要锁定到底是否进士手迹，就只有查阅有关工具书了。遗憾的是：有不少进士却书中无载。连体系博大、卷帙浩繁、入录人数宏富的《明清进士题名碑录》，也不知是原本就未上碑录，还是碑录"漫漶残缺"，有些进士就是查不出来。

由此看来，书画鉴藏者们，既离不开工具书，又不能太依赖工具书。与此同时，我们更翘首企盼：满腹经纶的渊博长辈，风华正茂的年轻学子，一句话：凡有志于编典的朋友们，同心协力，继续钩沉索隐，拭去更多遗珠的封尘，使之放光于祖国艺术的圣殿！

十、要有自己的主心骨

自古迄今，凡售伪者，大多都会极尽对鉴藏者的谦卑恭维。一串生动的书画来源和出处故事、一阵干扰鉴藏又文不对题的喋喋不休……遇到这种情况，我们就一定要提醒自己：决不要被这些花招牵引自己的思绪，要始终保持自己的冷静、谨慎和清醒。

从另一个角度讲，也不能太限制售方的言论。尽管他们的言不由衷中，包藏太多的假象和阴谋，但那些阴谋迷雾中的东鳞西爪，有时会透露出些许有利于鉴藏的信息。这就是所谓的言多必败了，互相矛盾的谎言常会不打自招出售奸的本题。

书画鉴藏是一种专业性很强的行为。我们千万不能盲从于某些书画家，甚至名气很大的专业书画家的一己之见。他们评论一幅作品的好坏优劣也许不在话下，但定音一幅作品的真伪大多力不从心。这是因为：好字好画未必都是名家真迹，而写得不好画得不好的又未必都是赝品。我们曾有过请书画家帮忙掌眼定夺的经历，结果花巨款买进来的却是"正儿八经"的伪作。

再说，在古今的书画交易操作过程中，卖者与鉴者串通为奸的事例可谓司空见惯。因此，我们以为：书画鉴藏一味依赖别人如靠冰山。只有不断学习、不断实践、不断提升自身的鉴藏水准，才是最可靠稳妥的长远之计。尽管我们不能拒绝聆听他人的鉴藏意见。而且，多听他人的不同鉴藏意见，可以考查和考证自己鉴藏结论的对错。但是，别人说一千道一万，这最终的主意还必须自己来拿。书画鉴藏切忌做风吹两边倒的墙头草。自己确实认准了的东西，不能轻易改弦易辙。

当年邓拓在鉴藏苏东坡的《怪石枯木图》时，许多资深鉴者都不看好此图。唯有邓拓力排众议，坚持己见，并毅然将其买下。后经专家们多次云集重鉴，才认同了邓拓鉴藏抉择的正确。从而使《怪石枯木图》这帧国之重宝，重新放射出万众瞩目的光华，也使世称杂家的邓拓，在书画鉴藏领域中留下了这桩传诵不迭的佳话。不过，自信的主心骨，必须建立在自知的基石上，如自己本来就不能胜任书画鉴藏，却硬要自以为是地打肿脸充胖子，那就必定沦为早被先哲嘲弄过的："认狂妄为天才豪放"的可笑了！

在这里必须着重强调的是：真正举足轻重书画真伪的杠杆，不是谁人的滔滔雄辩，或彧彧华彩的妙文，而只能是给人诸般感受的书画本体。邓拓对《怪石枯木图》的力排众议，依凭的也正是《怪石枯木图》这个书画本体。任何时候，任何情况下，我们的鉴藏基点，都必须是书画作品这个本体。游离了这个本体，我们就丧失了纵横驰骋的正确鉴藏。

以上所谈，既不是指人迷津的哲理名言，也不是教人理财的经济心语，更不是启迪智慧的金玉之声……它纯是我们业余鉴藏书画的一己心得，纵然浅陋，但我们还颇敝帚自珍。兹写呈读者，如能有助诸君的书画鉴藏，或在书画鉴藏时略可参考，则我们自会欣欣也！

（作者单位：武汉大学法学院）

中国文化中水的审美特性

冯　娟

一、"阳刚之美"与"阴柔之美"

"阳刚"中"阳"与"刚"意思基本相近,"刚"可以说是"阳"的一种特性,这个词偏重于指"阳",因此它首先与"阳"相关;"阴柔"的结构与"阳刚"一样,"柔"是"阴"的特性,这个词偏重于"阴",因此它与"阴"相关。"阴阳"本是中国古代哲学的一对范畴,它们最初的意义是指日光的向背,背日为阴,向日为阳。早在殷周之际,我国古人就开始用阴、阳两个基本范畴解释自然界的事物所具有的此消彼长的关系,并把它们概括为阴与阳两大类型。《周易》中说"一阴一阳之谓道"①。天为阳,地为阴,天地交感也就是阴阳相交变化。然而阴阳变易,天地交感有着神奇作用,似乎不可捉摸,使人觉得神秘莫测,所以"阴阳不测之谓神"②。《周易·说卦传》说:"观变于阴阳而立卦,发挥于刚柔而生爻。"③ 在天之气分阴阳,在地之形分刚柔,即指天地万物有刚柔之分。天地、上下、刚柔处于不断变化之中,并遍及于自然和社会,这就是"刚柔变化"的道理。

《周易》认为:"乾,阳物也。坤,阴物也。阴阳合德而刚柔有体,以体

---

① （唐）孔颖达:《周易正义》,载《四部精要·十三经注疏》,上海古籍出版社1992 年版,第 78 页。

② （唐）孔颖达:《周易正义》,载《四部精要·十三经注疏》,上海古籍出版社1992 年版,第 78 页。

③ （唐）孔颖达:《周易正义》,载《四部精要·十三经注疏》,上海古籍出版社1992 年版,第 93 页。

天地之撰。"①"乾"、"坤"分别代表阳和阴。"乾"为天、为阳、为刚。"乾"的美，实际是阳刚之美最集中的表现。"乾元者，始而亨者也。利贞者，性情也。乾始能以美利利天下，不言所利，大矣哉！刚健中正，纯粹精也。"②这里的"大"、"刚健"、"中正"、"纯粹"、"精"即可以说是乾之美或阳刚之美的一些具体的特征或规定。这里所说"刚健"之美的意味不是道家所追求的那种天地自然的大气磅礴、雄强奔放之美。它们之间的区别包括以下两个方面：首先，虽然两者都与生命的坚强有力相关，但《周易》所说的"刚健"与"中正"、"纯粹"是分不开的，强调坦诚、直率，无所掩饰和始终一贯地坚持自己的思想信念。这就是孟子所说的毫无畏惧的"至大至刚"以及荀子在《劝学》中所说的"全"、"粹"、"德操"，它更多的是用来形容人的理想品格；其次，《周易》的"刚健"之美当然也有其雄强的气势力量，但却是另一种不驰骋于幻想的，直率、单纯的美。

正如《周易》没有明确提出"阳刚之美"一样，《周易》也没有明确提出"阴柔之美"的概念，但它却间接描绘和说明了阴柔之美的各种现象，如："山下有风"（《蛊》）、"地中生木"（《升》）、"鸣鹤在阴"（《中孚》）之类，都给人以阴柔之美的感受。但对阴柔之美论述最详尽的，是对坤卦的解释。坤为地，具有纯阴至柔的特点，因此坤的美，也当是阴柔之美最集中的表现。从《周易》对坤卦的解释来看，所谓"阴柔之美"具有以下特征：平和、柔顺、安稳、平静。这种阴柔之美并不是一种软弱无力的东西，也不同于后世文艺理论中在道、佛思想影响下所提出来的"平淡""空灵"等概念。因为《周易》中所讲的"坤"之美或阴柔之美，其基本精神是执著于现实人生的，而且同样也是生命力的一种表现，它是至柔、至顺、至静的。

最早把"阴柔"和"阳刚"引入美学范畴的是刘勰，他在《文心雕龙·体性》中论及人的才性时认为"气有刚柔"，所以文学作品的风格也有"风趣刚柔"的差别。他在《定势》篇中指出："刚柔虽殊，必随时而适用。"刚柔有体，不是人力所能改变的，因此刚柔不是绝对的，是随时根据需要而改变。清代的姚鼐也指出："其得于阳与刚之美者，则其文如霆，如电，如长风之出

① （唐）孔颖达：《周易正义》，载《四部精要·十三经注疏》，上海古籍出版社1992年版，第89页。
② （唐）孔颖达：《周易正义》，载《四部精要·十三经注疏》，上海古籍出版社1992年版，第17页。

谷，如崇山峻崖，如决大川，如奔骐骥；其光也，如杲日，如火，如金镠铁；其于人也，如冯高视远，如君而朝万众，如鼓万勇士而战之。其得于阴与柔之美者，则其文如升初日，如清风，如云，如霞，如烟，如幽林曲涧，如沦，如漾，如珠玉之辉，如鸿鹄之鸣，而入寥廓；其于人也漻乎，其如叹邈乎，其如有思，暖乎其如喜，愀乎其如悲。"① 他在此虽然指的是文艺美的两种倾向，但是与此同时他还指出了两种形式的美，一为阳刚之美，一为阴柔之美。这两种不同的表现形态都是美的本质的具体显现，都是人的本质力量的丰富性不断展开的成果。

王国维明确提出"优美"这一概念并与"宏壮"相对应，他指出："无人之境，人惟于静中得之；有我之境，于由动之静时得之。故一优美，一宏壮也。"② "有我之境"是"以我观物"，即在客观景物上倾注了诗人的情感，可概括为"宏壮"；"无我之境"是"以物观物"，即主客融为一体，不知何者为我何者为物的境界，可概括为 sublime，"优美"③。朱光潜认为中国古典美学中的阴柔之美在西方评论中被称为 grace。他指出："grace 可译为'清秀'或'幽美'。sublime 是最上品的阳刚美。"④ 中国美学中所讲的"阳刚之美"和"阴柔之美"分别与"sublime"和"grace"相对应，它们还与西方美学中崇高与优美两个基本范畴相对应，但又不同于后者。

在西方美学史上，最早论及崇高的是古希腊的毕达哥拉斯。他把音乐的审美风格划分为两类：一种是具有男性阳刚之气、粗犷尚武、振奋人心的作品；另一种是轻婉甜蜜，具有女性阴柔之美的作品。随后柏拉图在《文艺对话集》中谈到了崇高，并将其与优美并举，而后博克第一次把优美与崇高加以比较对照，康德则对美和崇高的命题进行了深化，康德所说的"美"就是"优美"，他认为美和崇高的自身都是令人愉快的，对它们的判断都是审美的，但它们也有相异之处。首先美寄植在对象的形式中，优美寓于那具体可感的形式之中，是可以把握的，因而是有限的。崇高则寄植在对象的无形式中，这种形式是无

① （清）姚鼐：《惜抱轩诗文集》，清嘉庆十二年刻本，第 48 ~ 49 页。

② 王国维：《人间词话》，齐鲁书社 1986 年版，第 39 页。

③ 王国维在《叔本华之哲学及其教育学说》中对"优美"、"壮美"给人不同的审美感受作了进一步说明："美之中又有优美与壮美之别。今有一物，令人忘利害之关系，而玩之而不厌者，谓之曰优美之感情。若其物不利于吾人之意志，而意志为之破裂，唯由知识之冥想其理念者，谓之曰壮美之感情。"（见《海宁王静安先生遗书·静庵集》）

④ 朱光潜：《文艺心理学》，复旦大学出版社 2005 年版，第 216 页。

限的。其次，从审美主体方面来说在观照美和崇高时其心理愉悦的样式也是各不相同的。优美感的愉悦是直接的、积极的、活跃的、媚人的；崇高感的愉悦是间接的、消极的、严肃的、不媚人的。这就使我们认识到美是和谐的、无阻碍的，崇高是冲突的、有阻碍的。优美感的愉悦显示出主客体的契合；崇高感是由惊恐到惊喜，由不愉快到愉快。在"优美"与"崇高"的比较中我们见出它们各自的美学特征。

从比较意义上讲，中国美学的阴柔之美和阳刚之美与西方美学的优美和崇高有相似之处，但我们必须认识到它们是基于不同的文化背景下孕育而生的。西方的优美和崇高源于希伯来和希腊文化，与日神、酒神精神有关。而中国的阴柔阳刚之美则源于中国古代哲学中的阴阳学说。正是由于中西方分属于两个不同的文化系统，文化渊源不同，民族审美心理不同，致使中西方美学观念各具特色。中国美学中的"阳刚"和"阴柔"物我同一，向内用力，重在培养人的道德力量，是"合"而不分的思维模式、文化心态，它把人与自然统一起来，致力于道德品格的完善，表现出乐观精神和情操。崇高和优美，特别是崇高是"分"而不合的思维模式、文化心态，把人与自然相分离，在尖锐、剧烈的矛盾冲突中，表现出人的狂飙突进、峥嵘的性格力量。因此，在对美学的两大范畴优美和崇高及其审美特征进行考察时，充分考虑这个差异性是十分必要的。

二、水的"阴柔之美"

许慎在释"水"时就注意到了水的阴柔特质："北方之行，象众水并流，中有微阳之气也。"① 所谓"中有微阳之气"指的就是阴阳观念中水是主阴的。作为物质，阴象征水，阳象征火。《说文》"水部"有二组字的字义涉及的都是水的阴柔品质。一组是清洁义；一组是柔小义。

静水具有含蓄美和灵秀美的特质，水的阴柔之美常常表现在静水中。因此，我们对水阴柔之美的感受更多的是依赖于视觉。庄子以"水静犹明"为比喻，让人去体会"道"的真谛：

"万物无足以铙心者，故静也。水静则明烛须眉，平中准，大匠取法

---

① （东汉）许慎：《说文解字·十一卷上》，清文渊阁四库全书本，第161页。

焉。水静犹明，而况精神圣人之心静乎！天地之鉴也，万物之镜也。夫虚静、恬淡、寂寞、无为者，天地之平而道德之至，故帝王圣人休焉。休则虚，虚则实，实则备矣。虚则静，静则动，动则得矣。"①

这种平静之美使审美主体在宁静的心灵中涌起深层的活力，为艺术的心灵提供从容洒脱的心理基础。"水之性，不杂则清，莫动则平；郁闭而不流，亦不能清。天德之象也。故曰：纯粹而不杂，静一而不变，淡而无为，动而天行，此养神之道也。"② 庄子认为静水与体道须有"虚静"心之间的契合点。水之平、静、明，都是静止而非流动造成的，这正与道家"无为"的思想相一致，也与庄子所推崇的"虚静、恬淡、寂寞、无为"的人格修养相一致。"圣人休焉"，也就是圣人之心就像绝对静止的水一般，不受任何外界因素的影响，其内心也没有任何波动。达到这种无忧无虑无为的心境，也就接近"道"了。庄子的止水静观之喻与老子的"涤除玄鉴"③ 以及佛禅强调的"心如明镜台"有异曲同工之妙。老子说："致虚极，守静笃……归根曰静，静曰复命，复命曰常，知常曰明。"④ 大意是说"静"才是事物的本性和根源。庄子要人们效法静水，时刻保持人性安静，从而以一种不偏不倚、公正无私的心态去认识和对待万事万物，以虚静自然之心来感应宇宙天地的玄机。

"静水"不是绝对的静止，更不等同于"死水"，它是一种温和的、缓慢的流动，流动是水的本质特征，动而生，生而动，动则生机无限。水流动不息，变幻莫测，流动之水揭示出生生之气，蕴含着生命精神的存在，而澎湃汹涌的水更是蓬勃生命力的象征。在"静水"中我们也可以看到生生不已的生命力。因此在静静流淌的水中我们也能体验到水的阴柔之美。屈原在《九歌·湘夫人》中写道："荒忽兮远望，观流水兮潺湲。"这里出现的流水不是湍急奔涌，而是缓慢流淌。《招魂》写道："川谷径复，流潺湲些。"这里出现的流水曲折往复，流速缓慢，是以优美的姿态出现，为的是招诱飘荡在外的游魂归来。由此看来，所抒发的感情不同，他所描绘的流水也就姿态各异。

---

① （清）郭庆藩：《庄子集释》，载《新编诸子集成》，中华书局 2004 年版，第 457 页。

② （清）郭庆藩：《庄子集释》，载《新编诸子集成》，中华书局 2004 年版，第 544 页。

③ 陈鼓应：《老子注译及评介》，中华书局 1984 年版，第 96 页。

④ 陈鼓应：《老子注译及评介》，中华书局 1984 年版，第 124 页。

水的阴柔之美又往往与女性的阴柔美相关，如形容女人温柔多情，常用"柔情似水"这个词汇。苏东坡曾以西湖为喻："水光潋艳晴方好，山色空濛雨亦奇。欲把西湖比西子，淡妆浓抹总相宜。"他把西湖拟人化为西施，其秀媚动人跃然纸上。池中波平如镜，细腻婉约，让人心生怜意，也是水阴柔之美的展现方式。"春池深且广，会待轻舟过。靡靡绿萍合，垂杨扫复开。"（王维《萍池》）春水深深，绿台菲菲，杨柳依依，舟行迟迟，春天的池塘可谓秀色夺目。

综上所述，水的"阴柔之美"给我们以轻松愉悦、心旷神怡的审美感受。首先，在精神上我们是顺受的，有一种调和情绪活动、单一的情感，因为阴柔之美是一种和谐的静态美，主客体的关系是同一的；其次，我们在观照"阴柔之美"的水时，始终伴随着赏心悦目的愉快感；再次，对于"阴柔之美"的水，审美主体可以直接通过感官获得审美享受。水的阴柔之美表现出一种虚灵之美的特殊审美效应，是无中之有、有中之无、静中之动。虚是一种物境的幻化，也是审美主体心灵的一种自由放飞。这种虚灵在审美主体宁静的心灵中涌起深层次的活力：虚而静，静而远，远而自致广大，自达无穷，可以玄鉴天地万物；虚则静，静则空；虚则静，静则灵，灵则神思飘逸，忘情玄境，心与宇宙合一，达到最广大的心灵空间中的情意跃迁。

三、水的"阳刚之美"

虽然水主阴，但正如《周易》中表述："坤，至柔而动也刚，至静而德方。"① 即使是至柔的东西，一旦动起来也能表现出刚健的力量。因此水同样也有一种"阳刚之美"，表现出一种刚健有力、给人带来压抑、惊讶、震惊的审美感受，在矛盾中唤起人胸中巍峨浩荡的气概，转而使人感受到自己的伟大和庄严。"阳刚美"所包含的矛盾冲突是一种明显的运动感和双重性。康德认为崇高分为两种：一种是数量的崇高，特点在于对象体积的无限大；另一种是力量的崇高。阳刚之美同样也可以分为两种：壮阔美和雄险美。

水的壮阔美首先体现在感官上的无限，水域的无限广大，极目无边，造就了人对壮阔美的第一体验。水的壮阔之美，以大海的表现为极致，庄子在

① （唐）孔颖达：《周易正义》，载《四部精要·十三经注疏》，上海古籍出版社1992年版，第13页。

《逍遥游》的开篇就展现了大海的壮美："北冥有鱼，其名为鲲。鲲之大，不知其几千里也。化而为鸟，其名为鹏。鹏之背，不知其几千里也；怒而飞，其翼若垂天之云。是鸟也，海运则将徙于南冥。南冥者，天池也。"① 鲲鹏的巨大让人感到惊讶，但比它们更为雄伟壮观的是大海，海比它们具有更为宏大的生命境界。在《秋水》篇中他又提到了海的壮阔，更多地描写了想象中的大海，这已经不是简单意义上的自然景观，而成了一种宏大精神、气魄、胸怀形象的写照，使人们在精神上受到强烈的震撼。

大海容纳百川，广阔无边；风高浪涌，气势磅礴。最早对水的壮观之景进行写实性描述的是曹操，他在《观沧海》中说："东临碣石，以观沧海。水何澹澹，山岛竦峙。树木丛生，百草丰茂。秋风萧瑟，洪波涌起。日月之行，若出其中，星汉灿烂，若出其里。"他笔下大海的雄浑壮阔已被夸张到了极致，"洪波涌起"的雄壮宏大、"若出其里"的广阔无际，这种雄浑豪迈，气势磅礴的水景观给人以一种刚毅、沉雄的鼓舞力量。

海之壮阔体现在其浩然博大，渺远无际，大江大湖的壮阔则有别于海，而更多地表现在视觉上的烟波浩渺、长虹贯日的非凡气势。险弯峻滩，激流飞瀑表现了水的雄险之美，而最具代表的莫过于黄河、长江的汹涌激奔和庐山瀑布的一泻百丈。这种雄险之美往往通过听觉来感受，有时也辅之以视觉。《诗经·小雅·谷风之什·鼓钟》中描写淮水旁边奏乐的场面，开头两句就是"鼓钟将将，淮水汤汤"。将将，象声词，指鼓声宏大；汤汤，水势浩荡之象。这是把宏大的钟声和浩荡的淮水组合在一起，一个是听觉感受，一个是视觉感受，都是颇为壮观的事象。对钟声的描写表现了浩荡的大水是壮观的。

水的雄险美，多来自大江大河，如激流汹涌的长江三峡，万马奔腾般倾泻的黄河壶口瀑布等。水雄壮的力量之美。首先使水成为我们恐惧的一个对象，但另一方面我们却又无法逃避它。因为它引起我们心中足够的抵抗力，这种抵抗力让我们欣喜，它就是人生命力的"勇气和自豪感"②。

优美和崇高，是美学的两个重要范畴，同时二者也是一对相对的概念。优美是与崇高相对而言的，它是美的最普遍的现象形态，也称作柔美、秀美。优美的主要特征是内容与形式的和谐统一。它作为一种美的形态表现于各个领域，其中自然领域的优美偏重于形式。优美的自然景物体现着人类的实践活动

① （清）郭庆藩：《庄子集释》，载《新编诸子集成》，中华书局2004年版，第2页。
② 朱光潜：《西方美学史》，人民文学出版社1979年版，第370页。

与自然规律之间的和谐、一致。如果说优美的形态是柔媚、和谐和秀雅，那么崇高的现象形态就是严峻、冲突、气势和力量。就审美感受而言，优美所具有的和谐自由的形式特征符合人的心理常态，因而它引起的美感属于顺受形式，其心理状态是亲切、舒适和愉悦。崇高则恰恰相反，它所引起的美感属于逆受形式，其心理状态是心理情绪的波动较为激烈，且审美愉悦是由痛感转化而来，与此同时，主体常常在瞬间感到对象的雄伟和自身的渺小。中国传统审美观念曾把优美与崇高这两种不同形态作了明确的区分，那就是：词分婉约与豪放，美分阴柔与阳刚。

（作者单位：武汉大学哲学学院）

略论太极拳的审美意义

赵红梅

在西方传统哲学中，精神与肉体是二元的、对立的。生命哲学家尼采扭断了这种对立的思维路向，他认为，一切从身体出发。我们的思维不能离开身体，更不能轻视或忽略身体。在中国，精神与肉体、道与器不是完全隔绝的，身体不仅是肉体，身体还是精神的"象"。通过这个"象"，我们可以了解它所承载的精神。因此，把握中国传统文化精神可以从身体出发。

如果说有哪一种身体语言可以很好地代表中国传统文化的话，人们一定会首推太极拳。太极拳是中国传统文化的身体表现形式，或者说太极拳以感性的形式直观地表现了中国传统文化，太极拳是"哲拳"。通过太极拳，人们可以感受到中国特色的哲学思维在表现、在流动、在变化。有学者认为，一个研究中国文化的学者不应该忽视太极拳，"因为太极拳提供了一种更深入、更快捷、更形象剖析中国文化的'活标本'"①。太极拳中蕴含的拳理不仅与中国的哲学、美学、书法、绘画相通，而且与伦理学相连。太极拳是具有道德意味的身体语言形式。梁启超认为，小说的功能是熏、浸、刺、提。其实，作为"东方的芭蕾"的太极拳也具有提升人性的功能。作为肢体语言艺术的太极拳蕴含着"生机"，它是生命与自然、生命与生命的交流。符号学大家苏珊·朗格认为："艺术中的生命正是一种形式的'生命'甚至是空间本身的生命。"②太极拳艺术是以有意味的形式进行着生命与环境、生命与生命的能量互换。太极拳离不开打、盘、养，养就是养气、养性。太极拳强调性命双修、艺德双修，练习太极拳可以陶冶情操，使人心绪平和，并且太极拳还为中国人的行为提供了一种准则，如宁静致远、刚柔相济、舍己依人等。太极拳还抽象的道德

---

① 余功保：《随曲就伸——中国太极拳名家对话录》，人民体育出版社 2002 年版，第 5 页。

② ［美］苏珊·朗格：《情感与形式》，中国社会科学出版社 1986 年版，第 93 页。

准则以感性的形式，使人于无形中变得健康、阳光、大气。太极拳中蕴含的精神提升功能不可忽略。可以说，太极拳不仅是一种很好的养生方法，而且也是一种很好的养性"塑人"的方法，它可以从形象到精神对人进行塑造，使人的境界得到提升。

一、虚静之于审美

练习太极拳，讲究一个"静"字。太极拳名家冯志强认为"练拳要从无极始，虚实开合认真求。练拳的时候，没有太极、没有阴阳的时候就是无极，这就是'静'"①。首先是"心静"，心不静则不专，要求练习者凝耳韵，"忘声返听"，不为外界声音所吸引，和周围环境脱开，心静神宁、摒除杂念、进入一心练拳的状态。也就是达到一种对外界视而不见、听而不闻的太极状态。其次是身"静"，演练者以慢为上，将气沉于丹田，大脑中枢保持兴奋与抑制的平衡，动静结合、虽动犹静。陈式太极拳有一个混元内功就是练静的。

静，可以使人从急躁与功利、多欲与多思中超脱出来，进入精纯不二的境界，从而获得一种精神上的自由与快感。特别是当太极拳的练习者达到第三阶段即神明阶段时，人就从以前的"'调身、调息、调心'这'三调'进入'忘身、忘息、忘心'这三忘，达到所谓'神遇'、'心听'和'形无意、意无意，无意之中是真意的'境界"②。这种快感与老子美学中的"致虚极"，"守静笃"，"涤除玄鉴"很相似，是一种审美的愉悦，即美感。美感是一种不计较利害得失的快感，美感不涉及人的自私欲望，在审美欣赏中人必然超出个人的狭隘的自私的实用目的，也不为这种实用目的所制约和束缚。在达到一定境界的太极拳大师那里，打一套拳就像创作一件艺术作品一样令人舒心畅神。其实，这就是太极拳的超越世俗的美感状态。在太极拳的演练中，能达到审美状态，就是潇洒出尘、超然物表的状态。在这种状态中，演练者能体味到精神的清高与内在精神的感召。"正是这种感召把人提升到普遍尘世的存在处境之

---

① 参见余功保：《随曲就伸——中国太极拳名家对话录》，人民体育出版社 2002 年版，第 213 页。

② 阮纪正：《拳以合道——太极拳的道家文化探究》，上海人民出版社 2009 年版，第 253 页。

上，使人觉察到自己的崇高精神与人格力量。美的光辉是照耀人们心灵的灯塔。"① 进入审美状态的太极拳演练者可以唤醒自己心中积蓄的伟大力量，所以，当他们进入脱俗的审美状态，成为审美的人时，他们也行走在道德的道路上。

二、中正之于无私

"立身中正"是太极拳练习者应遵循的原则之一。沈寿在《论初学太极拳易犯的毛病（上）》一文中写道："传统杨式太极拳，自陈长兴以下经历杨氏三代，在流传至今的近两百年的时间里，始终保持了'立身中正'的独特风格。其他如陈式、吴式、武式、孙式等太极拳，凡是经久流传不衰各学派，尽管架有大小，势有不同，却也无不遵循清初王宗岳《太极拳论》中，'立如平准，活似车轮'的基本要求。"

"立身中正"是使人体运动时下盘稳固的基本条件之一。如"盘手时直身竖项，则精神提得起。立身不偏不倚，下盘稳固，就不易被对手牵动"。左蹬脚时，身体处于正面，不能偏于正面，也不能倚托其他辅助物体。如封似闭时，"身体上下保持正直，臀部不要外凸，两臂随身体后坐回收，两肩不要耸起"。退步跨虎时，"右脚向后方退步时，要与上体转动同时进行。上体要保持正直，不可左右摇晃，前俯后仰"②。

"立身中正"，也就是说以脊柱作为中心，上体保持正直，正而不偏，不歪邪俯仰，不使身体各部失中，四肢动作无论如何转换，左旋、右转，自头部至躯干始终须形成一条垂直线。外形正了才能安舒，气正了才能心胸开阔，心不斜。"立身中正"虽然是直接地从肉体上要求人的正直，但是它却间接地从精神上也要求着人的无偏（私）。为什么呢？首先是因为身体是表现自我的载体，是精神的象，它感性地显现着人的精神。如果我们不想陷入不道德的境地，我们必须通过意念控制我们的身体。其次，从文字学上看，立身中正的"中"在中国古代的基本含义就是"正"。朱熹在《四书集注》中写道："中

① 赵红梅、戴茂堂：《文艺伦理学论纲》，中国社会科学出版社 2004 年版，第 245 页。
② 裴锡荣：《武当太极拳与盘手 20 法》，人民体育出版社 2001 年版，第 132、83、113 页。

者，不偏不倚。"中国现代美学家陈望衡先生认为，"《周易》中的'中'在伦理学上也有公正的意思"①。方东美先生认为，大抵孔子及其他儒家所谓"中"，都是指着大公无私的生命精神。再次，是因为太极拳要求形神兼备，"立身中正"包括身正、心正与意正，强调意到心到身到。身正以意正为前提，意念在控制我们使我们身正时，也同时使人们的精神达于正直。故真正的太极大师不仅立身中正，而且神亦中正。精神上的中正就是无私，也可以说是公正。公正是古希腊四大美德之一，并且被认为是美德的总汇。古希腊流行这样的谚语："公正不是德性的一部分，而是德性的整体。"② 因为有了这种美德的人，他不仅能以德性对待自己，而且也以德性对待他人。也正是在这一意义上，我们说，"立身中正"是一种道德体操，它以肉身的形式要求着高尚的内涵从而提升着我们的精神。

三、均衡之于和谐

《张三丰太极行功说》认为，"太极行功，功在调和阴阳，交合神气"。余功保认为："太极拳的一招一式，练的就是阴阳，所有动作都是围绕阴阳元素来设置的。太极拳论，说的就是阴阳关系的理论，太极拳势，就是阴阳变化的结构。"③ 太极拳演练中的阴阳的变化其实就是阴阳均衡的问题，如动作上有节奏快慢、空间方位上的平衡，劲路上有刚柔、轻重等力量的平衡，意念上有动静、虚实等方面的平衡。太极拳中的平衡是动态的平衡，并且意念上的平衡即形与意的平衡是高层次的平衡，因为这种平衡是一种内在和谐状态。

因此，太极拳在演练时，特别强调"内外兼修"和"形神兼备"。内外统一、形意相随是太极拳的一大特质。太极拳是形意相合的拳。如"松"，不仅要求身体放松，松肩、脏腑放松，而且要求意松。陈鑫《拳论》说："打拳以心为主，五官百骸无不听命。心欲左右更迭运行，则左右手足即更迭运行；心

---

① 陈望衡：《中国古典美学史》，湖南教育出版社1998年版，第197页。
② 转引自《亚里士多德全集》，第8卷，中国人民大学出版社1993年版，第96~97页。
③ 转引自阮纪正：《拳以合道——太极拳的道家文化探究》，上海人民出版社2009年版，第517页。

欲用缠丝劲顺转圈，则左右手即用缠丝劲顺转圈；心欲沉肘压肩，肘即沉、肩即压……心欲屈两膝，两膝即屈。此皆心意与动作的关系。"① 孙式太极拳的创立者孙禄堂认为练拳时要从其规矩，顺其自然，外不成于形式，内不悖于神气，外面形式之顺，即内中神气之和；外面形式之正，即内中意气之中。故见其外，知其内，成于内，形于外，即内外合二为一。太极拳名家孙剑云认为，练拳要讲究内外三合。即在肩与膝合、肘与胯合、足与手合的基础上达于心与意合、意与力合、力与气合。打太极拳时，如果内外相背、形意不合的话，太极拳的演练者就像做广播体操一样，只是形态上在锻炼，动作缺乏神韵。

形意相合就是形与意的和谐，和谐是太极拳的最高境界。余功保认为："太极拳的风格可以开展，可以紧凑；太极拳的动作可以'刚三柔七'，也可以'刚七柔三,'太极拳的节奏可以行云流水，也可以起承转合、收发蓄放。但太极拳不能不和谐。"② 太极拳讲求动静、开合、收放、进退的阴阳相济；太极拳讲求形体外动与意识内静的结合；太极拳讲求拳路整体以浑圆为本，招式皆由圆周弧状为主。太极拳本质上讲，就是一种生存、生活的方式，这种生活方式的最高原原则是"和谐"。即各种因素在同一系统中如何和谐相处，达到系统的整体平衡。所以说，和谐是太极拳的主旋律，长期练习太极拳有助于身体的和谐。《黄帝内经》的讲习者曲黎敏认为，易怒一族多与身体内的不和谐有关，易怒之人是因为肾精不足。五脏六腑和谐的男人是气宇轩昂的，五脏六腑和谐的女人是温柔敦厚的。形意相合的太极拳有助于人这一小宇宙的和谐。只有小宇宙和谐了，大宇宙的和谐才有可能实现。

在一个过于喧闹、物欲横流的社会，蕴含着中国文化精神的太极拳犹如涓涓细流滋润着每一位走进它的人。它那如歌如舞的肢体语言使我们紧张的神经得以舒缓；它那唯美求真的价值取向使我们得以超越功利的欲望；它以中正的姿势要求我们追求人世间的公正与无私；它借助于阴阳均衡、形意相合引导着我们步于和谐之路。太极拳可以优化生命的质量、挖掘生命的潜能、提高生命的价值，它为人类精神的提升提供了一个很好的途径。一个真正懂得了太极拳

---

① 转引自余功保：《随曲就伸——中国太极拳名家对话录》，人民体育出版社 2002 年版，第 331 页。

② 余功保：《随曲就伸——中国太极拳名家对话录》，人民体育出版社 2002 年版，第 88 页。

的人，他已经达到了很高的境界。一个达到很高境界的人，是一个与太极拳相通的人。太极拳生活化、生活化的太极拳是艺术与生活的结合，也是艺术对生活的提升。

（作者单位：湖北大学政法与公共管理学院）

贾宝玉形象的思想解读

杨家友

关于《红楼梦》中贾宝玉形象的解读，意见纷呈，见仁见智。鲁迅先生在《〈绛洞花主〉小引》中曾说："单是命意，就因读者的眼光而有种种，经学家看见《易》，道学家看见淫，才子看见缠绵，革命家看见排满，流言家看见宫闱秘事……在我的眼下的宝玉，却看见他看见许多死亡。"① 正是在"看见他看见许多死亡"的血的事实中，贾宝玉最终体悟到人生在世的虚空而遁入空门。本文拟从中国传统思想提供的人生道路这个角度出发去解读贾宝玉的人生抉择，在此抉择的过程中显现贾宝玉的形象。

一、中国传统思想提供的人生道路

思想和文化系统一般都是由天地、神和人三部分及其关系所构成。天地是不能思想的永恒存在，神是能思想的永恒存在，而人却是能思想的暂时存在。人与天地神的最大区别就是人是暂时的存在。人虽然是一个"要死者"，但他也是一个"能死者"，他能够选择以何种方式及某个时间去结束自己的生命。正是在此选择中，人有可能使自己有限的生命具有永恒性。中国传统思想中儒家、道家和禅宗对人的生命如何发展都给出了不同的回答。中国思想中的人是被天地人神系统中的天地所规定。因为"夫天者，人之始也。父母者，人之本也。人穷则反本，故劳苦倦极，未尝不呼天也；疾痛惨怛，未尝不呼父母也"②。在中国的思想系统中，天地与人之间有着一个特殊的阶层——圣人，他们是人，却不是凡人；他们在中国人的心目中近似于神，但又不是神。他们的存在价值体现在他们是天地与民众之间的上传下达的中介。他们"仰则观

---

① 鲁迅：《鲁迅全集》(第8卷)，人民文学出版社2005年版，第179页。

② (西汉)司马迁：《史记》，岳麓书社2001年版，第495页。

象于天，俯则观法于地，观鸟兽之文与地之宜，近取诸身，远取诸物……以通神明之德，以类万物之情"①。

儒家思想来源于圣人孔子，孔子的思想来源于周公。周公在中国历史上首次阐述了德治思想："皇天无亲，唯德是辅。"②"仁"是"以德配天"思想的集中体现，是道德的本体，它体现在"孝"为核心的道德实践上："礼"的践履方式与"乐"的审美境界，它们都是以"仁"为基础。天地在儒家思想中是有道德的，人是有道德的人（"地势坤，君子以厚德载物"）③；天地也是一个有为的天地，人更要积极进取（"天行健，君子以自强不息"）④。这种思想要求个体生命要积极地投入社会，在有限的生命期限里，使自己的人生价值和社会价值得到最大的发挥。

道家思想中的人也是被天地人神系统中的天地所规定。老子说："人法地，地法天，天法道，道法自然。"⑤ 人应当效法天地，但他们对天地的解读和儒家有着极大的差异。道家认为，儒家对天地的道德解读导致了不道德："失'道'而后'德'，失'德'而后仁，失仁而后义，失义而后礼。"⑥ 当儒家标榜道德的时候，恰恰表明道德已经沦丧，真正美好的道德，随意而行就能自合道德："至德之世，不尚贤，不使能；上如漂枝，民如野鹿，端正而不知以为义，相爱而不知以为仁，实而不知以为忠，当而不知以为信。"⑦ 真正的天是无为的天，符合无为之天的道德才是真正的道德（"无为为之之谓天，无为言之之谓德"⑧）。无为之天的典范就是无为而无不为的自然：在"天地与我并生，而万物与我为一"⑨ 的境界中道家找到了个体生命永恒的道路。

佛教思想认为个体生命处在六道的永恒轮回中，人需要做的就是勘破这种轮回，在破除"四相"、"四见"的基础上进而去除妄念，达到"无所应住"的状态。至此，识见本心（慈悲心、平等心、清净心、恭敬心），体悟真如本性，到达心无所住的佛的境界。可见，佛教思想必然和中国传统的儒道思想有

---

① 《四书五经》，北京古籍出版社 1996 年版，第 322 页。
② 《四书五经》，北京古籍出版社 1996 年版，第 1170 页。
③ 《四书五经》，北京古籍出版社 1996 年版，第 363 页。
④ 《四书五经》，北京古籍出版社 1996 年版，第 360 页。
⑤ 陈鼓应：《老子注译及评介》，中华书局 1984 年版，第 163 页。
⑥ 陈鼓应：《老子注译及评介》，中华书局 1984 年版，第 212 页。
⑦ 陈鼓应：《老子注译及评介》，中华书局 1984 年版，第 327 页。
⑧ 陈鼓应：《老子注译及评介》，中华书局 1984 年版，第 398 页。
⑨ 陈鼓应：《老子注译及评介》，中华书局 1984 年版，第 71 页。

着极大的冲突，因为它断绝一切执著的思想，既否定了儒家追求的道德与事功，也否定了道家追求的自然，决定了纯粹的佛教思想在中国的传播必然步履艰难。直到慧能创立了禅宗才使佛教和中国传统思想真正地融合起来。慧能提倡"明心见性，见性成佛"的顿悟法门，所谓的"明心"就是体悟到慈悲心、平等心、清净心、恭敬心，如此便能"见性"，"见性"就是识见真如本性，这样便能达到心无所住的佛的境界。这种倡导与中国儒道两家思想追求心灵的自由结合在一起，给了那些想在社会中为成就道德和事功而碰得头破血流而最终体悟到一切皆空的知识分子们一条生命的慰藉之途。这些知识分子虽然身处社会之中而心灵却超然于社会，他们"尽人事而出入佛老"。于是，随着禅宗的出现，中国出现了很多在家或出家参禅悟佛的高级知识分子，他们"追求的是一种朴质无华、平淡自然的情趣意味，一种退避社会、厌弃世间的人生理想和生活态度，反对矫揉造作和装饰雕琢，并把这一切提到某种透彻了悟的哲理高度"①。

综上所述，中国传统思想与文化中占统治地位的儒家思想给广大中国人提供了一条人与社会和谐的道路，在修身的基础上实现齐家、治国、平天下的理想；而少数看透了儒家理想的人性异化或者未能实现儒家的理想的知识分子在道家人与自然的和谐中找到了寄托；更有少数知识分子了悟了儒道理想的虚假与人生的空漠而走向了自身心灵的和谐与超越，他们在禅宗思想里找到了归宿。

二、贾宝玉的人生道路抉择

《红楼梦》是曹雪芹一生生活和思想的自传性质的著作，这在红学界得到很大程度的认可。这在他自己的文本叙述以及红学家的研究中得到很多反映："《红楼梦》作者底手段是写生。他自己在第一回，说得明明白白：其间离合悲欢，兴衰际遇，俱是按迹寻踪，不敢稍加穿凿致失其真。……因见上面大旨不过谈情，亦只实录其事。《红楼梦》底目的是自传，行文底手段是写生。"②

贾宝玉出生在一个世袭的钟鸣鼎食之家，生下来其人生道路几乎就确定了，即他必须循着儒家文化中追求圣贤道德和事功的道路成长。但贾宝玉的真

---

① 李泽厚：《美学三书》，安徽教育出版社1999年版，第161页。
② 俞平伯：《红楼梦辨》，人民文学出版社1973年版，第97页。

实性格在第三回中通过《西江月》两首词，作者以似贬实褒的手法概括地介绍了贾宝玉。其词曰："无故寻愁觅恨，有时似傻如狂；纵然生得好皮囊，腹内原来草莽。潦倒不通庶务，愚顽怕读文章；行为偏僻性乖张，那管世人诽谤！"① 所谓"愚顽"、"偏僻"、"乖张"就是指他不肯"留意于孔孟之间，委身于经济之道"，不愿走统治者为其所规定的读书应举的正统道路，他痛恨"八股"，辱骂读书做官的人是"国贼禄蠹"，懒于与他们接触。第五回当他跟着秦可卿去找一个睡午觉的地方，先到上房内间，里面挂着一幅画和对联，画是《燃藜图》（汉代大儒刘向夜读，神仙以燃着的藜杖为其照明），宝玉看了图"心中便有些不快"；对联是"世事洞明皆学问，人情练达即文章"。等到他"看了这两句，纵然室宇精美，铺陈华丽，亦断断不肯在这里了，忙说：'快出去！快出去！'"② 第三十六回写宝玉平时懒得与士大夫等接谈，又讨厌峨冠礼服贺吊往还等事。宝钗等辈有时见机劝导，反生起气来，说："好好的一个清净洁白女儿，也学的钓名沽誉，入了国贼禄鬼之流。这总是前人无故生事，立意造言，原为引导后世的须眉浊物。不想我生不幸，亦且琼闺绣阁中亦染此风，真真有负天地钟灵毓秀之德！……独有林黛玉自幼不曾劝我去立身扬名，所以深敬黛玉。"③ 这段话不仅说明了贾宝玉厌恶强加给他的儒家人生道路，也点明了他所向往的做人理想，那就是做一个"清净洁白"的"天地钟灵毓秀"之人，这种人生理想正是道家思想追求的理想人格。贾宝玉认为，世道人心应当是干干净净、玉洁冰清的，容不得一点恶俗的东西；而这个世界的男人从小就被强迫读那些"仕途经济"的书，以便将来获取功名富贵，因而成了不堪的浊物，所以，"天地灵淑之气，只钟于女子，男子们不过是些渣滓浊沫而已"④。见，这里贾宝玉对女儿的钟情，是出于对世故未涉、童蒙未开状态的纯洁的一种留恋，对天真丧失的一种惋惜。所以，他终日"在内帏厮混"，钟爱和怜悯女孩子，钟爱她们的美丽、纯洁、洋溢的生气、过人的才智，怜悯她们的不幸遭遇，怜悯其将嫁与浊臭的男子，失去了她们的圣洁之美。他说："女孩儿未出嫁是颗无价珍珠，出了嫁不知怎么就变出许多不好的毛病儿来；再老了，更不是珠子，竟是鱼眼睛了！"⑤ 他认为茫茫尘世，只有

① （清）曹雪芹：《红楼梦》，中华书局2005年版，第21页。
② （清）曹雪芹：《红楼梦》，中华书局2005年版，第30~31页。
③ （清）曹雪芹：《红楼梦》，中华书局2005年版，第260页。
④ （清）曹雪芹：《红楼梦》，中华书局2005年版，第142页。
⑤ （清）曹雪芹：《红楼梦》，中华书局2005年版，第451页。

女孩子们的世界是一片净土，而他的父亲总要把他拉出这片净土，他的母亲总要来摧残这一片净土，还有他的伯父、哥哥、侄辈之流总要来污秽、践踏这片净土。"女儿是水做的骨肉"，他在女儿堆里混，追求的正是这种鱼儿入水般的冷暖相知感。他凭直觉感到，林黛玉就正是他所要寻求的这种"如水柔情"的理想。最能与宝玉追求洁净、追求纯情交感的天性相共鸣。林黛玉与宝玉一样，对世俗的功名利禄有一种几乎是天生的厌恶和拒斥感，甚至就连她的病，也似乎是她洁净柔弱的天性受到这个肮脏污浊的社会"风刀霜剑严相逼"的结果和象征。正是贾宝玉这种欣赏和追求道家的自然清纯的人格理想，使得这种欣赏和追求具有了超越个别肉体（林黛玉这个人）甚至超越性别之上的普遍性，可以从一个人身上移到另一个人身上。这就是贾宝玉"用情不专"甚至同性恋的缘由。只要对象是一个温柔漂亮的人儿，显出未被污染的纯净的女儿特性，贾宝玉便同样地钟情于他（她）。贾宝玉对秦钟的恋情就是如此，因为秦钟"腼腆温柔，未语面先红，怯怯羞羞，有女儿之风"。后来又遇见了唱小旦的蒋玉菡，"宝玉见他妩媚温柔，心中十分留恋"，于是互赠信物，为此挨了父亲贾政的一顿毒打，差点送了性命。

　　然而，贾宝玉对女儿们的欣赏与博爱给自己带来的并不全是无尽的快乐，还有连绵的烦恼和悲哀。使他最悲哀的莫过于他周围的那些女孩子散的散，嫁的嫁，将他一人抛在世俗的污泥浊水之中。他曾天真地以为即使自己死了，还可以死在情的温柔之乡，获得死的幸福和满足："比如我此时若果有造化，该死于时的，如今趁你们在，我就死了，再能够你哭我的眼泪，流成大河，把我的尸首漂起来，送到那鸦雀不到的幽僻之处，随风化了，自此再不要托生为人，就是我死的得时了。"① 这种自作多情的想法直到后来他在梨香院看见龄官和贾蔷只顾情投意合，单把自己凉在一边不睬，才悟到原来情有定分，并不存在他所想象的那种普遍的情分。他回到怡红院对袭人说："昨夜说，你们的眼泪单葬我，这就错了。我竟不能全得了。从此后，只是各人得各人的眼泪罢了。"② 自此深悟人生情缘，各有分定。其实，早在薛宝钗生日所唱的《鲁智深醉闹五台山》的戏文中他已悟到这一点，发觉自己和那些女儿们是"没缘法，转眼分离乍"，自己是"赤条条来去无牵挂"，因而写下一偈云："你证我证，心证意证。是无有证，斯可云证。无可云证，是立足境。"黛玉见了，笑

① （清）曹雪芹：《红楼梦》，中华书局2005年版，第264页。
② （清）曹雪芹：《红楼梦》，中华书局2005年版，第266页。

他还不彻底，因添上一句作结："无立足境，是方干净。"亦即既然你的那些痴情都得不到回报和确证，又何苦把这痴情当做立足之境呢？不如死了这片心才算得上干净。第九十一回"布疑阵宝玉妄谈禅"中，宝玉道："'我想这个人，生他做什么！天地间没有了我，倒也干净！'黛玉道：'原是有了我，便有了人；有了人，便有无数的烦恼生出来：恐怖，颠倒，梦想，更有许多缠碍。'"①《红楼梦》以"太虚幻境"石头上的"假作真时真亦假，无为有处有还无"(第一回) 开头，结尾以宝玉再历幻境，"过了那牌楼，只见牌上写着'真如福地'四个字，两边一副对联乃是：'假作真时真亦假，无为有处有还无'。转过牌坊，便是一座宫门。门上也横书四个大字道：'福善祸淫'。又有一副对子，大书云：'过去未来，莫谓智贤能打破；前因后果，须知亲近不相逢。'……立住脚，抬头看那匾额上写道：'引觉情痴'。两边写的对联道：'喜笑悲哀都是假，贪求思慕总因痴。'"② 通灵宝玉最后彻悟一切皆空的真如本性，回大荒山青埂峰做他的石头去了。"这既是救护，也是警示与点化。当然，最为重要的还是二游太虚幻境前后对将醒未醒的贾宝玉的导引、警示和棒喝。自此之后，石头幻像贾宝玉才终于认识了人生本相与自身本源。"③ 最终也应了癞头僧"待劫终之日，复还本质，以了此案"的话。

结 论

综上所述，《红楼梦》的内容大致可以概括为：人生天地间，无非有情之灵物。情生于心，心动于物，物形于色，色归于空。世上本无事，庸人自扰之。可笑贾宝玉冥顽不化，一意孤行，不悟情为虚妄，反以自命清高，其实与那淫乱好色之徒同为一气，比那追名逐利之辈也无甚高明。既要入世 (儒家)，就得经世济民，成就大业，否则不如斩断尘缘，一了百了，何苦在出入清 (道家) 俗 (儒家) 之间辗转徘徊，空生出这一段不了情④。这个内容决定了其思想主题已经超出了中国传统思想的范围，它超越了传统的儒道思想的道路，进入退避社会、厌弃世间的禅宗思想的范围，但与禅宗以心灵调和社会、自然的思想又不同，《红楼梦》反映的思想已经达到了彻悟万物皆空与真

---

① (清) 曹雪芹：《红楼梦》，中华书局 2005 年版，第 720~721 页。
② (清) 曹雪芹：《红楼梦》，中华书局 2005 年版，第 902~903 页。
③ 梅新林：《红楼梦哲学精神》，华东师范大学出版社 2007 年版，第 132 页。
④ 参见邓晓芒：《文学与文化三论》，湖北人民出版社 2005 年版，第 270~271 页。

如本性的境界。结合曹雪芹的身世和经历，《红楼梦》典型地反映了一位封建
社会知识分子的无奈抉择。这位来自一个迅速败亡的封建大家庭中的知识分
子，已经没有任何条件实现中国传统思想提供的人生道路，在他身上充满着繁
华散尽的人生空漠之感，最终他只能遁入空门（佛门）。达到这种思想境界的
作品在整个中国文学史上甚至思想文化史上都是少有的。

（作者单位：武汉纺织大学人文社科学院）

土家族民间故事中的美学思想

萧洪恩　萧　潇

爱美和审美是每个人、每个民族都具备的。土家族也是一样，如：在土家族姑娘出嫁前，要举行"开脸"（或"上头"）仪式，出嫁途中要盖红头帕等，都是使姑娘变得更美。即使是找对象，一般也不能找个"破灯盏"，即不能找相貌丑、作风坏的；在土家族的修房造屋过程中，不仅对环境有特殊要求，而且对房的结构等方面也要求严格……可以看出，土家人有自己的对美的看法和对美的追求，有他们对美的爱，因而也必然有关于什么是美以及如何审美等方面的思想或观念。用这种观点来审视土家族的民间美学思想，我们无疑会有所发现，并获得教益。诚然，作为土家族民间美学思想，我们无法从他们的习俗及民族民间故事传说故事中找到对于"美"的系统论述。而且作为"口承文化"，在其中也是不可能有系统论述的。因此，我们只能从他们的爱憎、他们的追求中探索他们的美学思想。

一、美的寄托

什么是美？简言之即对客观对象之"美"的主观判断。但这不单是一个美学问题，而且更重要的是一个哲学问题。正是在这一点上，土家族人民有了自己的关于"美"的寄托。

1. 从美丑的对立中彰显美

在上海文艺出版社出版的《土家族民间故事选·满女婿学诗》中，讲到杨老汉的三个女婿，老大、老二都爱卖点诗文，独老三有一种农民的质朴的美，二者对立起来，使老三更显得美。从中可以看出，美在与丑的对立中。在《土家族民间故事选·聪明的媳妇》中，小媳妇能从三个妯娌所不能理解的事情中，能从知府肯定的问题中找到对立的、否定的答案，从这些对立中显出小媳妇的内在美来。在《土家族民间故事选·颜长富的故事》中则更是从《碗里见鬼》等小故事中看出地主的丑和劳动人民的美来。在《恩施市民族民间故事传说集》中,《河东与河西》中把河东与河西对立起来,通过对河东的贪婪、无孝等"丑"的揭露,显示出河西性情善良、憨厚诚实的美来。在《分菩萨》中,则把老大与老二的奸狡心毒与老幺的忠厚善良对立起来,显示出老幺的内在美来。虽然,土家族人民没有明确地提出"美是对立"或"美是从与丑的对立中得到彰显"的论说,但我们可以从他们在对"好丑"的否定中、在对"好美"的东西的赞美中看到他们在探讨美时往往把丑的东西对比于其中,并且把二者对立起来,从中显示出美来的方法中看出,他们认为美是相比较而存在的,是从与丑的对立中显出美的。这正所谓"相互排斥的东西结合在一起,不同的音调造成最美的和谐,一切都是由斗争产生的"①。

　　2. 美具有正义力量的象征意义

　　在《土家族民间故事选·女儿寨的传说》中有一则《斗狼》的故事,述说狼和蛤蟆等动物的关系,最后是蛤蟆、驴子、小红马等分头把狼斗输了,显示出它们的"正义"力量。《土家族民间故事选》中的《迎凤庄》讲的是,迎凤洞人民不借外部力量,而是依靠自己的力量,通过自强,最后战胜了敌人。这种力量的发现和创造者是湘凤姑娘发现的,是美。在《土家族民间故事选·普舍树》中讲神的力量时,始终不忘记自己的力量。《八部大王》中讲八部大王的力量,《巴列降龙》中以人能降龙,显示出人的力量;《金鸭子》中讲金鸭子能战胜知府,显示出了自己的力量。《庄稼汉和土地佬》中,人能战胜神,显示出了人的力量;《土地怕恶人》中,土地神怕狠人;《波七卡的故事》中,波七卡是力量和智慧的象征;《露水裙的来历》中讲人战胜了女妖怪;《清江》里讲的是检儿能斗败恶龙等。所有这些,使土家族人民"认清自己的力量……激起他的勇气"②。因此,从土家族民间文化中特别肯定自身力量来看,他们是以这种力量来象征美的。

　　3. "美"具有独特的系统结构

　　从土家族的口承文化中可以看出,他们认为美有一个系统的结构,体现出土家族人民对美的整体性看法。首先,它有自己的环境与条件。在《迎凤庄》中讲"撑天的苍松全仗根深,部落的兴旺全靠百姓",把苍松的美与树的根深

　　① 〔古希腊〕赫拉克里特:《著作残篇》,载《古西腊罗马哲学》,生活·读书·新知三联书店1957年版,第19页。
　　② 〔德〕恩格斯:《德国民间故事书》,载《马克思恩格斯论艺术》(第四卷),人民文学出版社1966年版,第401页。

联系起来①；在《千里眼》中的慈娃是美的，公主也是美的，这种美的获得是因为他们心地善良，是由于有鹰等的帮助，即具有一定的条件。在《兰草花》中，兰草花之所以美，在于有一个环境，这就是"春不出，夏不日，秋不干，冬不湿"。总之，美必然有一定的生存环境与条件。其次，美具有一定的适用功能。在《沽天的由来》中，讲盐的美，是由于人们的生活离不开它，是因为它的实用。再次，美体现在它的完整与秩序上。在《纸糊药罐口》中，讲纸糊药罐口，病人得康复，是因为有师生间的秩序；在《偏脑壳山神》中讲山神丑，是说其形象不完整。其他如《白鼻子土王》、《小脑壳财主》等，并因为其形象不完整而显出丑来。最后，美的生命力在于具有"创造性"。在《开煤祖师》、《鲁班的故事》中的鲁班是美的，这在于他们的创造。创造是美的生命力所在。

4. "美"是一个不断变化的过程

在土家族人民看来，任何事物都可能在过程中体现出美来，美的特色及存在方式是变化、转化，这是美的生命力所在。如《茅姑事的传说》中讲"茅姑事"由"烂杆子"悔改前非，变成好人，由丑变美，强调的是由丑向美的转化过程；《新娘搭梦帕》中的丑姑娘变成一个"人见人爱，树见花开，如花似玉的天仙女"；《吊脚楼的来历》中讲现今土家族的美丽的吊脚楼是经过长时间的变化发展而来的②。《狗芽草》讲的是狗芽草从丑变美；《胶沾糖果》中讲的是张生改过迁善，由丑变美；《楠竹筷子》中的楠乡竹娃由丑变美等，讲的都是强调美是一个逐渐生成的过程。在《皮条》中讲的是皮条最后变丑，以至于"不打三分罪"③；《指拇脑壳》中的李四因为贪心而由美变丑，《黄鳝原是人变的》中的黄财主由美变丑等，则从反面证明了变"美"的可能性。由此可以看出，土家族人民讲的是美丑转化，劝人向美。一个不美的人或物，经过修养，加强修养，可以变美。反之，也可以变丑。掌握这种对于美丑变化的看法，对现在都具有普适性。

5. 美的核心是内秀

对于美来说，有形式的美和内在的美，即内在美和外在美的分别。既要求

---

① 归秀文：《土家族民间故事选》，上海文艺出版社 1982 年版，第 216 页。

② 归秀文：《土家族民间故事选》，上海文艺出版社 1982 年版，第 152、173、181 页。

③ 恩施市文化馆：《恩施市民族民间故事传说集》，内部资料 1988 年版，第 166、179、210、195、158 页。

有美的形式，又要求有美的内容。《皮条》中的皮条有漂亮的模样，可算是有了外在美了，但她到处害人、骗人，所以其内心是不美的，最后变成了一条蛇，要被人打，甚至见蛇不打三分罪。在《党参的来历》中，叫花子的外形是丑的，但他帮助党先生发现了一种药，因而具有了内在美。《解诗情》中的放牛娃是内在美与外在美相统一的，《火烧麂子精》中的麂子精的外在美与内在美则是不统一的。可见，土家族人民特别强调了内在美与外在美的统一。在内在美中，《公平交易》中的"公平"，《萧何执法》中的萧何、《见色不迷》中的窦仪等，是律己的典范，这是内在美。因此，律己是内在美的一个要素。值得特别提到的是，土家族人民还把智慧当成美的一个关键性要素加以提倡。《百鸟衣》中的凤云"性格温和，聪明伶俐"，用智慧战胜了国王；《巧媳妇》中的巧媳妇用智慧战胜了知府①，《哭吃泥家》中的主人翁智胜人熊，《杨三智斗老财主》中的杨三斗智，《长工和地主》中的长工斗智，《火龙袍》中的彭大斗智，《聪明的媳妇》中的聪明的媳妇②等，都是有很高的智慧的，是美的。总之，内在美的要素应是有智慧，能律己自修的，这是对社会美内涵的特殊认同。

6. 为善为民是美的内容和行为尺度

为善为民是土家族对道德等为人准则的认肯，实际上是以之作为美的内容和行为尺度。如《千里眼》中的慈娃救鱼、救鹰、救狐狸，行善，最后和公主成婚。《猴子偷南瓜》中的老大，由于哥哥为不善，最后掉下山崖摔死，从中可以看出，为善是美的。美和善是同一的，为善的尺度是为民。在《王生问佛》中，当自己的利和他人的利有矛盾时，王生问他人事而不问自己的事，于是得到了好处，正所谓人人为我，我为人人③。《酉水河的传说》中，黑巴为民而死，受到人们的赞扬，是美的；《清江》中的捡儿为民而死，现在还被传扬；《药神庙》中的银哥为民，流传至今；《金银花》中的金哥、银妹为民、重大义，被人们盛赞；《扎梅山》中的梅山，《金挖锄》④ 中的利布等，都是

---

① 恩施市文化馆：《恩施市民族民间故事传说集》，内部资料 1988 年版，第 158、159、229、207、203、227 页。

② 归秀文：《土家族民间故事选》，上海文艺出版社 1982 年版，第 233、255、259、263、273 页。

③ 恩施市文化馆：《恩施市民族民间故事传说集》，内部资料 1988 年版，第 205、211、208 页。

④ 归秀文：《土家族民间故事选》，上海文艺出版社 1982 年版，第 99、106、123、129、165、238 页。

为民的典型。他们都是美的。可以这样说，为善为民，是土家族民众所认肯的美的根本内容。

二、美的理性形象

美既具有感性的外在表现，更具有理性的内在表现。在土家族传统文化中，这种内在美的理性表现主要有勇敢与奋斗、重义与重情、团结与互助、勤劳与节俭、诚实与正直等。

1. 勇敢奋斗

历史上，土家族人民曾以勇敢著称于世，例如《华阳国志·巴志》记载："周武王伐纣，实得巴蜀之师，著乎《尚书》。巴师勇锐，歌舞以凌，殷人前徒倒戈，故世称之曰：武王伐纣，前歌后舞也。"巴人是土家族的重要族源，巴人的勇武当然在土家族人民中有所反映。在《酉水河的传说》中，黑巴勇敢地走向东海，智斗黄龙和孽龙，请得小白龙，为土家族人民造出了酉水河，正所谓勇敢向前，奋斗不息，死而后已。《澧水的来历》中，李水勇敢而机智地驯服洪水，使老百姓过上了美好的日子。《跳社粑粑的传说》、《挑秧水》等中，反映了土家族人民展劲做好阳春，不分昼夜，打起火把挖山造田，直到大年三十还要挑秧水，以便不误农时的奋斗精神。《杀年猪的习俗》中，反映了土家族人民团结起来智斗土司王的斗争精神。《晒龙袍》中的覃土王英勇异常，壮烈殉难，具有不怕牺牲的精神；《金挖锄》中的利布不畏艰险，爬上连猴子也难爬上的大悬崖黑龙背，搏杀蜈蚣精、老恶蛇和恶老虎，取回金挖锄，救活老百姓等，都充分显示了土家族人民的那种不畏艰险，勇敢抗争，为民为善的奋斗精神。

2. 重义重情

土家族人民是十分重视民众情感的。男女恋情，则对爱情忠贞不渝；与朋友交则耻恶背信弃义。所以，人们对土家族人民的这种情感特别赞扬，诸如"过客不裹粮，投宿寻饭无不应者"[①] 等即可证。关于这种美好的情感，我们可以从土家族的民族民间故事集中得到说明。首先是反背信弃义。《师傅留一手》中，反映了人们对恩将仇报、忘恩负义的老虎的憎恨；《狗为什么不长角》中的羊子的忘恩负义，同样被憎恨；《棕树》中的棕树之被千刀万剐，是

---

① 具体内容可参见同治版《来凤县志》。

因为其背信弃义所至。还有是重大义。如《太阳和月亮》中的兄妹俩，为了繁衍人类，重大义而做出了自我牺牲①。《罗神公公与罗神娘娘》中的罗子罗妹，重大义，兄妹成亲，繁衍人类②。《佘氏婆婆》中在天飞与芝兰的兄妹成亲等都是重大义的行为，人们对此都是非常推重的。《合欢树》中的彭阿春重大义被杀，赢得三个山寨的团结，正所谓舍生取义；《二酉藏书》中徐正等人为保存文化，冒杀头的危险，虽然最终被杀，人们现在还传为佳话。《滚龙坝》中讲的母子情深，《望郎峰》中讲的夫妻情深，《茨果花和灯笼果》中讲对爱情的忠贞、对无情无义的舅父的抗议，《不见哥哥，只见斧头》中讲的对爱情的忠贞，《严家为什么六月六过年》中讲的对彭家的无情无义的抗议，《瞎眼县官》中的县官忘恩负义、《鸹雀》中的鸹雀的无情无义、《螃蟹同岗狗赛跑》中的岗狗的无情无义等，都被人们耻骂。相反，《乌杨过江》、《公婆树》③ 中的夫妻情深等则又被高度赞扬。可以看出，美在土家族人民心目中，其重要的理性形式是重情重义。

3. 团结互助

土家族人民是十分重视团结互助的。如薅草锣鼓中讲"四五月耘草，数家共趋一家，多至三四十人，一家耘毕，复趋一家"④，就正是一种团结互助的薅草场面。《秦覃两姓是一家》中讲的是冉氏三兄弟遇难，覃家母女奋力相助，扶危济困，使冉氏三兄弟渡过难关；《瞎眼县官》中讲的老石匠和老妈妈，本是两家人，为了养活孤儿，团结互助，使孤儿勤奋学习而中举；《冉广盘的故事》中说冉广盘"搭救胡顺"⑤ 等，都是团结互助的典型表现。

4. 勤劳节俭

在《恩施市民族民间故事传说集》中有《猪的传说》，对猪为了懒惰而愿下凡表示了愤慨；在《蕨粉》中对农妇的浪费而不节俭表示了愤怒，故至使

---

① 恩施市文化馆：《恩施市民族民间故事传说集》，内部资料 1988 年版，第 1、152、156、167 页。

② 韩致中：《土家族民间故事选·女儿寨的传说》，长江文艺出版社 1985 年版，第 10 页。

③ 归秀文：《土家族民间故事选》，上海文艺出版社 1982 年版，第 80、121、113、116、133、141、154、285、354、359、213、229 页。

④ 同治版《来凤县志》。

⑤ 归秀文：《土家族民间故事选》，上海文艺出版社 1982 年版，第 93、221、284、343 页。

玉皇大帝叫蕨粉人地三尺①；在《故事选》中有《慌张足背奇》的故事，说明嘎多懒而为人憎恨，格拉勤快而被人们赞扬。《毛故事的传说》中对好吃懒做者表示愤慨，并编成哑剧演出，以教育后代勤快；《打莲湘是怎么回事》中，赞扬莲湘的勤劳、美丽；《吐喇叭的来历》中赞扬巴尔的勤快、善良；《五老庚种菜》中对五老庚懒惰表示憎恨等②，都表明了人们对勤劳的爱，对懒惰的恨；对贪的恨，对俭的爱。

5. 诚实正直

史志多言土家族人民"悍而直"、"戆朴"③。诗曰："型方训俗悉推诚"、"不薄今人见至情"、"邑小如卷俗尚清"、"俗较京华味更长"④。可以看出，土家族人民的诚实、正直是史志中多见的。在土家族的民间故事传说中，从《恩施市民族民间故事传说选》可以看出，《盐的传说》中，巡检吏侯廷曾论施州人"淳朴忠厚"，故能得到很好的治理⑤。《故事选》中有《跳社粑粑的传说》，其重要的内容和作用就是叫人正直，不去做坏事，不给土家人丢脸。《金瓜种》中的弟弟忠诚老实，哥哥心术不正，褒贬意明。此类传说，在土家族的民间故事传说中表现得十分明显。

三、美 的 升 华

土家族人民为什么这样地看重内在美？他们对美作如何评价？他们的目的是什么？这就要考察他们所认可的美的意愿。对于这种美的意愿，只要我们加以发扬，实现美的升华，是会对土家族地区的现代化建设有所促进的。

1. 崇高的道德责任

从前面的论述中可以看到，美是为善为民，这就是一种道德责任。如《太阳和月亮》中，兄妹俩打破兄妹不能成婚的陈例，毅然成婚，肩负的是繁衍人类的责任，最后还要变成太阳与月亮照耀人间，这种崇高的道德责任感已

---

① 恩施市文化馆：《恩施市民族民间故事传说集》，内部资料 1988 年版，第 153、163 页。

② 归秀文：《土家族民间故事选》，上海文艺出版社 1982 年版，第 138、152、192、195 页。

③ 同治版《来凤县志》。

④ 同治版《咸丰县志》。

⑤ 恩施市文化馆：《恩施市民族民间故事传说选》，内部资料 1988 年版，第 188 页。

达到了无私奉献的程度。《白虎神架桥》中，为了方便百姓，白虎神背青龙，往来奔波；《赵巧造屋》、《赵巧送灯台》中的赵巧，由于没有这种道德责任，没有人心向善的品质，最后死于东海。这种崇高的道德追求和道德责任感，如果被引入现代化建设的轨道，对于我们的现代化建设是会有所帮助的，特别是对于现今和谐社会的建设，将会起到巨大作用。

2. 强烈的爱国热忱

对祖国的强烈的爱是对美的一种强烈的追求。因此，在土家族的美学思想中，对美的爱是不可低估的。《巴蛮子》中的巴蛮子为了平息国内之乱，奔波万里至楚，借得楚兵平乱，后以自刎谢楚，感动楚王，楚王以上卿之礼葬其头；《陈连升》中讲陈连升大战英军，为国殉难，至今仍广为传颂；《向燮堂》中的向燮堂反洋教，救生民，为国赴死。这种强烈的爱国热忱，甚至表现在草木动植之类上。陈连升的马倾心向北，至死不屈于英国侵略者；《土家族的桅杆》中，利川谋道的水杉树，作为"土家族的桅杆"，外国人想砍走，神杉却岿然不动，并有一对男女被外国人打死后变成了一对凤凰去扶神杉。这是一种至诚的爱国情感，是一种对祖国和人民的神圣的爱。如果加以升华，当然可以用来培养土家族人民的对祖国的强烈的爱国主义情感。

3. 正义的牺牲精神

毛泽东曾说，人固有一死，但死的意义有所不同，或重于泰山，或轻于鸿毛。对死作了两个方面的评价。在土家族人民心目中，对死的看法也是很值得体会的。有个《少二文》的传说故事，说一个爱钱如命的财主，掉到河里去了，当人们叫他出钱，别人好去救他时，他还同别人讲价，最后被淹死了，这当然是死不足惜的。但如果是为正义而死的，则人们会凭吊千古。《清江》里面的"捡儿"、《巴蛮子》中的"巴蛮子"、《陈连升》中的"陈连升"及其黄骠马、《向燮堂》中的"向燮堂"、《澧水的来历》中的"李水"、《酉水是怎样得来的》中的"黑蛮"，以及其他如"利布"等，都是为了正义的事业而英勇献身的。这样的牺牲，培养的是一种正义的牺牲精神。土家族历史是之所以英雄辈出，与那种长期形成的、根植于土家族民众意识中的牺牲精神是分不开的。

4. 和谐的民众情感

一则土家族谚语说："天地和而万物生，两国相和不动兵，千斤黄酒和为贵，一堂和气值千金。"这种以"和为贵"为处理民众关系的原则是深深地根植于土家族民众意识中的。他们不仅劝友兄弟，劝睦宗族，而且和睦乡党。在《秦覃二姓是一家》中的秦氏三兄弟与覃家和睦相处，《公平交易》中的公平与交易的和睦相处等，都可以看成和谐的民众感情的典型。在《地龙灯》中的"龙生凤养虎喂奶"或"龙生虎养凤遮荫"，都说明以蛇、虎、鹰为图腾的三种族群人民的友好相处是一种和谐的民众情感。《佘氏婆婆》中讲的鹰公佘婆，实际上是讲的以蛇和鹰为图腾崇拜的两支部落的和谐相处。凡此等等，都说明土家人崇尚的是和谐的民众情感。至于像《八河溪》说明八伙计的团结合作之类的传说故事还有很多。这种和谐的民众情感，就是在今天的和谐社会建设中也是值得赞扬的。

5. 不懈的奋斗精神

坚韧不拔的奋斗精神，这在土家族人民心目中是不乏事例的，如在学习上，有一个考生考至老了才考中，以至于学院大人就以此为题考他，即"下勾为考，上勾为老，考老童生，童生考到老"①。为了去学习，他们"路过十峰，劳爬涉者千般；水经三峡，越风波者万状"，经历过千辛万苦。《龙洞水是怎样得来的》中的大龙、二龙，远赴东海，千般劳累，万般辛苦，最后从东海穿地而回，为土家族人民带来了东海之水。至于其他如李水、黑蛮、利布等，都是历经千辛万苦，不懈的奋斗与追求，最后都取得了胜利。这种精神，事实上也是值得我们加以发扬光大的。

诚然，土家族的民间美学思想还很丰富，笔者的这点尝试，若引来风波万状，那将是十分有益于民族发展的好事。

（作者单位：华中农业大学文法学院）

---

① 笔者在民间采集之《牟承武训及门徒格言》。

凤阳花鼓的内容与形式浅论

孟文玉

凤阳花鼓是民歌的宝库，虽没有形成固定的腔体和系统的板式，但在表演时仍有简单的角色扮演。有说唱长篇故事的曲艺特征，又有短歌小调的清新流利；有朴拙却动听的歌喉，又有简单但曼妙的舞蹈。不是成型的小戏，不是单纯的歌舞，也不能讲就只是曲艺，它伴着花鼓公花鼓婆的小鼓小锣自然产生，并且在一个又一个穷人无法度日的荒年里为他们挣下吃食。但它也随着中华人民共和国的成立，改革开放带来的经济发展而渐渐消亡。它起于贫困饥饿，消于丰衣足食。它所过之处，带来了家喻户晓的凤阳歌，带走了当地的小调名曲。再把那些新的旧的调子带到另一个他乡。在媒体匮乏的过去时代，唱花鼓的凤阳人无疑充当了全国民间歌曲交流媒介的主要媒介。在媒体发达，农民丰衣足食的今天，凤阳花鼓失去了它生存的最后土壤，无可挽回地消亡了。它不是江南庭院里锦衣绣袍的水磨调昆曲，也不是淮北平原上披红着绿的粗豪拉魂腔，它甚至从来没有固定的登上正经的舞台，它只是开在路边的一朵野花，在历史的尘烟中寂寂而开，寂寂而败。

一、内容里的人性张扬与约束

"凤阳歌"包含一个狭义的范畴和一个广义的范畴。狭义的"凤阳歌"就是指"说凤阳，道凤阳"这首歌；广义的"凤阳歌"则是指所有通过凤阳花鼓媒介传播流行的曲调。凤阳歌（亦称凤阳调）是吸收凤阳当地的秧歌变化而成。凤阳歌流传于各地之后，曲名有所变化，如苏南的春调，河南的阳调，山东琴书的凤阳歌，徐州琴书的四句腔，陕西曲子的阳调，榆林小曲的小尼姑调、叮当调以及东北、四川、云南、湖北等地的凤阳调等。此外，凤阳调还为昆曲、徽调、汉调、京剧等许多戏曲剧种吸收为折子戏《打花鼓》中的代表性唱段①。可以这么说，老花鼓艺人从父辈祖辈那里学来的曲调统称为凤阳歌。凤阳歌就是凤阳花鼓演出时的主题，花鼓小锣是伴奏，舞蹈和简单的表演是辅助，唱曲才是整个表演的核心内容。

1. 歌颂爱情

爱与死是艺术永恒的主题。从收集到的凤阳花鼓曲目来看，爱情题材的曲目最多，并且多是不光明正大的偷情题材。这其中又多为未婚女子瞒着家人有了相好的男子。因为唱花鼓的基本上都是女性（男性一般持锣），因而都是女性口吻讲述故事。

已收集到的曲目有：《十三月玉美郎》、《虞美人得病在牙床》、《姐姐门前一棵槐》、《送郎》、《姐在房里巧梳妆》、《姐在河沿洗裹脚》、《月亮一出照楼梢》、《姐在房里笑嘻嘻》、《手扶栏杆》、《五更谯楼》、《采桑》、《老十杯酒》、《十江水》、《打菜苔》、《二姑娘倒贴》（以上为凤阳县文化馆于 20 世纪 70 年代收集）；《八段锦》、《叠断桥》、《卖油郎独占花魁女》、《打菜薹》②、《鼓打一声没露头》（以上为笔者所收集）。

从这些曲目的文本来看，内容多是偷香窃玉、男女苟合，其实难登大雅之堂。故事性较强的《卖油郎独占花魁女》之中也有非常直接的性描写。由邓家芳演唱，歌词如下：

一更子井缸里呀，月亮你照花台。卖油郎就走近路，挂看这女裙钗呀。我挂看，年纪小亲亲的爱坏了人家的女呀，为何这你个流露呀，这圆滑的门中来哟吼嘿。为何这你个流露呀，这圆滑的门中来哟吼嘿。

二八一十六岁呀，一朵的花正开。遇到那个风流郎，那就要把花来采呀。十七哟，十八呀，人人都说爱呀，三十岁那个开败呀，那渐渐地打下楼来哟吼嘿。三十岁那个开败呀，那渐渐的打下楼来哟吼嘿。

二更子井缸里呀，月亮你渐渐高。我又看那卖油郎，那心噶里头多懊糟呀。翻来哟，调去呀，睡上不着觉呀，酒醉会子噶，昏迷呀，心里头似火烧哟吼嘿。酒醉会子噶，昏迷呀，心里头似火烧哟吼嘿。

①　冯光钰：《凤阳歌的启示——凤阳歌全国学术研讨会开幕词》，载杨春《唱遍神州大地的凤阳歌》，中国文联出版公司 1995 年版，第 2 页。
②　笔者收集的《打菜薹》与前文《打菜苔》歌词大不相同，故而以繁体字区分。

承受夜来夫妻呀，我一把呀怀中抱，磕头子（膝盖）噶又抵上，我花个姑娘女儿腰呀，我又看花姑娘，白脸泛红光，卖油郎，慌慌忙忙坐在她身上。这口的个酒气呀，笑上个二的笑哟吼嘿。

三更子井缸里呀，月亮你正当央。我又看到那花姑娘呀，心中肚里头想啊。卖油郎，一看小妹个来带慢那，轻轻地那个悄悄哇，走进她的绣房哟吼嘿。轻轻地那个悄悄哇，走进她的绣房哟吼嘿。

老娘你开言道哇，女孩子你是听，你个的牙床上就怎么就响铃铃那。女孩子，嘴边，笑开噶言的个道呀。我小姑娘呀坐在呀，牙哟床哎上啊哟吼吼。我小姑娘呀坐在呀，牙哟床哎上啊哟吼吼。

四更子井缸里呀，月亮你偏了西。我又看那花闺女，忙的个来脱衣呀。卖油郎，一见个妹个来带慢哪，我轻轻地悄悄哇坐在个牙床上啊哟吼吼。轻轻地悄悄哇坐在个牙床上啊哟吼吼。

老娘你开言道哇，女孩子你是听，你的个就帐钩子，怎么响铃铃哪。女孩子，嘴边，笑开噶言的个道呀。我小姑娘，脱衣裳，就担在这帐钩子上哟吼吼。小姑娘，脱衣裳，就担在这帐钩子上哟吼吼。

五更子井缸里呀，古达呀天明亮。卖油郎下牙床，慌忙的穿衣裳呀，老娘啊，嘴边笑开这么言的个道哇。你小姑娘的房中里哪有个男子身哪哟吼吼。你小姑娘的房中里哪有个男子身哪哟吼嘿。

小姑娘开言道哇，老娘啊你是听，东庄上小和尚，起来个烧早香啊。小和尚，听说就起这么狠的个狠哪，我这咱子那个不罢呀，话怎么来的个讲哪哟吼吼。明早上我就起来呀，想搞死你骚逼的娘啊哟吼吼。

为何这你个偷了男子汉，就赖我的小和尚哪哟吼嘿①。

这本来是一个穷苦的卖油郎凭着真诚而赢得美人归的故事，然而在凤阳花鼓曲目之中却变成了卖油郎趁花魁女酒醉而苟合，并且花魁女第二天还理直气壮地在鸨母面前为卖油郎辩护，因为她掌握了鸨母和"东庄小和尚"的苟且之事，所以鸨母无奈地说："为何你偷了男子汉，就赖我的小和尚。"

这一支曲子只是一个代表，其实所有关于男女之爱的曲目全都如此，充满着赤裸裸的相思和性描写。

民间艺术多是粗糙低俗的，因为只有赤裸裸的情感宣泄，才能得到普通民

---

① 转引自孟文玉收集整理：《邓凡兰邓家芳访谈录》，2009 年。

众的广泛认同和喜闻乐见。过去我们接受到的教育告诉我们农村的观众都是质朴的农民，为农民表演的艺术都是朴实无华的民间艺术，旧时代那些赤裸裸的男女欢爱的内容都被剔除了。然而只有在实际的采访之中才会发现，从书本上得到的认识不是民间艺术的本来面目，民间艺术事实上全都被裹上了"遮羞布"。

凤阳花鼓原始形态在当下的萎缩和绝迹，可以说很大程度上是由于曲目的低俗。夏玉润先生在笔者对他的采访时说："任何一种民间艺术，必然有一个产生、兴盛和消亡的过程。凤阳花鼓从产生到现在已经 600 多年了，已经算是周期很长、生命力很强的一门民间艺术了。对于这种现象，我有一个总结：俗则兴，兴则雅，雅则衰。"①

的确，凤阳花鼓这一门民间艺术生于贫穷和饥饿，而在中国经济飞速发展的今日逐渐消亡——这似乎是一个无法挣脱的轮回。

2. 宣扬伦理

凤阳花鼓除去相当一部分的爱情曲目，剩下的就是宣扬伦理的曲目了。过去的中国靠封建伦理来维系社会的平衡，所谓礼义廉耻，国之四维。大的方面，君为臣纲，小的方面，父为子纲，夫为妻纲。民间也如此，忠义孝悌是永远被歌颂宣传的榜样。如《嫌贫爱富》、《杨姑娘上吊》、《劝世文》、《谭香哭瓜》、《王祥卧冰》、《报娘恩》(以上为凤阳县文化馆于 20 世纪 70 年代收集)，《二十四孝——女贤良人肉救老娘》、《十二月怀胎》、《十二月古人名》、《走进门就唱歌》(以上为笔者收集)。以这些曲目的文本为例，它们在民间伦理宣传上较为偏颇，即不是宣传愚忠愚孝，就是褒扬无止境的忍耐和宽容。比如《女贤良人肉救老娘》的曲文：

> 二十四孝我头一孝，也不知道哪孝出贤良。贤良噶出在个大家的女儿，大了家的姑娘噶最贤良。
>
> 早上噶打水娘洗脸，连忙把早茶端到面前。一身噶好衣给娘穿，穿上噶好衣就要动身。
>
> 一搭讪，二三更，冬天天气特别冷，火烤的棉被盖娘身。老娘噶南庄上去吃酒，慌慌忙忙地裁衣裳。
>
> 上身噶又穿了大红袄，我下身又围紫个罗裙。头上的宝网子与噶娘

---

① 孟文玉收集整理：《邓凡兰邓家芳访谈录》，2009 年。

戴，满脸噶花鞋脚下登。

满脸噶花鞋子（孩子）脚下登，我摆你娘哟三摆娘才动身。夏天哟天气特别热，我咬定了搭讪二个三更。

冬天天气特别冷，我火烤的棉被盖娘身。鼓打个三更就到天亮，问声个老娘可想什么吃。

老娘噶嘴边就开言骂，骂了一声骚逼就懒噶婆娘。睡在觉五更交半夜，我闻到了被窝里人噶肉的香。

媳妇就听说了这句话，慌慌忙忙来噶烧香。又洗手，我又洗脸，烧烧香来拜噶祖王。

又拜天来又拜地，我拜拜我家中老噶祖王。我今天噶有心来孝母，钢刀哟割不死我（这个）女贤良。

今天我无心来孝母呢，钢刀割死我懒噶婆娘。左膀子肉就割半斤，右膀子肉来下四两。

轻四两来重噶半斤，我轻轻地放在就案噶桌子上。大刀的又切七四块，小刀的又切六个叶子长。

七四块来我六个叶子长，放在我锅里就熬个鲜汤。铜勺盛，花了碗里装，象牙的筷子就拿个一双。

高喊（音显）三声娘来吃肉，低喊了三声娘你喝汤。老娘噶嘴边就开言骂，骂一声就三媳妇好不贤良。

睡到五更交半夜，我吃你娘什么肉，喝你娘什么汤？媳妇就嘴边开言道，叫一声我老娘你个是听。

昨天晚上我去噶打水，一对小鹌鹑草窠里藏。马上使个扁担来打死，打死个鹌鹑就救老娘。

老娘噶听说就鹌鹑肉，就慌慌忙忙地穿噶衣裳。双手把花碗接下去，第一口喝来就甜如糖。

第一口喝来甜噶如糖，第二口喝来就赛如蜜。甜如糖，赛如蜜，慌慌忙忙就爬起来。

昨天还在噶牙床上睡，今天噶出来个晒个太阳。数数猪，猪也成对，数数羊来羊也成双。

猪成对，羊成双，三房的媳妇就少了一房。也不知道三媳妇死到哪里去，也不知道三噶媳妇听噶是的荒。

三儿子听说这句话，叫声个老娘你听噶我讲。你昨早上吃你个三媳妇肉，你昨个早上喝你三媳妇汤。

我说个这话你要不相信，你上我绣房里去望望。老娘嘎听说嘎这句话，我手拿个大棍子去验伤。

验出了伤来还罢了，我验不出伤来我就四十个大棍有个她的夯。双手我挑开就红纱帐，红纱帐里头桂花的香。

双手我挑开就红绫被，红绫个被里头血个汪汪。老娘嘎嘴边就开言道，叫声个三媳妇你个是听。

我早知道你是个贤良女，我句句哟不骂你的老娘。知道你是个贤良女，我眼眼哟不瞅在你嘎身上。

知道你是个贤良女，我棍棍就不打在你嘎身上①。

女主人公为了婆婆割肉熬汤，这也是民间流传已久的故事。据邓家芳回忆，这些二十四孝的曲目非常受欢迎，很多老太婆边听边流泪，还专门请花鼓艺人到家里去唱给儿子媳妇去听。显然，这些曲目起到的是伦理教化的作用，其中一部分的情节能为人们带来情感上的共鸣，其他的主要作用就是给年轻的一辈灌输传统的道德价值观。

这样的曲目在当今社会显然已经格格不入了。这样的道德观只会引起年轻人的嘲笑。传唱了几百年的曲目随着年过花甲的花鼓艺人经历了20世纪60年代最后的辉煌之后，行将在这个世界上永远地消逝。这似乎也象征着一个落后时代的远去。

由此我们可以得出这样的结论，凤阳花鼓是与经济发展呈反比的，人民越穷，唱花鼓的就越多；人民吃饱了肚子，就不再出门卖艺。自从出了朱元璋，十年倒有九年荒，凤阳花鼓就这么在全国出了名。自从有了大包干，小岗村成了农村联产承包责任制的里程碑，凤阳人也不再去打花鼓要饭了。就此而言，我们也许情愿让这一门民间艺术陈列在博物馆中吧。

二、表演上的结构和伴奏模式

《缀白裘》中《花鼓》这一折戏其本事出自《红梅记》，讲述的是一对凤阳夫妻在卖唱时被一个丑公子调戏的故事。在这出戏里凤阳花鼓女一出场先唱

---

① 孟文玉收集整理：《邓凡兰邓家芳访谈录》，2009年。

了一支《仙花调》，词是这样的："〔仙花调〕身背着花鼓，（净持锣跳上）手提着锣，夫妻恩爱秤不离砣，（合）咱也会唱歌，穿州过府两脚走如梭，逢人开口笑，婉转接讴歌。（贴）风流子弟瞧着我戏耍场中，那怕人多，这是为钱财没奈何。汉子吓，（净做坐身势回看贴介）嗳！（贴）哩啰嗹唱一个嗹哩啰哩啰嗹，唱一个嗹哩哩啰。"①

在唱词中很明显的点明了夫妻二人搭档唱花鼓卖艺的情形。这个故事在明朝周朝俊的《红梅记》中就已经成型，可见凤阳人唱花鼓二人搭档至迟在明朝中叶就已经定型。

1. 二人搭档

一代代传承的小鼓小锣和两人搭档的组合 600 年来一直没有太大变化，演唱的曲目都是时兴小曲或长篇故事也是一脉相承的主流。一男一女，一丑一旦，一鼓一锣，一唱一跳，从明朝中叶传承至今。值得注意的是舞蹈在传承之中悄悄地被遗漏了。

李家瑞在《北平俗曲略》里谈到了明人顾见龙绘了一幅打花鼓图（解放前被盗运出国，收藏于美国波士顿美术馆）图中绘一乡下女子打鼓，一中年男子打锣，身上还背个孩子，一个官人模样的人站在一旁观看。这幅图画生动地表现出了凤阳花鼓艺人演出的实景，也能明显地看出画中的花鼓女边击鼓边舞蹈，身段颇为婀娜。

顾见龙（1606—?），江苏太仓人，一作吴江人，居虎丘，字云臣（一作云程），自号金门画史，以善画祇候内廷，名重京师，尤工人物故实。这幅图名为《花鼓子》，画图中的情形是他在家乡亲眼所见，由此也可以说明凤阳花鼓二人搭档的成熟形态在明朝中叶业已形成。

笔者在实际的采访之中得知近代的凤阳花鼓艺人也都是两人搭档居多，姑嫂二人、夫妻二人，或者是祖孙二人，也有三人的组合，三人的组合基本上都是一个奶奶或者婆婆带着两个孙辈。新中国第一代花鼓女欧家林的母亲当年打花鼓卖艺时就是夫妻二人搭档，就如这《花鼓子》图片上一样，夫妻二人，带着孩子，走街串巷。当欧家林还在母亲腹中的时候，一户地主指着欧家林的母亲要她唱《十八摸》，欧家林的父亲不从，就被地主家的恶奴一脚踢下高台摔成重伤，勉强回到家中不久就离开了人世。

这就是花鼓艺人的生活，他们唱曲打花鼓不是为了艺术，而是为了生存。

---

① 钱德苍：《绘图本缀白裘》，乾隆十五年，第 2435 ~ 2436 页。

为了生存，凤阳花鼓艺人的足迹遍及全国各地，"凤阳花鼓艺人走到哪儿，就把那儿最流行的小调学会，经过加工改造变成了凤阳花鼓曲目，随着凤阳人四处流浪卖艺，传播到中国的大江南北，尤以江南、北京、山西为多。据史料记载，除新疆、西藏外，我国其他地区均能看到凤阳花鼓的身影，甚至飘洋过海，传播到我国台湾以及日本、东南亚一带"①。

康熙四十七年（1708）元宵节，孔尚任在山西临汾观看了凤阳花鼓，写出了如下诗文（共5首）：

凤阳少女踏春阳，踏到平阳胜故乡。舞袖弓腰都来忘，街西勾断路人肠。

蹴鞠场上不用毯，轻轻对踢眼斜瞅。分明学得秦楼舞，无采裙边露凤头。

雨点花攒鼓衬锣，春风吹袂影婆娑。是谁传与江南曲，压倒仙人踏踏歌。

平头鞋子窄长袍，便是儿郎态也娇，恼乱红尘行到晚，何人收管郑樱桃？

脂浓粉淡走天涯，不数宜春院里花。结下风流无限恨，插秧时节懒还家。

从孔尚任的诗文中可见早期凤阳花鼓的歌舞特征："舞袖弓腰"、"轻轻对踢眼斜瞅"、"秦楼舞"、"雨点花攒鼓衬锣"、"春风吹袂影婆娑"、"压倒仙人踏踏歌"、"便是儿郎态也娇"、"何人收管郑樱桃"等。其中"秦楼舞"中的"秦楼"，指秦穆公为其女弄玉所建之楼；又指歌舞场、妓院中的舞女。"郑樱桃"，为后赵冗从仆射郑世达家妓，貌美，能歌善舞，后被后赵王石虎立为皇后。诗中把花鼓艺人喻为"郑樱桃"，把他们的表演喻为"秦楼舞"，可见凤阳花鼓的歌舞艺术十分成熟②。诗人的表述当然有所艺术夸张，但是绝对可以看出当时的舞蹈成分具有观赏性，与"唱唱"相得益彰。

明清民歌《盼情郎曲》亦有凤阳花鼓载歌载舞的记载："凤阳鞋子踏青

---

① 凤阳县人民政府：《凤阳花鼓国家级非物质文化遗产代表作申报书》，2006 年。

② 夏玉润：《花鼓灯渊源考略》，安徽省淮南市文联：《鼓舞流韵》，2007 年。

莎，低首人前唱艳歌。妾唱艳歌郎起舞，百药那有相思苦?"① 这个 "妾唱艳歌郎起舞" 一方面点明了一男一女的二人搭档的结构，另一方面也描述出早期凤阳花鼓载歌载舞的表演形态。

然而载歌载舞的情况在笔者实际采访的尚健在老艺人中没有得到确证。夏玉润等人在 20 世纪 70 年代采访的老艺人们就已经否定了舞蹈的存在。笔者在采访邓凡、邓家芳时也得知花鼓艺人们在卖艺时只是打鼓敲锣唱曲，并没有舞蹈动作。唱曲的年龄跨度可以很大，十几岁的年轻人到几十岁的老年人都可以唱，但是曼妙的舞蹈动作则是年轻人的专属，往往过了三十岁或者生育过后的女人就失去了舞蹈的资本。这可能是舞蹈被自然传承淘汰的原因之一。另外，由于凤阳花鼓是民间家族式口口相传的传承模式，并且所有的艺人都是农民，务农之余唱花鼓卖艺，因此没有专业的训练和教授系统，所以，需要长期训练才能掌握的舞蹈动作也逐渐被淘汰，随时随地朗朗上口的唱曲则一直顽强地传承至今。

2. 一鼓一锣

凤阳花鼓的形制比较独特。鼓面直径约为 10cm，鼓身直径约为 13cm，两个鼓面间距离约为 6cm，一对鼓条长约 55cm。要以右手用类似拿筷子的方式执一对细长柔韧的鼓条击打左手中执的小鼓，而且次次打在鼓芯，打得响亮有节奏，这是需要练习才能掌握的技艺。

花鼓小锣是凤阳花鼓的伴奏乐器。鼓和锣是中国传统音乐常用的乐器，并且种类繁多。鸣锣大鼓一般意义上是北方文化的具象。在凤阳的各个乡镇乃至府城（凤阳县城）都有各自的锣鼓班子，而且相当活跃。这样的大锣鼓班子一般在百姓婚丧嫁娶时演出，主人家除包吃喝外另给几百不等的喜钱。根据殷涧乡锣鼓班班主陈金生的讲述，平均每人每次可平摊到一百左右。具体数目因主人家经济状况而定，但是不拘多少，锣鼓班都会欣然演出，"主要是图个开心，图个吉利"。

花鼓艺人手中的巴掌大的 "巴狗锣" 和小鼓则体现了南方文化的细腻。民间的花鼓艺人所用的鼓多由竹筒直接刻制而成，竹筒刻成鼓邦之后，涂上红漆或裹以红纸，两头蒙以小狗皮或小羊皮，即成鼓。鼓条的制作则较为复杂，首先要选取粗细软硬适中的竹根，这要去竹园挑选，挑选很多备用的鼓条回来

---

① 转引自王振忠、汪冰：《遥远的回响——乞丐文化透视》，上海：上海人民出版社 1997 年版，第 104 页。

后要进行煮制，经过煮制之后的竹根十分柔韧，怎么打都不会断。煮制之后对鼓条还要再次筛选，一般几十根备选的鼓条最后只能选出十几根。

鼓条要有弹性，打在鼓面上声音才会洪亮，而普通的竹制或木制鼓条因为弹性不够或没有弹性而不能作为鼓条。只有竹根煮制的鼓条，打出的声音才最为洪亮，才会村东头敲起鼓，村西头的人都纷纷聚拢来。这是邓家芳年轻的时候每到一个村子要做的第一件事情。小鼓小锣一敲起来，人们就从村子的各个角落聚拢来，这叫"闹场"。人群围拢，因为总有一些轻薄之辈看到年轻貌美的花鼓女而毛手毛脚，于是老人（多是老太太）就吩咐女孩子们："把鼓条都给我涮起来！"据邓家芳女士回忆，当年她们用的鼓条比现在的更长，打起鼓来的时候身边几尺方圆都不能站人，所以女孩子加大打鼓的动作幅度绕场一周后那些"乌浪鬼子"① 就纷纷退后了，这称之为"打场"。

"锣鼓"和"凤阳花鼓"是同时在凤阳当地并存的。夏玉润先生认为凤阳花鼓就是卖艺人出外为了携带方便而从大型的锣鼓家伙里取出的最简装备②，并且在漫长的岁月中缩小和改变了鼓的形制。从顾见龙《花鼓子》的图片上看，早期的花鼓艺人打的鼓是腰鼓，和常见的腰鼓别无二致，也是挂在腰间敲打，打法也同腰鼓。到了清朝，从《缀白裘·梆子·花鼓》之中的插图上看，鼓的样子还是腰鼓，只是小了很多，而且也没有挂在腰间，而是举在手中，打法颇似现在的"双条鼓"。

据凤阳文化馆编著的《凤阳花鼓》手抄本中的考证，凤阳花鼓产生于正统到嘉靖年间（1436—1566 年），在隆庆、万历时（1567—1620 年）已经十分流行了③。这一点可以从明朝剧作家周朝俊的《红梅记》中看出。如果凤阳人打花鼓卖艺不是已经蔚然成风，又何以被写入剧本，而且是以相当可观的篇幅描写花鼓艺人的演出情形呢？

打花鼓卖艺成风之后，在表演时为了美观和舞蹈动作的展现，时常将鼓举在手上打，动作和现在的花鼓相似。因为是"花鼓"，因此在表演时是边唱边跳，要配合大量的舞蹈动作，为了舞蹈动作的美观，笨重的腰鼓必须得到改变。因此鼓就越来越小巧。乾隆年间，李声振亦云："打花鼓，凤阳妇人多工

① 凤阳方言，意为轻薄之辈，小流氓。
② 孟文玉录音整理：《夏玉润访谈录》，2009 年。
③ 安徽凤阳文化馆：《凤阳花鼓（手抄本）》，1979 年版，第 50 页。

者，又名秧歌，盖农人赛会之戏。"①

举在手上打的鼓就比腰鼓要小很多，打鼓者多为女性，又要"走四方"，相对笨重的腰鼓显然太过于累赘。在《缀白裘》中的《花鼓》插图里的小鼓就已经非常小巧，目测过去其直径也与现在的双条鼓一致。并且与过去不同，已经是举在手中敲打的了。《缀白裘》刊行于乾隆三十五年，所以现在的双条鼓肯定是定型于乾隆三十五年之后。

家前院后的竹林里易得的竹筒和竹根置换了腰鼓，成为小巧的花鼓。细长型的小腰鼓缩短了，鼓条也随之变长，一代代的花鼓艺人在无意中设计出了符合了人体工学的鼓条，定型为凤阳花鼓。关于类似腰鼓的花鼓何时演变成现在的双条花鼓，据夏玉润先生考察已经不能确证，只能大概推至清朝光绪年间②。

鼓，是中国自古以来重要的礼器，一般认为鼓和锣是具有北方中原文化特色的乐器，南方则因盛产竹子而多用管弦乐器。事实上，中国数千年的文明史上，无数次因为战争、移民、朝贡等事件发生大规模的文化艺术交流。而小规模的交流更是多如牛毛，无法计数。因而，鼓和锣不一定就是北方的标志，丝弦也不一定就是南方的符号。且不说京剧的伴奏京胡、笛箫都是管弦乐器，就连粗犷的锣鼓也不是北方所独有，远离中原的南方蛮夷之地也以大锣鼓著称，潮州的大锣鼓就流行于潮安、汕头、澄海等地，以大鼓、斗锣、深坡等为主要打击乐器。可见，大鼓大锣并不足以作为鉴别南北文化的物证。这也或可作为凤阳的花鼓小鼓不管是在江浙闽还是京津冀等地，总之能够在全国大范围流行的一个重要原因。

竹子盛产于南方，可以说是南方文化的一个形象符号。凤阳地处淮河一线南北交界处，也有大片的竹林。竹子多应用于管乐器的制作，如笛、箫等。鼓则多用木材制成，而竹筒制鼓在全国都较为少见。然而在凤阳的乡民手里，竹子和鼓的结合竟然如此和谐，体现了淮河文化有容乃大、兼容并包的特点。小巧的花鼓小锣、粗放的表演模式，简陋的锣鼓伴奏、丰富的长歌短调，原始的口口相传、顽强的生存能力，这些都是淮河文化滋养出的凤阳花鼓的重要艺术特征。

---

① 杨米人、路工：《清代北京竹枝词（十三种）》，北京古籍出版社 1982 年版，第161 页。

② 孟文玉录音整理：《夏玉润访谈录》，2009 年。

如今，小巧的巴狗锣已经在舞台上绝迹。一鼓一锣的对称格局也已经荡然无存。可能是敲锣的姿势没有打双条鼓好看，也可能是锣的声音太大，会影响舞蹈配乐。再或者，巴狗锣作为道具不如双条鼓美观，无法适应美妙的舞蹈动作。

从一鼓一锣的问答对唱，到现在的女子群舞，变化不可谓不大。在民间流传了六百年都没有改变的形式，在当地文艺工作者的手里十几年就改头换面，变更了属性。

如今，就算是土生土长的凤阳人，就算是年轻靓丽的"小花鼓女"，就算是在文艺部门工作了一辈子的工作人员，也不能唱上两首原汁原味的花鼓曲了，甚至，根本不知道凤阳花鼓其实本来主要是唱曲的。

每次凤阳县乃至滁州市有大型的文艺表演，凤阳花鼓的节目总是能占有一席之地，并且基本上都能夺人眼球，引来喝彩。然而，这种妙龄女子的群体歌舞正在偷换着人们对于"凤阳花鼓"这一概念的认知。人们在感叹舞蹈的美轮美奂的同时，最好能清醒地认识到，舞台上的"凤阳花鼓"并不等同于列入国家级非物质文化遗产名录曲艺类的那个凤阳花鼓。

（作者单位：上海《戏剧之家》编辑部）

传统地理学的环境美学意味

李　纯

一、中国传统地理观念

"地理"一词最早见于《易·系辞上》："仰以观于天文，俯以察于地理。""文"与"理"在此含义相近，即"纹理"的意思。在天为文，在地为理，都是指事物外在的纹样或机理。而"理"又有事物内在规律即"道理"的意义。因而在汉语中"地理"这一词我们也可理解为"大地所体现的道理"。"禹之时，天下万国，至于汤而三千余国。"① "昔者周，盖千八百国。"② 不同部落带来了不同地域的环境信息以及基于不同自然环境而产生的不同的习俗和信仰，当然也带来了矛盾与冲突。中华民族的融合过程早在五千年前就已启动，那时的人们不得不以石器时代相对简单的知识和技术面对这片全世界最复杂的大地上发生的人类历史上最为复杂的民族大融合。中国人传统的地理观念就产生于这样一个风云激荡的时代背景之下。

古人没有采取强制统一宗教信仰的方法，而是试图采用一个更巧妙的方案，那就是建立一个统一的、各族人民一致认可的"神界的框架"，将各部落掌握的局部的宗教信仰纳入这个统一的大框架之中。在万物有灵的泛神崇拜时代，要给诸多的山神、水神们建立起秩序，首先就要完成全国的地理框架。出于这样的目的，中国传统的"地理学"从一开始就带上了浓重的人文色彩。而地理环境又不可能孤立地影响人类，它总是和天候密切相关。因此，从开始关注地理问题，中国人就强烈地意识到，我们很难抛开人文、天文孤立地谈论地理，这也是中国传统的天、地、人整体宇宙观的发端。

---

① 《吕氏春秋·用民》。
② 《汉书·贾山传》。

早期人类对山岳有着特殊的情感，旧石器时代人们就埠陵而居，面对平原旷野上的洪水猛兽，山是人们安全的庇护所。对于文明初期那些敢于走向平原的部落居民来说，对山上先祖们的遥远记忆加上"山"的没入云端的神秘面貌，山自然成为人们心目中神圣的具有某种神秘力量的场所。高耸入云的崇山于是成为可以与上天和祖先交流的神圣场所。《山海经·大荒西经》记载："大荒之中有山，名曰丰沮玉门，日月所入。有巫山、巫咸、巫即、巫盼、巫彭、巫姑、巫真、巫礼、巫抵、巫谢、巫落，十巫从此升降，百药爰在。"这里记载的"丰沮玉门"究竟在何处我们根本无法考证，想是当时人们所能达到的最西边的高山，所以是"日月所入"的地方。只有"十巫"可以登临此山，与天交流，而且可以带回解除病痛的"百药"，这对古人来说就更为神秘了。但在那个"天下万国"的时代，各国或许都有自己的"圣山"，都有自己的"十巫"。

各部族对于各自的"圣山"或祖先的崇拜不是什么大问题，但"十巫"从各自的圣山上随意地在天地间"升降"就会带来大麻烦。如果所有部落都能直接得到"天意"就意味着谁都可以借口天意发动战争，这正是盟主部落要解决的首要问题。所以盟主要做的第一件事情就是"绝地天通"，首次"绝地天通"发生在颛顼时代。《国语·楚语下》记载了一段楚昭王与观射父的一段对话："昭王问于观射父曰：《周书》所谓重、黎实使天地不通者，何也？若无然，民将能登天乎？对曰：非此之谓也。古者民神不杂。民之精爽不携贰者，而又能齐肃忠正，其智能上下比义，其圣能光远宣朗，其明能光照之，其聪能听彻之，如是则明神降之，在男曰觋，在女曰巫。是使制神之处位次主，而为之牲器时服。而后使先圣之后之有光烈，而能知山川之号、高祖之主、宗庙之事、昭穆之世……上下之神、氏姓之出，而心率旧典者，为之宗。于是乎有天地神民类物之官，是谓五官，各司其序，不相乱也。民是以能有忠信，神是以能有明德，民神异业，敬而不渎。"

观射父认为，"绝地天通"的意义在于使人们清楚地理解"神"的"主次之位"，了解山川、神祇、祖宗、姓氏的出处和上下等级秩序。同时建立天地神民类物"五官"的政治制度，五官各司其序，使"人"与"神"的关系不再混乱，从而达到"民神异业"人们对神"敬而不渎"的境界。颛顼在这次变革中，并没有直接完成由多神崇拜向一神论的转变，而是建立了一个包容了各部族所崇拜的自然神的宗教体系，同时由本部落垄断了这个体系的顶端，即"通天"的权力，从而向天地人合一的整体宇宙观迈出了关键的一步。对于这个新的众神体系来说，最好是有一个完整的地理学模型与之对应，有一个对天下人都具有说服力的圣山作为唯一的通天场所。这就需要对天下建立一个整体的"大地理模型"，以确定天下山川河流的高下、主次、先后、内外等关系。

关于我国最早的地理典籍《山海经》的成书年代学界看法不一。"唯商人有册有典"，称其成书于夏代的可能性不大，但其中无疑保留了许多上古时期的地理观念。《山海经·大荒经》中记述了众多的"通天"神山，例如：大言山、明山、鞠陵、孽摇𩱱羝、壑明俊疾、方山、灵山、日月天枢、吴姬天门、大荒之山以及前文提到的丰沮玉门等。这些山究竟坐落何处，今天几乎全都无法核实，极有可能都是上古时期各部族崇拜的"神山"。而《山海经·海内西经》记载有关于昆仑山的信息："海内昆仑之虚，在西北，帝之下都。昆仑之虚方八百里，高万仞。上有禾木，长五寻，大五围。面有九井，门有开明兽守之，百神之所在……"关于昆仑山的坐落方位《山海经·海内西经》亦有记载："西胡白玉山在大夏东，苍梧在白玉山西南，皆在流沙西，昆仑虚东南。昆仑在西胡西，皆在西北"。根据这段描述，大夏和苍梧之间大致相当于现在的新疆与广西、贵州之间，也就是现在被称为青藏高原的这片区域。昆仑在其西北方，也就是青藏高原北部。也许是现代地图沿用了古代的山名，《山海经》所说的昆仑山的方位与现代地理上的昆仑山脉大致吻合。

对照现代的中国地图就会发现，昆仑山的确位于青藏高原北部，长江、黄河源头以西。中国山脉河流大多由这一带发源，呈树状向东"生长"出去。向北有天山山脉，阿尔泰山山脉，大、小兴安岭山脉直达日本海；中部则有祁连山脉、贺兰山脉、阴山山脉、太行山脉、燕山山脉沿黄河北岸直达渤海；黄河南岸沿线则有六盘山、秦岭至泰山抵达黄海之滨；南边起始于长江源头的巴颜喀拉山脉向东分为两支：一支沿大雪山、大娄山、大巴山、大别山山脉抵东海；一支经乌蒙山、苗岭、雪峰山、五岭山脉、武夷山脉。整个中华大地的山形地势如同一棵大树，根部就是"昆仑山"。昆仑山位于中华大地最西端"日月所入"的方位，是华夏地区山川河流的总源头，其高不可测，其遥不可及。无论从哪个角度看，只有昆仑山具有成为中华众山之朝宗的条件。

二、传统人文地理——"风水学"

唐代杨筠松著《撼龙经》一书中提出"三大龙脉"之说，成为中国"风水学"说的地理基础。龙脉即山脉，"三大龙脉"学说认为：天下龙脉皆出一源，也就是昆仑山。昆仑山发脉分为东西南北四大山脉，其中南脉进入中国，在中国又分为北、中、南三支，是为"三干龙"。三龙脉之间又有三大水系。黄河、长江当仁不让，《撼龙经》认为第三水系包括湘、汉、淮、济等较为杂乱。宋代《朱子大全·地理》一书提到"天下水有三大处，曰黄河、曰长江、曰鸭绿江。今以舆图考之，长江与南海夹南条干龙尽于东南海，黄河与长江夹中条干龙尽于东海，黄河与鸭绿江夹北条干龙尽于辽海"，宋代的地理模型显然清晰准确得多。

所谓"风水学"又称"堪舆学"，源自上古时期住宅、墓穴环境选择和改造的一些技巧和经验。其范围包含住宅、宫室、寺观、陵墓、村落、城市诸方面。其中涉及陵墓的称阴宅，涉及住宅方面的称为阳宅。《尚书·召诏》中即有关于"卜宅"的记述："惟二月既望，越六日乙未，王朝步自周，则至于丰。惟太保先周公相宅。越若来三月，惟丙午朏。越三日戊申，太保朝至于洛，卜宅。厥既得卜，则经营。"这里提到的"卜宅"亦即建筑选址工作，"厥既卜得，即经营"，也就是一经找到合适基址，就开始营造。古人语言简练，原则也很简单，背风、向阳、河澳、近水高地，加上一点"占卜"结果，建筑基址就可以选定了。我们从上古时期的村落墓葬遗迹中就可发现当时人们对于住宅、墓葬基地选择的这些标准。《周礼·保章氏》说："堪舆虽有郡国所入，度非古数也。"许慎注曰："堪，天道；舆，地道。"(《说文解字》) 堪舆学也就是研究天地自然与人工环境的对应关系的学说。

至秦汉时，风水学说已趋于系统化，出现了像《周公卜宅经》、《供宅地形》、《图宅卜》等著作。可惜这些著作都已散佚，仅有只言片语出现于其他文献之中。完整保留至今的最早风水学著作是《葬书》和《宅经》，前者传为晋时郭璞所作，后者的作者已不可考，估计为魏晋时期作品。《宅经》又称《黄帝宅经》，是现存最早的关于居住建筑选址的理论著作，体系庞杂而且内容完备，具有极高的理论价值。"风水"一词最早就出现于《葬书》一书中："葬者，乘生气也。气乘则散，界水则止。古人聚之使不散，行之使有止，故谓之风水。"意思是墓葬要借助自然界的"生气"，既不能让"生气"散去，也不应使"生气"受到阻滞，必须使"生气"维持有规律地运行，风水学认为维持"生气"关系到主人家族的命运。风水学所说的"生气"包含有自然生态的意义，而自然生态的状况无疑与主人家族命运相关，只是发生作用的原理我们与古人的理解不尽相同。在具体的风水操作中，我们发现它处处为环境着想，为人工环境与自然环境的衔接与融合费尽心思。

基于"天人合一"宇宙观这个大背景，中国古人总是将自然科学和人文科学联系在一起，再加上语言以及后人故弄玄虚的因素，很容易给人神秘或迷信的印象。但这些理论是直接用来指导建筑营造的，也就是说要"兑现"的，如果仅靠迷信其实很难长期糊弄世人。实际上风水学的内核是融合了从天文、地理、地质、天候到环境评价、场地设计、可行性研究、施工管理等一系列学科的系统的综合学说。下面列举《宅经》关于住宅建设理论的几个要点，我们从中可以体会到风水学的基本特征。

（1）判定宅性。用后天八卦确定宅基阴阳属性，大体上北为阳、南为阴，住宅宜"坐阳朝阴"或"坐阴朝阳"。实际含义是住宅宜大至上采用南北朝向。

（2）宅位命座。宅基各方位与不同家庭成员命运有关，比如"巳位"为龙头，对应一家之主，在此方位不得打井，否则伤害家长性命，等等。此类要求的目的在于确定合理的功能关系。

（3）建宅顺序。如阴宅宜由"巳位"（东南角）顺时针顺序修到"巽位"。阳宅应由亥位（西北角）顺时针修至"乾位"等。实际上说的是由主及次，由内而外的施工顺序问题。

（4）建宅时令。施工在季节上应避开"四王神"，也就是掌控春夏秋冬四季和东南西北四方的青帝、赤帝、白帝、黑帝。比如春季不宜修建东屋、夏季不宜修建南房、秋季不宜修建西房、冬季不宜修建北房以免触怒"四王神"。从方位和季节的对应关系来看，有适应气候条件的意义。

（5）虚实问题。有"五实五虚"之说。诸如：宅大人少、门大宅小、墙院不全、井灶布置不当、庭院大房少，是为"五虚"，反之为"五实"。虚则不吉，家族衰落；实则有利，子孙富贵。这一原理实际谈的是建筑的完整性、比例协调性和功能布置合理性问题。特别是强调了人的多少和建筑尺度的关系，将人与建筑的比例作为建筑比例关系问题之一，是典型的中国特色。

风水师在建筑选址方面有若干步骤。首先是"寻龙望势"，即查勘山脉的发源、分支、结束位置等。这是对局部地形与总体地理环境的关系的分析，也是最重要的环节，反映了古人在考虑建筑环境问题时的大视野和大局观。中国古代建筑小至一座竹篱茅舍，大至帝王都城都会通过这一程序对广大的范围内的地理状况作系统的分析，对建筑环境的选择分析范围之广眼界之大，是现代建筑师所望尘莫及的。第二步是"观砂"，也就是对局部环境的考察。"砂"指的是附近的山丘。"观砂"是对建设基地邻近环境的评估，要分析山势形成的环境空间形态是否完整、尺度是否适宜、"四象"① 之山体形是否恰当等。其中也包含根据地貌分析推断地质条件的内容。第三步是"察水定局"。即观察确定水口②、流向、水流形势等。也就是对地表水文状况的考察，以及根据地形地貌和地表水系状况对地下水位的分析，并以此决定大体布局。第四步是"辩龙阴阳"。也就是借助罗盘确定龙脉的阴阳属性，作为选址的最终依据，这也是精测定建筑方位的工作。最后是"点穴"，也就是最后确定基址的准确位置。在风水学的这个操作过程中，从"天下"大地理环境出发，从整体到局部、从山脉到河流、从自然到人文综合分析了与建设项目相关的几乎所有因素，包含了环境科学与环境美学的双重意义。

三、风水学的环境美学意义

从风水学的基本原则和操作过程来看，对于一般民间住宅和墓葬，风水查勘的要点在于对自然要素包括阳光、气流、水文、山势的分析和建筑布局与环境要素之间若干关系的确定。所有自然因素都具有"利"与"害"的双重性，各项因素的利用会有矛盾冲突，对这些条件的利用需要综合平衡。比如中原地区的纬度决定了居住建筑以坐北朝南为最佳朝向，也就是所谓"背阴向阳"的方位。这个方位可以避开北风并且获得充足的日照。但上午较冷更需阳光，所以多数地区的住宅以东南向为最好。在东部沿海地区，由于上午常有大雾，阳光不足，故当地房屋又以采取西南向为上。对风的利用又有"避风"与"聚气"的矛盾。避风的是为了防寒容易理解，但若无风则不利空气流通，过于通风又无法保留水汽，会导致环境恶化。因此，理想的"风水宝地"在东南方应有高度适宜的山丘使气流在此放缓，以保持空气湿度，这点说明古人对大气物理的理解相当深刻。

水对人类生活至关重要，对水环境的准确把握是性命攸关的事情。有水利就有水患，近水才有给排水的方便，但也有被洪水淹没的危险。风水学有"近水居澳"的原则，就是河湾的内侧方位。河水之所以在此绕行而形成"河澳"，正说明此处地质坚实，这是一个简单易于操作的原则。在河湾内侧的"河澳"还有一种现象，就是河水带来的沙土会在此沉积使得用地面积缓慢扩

---

① 即东、南、西、北四个方位。
② 建筑基地中来水的出口和两水交汇处。

大呈现"生长"的状态，而且"水澳"之处三向面水，景观与观景条件均系最佳。而处于"河澳"对面的位置则情形相反，有诸如地质较松软、洪水来时首当其冲、用地在河水冲蚀下逐渐缩小等一系列弊端。因此在风水学中，有所谓"冲射水"、"反背水"、"割脚水"等一系列"不吉利"的水文条件，所指的基本都是这同一种情况。

晋代郭璞以及之后的许多风水大家都曾提出具体的理想环境模型，这些模型基本上遵循了相同的原则，包括：基地背后（北面）依托逐渐升高的连绵群山可以"藏风"，这些群山最终会联系到某一著名山脉，直至昆仑山。面前（南面）是蜿蜒绕过基地的河流，最好是由西北至东南（与中原地区常年主导风向一致）。在东、西、南三面还要有特定形式的小山头以便"聚气"。四面的山头根据方位分别是玄武山、青龙山、朱雀山和白虎山。但在人口众多的中国，每个人都拥有绝对理想的环境模式是不太现实的。于是风水学也提供了环境要求的变通和改造方案，下面是比较典型的几种。

一是在没有合适的山丘"藏风聚气"的情况下可以"比庐藏风"。也就是用相应位置的房屋代替四方山丘，四合院建筑的形成推广即有此因素。人们常将最后一进院落的北房建得高些，这在中原地区非常普遍。其二是在无合适河流的地方可开渠或凿泉代替，在面对"冲射水"的地方可以开挖湖面，缓冲水流以改变"水品"①。安徽著名的宏村就是改造水系的典型案例，村口的大池塘就是为改善"水品"而挖掘的。其余变通如在西北无山的地方"崖"可代替靠山，在南方水可以代替山龙。即使在无山又无水的平原上也有变通方案，唐代杨筠松在《撼龙经》中说："高水一寸即是山，低土一寸水回环。"

最为重要的是风水对环境的保护和培养措施。由于风水对环境要素的形式布局有严格要求，对某些方位上的山、水系有特别严格的禁忌，其结果是严格保护了当地的"风水"，也就是自然环境。福建省武夷山市下梅村东约500米处有一个无名小山头，植被格外茂盛。笔者于2005年踏勘现场时发现山脚下有一处光绪年间的摩崖石刻，上书"阖乡公禁"四字，百余年间无人在此山采樵。经观察发现，这座小山位于下梅村的"青龙"方②，是村落"聚气"的关键所在。所谓"聚气"前文已说过，就是减缓风速使水汽停留下来的意思。一条叫"笤溪"的小溪流经村庄，此山恰是"笤溪"的发源处，"笤溪"

---

① 水系的品质和"品格"。
② 即东南方。

至今碧流淙淙水源丰足，与风水禁忌不无关系。

必须强调的是，风水学的理论基础是建立在"天人合一"这个总前提之上的。因此它决不主张消极地适应自然，而是试图在人与自然间建立"相生"的关系。中华民族是世界上最敢于"战天斗地"的民族，而且从大禹治水时就开始显示出这种"天分"。中国古代完成了一系列规模无与伦比的建设项目，比如秦代的都江堰、灵渠，始于春秋时期完成于隋代的京杭大运河以及万里长城等，如果愿意这个名单还可以更长。这些工程有的改变了自然山川的肌理，有的贯通了不同水系，有的改变了河流走向。这些项目留下了许多谜题，但可以肯定的是，所有这些项目都在很大程度上改善了自然环境，而且在今天它们都成为了景观胜地。这些项目中所体现出的高水平的地理、地质、大地测量学以及建筑技术水平自不待言，尤其令当代人惊讶的是，前人究竟是靠什么保证了这些举国规模的建设工程不是破坏而是极大地促进了自然的发展？李约瑟在他的《中国古代科学思想史》中写道："在许多方面，风水对中国人民是有益的……虽然在其他方面十分迷信，但他总是包含着一种美学成分，遍布中国的农田、民居、乡村之美不可胜收，都可借此得以说明。"①

（作者单位：华中科技大学建筑与城市规划学院）

---

① 转引自王育武：《中国风水文化源流》，湖北教育出版社 2008 年版，第 4 页。

中国城市建筑景观与后殖民主义批评

——中国城市建筑景观"趋同化"的思想根源及其出路

吕宁兴

现代西方建筑文化发展源于对简单化、程式化的不断反思，传统的建筑样式也随着时代的发展表现出新的样貌，由此带来了现代建筑的复杂和多样，并凭借其科技文化的强势地位对第三世界国家进行传播和渗透。在城市化高速发展的今天，中国城市建筑景观也同样受到西方现代建筑文化的影响，并且表现出披着现代化和全球化外衣的全盘西化的倾向，城市建筑景观趋同和"千城一面"成为各地城市建设的普遍现象。对于这一现象的出现及其解决之道，建筑界与城市规划界多有讨论和批判，但他们要么从形态、风格等微观技术层面进行研究，要么各自站在民族主义或国际主义（全球化）立场进行攻辩，较少真正涉及思想意识形态在其中的影响作用。在此，本文试图另辟蹊径，从后殖民批判主义理论视角审视这一问题产生的根源，并希望借此寻找一条解决问题的道路。

一、中国城市建筑景观的"趋同"现象

城市是人类经济发展到一定阶段的产物，是人类走向成熟和文明的标志，是人类群居生活的高级形式。春秋战国时期中国的城市发展就进入了活跃期，到了隋唐时期出现了各方面均独具一格的长安城。西方国家亦有着基本相同的城市发展历史。城市中集聚着大量的建筑——英语中"Architecture"一词由希腊文词根"Archi"与"teet"结合派生而来，前者的本意是"首要的"、"第一位的"，后者的本义是"制造者"、"工作者"。因此，"Architecture"就有"首要的工作"的意思。苏格拉底、柏拉图等哲学家对建筑艺术表现出极大的兴趣和热情，亚里士多德更将"诗学"明确写为"建筑学"。西方哲学的建构表现为严格的建筑术，由此可见建筑在西方文化中的重要性。

我国传统建筑的身份和地位非常微妙。它一方面是礼制的象征，通过建筑形制的变化反映人与人之间的上下、尊卑的等级关系。从这个意义上看，我国古人对建筑也非常重视。但另一方面，古人又将建筑等同于实用技艺，被归为百工杂艺之一。以此观之，建筑又并不具有崇高的地位。在西方建筑文化中，建筑以石质为主，是永恒、不朽的纪念物。而在我国传统建筑文化中，建筑是需要不断重建的。这一方面是因为我国传统建筑以木质建筑为主，随着时间的流逝需要重建；另一方面，在历次改朝换代时，建筑在大多数情况下是第一需要改造的。因此，中国传统建筑与西方建筑有较大的差别，它既具有明显的礼仪制度延续性与序列性特点，又反映出强烈的政治制度创新性与标志性特征。

从14世纪开始到20世纪，西方人通过殖民扩张将其政治与文化制度带入殖民地。中国在殖民扩张中逐步沦为半殖民地半封建社会。中国的社会形态也逐渐由农业文明转向工业文明，开始了城市近代化的征程。19世纪末20世纪初，中国从"天朝上国"的梦中惊醒，对西方文化由拒斥逐步过渡为"中学为体、西学为用"，主观上对西方文化的借鉴抱着功利的心态。人们在接受西方思想、观念和生活方式的同时，西方建筑形式也逐渐被人们接受，中国建筑开始了近现代的进程。近代建筑对西方建筑的模仿和移植是多层面的，包括技术、制度、思想等方面，从而打破了传统的建筑空间和形制，从古典样式、新古典主义、哥特复兴式、折中主义等，到基于西方现代主义意识的中国新古典主义建筑，各种风格的建筑比比皆是，建造了一批既具功能性又具艺术性的城市建筑。

20世纪60年代受苏联的影响，产生了一批具有苏联风格的城市建筑。到20世纪80年代，中国城市建筑受西方现代建筑的影响，逐渐走向了一条全盘西化的道路，由此也带来了城市建筑景观"趋同"化的问题，这种"趋同"表现为城市与城市之间越来越像，出现"特色"危机。这种"趋同"更多的是"同于西方"，对西方古典和现代建筑的重复和抄袭。具体可以从以下几个方面来分析：

第一，就建筑的本质而言。建筑不仅仅是一个技术问题，更是时代意识、文化形态、审美需求的综合表现，建筑是有"灵魂"的而不是一个无生命的对象。在传统建筑中，它更是人们文化、价值体系的载体，而这一切在我国当前的城市建筑中都已经消失，城市景观在某种意义上已经成为技术的载体，成为商业的代码。

第二，就我国当前建筑设计领域而言。西方城市化程度很高，城市建筑基本完成。我国正处于高速的城市化过程中，建筑业欣欣向荣，由此大量国外建筑师和设计机构进入中国，并直接介入我国一些大型的公共建筑设计中。他们在一定程度上扮演着"先进设计"的角色。他们的设计理念、方法也给我国曾经封闭的设计市场注入活力，同时，中国也成为世界建筑师的"试验田"和"竞技场"。有些国外设计师将西方的建筑和设计直接移植到中国的城市建设实践当中。

第三，就我国本土建筑师而言，他们受西方建筑风潮的影响，逐渐放弃传统的、本土的设计理念和形式，一味地抄袭和模仿西方建筑。在我国各大城市中"白宫"及所谓的欧陆风情小区比比皆是。城市建筑若以异国情调作为追求的目标，则丧失了自我表达的能力，居住于其中的人们也无法从中获得归属感和长久的审美体验。建筑不再成为"我们"的居住之所，建筑与人的沟通就成为了问题。

总之，在我国高速城市化的过程中，城市建筑景观的现状堪忧：一方面以建设新城市为创新目标，破坏旧城，使城市原有的特色丧失；另一方面，新城市的建设者缺乏对自己地域文化的了解和自信，在全球化与现代化的浪潮中迷失自我，盲目追随西方文明话语及其表达方式，大都市如此，中小城市又以大城市为样板，从而新兴的城市也都陷入一种现代奢华的索然无味，毫无特色。

二、殖民意识痕迹与"趋同"的深层解读

从 20 世纪 80 年代开始的我国的城市建筑景观"趋同"现象基于改革开放、全球化的背景。全球发展中国家都经历着同样的文化痛苦。在全球化的浪潮中，非西方国家和民族因为对自身无法把握、控制，由此带来整体的焦虑，并对传统和本土文化产生怀疑。

这种质疑在旧殖民时代就已产生。"殖民"的英文是 colony，来自古希腊语和拉丁语中的"迁移"、"移居"，它最早是指资本主义发展早期的人口迁徙、开疆扩土的生活方式。后用来指 19 世纪帝国主义对被殖民地军事上的控制、政治上的统治、经济的掠夺和文化上的精神奴役等霸权行为。总之，它指的是为巩固帝国的势力而在被殖民地所作出的努力，表现为一种结构性暴力。在军事和经济之外更为重要的是强有力的文化和话语，即殖民话语，它包含了一套对待扩张和对外统治的意识形态手段。殖民者通过政治的统治和经济的控

制，最终在文化和精神领域占绝对统治地位，在一切领域制定规则，并认为自己的民族具有优越性，建立"西方中心主义"。他们按照西方人的标准对殖民地居民从语言、思想到伦理进行改造，将本土人改造为本土上的异乡人，又不是西方人。他们在隶属于自己的殖民地上建立自己的精神归宿和家园，从而也将本土的建筑带入殖民地，并逐渐跃升为主流的建筑形式。

20世纪中期直接的殖民主义（旧殖民主义）已在很大程度上完结了，但西方对东方、强国对弱国的间接控制、殖民却没有停止，文化殖民已经悄然展开。特别是在政治—体化、经济全球化的今天，殖民国家乃至所有非西方国家都面临着自我民族文化身份的认同问题，即角色定位、自我认同及他人认可三个方面的问题。德里克指出："全球化叙述比起现代化话语来就是更加彻头彻尾的霸权了，因为它们将他者的文化内在化，改建其他文化，并以改建之后的形式使它们回归最初的源头。全球化也许是所有的宏大叙述中最宏大的叙述。"① 落后民族和国家已被纳入西方文明发展的轨道中，经济和社会发展"趋同化"的"西方化"模式甚至已经成为了一种民族无意识。爱德华·赛义德在《文化和帝国主义》中也说道："帝国主义在今天已经不再以领土制服和武装霸权进行殖民主义活动，而是注重文化领域攫取第三世界的宝贵资源并进行政治、意识形态、经济、文化殖民主义活动，甚至通过文化刊物、旅行考察和学术讲座的方式征服殖民地人。"② 因此，从某种意义上说，全球化的过程其实质是西方对东方的殖民化过程，它通过世界经济市场及其活动，"产生出一种在于整个全球市场活动中的无法抗拒的文化强制性"③。西方国家以一种优越感凌驾于非西方国家之上，以自身作为价值的绝对标准。

而作为非西方国家，从本土官方政府、各个阶层到建筑师，他们对自身文化身份认同感到焦虑，表现出对西方文化的崇拜与盲目追随，这种"被殖民"心态与西方国家的"殖民"心理共同构建了当代的"殖民"意识。在这种潜在殖民意识的驱动下，国人（不仅仅是普通老百姓）认为西方建筑是社会地位优越性的象征，西方建筑逐步成为推动我国城市建筑景观变迁的自发性的动力，也使它成为我国城市建筑景观中的主流，由此带来了我国当前城市建筑景

---

① 谢少波、王逢振：《文化研究访谈录》，中国社会科学出版社2003年版，第28页。

② 转引自朱立元：《当代西方文艺理论》，华东师范大学出版社1997年版，第422页。

③ 张其学：《后殖民主义：一种反思现代性的话语方式——兼评作为历史分期概念使用的"后殖民主义"》，载《哲学动态》2007年第9期。

观的"趋同化"和"西化"的问题。

很显然，建筑"趋同化"在根本上背离了建筑的本质。就建筑的本质而言，它不是作为建筑师的作品而存在，而是作为人类构筑适于生存和成长的空间。《宅经》中就说："人因宅而立，宅因人得存，人宅相扶，感通天地，故不可独信命也。"① 这段话旨在说明人与建筑因为彼此而相互得以生成和存在，两者是相互依存的。人居于建筑之中，要获得家园感和日常审美体验。建筑是技术、地域环境等自然因素与社会文化、经济等元素的综合表现。若将建筑的价值偏离于此，就会造成建筑价值的缺失或价值的错位。如何摆脱此种"趋同"化的境况，消解西方权力话语，解构西方建筑文化对非西方建筑文化的支配，在此有必要展开一种新的批判——一种基于后殖民批判主义的中国城市建筑景观文化的自我审视。

三、后殖民批判主义对重塑城市建筑景观的价值

后殖民主义（postcolonialism）又叫后殖民批判主义（postcolonial criticism）。该理论在 19 世纪后半叶已萌发，在 1947 年印度独立后出现的一种新意识和新理论。该理论在 20 世纪 80 年代趋于兴盛，最终在 90 年代末成为一种具有世界性影响的社会文化思潮，它的提出带有"发生在殖民化以后"的意思。它是对"后现代主义"中"后"的借用，最根本的精神是"反本质主义"，即批判任何形式的"实在"论，即"形而上学"、"逻各斯中心主义"。因此，它与后现代又具有着千丝万缕的联系。

后殖民批判理论开始于对西方文化统治和霸权的挑战和反抗，消解"西方中心论"，重新构造西方与东方、第一世界与第三世界的关系。因此，在后殖民理论产生之初带有较强的政治色彩和文化批判色彩。后殖民主义的奠基之作是赛义德的《东方学》一书，他认为"东方主义"是西方关于东方的话语系统，它以西方文化为基点，以西方的道德价值为标准，更不能摆脱西方的思维方式。赛义德认为："东方学不是欧洲对东方的纯粹虚构或奇想，而是一套被人为创造出来的理论和实践体系，蕴含着几个世代沉积下来的物质层面的内涵。这一物质层面的积淀使作为与东方有关的知识体系的东方学成为一种得到

---

① （明）周履靖校正：《宅经》卷上，明正统道藏本。

普遍接受的过滤框架，东方即通过此框架进入西方的意识之中。"① 西方在对非西方进行政治、经济、文化等的扩张中坚持西方文化优于东方文化的信念，并带有一种普世的情怀，想使西方文化成为人类文化的典范。因此，西方的东方学是西方对东方的言说，其中带有强烈的西方中心论倾向，是霸权主义的表现。赛义德在批判东方主义的同时，也将目光集中在西方文化自身内部的文本表述和话语实践中，局限于西方文化内部的学术批判，而对东方世界的文化实践及东西方的文化交流和碰撞涉及较少。因此，他所说的"东方学"在某种程度上仍然是西方对东方构建的一种理论，是对东方的遮蔽。那如何去蔽，显现自己呢？答案是：自己言说。后殖民主义理论就是寻找这样一条自我言说的道路。

在赛义德之后的后殖民主义理论家试图弥补赛义德文化批评的局限性，将目光投向第三世界国家、少数民族文化，它也不再局限于政治和文化领域，将被殖民者扩展为一切被压迫者的经验。因此，它虽然产生于西方，但已逐渐成为东西方对话的文化策略，更容易被"非西方"国家接受。后殖民批判理论以德里达的结构主义和福柯的知识话语理论为基础，以揭示隐含在西方知识系统中的权力结构。它是一种反思殖民性或者说反思殖民性的话语、解读、阐释方式，是一种反殖民话语、反话语的力量。它始于对西方殖民话语产生怀疑、质询，并加以反抗，它通过对以东方主义及蕴含着西方中心论的理论展开批判，解构"西方中心论"或"欧洲中心论"，但作为一种针对西方文化和传统的自我批判、自我反省的理论，它既是对西方中心论的否定，也是对民族文化中心论的否定，它从根本上否定了任何形式的"中心"论。

后殖民主义理论对我国建筑文化的发展具有十分重要的理论启发意义，对于解决城市建筑景观"趋同化"、"西化"的问题、重塑城市建筑景观也具有重要的价值。这些意义和价值主要体现在以下几个方面：

第一，消除"殖民"意识，建立不同文化之间的平等对话。文化是人在一定的时空条件下形成的独具本民族特色的风俗习惯、语言、伦理道德及思维方式等。它是一个国家和民族的灵魂，是民族间相互区分的根本所在，体现着本民族的品格。在全球化的背景下，以美国为首的西方发达国家凭借其强势地位，推销其生活方式、价值观念、政治理念，文化殖民主义大行其道。后殖民主义理论认为在世界文化格局之中，不存在文化样板或普世文化，不同文化之

---

① ［美］赛义德：《东方学》，生活·读书·新知三联书店 1999 年版，第 3 页。

间是相互影响并彼此渗透的。它以文化多元主义的观点来审视西方国家从其殖民扩张以来的东西关系及其发展轨迹，以促进在全球化的视域中不同文化之间的平等对话，消除"殖民"意识。

第二，去除"西方中心主义"和"民族主义"的概念。后殖民主义理论主张解构一切"中心"，西方建筑文化是基于其自身独特的历史、文化背景，在将国外的建筑文化引入中国时要将其转化为自身的建筑语言。与此同时，又要意识到西方现代建筑给我们带来了最新的建筑技术和材料，以及新的设计理念。在我们强调地域主义的同时不要一味地排斥现代技术，要将传统地域技术和新技术结合，在寻求适合本土、能被本土居民理解和接受的前提下，探索建筑的新形式，表达地域特征。如我国近代一些杰出的建筑，它们一方面表现出对现代建筑的尊重，另一方面又具有中国韵味和地域精神，它不是对西方建筑的再现，而是在特定文化语境中的再创作。

第三，在后殖民主义语境中，重新审视城市、建筑与人的关系。梁思成先生曾经指出："建筑之规模形体、工程、艺术之嬗递演变，乃其民族特殊文化兴衰潮汐之映影；一国一族之建筑适反鉴其物质精神，继往开来之面貌。今日之治古史者，常赖其建筑之遗迹或记载以测其文化，其故因此。盖建筑活动与民族文化之动向实相牵连，互为因果者。"① 在建筑设计中不要忘记本民族的历史文化以及本土人们的心理和审美需求，使建筑更具有本土的特色，也更易使居住者产生家园感和归属感。

总而言之，我国当前的城市建筑景观的"趋同化"、"西化"是在全球化语境下文化失语症的表现，其根源既是西方科学技术对现代文明成就强势展现所造成的头晕目眩，也是这种强势展现的心理压迫下对鸦片战争以来形成的"殖民"心态的再次觉醒。它让我们在如何进行城市现代化建设以及城市精神的现代性问题上不知所措。后殖民批判主义反"殖民"主义，反本质主义、反逻各斯中心主义的哲学基础，以及多元文化并存的主张正是消除或隐或现的殖民心态的良方。虽然后殖民主义理论与其他后现代主义理论一样，其本质上仍然是西方文化体系内部的语言，但从后现代主义转到后殖民主义，它把对现代性的反思这个开始于西方的问题变成一个全球性的问题。从方法论的层面上看，后殖民主义是后现代主义在空间上的延展；从问题构成来看，后殖民主义提出了一个比较新的理论课题，那就是在全球化进程中如何解决东方传统文化

---

① 梁思成：《梁思成文集·中国建筑史》，中国建筑工业出版社 1985 年版，第 3 页。

与西方价值观念及现代科技文明的关系问题。相信，随着我们对后殖民主义等相关理论问题的深入思考，加上对相关技术层面问题的不断探索，一定会在城市建设实践中为解决建筑景观"趋同化"的问题找到出路。

（作者单位：华中科技大学城市建筑与规划学院）

传统节假日电视的"身份美学"研究

陈思勤

所谓"假日电视节目"是放假期间电视台播出的电视节目的总称，包括在假日期间播出的常规节目、打破常规节目播出安排专门为假日设置的电视节目和为假日特别制作的电视节目。如五一节特别电视节目、国庆节特别电视节目等。而传统节假日电视节目则是传统节日成为全民公共假日期间，专门为纪念特定的传统节日而特别制作的电视节目。包括：春节特别电视节目、清明特别电视节目、端午特别电视节目、中秋节特别电视节目等。

中国的传统节日对于中国人来讲，是中国人对自身生活与自然世界之关系的认识，是中华民族的前人在时间长河中形成的一个共同的认识，并用一个时间节点来进行纪念。这种纪念本来属于中国人生命的个体，但是一旦赋予其内涵，并且得到个体意见的统一，就具有将个体聚集起来的力量，从而形成公共性。

尤根·哈贝马斯指出："所谓'公共领域'，我们首先意指我们的社会生活的一个领域，在这个领域中，像公共意见这样的事物能够形成。公共领域原则上向所有公民开放。公共领域的一部分由各种对话构成，在这些对话中，作为私人的人们来到一起，形成公众。"[1] 于是，在传统节日期间，个体是作为一个群体来行动的，在这一系列的行动中贯穿着统一的主题，那就是与传统节日相关的节日习惯。有论者将传统节日列入"公共时间资源"中，在一个时间节点进行公共假期[2]。从民众的角度，可以集体抒发有悠久历史传统的文化情怀；从整个社会领域的角度，可以将中华民族的传统节日纳入公共时间资源当中，在这个公共领域里重视传统节日从而发挥文化传承的作用。

---

① ［德］哈贝马斯：《公共领域》，载汪晖、陈燕谷：《文化与公共性》，生活·读书·新知三联书店 1998 年版，第 125 页。

② 民族传统节日与国家法定假日课题组：《中国节典——四大传统节日》，安徽教育出版社 2008 年版，第 5 页。

于是，公众在公共时间中不断进行着共同的话题交往。在报刊、广播、电视等媒体产生之前，当传统节日到来的时候，民众自发的以个体家庭为单位进行节日纪念。这种纪念活动是个体的、私人的。但是随着社会的进步、技术的发展，公众达到较大的规模时，"公众交往就需要一定的传播和影响的手段；今天，报纸和期刊、广播和电视就是这种公共领域的媒介"①。当传统节假日与现代电视传媒结合在一起的时候就发生了新的质变，那就是，对于公共身份的新的建立。对于现代技术促进下产生的现代媒介，英国学者尼克·史蒂文森曾经对公共事业广播（即今天的大众传播媒介）的存在列举出三个重要的原因："（1）从历史上看，公共事业广播已经占据了在某种意义上独立于经济和国家的一种体制空间；（2）公共事业广播有潜力为各式各样的社会团体的彼此交流提供一个全国性的活动场所；（3）公共事业广播将民众视为公民。而不是消费者。"② 现代的电视媒体为大众提供了一个介于国家和市民社会之间的一个公共空间；而传统节日成为法定假日则为民众提供了一个公共时间。

电视媒介与传统节假日的结合，在很大程度上是在提供着一种具有普遍性的公共领域，这种领域将共同传统节日语境下的个体公民重新面对现代文化。哈贝马斯认为"现代文化已目睹了个人空间的消失和历史性的衰落"，但事实却是，随着电视媒介的传播范围的扩大，个人空间在被重新建构，公共系统变得更加强大。

中国传统节假日电视节目让电视成为公民对于传统节日纪念活动的一部分，并且在很大程度上，在公众之间建立起新的公共身份。哈贝马斯认为，公众成为公共领域的诸种机制之一③。公众在公共领域中实现着公共领域的建构、扩大乃至产生变化。著名的传播学理论"议程设置"，就是公众与公共领域关系的一个例证。受众因为议程设置的话题而成为公众，在公众的认知中，形成公共领域。对于传统节假日电视来说，将生活中的传统节假日、电视艺术的设置以及受众的收视习惯等多种因素相结合，围绕传统节日设置多重话题，并承载着公民传统节日与受众日常生活的公共领域的建构，在其建构的公共领

---

① ［德］哈贝马斯：《公共领域》，载汪晖、陈燕谷：《文化与公共性》，生活·读书·新知三联书店 1998 年版，第 125 页。

② ［英］尼克·史蒂文森：《认识媒介文化——社会理论与大众传播》，商务印书馆 2005 年版，第 102 页。

③ ［德］哈贝马斯：《公共领域》，载汪晖、陈燕谷：《文化与公共性》，生活·读书·新知三联书店 1998 年版，第 137 页。

域中实现着公众艺术、公众游戏、公众仪式的公共身份。

1. 作为"公众艺术"的身份

哈贝马斯认为"艺术的表达应该遵循某些社会义务"。中国传统节日的习俗，本身就与艺术有着千丝万缕的联系，有些艺术的产生就是在人类对于传统节日的纪念当中形成的，而艺术的意蕴则始终在节日的过程当中有所体现。

如"清明"，是春天万物生长的时节。清明时节的自然风光是历来人们乐此不疲的咏叹主角。而寒食节与清明节的合二为一，让清明节增添了感怀与惆怅。悲与喜的结合使清明变成充满哲思的时刻。中央电视台从 2008 年到 2010 年连续三年的清明节特别节目，一以贯之都采用诗歌作为纪念的主要形式，并且用极富中国风格的画面来进行编辑。

从最早的"2008 年清明诗会"以中国古典诗词为主，进行传统节假日电视诗会的第一次探索；到"2009 年清明诗会"在古典的基础上，选择表现散文化的诗歌并请青春靓丽的演员来朗诵诗歌，将传统节假日电视诗会走向大众；再到"2010 年清明诗会"与世博会相结合，以打造"诗博会"的开放视野。中央电视台"清明诗会"是具有代表性的传统节假日电视艺术作品，将艺术与公众的节日纪念结合起来。在观看这种富有艺术感的实践中，受众沉湎于电视画面的渲染和声音的配合，场面的诗意使其在日常生活的收看情境中与其他所有的受众共同进行着电视艺术化的节日纪念，形成在电视语境中公众共度清明节的诗意氛围。

对于中国人来讲，中国艺术的起源是诗乐舞合一的，诗在艺术起源时就已存在。诗的吟咏不仅仅是对语言韵律的品味，更是对情感的抒发，在这种抒发中，艺术的美感悠然发散。与西方"荷马史诗"的"诗"不同，西方史诗以"诗"来叙事，而我国最早的诗歌《诗经》则以风、雅、颂来阐发情感，最终落实到中国人对艺术的理解和定位上，从而形成中国特有的艺术审美趣味。

连续三年制作的"清明诗会"，形成了系统性，通过电视化的诗歌表达了从古典到现代，从中国到世界共同的人情和人性。其以诗歌作为艺术的重要阐发方式，诗意的营造使这一特别电视节目具有浓厚的艺术性。从电视具有的大众性特征来看，其在对中国传统节日的传播与表现过程中，已经形成了特定的公共领域，即打通了世俗生活中的节日和电视媒体中的节日之间的界限，实现了对节日的跨空间统一。受众通过国家主流媒介电视来纪念节日时，在公共空间中完成着自身的公众身份。

2. 作为"公众游戏"的身份

康德在对审美本质认识的基础之上，建立了"游戏说"。在游戏中照见审美，是将审美无功利化。而节日之所以成为节日，就是因为大家约定俗成地在特定的时间，特定的地点玩同一个游戏。这种游戏是无功利的，但又在一定程度上实现着参与其间的公众的同一目的：即实现对特定传统节假日的纪念。

中国传统节假日的游戏项目蕴含着浓厚的审美意味，许多都有游艺竞技的因素。如清明节处于春天时节，天气回暖，到处都弥漫着生机勃勃的气息，人的身心也随之复苏，此时纯粹意义上的游戏就有："沐浴、踏青、蹴鞠、拔河、斗鸡、画蛋、荡秋千、放风筝。"① 而游戏一般都伴随着狂欢。在欧洲，狂欢节文化始于古希腊、古罗马或更早，是以酒神崇拜为中心的。酒神狄俄尼索斯能给人们带来丰收，带来力量和喜悦。每年丰收季节来临时，人们都会到狄俄尼索斯庙向他进贡，并且奉上欢快的歌舞表演②。在中国，丰收时节的金秋，同样成为中国人的游戏狂欢的一大高潮。在唐代，中秋节就成为一年中最大型的狂欢节。

电视媒体在表达具有游戏性质的节日同时，其本身也融入节日的游戏和狂欢之中，具有公众游戏的特性，狂欢的理念融入节目当中。巴赫金将狂欢节型庆典活动的礼仪、形式等的总和称为"狂欢式"。狂欢式的外在特点表现为"全民性、仪式性、等级消失和插科打诨"中秋节的狂欢性，将全民结合起来③。不分等级、不分尊卑，采用特定的仪式进行欢庆。表现为人人参加、包罗万象的交际壮景。在游戏狂欢中实现公共领域的建构，也实现公众身份的确立。中国的孔子也强调"游于艺"，将艺通过"游"的方式得以实现。

现代电视媒介结合这种具有游戏性的节日内容，在特定的时刻播出，将公众在成为受众的时候，使其进入电视化的节日当中。将生活中的游戏和狂欢与电视中的游戏和狂欢形成一种新的交相呼应，从而形成跨时空的共同纪念。

3. 作为"公众仪式"的身份

对于"仪式"的研究，包括"古典神话和仪式的阐释"和"仪式的宗教渊源和社会行为的探讨"，仪式主要有以下几个方面的意义："（1）作为动物

---

① 民族传统节日与国家法定假日课题组：《中国节典——四大传统节日》，安徽教育出版社 2008 年版，第 87 页。

② 张颂、田祥斌：《世界的狂欢》，载《科技信息（学术版）》2008 年第 34 期。

③ 夏忠宪：《巴赫金狂欢化诗学研究》，北京师范大学出版社 2000 年版，第 68~70 页。

进化进程中的组成部分；（2）作为限定性的、有边界范围的社会关系组合形
式的结构框架；（3）作为象征符号和社会价值的话语系统；（4）作为表演行
为和过程的活动程式；（5）作为人类社会实践的经历和经验表述。"①

　　传统节日是在特定的时刻用特别的仪式来表达对节日的纪念。许多中国节
日都具有特定的仪式。在清明时节祭奠祖先，在端午时分龙舟竞渡、纪念爱国
主义诗人屈原，在中秋佳节赏月等。这些特定的仪式经过几千年的时间积淀为
深沉的中华民族的民俗仪式，以此来拉近人和天地、人与历史的距离。

　　仪式更多承载的是民俗文化的传统，这种统一的习惯，具有极强的形式
感。而仪式，就在这些形式中得以表现出来。克莱夫·贝尔"有意味的形式"
强调了形式对于表达意义的重要作用。而对中国人来说，形式对于人类认识世
界更是具有不可撼动的地位。在中国古老文化的源头《周易》中，就以阳、
阴两爻成为构成宇宙万物的基本单位。由此生发出的中国人对宇宙事物的认识
具有相当的形象性。传统节日仪式是这其中形象性的代表。而传统节日的仪式
则将民众在共同的仪式中参与其间，或者增强仪式感，使个体的人在仪式中结
合成为具有整体性的公众，从而完成公共领域的身份转化。

　　今天的电视如何把传统的仪式融入电视媒介，甚至将传统节日仪式电视化
呢？2008 年中央电视台七套《生活 567：我们这样过端午节（上、下）》将端
午节，把民间端午节的习俗——在门上挂葫芦、采中药材玻璃叶包粽子，用葛
根作为绳子系起来，划龙舟比赛等，一系列的仪式都用纪录片的方式娓娓道
来。并且设置着一个又一个的问题，形成一个个悬念，以视听语言故事性叙述
的方式带领受众进入电视节目营造的时空中。

　　电视本身具有的直观性特征正是在说明通过电视符号的运用，对受众所产
生的效果。根据著名传播学家丹尼尔·戴扬、伊莱休·卡茨在《媒介事件》
当中所提出的理论，电视媒介事件的功能主要有三种："征服"（Conquest）、
"竞赛"（Contest）和"加冕"（Coronation）。这三种都以英文字母 C 开头的功
能，根据笔者的理解，恰恰可以与我们上面的分析相互对应。节日电视作为
"公众艺术"所起到的功能就是"征服"，节日电视作为"公众游戏"所起到
的功能就是"竞赛"，而节日电视作为"公众仪式"所起到的功能就是"加
冕"。再套用伟大的社会学家马克斯·韦伯的解析，"征服"人们所利用的乃
是"超凡魅力"，"竞赛"所要取得的乃是"合理性"，而"加冕"所聚焦的

---

① 彭兆荣：《人类学仪式研究评述》，载《民族研究》2002 年第 2 期。

则是"传统"的维护和延续。

现代社会的发展让城市保留的原始仪式越来越少，通过电视手段有效地进行传统节日的仪式秀，可以让现代人在日常生活情境中，在特定的节假日的公共时间里，实现一种电视化的公众仪式，以完成人在心理上对于传统继承的认可。

（作者单位：中国传媒大学艺术研究院）

后现代消费文化语境下的审美趋向

袁禹慧

20 世纪 30 年代后消费文化以它自身巨大的穿透力解构了之前的消费构局，人们的消费观发生了前所未有的改变，人们不得不承认，在消费社会中一切事物都有被消费的可能，消费在人们的生活中已经占据了主导地位，这预示着人们进入了现代意义上的消费时代，"当代中国社会也正面临着一场消费主义文化的侵袭"①。

"日常生活审美化"是近几年来我国学术界高度关注和讨论的话题。在全球化的境遇里，人们正在经历"当代审美泛化"的质变，它包含着双向运动的过程：一方面是"生活的艺术化"，特别是"日常生活审美化"滋生和蔓延；另一方面则是"艺术的生活化"，当代艺术摘掉了头上的"光晕"逐渐向日常生活靠近，这便是"审美日常生活化"。与此同时，美学也在面临当代文化与前卫艺术的双重挑战，美与日常生活关联的问题，被再度凸显了出来。

一、后现代语境下的"日常生活的审美化"

"日常生活审美化"首先起源于西方，正式为之命名的是英国社会学家迈克·费瑟斯通，全面的理论阐述则集中在德国学者沃尔夫冈·韦尔施的《重构美学》和美国学者理查德·舒斯特曼的《实用主义美学》两部著作中。"日常生活审美化"产生的一个重要背景是西方社会在进入后工业社会（或者消费社会）以后，物质生产的极大丰富。这种"物质生产的极大丰富"并非是我们通常意义上所认为的人人吃饱穿暖，而是一种物质生活丰富到"充溢"

---

① 桂勇：《论当代文化的消费主义化》，载《复旦大学学报》(社会科学版) 1995 年第 5 期。

的程度，这意味着不再是我们伸手去取物，而是物在积极地包围着我们，逼迫着我们，就像美国艺术家沃霍尔的复制品艺术《汤罐头》一样，满坑满谷的都是排山倒海而来的"物"——商品。在这样的情况之下，对于人的内在精神所产生的影响在于：这样一些鲜活的、充满质感的"物"，事实上在不断地以一种充分符号化的形式涌入人的内在心灵世界中，重新整合着人的精神世界；与之相比，艺术就逊色多了。艺术，尤其是高尚艺术，总是一种在有无之间的精神灵光，于是发生的情况必然就是：人们从自己能够体验到的心灵感受出发，开始质问那种艺术高高在上，物质卑居在下的局面，捉摸不到、面目模糊的"艺术"，怎么能够比触手可及、巧笑倩兮的"物"可以占据更高的位置呢？于是自然产生了一种将"物"拔高向"艺术"的欲求，"日常生活审美化"的理论的产生，就是对这种真实的欲求的回应。"有关文化工业、异化、商品拜物教和世界的工具理性化的种种讨论，将人们的兴趣从生产领域转向了消费和文化变迁的过程。"①"日常生活审美化"理论的要义就在于"日常生活"的"艺术化"。与"日常生活审美化"紧紧联系在一块的，还有物质、消费主义、商业等关键词。

在经济全球化和现代媒体超常发展的冲击下，艺术和生活的界限已经模糊了，日常生活的审美化已经成为今天社会和文化的领域里一个令人关注的现象。在我国，目前这种现象主要表现在城市文化中，其发展有着不平衡性和局限性。在后现代的语境下，艺术品和日常生活的鸿沟已经填平，审美过程更注意主体对作品的接受过程，更依赖主体的自我构建。

日常生活审美化无疑是当代消费社会最为重要的一种文化现象。一切消费行为不单是一种经济行为，同时也是一种文化行为，在此"消费本身就是文化"②。在消费社会中，日常生活审美化已遍及人们日常生活的每一个方面，引发了人们生活方式与关于生活梦想的显著变化。高新技术的生产和现代工业的发展，对传统艺术方式造成巨大冲击，不仅导致所有传统艺术形态的升级换代和现代更新，而且创造了大量崭新的艺术形式。文化艺术领域内部发生了行业内的大调整、大改组，新的艺术传播媒介如电视、卫星电视及网络文化的发展，使得一些昔日文化艺术界的"龙头老大"风光不再，转

① ［英］迈克·费瑟斯通：《消费文化与后现代主义》，译林出版社 2000 年版，第 1 页。

② 王宁：《消费社会学》，社会科学文献出版社 2001 年版，第 143 页。

而成为电视业、音像业的补充，而网络文化则为人类创造了数字化生存的新方式。

在世纪之交艺术发生的文化"转向"中，最为抢眼的景观是视觉图像的"转向"。当代影视、摄影、广告的图像泛滥所形成的"视觉文化转向"，提供给大众的视觉形象是无限复制的影像产物，从而对大众的日常生活形成包围。无疑，人们今天的经验比以往任何时候都视觉化和具象化了，人们更加关注视觉文化。人们如今就生活在视觉文化中，这在一定程度上似乎成了区分当下与过去的分水岭，因而继文化研究、怪异理论和黑人少数民族文化研究之后，西方兴起了视觉文化这个时髦的、有争议的交叉研究领域。视觉图像成了从事摄影、电影、电视、广告、美术、艺术史、社会学及其他视觉研究者共同关注视的中心，也给我们另一种艺术的欣赏和接受方式。这样一个巨大的转型，给当代艺术带来了前所未有的挑战，也带来了千载难逢的机遇和无法估量的需求。需求是终极的动力源，有需求必定有发展。

二、前卫艺术中"审美日常生活化"趋向

"日常生活审美化"的另一面，则是"审美日常生活化"。如果说，"日常生活审美化"更多的是关注在"美向生活播撒"、美学问题在日常现实领域的延伸的话，那么，"审美日常生活化"则聚焦于"审美方式转向生活"，并力图去消抹艺术与日常生活的边界。

自从 1895 年维尔德提出"艺术与生活真正结合"的憧憬，到未来主义艺术家打出"我们想重新进入生活"的纲领，现代主义艺术早就开始了艺术向生活的转化。1950 年可以被视为分界点，纽约现代美术博物馆举办了题为"在你生活中的现代艺术"的展览。从此以后，现代主义与日常生活便发生了更紧密的关联。然而，现代主义的先锋艺术仍是"艺术化的反艺术运动"，在这种精英艺术试验的内部，是不可能实现审美方式"生活化"的根本转向的。

自 20 世纪 70 年代始，当代欧美"前卫艺术"又以另一种"反美学"（Anti-aesthetics）的姿态，走向观念（conceptual art 即观念艺术）、走向行为（performing art 即行为艺术）、走向装置（installation 即装置艺术）、走向环境（environment art 即环境艺术）……也就是回归到了日常生活世界。杜尚表白说："我对艺术本身真是没有什么兴趣，它只不过就是一件事儿，它不是我的

整个生活，远远不是。"① 这种"反美学"所反击的还是康德美学传统，因为，按照康德美学原则建构起来的审美领域与功利领域是绝缘的，它必然要求割断纯审美与其他文化领域的内在关联。在这种传统美学视野内，美和艺术的长处就在于其不属于任何实际的和认识的领域，但行为艺术和装置艺术恰恰要进入生活实用领域，以"非视觉性抽象"为核心的观念艺术是可以纯理性认知的。

20世纪90年代以来的文化转型，总的来说最基本的特征就是文化的世俗化。文化的世俗化从文化本身来说，最根本的体现就是文化格局的变迁，即世俗化的大众文化由文化的边缘入主文化的中心②。精英文化、大众文化和主流文化的力量对比在90年代发生了巨大的变化。90年代以来，尤其是90年代中期以来，市场环境下的中国大众文化发生了剧变，正如学者朱大可所言："如果说80年代精英文化是大众文化的罗盘，90年代初期是精英文化和大众文化的博弈，那么90年代后期则开始了大众文化统领精英文化的年代。"③

总之，当代艺术在努力拓展自身的疆界，力图将艺术实现在日常生活的各个角落，从而将人类的审美方式加以改变。在这种"艺术生活化"的趋向中，艺术与日常生活的界限变得日渐模糊。这也就是美学家阿瑟·丹托所专论的"平凡物的变形"如何成为艺术的问题。

他举出安迪·沃霍尔的《布乐利盒子》这件艺术为例，该艺术只将几个商品包装盒子简单地叠放在一起，就拿到了艺术展览馆成为了一件著名的艺术品。可以说，博伊斯、凯奇、沃霍尔这类的前卫艺术家考虑的只是"原本不是艺术的现成物"如何被当做艺术来理解的，他们延伸艺术概念、打破艺术边界的诉求，恰恰是与"日常生活审美化"相反的。在分析美学传统占主流的欧美学界，学者们试图用"艺术界"、"惯例"、"艺术实践"、"文化语境"等一系列观念对此加以解读。如乔治·迪基著名的"惯例说"就认定，一件艺术品必须具有两个基本的条件：（1）它必须是件人工制品；（2）它必须由代表某种社会惯例的（艺术界中的）某人或某些人授予它以鉴赏的资格。然而，这种考虑只关注于艺术被赋予"资格的外在社会形式，而忽视了艺术成

---

① ［法］卡巴内：《杜尚访谈录》，广西师范大学出版社2001年版，第143页。
② 徐小立：《传媒消费文化景观》，人民出版社2010年版，第5页。
③ 张柠：《文化的病症》，上海文艺出版社2004年版，第1页。

其为艺术的内在规定。诚如吉登斯所言：现代性以前所未有的方式，把我们抛离了所有类型的社会秩序的轨道，从而形成了其生活形态。在外延和内涵两方面，现代性的变革比过往时代的绝大多数变迁特性都更加意义深远。在外延方面，它们确立了跨越全球的联系方式；在内涵方面，它们正在改变我们日常生活中最熟悉和带个人色彩的领域。"①

波普艺术的出现彻底混淆了艺术和生活的界限，劳生柏把可乐瓶子放进他的艺术中，他这样做真正介入了美国生活的原材料。在生活环境中，它们是实物，在艺术环境中它们就是艺术。波普艺术的这个方向触动的是西方艺术的基本定义：艺术究竟是什么？艺术应该是生活。这个冲击造成了西方现代艺术从具象到抽象的革命之后的又一次艺术革命②。

实际上，真正值得反思的地方，在于艺术与生活的"接缝"处。前卫艺术不仅抛弃了审美的传统经验而且扰乱了"艺术自律性"的领域；同时，也在努力恢复艺术与其所处的社会和文化环境的联系，并以此来解决"生活和艺术"的著名争论。由此可以推想：前卫艺术所致力的方向，是否就是一种艺术回归于生活的必然归途？既然艺术是脱胎于原始人类生活而起源的，它最初就是归属于生活世界的，那么，艺术的终结之处是否还是人类的生活世界？艺术与日常生活究竟是什么样的关系呢？

三、美学分殊：艺术与生活的关系

欧洲古典美学传统持"艺术否定生活论"，这在康德美学那里得以定型化。马尔库塞在《审美之维》中所说的"作为从固有现实的异化，艺术是一种否定性力量"。在早期法兰克福学派看来，艺术就是对生活的颠覆、拒绝和否定，艺术否定生活论在他们那里发展到了极致。然而，海德格尔、维特根斯坦、杜威这些现代哲学家，皆反对主客二分和主体性的哲学思维方式，并在美学沉思中都出现了"走向生活"的趋向：海德格尔早在20世纪20年代初，就提出了"实际的生活经验"的概念，后期有维特根斯坦的作为生活形式的艺术和杜威的作为完整经验的艺术，海德格尔、维特根斯坦、杜威分别开启了存在主义美学、分析美学和实用主义美学的思潮。艺术是审美意识和审美对象

---

① ［英］安东尼·吉登斯：《现代性的后果》，译林出版社 2000 年版，第 4 页。
② ［法］卡巴内：《杜尚访谈录》，广西师范大学出版社 2001 年版，第 178 页。

的集中体现，体现了审美活动中主体与客体的关系，它是美学研究的主要对象①。有趣的是，尽管这三种美学思潮对美与艺术的理解不同，但在他们的创始人那里却都出现了"走向生活"的路向。

从美学与生活的关系看，二者也有深刻的内在联系。一方面，既然"人类审美感受的起点和艺术创造的终点都归于客观感性的物质世界"，而中国的客观物质感性世界无疑已经起了翻天覆地的变化，中国的科技发展日新月异，声像影像社会已经形成，那么，建立在原有较落后的客观感性物质世界基础上的美学必然要适应新的变化，做出新的回应。另一方面，审美活动从宏观角度来考察，它是人类群体的社会现象和意识形态，从微观着眼，它是人类个体的生命现象和心理现象，这意味着美学的根基是扎根于人们的生活中的，它形而上地思辨无论达到什么程度，都应该始终缠绕着当下的现实体验，是以当下的客观感性的物质世界为其必不可缺的理论基础的。艺术逐渐"走向生活"，消抹了艺术与生活界限，人们的审美诉求以及个体性的张扬已经涉及生活的方方面面，美学如果仍执著于纯粹的理论思辨，远离大众的内心需要，那么就成了无源之水，枯竭也就在所难免。

由此，从理论自身发展的要求到现实生活的需要来看，中国美学界对"审美日常生活化"感兴趣都有其必要性和合理性。

结　语

当代社会与文化的一个突出变化是审美日常生活化与日常生活的审美化。媒介是一种生活方式，它影响、改变、形构着我们日常工作、交往、休憩、娱乐以至内在心理世界的活动方式。在今天，审美已不再专属于文学和艺术，审美性也不再是区别文学与非文学、艺术与非艺术的根本要素。今天的审美活动已经超出所谓纯艺术的范围，渗透到大众的日常生活中，艺术活动的场所已不再是与大众的日常生活严重隔离的高雅场馆，而是百姓可以自由出入的空间，如城市广场、购物中心、超级市场、街心花园，艺术接受休闲化与日常生活化了。在这些场所中，艺术活动、审美活动、商业活动共展并存，交错进行，互惠互利。由之，高雅文化与大众通俗文化的界限越来越模糊。面对这种当代生

---

① 杨辛、甘霖：《美学原理》，北京大学出版社 1999 年版，第 9 页。

活中出现的新情况、新方式，我们的艺术家、艺术工作者必须密切关注，感受生活，深入思考，转变观念，抓住创新的契机。

（作者单位：武汉纺织大学艺术与设计学院）

图书在版编目(CIP)数据

美学与艺术研究.第3辑/范明华,靳晶主编.—武汉:武汉大学出版社,2011.9

　ISBN 978-7-307-09224-2

·Ⅰ.美…　Ⅱ.①范…　②靳…　Ⅲ.①美学—文集　②艺术评论—文集　Ⅳ.①B83-53　②J05-53

中国版本图书馆 CIP 数据核字(2011)第 196636 号

责任编辑:胡国民　　　责任校对:刘　欣　　版式设计:马　佳

出版发行:**武汉大学出版社** 　(430072　武昌　珞珈山)

　　　　(电子邮件:cbs22@whu.edu.cn　网址:www.wdp.com.cn)

印刷:湖北省京山德兴印务有限公司

开本:720×1000　1/16　　印张:31.25　字数:542 千字　插页:2

版次:2011 年 9 月第 1 版　　　2011 年 9 月第 1 次印刷

ISBN 978-7-307-09224-2/B·333　　　定价:68.00 元

版权所有,不得翻印;凡购我社的图书,如有质量问题,请与当地图书销售部门联系调换。